韩相争　编著

# 西门子S7-200 SMART PLC编程

## 从入门到实践

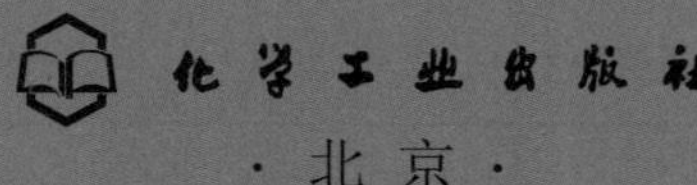


·北京·

## 内容简介

本书以 S7-200 SMART PLC 硬件系统组成、指令系统及应用为基础，以开关量、模拟量、运动量、通信控制的编程方法与案例为重点，以能够设计实际的工控系统为最终目的，全面系统地介绍西门子 S7-200 SMART PLC 的编程技巧与实际应用。

全书共分 10 章，主要内容为 S7-200 SMART PLC 硬件系统组成与编程基础、指令系统及案例、开关量控制程序设计、模拟量控制程序设计、通信控制程序设计、运动量控制程序设计、S7-200 SMART PLC 控制系统的设计、S7-200 SMART PLC 与触摸屏综合应用和 S7-200 SMART PLC 与监控组态软件综合应用。

本书实用性强，图文并茂，不仅为初学者提供了一套有效的编程方法，还为工程技术人员提供了大量的编程技巧和实践经验，可作为广大电气工程技术人员的自学和参考用书，也可作为高等工科院校、高等职业技术院校工业自动化、电气工程及自动化、机电一体化等相关专业的 PLC 教材。

**图书在版编目（CIP）数据**

西门子S7-200 SMART PLC编程从入门到实践/韩相争编著. —北京：化学工业出版社，2021.1（2024.8重印）

ISBN 978-7-122-37860-6

Ⅰ.①西… Ⅱ.①韩… Ⅲ.①PLC技术-程序设计 Ⅳ.①TM571.61

中国版本图书馆CIP数据核字（2020）第191175号

责任编辑：宋　辉　　文字编辑：林　丹　毛亚囡
责任校对：宋　玮　　装帧设计：王晓宇

出版发行：化学工业出版社（北京市东城区青年湖南街 13 号　邮政编码 100011）
印　　装：北京缤索印刷有限公司
787mm×1092mm　1/16　印张 24　字数 629 千字　　2024 年 8月北京第 1 版第 5 次印刷

购书咨询：010-64518888　　售后服务：010-64518899
网　　址：http: //www.cip.com.cn
凡购买本书，如有缺损质量问题，本社销售中心负责调换。

定　　价：99.00 元

# 前言

# PREFACE

作为 S7-200 PLC 的替代产品，S7-200 SMART PLC 以其机型丰富、配置灵活、软件友好、编程高效等特点，在工控领域得到了广泛应用。近年来，S7-200 SMART PLC 也出现了不少新的功能，并且扩展模块也更加丰富。基于此，笔者结合多年的教学与工程设计经验，立足基础，兼顾新兴技术和综合应用，推陈出新，历时 1 年编写了本书。

本书以 S7-200 SMART PLC 硬件系统组成、指令系统及应用为基础，以开关量、模拟量、运动量、通信控制的编程方法与案例为重点，以能够设计实际的工控系统为最终目的，全面系统地讲述了西门子 S7-200 SMART PLC 的编程技巧与实际应用。

该书在编写的过程中有以下特色：

① 言简意赅，去粗取精，直击要点。

② 以图解形式讲解，生动形象，易于读者学习。

③ 案例多且典型，读者可边学边用。

④ 开关量、模拟量、运动量、通信等编程方法阐述系统、详细，让读者编程时，有“法”可依，易于模仿和上手。

⑤ 综合性和实用性强。本书给出了西门子和昆仑通态触摸屏与 S7-200 SMART PLC 的综合应用，给出了西门子 WinCC 和北京亚控组态王监控组态软件与 S7-200 SMART PLC 的综合应用，便于读者适应复杂的工程环境，有助于提高读者的综合设计能力。

全书共分 10 章，主要内容为 S7-200 SMART PLC 硬件系统组成与编程基础、S7-200 SMART PLC 编程软件快速应用、指令系统及案例、开关量控制程序设计、模拟量控制程序设计、通信控制程序设计、运动量控制程序设计、PLC 控制系统的设计、S7-200 SMART PLC 与触摸屏综合应用和 S7-200

SMART PLC 与监控组态软件综合应用。

本书实用性强，图文并茂，不仅为初学者提供了一套有效的编程方法，还为工程技术人员提供了大量的编程技巧和实践经验，可作为广大电气工程技术人员自学和参考用书，也可作为高等工科院校、高等职业技术院校工业自动化、电气工程及自动化、机电一体化等相关专业的 PLC 教材。

为便于读者学习，本书提供西门子 S7-200 SMART PLC 外部接线图的电子版文件，读者扫描二维码即可下载。

SMART PLC 外部接线图

全书由韩相争编著，乔海、刘江帅审阅，韩霞、张振生、韩英、马力、李艳昭、郑鸿俊、杜海洋校对，宁伟超、张孝雨为本书的编写提供了帮助，在此一并表示衷心的感谢。

由于笔者水平有限，书中难免有不足之处，敬请广大专家和读者批评指正。

笔者于沈阳

# 目录 CONTENTS

## 第1章 S7-200 SMART PLC 硬件系统组成与编程基础



## 第2章 S7-200 SMART PLC 编程软件快速应用



## 第3章 S7-200 SMART PLC 指令系统及案例

## 第 4 章 S7-200 SMART PLC 开关量控制程序设计



## 第 5 章 S7-200 SMART PLC 模拟量控制程序设计

## 第 6 章 S7-200 SMART PLC 通信控制程序设计



## 第 7 章 S7-200 SMART PLC 运动量控制程序设计



## 第 8 章 S7-200 SMART PLC 控制系统的设计

## 第 9 章 S7-200 SMART PLC 与触摸屏综合应用



## 第 10 章 S7-200 SMART PLC 与监控组态软件综合应用

# 第 1 章 S7-200 SMART PLC 硬件系统组成与编程基础

SIEMENS

## 本章要点

- ◆ S7-200 SMART PLC 硬件系统组成
- ◆ S7-200 SMART PLC 的外部结构及外部接线
- ◆ S7-200 SMART PLC 的数据类型、数据区划分与地址格式
- ◆ S7-200 SMART PLC 的寻址方式

# 1.1 S7-200 SMART PLC 概述与硬件系统组成

## 1.1.1 S7-200 SMART PLC 概述

西门子 S7-200 SMART PLC 是 S7-200 PLC 基础上发展起来的全新自动化控制产品，该产品的以下亮点，使其成为经济型自动化市场的理想选择。

① 机型丰富，选择更多。

该产品可以提供不同类型、I/O 点数丰富的 CPU 模块。产品配置灵活，在满足不同需要的同时，又可以最大限度地控制成本，是小型自动化系统的理想选择。

② 选件扩展，配置灵活。

S7-200 SMART PLC 新颖的信号板设计，在不额外占用控制柜空间的前提下，可实现通信端口、数字量通道、模拟量通道的扩展，其配置更加灵活。

③ 以太互动，便捷经济。

CPU 模块的本身集成了以太网接口，用 1 根以太网线，便可以实现程序的下载和监控，省去了购买专用编程电缆的费用，经济便捷；同时，强大的以太网功能，可以实现与其他 CPU 模块、触摸屏和计算机的通信和组网。

④ 软件友好，编程高效。

STEP 7-Micro/WIN SMART 编程软件融入了新颖的带状菜单和移动式窗口设计，先进的程序结构和强大的向导功能，使编程效率更高。

⑤ 运动控制功能强大。

S7-200 SMART PLC 的 CPU 模块本体最多集成 3 路高速脉冲输出，支持 PWM/PTO 输出方式以及多种运动模式。配以方便易用的向导设置功能，快速实现设备调速和定位。

⑥ 完美整合，无缝集成。

S7-200 SMART PLC、SMART LINE 系列触摸屏和 SINAMICS V20 变频器完美结合，可以满足用户人机互动、控制和驱动的全方位需要。

## 1.1.2 S7-200 SMART PLC 硬件系统组成

S7-200 SMART PLC 的硬件系统由 CPU 模块、数字量扩展模块、信号板、模拟量扩展模块、热电偶与热电阻模块和相关设备组成。CPU 模块、扩展模块及信号板如图 1-1 所示。

（1）CPU 模块

CPU 模块又称基本模块和主机，它由 CPU 单元、存储器单元、输入输出接口单元以及电源组成。CPU 模块是一个完整的控制系统，它可以单独地完成一定的控制任务，主要功能是采集输入信号，执行程序，发出输出信号和驱动外部负载。CPU 模块有经济型和标准型两类。经济型 CPU 模块有 4 种，分别为 CPU CR20s、CPU CR30s、CPU CR40s 和 CPU

CR60s，其价格便宜，但不具有扩展能力；标准型 CPU 模块有 8 种，分别为 CPU SR20、CPU ST20、CPU SR30、CPU ST30、CPU SR40、CPU ST40、CPU SR60 和 CPU ST60，具有扩展能力。

图 1-1　S7-200 SMART PLC 的 CPU 模块、扩展模块及信号板

CPU 模块具体技术参数如表 1-1 所示。

表 1-1　CPU 模块技术参数

| 特征 | CPU SR20/ST20 | CPU SR30/ST30 | CPU SR40/ST40 | CPU SR60/ST60 |
|---|---|---|---|---|
| 外形尺寸 /mm | 90×100×81 | 110×100×81 | 125×100×81 | 175×100×81 |
| 程序存储器 /KB | 12 | 18 | 24 | 30 |
| 数据存储器 /KB | 8 | 12 | 16 | 20 |
| 本机数字量 I/O | 12 入 /8 出 | 18 入 /12 出 | 24 入 /16 出 | 36 入 /24 出 |
| 数字量 I/O 映像区 | 256 位入 /256 位出 | 256 位入 /256 位出 | 256 位入 /256 位出 | 256 位入 /256 位出 |
| 模拟映像 | 56 字入 /56 字出 | 56 字入 /56 字出 | 56 字入 /56 字出 | 56 字入 /56 字出 |
| 扩展模块数量 / 个 | 6 | 6 | 6 | 6 |
| 脉冲捕捉输入个数 | 12 | 12 | 14 | 24 |
| 高速计数器个数 | 4 路 | 4 路 | 4 路 | 4 路 |
| 单相高速计数器个数 | 4 路 200kHz | 4 路 200kHz | 4 路 200kHz | 4 路 200kHz |
| 正交相位 | 2 路 100kHz | 2 路 100kHz | 2 路 100kHz | 2 路 100kHz |
| 高速脉冲输出 | 2 路 100kHz<br>（仅限 DC 输出） | 3 路 100kHz<br>（仅限 DC 输出） | 3 路 100kHz<br>（仅限 DC 输出） | 3 路 20kHz<br>（仅限 DC 输出） |
| 以太网接口 / 个 | 1 | 1 | 1 | 1 |
| RS485 通信接口 | 1 | 1 | 1 | 1 |
| 可选件 | 存储器卡、信号板和通信版 | | | |
| DC 24V 电源 CPU<br>输入电流 / 最大负载 | 430mA/160mA | 365mA/624mA | 300mA/680mA | 300mA/220mA |
| AC 240V 电源 CPU | 120/60mA | 52/72mA | 150mA/190mA | 300/710mA |

（2）数字量扩展模块

当 CPU 模块数字量 I/O 点数不能满足控制系统的需要时，用户可根据实际的需要对数字量 I/O 点数进行扩展。数字量扩展模块不能单独使用，需要通过自带的连接器插在 CPU 模块上。

数字量扩展模块通常有 3 类，分别为数字量输入模块、数字量输出模块和数字量输入 / 输出混合模块。

数字量输入模块有 2 个，型号分别为 EM DE08 和 EM DE16，EM DE08 为 8 点输入，EM DE16 为 16 点输入。

数字量输出模块有 4 个，型号分别为 EM DR08、EM DT08、EM QR16 和 EM QT16，EM DR08 模块和 EM QR16 模块为 8 点和 16 点继电器输出型，每点额定电流为 2A；EM DT08 模块和 EM QT16 为 8 点和 16 点晶体管输出型，每点额定电流为 0.75A。

数字量输入 / 输出混合模块有 4 个，型号有 EM DR16、EM DT16、EM DR32 和 EM DT32，EM DR16/DT16 模块为 8 点输入 /8 点输出、继电器 / 晶体管输出型，每点额定电流为 2A/0.75A；EM DR32/DT32 模块为 16 点输入 /16 点输出、继电器 / 晶体管输出型，每点额定电流为 2A/0.75A。

（3）信号板

S7-200 SMART PLC 有 3 种信号板，分别为模拟量输入 / 输出信号板、数字量输入 / 输出信号板和 RS-485/RS-232 信号板。

模拟量输入信号板型号为 SB AE01，1 点模拟量输入，输入量程有 ±10V、±5V、±2.5V 或 0 ～ 20mA 四种，电压模式的分辨率为 11 位 + 符号位，电流模式的分辨率为 11 位，对应的数据字范围为 −27648 ～ 27648；模拟量输出信号板型号为 SB AQ01，1 点模拟量输出，输出量程为 ±10V 或 0 ～ 20mA，对应数据字范围为 ±27648 或 0 ～ 27648。

数字量输入 / 输出信号板型号为 SB DT04，为 2 点输入 /2 点输出、晶体管输出型，输出端子每点最多额定电流为 0.5A。

RS-485/RS-232 信号板型号为 SB CM01，可以组态 RS-485 或 R-S232 通信接口。

**编者心语**

1. 和 S7-200 PLC 相比，S7-200 SMART PLC 信号板配置是特有的，在功能扩展的同时，也兼顾了安装方式，配置灵活，且不占控制柜空间。

2. 读者在应用 PLC 及数字量扩展模块时，一定要注意针脚载流量，继电器输出型载流量为 2A；晶体管输出型载流量为 0.75A。在应用时，不要超过上限值；如果超限，则需要用继电器过渡，这是工程中常用的手段。

（4）模拟量扩展模块

模拟量扩展模块为主机提供了模拟量输入输出功能，适用于复杂控制场合。它通过自带连接器与主机相连，并且可以直接连接变送器和执行器。模拟量扩展模块通常可以分为 3 类，分别为模拟量输入模块、模拟量输出模块和模拟量输入 / 输出混合模块。

模拟量输入模块有 2 种，分别为 2 路输入和 4 路输入，对应型号为 EM AE04 和 EM AE08，量程有 4 种，分别为 ±10V、±5V、±2.5V 和 0 ～ 20mA，其中电压型的分辨率为 12 位 + 符号位，满量程输入对应的数字量范围为 −27648 ～ 27648，输入阻抗 ≥ 9MΩ；电流型的分辨率为 12 位，满量程输入对应的数字量范围为 0 ～ 27648，输入阻抗为 250Ω。

模拟量输出模块有 2 种，分别为 2 路输出和 4 路输出，对应型号为 EM AQ02 和 EM AQ04，量程有 2 种，分别为 ±10V 和 0 ～ 20mA，其中电压型的分辨率为 11 位 + 符号位，满量程输入对应的数字量范围为 -27648 ～ 27648；电流型的分辨率为 11 位，满量程输入对应的数字量范围为 0 ～ 27648。

模拟量输入 / 输出混合模块有 2 种，分别为 2 路模拟量输入 /1 路模拟量输出和 4 路模拟量输入 /2 路模拟量输出，对应型号为 EM AM03 和 EM AM06，实际上就是模拟量输入模块与模拟量输出模块的叠加，故不再赘述。

（5）热电阻与热电偶模块

热电阻或热电偶扩展模块是模拟量模块的特殊形式，可直接连接热电偶和热电阻测量温度。热电阻或热电偶扩展模块可以支持多种热电阻和热电偶。热电阻扩展模块型号为 EM AR02 和 EM AR04，温度测量分辨率为 0.1℃ /0.1℉ [1]，电阻测量精度为 15 位 + 符号位；热电偶扩展模块型号为 EM AT04，温度测量分辨率和电阻测量精度与热电阻相同。

（6）相关设备

相关设备是为了充分和方便地利用系统硬件和软件资源而开发和使用的一些设备，主要有编程设备、人机操作界面等。

① 编程设备主要用来进行用户程序的编制、存储和管理等，并将用户程序送入 PLC 中，在调试过程中，进行监控和故障检测。S7-200 SMART PLC 的编程软件为 STEP 7-Micro/WIN SMART。

② 人机操作界面主要指专用操作员界面。常见的如触摸面板、文本显示器等，用户可以通过该设备轻松地完成各种调整和控制任务。

## 1.2 S7-200 SMART PLC 的 CPU 模块外部结构及外部接线

### 1.2.1 CPU 模块的外部结构

S7-200 SMART PLC 的 CPU 模块的外部结构如图 1-2 所示，其 CPU 单元、存储器单元、输入输出单元及电源集中封装在同一塑料机壳内。当系统需要扩展时，可选用需要的扩展模块与主机连接。

① 输入端子：是外部输入信号与 PLC 连接的接线端子，在顶部端盖下面。此外，顶部端盖下面还有输入公共端子和 PLC 工作电源接线端子。

② 输出端子：输出端子是外部负载与 PLC 连接的接线端子，在底部端盖下面。此外，底部端盖下面还有输出公共端子和 24V 直流电源端子，24V 直流电源为传感器和光电开关等提供能量。

---

[1] $t/℃ = \frac{5}{9}（t/℉ - 32）$。

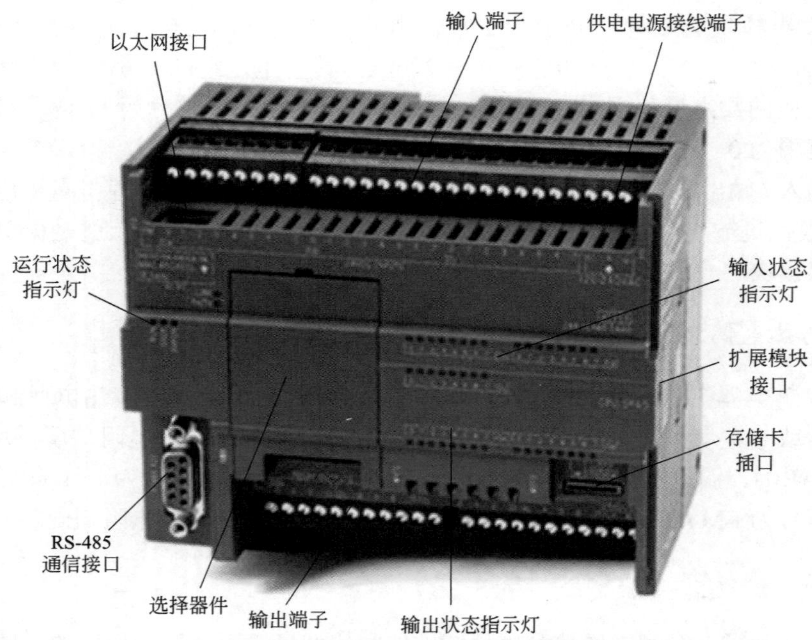


图 1-2　S7-200 SMART PLC 的 CPU 模块的外部结构

③ 输入状态指示灯（LED）：输入状态指示灯用于显示是否有输入控制信号接入 PLC。当指示灯亮时，表示有控制信号接入 PLC；当指示灯不亮时，表示没有控制信号接入 PLC。

④ 输出状态指示灯（LED）：输出状态指示灯用于显示是否有输出信号驱动外部设备。当指示灯亮时，表示有输出信号驱动外部设备；当指示灯不亮时，表示没有输出信号驱动外部设备。

⑤ 运行状态指示灯：运行状态指示灯有 RUN、STOP、ERROR 三个，其中 RUN、STOP 指示灯用于显示当前工作方式。当 RUN 指示灯亮时，表示运行状态；当 STOP 指示灯亮时，表示停止状态；当 ERROR 指示灯亮时，表示系统故障，PLC 停止工作。

⑥ 存储卡插口：该插口插入 Micro SD 卡，可以下载程序和 PLC 固件版本更新。

⑦ 扩展模块接口：用于连接扩展模块，采用插针式连接，使模块连接更加紧密。

⑧ 选择器件：可以选择信号板或通信板，实现精确化配置的同时，又可以节省控制柜的安装空间。

⑨ RS-485 通信接口：可以实现 PLC 与计算机之间、PLC 与 PLC 之间、PLC 与其他设备之间的通信。

⑩ 以太网接口：用于程序下载和设备组态。程序下载时，只需要 1 条以太网线即可，无须购买专用的程序下载线。

## 1.2.2 CPU 模块的外部接线

S7-200 SMART PLC 的 CPU 模块虽然较多，但接线方式相似，因此本书以 CPU SR30/ST30 为例，对 S7-200 SMART PLC 的 CPU 模块外部接线进行讲解。

（1）CPU SR30 的接线

CPU SR30 的接线如图 1-3 所示。在图 1-3 中 L1、N 端子接交流电源，电压允许范围为

85 ～ 264V。L+、M 为 PLC 向外输出 24V/ 最大 300mA 直流电源，L+ 为电源正，M 为电源负，该电源可作为输入端电源使用，也可作为传感器供电电源。

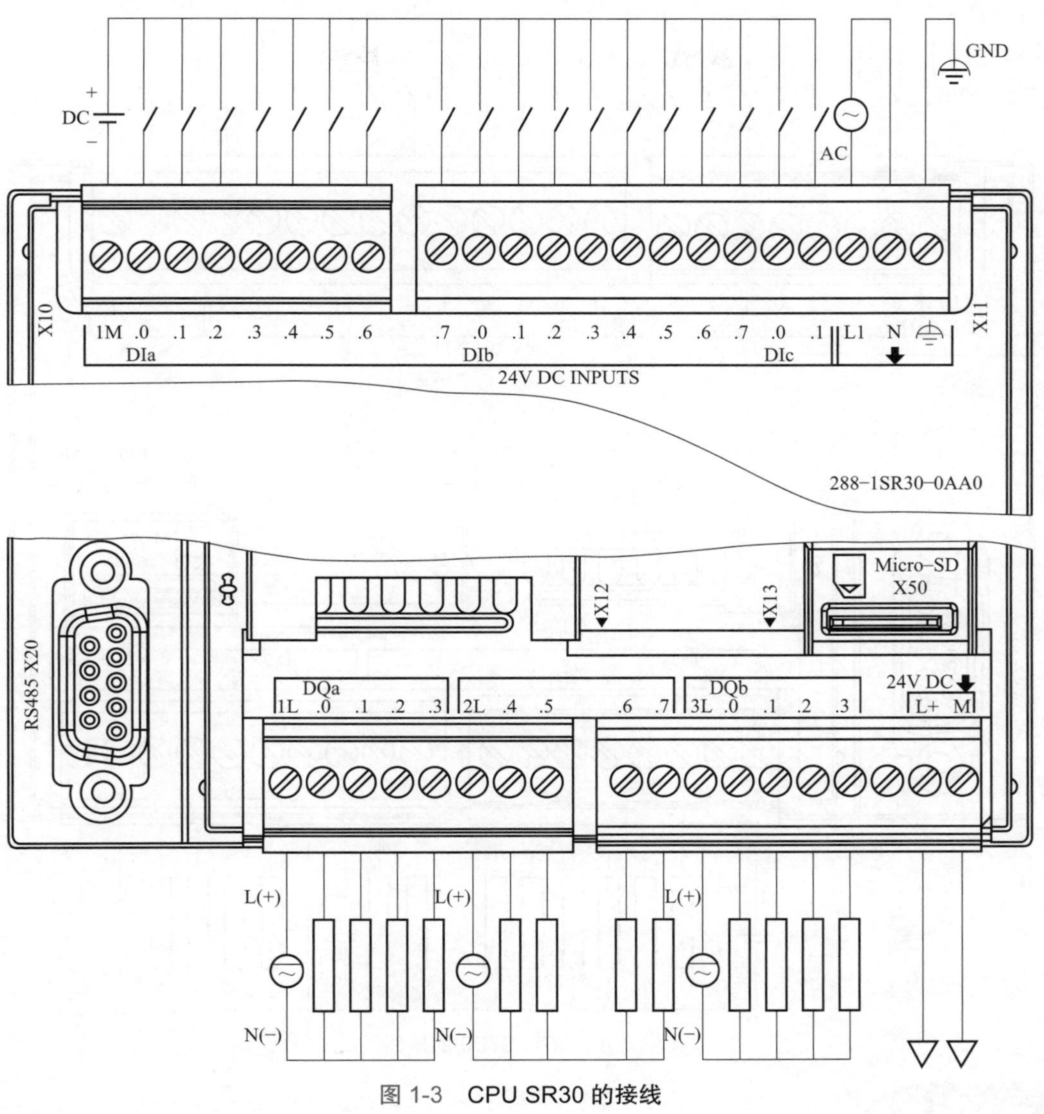


图 1-3 CPU SR30 的接线

① 输入端子：CPU SR30 共有 18 点输入，端子编号采用 8 进制。输入端子 I0.0 ～ I2.1，公共端为 1M。

② 输出端子：CPU SR30 共有 12 点输出，端子编号也采用 8 进制。输出端子共分 3 组，Q0.0 ～ Q0.3 为第一组，公共端为 1L；Q0.4 ～ Q0.7 为第二组，公共端为 2L；Q1.0 ～ Q1.3 为第三组，公共端为 3L。根据负载性质的不同，输出回路电源支持交流和直流。

（2）CPU ST30 接线

CPU ST30 的接线如图 1-4 所示。在图 1-4 中，电源为 24V DC，输入点接线与 CPU SR30 相同。不同点在于输出点的接线，输出端子共分 2 组，Q0.0 ～ Q0.7 为第一组，公共端为 2L+、2M；Q1.0 ～ Q1.3 为第二组，公共端为 3L+、3M。根据负载性质的不同，输出回路电源只支持直流电源。

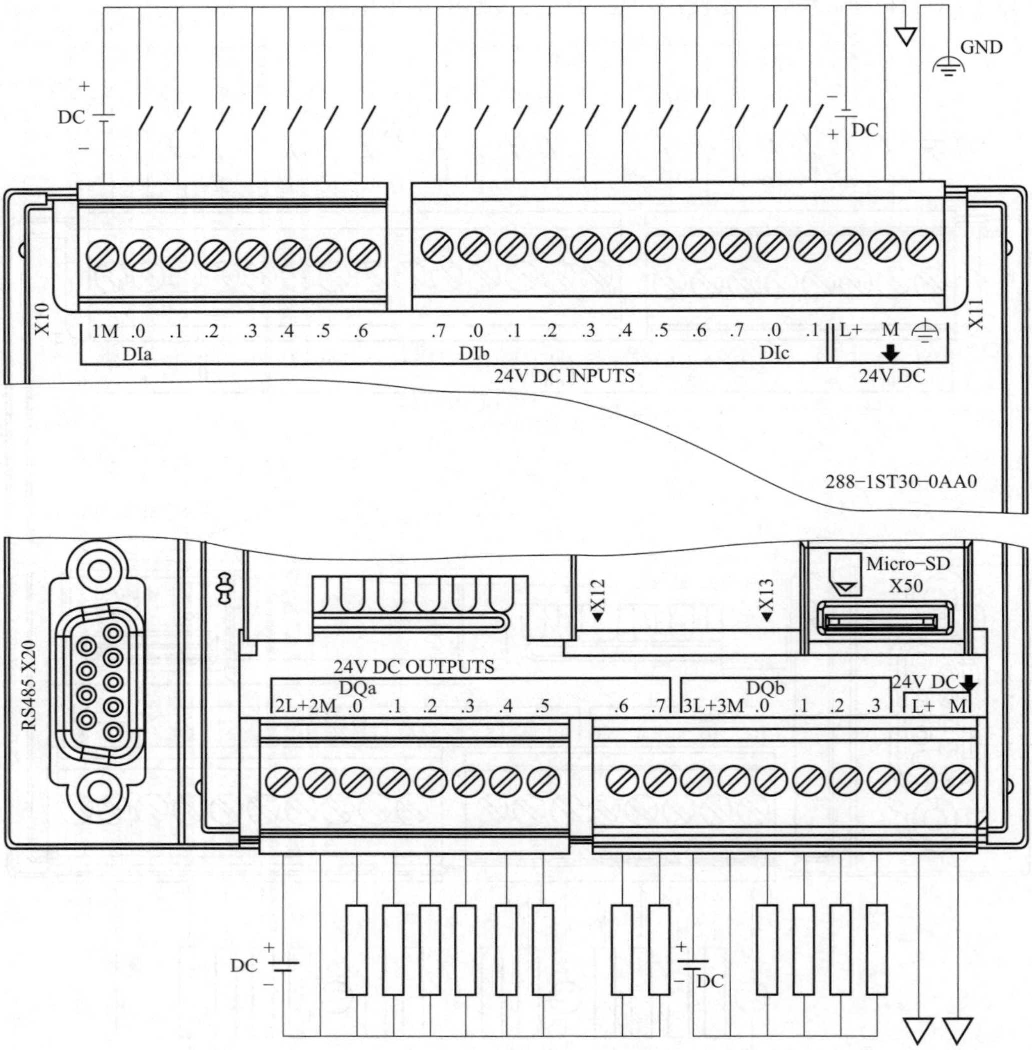

图 1-4　CPU ST30 的接线

编者心语

1. CPU SR×× 模块输出回路电源既支持直流型又支持交流型，有时候交流电源用多了，以为 CPU SR×× 模块输出回路电源不支持直流型，这是误区，需读者注意。

2. CPU ST×× 模块输出为晶体管型，输出端能发射出高频脉冲，常用于含有伺服电机和步进电机的运动量场合，这点 CPU SR×× 模块不具备。

3. 运动量场合，CPU ST×× 模块不能直接驱动伺服电机或步进电机，需配驱动器。伺服电机需配伺服电机驱动器，步进电机需配步进电机驱动器。驱动器的厂商很多，例如西门子、三菱、松下和和利时等，读者可根据需要，进行查找。

（3）CPU 模块与外围器件的接线

外围器件包括输入器件和输出器件。输入器件可分为触点型和电子型，触点型的输入器件如开关、按钮、行程开关和液位开关等，这类器件多为二线制；电子型输入器件如接近开关、光电开关、电感式传感器、电容式传感器和电磁流量计等，这类器件多为三线制。输出器件如接触器、继电器和电磁阀等。

① 输入器件与 CPU 模块的连接　输入器件如果是二线制，它的一端连接 CPU 模块的输入点，另一端经熔断器连接到输入回路电源的正极；输入器件如果是三线制，两根电源线正常供电，信号线连接到 CPU 模块的输入点上，如图 1-5 所示。

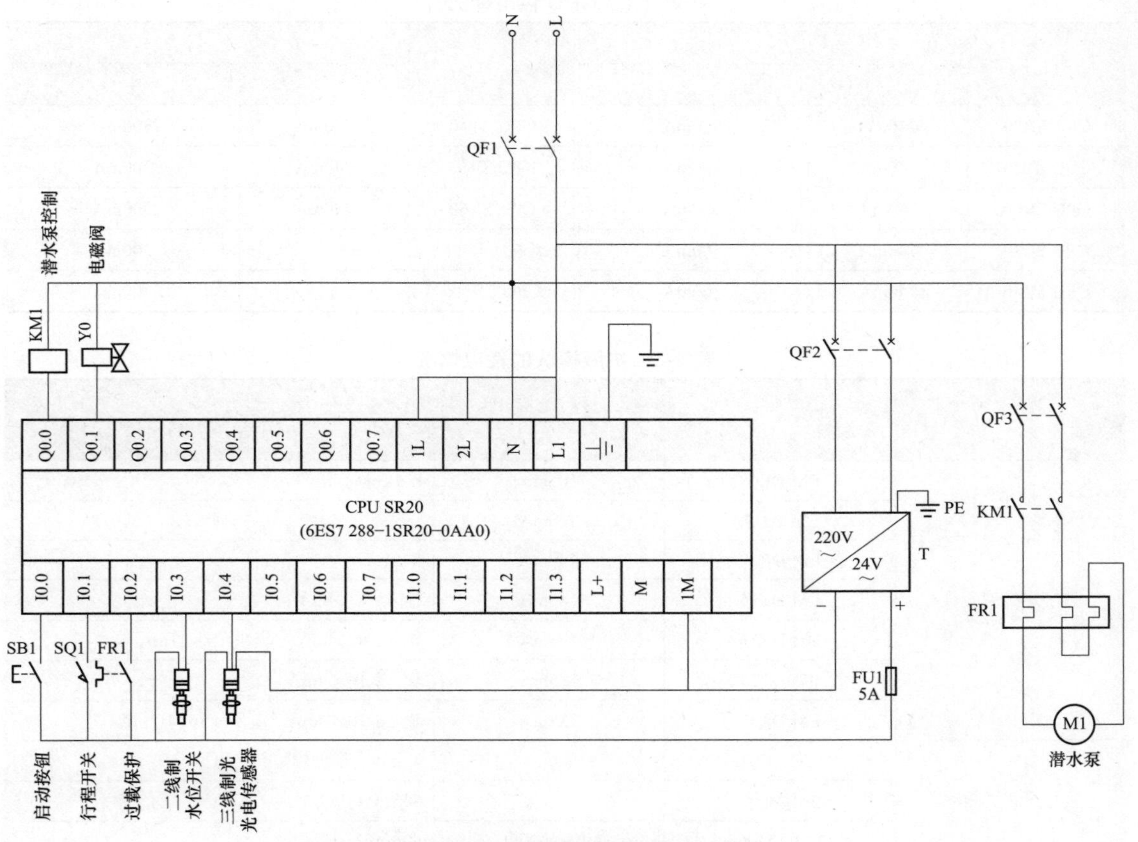


图 1-5　CPU 模块与外围器件的接线

② 输出器件与 CPU 模块的连接　输出器件的一端连接到 CPU 模块的输出点上，另一端连接到输出回路电源的负极，如图 1-5 所示。

## 1.2.3 S7-200 SMART PLC 电源需求与计算

（1）电源需求与计算概述

S7-200 SMART PLC 的 CPU 模块有内部电源，为 CPU 模块、扩展模块和信号板的正常工作供电。

当有扩展模块时，CPU 模块通过总线为扩展模块提供 5V DC 电源，因此要求所有的扩展模块消耗的 5V DC 不得超出 CPU 模块本身的供电能力。

每个 CPU 模块都有 1 个 24V DC 电源（L+、M），它可以为本机和扩展模块的输入点和输出回路继电器线圈提供 24V DC 电源，因此要求所有输入点和输出回路继电器线圈耗电不得超出 CPU 模块本身 24V DC 电源的供电能力。

基于以上两点考虑，在 PLC 控制系统的设计中，有必要对 S7-200 SMART PLC 电源需求进行计算。计算的理论依据是：CPU 供电能力表格和扩展模块的耗电表格。以上两个表格如表 1-2、表 1-3 所示。

表 1-2　CPU 供电能力

| CPU 型号 | 电流供应 | | CPU 型号 | 电流供应 | |
|---|---|---|---|---|---|
| | 5V DC | 24V DC（传感器电源） | | 5V DC | 24V DC（传感器电源） |
| CPU SR20 | 740mA | 300mA | CPU ST40 | 740mA | 300mA |
| CPU ST20 | 740mA | 300mA | CPU SR60 | 740mA | 300mA |
| CPU SR30 | 740mA | 300mA | CPU ST60 | 740mA | 300mA |
| CPU ST30 | 740mA | 300mA | CPU CR40s | — | 300mA |
| CPU SR40 | 740mA | 300mA | CPU CR60s | — | 300mA |

表 1-3　扩展模块的耗电情况

| 模块类型 | 型号 | 电流供应 | |
|---|---|---|---|
| | | 5V DC | 24V DC（传感器电源） |
| 数字量扩展模块 | EM DE08 | 105mA | 8×4mA |
| | EM DT08 | 120mA | — |
| | EM DR08 | 120mA | 8×11mA |
| | EM DT16 | 145mA | 输入：8×4mA；输出：— |
| | EM DR16 | 145mA | 输入：8×4mA；输出：8×11mA |
| | EM DT32 | 185mA | 输入：16×4mA；输出：— |
| | EM DR32 | 185mA | 输入：16×4mA；输出：16×11mA |
| 模拟量扩展模块 | EM AE04 | 80mA | 40mA（无负载） |
| | EM AQ02 | 80mA | 50mA（无负载） |
| | EM AM06 | 80mA | 60mA（无负载） |
| 热电阻扩展模块 | EM AR02 | 80mA | 40mA |
| 信号板 | SB AQ01 | 15mA | 40mA（无负载） |
| | SB DT04 | 50mA | 2×4mA |
| | SB RS-485/RS-232 | 50mA | 不适用 |

（2）电源需求与计算举例

某系统有 1 台 CPU SR20 模块，2 块数字量输出模块 EM DR08，3 块数字量输入模块 EM DE08，1 块模拟量输入模块 EM AE04，试计算电流消耗，看是否能用传感器电源 24V DC 供电。

解析：计算过程如表 1-4 所示。

经计算（具体见表 1-4），5V DC 电流差额 =105mA>0mA，24V DC 电流差额 =−12mA <0mA，5V CPU 模块提供的电量够用，24V CPU 模块提供的电量不足，因此这种情况下 24V 供电需外接直流电源，实际工程中干脆由外接 24V 直流电源供电，就不用 CPU 模块上的传感器电源（24V DC）了，以免出现扩展模块不能正常工作的情况。

表 1-4　某系统扩展模块耗电计算

| CPU 型号 | 电流供应 | | | CPU 型号 | 电流供应 | | |
|---|---|---|---|---|---|---|---|
| | 5V DC/mA | 24V DC（传感器电源）/mA | 备注 | | 5V DC/mA | 24V DC（传感器电源）/mA | 备注 |
| CPU SR20 | 740 | 300 | | EM DE08 | 105 | 32 | 8×4mA |
| 减去 | | | | EM DE08 | 105 | 32 | 8×4mA |
| EM DR08 | 120 | 88 | 8×11mA | EM AE04 | 80 | 40 | |
| EM DR08 | 120 | 88 | 8×11mA | 电流差额 | 105.00 | −12.00 | |
| EM DE08 | 105 | 32 | 8×4mA | | | | |

# 1.3 S7-200 SMART PLC 的数据类型、数据区划分与地址格式

## 1.3.1 数据类型

（1）数据类型

S7-200 SMART PLC 的指令系统所用的数据类型有：1 位布尔型（BOOL）、8 位字节型（BYTE）、16 位无符号整数型（WORD）、16 位有符号整数型（INT）、32 位符号双字整数型（DWORD）、32 位有符号双字整数型（DINT）和 32 位实数型（REAL）。

（2）数据长度与数据范围

在 S7-200 SMART PLC 中，不同的数据类型有不同的数据长度和数据范围。通常情况下，用位、字节、字和双字所占的连续位数表示不同数据类型的数据长度，其中布尔型的数据长度为 1 位，字节的数据长度为 8 位、字的数据长度为 16 位，双字的数据长度为 32 位。数据类型、数据长度和数据范围如表 1-5 所示。

表 1-5　数据类型、数据长度和数据范围

| 数据范围 / 数据类型（数据长度） | 无符号整数范围（十进制） | 有符号整数范围（十进制） |
|---|---|---|
| 布尔型（1 位） | 取值 0、1 | |
| 字节 B（8 位） | 0 ～ 255 | −128 ～ 127 |
| 字 W（16 位） | 0 ～ 65535 | −32768 ～ 32767 |
| 双字 D（32 位） | 0 ～ 4294967295 | −2147483648 ～ 2147483647 |

## 1.3.2 存储器数据区划分

S7-200 SMART PLC 的存储器有 3 个存储区，分别为程序区、系统区和数据区，如图 1-6 所示。

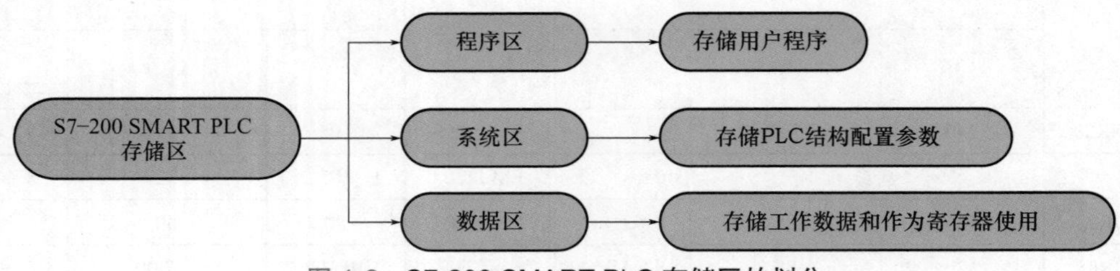


图 1-6　S7-200 SMART PLC 存储区的划分

程序区用来存储用户程序，存储器为 EEPROM；系统区用来存储 PLC 配置结构的参数，如 PLC 主机和扩展模块 I/O 配置和编制、PLC 站地址等，存储器为 EEPROM。

数据区是用户程序执行过程中的内部工作区域。该区域用来存储工作数据和作为寄存器使用，存储器为 EEPROM 和 RAM。数据区是 S7-200 SMART PLC 存储器的特定区域，具体如图 1-7 所示。

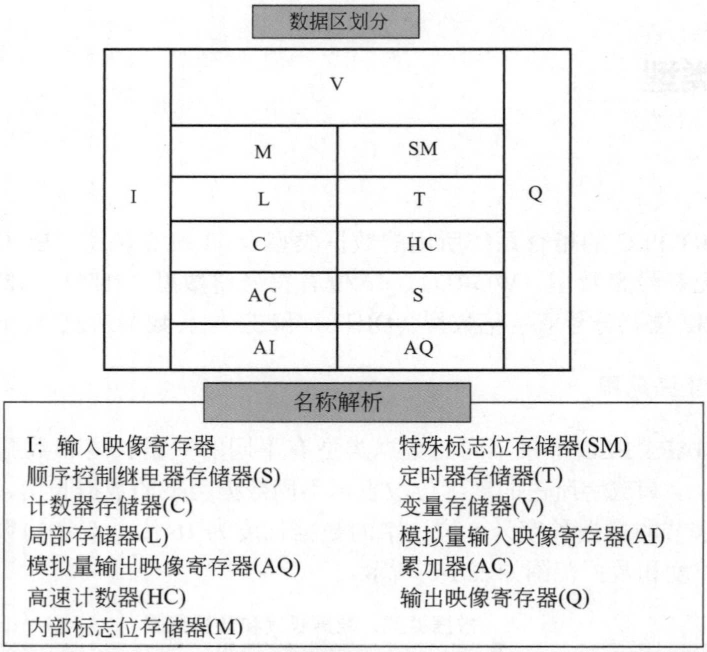

数据区划分

I　V　M　SM　L　T　C　HC　AC　S　AI　AQ　Q

名称解析

I：输入映像寄存器　特殊标志位存储器(SM)
顺序控制继电器存储器(S)　定时器存储器(T)
计数器存储器(C)　变量存储器(V)
局部存储器(L)　模拟量输入映像寄存器(AI)
模拟量输出映像寄存器(AQ)　累加器(AC)
高速计数器(HC)　输出映像寄存器(Q)
内部标志位存储器(M)

图 1-7　数据区划分示意图

（1）输入映像寄存器（I）与输出映像寄存器（Q）

① 输入映像寄存器（I）　输入映像寄存器是 PLC 用来接收外部输入信号的窗口，工程上经常将其称为输入继电器。在每个扫描周期的开始，CPU 都对各个输入点进行集中采样，并将相应的采样值写入输入映像寄存器中，这一过程可以形象地将输入映像寄存器比作输入

继电器来理解，如图 1-8 所示。在图 1-8 中，每个 PLC 的输入端子与相应的输入继电器线圈相连，当有外部信号输入时，对应的输入继电器线圈得电，即输入映像寄存器相应位写入“1”，程序中对应的常开触点闭合、常闭触点断开；当无外部输入信号时，对应的输入继电器线圈失电，即输入映像寄存器相应位写入“0”，程序中对应的常开触点和常闭触点保持原来状态不变。

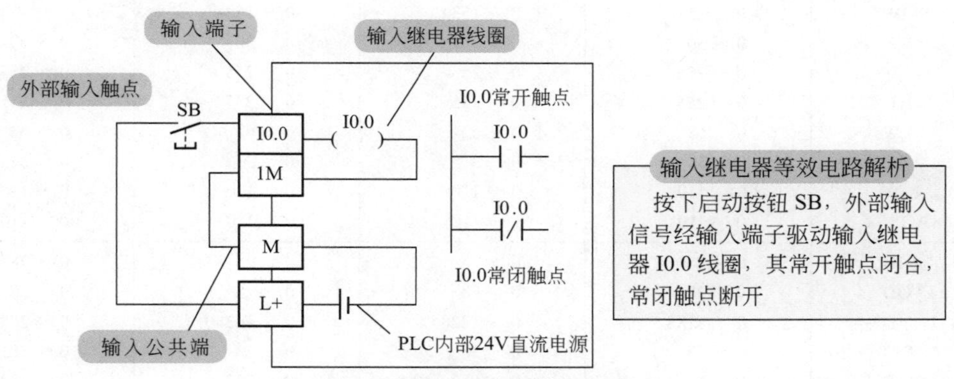


图 1-8　**输入继电器等效电路**

需要说明的是，输入映像寄存器中的数值只能由外部信号驱动，不能由内部指令改写；输入映像寄存器有无数个常开和常闭触点供编程时使用，且在编写程序时，只能出现输入继电器触点，不能出现线圈。

输入映像寄存器可采用位、字节、字和双字来存取。地址范围如表 1-6 所示。

② 输出映像寄存器（Q）　输出映像寄存器是 PLC 向外部负载发出控制命令的窗口，工程上经常将其称为输出继电器。在每个扫描周期的结尾，CPU 都会根据输出映像寄存器的数值来驱动负载，这一过程可以形象地将输出映像寄存器比作输出继电器，如图 1-9 所示。在图 1-9 中，每个输出继电器线圈都与相应输出端子相连，当有驱动信号输出时，输出继电

表 1-6　**S7-200 SMART PLC 操作数地址范围**

| 存储方式 | CPU SR20/ST20 | CPU SR30/T30 | CPU SR40/ST40 | CPU SR60/ST60 |
|---|---|---|---|---|
| 位存储 I | 0.0 ～ 31.7 | 0.0 ～ 31.7 | 0.0 ～ 31.7 | 0.0 ～ 31.7 |
| Q | 0.0 ～ 31.7 | 0.0 ～ 31.7 | 0.0 ～ 31.7 | 0.0 ～ 31.7 |
| V | 0.0 ～ 8191.7 | 0.0 ～ 12287.7 | 0.0 ～ 16383.7 | 0.0 ～ 20479.7 |
| M | 0.0 ～ 31.7 | 0.0 ～ 31.7 | 0.0 ～ 31.7 | 0.0 ～ 31.7 |
| SM | 0.0 ～ 1535.7 | 0.0 ～ 1535.7 | 0.0 ～ 1535.7 | 0.0 ～ 1535.7 |
| S | 0.0 ～ 31.7 | 0.0 ～ 31.7 | 0.0 ～ 31.7 | 0.0 ～ 31.7 |
| T | 0 ～ 255 | 0 ～ 255 | 0 ～ 255 | 0 ～ 255 |
| C | 0 ～ 255 | 0 ～ 255 | 0 ～ 255 | 0 ～ 255 |
| L | 0.0 ～ 63.7 | 0.0 ～ 63.7 | 0.0 ～ 63.7 | 0.0 ～ 63.7 |
| 字节存储 IB | 0 ～ 31 | 0 ～ 31 | 0 ～ 31 | 0 ～ 31 |
| QB | 0 ～ 31 | 0 ～ 31 | 0 ～ 31 | 0 ～ 31 |
| VB | 0 ～ 8191 | 0 ～ 8191 | 0 ～ 8191 | 0 ～ 8191 |
| MB | 0 ～ 31 | 0 ～ 31 | 0 ～ 31 | 0 ～ 31 |
| SMB | 0 ～ 1535 | 0 ～ 1535 | 0 ～ 1535 | 0 ～ 1535 |
| SB | 0 ～ 31 | 0 ～ 31 | 0 ～ 31 | 0 ～ 31 |
| LB | 0 ～ 63 | 0 ～ 63 | 0 ～ 63 | 0 ～ 63 |
| AC | 0 ～ 3 | 0 ～ 3 | 0 ～ 3 | 0 ～ 3 |

续表

| 存储方式 | CPU SR20/ST20 | CPU SR30/T30 | CPU SR40/ST40 | CPU SR60/ST60 |
|---|---|---|---|---|
| 字存储 IW | 0～30 | 0～30 | 0～30 | 0～30 |
| QW | 0～30 | 0～30 | 0～30 | 0～30 |
| VW | 0～8190 | 0～8190 | 0～8190 | 0～8190 |
| MW | 0～30 | 0～30 | 0～30 | 0～30 |
| SMW | 0～1534 | 0～1534 | 0～1534 | 0～1534 |
| SW | 0～30 | 0～30 | 0～30 | 0～30 |
| T | 0～255 | 0～255 | 0～255 | 0～255 |
| C | 0～255 | 0～255 | 0～255 | 0～255 |
| LW | 0～62 | 0～62 | 0～62 | 0～62 |
| AC | 0～3 | 0～3 | 0～3 | 0～3 |
| AIW | 0～110 | 0～110 | 0～110 | 0～110 |
| AQW | 0～110 | 0～110 | 0～110 | 0～110 |
| 双字存储 ID | 0～28 | 0～28 | 0～28 | 0～28 |
| QD | 0～28 | 0～28 | 0～28 | 0～28 |
| VD | 0～8188 | 0～12284 | 0～16380 | 0～20476 |
| MD | 0～28 | 0～28 | 0～28 | 0～28 |
| SMD | 0～532 | 0～532 | 0～532 | 0～532 |
| SD | 0～28 | 0～28 | 0～28 | 0～28 |
| LD | 0～60 | 0～60 | 0～60 | 0～60 |
| AC | 0～3 | 0～3 | 0～3 | 0～3 |
| HC | 0～3 | 0～3 | 0～3 | 0～3 |

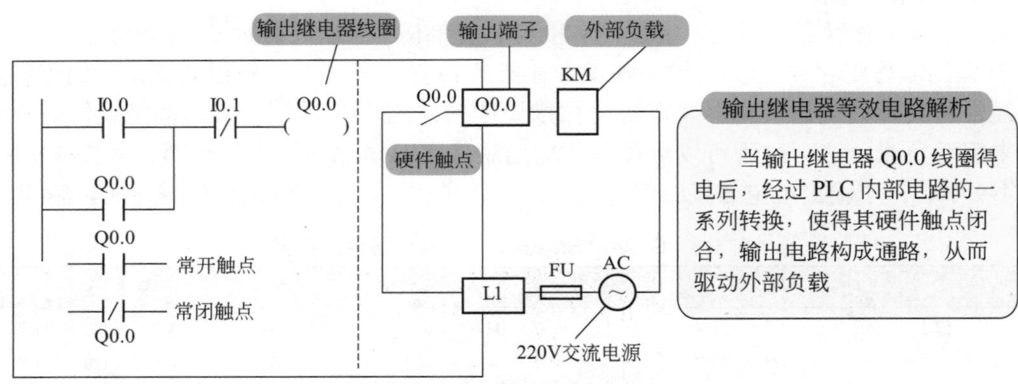


图 1-9　**输出继电器等效电路**

器线圈得电，对应的常开触点闭合，从而驱动了负载。反之，则不能驱动负载。

需要指出的是，输出继电器线圈的通断状态只能由内部指令驱动，即输出映像寄存器的数值只能由内部指令写入；输出映像寄存器有无数个常开和常闭触点供编程时使用，且在编写程序时，输出继电器触点、线圈都能出现，且线圈的通断状态表示程序最终的运算结果，这与下面要讲的辅助继电器有着明显的区别。

输出映像寄存器可采用位、字节、字和双字来存取。地址范围如表 1-6 所示。

③ PLC 工作原理的理解　下面将对 PLC 工作原理的理解加以说明，等效电路如图 1-10 所示。

### （2）内部标志位存储器（M）

内部标志位存储器在实际工程中常称作辅助继电器，其作用相当于继电器控制电路中的

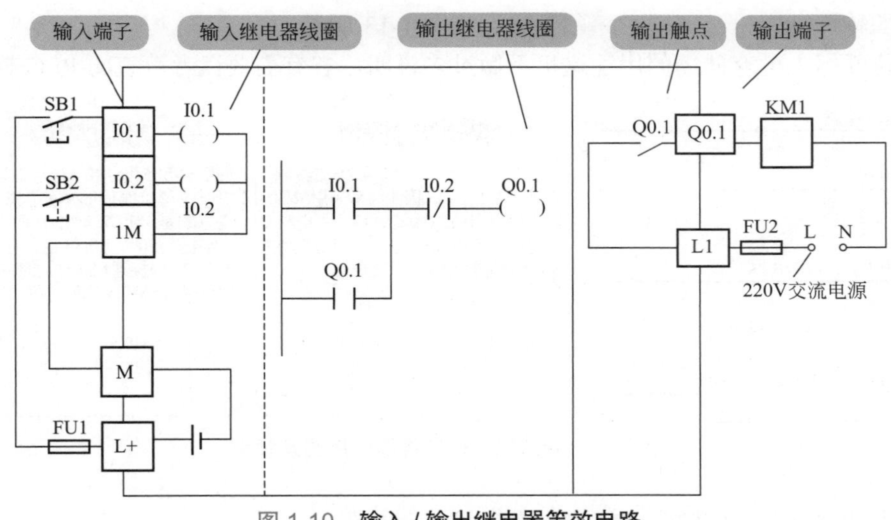


图 1-10　**输入 / 输出继电器等效电路**

**等效电路解析**

按下启动按钮 SB1 时，输入继电器 I0.1 线圈得电，其常开触点 I0.1 闭合，输出继电器 Q0.1 线圈得电并自锁，其输出接口模块硬件常开触点 Q0.1 闭合，输出电路构成通路，外部负载得电；当按下停止按钮 SB2 时，输入继电器 I0.2 线圈得电，其常闭触点 I0.2 断开，输出继电器 Q0.1 线圈失电，其输出接口模块常开触点 Q0.1 复位断开，输出电路形成断路，外部负载断电

中间继电器，它用于存放中间操作状态或存储其他相关数据，如图 1-11 所示。内部标志位存储器在 PLC 中无相应的输入、输出端子对应，辅助继电器线圈的通断只能由内部指令驱动，且每个辅助继电器都有无数对常开、常闭触点供编程使用。辅助继电器不能直接驱动负载，它只能通过本身的触点与输出继电器线圈相连，由输出继电器实现最终的输出，从而达到驱动负载的目的。

内部标志位存储器可采用位、字节、字和双字来存取。地址范围如表 1-6 所示。

（3）特殊标志位存储器（SM）

有些内部标志位存储器具有特殊功能或用来存储系统的状态变量和有关控制参数和信息，这样的内部标志位存储器被称为特殊标志位存储器。它用于 CPU 与用户之间的信息交换。

常用的特殊标志位存储器如图 1-12 所示。

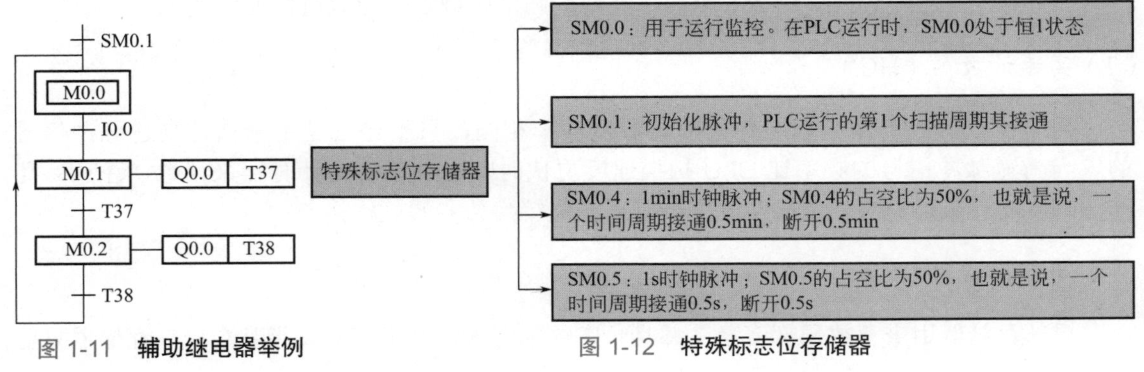


图 1-11　**辅助继电器举例**

图 1-12　**特殊标志位存储器**

常用的特殊标志位存储器时序图及举例如图 1-13 所示。

其他特殊标志位存储器的用途这里不做过多说明，若有需要读者可查阅 PLC 软件手册。

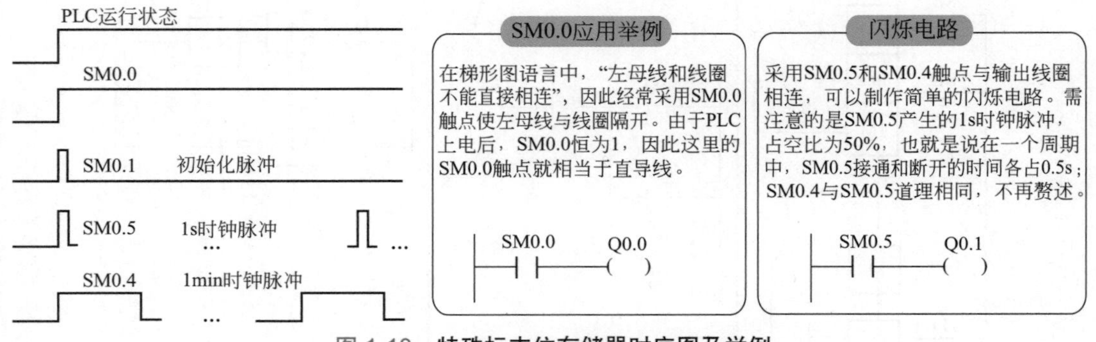


图 1-13 **特殊标志位存储器时序图及举例**

（4）顺序控制继电器存储器（S）

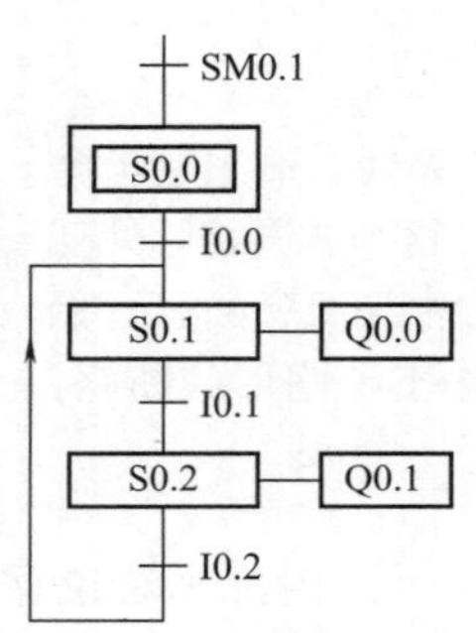


图 1-14 **顺序控制继电器存储器举例**

顺序控制继电器用于顺序控制（也称步进控制），与辅助继电器一样也是顺序控制编程中的重要编程元件之一，它通常与顺序控制继电器指令（也称步进指令）联用以实现顺序控制编程。

顺序控制继电器存储器可采用位、字节、字和双字来存取，地址范围如表 1-6 所示。需要说明的是，顺序控制继电器存储器的顺序功能图与辅助继电器的顺序功能图基本一致，具体如图 1-14 所示。

（5）定时器存储器（T）

定时器相当于继电器控制电路中的时间继电器，它是 PLC 中的定时编程元件。按其工作方式的不同可以将其分为通电延时型定时器、断电延时型定时器和保持型通电延时定时器 3 种。定时时间 = 预置值 × 时基，其中预置值在编程时设定，时基有 1ms、10ms 和 100ms 3 种。定时器的位存取有效地址范围为 T0 ～ T255，因此定时器共计 256 个。在编程时定时器可以有无数个常开和常闭触点供用户使用。

（6）计数器存储器（C）

计数器是 PLC 中常用的计数元件，它用来累计输入端的脉冲个数。按其工作方式的不同可以将其分为加计数器、减计数器和加减计数器 3 种。计数器的位存取有效地址范围为 C0 ～ C255，因此计数器共计 256 个，但其常开和常闭触点有无数对供编程使用。

（7）高速计数器（HC）

高速计数器的工作原理与普通的计数器基本相同，只不过它是用来累计高速脉冲信号的。当高速脉冲信号的频率比 CPU 扫描速度更快时，必须用高速计时器来计数。注意，高速计时器的计数过程与扫描周期无关，它是一个较为独立的过程。

（8）局部存储器（L）

局部存储器用来存放局部变量，并且只在局部有效，局部有效是指某个局部存储器只能在某一程序分区（主程序、子程序和中断程序）中被使用。它可按位、字节、字和双字来存取，地址范围如表 1-6 所示。

（9）变量存储器（V）

变量存储器与局部存储器十分相似，只不过变量存储器存放的是全局变量，它用在程序执行的控制过程中，控制操作中间结果或其他相关数据，变量存储器全局有效，全局有效是指同一个存储器可以在任意程序分区（主程序、子程序和中断程序）被访问。它和局部存储器一样可按位、字节、字和双字来存取，地址范围如表 1-6 所示。

（10）累加器（AC）

累加器用来暂时存储计算中间值的存储器，也可向子程序传递参数或返回参数。S7-200 SMART PLC 的 CPU 提供了 4 个 32 位累加器（AC0、AC1、AC2、AC3），可按字节、字和双字存取累加器中的数值。累加器的有效地址为 AC0 ～ AC3。

（11）模拟量输入映像寄存器（AI）

模拟量输入模块将外部输入连续变化的模拟量信号通过 A/D（模数转换）转换为 1 个字长（16 位）的数字量信号，并存放在模拟量输入映像寄存器中，供 CPU 运算和处理。模拟量输入映像寄存器中的数值为只读值，且模拟量输入映像寄存器的地址必须使用偶数字节地址来表示，如 AIW2、AIW4 等。模拟量输入映像寄存器的地址编号范围因 CPU 模块型号的不同而不同，地址编号范围为：AIW0 ～ AIW110。

（12）模拟量输出映像寄存器（AQ）

CPU 运算相关结果存放在模拟量输出映像寄存器中，将 1 个字长（16 位）的数字量信号通过 D/A（数模转换）转换为模拟量输出信号，用以驱动外部模拟量控制设备。和模拟量输入映像寄存器一样，模拟量输出映像寄存器中的数值也为只读值，且模拟量输出映像寄存器的地址也必须使用偶数字节地址来表示，如 AQW2、AQW4 等，地址编号范围为：AQW0 ～ AQW110。

## 1.3.3 数据区存储器的地址格式

存储器由许多存储单元组成，每个存储单元都有唯一的地址，在寻址时可以依据存储器的地址来存储数据。数据区存储器的地址格式有如下几种。

① 位地址格式　位是最小的存储单位，常用 0、1 两个数值来描述各元件的工作状态。当某位取值为 1 时，表示线圈闭合，对应触点发生动作，即常开触点闭合、常闭触点断开；当某位取值为 0 时，表示线圈断开，对应触点发生动作，即常开触点断开、常闭触点闭合。

数据区存储器位地址格式可以表示为：区域标识符 + 字节地址 + 字节与位分隔符 + 位号。例如：I1.5，如图 1-15 所示，其中第 0 位为最低位（LSB），第 7 位为最高位（MSB）。

② 字节地址格式　相邻的 8 位二进制数组成一个字节。字节地址格式可以表示为：区域标识符 + 字节长度符 B+ 字节号。例如：QB0 表示由 Q0.0 ～ Q0.7 这 8 位组成的字节，如

图 1-16 所示。

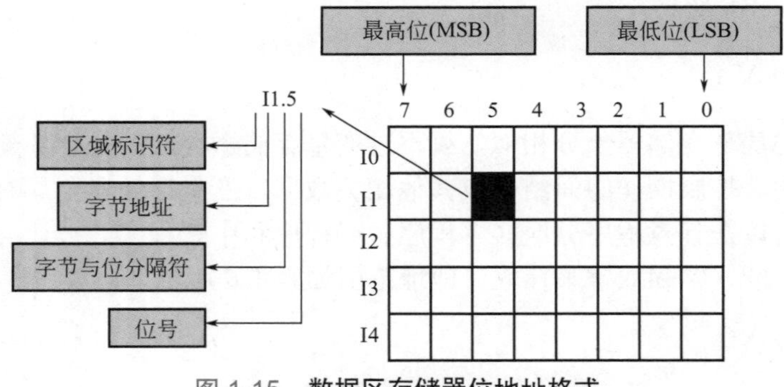


图 1-15　数据区存储器位地址格式

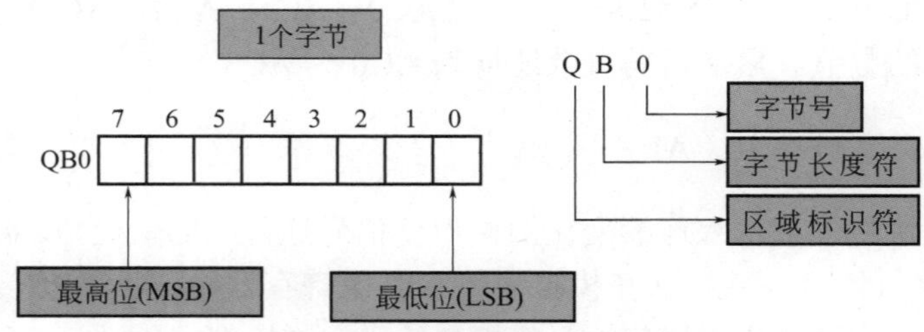


图 1-16　数据区存储器字节地址格式

③ 字地址格式　两个相邻的字节组成一个字。字地址格式可以表示为：区域标识符 + 字长度符 W+ 起始字节号，且起始字节为高有效字节。例如：VW100 表示由 VB100 和 VB101 这 2 个字节组成的字，如图 1-17 所示。

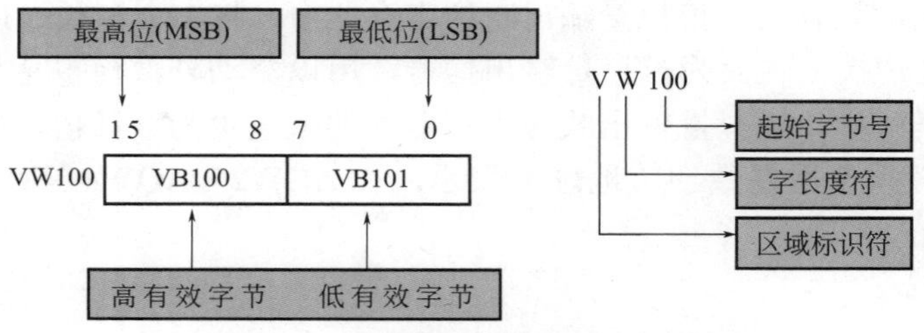


图 1-17　数据区存储器字地址格式

④ 双字地址格式　相邻的两个字组成一个双字。双字地址格式可以表示为：区域标识符 + 双字长度符 D+ 起始字节号，且起始字节为最高有效字节。例如：VD100 表示由 VB100 ～ VB103 这 4 个字节组成的双字，如图 1-18 所示。

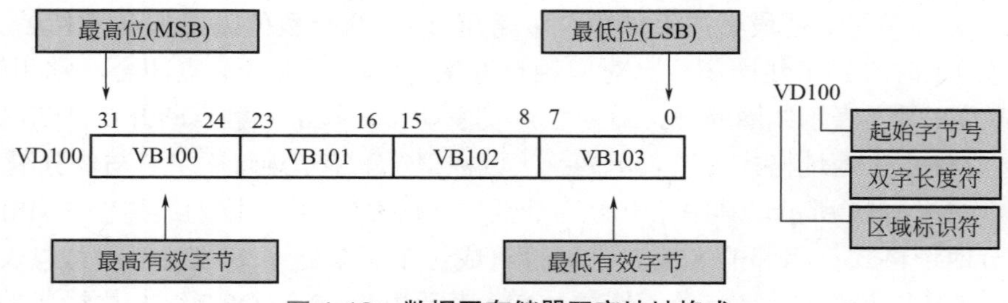


图 1-18　数据区存储器双字地址格式

需要说明的是，以上区域标识符与图 1-7 一致。

# 1.4 S7-200 SMART PLC 的寻址方式

在执行程序的过程中，处理器根据指令中所给的地址信息来寻找操作数存放地址的方式叫寻址方式。S7-200 SMART PLC 的寻址方式有立即寻址、直接寻址和间接寻址，如图 1-19 所示。

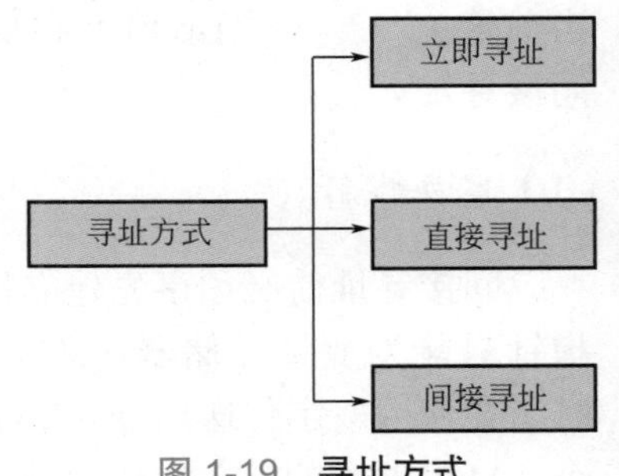


图 1-19　寻址方式

## 1.4.1 立即寻址

可以立即进行运算操作的数据叫立即数，对立即数直接进行读写的操作寻址称为立即寻址。立即寻址可用于提供常数和设置初始值等。立即寻址的数据在指令中常常以常数的形式出现，常数可以为字节、字、双字等数据类型。CPU 通常以二进制方式存储所有常数，指令中的常数也可按十进制、十六进制、ASCII 等形式表示，具体格式如下。

二进制格式：在二进制数前加 2# 表示二进制格式，如 2#1010。

十进制格式：直接用十进制数表示即可，如 8866。

十六进制格式：在十六进制数前加 16# 表示十六进制格式，如 16#2A6E。

ASCII 码格式：用单引号 ASCII 码文本表示，如 ‘Hi’。

需要指出，“#”为常数格式的说明符，若无“#”则默认为十进制。

**编者心语**

此段文字很短，但点明了数值的格式，请读者加以重视，尤其是在功能指令中，对此应用很多。

## 1.4.2 直接寻址

直接寻址是指在指令中直接使用存储器或寄存器地址编号，直接到指定的区域读取或写入数据。直接寻址有位、字节、字和双字等寻址格式，如 I1.5、QB0、VW100、VD100，具体图例与图 1-15 ～图 1-18 大致相同，这里不再赘述。

需要说明的是，位寻址的存储区域有：I、Q、M、SM、L、V、S；字节、字、双字寻址的存储区域有：I、Q、M、SM、L、V、S、AI、AQ。

## 1.4.3 间接寻址

间接寻址是指数据存放在存储器或寄存器中，在指令中只出现所需数据所在单元的内存地址，即指令给出的是存放操作数地址的存储单元的地址，我们把存储单元地址的地址称为地址指针。在 S7-200 SMART PLC 中只允许使用指针对 I、Q、M、L、V、S、T（仅当前值）、C（仅当前值）存储区域进行间接寻址，而不能对独立位（bit）或模拟量进行间接寻址。

（1）建立指针

间接寻址前必须事先建立指针，指针为双字（即 32 位），存放的是另一个存储器的地址，指针只能为变量存储器（V）、局部存储器（L）或累加器（AC1、AC2、AC3）。建立指针时，要使用双字传送指令（MOVD）将数据所在单元的内存地址传送到指针中，双字传送指令（MOVD）的输入操作数前需加“&”号，表示送入的是某一存储器的地址而不是存储器中的内容，例如“MOVD & VB200，AC1”指令，表示将 VB200 的地址送入累加器 AC1 中，其中累加器 AC1 就是指针。

（2）利用指针存取数据

在利用指针存取数据时，指令中的操作数前需加“*”号，表示该操作数作为指针，如“MOVW *AC1，AC0”指令，表示把 AC1 中的内容送入 AC0 中，如图 1-20 所示。

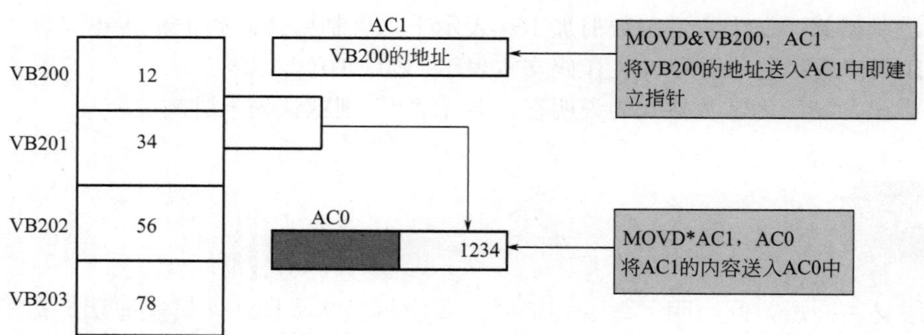


图 1-20　间接寻址图示

（3）间接寻址举例

用累加器（AC1）作地址指针，将变量存储器 VB200、VB201 中的 2 个字节数据内容 1234 移入标志位寄存器 MB0、MB1 中。

解析：如图 1-21 所示。

① 建立指针，用双字节移位指令 MOVD 将 VB200 的地址移入 AC1 中；

② 用字移位指令 MOVW 将 AC1 中的地址 VB200 所存储的内容（VB200 中的值为 12，VB201 中的值为 34）移入 MW0 中。

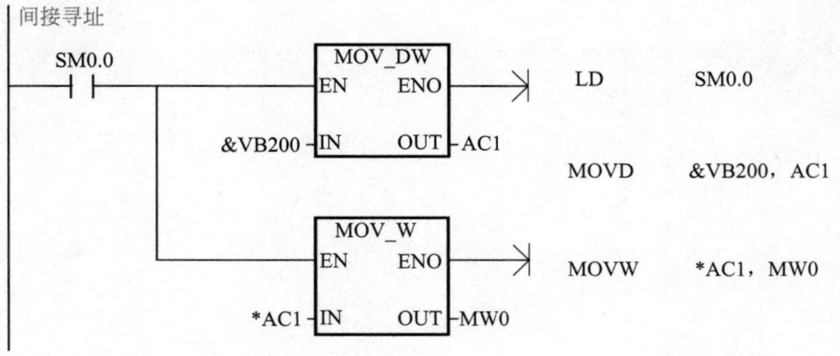
间接寻址
SM0.0
MOV_DW
EN
ENO
&VB200
IN
OUT
AC1
MOV_W
EN
ENO
*AC1
IN
OUT
MW0
LD SM0.0
MOVD &VB200，AC1
MOVW *AC1，MW0

(a) 梯形图　　(b) 语句表

图 1-21　**间接寻址举例**

# 第 2 章 S7-200 SMART PLC 编程软件快速应用

SIEMENS

本章要点

- 编程软件的界面
- 项目创建与硬件组态
- 程序输入、下载及调试

STEP 7-Micro/WIN SMART 是西门子公司专门为 S7-200 SMART PLC 设计的编程软件，其功能强大，可在 Windows XP SP3 和 Windows 7 操作系统上运行，支持梯形图、语句表、功能块图 3 种语言，可进行程序的编辑、监控、调试和组态。其安装文件还不足 100MB。在沿用 STEP 7-Micro/WIN 优秀编程理念的同时，还有更多的人性化设计，使编程更容易上手，项目开发更加高效。

本书以 STEP 7-Micro/WIN SMART V2.3 编程软件为例，对相关知识进行讲解。

## 2.1 STEP 7-Micro/WIN SMART 编程软件的界面

STEP 7-Micro/WIN SMART 编程软件的界面如图 2-1 所示。其界面主要包括快速访问工具栏、导航栏、项目树、菜单栏、程序编辑器、窗口选项卡和状态栏。

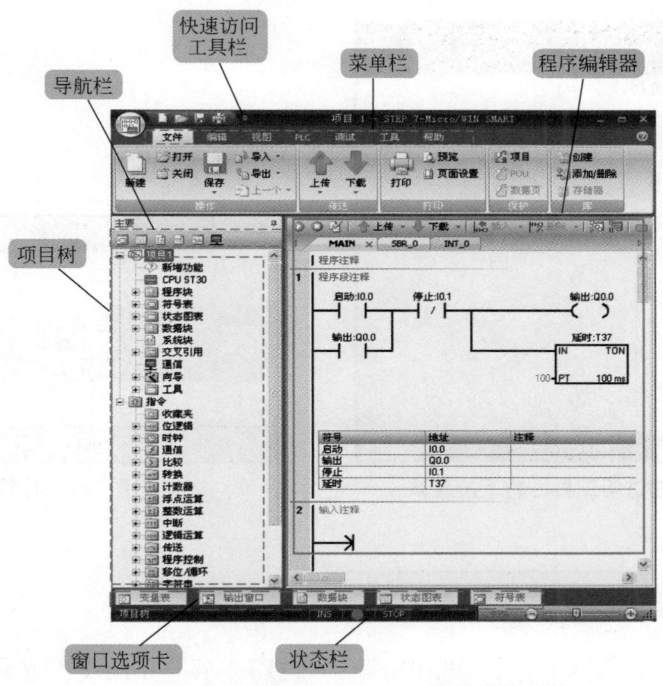


图 2-1　STEP 7-Micro/WIN SMART 操作界面

(1) 快速访问工具栏

快速访问工具栏位于菜单栏的上方，如图 2-2 所示。单击“快速访问文件”按钮，可以简捷快速地访问“文件”菜单下的大部分功能和最近文档。单击“快速访问文件”按钮出现的下拉菜单如图 2-3 所示。快速访问工具栏上的其余按钮分别为新建、打开、保存和打印等。

此外，单击▾还可以自定义快速访问工具栏。

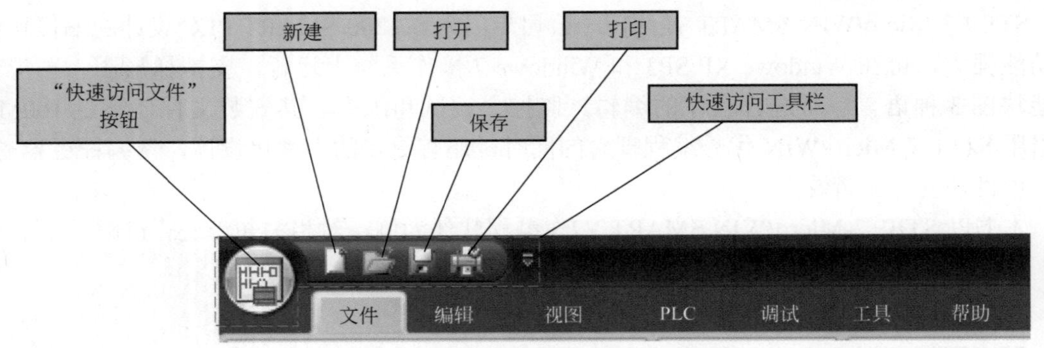


图 2-2 **快速访问工具栏**

(2) 导航栏

导航栏位于项目树的上方，导航栏上有符号表、状态图表、数据块、系统块、交叉引用和通信几个按键，如图 2-4 所示。单击相应按键，可以直接打开项目树中的对应选项。

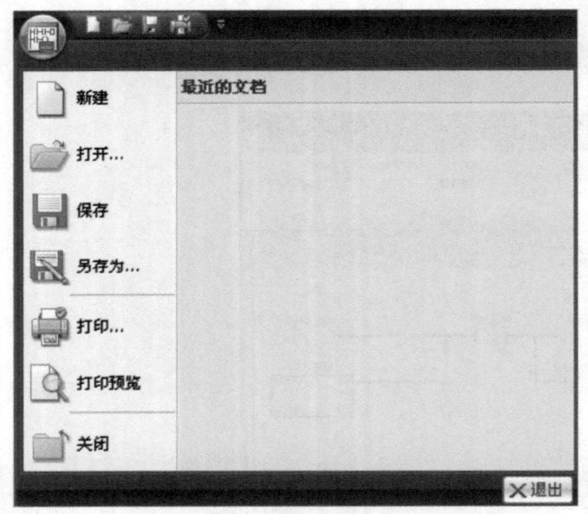


图 2-3 **快速访问工具栏的下拉菜单**

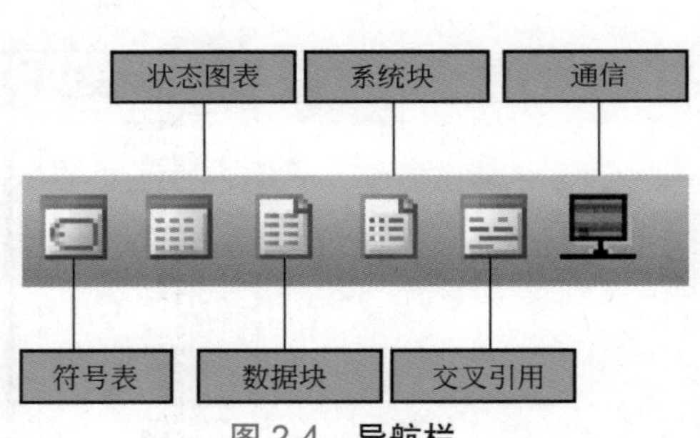


图 2-4 **导航栏**

编者心语

1. 符号表、状态图表、系统块和通信几个选项非常重要，读者应予以重视。符号表对程序起到注释作用，增加程序的可读性；状态图表用于调试时监控变量的状态；系统块用于硬件组态；通信按钮设置通信信息。

2. 各按键的名称读者无须死记硬背，将鼠标放在按键上，就会出现它们的名称。

(3) 项目树

项目树位于导航栏的下方，如图 2-5 所示。项目树有两大功能：组织编辑项目和提供指令。

① 组织编辑项目

a. 双击"系统块"或"▬"，可以进行硬件组态。

b. 单击“程序块”文件夹前的“⊞”，“程序块”文件夹会展开。右键可以插入子程序或中断程序。

c. 单击“符号表”文件夹前的“⊞”，“符号表”文件夹会展开。右键可以插入新的符号表。

d. 单击“状态图表”文件夹前的“⊞”，“状态图表”文件夹会展开。右键可以插入新的状态图表。

e. 单击“向导”文件夹前的“⊞”，“向导”文件夹会展开，操作者可以选择相应的向导。常用的向导有运动向导、PID 向导和高速计数器向导。

② 提供相应的指令　单击相应指令文件夹前的“⊞”时，相应的指令文件夹会展开，操作者双击或拖拽相应的指令，相应的指令会出现在程序编辑器的相应位置。

此外，项目树右上角有一小钉，当小钉为竖放“ ”时，项目树位置会固定；当小钉为横放“ ”时，项目树会自动隐藏。小钉隐藏时，会扩大程序编辑器的区域。

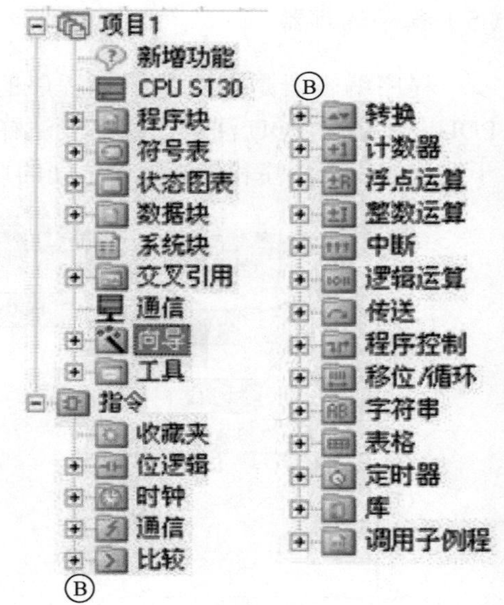


图 2-5　**项目树**

（4）菜单栏

菜单栏包括文件、编辑、视图、PLC、调试、工具和帮助 7 个菜单项，相应菜单的展开如图 2-6 所示。

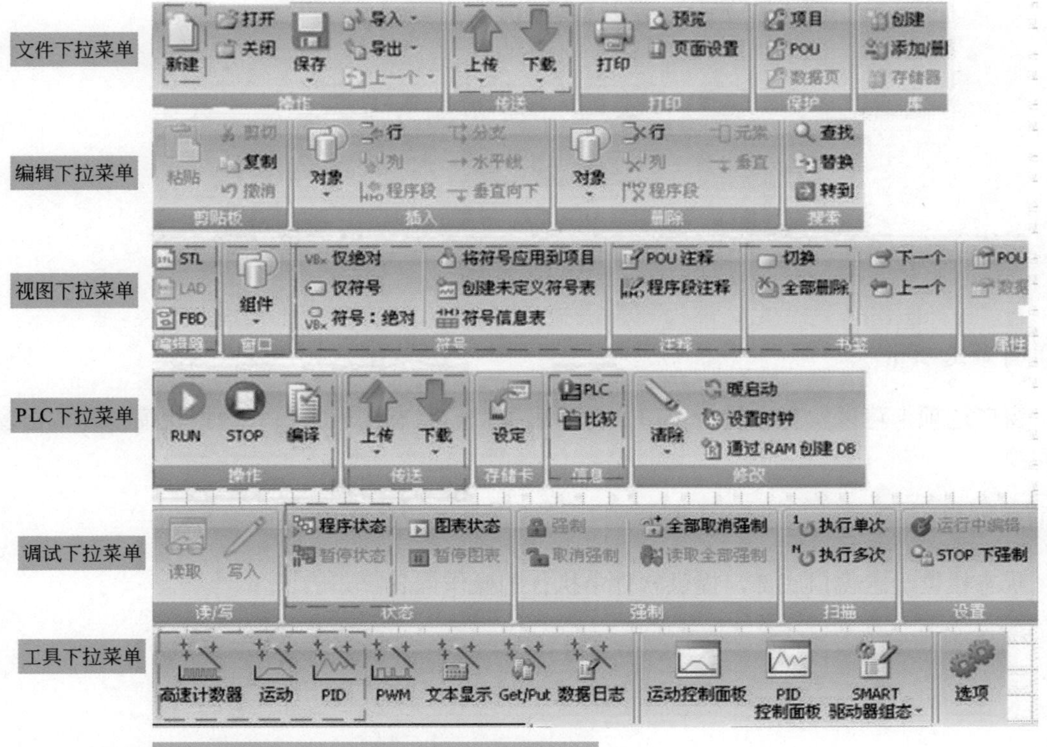


图 2-6　**菜单各项的下拉菜单**

（5）程序编辑器

程序编辑器是编写和编辑程序的区域，如图 2-7 所示。程序编辑器主要包括工具栏、POU 选择器、POU 注释、程序段注释等。其中，工具栏详解如图 2-8 所示。POU 选择器用于主程序、子程序和中断程序之间的切换。

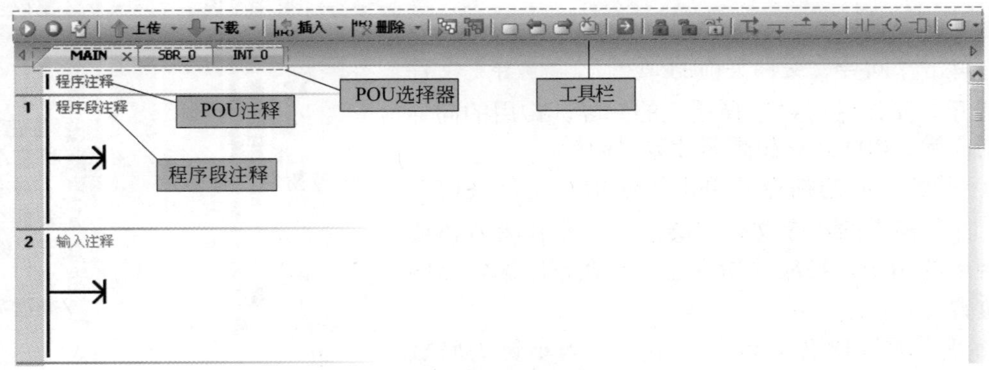


图 2-7　**程序编辑器**

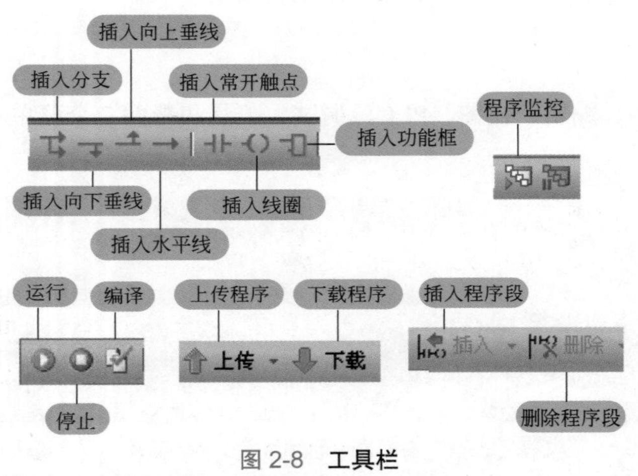


图 2-8　**工具栏**

（6）窗口选项卡

窗口选项卡可以实现变量表窗口、符号表窗口、状态图表窗口、数据块窗口和输出窗口的切换。

（7）状态栏

状态栏位于主窗口底部，提供软件中执行的操作信息。

# 2.2 STEP 7-Micro/WIN SMART 编程软件应用举例

## 2.2.1 项目要求

以图 2-9 为例，完整地介绍一下硬件组态、程序输入、注释、编译、下载和监控的全过程。本例中系统硬件有 CPU ST20、1 块模拟量输出信号板、1 块 4 路模拟量输入模块和 1 块 8 路数字量输入模块。

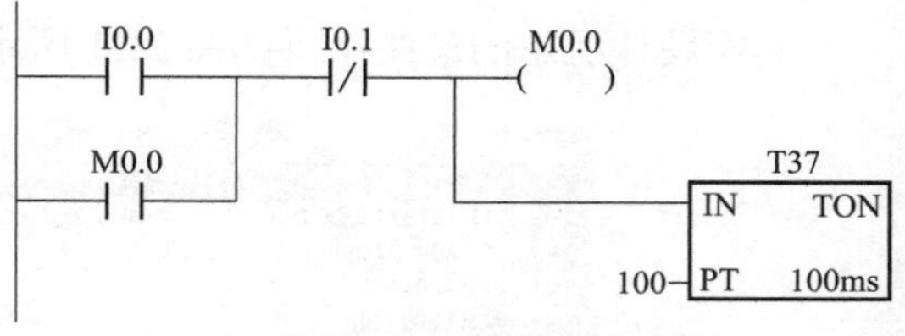


图 2-9　新建一个完整的项目

## 2.2.2 任务实施

（1）创建项目

双击桌面上的 STEP 7-Micro/WIN SMART 编程软件图标，打开编程软件界面。单击“文件”下拉菜单下的新建按钮，创建一个新项目。

（2）硬件组态

双击项目树中的“系统块”图标，打开“系统块”的界面，如图 2-10 所示。在此界面中，进行硬件组态。

系统块

| | 模块 | 版本 | 输入 | 输出 | 订货号 |
|---|---|---|---|---|---|
| CPU | CPU ST40 (DC/DC/DC) | V02.01.00_00.00... | I0.0 | Q0.0 | 6ES7 288-1ST40-0AA0 |
| SB | | | | | |
| EM 0 | | | | | |
| EM 1 | | | | | |
| EM 2 | | | | | |
| EM 3 | | | | | |
| EM 4 | | | | | |
| EM 5 | | | | | |

通信
数字量输入
I0.0 - I0.7
I1.0 - I1.7
I2.0 - I2.7
数字量输出
保持范围
安全
启动

以太网端口
IP 地址数据固定为下面的值，不能通过其它方式更改
IP 地址：
子网掩码：
默认网关：
站名称：
背景时间
选择通信背景时间 (5 - 50%)
10
RS485 端口
通过 RS485 端口设置可调整 HMI 用来通信的通信参数.
地址：: 2
波特率：: 9.6 kbps
确定　取消

图 2-10　系统块展开界面

① 系统块表格的第 1 行是 CPU 型号的设置。在第 1 行的第 1 列处，可以单击图标▼，选择与实际硬件匹配的 CPU 型号。本例 CPU 型号选择 CPU ST20（DC/DC/DC）。

② 系统块表格的第 2 行是信号板的设置。在第 2 行的第 1 列处，可以单击图标▼，选择与实际信号板匹配的类型。本例信号板型号选择 SB AQ01（1AQ）。

③ 系统块表格的第 3 ～ 8 行可以设置扩展模块。扩展模块包括数字量扩展模块、模拟量扩展模块、热电阻扩展模块和热电偶扩展模块。本例中，第 3 行第 1 列选择 4 路模拟量输入模块，型号为 EM AE04（4AI）；第 4 行第 1 列选择 8 路数字量输入模块，型号为 EM DE04（8DI）。

本例硬件组态的最终结果如图 2-11 所示。

系统块

| | 模块 | 版本 | 输入 | 输出 | 订货号 |
|---|---|---|---|---|---|
| CPU | CPU ST20 (DC/DC/DC) | V02.02.00_00.00... | I0.0 | Q0.0 | 6ES7 288-1ST20-0AA0 |
| SB | SB AQ01 (1AQ) | | | AQW12 | 6ES7 288-5AQ01-0AA0 |
| EM 0 | EM AE04 (4AI) | | AIW16 | | 6ES7 288-3AE04-0AA0 |
| EM 1 | EM DE08 (8DI) | | I12.0 | | 6ES7 288-2DE08-0AA0 |
| EM 2 | | | | | |
| EM 3 | | | | | |

图 2-11　**硬件组态的最终结果**

本例中，硬件组态时，特别需要注意的是模拟量输入模块参数的设置。了解西门子 S7-200 PLC 的读者都知道，模拟量模块的类型和范围均由拨码开关来设置，而 S7-200 SMART PLC 模拟量模块的类型和范围由软件来设置。

先选中模拟量输入模块，再选中要设置的通道，模拟量的类型有电压和电流两类，电压范围有 3 种：±2.5V、±5V、±10V；电流范围只有 1 种：0 ～ 20mA。

值得注意的是，通道 0 和通道 1 的类型相同，通道 2 和通道 3 的类型相同，具体设置如图 2-12 所示。

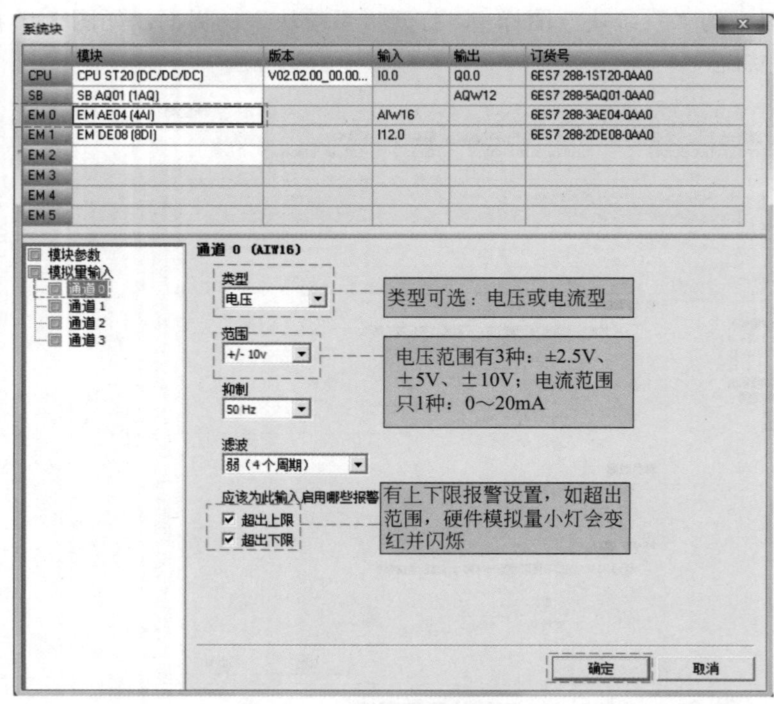


图 2-12　**组态模拟量输入**

**编者心语**

1. 硬件组态的目的是生成 1 个与实际硬件系统完全相同的系统。硬件组态包括 CPU 型号、扩展模块和信号板的添加，以及它们相关参数的设置。

2. S7-200 SMART PLC 硬件组态有些类似 S7-1200 PLC 和 S7-300/400 PLC，注意输入、输出点的地址是系统自动分配的，操作者不能更改，编程时要严格遵守系统的地址分配。例如图 2-12 中，第 3、4 列为软件自动分配的输入、输出点的起始地址，操作者编程时应遵循此地址分配，不得改变。

3. 硬件组态时，设备的选择型号必须和实际硬件完全匹配，否则控制无法实现。

（3）程序输入

生成新项目后，系统会自动打开主程序 MAIN（OB1），操作者先将光标定位在程序编辑器中要放元件的位置，然后就可以进行程序输入了。

程序输入常用的有两种方法：①用程序编辑器中的工具栏输入；②用键盘上的快捷键输入。

**编者心语**

1. 用程序编辑器中的工具栏进行输入。

单击按钮，出现下拉菜单，选择┤ ├，可以输入常开触点；单击按钮，出现下拉菜单，选择┤/├，可以输入常闭触点；单击按钮，可以输入线圈；单击按钮，可以输入功能框；单击按钮，可以插入分支；单击按钮，可以插入向下垂线；单击按钮，可以插入向上垂线；点击按钮，可以插入水平线。

2. 用键盘上的快捷键输入。

触点快捷键 F4；线圈快捷键 F6；功能块快捷键 F9；分支快捷键“Ctrl+ ↓”；向上垂线快捷键“Ctrl+ ↑”；水平线快捷键“Ctrl+ →”。

输入完元件后，根据实际编程的需要，必须将相应元件赋予相应的地址。

本例程序输入的最终结果如图 2-13 所示。具体操作如下。

解法（一），用工具栏输入：生成项目后，将矩形光标定位在程序段 1 的最左边［见图 2-13（a）］；单击程序编辑器工具栏上的触点按钮，会出现 1 个下拉菜单，选择常开触点┤ ├，在矩形光标处会出现一个常开触点［见图 2-13（b）］，由于未给常开触点赋予地址，因此此时触点上方有红色问号??.?；将常开触点赋予地址 I0.0，光标会移动到常开触点的右侧［见图 2-13（c）］。

单击工具栏上的触点按钮，会出现 1 个下拉菜单，选择常闭触点┤/├，在矩形光标处会出现一个常闭触点［见图 2-13（d）］，将常闭触点赋予地址 I0.1，光标会移动到常闭触点的右侧［见图 2-13（e）］。

单击工具栏上的线圈按钮，会出现 1 个下拉菜单，选择线圈-( )，在矩形光标处会出现一个线圈，将线圈赋予地址 M0.0［见图 2-13（f）］；将光标放在常开触点 I0.0 下方，之后生成常开触点 M0.0［见图 2-13（g）］；将光标放在新生成的触点 M0.0 上，单击工具栏上的“插入向上垂线”按钮，将 M0.0 触点并联到 I0.0 触点上［见图 2-13（h）］。

将光标放在常闭触点 I0.1 上方，单击工具栏上的“插入向下垂线”按钮，会生成双箭头折线［见图 2-13（i）］；单击工具栏上的“功能框”按钮，会出现下拉菜单，在键盘上输入 TON，下拉菜单光标会跳到 TON 指令处，选择 TON 指令，在矩形光标处会出现一个 TON 功能块［见图 2-13（j）］；之后给 TON 功能框输入地址 T37 和预设值 100，便得到了最终的结果［见图 2-13（k）］。

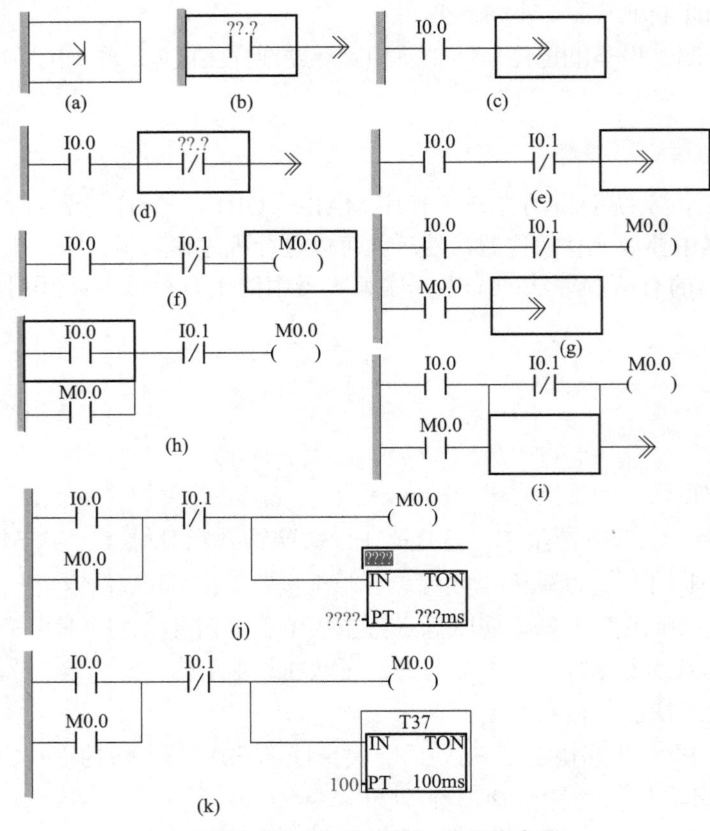

图 2-13　图 2-9 程序输入的具体步骤

解法（二）和解法（一）基本相同，只不过单击工具栏按钮换成了按快捷键，故这里不再赘述。

（4）程序注释

一个程序，特别是较长的程序，如果要很容易被别人看懂，做好程序描述是必要的。

① 双击项目树中的“符号表”文件夹中的图标，打开符号表；打开的符号表位于程序编辑器下方。图 2-14 给出了“表格 1”和“I/O 符号”2 个表格，操作者添加程序注释的操作在“表格 1”中完成，“I/O 符号”为系统自动生成的，操作者如若在“表格 1”中添加程序注释，需先删除“I/O 符号”。

② 符号生成：打开“表格 1”，在“符号”列输入符号名称，符号名最多可以包含 23 个符号；在“地址”列输入相应的地址；“注释”列可以进一步详细地注释，最多可注释 79 个字符。图 2-9 的注释信息填完后，单击符号表中的 ，将符号应用于项目。

(a) 表格1　　(b) I/O符号

图 2-14 **符号表**

③ 显示方式设置：显示方式有 3 种，分别为“仅显示符号”“仅显示绝对地址”和“显示地址和符号”，显示方式调节如图 2-15 所示。

④ 符号信息表设置：单击“视图”菜单下的“符号信息表”按钮，可以显示符号信息表。

通过以上几步，图 2-9 的最终注释结果如图 2-16 所示。

视图
仅绝对
仅符号
符号：绝对

图 2-15 **显示方式调节**

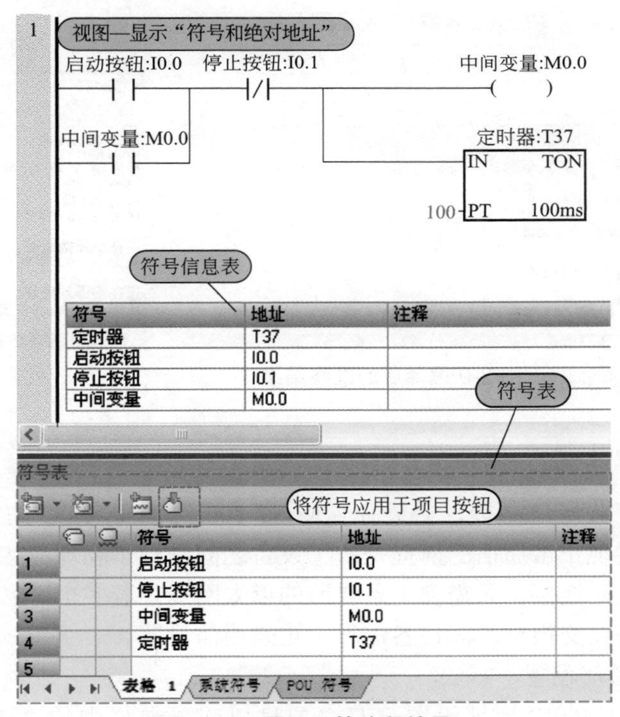


图 2-16 **图 2-9 的注释结果**

### 编者心语

符号表是注释的主要手段，掌握符号表的相关内容对于读者非常重要，图 2-16 的注释案例给出了符号表注释的具体步骤，读者应细细品味。

（5）程序编译

在程序下载前，为了避免程序出错，最好进行程序编译。

程序编译的方法：单击程序编辑器工具栏上的“编译”按钮，程序就可编译了。本例编译的最终结果如图 2-17 所示。

如果语法有错误，将会在输出窗口中显示错误的个数、错误的原因和错误的位置，如图 2-18 所示。双击某一条错误，将会打开出错的程序块，用光标指示出出错的位置，待错误改正后，方可下载程序。需要指出的是，程序如果未编译，下载前软件会自动编译，编译结果会显示在输出窗口。

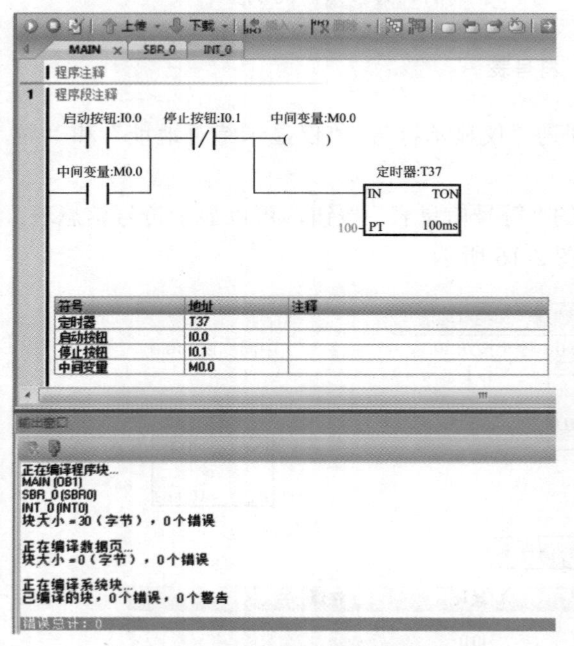


图 2-17 图 2-9 编译后的最终结果

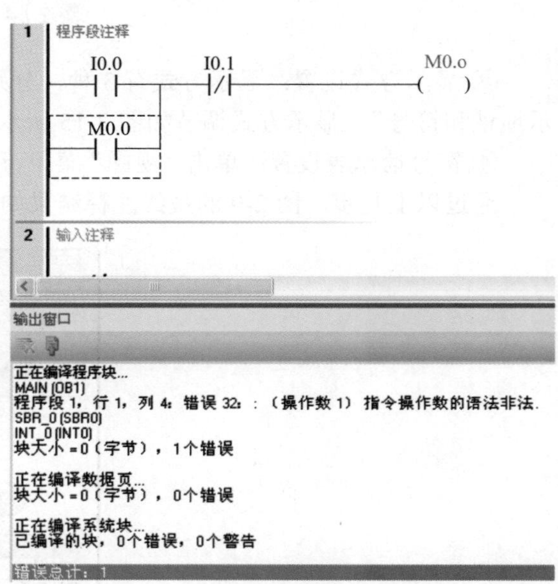


图 2-18 编译后出现的错误信息

（6）程序下载

在下载程序之前，必须先保障 S7-200 SMART PLC 的 CPU 和计算机之间能正常通信。设备能实现正常通信的前提是：①设备之间进行了物理连接；若单台 S7-200 SMART PLC 与计算机之间连接，只需要 1 条普通的以太网线；若多个 S7-200 SMART PLC 与计算机之间连接，还需要交换机；②设备进行了正确通信设置。

① 通信设置

a.CPU 的 IP 地址设置。双击项目树或导航栏中的“通信”图标，打开“通信”对话框，如图 2-19 所示。单击“网络接口卡”后边的，会出现下拉菜单，本例选择了 TCP/IP(Auto) -> Realtek PCIe GBE Famil...；之后单击左下角“查找 CPU”按钮，CPU 的地址会被搜出来，S7-200 SMART PLC 默认地址为“192.168.2.1”；单击“闪烁指示灯”按钮，CPU 模块中的 STOP、RUN 和 ERROR 指示灯会轮流点亮，再按一下，点亮停止，这样做的目的是当有多个 CPU 时，便于找到所选择的那个 CPU。

单击“编辑”按钮，可以改变 IP 地址；若“系统块”中组态了“IP 地址数据固定为下面的值，不能通过其它方式更改”（见图 2-20），单击“设置”，会出现错误信息，则证明这里 IP 地址不能改变。

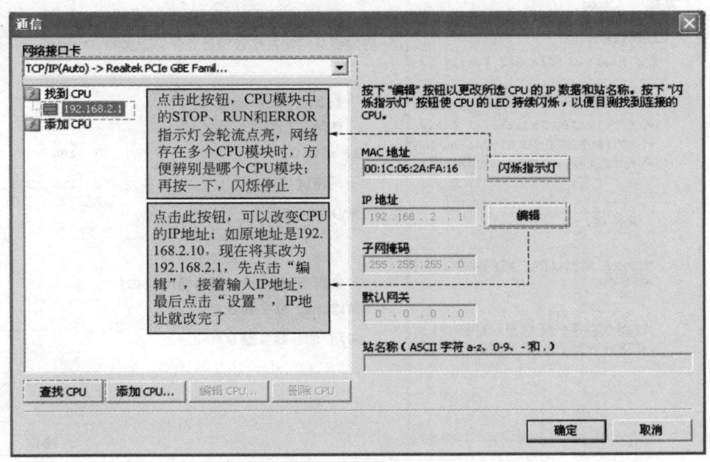


图 2-19　CPU 的 IP 地址设置

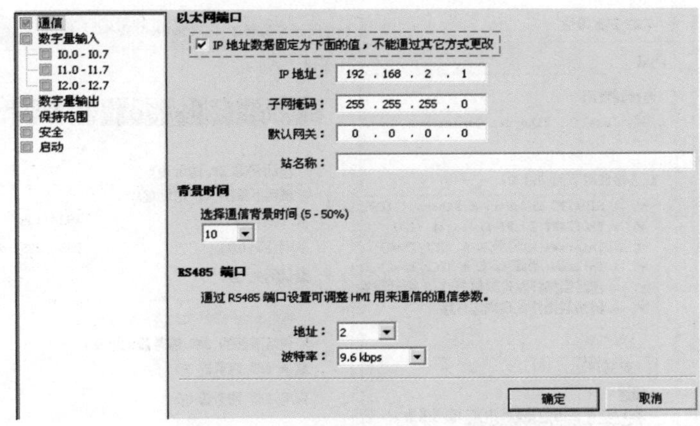


图 2-20　系统块的 IP 地址设置

最后，单击“确定”按钮，CPU 所有通信信息设置完毕。

**编者心语**

单击图 2-19 中的“闪烁指示灯”按钮，能方便地找到所需要的 CPU 模块；单击“编辑”按钮，可更改 CPU 的 IP 地址。以上两点读者熟记后，会给以后的操作带来方便。

b. 计算机网卡的 IP 地址设置。打开计算机的控制面板，若是 Windows XP 操作系统，双击“网络连接”图标，其对话框会打开，按图 2-21 设置 IP 地址即可。这里的 IP 地址设置为“192.168.2.170”，子网掩码默认为“255.255.255.0”，网关无须设置。若是 Windows7 SP1 操作系统，单击任务栏右下角的图标，打开“网络和共享中心”，单击“更改适配器设置”，再双击“本地连接”，在对话框中，单击“属性”，按图 2-22 设置 IP 地址。

最后单击“确定”，计算机网卡的 IP 地址设置完毕。

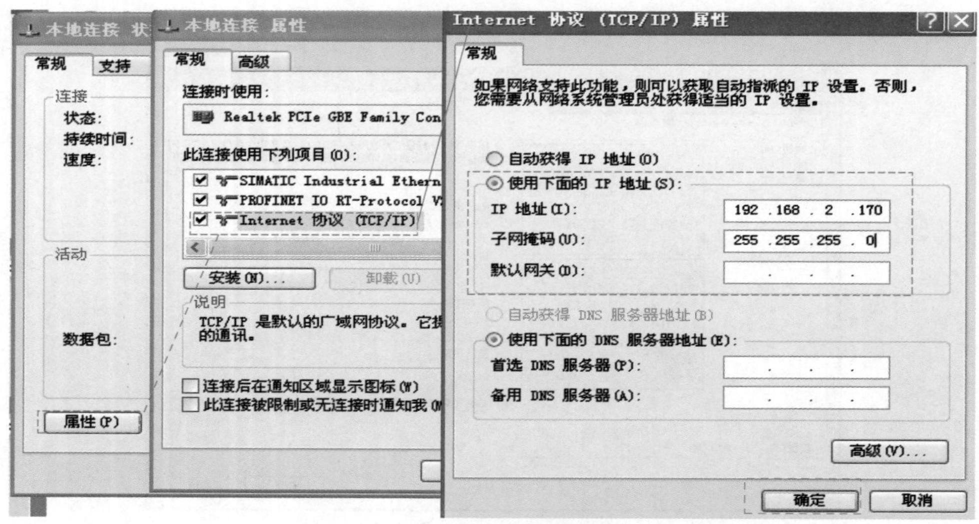


图 2-21　Windows XP 操作系统网卡的 IP 地址设置

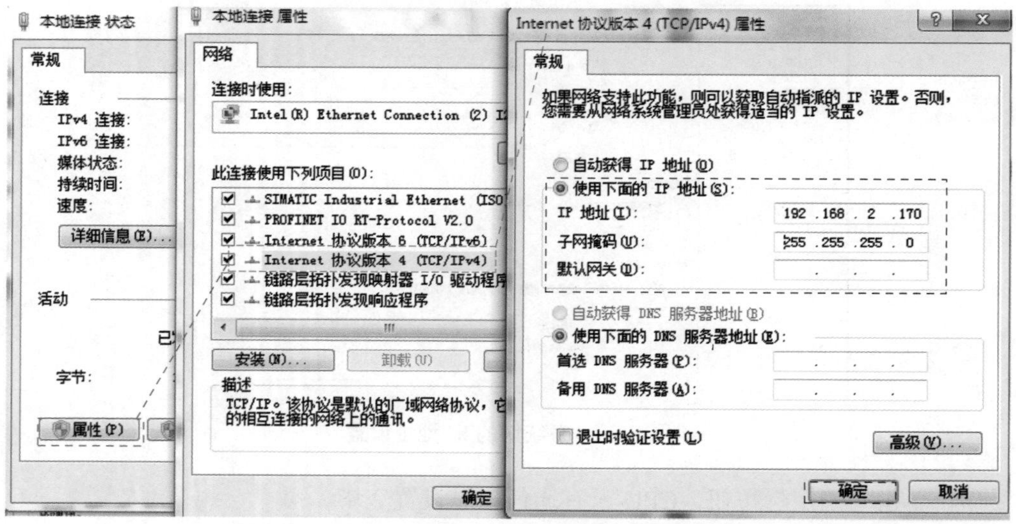


图 2-22　Windows7 SP1 操作系统网卡的 IP 地址设置

通过以上两方面的设置，S7-200 SMART PLC 与计算机之间就能通信了，能通信的标准是，软件状态栏上的绿色指示灯●不停地闪烁。

读者需注意，两个设备要通过以太网能通信，必须在同一子网中，简单地讲 IP 地址的前三段相同，第四段不同。如本例，CPU 的 IP 地址为“192.168.2.1”，计算机网卡 IP 地址为“192.168.2.170”，它们的前三段相同，第四段不同，因此二者能进行通信。

② 程序下载　单击程序编辑器中工具栏上的“下载”按钮，会弹出“下载”对话框，如图 2-23 所示。用户可以在块的多选框中选择是否下载程序块、数据块和系统块，如选择则在其前面打对勾；可以用选项框选择下载前从 RUN 切换到 STOP 模式、下载后从 STOP 模式切换到 RUN 模式是否提示，下载成功后是否自动关闭对话框。

③ 运行与停止模式　要运行下载到 PLC 中的程序，单击工具栏中的“运行”按钮；如需停止运行，单击工具栏中的“停止”按钮。

（7）程序监控与调试

首先，打开要进行监控的程序，单击工具栏上的“程序监控”按钮，开始对程序进行监控。

CPU 中存在的程序与打开的程序可能不同，这时单击“程序监控”按钮后，会出现“时间戳不匹配”对话框，如图 2-24 所示，单击“比较”按键，确定 CPU 中的程序与打开的程序是否相同，如果相同，对话框会显示“已通过”，单击“继续”按钮，开始监控。

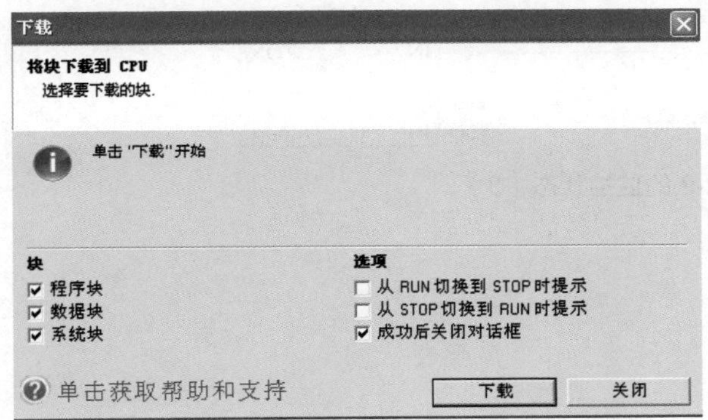


图 2-23　“下载”对话框

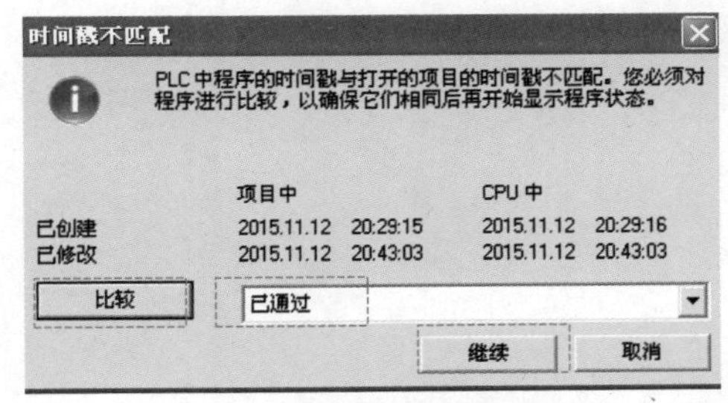


图 2-24　比较对话框

在监控状态下，接通的触点、线圈和功能块均会显示深蓝色，表示有能流流过；如无能流流过，则显示灰色。

对图 2-9 所示的这段程序的监控调试过程如下。

打开要进行监控的程序，单击工具栏上的“程序监控”按钮，开始对程序进行监控，此时仅有左母线和 I0.1 触点显示深蓝色，其余元件为灰色，如图 2-25 所示。

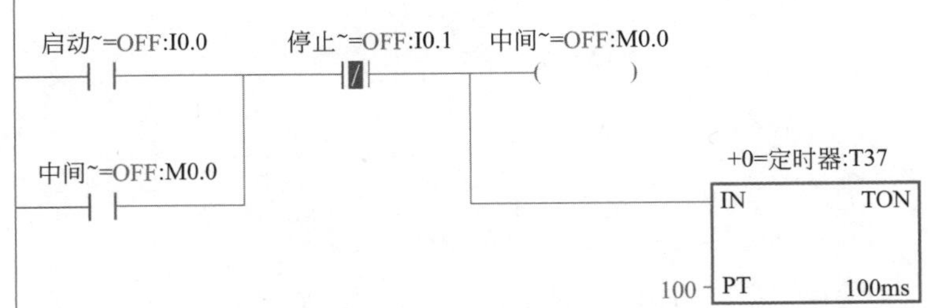


图 2-25　图 2-9 的监控状态（1）

闭合 I0.0，M0.0 线圈得电并自锁，定时器 T37 也得电，因此，所有元件均有能流流过，故此均显深蓝色，如图 2-26 所示。

断开 I0.1，M0.0 和定时器 T37 均失电，因此，除 I0.0 外（I0.0 为常开触点）其余元件均显灰色，如图 2-27 所示。

启动按~=ON:I0.0
停止~=OFF:I0.1
中间~=ON:M0.0
中间~=ON:M0.0
+42=定时器:T37
IN
TON
100
PT
100ms

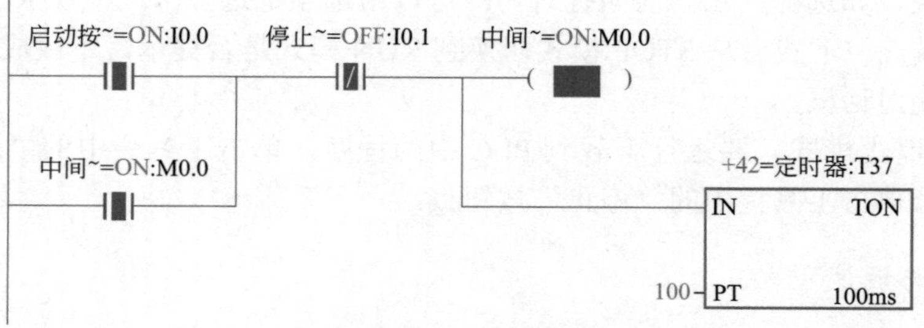

图 2-26　**图 2-9 的监控状态（2）**

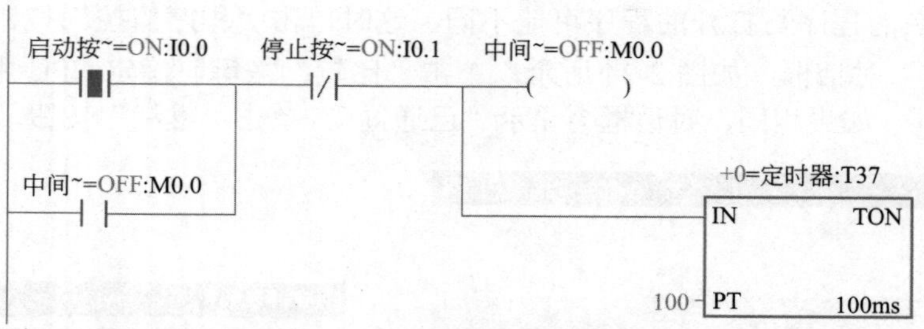

启动按~=ON:I0.0
停止按~=ON:I0.1
中间~=OFF:M0.0
中间~=OFF:M0.0
+0=定时器:T37
IN
TON
100
PT
100ms

图 2-27　**图 2-9 的监控状态（3）**

# 第 3 章
# S7-200 SMART PLC 指令系统及案例

SIEMENS

本章要点

- 位逻辑指令及案例
- 定时器指令及案例
- 计数器指令及案例
- 基本指令应用案例
- 程序控制类指令及案例
- 比较指令与数据传送指令及案例
- 移位与循环指令及案例
- 数据转换指令及案例
- 数学运算类指令及案例
- 逻辑操作指令及案例
- 中断指令及案例

S7-200 SMART PLC 的指令分为两大类：基本指令和功能指令。基本指令包括位逻辑指令、定时器指令和计数器指令；功能指令包括程序控制类指令、比较与数据传送指令、移位与循环指令、数据转换指令、数学运算指令、逻辑操作指令等。指令的关系如图 3-1 所示。

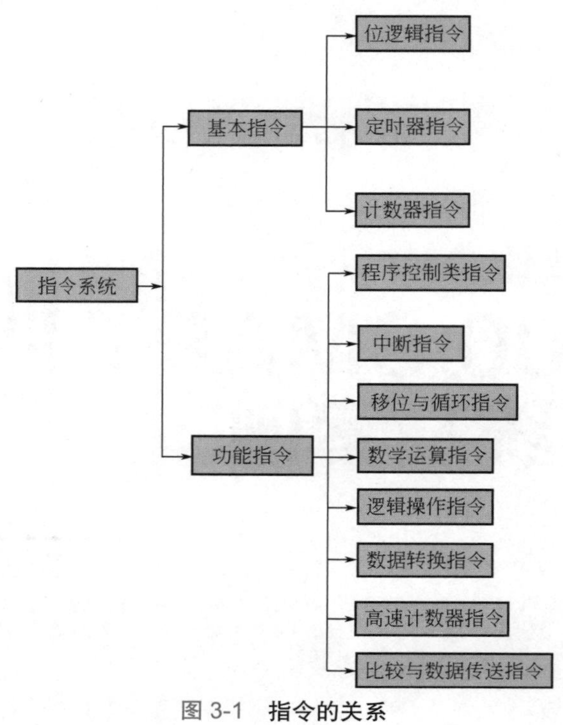


图 3-1 **指令的关系**

## 3.1 位逻辑指令及案例

位逻辑指令主要是指对 PLC 存储器中的某一位进行操作的指令，它的操作数是位。位逻辑指令包括触点指令和线圈指令两大类。触点指令包括触点取用指令、触点串联与并联指令、电路块串联与并联指令等；线圈指令包括线圈输出指令、置位与复位指令等。

位逻辑指令是依靠 1、0 两个数进行工作的，1 表示触点或线圈的通电状态，0 表示触点或线圈的断电状态。利用位逻辑指令可以实现位逻辑运算和控制，在继电器系统的控制中应用较多。

**编者心语**

1. 在位逻辑指令中，每个指令常见的都有两种语言表达方式：梯形图和语句表。
2. 语句表的基本表达方式：操作码 + 操作数。其中操作数会以位地址格式出现。

## 3.1.1 触点类指令与线圈输出指令

（1）指令格式及功能说明

触点类指令与线圈输出指令的指令格式及功能说明如表 3-1 所示。

表 3-1　触点类指令与线圈输出指令的指令格式及功能说明

| 指令名称 | 梯形图表达方式 | 指令表表达方式 | 功能 | 操作数 |
|---|---|---|---|---|
| 常开触点取用指令 | <位地址> | LD< 位地址 > | 用于逻辑运算的开始，表示常开触点与左母线相连 | I、Q、M、SM、T、C、V、S |
| 常闭触点取用指令 | <位地址> | LDN< 位地址 > | 用于逻辑运算的开始，表示常闭触点与左母线相连 | I、Q、M、SM、T、C、V、S |
| 线圈输出指令 | <位地址> | =< 位地址 > | 用于线圈的驱动 | Q、M、SM、T、C、V、S |
| 常开触点串联指令 | <位地址> | A< 位地址 > | 用于单个常开触点的串联 | I、Q、M、SM、T、C、V、S |
| 常闭触点串联指令 | <位地址> | AN< 位地址 > | 用于单个常闭触点的串联 | I、Q、M、SM、T、C、V、S |
| 常开触点并联指令 | <位地址> | O< 位地址 > | 用于单个常开触点的并联 | I、Q、M、SM、T、C、V、S |
| 常闭触点并联指令 | <位地址> | ON< 位地址 > | 用于单个常闭触点的并联 | I、Q、M、SM、T、C、V、S |
| 电路块串联指令 | | ALD | 用来描述并联电路块的串联关系。<br>注：两个以上触点并联形成的电路叫并联电路块 | 无 |
| 电路块并联指令 | | OLD | 用来描述串联电路块的并联关系。<br>注：两个以上触点串联形成的电路叫串联电路块 | 无 |

（2）应用案例

触点类指令和线圈输出指令应用案例如图 3-2 所示。

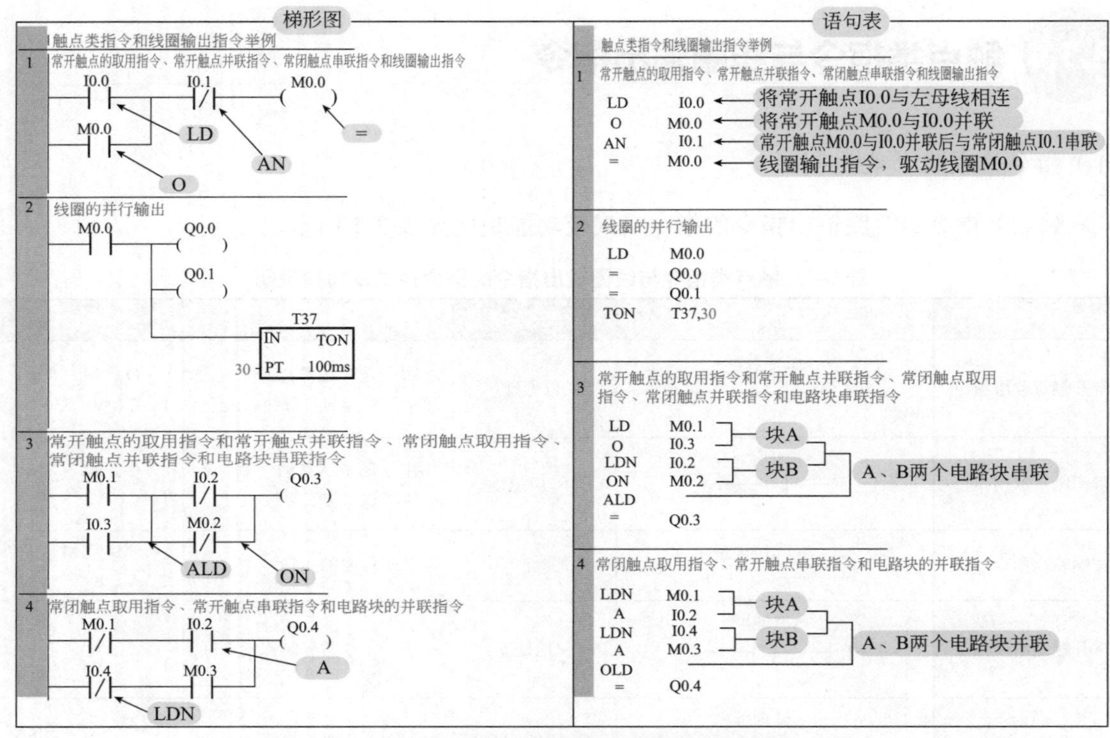


图 3-2 触点类指令和线圈输出指令应用案例

## 3.1.2 置位与复位指令

### （1）指令格式及功能说明

置位与复位指令的指令格式及功能说明如表 3-2 所示。

表 3-2 置位与复位指令的指令格式及功能说明

| 指令名称 | 梯形图表达方式 | 语句表表达方式 | 功能 | 操作元件 |
|---|---|---|---|---|
| 置位指令 S（set） | <位地址><br>——( S )<br>*N* | S< 位地址 >，*N* | 从起始位（bit）开始连续 *N* 位被置 1 | S/R 指令操作数为：Q、M、SM、T、C、V、S、L |
| 复位指令 R（Reset） | <位地址><br>——( R )<br>*N* | R< 位地址 >，*N* | 从起始位（bit）开始连续 *N* 位被清 0 | |

### （2）应用案例

置位与复位指令应用案例如图 3-3 所示。

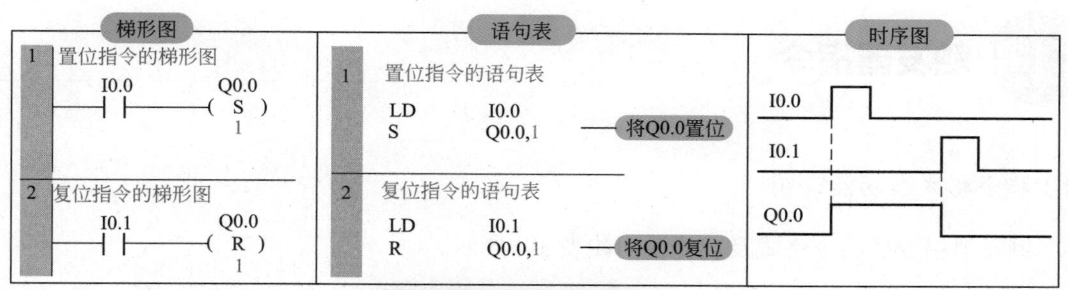


置位与复位指令使用说明

① 置位与复位指令具有记忆和保持功能，对于某一元件来说一旦被置位，始终保持通电（置 1）状态，直到对它进行复位（清 0）为止，复位指令与置位指令道理一致。

② 对同一元件多次使用置位与复位指令，元件的状态取决于最后执行的是哪条指令。

图 3-3 置位与复位指令应用案例

## 3.1.3 脉冲生成指令

### （1）指令格式及功能说明

脉冲生成指令的指令格式及功能说明如表 3-3 所示。

表 3-3 脉冲生成指令的指令格式及功能说明

| 指令名称 | 梯形图 | 语句表 | 功能 | 操作元件 |
|---|---|---|---|---|
| 上升沿脉冲生成指令 | ─┤P├─ | EU | 产生宽度为一个扫描周期的上升沿脉冲 | 无 |
| 下降沿脉冲生成指令 | ─┤N├─ | ED | 产生宽度为一个扫描周期的下降沿脉冲 | 无 |

### （2）应用案例

脉冲生成指令应用案例如图 3-4 所示。

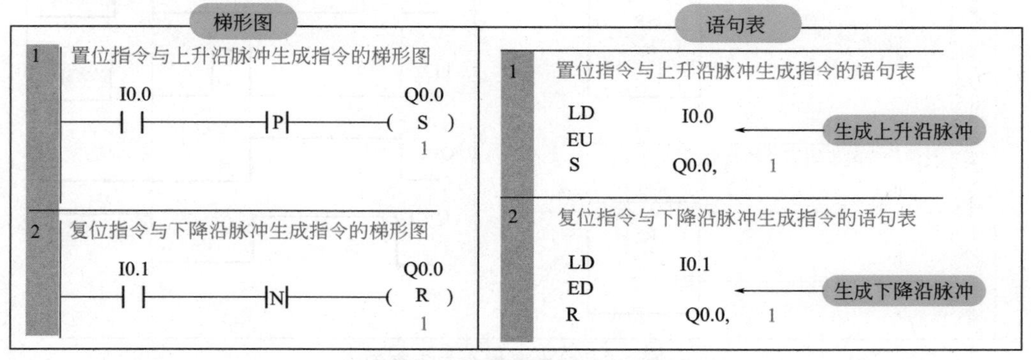


图 3-4 脉冲生成指令应用案例

**案例解析**

① EU、ED 为边沿触发指令，该指令仅在输入信号变化时有效，且输出的脉冲宽度为一个扫描周期。

② 对于开机时就为接通状态的输入条件，EU、ED 指令不执行。

③ EU、ED 指令常常与 S/R 指令联用

## 3.1.4 触发器指令

### （1）指令格式及功能说明

触发器指令的指令格式及功能说明如表 3-4 所示。

表 3-4 触发器指令的指令格式及功能说明

| 指令名称 | 梯形图 | 语句表 | 功能 | 操作元件 |
|---|---|---|---|---|
| 置位优先触发器指令（SR） | bit<br>S1 OUT<br>SR<br>R | SR | 置位信号 S1 和复位信号 R 同时为 1 时，置位优先 | S1、R1、S、R 的操作数：I、Q、V、M、SM、S、T、C。bit 的操作数：I、Q、V、M、S |
| 复位优先触发器指令（RS） | bit<br>S OUT<br>RS<br>R1 | RS | 置位信号 S 和复位信号 R1 同时为 1 时，复位优先 | |

### （2）应用案例

触发器指令应用案例如图 3-5 所示。

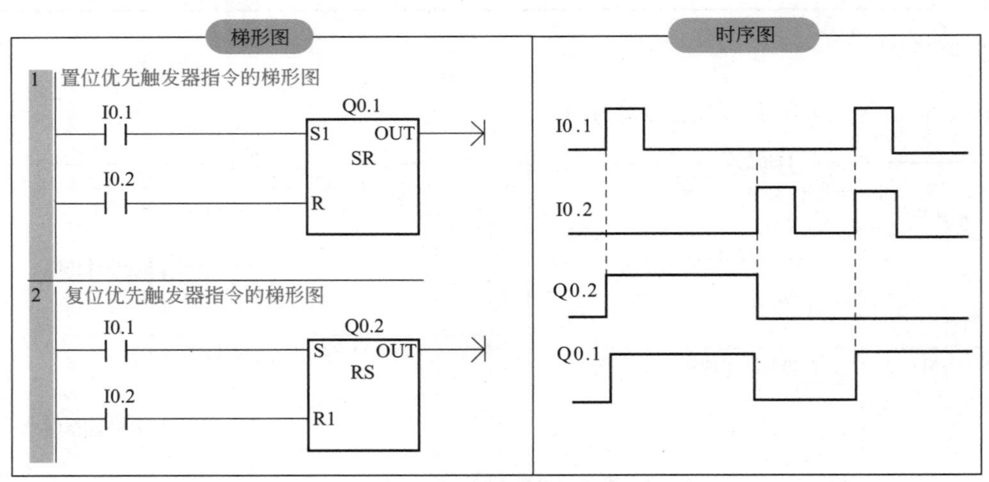


图 3-5 触发器指令应用案例

**案例解析**

① I0.1=1 时，Q0.1 置位，Q0.1 输出始终保持；I0.2=1 时，Q0.1 复位；若二者同时为 1，置位优先。

② I0.1=1 时，Q0.2 置位，Q0.2 输出始终保持；I0.2=1 时，Q0.2 复位；若二者同时为 1，复位优先

## 3.1.5 逻辑堆栈指令

堆栈是一组能够存储和取出数据的暂存单元。在S7-200 SMART PLC 中，堆栈有 9 层，顶层叫栈顶，底层叫栈底。堆栈的存取特点是“后进先出”，每次进行入栈操作时，新值都放在栈顶，栈底值丢失；每次进行出栈操作时，栈顶值弹出，栈底值补进随机数。

逻辑堆栈指令主要用来完成对触点进行复杂连接，配合 ALD、OLD 指令使用，逻辑堆栈指令主要有逻辑入栈指令、逻辑读栈指令和逻辑出栈指令，如图 3-6 所示。具体如下。

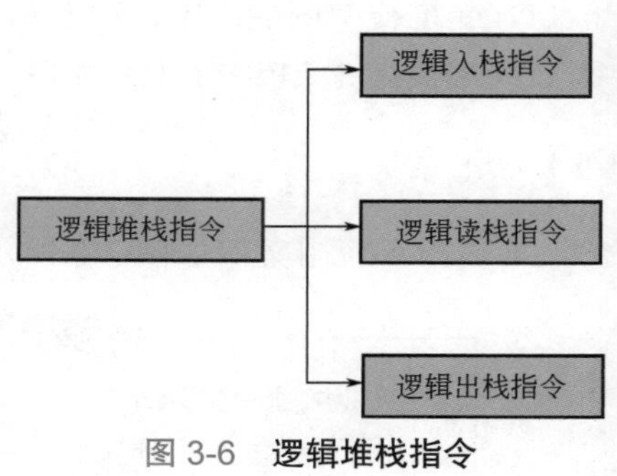


图 3-6 逻辑堆栈指令

(1) 逻辑入栈（LPS）指令

逻辑入栈（LPS）指令又称分支指令或主控指令，执行逻辑入栈指令时，把栈顶值复制后压入堆栈，原堆栈中各层栈值依次下压一层，栈底值被压出丢失。逻辑入栈（LPS）指令的执行情况如图 3-7（a）所示。

(2) 逻辑读栈（LRD）指令

执行逻辑读栈（LRD）指令时，把堆栈中第 2 层的值复制到栈顶，第 2 ～ 9 层数据不变，堆栈没有压入和弹出，但原来的栈顶值被新的复制值取代。逻辑读栈（LRD）指令的执行情况如图 3-7（b）所示。

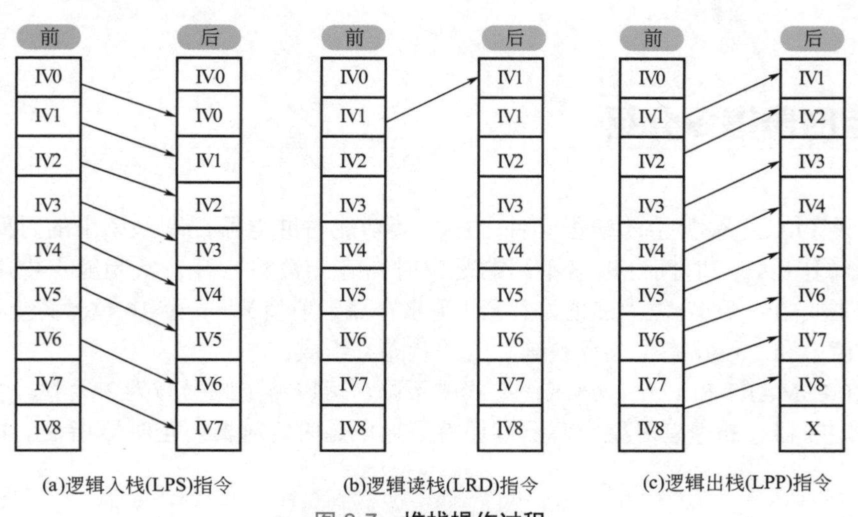


图 3-7 堆栈操作过程

(3) 逻辑出栈（LPP）指令

逻辑出栈（LPP）指令又称分支结束指令或主控复位指令，执行逻辑出栈（LPP）指令时，堆栈作弹出栈操作，将栈顶值弹出，原堆栈各级栈值依次上弹一级，原堆栈第 2 级的值成为栈顶值，原栈顶值从栈内丢失，如图 3-7（c）所示。

（4）使用说明

① LPS 指令和 LPP 指令必须成对出现。
② 受堆栈空间的限制，LPS 指令和 LPP 指令连续使用不得超过 9 次。
③ 堆栈指令 LPS、LRD、LPP 无操作数。

（5）应用案例

堆栈指令应用案例如图 3-8 所示。

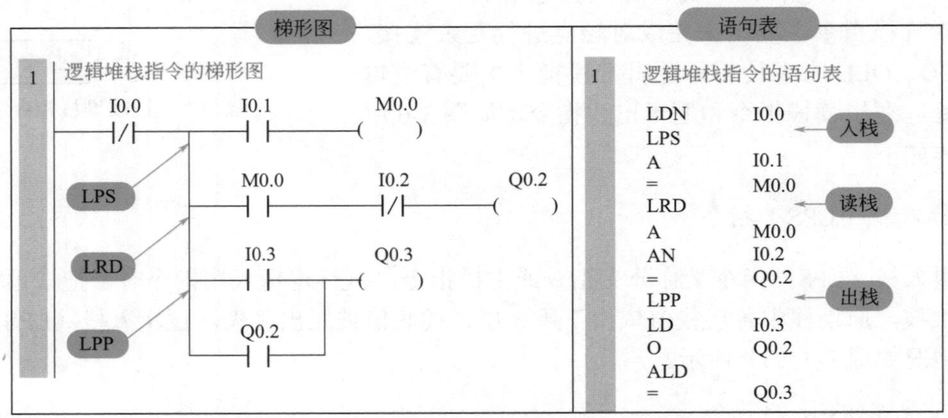


图 3-8 逻辑堆栈指令应用案例

# 3.2 定时器指令及案例

## 3.2.1 定时器指令介绍

定时器是 PLC 中最常用的编程元件之一，其功能与继电器控制系统中的时间继电器相同，起到延时作用。与时间继电器不同的是定时器有无数对常开、常闭触点供用户编程使用。其结构主要由一个 16 位当前值寄存器（用来存储当前值）、一个 16 位预置值寄存器（用来存储预置值）和 1 位状态位（反映其触点的状态）组成。

在 S7-200 SMART PLC 中，按工作方式的不同，可以将定时器分为 3 大类，它们分别为通电延时型定时器、断电延时型定时器和保持型通电延时定时器。定时器指令的指令格式如表 3-5 所示。

表 3-5 定时器指令的指令格式

| 名　称 | 定时器类型 | 梯形图 | 语句表 |
| --- | --- | --- | --- |
| 通电延时型定时器 | TON | Tn<br>IN TON<br>PT | TON Tn，PT |

续表

| 名　　称 | 定时器类型 | 梯形图 | 语句表 |
|---|---|---|---|
| 断电延时型定时器 | TOF | Tn<br>IN TOF<br>PT | TOF Tn，PT |
| 保持型通电延时定时器 | TONR | Tn<br>IN TONR<br>PT | TONR Tn，PT |

（1）图说定时器指令

定时器指令如图 3-9 所示。

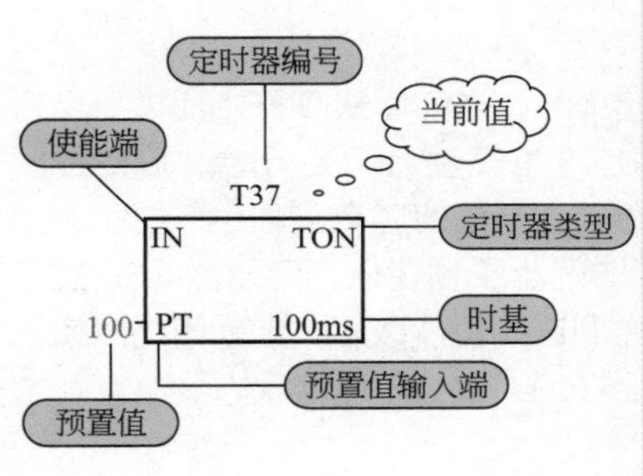


定时器概念

① 定时器编号：T0~T255。
② 使能端：使能端控制着定时器的能流，当使能端输入有效时，也就是说使能端有能流流过时，定时时间到，定时器输出状态为 1。当使能端输入无效时，也就是说使能端无能流流过时，定时器输出状态为 0。
③ 预置值输入端：在编程时，根据时间设定需要在预置值输入端输入相应的预置值，预置值为 16 位有符号整数，允许设定的最大值为 32767，其操作数为 VW、IW、QW、SW、SMW、LW、AIW、T、C、AC、常数等。
④ 时基：相应的时基有 3 种，它们分别为 1ms、10ms 和 100ms，不同的时基，对应的最大定时范围、编号和定时器刷新方式不同。
⑤ 当前值：定时器当前所累计的时间称为当前值，当前值为 16 位有符号整数，最大计数值为 32767。
⑥ 定时时间计算公式：
$T=PT\times S$
$T$—定时时间；$PT$—预置值；$S$—时基

图 3-9　**图说定时器指令**

（2）定时器类型、时基和编号

定时器类型、时基和编号如表 3-6 所示。

表 3-6　**定时器类型、时基和编号**

| 定时器类型 | 时基 | 最大定时范围 | 定时器编号 |
|---|---|---|---|
| TON/TOF | 1ms | 32.767s | T32 和 T96 |
| | 10ms | 327.67s | T33 ～ T36 和 T97 ～ T100 |
| | 100ms | 3276.7s | T37 ～ T63 和 T101 ～ T255 |
| TONR | 1ms | 32.767s | T0 和 T64 |
| | 10ms | 327.67s | T1 ～ T4 和 T65 ～ T68 |
| | 100ms | 3276.7s | T5 ～ T31 和 T69 ～ T95 |

## 3.2.2 定时器指令的工作原理

（1）通电延时型定时器（TON）指令工作原理

① 工作原理：当使能端输入（IN）有效时，定时器开始计时，当前值从 0 开始递增，当当前值大于或等于预置值时，定时器输出状态为1，相应的常开触点闭合，常闭触点断开；

到达预置值后，当前值继续增大，直到最大值 32767，在此期间定时器输出状态仍然为 1，直到使能端无效时，定时器才复位，当前值被清零，此时输出状态为 0。

② 应用案例：如图 3-10 所示。

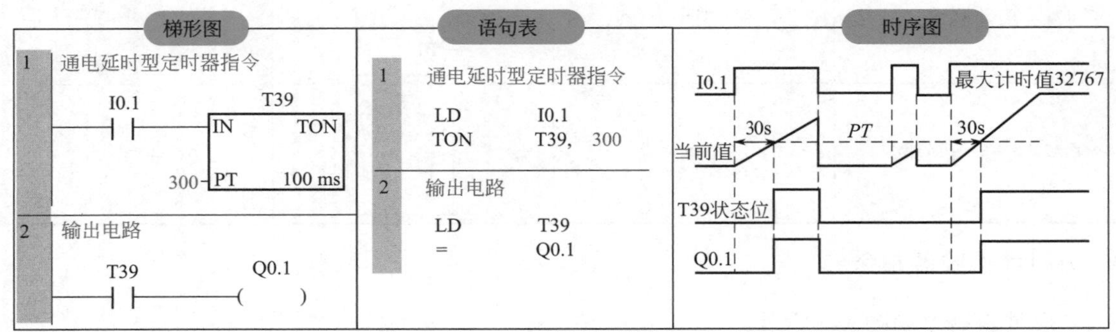


图 3-10 **通电延时型定时器指令应用案例**

**案例解析**

当 I0.1 接通时，使能端 (IN) 输入有效，定时器 T39 开始计时，当前值从 0 开始递增，当当前值等于预置值 300 时，定时器输出状态为 1，定时器对应的常开触点 T39 闭合，驱动线圈 Q0.1 吸合；当 I0.1 断开时，使能端 (IN) 输出无效，T39 复位，当前值清 0，输出状态为 0，定时器常开触点 T39 断开，线圈 Q0.1 断开；若使能端接通时间小于预置值，定时器 T39 立即复位，线圈 Q0.1 也不会有输出；若使能端输出有效，计时到达预置值以后，当前值仍然增加，直到 32767，在此期间定时器 T39 输出状态仍为 1，线圈 Q0.1 仍处于吸合状态

（2）断电延时型定时器（TOF）指令工作原理

① 工作原理：当使能端输入（IN）有效时，定时器输出状态为 1，当前值复位；当使能端（IN）断开时，当前值从 0 开始递增，当当前值等于预置值时，定时器复位并停止计时，当前值保持。

② 应用案例：如图 3-11 所示。

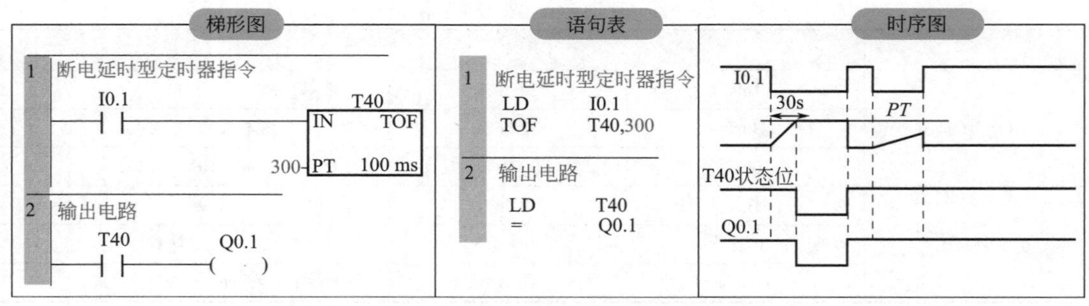


图 3-11 **断电延时型定时器指令应用案例**

**案例解析**

当 I0.1 接通时，使能端 (IN) 输入有效，当前值为 0，定时器 T40 输出状态为 1，驱动线圈 Q0.1 有输出；当 I0.1 断开时，使能端输入无效，当前值从 0 开始递增，当当前值到达预置值时，定时器 T40 复位为 0，线圈 Q0.1 也无输出，但当前值保持；当 I0.1 再次接通时，当前值仍为 0；若 I0.1 断开的时间小于预置值，定时器 T40 仍处于置 1 状态

（3）保持型通电延时定时器（TONR）指令工作原理

① 工作原理：当使能端（IN）输入有效时，定时器开始计时，当前值从 0 开始递增，当当前值到达预置值时，定时器输出状态为 1；当使能端（IN）无效时，当前值处于保持状态，但当使能端再次有效时，当前值在原来保持值的基础上继续递增计时；保持型通电延时定时器采用线圈复位指令（R）进行复位操作，当复位线圈有效时，定时器当前值被清 0，定时器输出状态为 0。

② 应用案例：如图 3-12 所示。

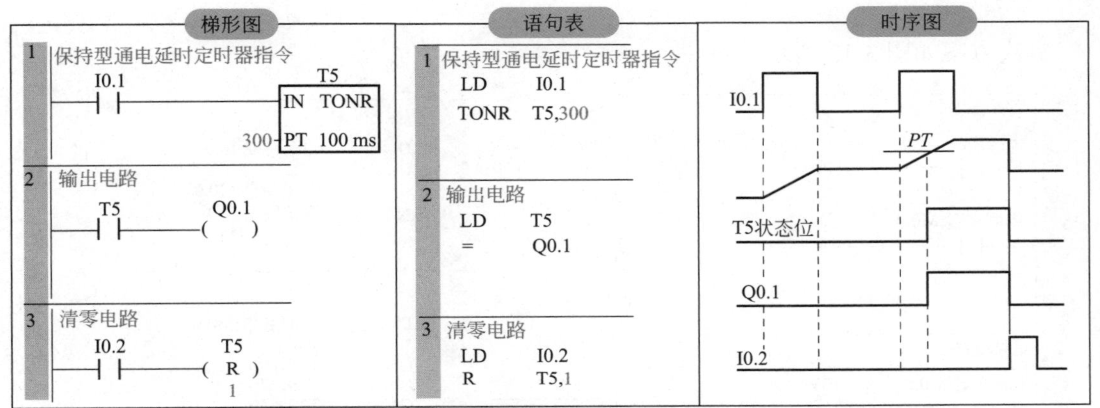


图 3-12　**保持型通电延时定时器指令应用案例**

**案例解析**

当 I0.1 接通时，使能端 (IN) 有效，定时器开始计时；当 I0.1 断开时，使能端无效，但当前值仍然保持并不复位，当使能端再次有效时，其当前值在原来的基础上开始递增，当前值大于等于预置值时，定时器 T5 状态位置 1，线圈 Q0.1 有输出，此后即使是使能端无效时，定时器 T5 状态位仍然为 1，直到 I0.2 闭合，线圈复位 (T5) 指令进行复位操作时，定时器 T5 状态位才被清 0，定时器 T5 常开触点断开，线圈 Q0.1 断电

（4）使用说明

① 通电延时型定时器符合通常的编程习惯，与其他两种定时器相比，在实际编程中通电延时型定时器应用最多。

② 通电延时型定时器适用于单一间隔定时，断电延时型定时器适用于故障发生后的时间延时，保持型通电延时定时器适用于累计时间间隔定时。

③ 通电延时型（TON）定时器和断电延时型（TOF）定时器共用同一组编号（见表 3-6），因此同一编号的定时器不能既作通电延时型（TON）定时器使用，又作断电延时型（TOF）定时器使用；例如：不能既有通电延时型（TON）定时器 T37，又有断电延时型（TOF）定时器 T37。

④ 可以用复位指令对定时器进行复位，且保持型通电延时定时器只能用复位指令对其进行复位操作。

⑤ 不同时基的定时器它们当前值的刷新周期是不同的。

## 3.2.3 定时器指令应用案例

（1）控制要求

有红、绿、黄 3 盏小灯，当按下启动按钮后，3 盏小灯每隔 2s 轮流点亮，并循环；当按下停止按钮时，3 盏小灯都熄灭。

（2）解决方案

解决方案如图 3-13 所示。

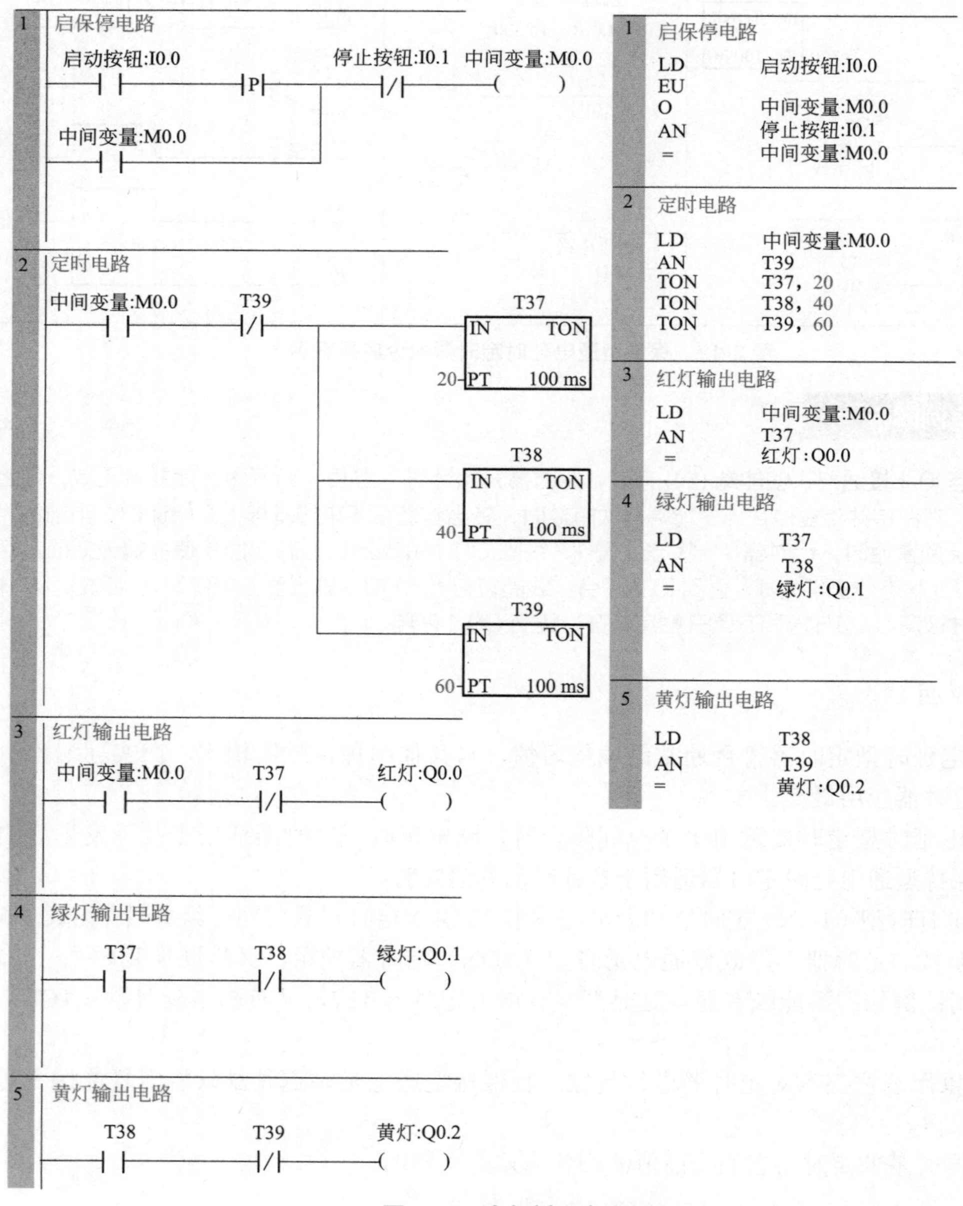


图 3-13 小灯循环点亮程序

**案例解析**

当按下启动按钮时，I0.0 的常开触点闭合，辅助继电器 M0.0 线圈得电并自锁，其常开触点 M0.0 闭合，输出继电器线圈 Q0.0 得电，红灯亮；与此同时，定时器 T37、T38 和 T39 开始定时，当 T37 定时时间到时，其常闭触点断开、常开触点闭合，Q0.0 断电、Q0.1 得电，对应的红灯灭、绿灯亮；当 T38 定时时间到时，Q0.1 断电、Q0.2 得电，对应的绿灯灭黄灯亮；当 T39 定时时间到时，其常闭触点断开，Q0.2 失电且 T37、T38 和 T39 复位，接着定时器 T37、T38 和 T39 又开始新的一轮计时，红、绿、黄灯依次点亮往复循环；当按下停止按钮时，M0.0 失电，其常开触点断开，定时器 T37、T38 和 T39 断电，3 盏灯全熄灭

# 3.3 计数器指令及案例

计数器是一种用来累计输入脉冲个数的编程元件，其结构主要由 1 个 16 位当前值寄存器、1 个 16 位预置值寄存器和 1 位状态位组成。在 S7-200 SMART PLC 中，按工作方式的不同，可将计数器分为 3 大类：加计数器、减计数器和加减计数器。

## 3.3.1 加计数器（CTU）

（1）图说加计数器

图说加计数器，如图 3-14 所示。

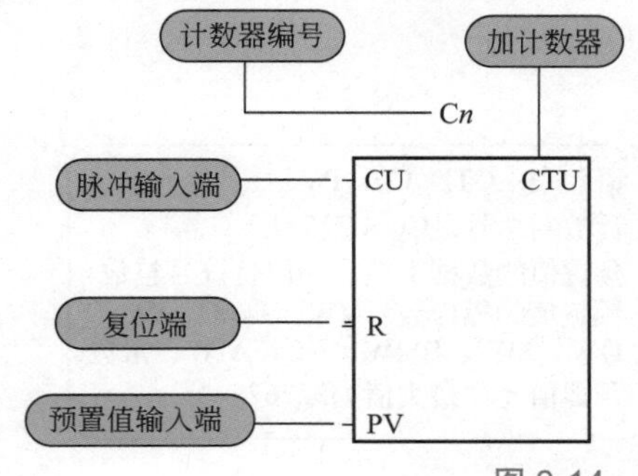


语句表：CTU Cn，PV；
计数器编号：C0~C255；
预置值的数据类型：16位有符号整数；
预置值的操作数：VW、T、C、IW、QW、MW、SMW、AC、AIW、常数；
预置值允许最大值为32767

图 3-14 **加计数器**

（2）工作原理

复位端（R）的状态为 0 时，脉冲输入有效，计数器可以计时，当脉冲输入端（CU）有上升沿脉冲输入时，计数器的当前值加 1，当当前值大于或等于预置值（PV）时，计数器的状态位被置 1，其常开触点闭合，常闭触点断开；若当前值到达预置值后，脉冲输入依然为上升沿脉冲输入，计数器的当前值继续增加，直到最大值 32767，在此期间计数器的状态位仍然处于置 1 状态；当复位端（R）状态为 1 时，计数器复位，当前值被清 0，计数器的状态位置 0。

（3）应用案例

应用案例如图 3-15 所示。

## 3.3.2 减计数器（CTD）

（1）图说减计数器

图说减计数器，如图 3-16 所示。

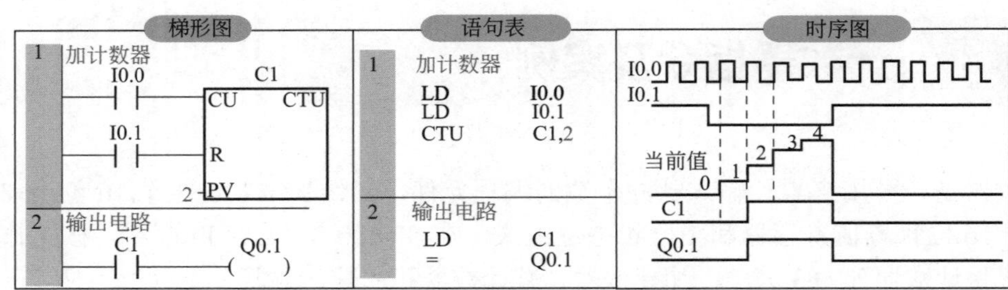


图 3-15 **加计数器应用案例**

**案例解析**

当 R 端常开触点 I0.1=1 时，计数器脉冲输入无效；当 R 端常开触点 I0.1=0 时，计数器脉冲输入有效，CU 端常开触点 I0.0 每闭合一次，计数器 C1 的当前值加 1，当当前值到达预置值 2 时，计数器 C1 的状态位置 1，其常开触点闭合，线圈 Q0.1 得电；当 R 端常开触点 I0.1=1 时，计时器 C1 被复位，其当前值清 0，C1 状态位清 0

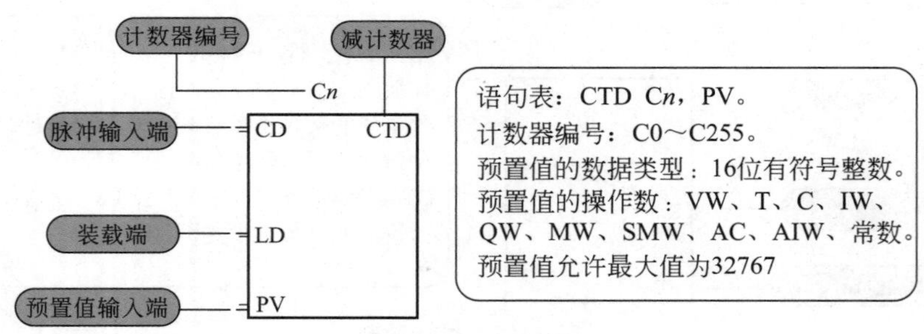


图 3-16 **减计数器**

（2）工作原理

当装载端 LD 的状态为 1 时，计数器被复位，计数器的状态位为 0，预置值被装载到当前值寄存器中；当装载端 LD 的状态为 0 时，脉冲输入端有效，计数器可以计数，当脉冲输入端（CD）有上升沿脉冲输入时，计数器的当前值从预置值开始递减计数，当当前值减至为 0 时，计数器停止计数，其状态位为 1。

（3）应用案例

应用案例如图 3-17 所示。

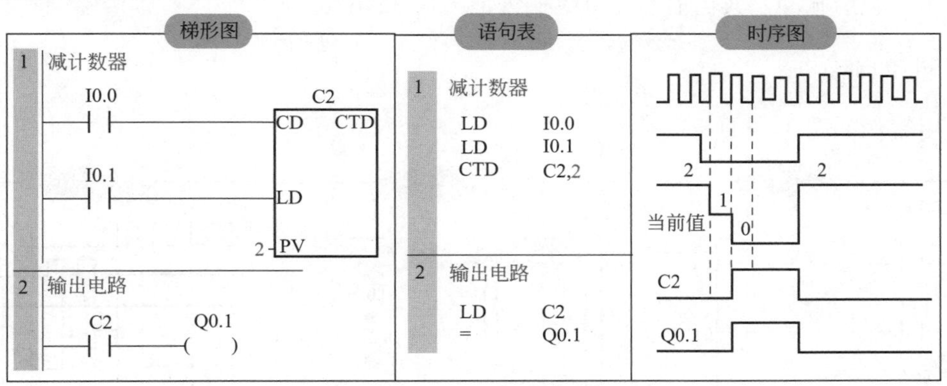


图 3-17　**减计数器应用案例**

**案例解析**

当 LD 端常开触点 I0.1 闭合时，减计数器 C2 被置 0，线圈 Q0.1 失电，其预置值被装载到 C2 当前值寄存器中；当 LD 端常开触点 I0.1 断开时，计数器脉冲输入有效，CD 端 I0.0 常开触点每闭合一次，其当前值就减 1，当当前值减为 0 时，减计数器 C2 的状态位被置 1，其常开触点闭合，线圈 Q0.1 得电

## 3.3.3 加减计数器（CTUD）

（1）图说加减计数器

图说加减计数器，如图 3-18 所示。

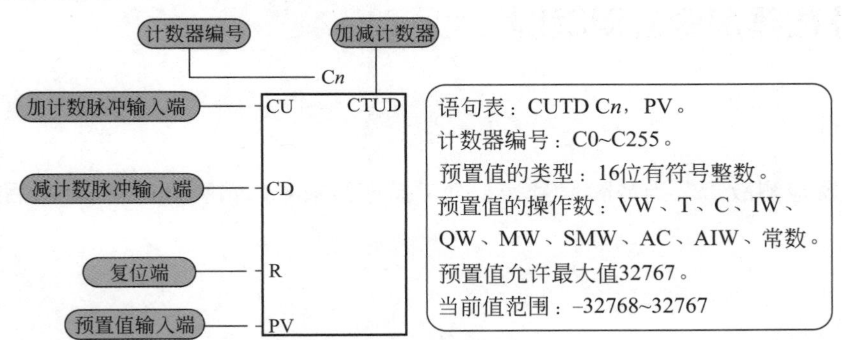


图 3-18　**加减计数器**

（2）工作原理

当复位端（R）状态为 0 时，计数脉冲输入有效，当加计数输入端（CU）有上升沿脉冲输入时，计数器的当前值加 1，当减计数输入端（CD）有上升沿脉冲输入时，计数器的当前值减 1，当计数器的当前值大于等于预置值时，计数器状态位被置 1，其常开触点闭合、常闭触点断开；当复位端（R）状态为 1，计数器被复位，当前值被清 0。加减计数器当前值

范围：−32768 ～ 32767。若加减计数器当前值为最大值 32767，CU 端再输入一个上升沿脉冲，其当前值立刻跳变为最小值 −32768；若加减计数器当前值为最小值 −32768，CD 端再输入一个上升沿脉冲，其当前值立刻跳变为最大值 32767。

（3）应用案例

应用案例如图 3-19 所示。

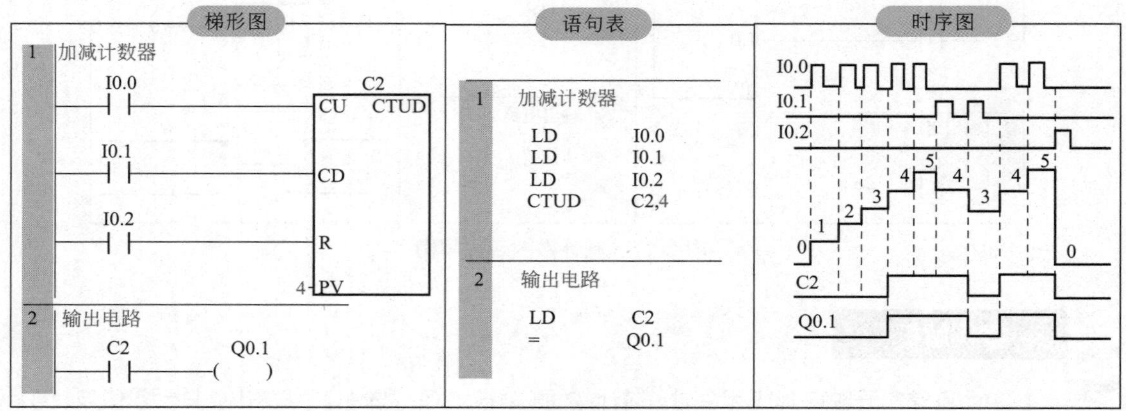


图 3-19 **加减计数器应用案例**

**案例解析**

当与复位端 (R) 连接的常开触点 I0.2 断开时，脉冲输入有效，此时与加计数脉冲输入端连接的 I0.0 每闭合一次，计数器 C2 的当前值就会加 1，与减计数脉冲输入端连接的 I0.1 每闭合一次，计数器 C2 的当前值就会减 1，当当前值大于等于预置值 4 时，C2 的状态位置 1，C2 常开触点闭合，线圈 Q0.1 接通；当与复位端 (R) 连接的常开触点 I0.2 闭合时，C2 的状态位置 0，其当前值清 0，线圈 Q0.1 断开

## 3.3.4 计数器指令应用案例

（1）控制要求

用传感器检测故障。当故障信号为 1 时，扬声器报警，报警灯闪烁 10 次后扬声器停止报警。

（2）解决方案

① I/O 分配：传感器为 I0.1，扬声器为 Q1.0，报警灯为 Q1.1。

② 程序编制：如图 3-20 所示。

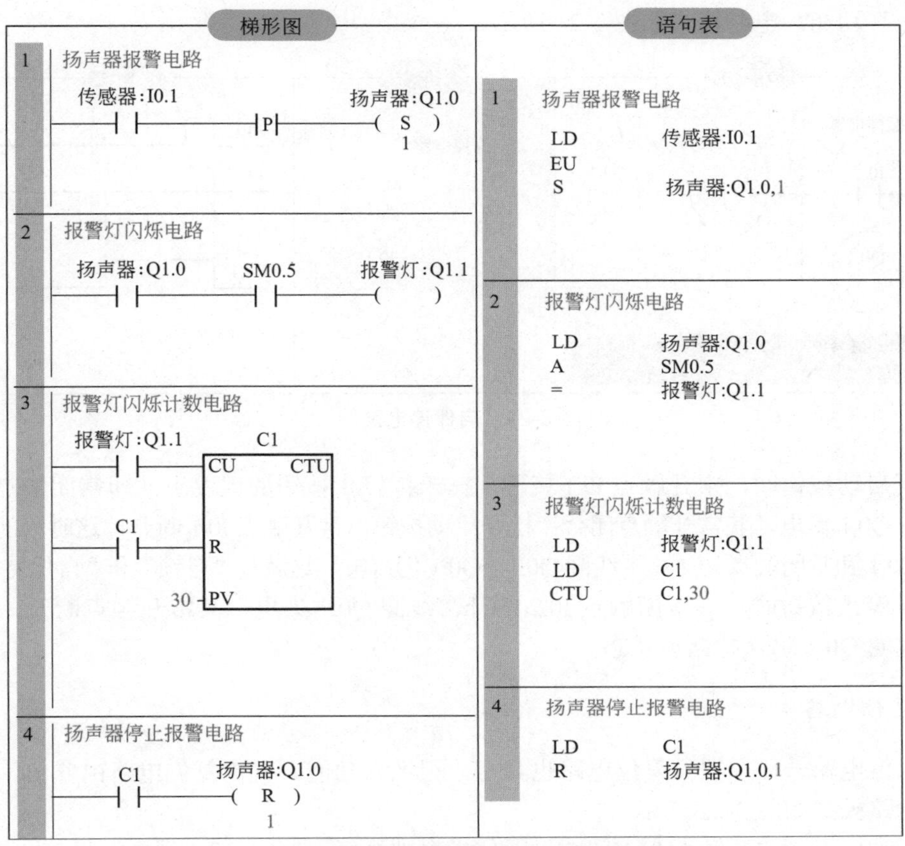


图 3-20　**传感器检测故障程序**

**案例解析**

当传感器检测到信号后，I0.1 常开触点闭合，扬声器 Q1.0 报警；与此同时，报警灯 Q1.1 开始闪烁，这里用的是秒脉冲构造的闪烁电路；网络 3 开始记录报警灯闪烁的次数，当闪烁 30 次后，扬声器 Q1.0 复位，同时报警灯也停止闪烁，计数器 C1 当前值也被清 0

# 3.4 常用的经典编程环节

实际的 PLC 程序往往是某些典型电路的扩展与叠加，因此掌握一些典型电路对大型复杂程序编写非常有利。鉴于此，本节将给出一些典型的电路，即基本编程环节，供读者参考。

## 3.4.1 启保停电路与置位复位电路

（1）启保停电路

启保停电路在梯形图中应用广泛，其最大的特点是利用自身的自锁（又称自保持）可以获得“记忆”功能。电路模式如图 3-21 所示。

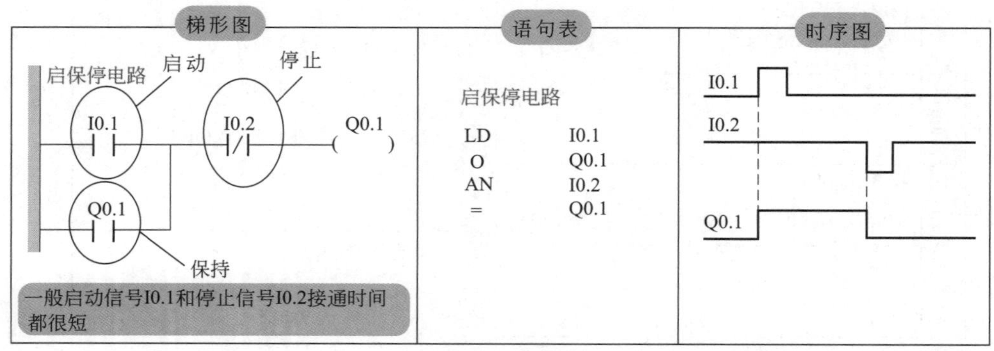


图 3-21 **启保停电路**

当按下启动按钮时，常开触点 I0.1 接通，在未按停止按钮的情况下（即常闭触点 I0.2 为 ON），线圈 Q0.1 得电，其常开触点闭合；松开启动按钮，常开触点 I0.1 断开，这时“能流”经常开触点 Q0.1 和常闭触点 I0.2 流至线圈 Q0.1，Q0.1 仍得电，这就是“自锁”和“自保持”功能。

当按下停止按钮时，其常闭触点 I0.2 断开，线圈 Q0.1 失电，其常开触点断开；松开停止按钮，线圈 Q0.1 仍保持断电状态。

（2）置位复位电路

和启保停电路一样，置位复位电路也具有“记忆”功能。置位复位电路由置位、复位指令实现。电路模式如图 3-22 所示。

按下启动按钮，常开触点 I0.1 闭合，置位指令被执行，线圈 Q0.1 得电，当 I0.1 断开后，线圈 Q0.1 继续保持得电状态；按下停止按钮，常开触点 I0.2 闭合，复位指令被执行，线圈 Q0.1 失电，当 I0.2 断开后，线圈 Q0.1 继续保持失电状态。

## 3.4.2 互锁电路

有些情况下，两个或多个继电器不能同时输出，为了避免它们同时输出，往往相互将自身的常闭触点串在对方的电路中，这样的电路就是互锁电路。电路模式如图 3-23 所示。

按下正向启动按钮，常开触点 I0.0 闭合，线圈 Q0.0 得电并自锁，其常闭触点 Q0.0 断开，这时即使 I0.1 接通，线圈 Q0.1 也不会动作。

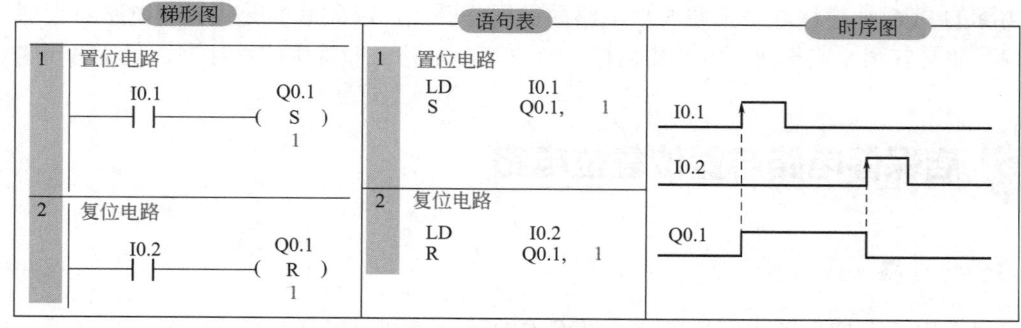


图 3-22 **置位复位电路**

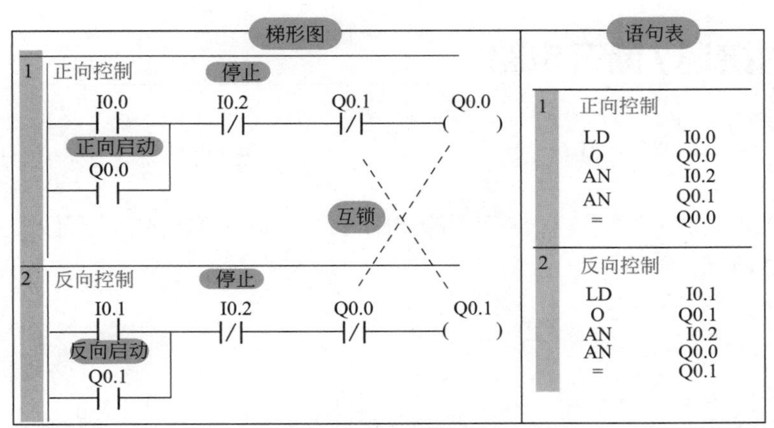


图 3-23　**互锁电路**

按下反向启动按钮，常开触点 I0.1 闭合，线圈 Q0.1 得电并自锁，其常闭触点 Q0.1 断开，这时即使 I0.0 接通，线圈 Q0.0 也不会动作。

按下停止按钮，常闭触点 I0.2 断开，线圈 Q0.0、Q0.1 均失电。

## 3.4.3 延时断开电路

（1）控制要求

当输入信号有效时，立即有输出信号；而当输入信号无效时，输出信号要延时一段时间后再停止。

（2）解决方案

解决方案如图 3-24 所示。

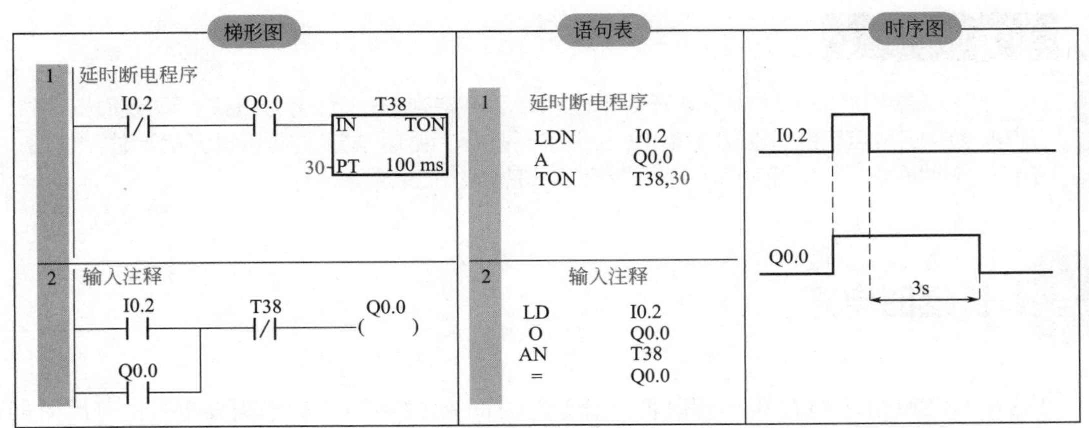


图 3-24　**延时断开电路解决方案**

**案例解析**

按下启动按钮，I0.2 接通，Q0.0 立即有输出并自锁，当按下启动按钮松开后，定时器 T38 开始定时，延时 3s 后，Q0.0 断开，且 T38 复位

## 3.4.4 延时接通 / 断开电路

(1) 控制要求

当输入信号有效时，延时一段时间后输出信号才接通；当输入信号无效时，延时一段时间后输出信号才断开。

(2) 解决方案

解决方案如图 3-25 所示。

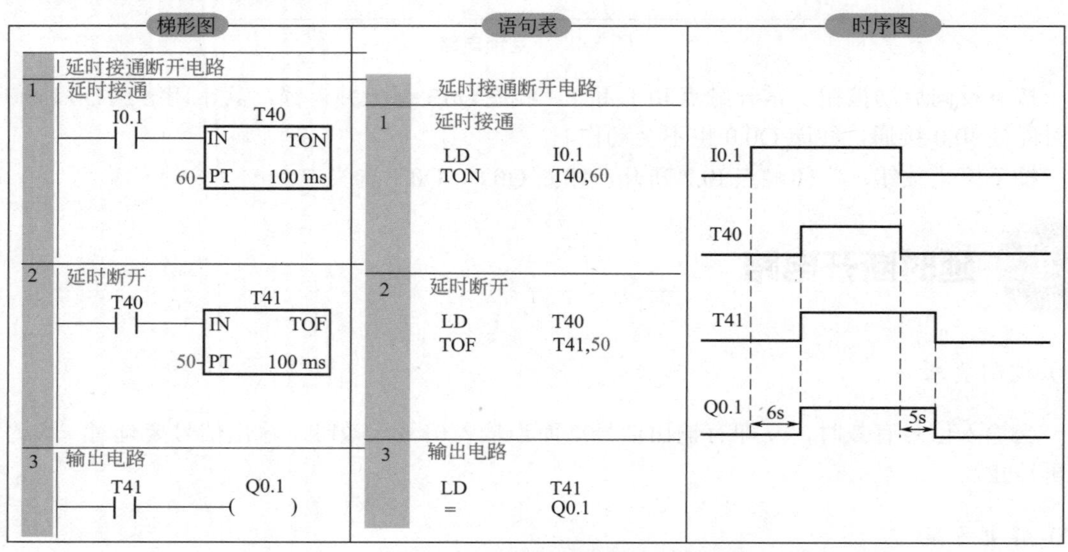


图 3-25 延时接通 / 断开电路解决方案

**案例解析**

当 I0.1 接通后，定时器 T40 开始计时，6s 后 T40 常开触点闭合，断电延时定时器 T41 通电，其常开触点闭合，Q0.1 有输出；当 I0.1 断开后，断电延时定时器 T41 开始定时，5s 后，T41 定时时间到，其常开触点断开，线圈 Q0.1 的状态由接通到断开

## 3.4.5 长延时电路

在 S7-200 SMART PLC 中，定时器最长延时时间为 3276.7s，如果需要更长的延时时间，则应该考虑多个定时器、计数器的联合使用，以扩展其延时时间。

(1) 应用定时器的长延时电路

该解决方案的基本思路是利用多个定时器的串联，来实现长延时控制。定时器串联使用时，其总的定时时间等于各定时器定时时间之和，即 $T=T_1+T_2$，具体如图 3-26 所示。

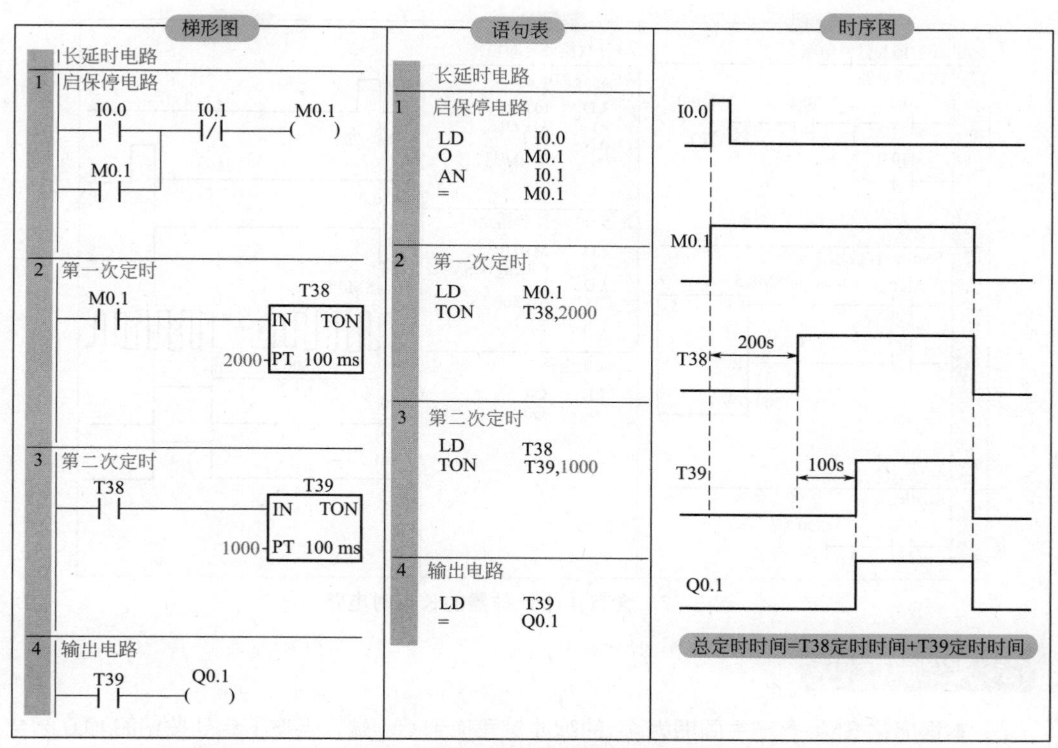


图 3-26 **应用定时器的长延时电路**

**案例解析**

按下启动按钮，I0.0 接通，线圈 M0.1 得电，其常开触点闭合，定时器 T38 开始定时，200s 后 T38 常开触点闭合，T39 开始定时，100s 后 T39 常开触点闭合，线圈 Q0.1 有输出。I0.0 从接通到 Q0.1 接通总共延时时间 =200s+100s=300s

（2）应用计数器的长延时电路

只要提供一个时钟脉冲信号作为计数器的计数输入信号，计数器即可实现定时功能。其定时时间等于时钟脉冲信号周期乘以计数器的设定值即 $T=T_1K_c$，其中 $T_1$ 为时钟脉冲周期，$K_c$ 为计数器设定值。时钟脉冲可以由 PLC 内部特殊标志位存储器产生，如 SM0.4（分脉冲）、SM0.5（秒脉冲），也可以由脉冲发生电路产生。含有 1 个计数器的长延时电路如图 3-27 所示。

（3）应用定时器和计数器组合的长延时电路

该解决方案的基本思路是将定时器和计数器连接，来实现长延时，其本质是形成一个等效倍乘定时器，具体如图 3-28 所示。

## 3.4.6 脉冲发生电路

脉冲发生电路是应用广泛的一种控制电路，它的构成形式很多，具体如下。

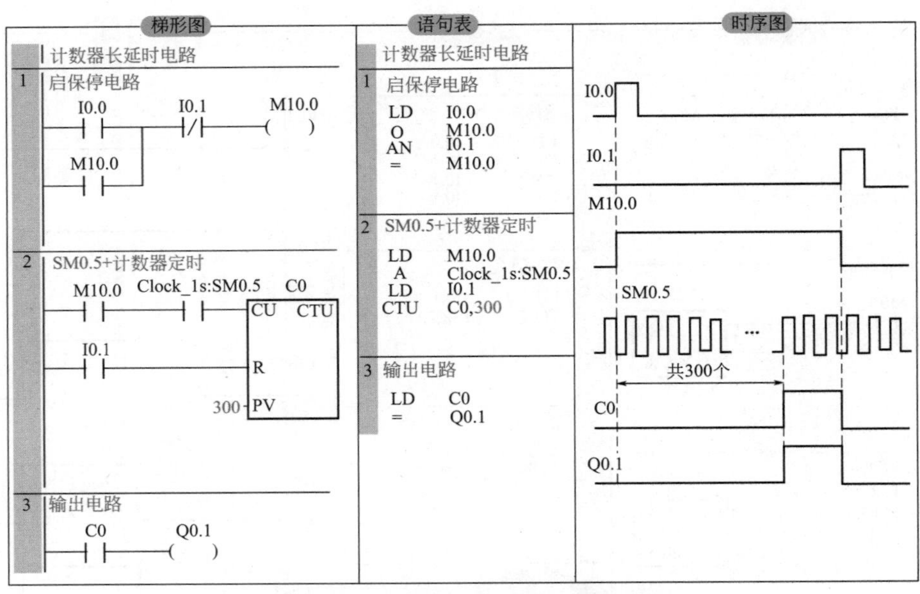


图 3-27 **含有 1 个计数器的长延时电路**

## 案例解析

本程序将 SM0.5 产生周期为 1s 的脉冲信号加到 CU 端，当按下启动按钮时 I0.0 闭合，线圈 M10.0 得电并自锁，其常开触点闭合，当 C0 累计到 300 个脉冲后，C0 常开触点动作，线圈 Q0.1 接通；I0.0 从闭合到 Q0.1 动作共计延时 300 × 1s=300s

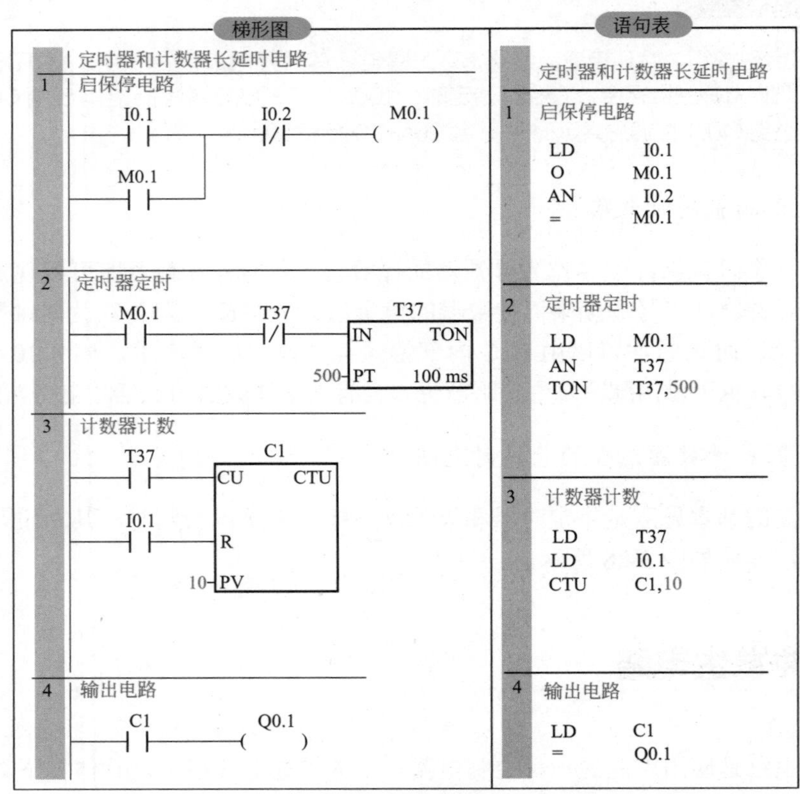


图 3-28 **应用定时器和计数器组合的长延时电路**

**案例解析**

网络 1 和网络 2 形成一个 50s 自复位定时器，该定时器每 50s 接通一次，都会给 C1 一个脉冲，当计数到达预置值 10 时，计数器常开触点闭合，Q0.1 有输出。从 I0.1 接通到 Q0.1 有输出总共延时时间为 50s × 10=500s

### （1）由 SM0.4 和 SM0.5 构成的脉冲发生电路

SM0.4 和 SM0.5 构成的脉冲发生电路最为简单，SM0.4 和 SM0.5 是最为常用的特殊内部标志位存储器，SM0.4 为分脉冲，在一个周期内接通 30s 断开 30s，SM0.5 为秒脉冲，在一个周期内接通 0.5s 断开 0.5s，具体如图 3-29 所示。

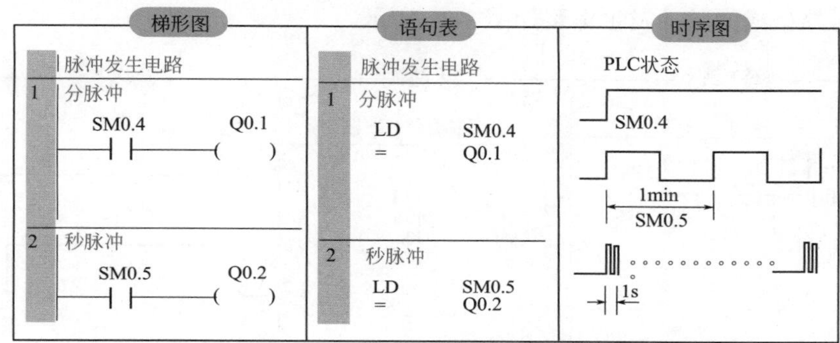


图 3-29　**由 SM0.4 和 SM0.5 构成的脉冲发生电路**

**案例解析**

SM0.4 和 SM0.5 构成的脉冲发生电路最为简单，SM0.4 和 SM0.5 是最为常用的特殊内部标志位存储器，SM0.4 为分脉冲，在一个周期内接通 30s 断开 30s，SM0.5 为秒脉冲，在一个周期内接通 0.5s 断开 0.5s

### （2）单个定时器构成的脉冲发生电路

单个定时器构成的脉冲发生电路如图 3-30 所示。

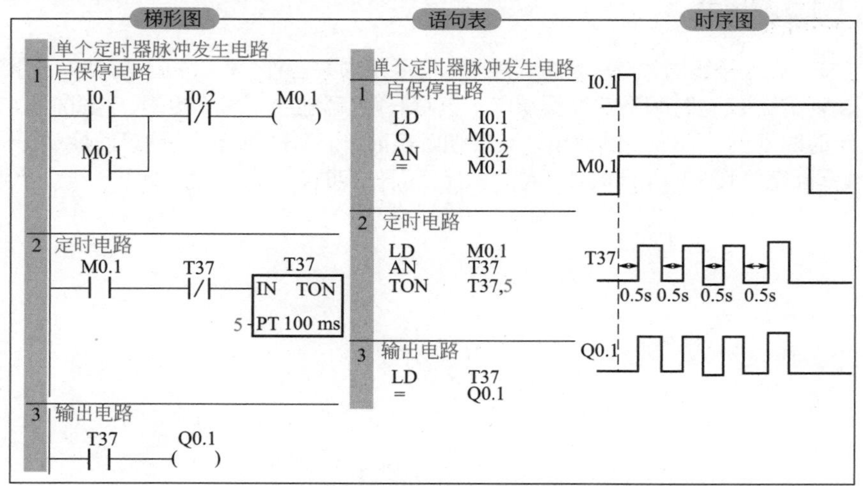


图 3-30　**单个定时器构成的脉冲发生电路**

**案例解析**

单个定时器构成的脉冲发生电路的脉冲周期可调，通过改变 T37 的预置值，改变脉冲的延时时间，进而改变脉冲的发生周期。当按下启动按钮时，I0.1 闭合，线圈 M0.1 接通并自锁，M0.1 的常开触点闭合，T37 计时，0.5s 后 T37 定时时间到其线圈得电，其常开触点闭合，Q0.1 接通，当 T37 常开触点接通的同时，其常闭触点断开，T37 线圈断电，从而 Q0.1 失电，接着 T37 在从 0 开始计时，如此周而复始会产生间隔为 1s 的脉冲，直到按下停止按钮，才停止脉冲发生

（3）多个定时器构成的脉冲发生电路

多个定时器构成的脉冲发生电路如图 3-31 所示。

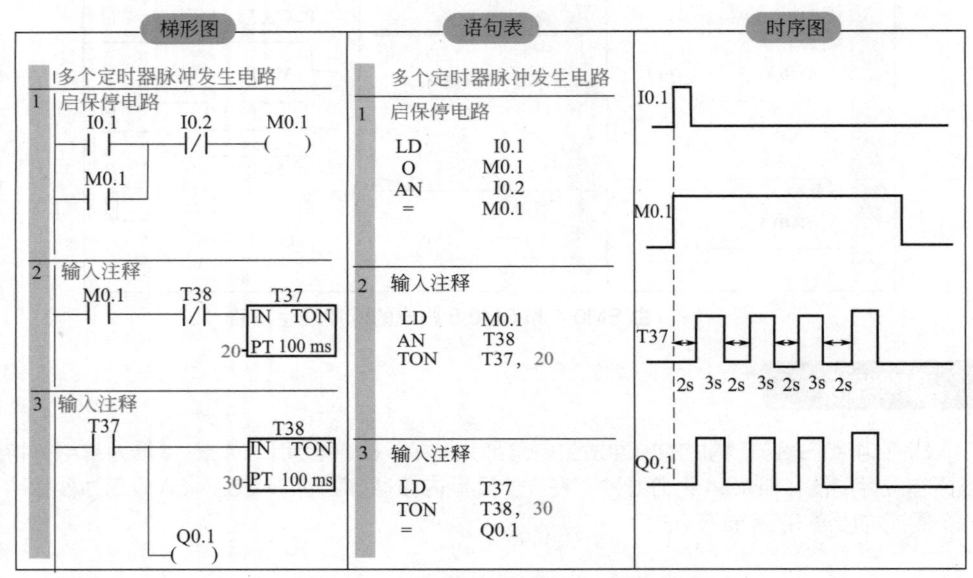


图 3-31 **多个定时器构成的脉冲发生电路**

**案例解析**

当按下启动按钮时，I0.1 闭合，线圈 M0.1 接通并自锁，M0.1 的常开触点闭合，T37 计时，2s 后 T37 定时时间到其线圈得电，其常开触点闭合，Q0.1 接通，与此同时 T38 定时，3s 后定时时间到，T38 线圈得电，其常闭触点断开，T37 断电，其常开触点断开，Q0.1 和 T38 线圈断电，T38 的常闭触点复位，T37 又开始定时，如此反复，会发出一个个脉冲

# 3.5 基本指令应用案例

## 3.5.1 延边三角形减压启动

（1）控制要求

延边三角形启动是一种特殊的减压启动的方法，其电动机为 9 个头的感应电动机，控制原理如图 3-32 所示。合上空气断路器 QF，当按下启动按钮 SB3 或 SB4 时，接触器 KM1、KM3 线圈吸合，其指示灯点亮，电动机为延边三角形减压启动；在 KM1、KM3 吸合的同时，KT 线圈也吸合延时，延时时间到，KT 常闭触点断开，KM3 线圈断电，其指示灯熄灭，KT 常开触点闭合，KM2 线圈得电，其指示灯点亮，电动机角接运行。

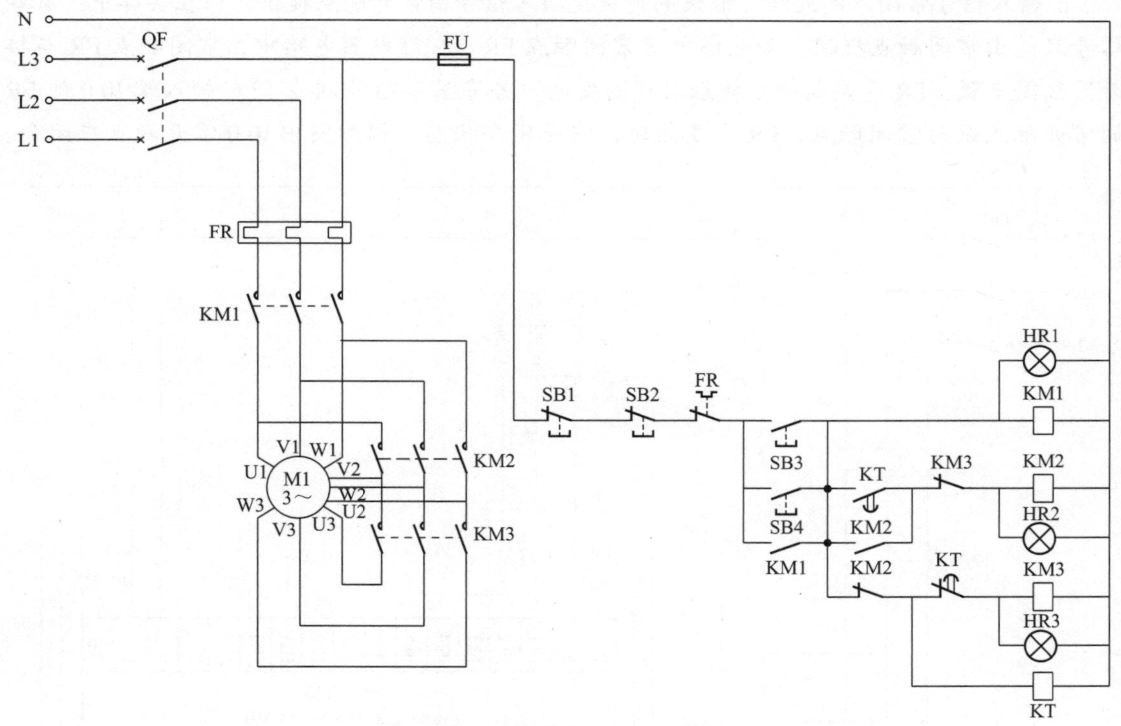


图 3-32　延边三角形减压启动电路

（2）设计步骤

① 根据控制要求，确定 I/O 点数，并进行 I/O 分配，如表 3-7 所示。

表 3-7　延边三角形启动的 I/O 分配

| 输入量 | | 输出量 | |
|---|---|---|---|
| 启动按钮 SB3、SB4 | I0.2 | 接触器 KM1 | Q0.0 |
| 停止按钮 SB1、SB2 | I0.1 | 接触器 KM2 | Q0.1 |
| 热继电器 FR | I0.0 | 接触器 KM3 | Q0.2 |

② 绘制外部接线图，如图 3-33 所示。

③ 将继电器电路翻译成梯形图并化简，草图如图 3-34 所示，最终程序如图 3-35 所示。

④ 程序解析：按下启动按钮 SB3 或 SB4 时，常开触点 I0.2 闭合，线圈 Q0.0、M0.0 得电且 M0.0 对应的常开触点闭合，因此线圈 Q0.2 得电且定时器 T37 开始定时，定时时间到，线圈 Q0.2 断开且 Q0.1 得电并自锁，Q0.1 对应的常闭触点断开，定时器停止定时；当线圈 Q0.0、Q0.2 闭合时，接触器 KM1、KM3 接通，电动机为延边三角形减压启动；当线圈 Q0.0、Q0.1 闭合时，接触器 KM1、KM2 接通，电动机角接运行。

**重点提示**

a. PLC 输入点的节省。遇到两地控制及其类似问题，可将停止按钮 SB1 与 SB2 串联，将启动按钮 SB3 与 SB4 并联后，与 PLC 相连，各自只占用 1 个输入点。

b. PLC 输出点的节省。指示灯 HR1 ~ HR3 实际上可以单独占 1 个输出点，为了节省输出点，分别将指示灯与各自的接触器线圈并联，只占 1 个输出点。

c. 输入信号常闭点的处理。假设的前提是输入信号由常开触点提供，但在实际中，有些信号只能由常闭触点提供，如热继电器常闭触点 FR。在继电器电路中，常闭触点 FR 与接触器线圈串联，FR 受热断开，接触器线圈失电。若将图 3-33 中接在 PLC 输入端 I0.0 处 FR 的常开触点改为常闭触点，FR 未受热时，它是闭合状态，梯形图中 I0.0 常开触点应闭合。

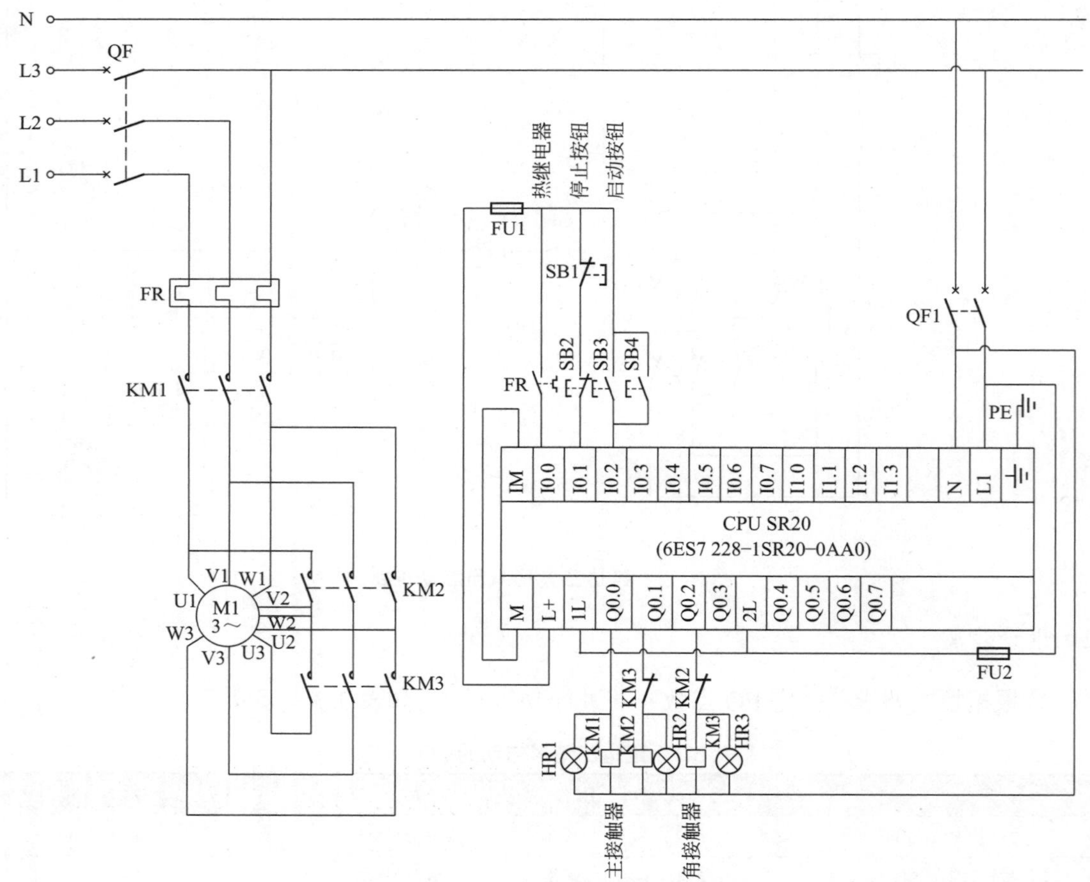


图 3-33 延边三角形启动外部接线图

显然在图 3-34 中应该是常开触点 I0.0 与线圈 Q0.0 串联，而不是常闭触点 I0.0 与线圈 Q0.0 串联。这样一来，继电器电路图中的 FR 触点与梯形图中的 FR 触点类型恰好相反，给电路分析带来不便。

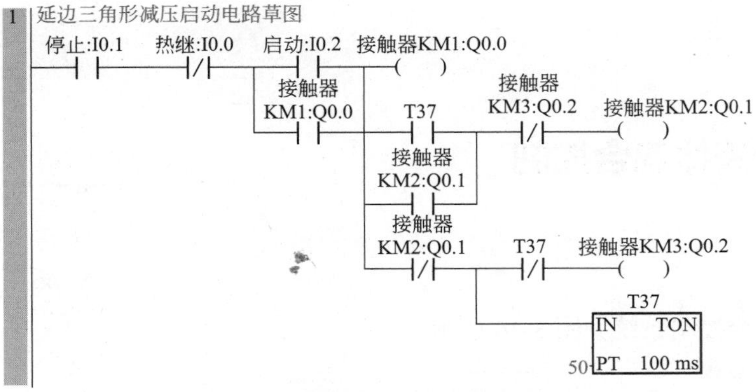

图 3-34　延边三角形启动程序草图

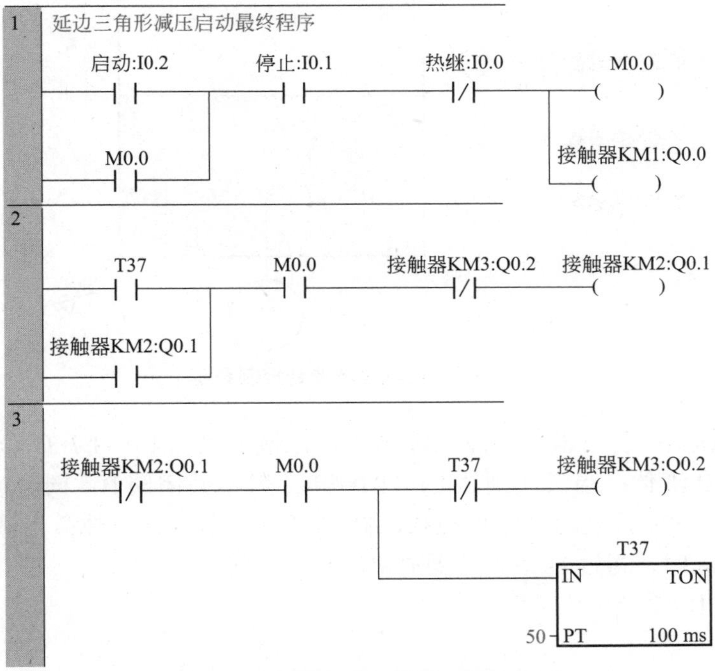

图 3-35　延边三角形启动程序最终结果

为了使梯形图与继电器电路中的触点类型一致，在编程时建议尽量使用常开触点作为输入信号。如果某信号为常闭触点输入时，可按全部为常开触点来设计梯形图，这样可将继电器电路图直接翻译为梯形图，然后将梯形图中外接常闭触点的输入位的常开触点变为常闭触点，常闭触点变为常开触点。如本例所示，外部接线图中 FR 改为常开触点，那么梯形图中与之对应的 I0.0 为常闭触点，这样继电器电路图恰好能直接翻译为梯形图。

**编者心语**

将继电器控制改为 PLC 控制时，主电路不变，将继电器控制电路改由 PLC 控制即可。

## 3.5.2 两种液体混合控制

### (1) 控制要求

两种液体混合控制系统如图 3-36 所示。

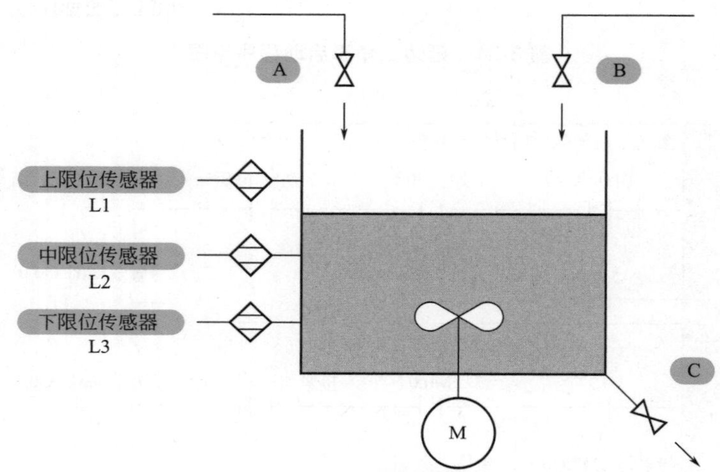


图 3-36　**两种液体混合控制系统**

按下启动按钮后，打开阀 A，注入液体 A；当液面到达 L2（L2=ON）时，关闭阀 A，打开阀 B，注入 B 液体；当液面到达 L1（L1=ON）时，关闭阀 B，同时搅拌电动机 M 开始运行搅拌液体，30s 后电动机停止搅拌，阀 C 打开放出混合液体；当液面降至 L3 以下（L1=L2=L3=OFF）时，再过 6s 后，容器放空，阀 C 关闭。

按下停止按钮，系统停止工作。

### (2) 设计步骤

① I/O 分配　根据任务控制要求，对输入 / 输出量进行 I/O 分配，如表 3-8 所示。

表 3-8　**两种液体混合控制 I/O 分配表**

| 输入量 | | 输出量 | |
|---|---|---|---|
| 启动 | I0.0 | 阀 A | Q0.0 |
| 上限 | I0.1 | 阀 B | Q0.1 |
| 中限 | I0.2 | 阀 C | Q0.2 |
| 下限 | I0.3 | 电动机 M | Q0.3 |
| 停止 | I0.4 | | |

② 绘制接线图 接线图如图 3-37 所示。

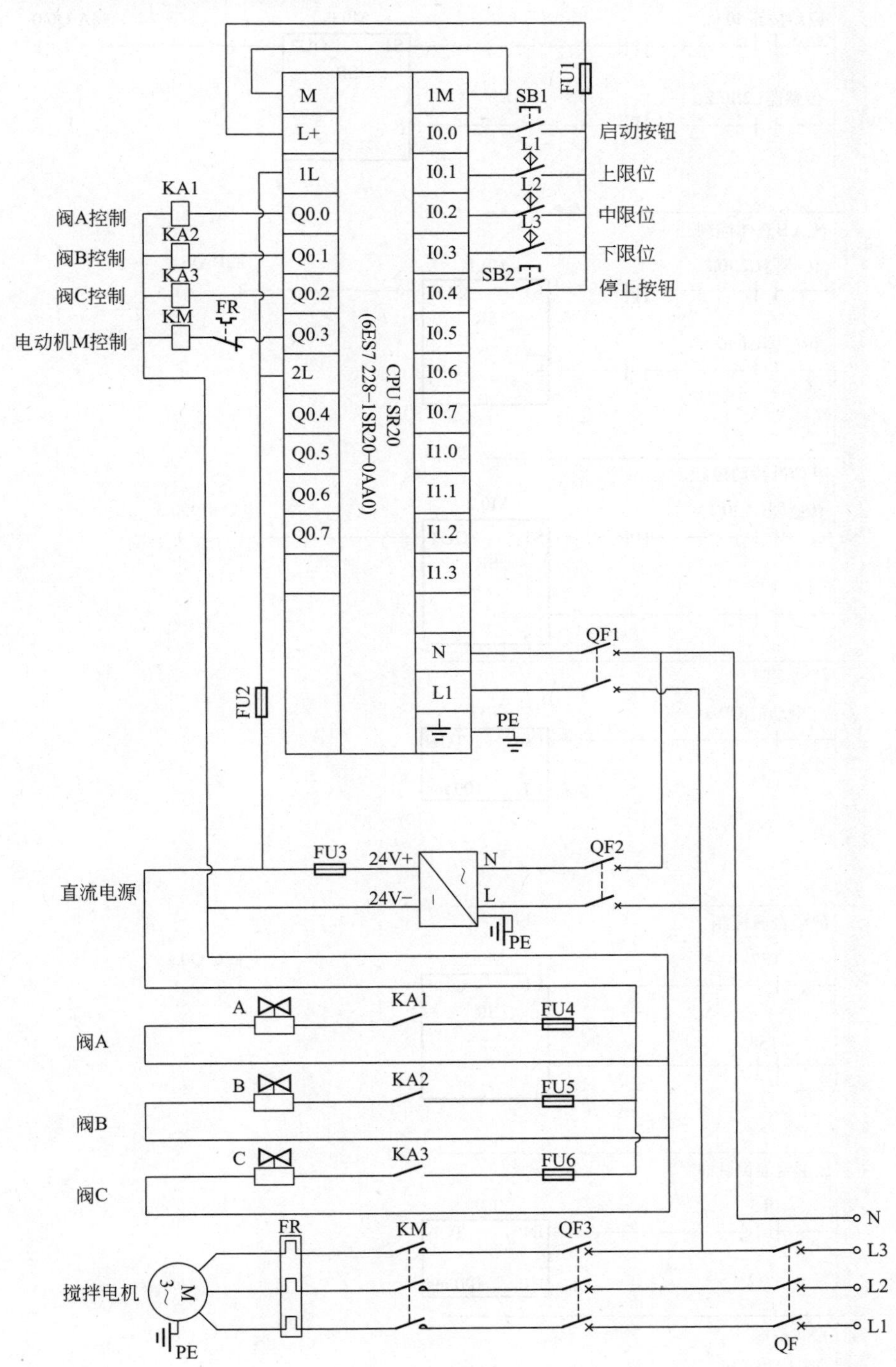


图 3-37 两种液体混合控制接线图

③ 设计梯形图程序 梯形图程序如图 3-38 所示。

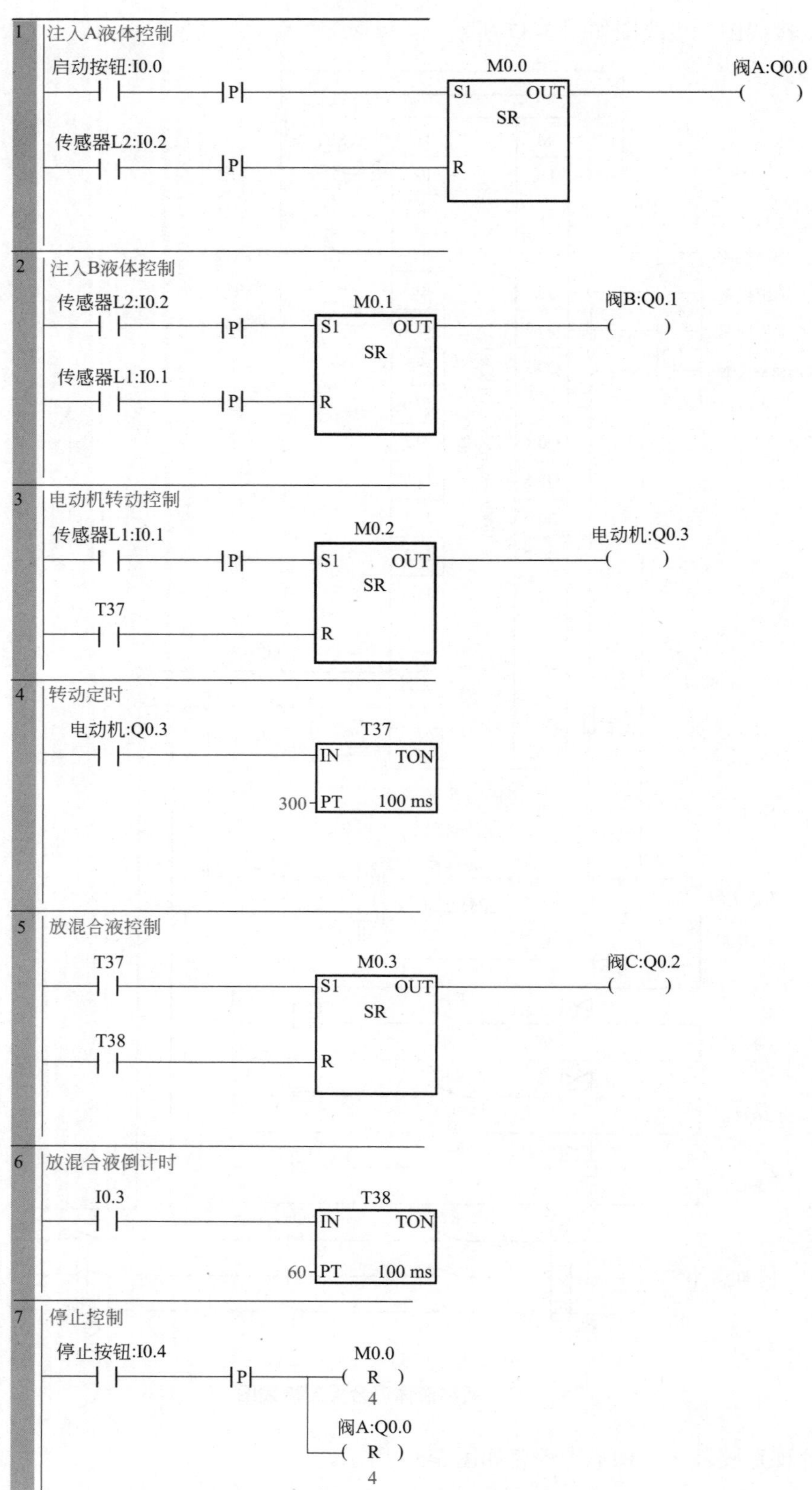


图 3-38　两种液体混合控制梯形图程序

# 3.6 程序控制类指令及案例

程序控制类指令用于程序结构及流程的控制，它主要包括跳转 / 标号指令、子程序指令等。

## 3.6.1 跳转 / 标号指令

（1）指令格式

跳转 / 标号指令用来跳过部分程序使其不执行，必须用在同一程序块内部实现跳转。跳转 / 标号指令有两条，分别为跳转指令（JMP）和标号指令（LBL），具体如图 3-39 所示。

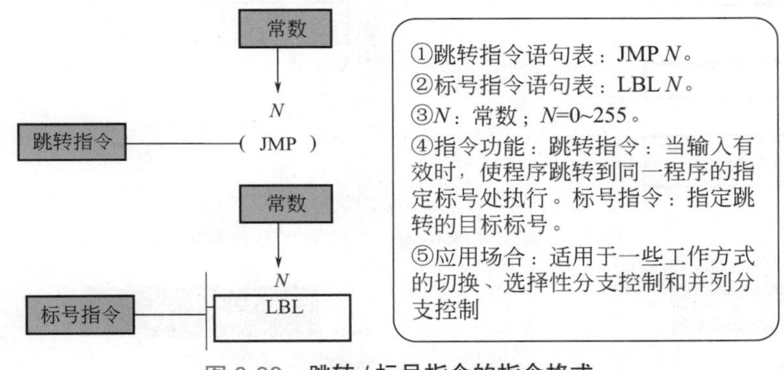


图 3-39　**跳转 / 标号指令的指令格式**

（2）工作原理及应用案例

跳转 / 标号指令工作原理及应用案例如图 3-40 所示。

（3）使用说明

① 跳转 / 标号指令必须匹配使用，而且只能使用在同一程序块中，如主程序、同一子程序或同一中断程序，不能在不同的程序块中互相跳转。

② 执行跳转后，被跳过程序段中的各元器件的状态为：

a. Q、M、S、C 等元器件的位保持跳转前的状态。

b. 计数器 C 停止计数，当前值存储器保持跳转前的计数值。

c. 对于定时器来说，因刷新方式不同而工作状态不同。在跳转期间，分辨率为 1ms 和 10ms 的定时器会一直保持跳转前的工作状态，原来工作的继续工作，到预置值后，其位的状态也会改变，输出触点动作，其当前值存储器一直累计到最大值 32767 才停止；对于分辨率为 100ms 的定时器来说，跳转期间停止工作，但不会复位，存储器里的值为跳转时的值，跳转结束后，若输入条件允许，可继续计时，但已失去了准确值的意义。所以在跳转段里的定时器要慎用。

d. 由于跳转指令具有选择程序段的功能，在同一程序且位于因跳转而不会被同时执行程序段中的同一线圈，不被视为双线圈。

e. 跳转指令和标号指令必须成对出现，且可以有多条跳转指令使用同一标号，但不允许一个跳转指令对应两个标号的情况，即在同一程序中不允许存在两个相同的标号。

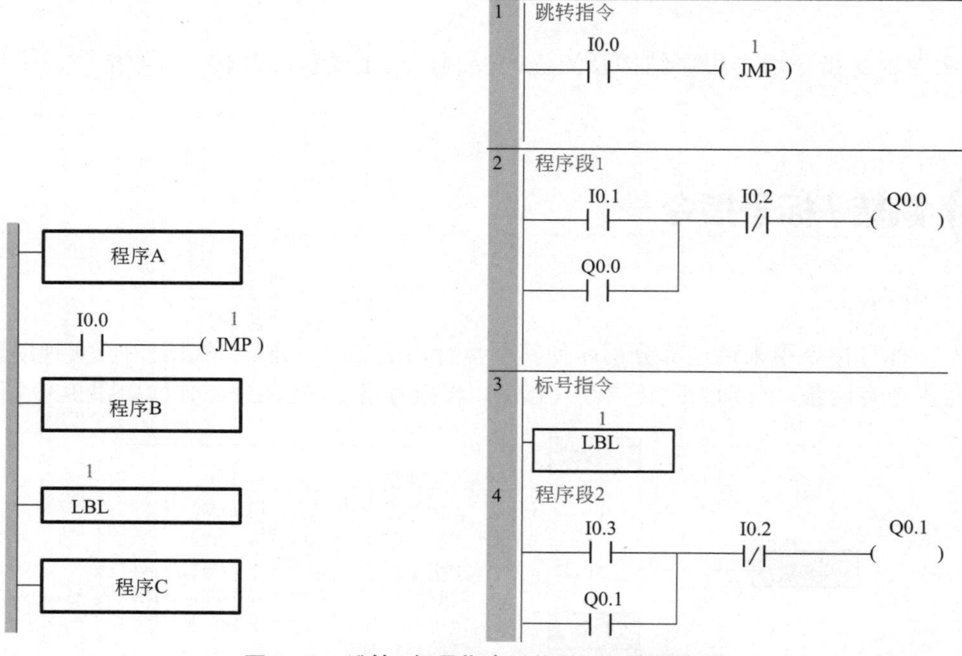


图 3-40　**跳转 / 标号指令工作原理及应用案例**

**工作原理解析**

当跳转条件成立时（常开触点 I0.0 闭合），执行程序 A 后，跳过程序 B，执行程序 C；当跳转条件不成立时（常开触点 I0.0 断开），执行程序 A，接着执行程序 B，然后再执行程序 C

**案例解析**

当 I0.0 闭合时，会跳过 Q0.0 所在的程序段，执行标号指令后边的程序；当 I0.0 断开时，执行完 Q0.0 所在的程序段后，再执行 Q0.1 所在的程序段

## 3.6.2 子程序指令

S7-200 SMART PLC 的控制程序由主程序、子程序和中断程序组成。

（1）S7-200 SMART PLC 程序结构

① 主程序　主程序（OB1）是程序的主体。每个项目都必须并且只能有一个主程序，在主程序中可以调用子程序和中断程序。

② 子程序　子程序是指具有特定功能并且多次使用的程序段。子程序仅在被其他程序调用时执行，同一子程序可在不同的地方多次被调用，使用子程序可以简化程序代码和减少扫描时间。

③ 中断程序　中断程序用来及时处理与用户程序的执行无关的操作或者不能事先预测何时发生中断事件。中断程序是用户编制的，它不由用户程序来调用，而是在中断事件发生

时由操作系统来调用。

图 3-41 是主程序、子程序和中断程序在编程软件 STEP 7-Micro/WIN SMART V2.3 中的位置，总是主程序在先，接下来是子程序和中断程序。

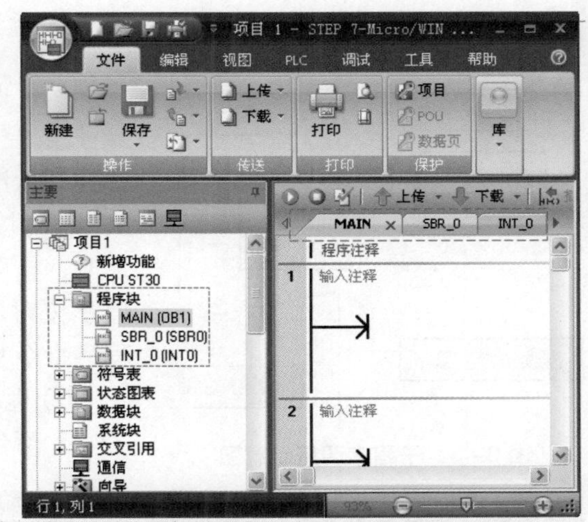

图 3-41　软件中的主程序、子程序和中断程序

(2) 子程序简介

① 子程序的作用与优点　子程序常用于需要多次反复执行相同任务的地方，只需要写一次子程序，当别的程序需要时就可以调用它，而无须重新编写该程序。

子程序的调用是有条件的，未调用时不会执行子程序中的指令，因此使用子程序可以减少程序扫描时间。子程序使程序结构简单清晰，易于调试、检查错误和维修，因此在编写复杂程序时，建议将全部功能划分为几个符合控制工艺的子程序块。

② 子程序的创建　打开编程软件，通常会有 1 个主程序、1 个子程序和 1 个中断程序，如果需要多个时，可以采用下列方法之一创建子程序：

a. 双击项目树中程序块前边的⊞，将程序块展开，执行右键“插入→子程序”；

b. 从编辑菜单栏中，执行“编辑→对象→子程序”；

c. 从程序编辑器窗口上方的标签中，执行右键“插入→子程序”。

③ 子程序重命名　若要修改子程序的名称，可以右击项目树中的子程序图标，在弹出的菜单中选择“重命名”选项，输入想要的名称。

(3) 指令格式

子程序指令有子程序调用指令和子程序返回指令两条，指令格式如图 3-42 所示。需要指出的是，程序返回指令由编程软件自动生成，无须用户编写，这点编程时需要注意。

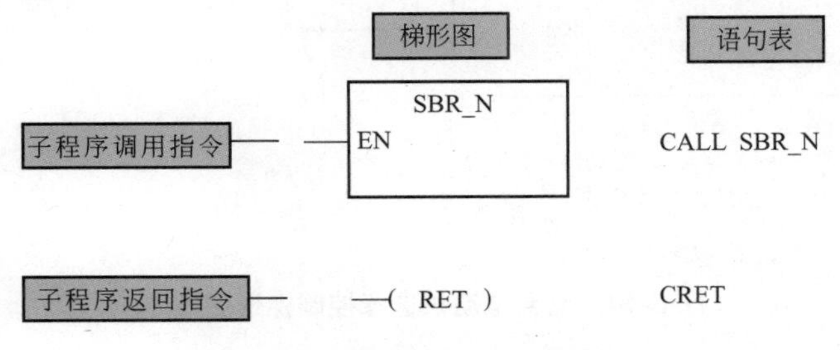


图 3-42　子程序指令的指令格式

(4) 子程序调用

子程序调用由在主程序内使用的调用指令完成。当子程序调用允许时，调用指令将程序控制转移给子程序（SBR_N），程序扫描将转移到子程序入口处执行。当执行子程序时，子程序将执行全部指令直到满足条件才返回，或者执行到子程序末尾而返回。当子程序返回时，返回到原主程序出口的下一条指令执行，继续往下扫描程序，如图 3-43 所示。

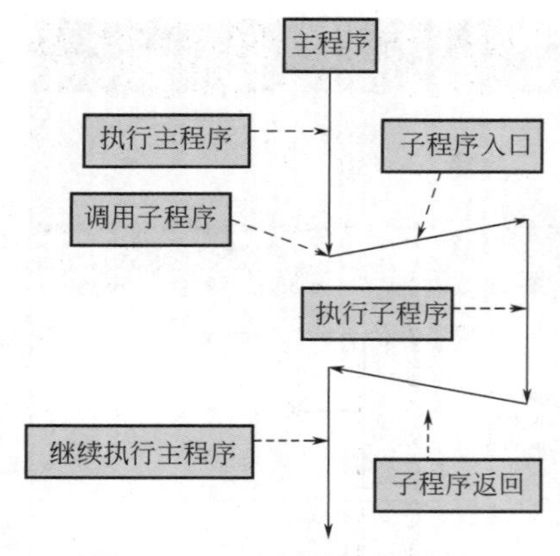

图 3-43　**子程序调用示意图**

（5）子程序指令应用案例

例：两台电动机选择控制。

① 控制要求　按下系统启动按钮，为两台电动机选择控制做准备。当选择开关常开触点接通时，按下电动机 M1 启动按钮，电动机 M1 工作；当选择开关常闭触点接通时，按下电动机 M2 启动按钮，电动机 M2 工作；按下停止按钮，无论是电动机 M1 还是 M2 都停止工作。用子程序指令实现以上控制功能。

② 程序设计

a. 两台电动机选择控制 I/O 分配如表 3-9 所示。

表 3-9　**两台电动机选择控制 I/O 分配**

| 输入量 | | 输出量 | | 输入量 | | 输出量 | |
|---|---|---|---|---|---|---|---|
| 系统启动按钮 | I0.0 | 电动机 M1 | Q0.0 | 电动机 M1 启动 | I0.3 | | |
| 系统停止按钮 | I0.1 | 电动机 M2 | Q0.1 | 电动机 M2 启动 | I0.4 | | |
| 选择开关 | I0.2 | | | | | | |

b. 绘制梯形图：两台电动机选择控制梯形图程序如图 3-44 所示。

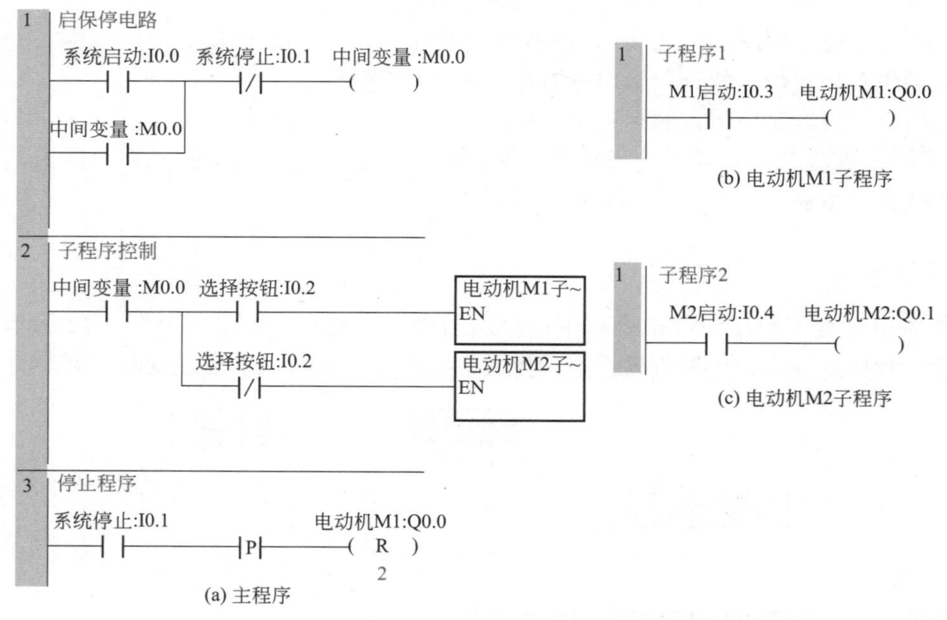

图 3-44　**两台电动机选择控制梯形图程序**

## 3.6.3 综合案例——3 台电动机顺序控制

（1）控制要求

按下启动按钮 SB1，电动机 M1、M2、M3 间隔 3s 顺序启动；按下停止按钮 SB2，电动机 M1、M2、M3 间隔 3s 顺序停止。

（2）程序设计

① 3 台电动机顺序控制 I/O 分配如表 3-10 所示。

表 3-10　3 台电动机顺序控制 I/O 分配

| 输入量 | | 输出量 | |
|---|---|---|---|
| 启动按钮 SB1 | I0.0 | 接触器 KM1 | Q0.0 |
| | | 接触器 KM2 | Q0.1 |
| 停止按钮 SB2 | I0.1 | 接触器 KM3 | Q0.2 |

② 梯形图程序

a. 解法（一）：用跳转 / 标号指令编程。

图 3-45 为用跳转 / 标号指令设计 3 台电动机顺序控制梯形图程序。

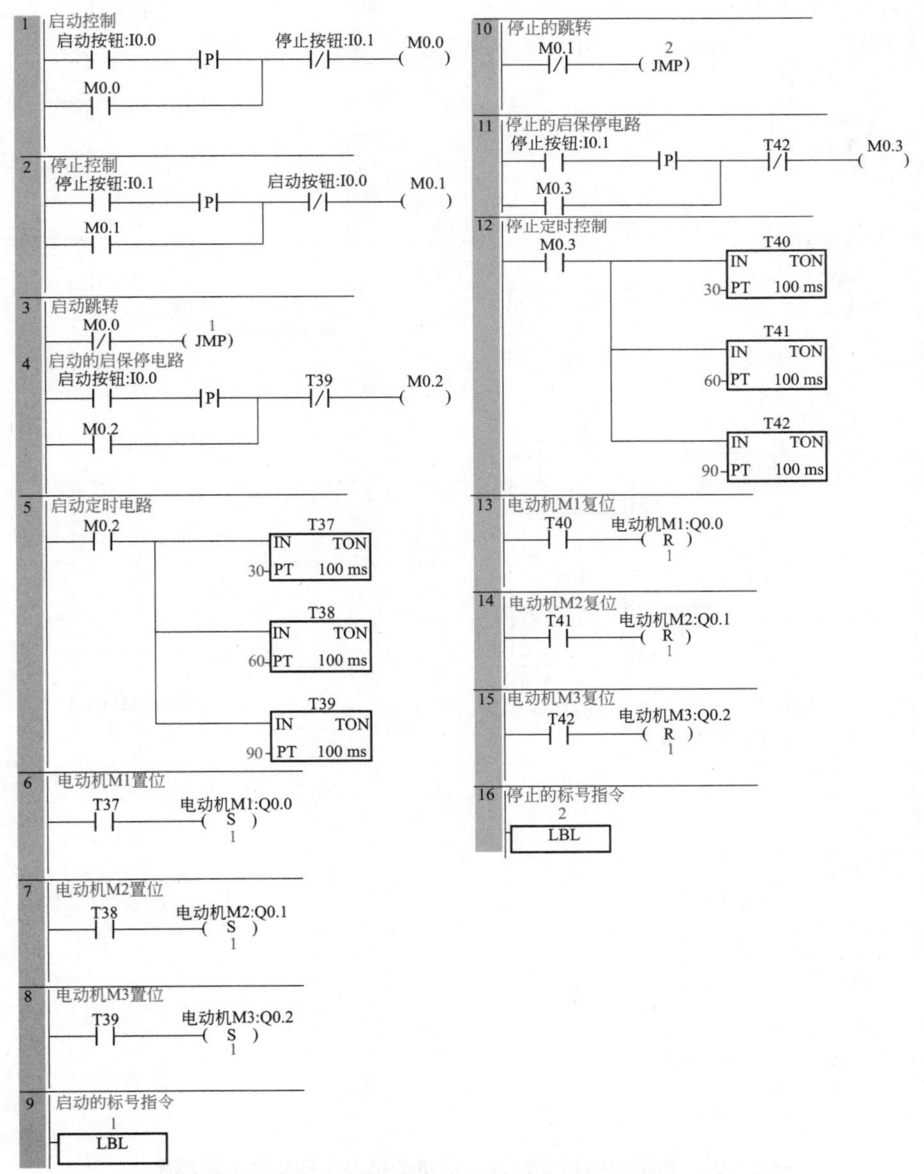


图 3-45　用跳转指令设计 3 台电动机顺序控制梯形图程序

b. 解法（二）：用子程序指令编程。

图 3-46 为用子程序指令设计 3 台电动机顺序控制梯形图程序。该程序分为主程序、电动机顺序启动和顺序停止的子程序。

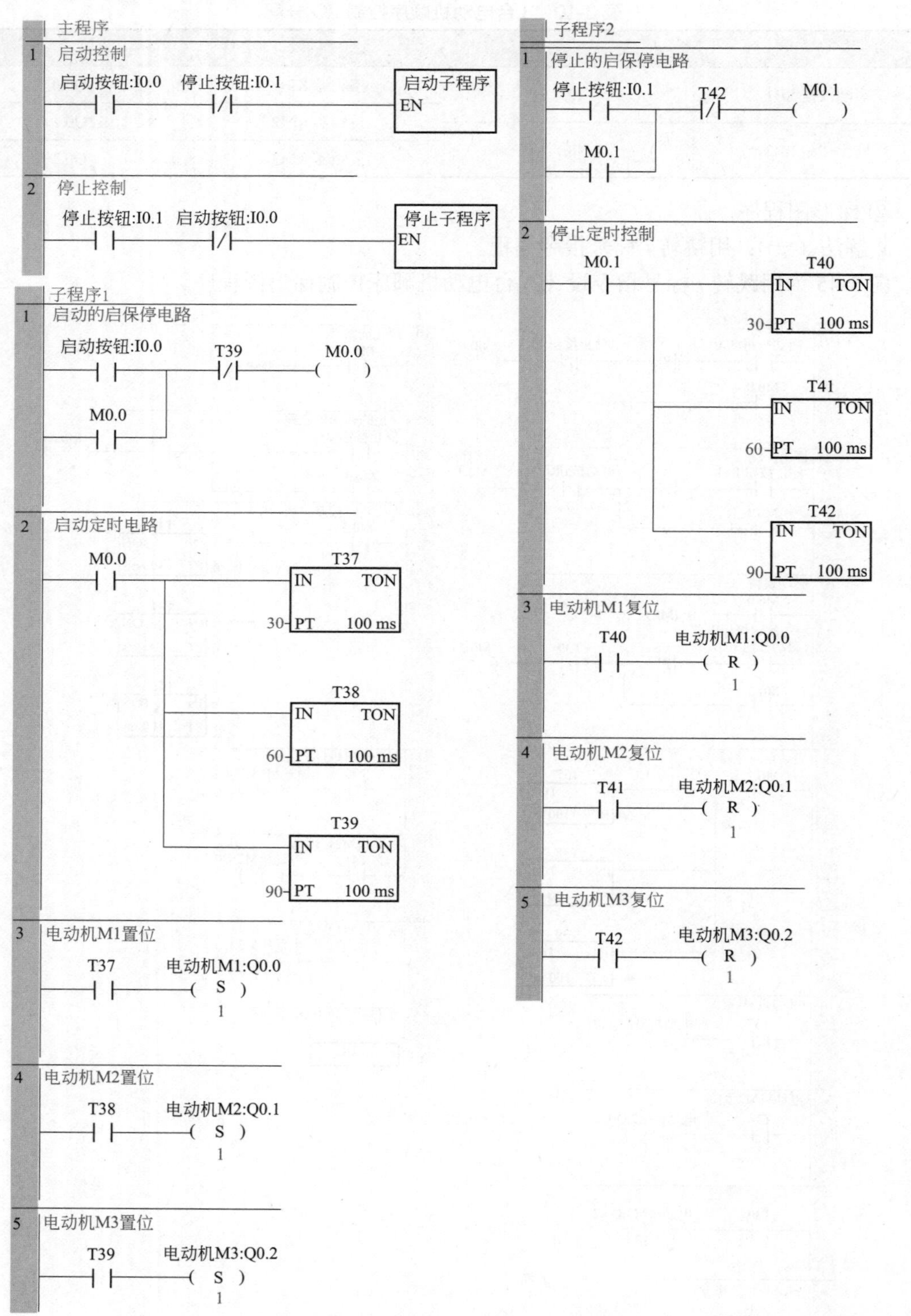


图 3-46　**用子程序指令设计 3 台电动机顺序控制梯形图程序**

# 3.7 比较指令及案例

比较指令是将两个操作数或字符串按指定条件进行比较，当比较条件成立时，其触点闭合，后面的电路接通；当比较条件不成立时，比较触点断开，后面的电路不接通。

## 3.7.1 指令格式

比较指令的运算符有 6 种，其操作数可以为字节、双字、整数或实数，指令格式如图 3-47 所示。

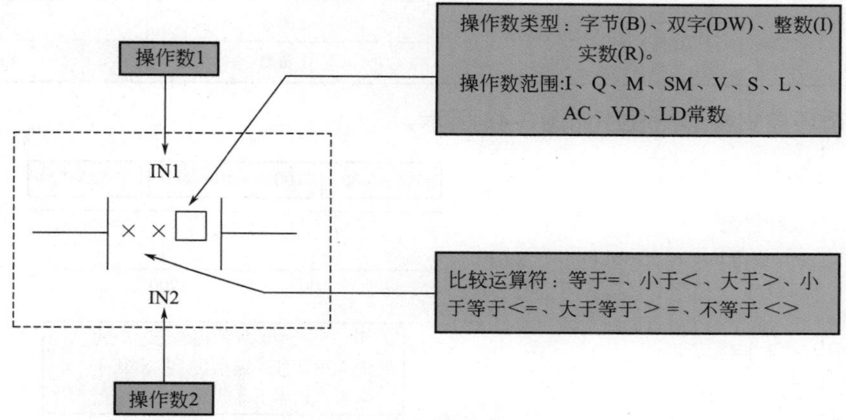


图 3-47　比较指令的指令格式

## 3.7.2 指令用法

比较指令的触点和普通的触点一样，可以装载、串联和并联，具体如表 3-11 所示。

表 3-11　比较指令的用法

| 指令用途 | 梯形图形式 | 语句表形式 | 说明 |
|---|---|---|---|
| 比较触点的装载 | IN1 ××□ IN2 | LD □ ××　IN1，IN2 | 比较触点与左母线相连 |
| 普通触点与比较触点的串联 | bit　IN1 ××□ IN2 | LD　bit<br>A □ ××　IN1，IN2 | 普通触点与比较触点的串联 |
| 普通触点与比较触点的并联 | bit<br>IN1 ××□ IN2 | LD　bit<br>O □ ××　IN1，IN2 | 普通触点与比较触点的并联 |

## 3.7.3 应用案例

（1）小灯循环控制

① 控制要求　按下启动按钮，3 盏小灯每隔 10s 循环点亮；按下停止按钮，3 盏小灯全部熄灭。

② 程序设计

a. 小灯循环控制 I/O 分配如表 3-12 所示。

表 3-12　小灯循环控制的 I/O 分配

| 输入量 | | 输出量 | |
|---|---|---|---|
| 启动按钮 | I0.0 | 红灯 | Q0.0 |
| | | 绿灯 | Q0.1 |
| 停止按钮 | I0.1 | 黄灯 | Q0.2 |

b. 小灯循环控制梯形图程序如图 3-48 所示。

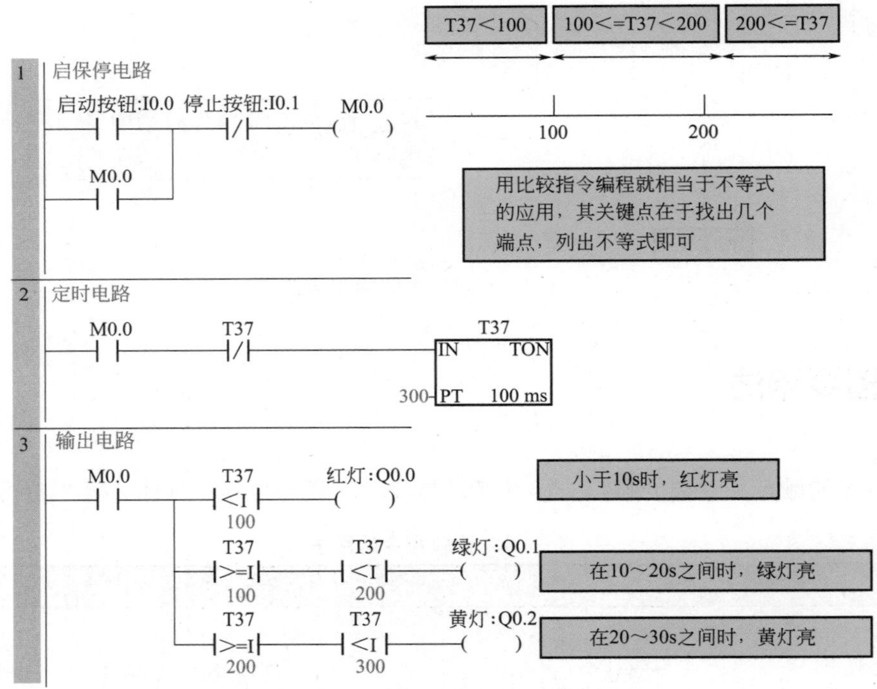


图 3-48　小灯循环控制梯形图程序

（2）简单定尺裁剪控制

① 控制要求　某材料定尺可通过脉冲计数来控制，在电动机轴上装 1 个多齿凸轮，用接近开关检测凸轮的齿数。

电动机启动后，计数器开始计数，计数至 4900 时，电动机减速，计数到 5000 时，电动机停止，同时剪切机动作将材料切断，并使脉冲计数复位。

② 程序设计

a. 简单定尺裁剪控制 I/O 分配如表 3-13 所示。

表 3-13 简单定尺裁剪控制的 I/O 分配

| 输入量 | | 输出量 | |
|---|---|---|---|
| 启动按钮 | I0.0 | 高速运转 | Q0.0 |
| 停止按钮 | I0.1 | 低速运转 | Q0.1 |
| 接近开关 | I0.2 | 剪切机 | Q0.2 |
| 剪切结束 | I0.3 | | |

b. 简单定尺裁剪控制梯形图程序如图 3-49 所示。

1 按下启动按钮I0.0，若C20当前值小于4900，则Q0.0高速运转

I0.0 I0.1 Q0.1 C20 <I 4900 Q0.0 Q0.0

2 凸轮检测开关I0.2, 每动作一次；C20计数1次:剪切结束I0.3闭合或按下停止按钮I0.1,C20复位

I0.2 C20 CU CTU I0.1 R I0.3 5000 PV

3 若C20当前值大于4900,则Q0 1低速运行

C20 Q0.0 C20 >=I 4900 Q0.1

4

C20 Q0.2

图 3-49 简单定尺裁剪控制梯形图程序

## 3.8 数据传送指令及案例

数据传送指令用来完成各存储单元之间一个或多个数据的传送，传送过程中数值保持不变。根据每次传送数据的多少，可将其分为单一传送指令和数据块传送指令。无论是单一传送指令还是数据块传送指令，都有字节、字、双字和实数等几种数据类型。为了满足立即传送的要求，设有字节立即传送指令；为了方便实现在同一字内高低字节的交换，还设有字节交换指令。

数据传送指令适用于存储单元的清零、程序的初始化等场合。

## 3.8.1 单一传送指令

（1）指令格式

单一传送指令用来传送一个数据，其数据类型可以为字节、字、双字和实数。在传送过程中数据内容保持不变，其指令格式如表 3-14 所示。

表 3-14 单一传送指令 MOV 的指令格式

| 指令名称 | 编程语言 | | 操作数类型及操作范围 |
|---|---|---|---|
| | 梯形图 | 语句表 | |
| 字节传送指令 | MOV_B（EN、ENO、IN、OUT） | MOVB IN，OUT | IN：IB、QB、VB、MB、SB、SMB、LB、AC、常数。<br>OUT：IB、QB、VB、MB、SB、SMB、LB、AC。<br>IN/OUT 数据类型：字节 |
| 字传送指令 | MOV_W（EN、ENO、IN、OUT） | MOVW IN，OUT | IN：IW、QW、VW、MW、SW、SMW、LW、AC、T、C、AIW、常数。<br>OUT：IW、QW、VW、MW、SW、SMW、LW、AC、T、C、AQW。<br>IN/OUT 数据类型：字 |
| 双字传送指令 | MOV_DW（EN、ENO、IN、OUT） | MOVD IN，OUT | IN：ID、QD、VD、MD、SD、SMD、LD、AC、HC、常数。<br>OUT：ID、QD、VD、MD、SD、SMD、LD、AC。<br>IN/OUT 数据类型：双字 |
| 实数传送指令 | MOV_R（EN、ENO、IN、OUT） | MOVR IN，OUT | IN：ID、QD、VD、MD、SD、SMD、LD、AC、常数。<br>OUT：ID、QD、VD、MD、SD、SMD、LD、AC。<br>IN/OUT 数据类型：实数 |
| EN（使能端） | I、Q、M、T、C、SM、V、S、L。 | | EN 数据类型：位 |
| 功能说明 | 当使能端 EN 有效时，将一个输入 IN 的字节、字、双字或实数传送到 OUT 的指定存储单元输出，传送过程中数据内容保持不变 | | |

（2）应用案例

① 将常数 7 传入 MB0，观察 PLC 小灯的点亮情况。
② 将常数 3 传入 MW0，观察 PLC 小灯的点亮情况。
③ 程序设计：相关程序如图 3-50 所示。

## 3.8.2 数据块传送指令

（1）指令格式

数据块传送指令用来一次性传送多个数据，块传送包括字节的块传送、字的块传送和双字的块传送，指令格式如表 3-15 所示。

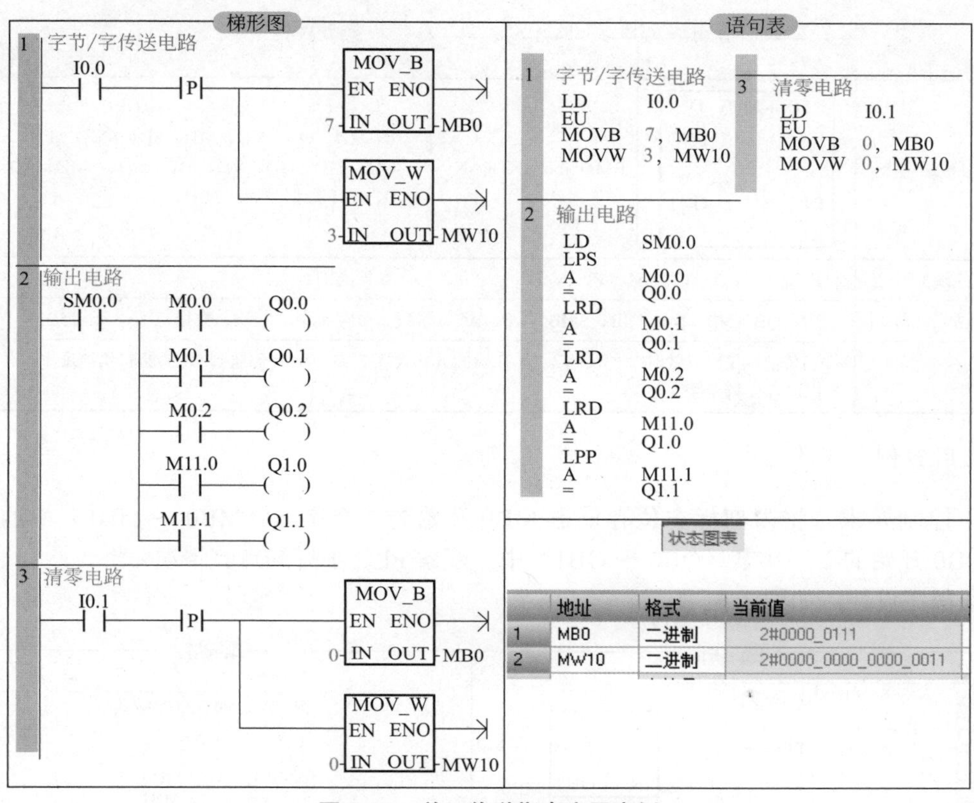


图 3-50 **单一传送指令应用案例**

## 程序解析

按下启动按钮 I0.0，字节传送指令 MOV_B 将 7 传入 MB0 中，现在 MB0 中的数据为 7(2#0000，0111)，因此 Q0.0 ~ Q0.2 有输出；启动按钮 I0.0 接通，字传送指令 MOV_W 将 3 传入 MW10 中，现在 MW10 的数据为 3(2#0000,0011)，MW10 有 2 个字节，低字节为 MB11，MB11 中现在的数据为 2#0011，因此 Q1.0 ~ Q1.1 有输出

表 3-15 **数据块传送指令 BLKMOV 的指令格式**

| 指令名称 | 编程语言 | | 操作数类型及操作范围 |
|---|---|---|---|
| | 梯形图 | 语句表 | |
| 字节的块传送指令 | BLKMOV_B<br>EN ENO<br>IN OUT<br>N | BMB IN，OUT，N | IN：IB、QB、VB、MB、SB、SMB、LB。<br>OUT：IB、QB、VB、MB、SB、SMB、LB。<br>IN/OUT 数据类型：字节 |
| 字的块传送指令 | BLKMOV_W<br>EN ENO<br>IN OUT<br>N | BMW IN，OUT，N | IN：IW、QW、VW、MW、SW、SMW、LW、T、C、AIW。<br>OUT：IW、QW、VW、MW、SW、SMW、LW、T、C、AQW。<br>IN/OUT 数据类型：字 |

续表

<table>
<tr><th rowspan="2">指令名称</th><th colspan="2">编程语言</th><th rowspan="2">操作数类型及操作范围</th></tr>
<tr><th>梯形图</th><th>语句表</th></tr>
<tr><td>双字的块传送指令</td><td>BLKMOV_D<br>EN ENO<br>IN OUT<br>N</td><td>BMD IN，OUT，N</td><td>IN：ID、QD、VD、MD、SD、SMD、LD。<br>OUT：ID、QD、VD、MD、SD、SMD、LD。<br>IN/OUT 数据类型：双字</td></tr>
<tr><td>EN（使能端）</td><td colspan="2">I、Q、M、T、C、SM、V、S、L。</td><td>数据类型：位</td></tr>
<tr><td>N（源数据数目）</td><td colspan="3">IB、QB、VB、MB、SB、SMB、LB、AC、常数。数据类型：字节。数据范围：1 ～ 255</td></tr>
<tr><td>功能说明</td><td colspan="3">当使能端 EN 有效时，把从输入 IN 开始的 N 个字节、字、双字传送到 OUT 的起始地址中，传送过程数据内容保持不变</td></tr>
</table>

（2）应用案例

① 控制要求：将内部标志位存储器 MB0 开始的 2 个字节（MB0 ～ MB1）中的数据，移至 QB0 开始的 2 个字节（QB0 ～ QB1）中，观察 PLC 小灯的点亮情况。

② 程序设计：如图 3-51 所示。

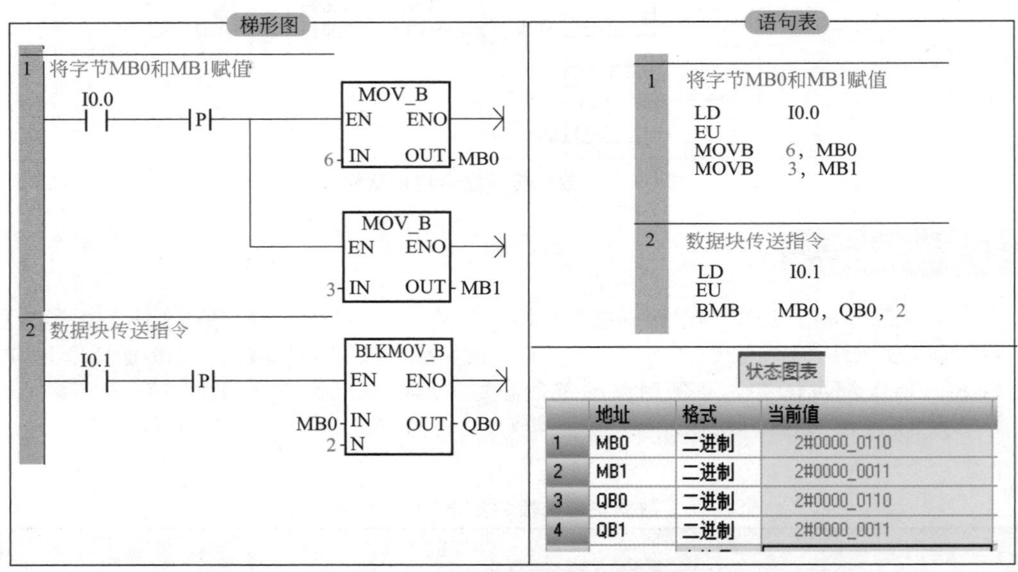


图 3-51　**数据块传送指令应用案例**

## 程序解析

按下按钮 I0.0，字节传送指令 MOV_B 将 6 传入 MB0 中，将 3 传入 MB1 中，现在 MB0 中的数据为 6(2#0000,0110)，MB1 的数据为 3(2#0000,0011)。按下按钮 I0.1，数据块传送指令将 MB0 开始的 2 个字节 (MB0 到 MB1) 中的数据，传送到以 QB0 开始的 2 个字节 (QB0 到 QB1) 中

## 3.8.3 字节交换指令

（1）指令格式

字节交换指令用来交换输入字 IN 的最高字节和最低字节，具体指令格式如图 3-52 所示。

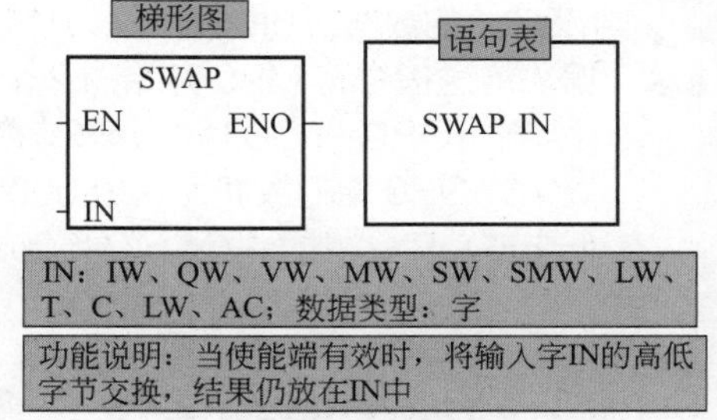


图 3-52 字节交换指令的指令格式

（2）应用案例

① 控制要求：将字 QW0 中高低字节的数据交换。

② 程序设计：如图 3-53 所示。

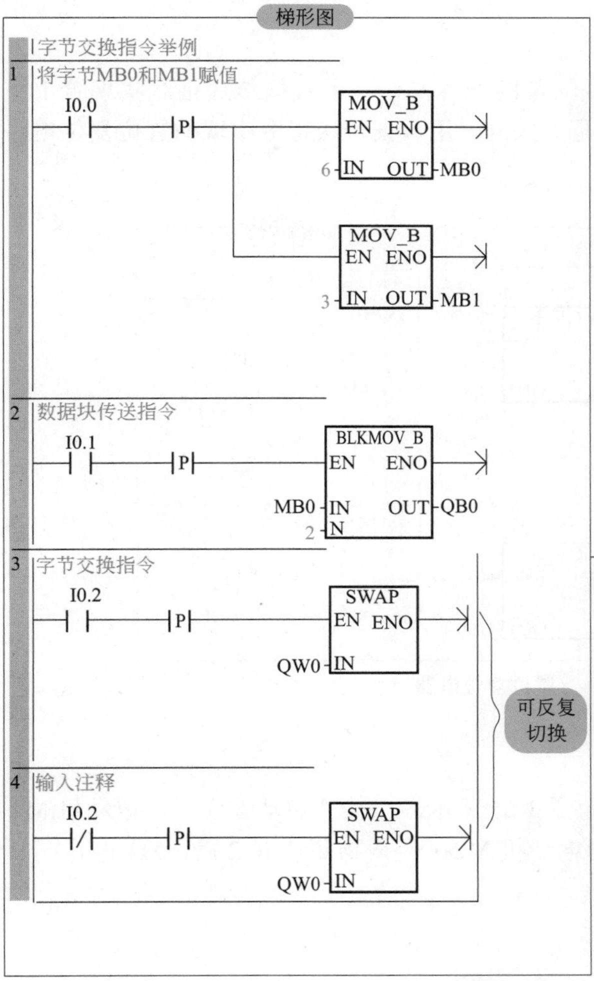

梯形图

字节交换指令举例

1 将字节MB0和MB1赋值

I0.0 —| |—|P|— MOV_B（EN ENO，6 - IN OUT - MB0）；MOV_B（EN ENO，3 - IN OUT - MB1）

2 数据块传送指令

I0.1 —| |—|P|— BLKMOV_B（EN ENO，MB0 - IN OUT - QB0，2 - N）

3 字节交换指令

I0.2 —| |—|P|— SWAP（EN ENO，QW0 - IN）

4 输入注释

I0.2 —|/|—|P|— SWAP（EN ENO，QW0 - IN）

可反复切换

语句表

```
字节交换指令举例
1 将字节MB0和MB1赋值
LD      I0.0
EU
MOVB    6，MB0
MOVB    3，MB1

2 数据块传送指令
LD      I0.1
EU
BMB     MB0，QB0，2

3 字节交换指令
LD      I0.2
EU
SWAP    QW0

4 输入注释
LDN     I0.2
EU
SWAP    QW0
```

状态表

未交换前

| | 地址 | 格式 | 当前值 |
|---|---|---|---|
| 1 | MB0 | 二进制 | 2#0000_0110 |
| 2 | MB1 | 二进制 | 2#0000_0011 |
| 3 | QB0 | 二进制 | 2#0000_0110 |
| 4 | QB1 | 二进制 | 2#0000_0011 |
| 5 | I0.1 | 位 | 2#1 |
| 6 | I0.2 | 位 | 2#0 |
| 7 | I0.0 | 位 | 2#1 |

交换后

| | 地址 | 格式 | 当前值 |
|---|---|---|---|
| 1 | MB0 | 二进制 | 2#0000_0110 |
| 2 | MB1 | 二进制 | 2#0000_0011 |
| 3 | QB0 | 二进制 | 2#0000_0011 |
| 4 | QB1 | 二进制 | 2#0000_0110 |
| 5 | I0.1 | 位 | 2#0 |
| 6 | I0.2 | 位 | 2#1 |
| 7 | I0.0 | 位 | 2#1 |

图 3-53 数据块传送指令应用案例

程序解析

按下按钮 I0.0，字节传送指令 MOV_B 将 6 传入 MB0 中，将 3 传入 MB1 中，现在 MB0 中的数据为 6(2#0000，0110)，MB1 的数据为 3(2#0000,0011)。按下按钮 I0.1，数据块传送指令将 MB0 开始的 2 个字节 (MB0 ~ MB1) 中的数据，传送到以 QB0 开始的 2 个字节 (QB0 ~ QB1) 中。未交换前，QW0 低字节 QB1 中的数据为 3(2#0000，0011)，高字节 QB0 中的数据为 6(2#0000,0110)；按下按钮 I0.2，高低字节数据进行交换，QW0 低字节 QB1 中的数据为 6(2#0000,0110)，高字节 QB0 中的数据为 3(2#0000,0011)

## 3.8.4 数据传送指令综合案例

（1）置位复位电路

置位与复位是指对某些存储器置 1 或清零的一种操作。用数据传送指令实现置 1 或清零，与用 S、R 指令实现置 1 或清零效果是一致的。用数据传送指令实现的置位复位电路如图 3-54 所示。

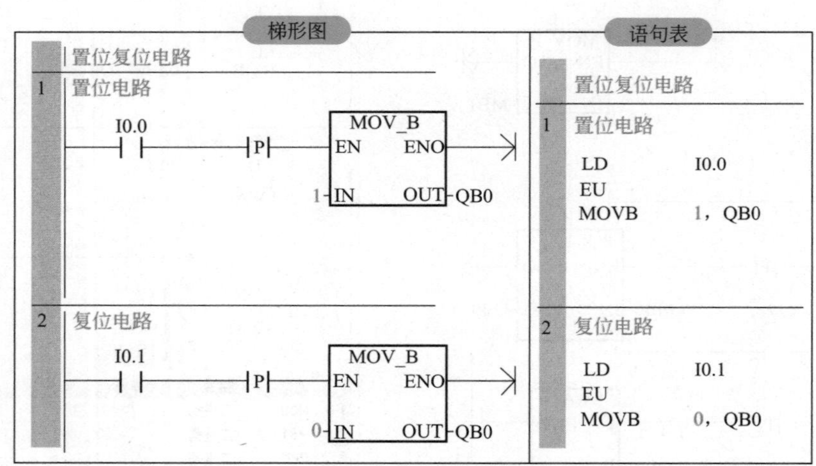


图 3-54 置位复位电路

（2）两级传送带启停控制

① 控制要求：两级传送带启停控制如图 3-55 所示。当按下启动按钮后，电动机 M1 接通；当货物到达 I0.1 后，I0.1 接通并启动电动机 M2；当货物到达 I0.2 后，M1 停止；货物到达 I0.3 后，M2 停止。试设计梯形图。

② 程序设计：如图 3-56 所示。

（3）小车运行方向控制

① 控制要求：小车运行方向控制示意图如图 3-57 所示。当小车所停止位置限位开关 SQ 的编号大于呼叫位置按钮 SB 的编号时，小车向左运行到呼叫位置时停止；当小车所停止位置限位开关 SQ 的编号小于呼叫位置按钮 SB 的编号时，小车向右运行到呼叫位置时停止；当小车所停止位置限位开关 SQ 的编号等于呼叫位置按钮 SB 的编号时，小车不动作。

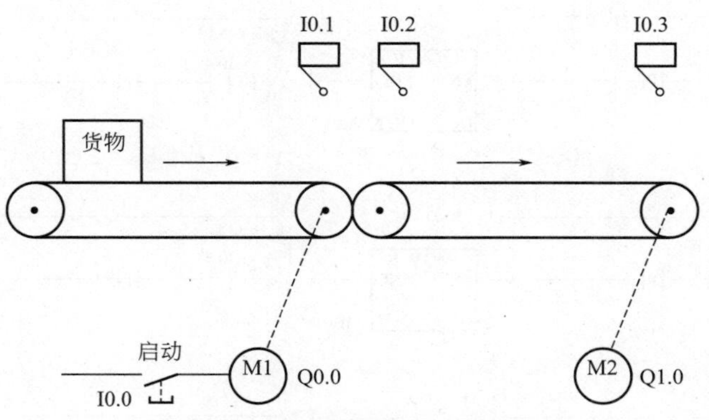


图 3-55　两级传送带启停控制

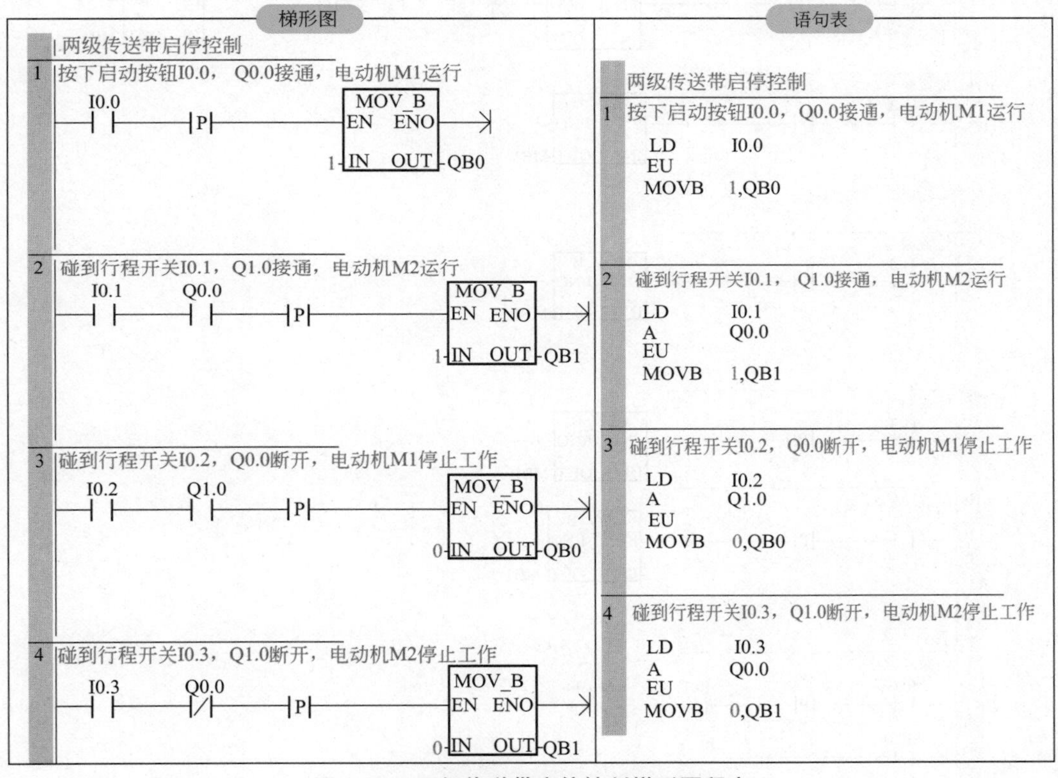


图 3-56　两级传送带启停控制梯形图程序

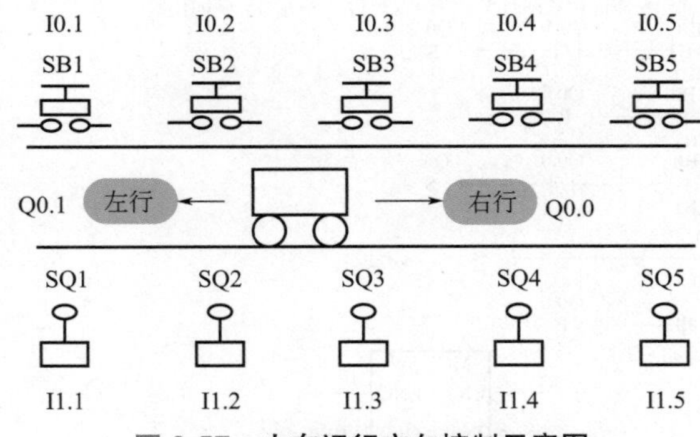


图 3-57　小车运行方向控制示意图

② 程序设计：如图 3-58 所示。

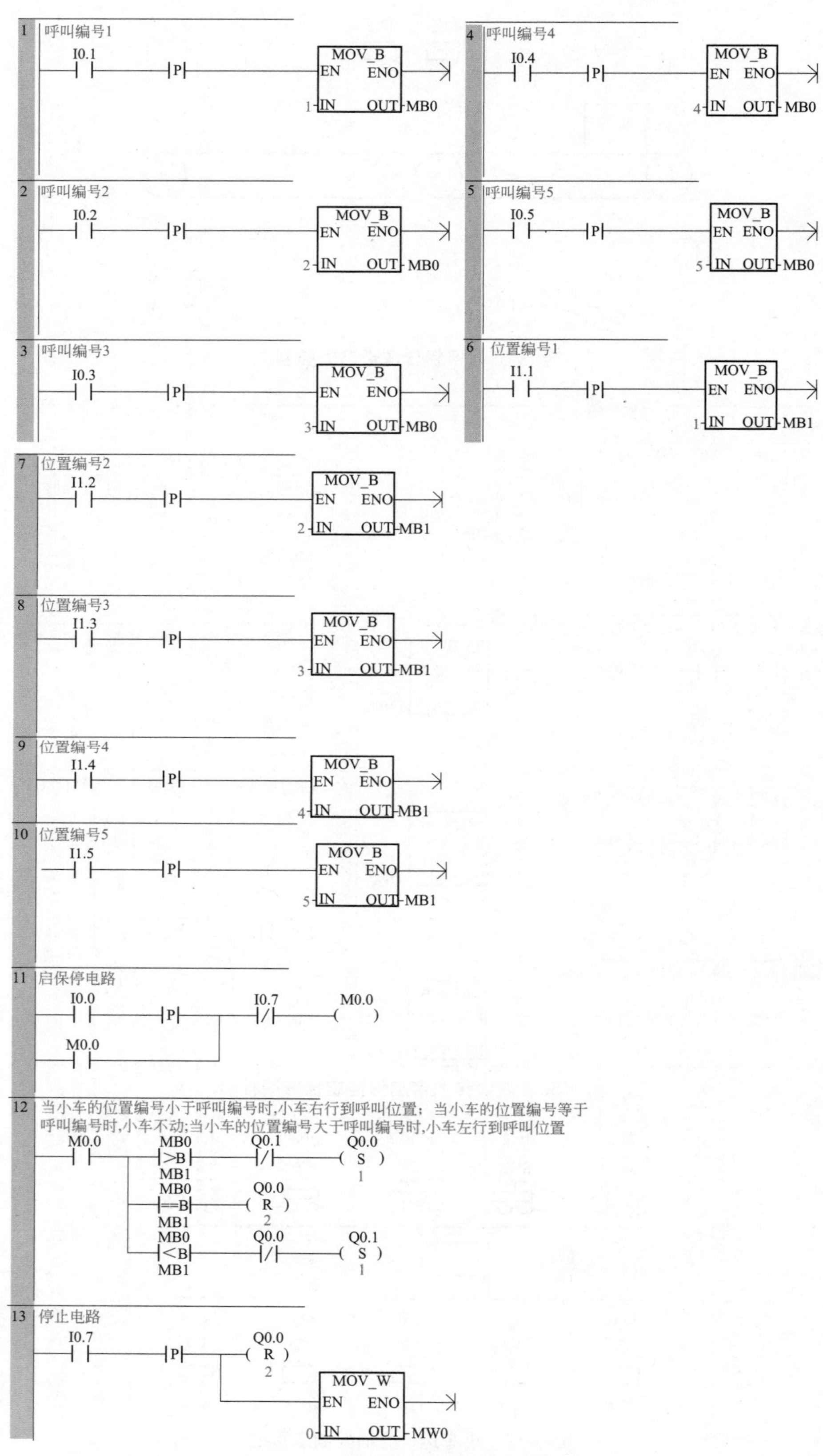


图 3-58 小车运行方向控制梯形图程序

# 3.9 移位与循环指令及案例

移位与循环指令主要有 3 大类，分别为移位指令、循环移位指令和移位寄存器指令。其中前两类根据移位数据长度的不同，可分为字节型、字型和双字型三种。

移位与循环指令在程序中可方便地实现某些运算，也可以用于取出数据中的有效位数字。移位寄存器指令多用于顺序控制程序的编制。

## 3.9.1 移位指令

(1) 工作原理

移位指令分为两种，分别为左移位指令和右移位指令。该指令是指在满足使能条件的情况下，将 IN 中的数据向左或向右移 N 位后，把结果送到 OUT 的指定地址。移位指令对移出位自动补 0，如果移动位数 N 大于允许值（字节操作为 8，字操作为 16，双字操作为 32）时，实际移动的位数为最大允许值。移位数据存储单元的移位端与溢出位 SM1.1 相连，若移位次数大于 0 时，最后移出位的数值将保存在溢出位 SM1.1 中；若移位结果为 0，零标志位 SM1.0 将被置 1，具体如图 3-59 所示。

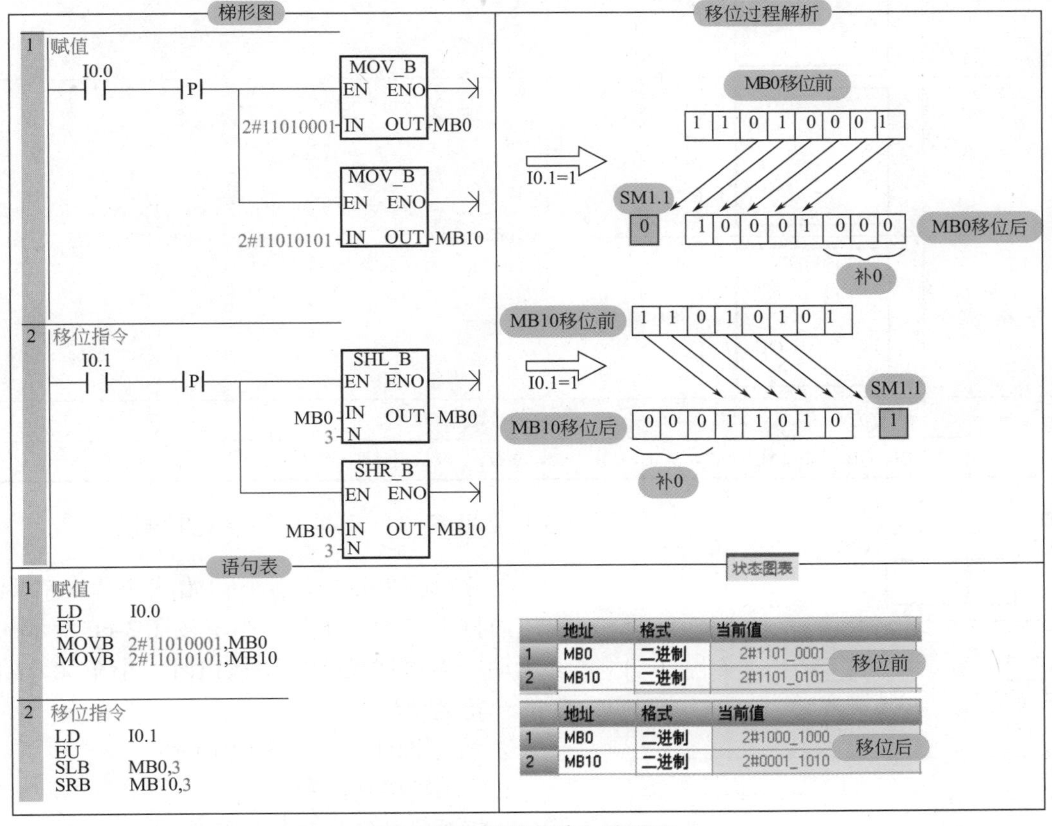


图 3-59　移位指令工作原理

### （2）指令格式

指令格式如表 3-16 所示。

表 3-16　移位指令的指令格式

<table>
<tr><th rowspan="2">指令名称</th><th colspan="2">编程语言</th><th rowspan="2">操作数类型及操作范围</th></tr>
<tr><th>梯形图</th><th>语句表</th></tr>
<tr><td>字节左移位指令</td><td>SHL_B<br>EN ENO<br>IN OUT<br>N</td><td>SLB OUT，N</td><td rowspan="2">IN：IB、QB、VB、MB、SB、SMB、LB、AC、常数。<br>OUT：IB、QB、VB、MB、SB、SMB、LB、AC。<br>IN/OUT 数据类型：字节</td></tr>
<tr><td>字节右移位指令</td><td>SHR_B<br>EN ENO<br>IN OUT<br>N</td><td>SRB OUT，N</td></tr>
<tr><td>字左移位指令</td><td>SHL_W<br>EN ENO<br>IN OUT<br>N</td><td>SLW OUT，N</td><td rowspan="2">IN：IW、QW、VW、MW、SW、SMW、LW、AC、T、C、AIW、常数。<br>OUT：IW、QW、VW、MW、SW、SMW、LW、AC、T、C、AQW。<br>IN/OUT 数据类型：字</td></tr>
<tr><td>字右移位指令</td><td>SHR_W<br>EN ENO<br>IN OUT<br>N</td><td>SRW OUT，N</td></tr>
<tr><td>双字左移位指令</td><td>SHL_DW<br>EN ENO<br>IN OUT<br>N</td><td>SLD OUT，N</td><td rowspan="2">IN：ID、QD、VD、MD、SD、SMD、LD、AC、HC、常数。<br>OUT：ID、QD、VD、MD、SD、SMD、LD、AC。<br>IN/OUT 数据类型：双字</td></tr>
<tr><td>双字右移位指令</td><td>SHR_DW<br>EN ENO<br>IN OUT<br>N</td><td>SRD OUT，N</td></tr>
<tr><td>EN</td><td colspan="3">I、Q、M、T、C、SM、V、S、L。　EN 数据类型：位</td></tr>
<tr><td>N</td><td colspan="3">IB、QB、VB、MB、SB、SMB、LB、AC、常数。　N 数据类型：字节</td></tr>
</table>

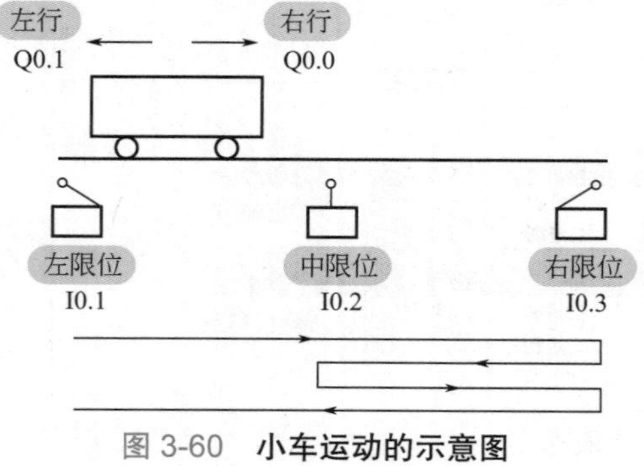


图 3-60　小车运动的示意图

### （3）应用案例：小车自动往返控制

① 控制要求：设小车初始状态停止在最左端，当按下启动按钮时，小车按图 3-60 所示的轨迹运动；当再次按下启动按钮时，小车又开始了新的一轮运动。

② 程序设计：如图 3-61 所示。

a. 绘制顺序功能图；

b. 将顺序功能图转化为梯形图。

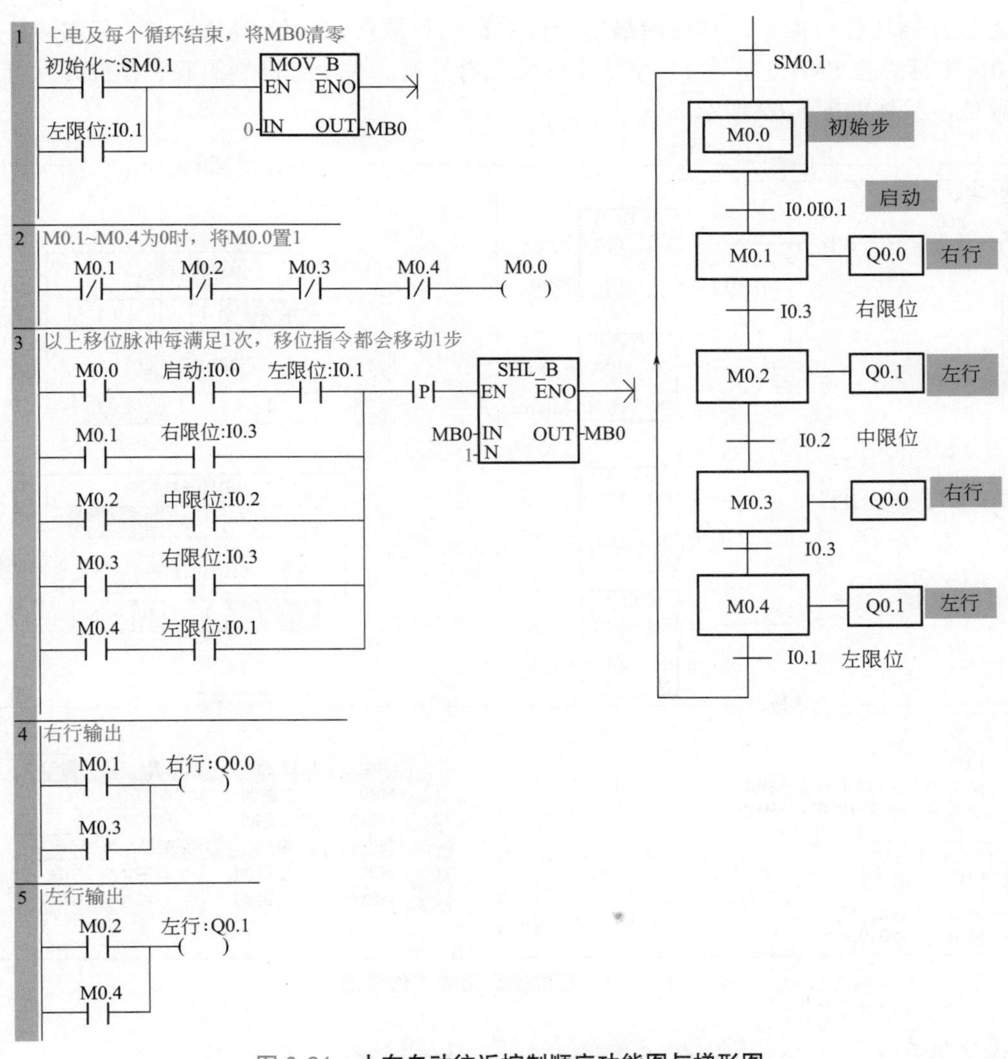


图 3-61 **小车自动往返控制顺序功能图与梯形图**

## 3.9.2 循环移位指令

（1）工作原理

循环移位指令分为两种，分别为循环左移位指令和循环右移位指令。该指令是指在满足使能条件的情况下，将IN中的数据向左或向右移N位后，把结果输出到OUT的指定地址。循环移位是一个环形，即被移出来的位将返回另一端空出的位置。若移动的位数N大于允许值（字节操作为8，字操作为16，双字操作为32）时，执行循环移位之前先对N进行取模操作，例如字节移位，将N除以8以后取余数，从而得到一个有效的移位次数。取模的结果对于字节操作是0～7，对于字操作是0～15，对于双字操作是0～31，若取模操作为0，则不能进行循环移位操作。

若执行循环移位操作，移位的最后一位的数值存放在溢出位 SM1.1 中；若实际移位次数为 0，零标志位 SM1.0 被置 1。字节操作是无符号的，对于有符号的双字移位时，符号位也被移位，具体如图 3-62 所示。

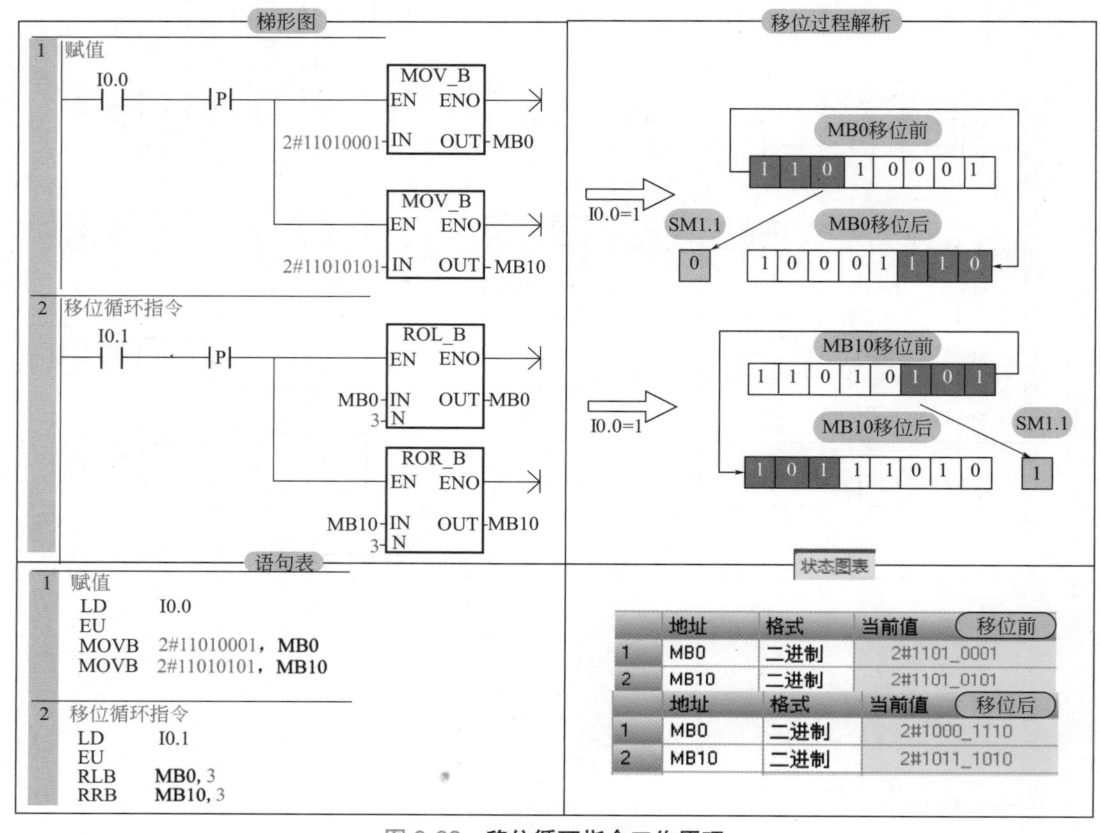


图 3-62 移位循环指令工作原理

（2）指令格式

指令格式如表 3-17 所示。

表 3-17 移位循环指令的指令格式

| 指令名称 | 编程语言 | | 操作数类型及操作范围 |
|---|---|---|---|
| | 梯形图 | 语句表 | |
| 字节左移位循环指令 | ROL_B（EN ENO / IN OUT / N） | RLB OUT，N | IN：IB、QB、VB、MB、SB、SMB、LB、AC、常数。<br>OUT：IB、QB、VB、MB、SB、SMB、LB、AC。<br>IN/OUT 数据类型：字节 |
| 字节右移位循环指令 | ROR_B（EN ENO / IN OUT / N） | RRB OUT，N | |

续表

| 指令名称 | 编程语言 | | 操作数类型及操作范围 |
|---|---|---|---|
| | 梯形图 | 语句表 | |
| 字左移位循环指令 | ROL_W: EN ENO IN OUT N | RLW OUT，N | IN：IW、QW、VW、MW、SW、SMW、LW、AC、T、C、AIW、常数。<br>OUT：IW、QW、VW、MW、SW、SMW、LW、AC、T、C、AQW。<br>IN/OUT 数据类型：字 |
| 字右移位循环指令 | ROR_W: EN ENO IN OUT N | RRW OUT，N | |
| 双字左移位循环指令 | ROL_DW: EN ENO IN OUT N | RLD OUT，N | IN：ID、QD、VD、MD、SD、SMD、LD、AC、HC、常数。<br>OUT：ID、QD、VD、MD、SD、SMD、LD、AC。<br>IN/OUT 数据类型：双字 |
| 双字右移位循环指令 | ROR_DW: EN ENO IN OUT N | RRD OUT，N | |
| N | IB、QB、VB、MB、SB、SMB、LB、AC、常数。　N 数据类型：字节 | | |

（3）彩灯移位循环控制

① 控制要求：按下启动按钮 I0.0 且选择开关处于 1 位置（I0.2 常闭触点处于闭合状态）时，小灯左移循环；扳动选择开关处于 2 位置（I0.2 常开处于闭合状态）时，小灯右移循环。试设计程序。

② 程序设计：如图 3-63 所示。

## 3.9.3 移位寄存器指令

移位寄存器指令是移位长度和移位方向可调的移位指令，在顺序控制、物流及数据流控制等场合应用广泛。

（1）指令格式

移位寄存器指令的指令格式如图 3-64 所示。

（2）工作过程

当使能输入端 EN 有效时，位数据 DATA 移入移位寄存器的最低位 S_BIT，此后使能端每当有 1 个脉冲输入时，移位寄存器都会移动 1 位。需要说明移位长度和方向与 N 有关，移位长度范围：1 ～ 64。移位方向取决于 N 的符号，当 N>0 时，移位方向向左，输入数据

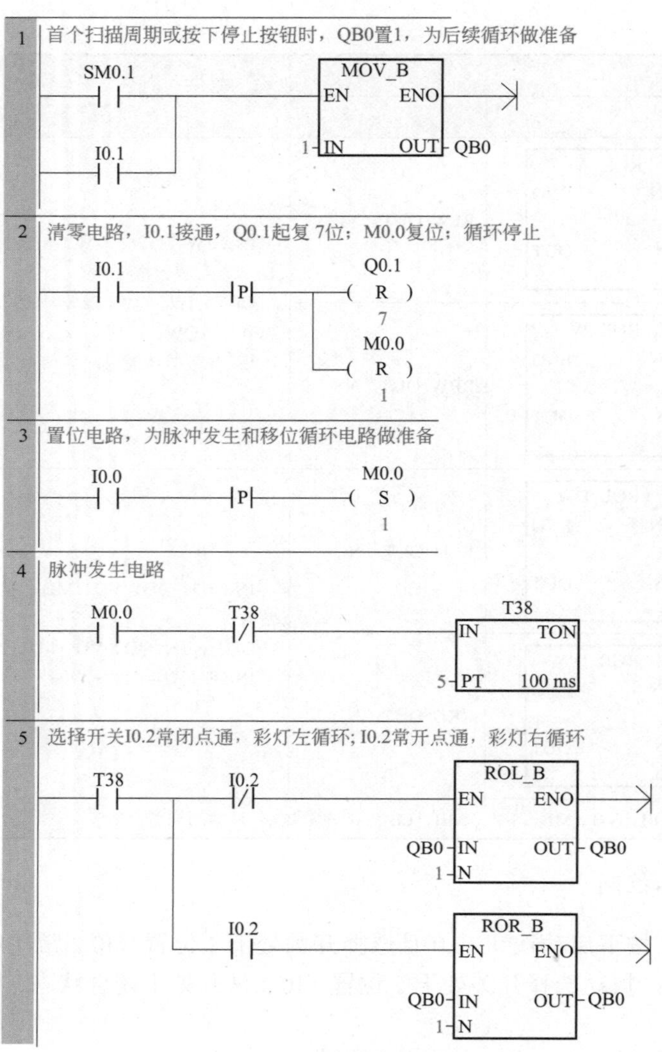


图 3-63　**彩灯循环程序**

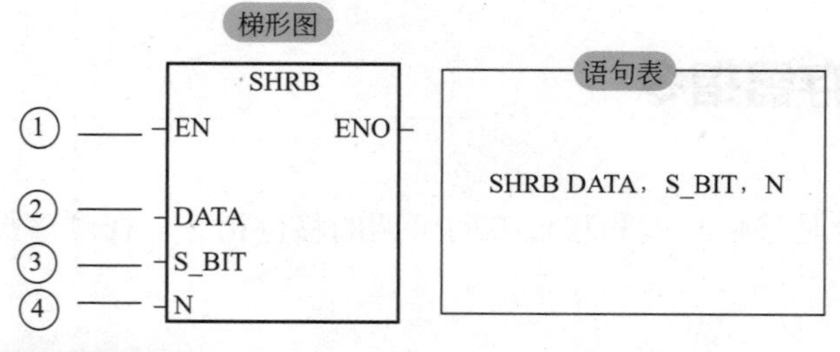


① EN：使能输入端

② DATA：数据输入端。操作数：I、Q、M、SM、T、C、V、S、L。数据类型：布尔型

③ S-BIT：指定移位寄存器最低位。操作数：I、Q、M、SM、T、C、V、S、L。数据类型：布尔型

④ N：指定移位寄存器的长度和方向。操作数：VB、IB、QB、MB、SMB、LB、AC、常数。数据类型：字节

图 3-64　**移位寄存器指令的指令格式**

DATA 移入移位寄存器的最低位 S_BIT，并移出移位寄存器的最高位；当 N<0 时，移位方向向右，输入数据移入移位寄存器的最高位，并移出最低位 S_BIT，移出的数据被放置在溢出位 SM1.1 中，具体如图 3-65 所示。

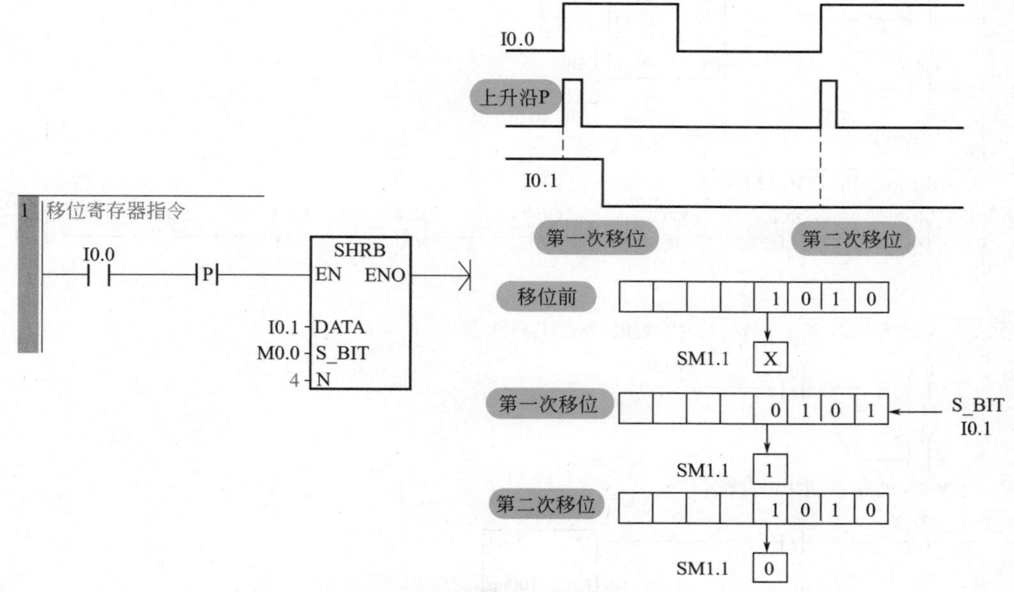


图 3-65　**移位寄存器指令工作过程**

## 编者心语

移位寄存器中的 N 是移位总的长度，即一共移动了多少位；左右移位（循环）指令中的 N 是每次移位的长度。

（3）应用案例：喷泉控制

① 控制要求：某喷泉由 L1 ～ L10 十根水柱构成，喷泉水柱布局及喷水花样如图 3-66 所示。按下启动按钮，喷泉按图 3-66 所示花样喷水；按下停止按钮，喷水全部停止。

② 程序设计

a.I/O 分配：喷泉控制 I/O 分配如表 3-18 所示。

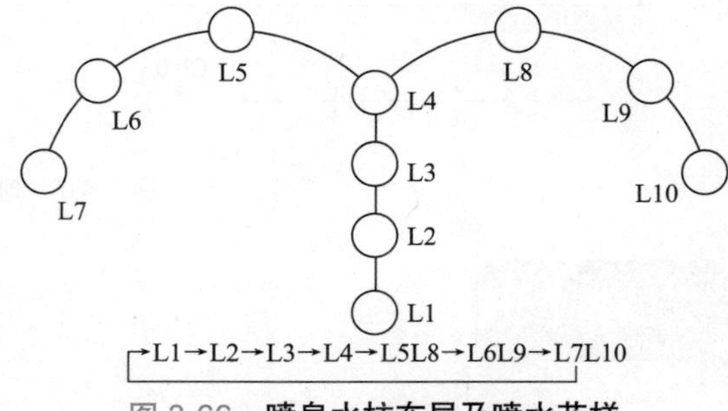


图 3-66　**喷泉水柱布局及喷水花样**

表 3-18　**喷泉控制 I/O 分配**

| 输入量 | | 输出量 | | 输入量 | | 输出量 | |
|---|---|---|---|---|---|---|---|
| 启动按钮 | I0.0 | L1 水柱 | Q0.0 | 停止按钮 | I0.1 | L5/L8 水柱 | Q0.4 |
| 停止按钮 | I0.1 | L2 水柱 | Q0.1 | | | L6/L9 水柱 | Q0.5 |
| | | L3 水柱 | Q0.2 | | | L7/L10 水柱 | Q0.6 |
| | | L4 水柱 | Q0.3 | | | | |

b. 梯形图：如图 3-67 所示。

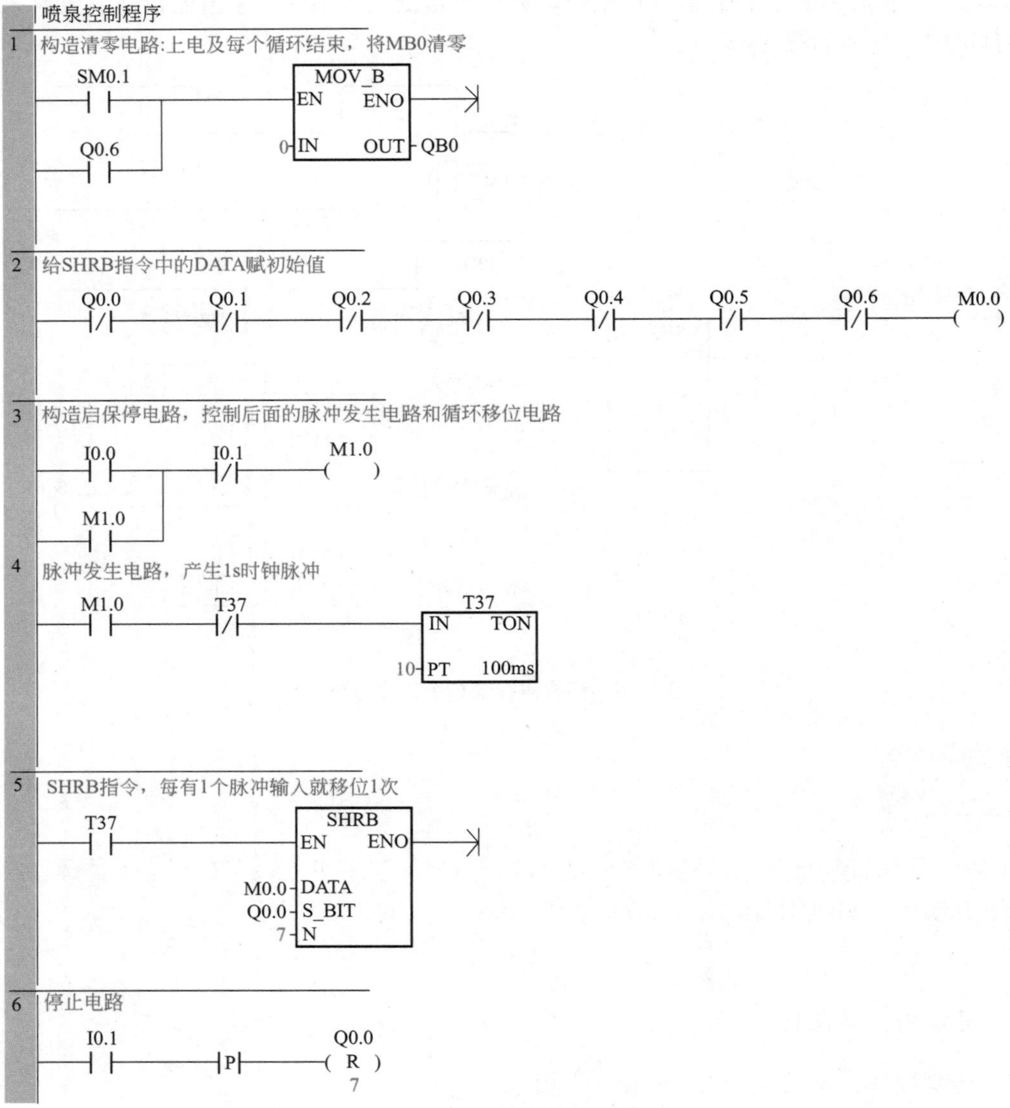

喷泉控制程序

1 构造清零电路:上电及每个循环结束，将MB0清零

SM0.1
Q0.6
MOV_B
EN ENO
0 IN OUT QB0

2 给SHRB指令中的DATA赋初始值

Q0.0 Q0.1 Q0.2 Q0.3 Q0.4 Q0.5 Q0.6 M0.0

3 构造启保停电路，控制后面的脉冲发生电路和循环移位电路

I0.0 I0.1 M1.0
M1.0

4 脉冲发生电路，产生1s时钟脉冲

M1.0 T37
T37
IN TON
10 PT 100ms

5 SHRB指令，每有1个脉冲输入就移位1次

T37
SHRB
EN ENO
M0.0 DATA
Q0.0 S_BIT
7 N

6 停止电路

I0.1 P Q0.0
R
7

图 3-67 **喷泉控制梯形图**

## 编者心语

1. 将输入数据 DATA 置 1，可以采用启保停电路置 1，也可采用传送指令。
2. 构造脉冲发生器，用脉冲控制移位寄存器的移位。
3. 通过输出的第一位确定 S_BIT，有时还可能需要中间编程元件。
4. 通过输出个数确定移位长度。

# 3.10 数据转换指令及案例

编程时，当实际的数据类型与需要的数据类型不符时，就需要对数据类型进行转换。数据转换指令就是完成这类任务的指令。

数据转换指令将操作数类型转换后，把输出结果存入指定的目标地址中。数据转换指令包括数据类型转换指令、译码与编码指令以及字符串类型转换指令等。

## 3.10.1 数据类型转换指令

数据类型转换指令包括字节与字整数间的转换指令、字整数与双字整数间的转换指令、双整数与实数间的转换指令及 BCD 码与整数间的转换指令。

（1）字节与字整数间的转换指令

① 指令格式　字节与字整数间转换指令的指令格式如表 3-19 所示。

表 3-19　字节与字整数间转换指令的指令格式

| 指令名称 | 编程语言 | | 操作数类型及操作范围 |
|---|---|---|---|
| | 梯形图 | 语句表 | |
| 字节转换成字整数指令 | B_I：EN ENO；IN OUT | BTI IN，OUT | IN：IB、QB、VB、MB、SB、SMB、LB、AC、常数。<br>OUT：IW、QW、VW、MW、SW、SMW、LW、AC、T、C。<br>IN 数据类型：字节；OUT 数据类型：整数 |
| 字整数转换成字节指令 | I_B：EN ENO；IN OUT | ITB IN，OUT | IN：IW、QW、VW、MW、SW、SMW、LW、AC、T、C、常数。<br>OUT：IB、QB、VB、MB、SB、SMB、LB、AC。<br>IN 数据类型：整数；OUT 数据类型：字节 |
| 功能说明 | ①字节转换成字整数指令将字节数值（IN）转换成整数值，将结果存入目标地址（OUT）中。<br>②字整数转换字节指令将字整数（IN）转换成字节，将结果存入目标地址（OUT）中 | | |

② 应用案例　按下启动按钮，小灯 Q0.0 和 Q0.1 会不会点亮？程序如图 3-68 所示。

（2）字整数与双字整数间的转换指令

字整数与双字整数间转换指令的指令格式如表 3-20 所示。

（3）双整数与实数间的转换指令

① 指令格式　双整数与实数间转换指令的指令格式如表 3-21 所示。

② 应用案例　按下启动按钮，小灯 Q0.0 和 Q0.1 会不会点亮？程序如图 3-69 所示。

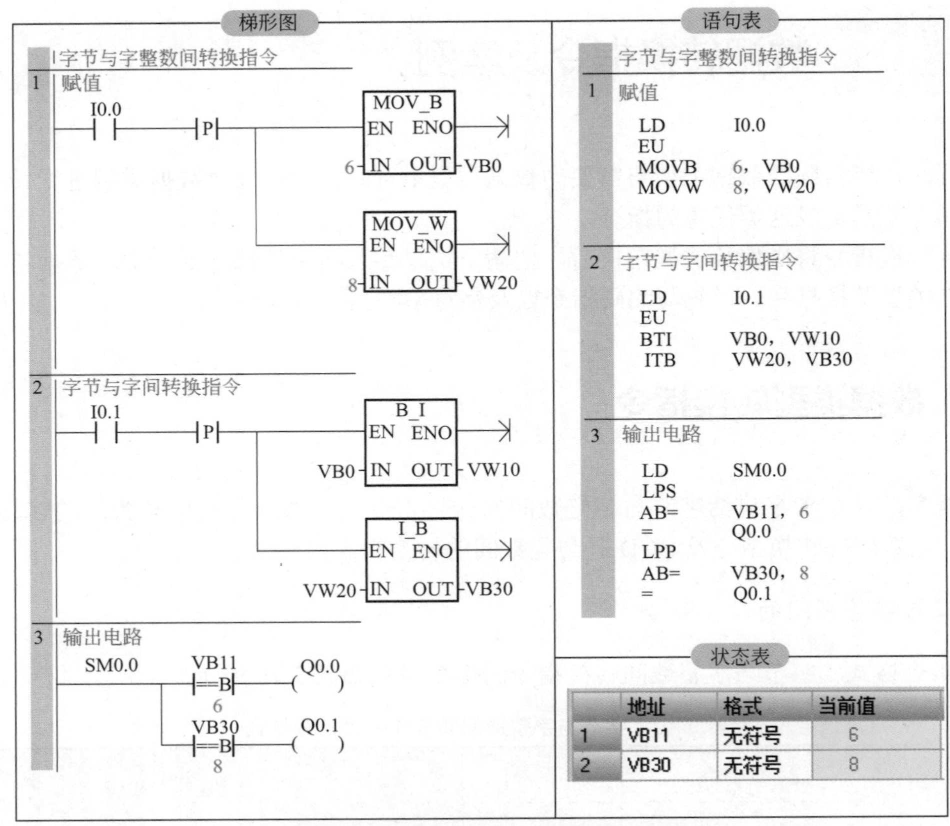


图 3-68　字节与字整数间转换指令应用案例

## 程序解析

按下启动按钮 I0.0，字节传送指令 MOV_B 将 6 传入 VB0 中，通过字节转换成整数指令 B_I，VB0 中的 6 会存储到 VW10 中的低字节 VB11 中，通过比较指令 VB11 中的数恰好为 6，因此 Q0.0 亮；Q0.1 点亮过程与 Q0.0 点亮过程相似，故不赘述

表 3-20　字整数与双字整数间转换指令的指令格式

| 指令名称 | 编程语言 | | 操作数类型及操作范围 |
|---|---|---|---|
| | 梯形图 | 语句表 | |
| 字整数转换成双字整数指令 | I_DI（EN ENO / IN OUT） | ITD IN，OUT | IN：IW、QW、VW、MW、SW、SMW、LW、AC、T、C、AIW、常数。<br>OUT：ID、QD、VD、MD、SD、SMD、LD、AC。<br>IN 数据类型：整数；OUT 数据类型：双整数 |
| 双字整数转换成字整数指令 | DI_I（EN ENO / IN OUT） | DTI IN，OUT | IN：ID、QD、VD、MD、SD、SMD、LD、AC、HC、常数。<br>OUT：IW、QW、VW、MW、SW、SMW、LW、AC、T、C。<br>IN 数据类型：双整数；OUT 数据类型：整数 |
| 功能说明 | ①字整数转换成双字整数指令将整数值（IN）转换成双整数值，将结果存入目标地址（OUT）中。<br>②双字整数转换成字整数指令将双整数值转换成整数值，将结果存入目标地址（OUT）中 | | |

表 3-21　双整数与实数间转换指令的指令格式

<table>
<tr><th rowspan="2">指令名称</th><th colspan="2">编程语言</th><th rowspan="2">操作数类型及操作范围</th></tr>
<tr><th>梯形图</th><th>语句表</th></tr>
<tr><td>双整数转换成实数指令</td><td>DI_R<br>EN　ENO<br>IN　OUT</td><td>DIR IN，OUT</td><td>IN：ID、QD、VD、MD、SD、SMD、LD、HC、AC、常数。<br>OUT：ID、QD、VD、MD、SD、SMD、LD、AC。<br>IN 数据类型：双整数；OUT 数据类型：实数</td></tr>
<tr><td>四舍五入取整指令</td><td>ROUND<br>EN　ENO<br>IN　OUT</td><td>ROUND IN，OUT</td><td>IN：ID、QD、VD、MD、SD、SMD、LD、AC、常数。<br>OUT：ID、QD、VD、MD、SD、SMD、LD、AC。<br>IN 数据类型：实数；OUT 数据类型：双整数</td></tr>
<tr><td>截位取整指令</td><td>TRUNC<br>EN　ENO<br>IN　OUT</td><td>TRUNC IN，OUT</td><td>IN：ID、QD、VD、MD、SD、SMD、LD、HC、AC、常数。<br>OUT：ID、QD、VD、MD、SD、SMD、LD、AC。<br>IN 数据类型：实数；OUT 数据类型：双整数</td></tr>
<tr><td>功能说明</td><td colspan="3">① DIR 指令将 32 位带符号整数（IN）转换成 32 位实数，并将结果存入目标地址中（OUT）。<br>② ROUND 指令按小数部分四舍五入的原则，将实数（IN）转换成双整数值，将结果存入目标地址中（OUT）。<br>③ TRUNC 指令按小数部分直接舍去原则，将 32 位实数（IN）转换成 32 位双整数值，将结果存入目标地址中（OUT）</td></tr>
</table>

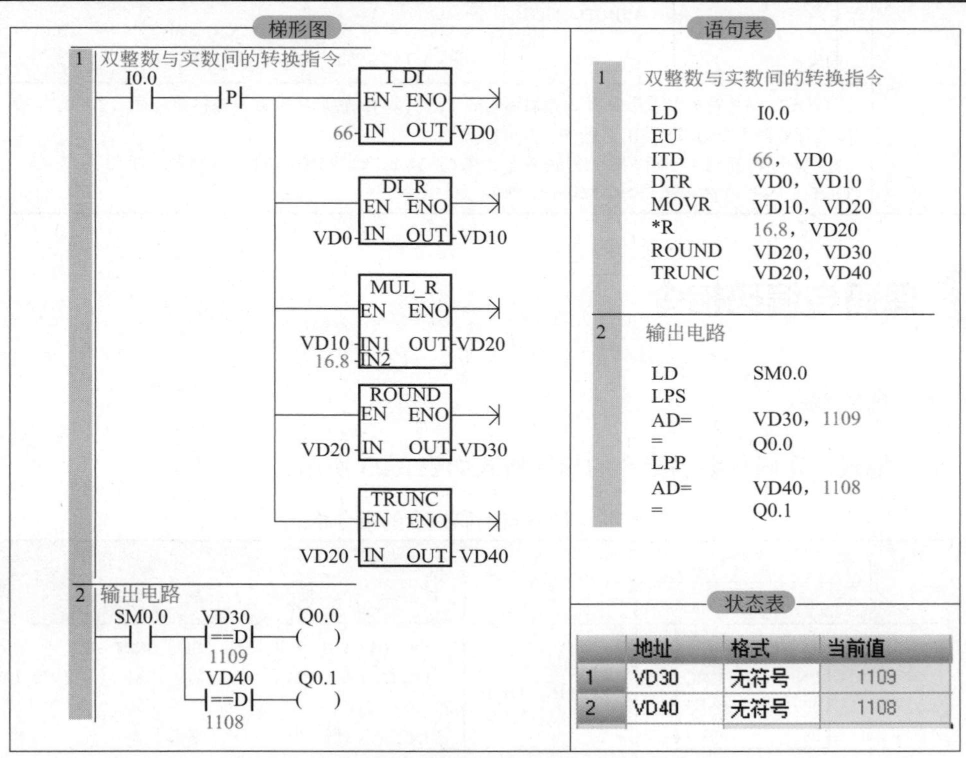


图 3-69　双整数与实数间的转换指令应用案例

## 程序解析

按下启动按钮 I0.0，I_DI 指令将 66 转换为双整数传入 VD0 中，通过 DI_R 指令将双整数转换为实数送入 VD10 中，VD10 中的 66.0×16.8 存入 VD20 中，ROUND 指令将 VD20 中的数四舍五入，存入 VD30 中，VD30 中的数为 1109；TRUNC 指令将 VD20 中的数舍去小数部分，存入 VD40 中，VD40 中的数为 1108，因此 Q0.0 和 Q0.1 都亮

编者心语

以上转换指令是实现模拟量等复杂计算的基础，读者们需予以重视。

（4）BCD 码与整数的转换指令

BCD 码与整数转换指令的指令格式如表 3-22 所示。

表 3-22 BCD 码与整数转换指令的指令格式

<table>
<tr><th rowspan="2">指令名称</th><th colspan="2">编程语言</th><th rowspan="2">操作数类型及操作范围</th></tr>
<tr><th>梯形图</th><th>语句表</th></tr>
<tr><td>BCD 码转换成整数指令</td><td>BCD_I<br>EN ENO<br>IN OUT</td><td>BCDI，OUT</td><td>IN：IW、QW、VW、MW、SW、SMW、LW、AC、T、C、AIW、常数。<br>OUT：IW、QW、VW、MW、SW、SMW、LW、AC、T、C。<br>IN/OUT 数据类型：字</td></tr>
<tr><td>整数转换成 BCD 码指令</td><td>I_BCD<br>EN ENO<br>IN OUT</td><td>IBCD，OUT</td><td>IN：IW、QW、VW、MW、SW、SMW、LW、AC、T、C、AIW、常数。<br>OUT：IW、QW、VW、MW、SW、SMW、LW、AC、T、C。<br>IN/OUT 数据类型：字</td></tr>
<tr><td>功能说明</td><td colspan="3">① BCD 码转换成整数指令将 2 进制编码的十进制数 IN 转换成整数，并将结果存入目标地址中（OUT）；IN 的有效范围是 BCD 码 0 ～ 9999。<br>② 整数转换成 BCD 码指令将输入整数 IN 转换成二进制编码的十进制数，将结果存入目标地址中（OUT）；IN 的有效范围是 BCD 码 0 ～ 9999</td></tr>
</table>

## 3.10.2 译码与编码指令

（1）译码与编码指令

① 指令格式　译码与编码指令的指令格式如表 3-23 所示。

表 3-23 译码与编码指令的指令格式

<table>
<tr><th rowspan="2">指令名称</th><th colspan="2">编程语言</th><th rowspan="2">操作数类型及操作范围</th></tr>
<tr><th>梯形图</th><th>语句表</th></tr>
<tr><td>译码指令</td><td>DECO<br>EN ENO<br>IN OUT</td><td>DECO IN，OUT</td><td>IN：IB、QB、VB、MB、SB、SMB、LB、AC、常数。<br>OUT：IW、QW、VW、MW、SW、SMW、LW、AC、T、C、AQW。<br>IN 数据类型：字节；OUT 数据类型：字</td></tr>
<tr><td>编码指令</td><td>ENCO<br>EN ENO<br>IN OUT</td><td>ENCO IN，OUT</td><td>IN：IW、QW、VW、MW、SW、SMW、LW、AC、T、C、AIW。<br>OUT：IB、QB、VB、MB、SB、SMB、LB、AC、常数。<br>IN 数据类型：字；OUT 数据类型：字节</td></tr>
<tr><td>功能说明</td><td colspan="3">①译码指令根据输入字节 IN 的低 4 位表示的输出字的位号，将输出字的相对应位置 1。<br>②编码指令将输入字 IN 最低有效位的位号写入输出字节的低 4 位中</td></tr>
</table>

② 应用案例　按下启动按钮，小灯 Q0.0 和 Q0.1 会不会点亮？程序如图 3-70 所示。

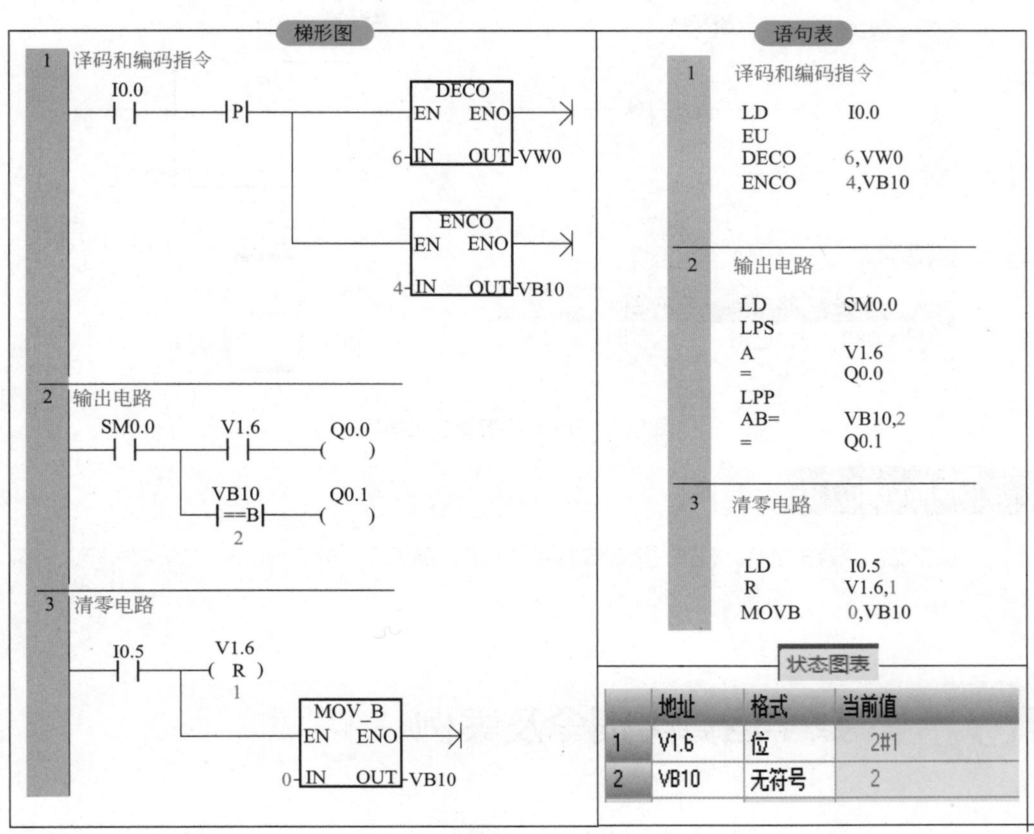


图 3-70　**译码与编码指令应用案例**

## （2）段译码指令

段译码指令将输入字节中 16#0 ～ F 转换成点亮七段数码管各段代码，并送到输出 OUT。

① 指令格式　段译码指令的指令格式如图 3-71 所示。

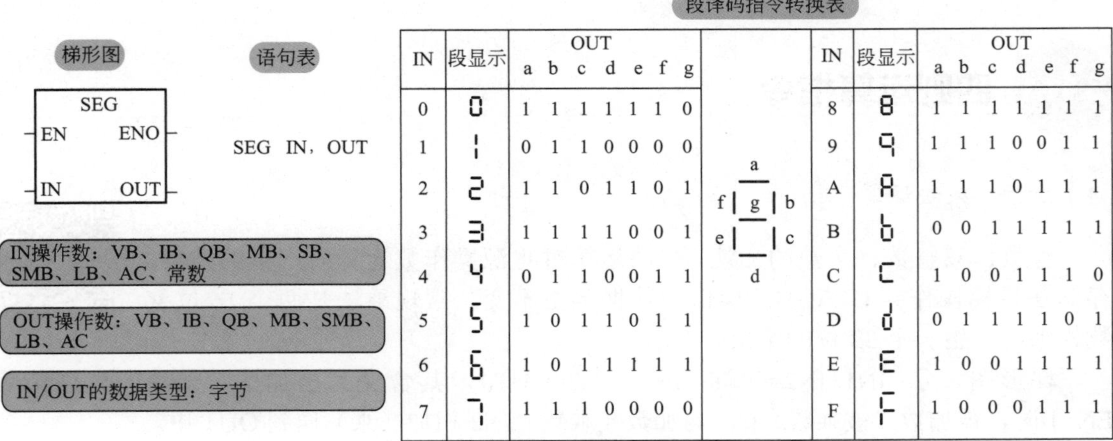


| IN | 段显示 | a | b | c | d | e | f | g | IN | 段显示 | a | b | c | d | e | f | g |
|---|---|---|---|---|---|---|---|---|---|---|---|---|---|---|---|---|---|
| 0 | 0 | 1 | 1 | 1 | 1 | 1 | 1 | 0 | 8 | 8 | 1 | 1 | 1 | 1 | 1 | 1 | 1 |
| 1 | 1 | 0 | 1 | 1 | 0 | 0 | 0 | 0 | 9 | 9 | 1 | 1 | 1 | 0 | 0 | 1 | 1 |
| 2 | 2 | 1 | 1 | 0 | 1 | 1 | 0 | 1 | A | A | 1 | 1 | 1 | 0 | 1 | 1 | 1 |
| 3 | 3 | 1 | 1 | 1 | 1 | 0 | 0 | 1 | B | b | 0 | 0 | 1 | 1 | 1 | 1 | 1 |
| 4 | 4 | 0 | 1 | 1 | 0 | 0 | 1 | 1 | C | C | 1 | 0 | 0 | 1 | 1 | 1 | 0 |
| 5 | 5 | 1 | 0 | 1 | 1 | 0 | 1 | 1 | D | d | 0 | 1 | 1 | 1 | 1 | 0 | 1 |
| 6 | 6 | 1 | 0 | 1 | 1 | 1 | 1 | 1 | E | E | 1 | 0 | 0 | 1 | 1 | 1 | 1 |
| 7 | 7 | 1 | 1 | 1 | 0 | 0 | 0 | 0 | F | F | 1 | 0 | 0 | 0 | 1 | 1 | 1 |

图 3-71　**段译码指令的指令格式**

② 应用案例　编写显示数字 6 的七段显示码程序。程序设计如图 3-72 所示。

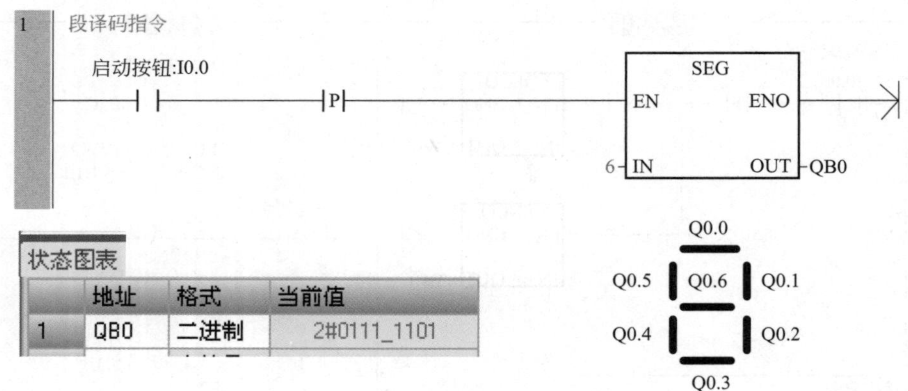


图 3-72　**段译码指令应用案例**

程序解析

按下启动按钮 I0.0，SEG 指令 6 传给 QB0，除 Q0.1 外，Q0.0，Q0.2 ~ Q0.6 均点亮

# 3.11 数学运算类指令及案例

PLC 普遍具有较强的运算功能，其中数学运算指令是实现运算的主体，它包括四则运算指令，数学功能指令和递增、递减指令。其中四则运算指令包括整数四则运算指令、双整数四则运算指令、实数四则运算指令；数学功能指令包括三角函数指令、对数函数指令和平方根指令等。S7-200 SMART PLC 对于数学运算指令来说，在使用时需注意存储单元的分配，在梯形图中，源操作数 IN1、IN2 和目标操作数 OUT 可以使用不一样的存储单元，这样编写程序比较清晰且容易理解。在使用语句表时，其中的一个源操作数需要和目标操作数 OUT 的存储单元一致，因此给理解和阅读带来不便，在使用数学运算指令时，建议读者使用梯形图。

## 3.11.1 四则运算指令

### （1）加法 / 乘法运算

整数、双整数、实数的加法 / 乘法运算时将源操作数运算后产生的结果，存储在目标操作数 OUT 中，操作数数据类型不变。常规乘法是两个 16 位整数相乘，产生一个 32 位的结果。

梯形图表示：IN1+IN2=OUT（IN1×IN2=OUT），其含义为当加法（乘法）允许信号 EN=1 时，被加数（被乘数）IN1 与加数（乘数）IN2 相加（乘）送到 OUT 中。

语句表表示：IN1+OUT=OUT（IN1×OUT=OUT），其含义为先将加数（乘数）送到 OUT 中，然后把 OUT 中的数据和 IN1 中的数据进行相加（乘），并将其结果传送到 OUT 中。

① 指令格式　加法运算指令的指令格式如表 3-24 所示。乘法运算指令的指令格式如表 3-25 所示。

表 3-24　加法运算指令的指令格式

| 指令名称 | 编程语言 | | 操作数类型及操作范围 |
|---|---|---|---|
| | 梯形图 | 语句表 | |
| 整数加法指令 | ADD_I<br>EN　ENO<br>IN1　OUT<br>IN2 | +I IN1，OUT | IN1/IN2：IW、QW、VW、MW、SW、SMW、LW、AC、T、C、AIW、常数。<br>OUT：IW、QW、VW、MW、SW、SMW、LW、AC、T、C。<br>IN/OUT 数据类型：整数 |
| 双整数加法指令 | ADD_DI<br>EN　ENO<br>IN1　OUT<br>IN2 | +D IN1，OUT | IN1/IN2：ID、QD、VD、MD、SD、SMD、LD、AC、HC、常数。<br>OUT：ID、QD、VD、MD、SD、SMD、LD、AC。<br>IN/OUT 数据类型：双整数 |
| 实数加法指令 | ADD_R<br>EN　ENO<br>IN1　OUT<br>IN2 | +R IN1，OUT | IN1/IN2：ID、QD、VD、MD、SD、SMD、LD、AC、常数。<br>OUT：ID、QD、VD、MD、SD、SMD、LD、AC。<br>IN/OUT 数据类型：实数 |

表 3-25　乘法运算指令的指令格式

| 指令名称 | 编程语言 | | 操作数类型及操作范围 |
|---|---|---|---|
| | 梯形图 | 语句表 | |
| 整数乘法指令 | MUL_I<br>EN　ENO<br>IN1　OUT<br>IN2 | *I IN1，OUT | IN1/IN2：IW、QW、VW、MW、SW、SMW、LW、AC、T、C、AIW、常数。<br>OUT：IW、QW、VW、MW、SW、SMW、LW、AC、T、C。<br>IN/OUT 数据类型：整数 |
| 双整数乘法指令 | MUL_DI<br>EN　ENO<br>IN1　OUT<br>IN2 | *D IN1，OUT | IN1/IN2：ID、QD、VD、MD、SD、SMD、LD、AC、HC、常数。<br>OUT：ID、QD、VD、MD、SD、SMD、LD、AC。<br>IN/OUT 数据类型：双整数 |
| 实数乘法指令 | MUL_R<br>EN　ENO<br>IN1　OUT<br>IN2 | *R IN1，OUT | IN1/IN2：ID、QD、VD、MD、SD、SMD、LD、AC、常数。<br>OUT：ID、QD、VD、MD、SD、SMD、LD、AC。<br>IN/OUT 数据类型：实数 |

② 应用案例　按下启动按钮，小灯 Q0.0 会点亮吗？程序如图 3-73 所示。

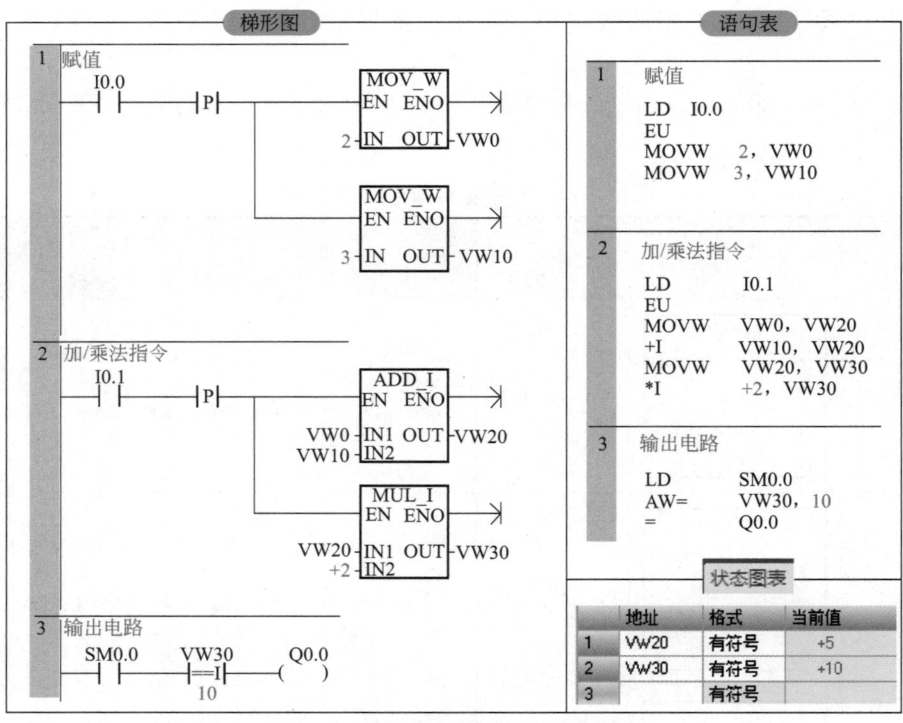


图 3-73　**加法 / 乘法指令应用案例**

**程序解析**

按下按钮 I0.0，字传送指令分别将 2 和 3 传送到 VW0 和 VW10 中；按钮 I0.1 接通，VW0 和 VW10 的数值相加，结果存入 VW20 中，即 2+3，结果 5 存入 VW20 中；VW20 中的 5 再乘以 2，结果存入 VW30 中，VW30 中的数值为 10，比较条件成立，输出线圈 Q0.0 为 1，故 PLC 的灯 Q0.0 点亮

（2）减法 / 除法运算

整数、双整数、实数的减法 / 除法运算时将源操作数运算后产生的结果，存储在目标操作数 OUT 中，整数、双整数除法不保留小数。而常规除法两个 16 位整数相除，产生一个 32 位的结果，其中高 16 位存储余数，低 16 位存储商。

梯形图表示：IN1−IN2=OUT（IN1/IN2=OUT）。其含义为当减法（除法）允许信号 EN=1 时，被减数（被除数）IN1 与减数（除数）IN2 相减（除）送到 OUT 中。

语句表表示：IN1−OUT=OUT（IN1/OUT=OUT）。其含义为先将减数（除数）送到 OUT 中，然后把 OUT 中的数据和 IN1 中的数据进行相减（除），并将其结果传送到 OUT 中。

① 指令格式　减法运算指令的指令格式如表 3-26 所示。除法运算指令的指令格式如表 3-27 所示。

② 应用案例　按下启动按钮，小灯 Q0.0 会点亮吗？程序如图 3-74 所示。

## 3.11.2 数学功能指令

S7-200 SMART PLC 的数学函数指令有平方根指令、自然对数指令、指数指令、正弦指

表 3-26　减法运算指令的指令格式

| 指令名称 | 编程语言 | | 操作数类型及操作范围 |
|---|---|---|---|
| | 梯形图 | 语句表 | |
| 整数减法指令 | SUB_I: EN, ENO, IN1, OUT, IN2 | -I IN1，OUT | IN1/IN2：IW、QW、VW、MW、SW、SMW、LW、AC、T、C、AIW、常数。<br>OUT：IW、QW、VW、MW、SW、SMW、LW、AC、T、C。<br>IN/OUT 数据类型：整数 |
| 双整数减法指令 | SUB_DI: EN, ENO, IN1, OUT, IN2 | -D IN1，OUT | IN1/IN2：ID、QD、VD、MD、SD、SMD、LD、AC、HC、常数。<br>OUT：ID、QD、VD、MD、SD、SMD、LD、AC。<br>IN/OUT 数据类型：双整数 |
| 实数减法指令 | SUB_R: EN, ENO, IN1, OUT, IN2 | -R IN1，OUT | IN1/IN2：ID、QD、VD、MD、SD、SMD、LD、AC、常数。<br>OUT：ID、QD、VD、MD、SD、SMD、LD、AC。<br>IN/OUT 数据类型：实数 |

表 3-27　除法运算指令的指令格式

| 指令名称 | 编程语言 | | 操作数类型及操作范围 |
|---|---|---|---|
| | 梯形图 | 语句表 | |
| 整数除法指令 | DIV_I: EN, ENO, IN1, OUT, IN2 | /I IN1，OUT | IN1/IN2：IW、QW、VW、MW、SW、SMW、LW、AC、T、C、AIW、常数。<br>OUT：IW、QW、VW、MW、SW、SMW、LW、AC、T、C。<br>IN/OUT 数据类型：整数 |
| 双整数除法指令 | DIV_DI: EN, ENO, IN1, OUT, IN2 | /D IN1，OUT | IN1/IN2：ID、QD、VD、MD、SD、SMD、LD、AC、HC、常数。<br>OUT：ID、QD、VD、MD、SD、SMD、LD、AC。<br>IN/OUT 数据类型：双整数 |
| 实数除法指令 | DIV_R: EN, ENO, IN1, OUT, IN2 | /R IN1，OUT | IN1/IN2：ID、QD、VD、MD、SD、SMD、LD、AC、常数。<br>OUT：ID、QD、VD、MD、SD、SMD、LD、AC。<br>IN/OUT 数据类型：实数 |

令、余弦指令和正切指令。平方根指令将一个双字长（32 位）的实数 IN 开平方，得到的 32 位实数结果送到 OUT；自然对数指令将一个双字长（32 位）的实数 IN 取自然对数，得到的 32 位实数结果送到 OUT；指数指令将一个双字长（32 位）的实数 IN 取以 e 为底的指数，得到的 32 位实数结果送到 OUT；正弦、余弦和正切指令将一个弧度值 IN 分别求正弦、余弦和正切，得到的 32 位实数结果送到 OUT。以上运算中的输入、输出数据都为实数，结果大于 32 位二进制数表示的范围时产生溢出。

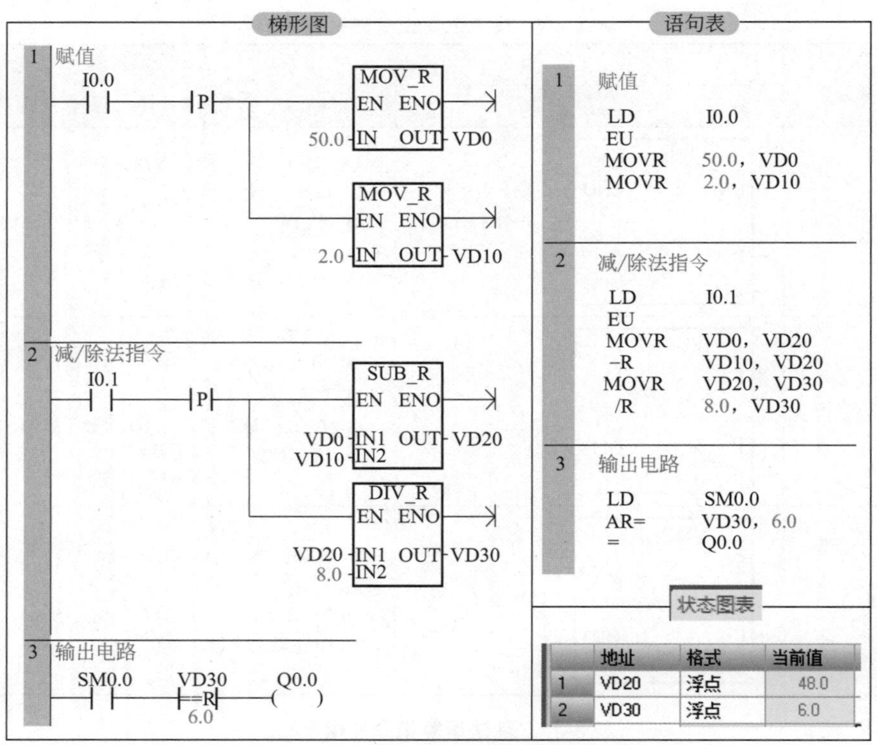


图 3-74 **减法 / 除法指令应用案例**

**程序解析**

按下按钮 I0.0，实数传送指令分别将 50.0 和 2.0 传送到 VD0 和 VD10 中；按下按钮 I0.1，VD0 中的 50.0 和 VD10 中的 2.0 相减得到的结果再与 8.0 相除，得到的结果存入 VD30 中，此时运算结果为 6.0，比较指令条件成立，故 Q0.0 点亮

（1）指令格式

数学功能指令的指令格式如表 3-28 所示。

表 3-28 **数学功能指令的指令格式**

| 指令名称 | | 平方根指令 | 自然对数指令 | 指数指令 | 正弦指令 | 余弦指令 | 正切指令 |
|---|---|---|---|---|---|---|---|
| 编程语言 | 梯形图 | SQRT<br>EN ENO<br>IN OUT | EXP<br>EN ENO<br>IN OUT | LN<br>EN ENO<br>IN OUT | SIN<br>EN ENO<br>IN OUT | COS<br>EN ENO<br>IN OUT | TAN<br>EN ENO<br>IN OUT |
| | 语句表 | SQRT IN，OUT | EXP IN，OUT | LN IN，OUT | SIN IN，OUT | COS IN，OUT | TN IN，OUT |
| 操作数类型及操作范围 | | IN：ID、QD、VD、MD、SD、SMD、LD、AC、常数。<br>OUT：ID、QD、VD、MD、SD、SMD、LD、AC。<br>IN/OUT 数据类型：实数 | | | | | |

（2）应用案例

按下启动按钮，观察哪些灯亮，哪些灯不亮，为什么？程序如图 3-75 所示。

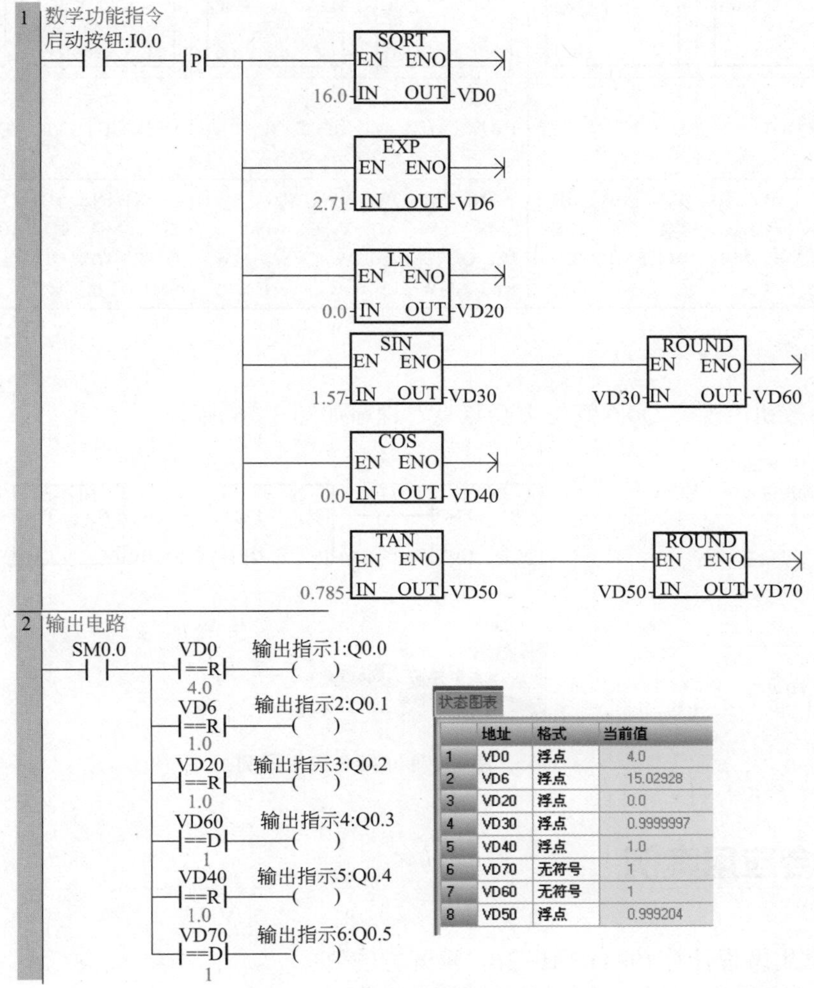


| | 地址 | 格式 | 当前值 |
|---|---|---|---|
| 1 | VD0 | 浮点 | 4.0 |
| 2 | VD6 | 浮点 | 15.02928 |
| 3 | VD20 | 浮点 | 0.0 |
| 4 | VD30 | 浮点 | 0.9999997 |
| 5 | VD40 | 浮点 | 1.0 |
| 6 | VD70 | 无符号 | 1 |
| 7 | VD60 | 无符号 | 1 |
| 8 | VD50 | 浮点 | 0.999204 |

图 3-75　数学功能指令应用案例

## 3.11.3 递增、递减指令

字节、字、双字的递增 / 递减指令是源操作数加 1 或减 1，并将结果存放到 OUT 中，其中字节增减是无符号的，字和双字增减是有符号的数。

梯形图表示：IN+1=OUT，IN−1=OUT。

语句表表示：OUT+1=OUT，OUT−1=OUT。

值得说明的是，IN 和 OUT 使用相同的存储单元。

（1）指令格式

递增、递减指令的指令格式如表 3-29 所示。

表 3-29 递增、递减指令的指令格式

| 指令名称 | | 字节递增指令 | 字节递减指令 | 字递增指令 | 字递减指令 | 双字递增指令 | 双字递减指令 |
|---|---|---|---|---|---|---|---|
| 编程语言 | 梯形图 | INC_B EN ENO IN OUT | DEC_B EN ENO IN OUT | INC_W EN ENO IN OUT | DEC_W EN ENO IN OUT | INC_DW EN ENO IN OUT | OEC_DW EN ENO IN OUT |
| | 语句表 | INCB OUT | DECB OUT | INCW OUT | DECW OUT | INCD OUT | DECD OUT |
| 操作数范围 | | IN：IB、QB、VB、MB、SB、SMB、LB、AC、常数。OUT：IB、QB、VB、MB、SB、SMB、LB、AC | | IN：IW、QW、VW、MW、SW、SMW、LW、AC、T、C、AIW、常数。OUT：IW、QW、VW、MW、SW、SMW、LW、AC、T、C | | IN1/IN2：ID、QD、VD、MD、SD、SMD、LD、AC、HC、常数。OUT：ID、QD、VD、MD、SD、SMD、LD、AC | |

（2）应用案例

按下启动按钮，观察 Q0.0 灯是否会点亮？程序如图 3-76 所示。

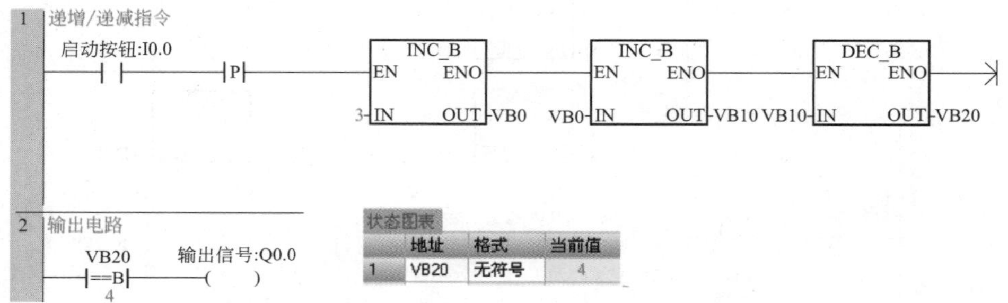


图 3-76 递增 / 递减指令应用案例

## 3.11.4 综合应用案例

**例 1**：试用编程计算 (9+1)×10−36，再开方的值。

具体程序如图 3-77 所示。程序编制并不难，按照 (9+1)×10−36，一步步地用数学运算指令表达出来即可。这里考虑到 SQRT 指令输入、输出操作数均为实数，故加、减和乘法指令也都选择了实数型。如果结果等于 8，灯 Q0.0 会亮。

**例 2**：控制 1 台 3 相异步电动机，要求电动机按正转 30s →停止 30s →反转 30s →停止 30s 的顺序并自动循环运行，直到按下停止按钮，电动机方停止。

具体程序如图 3-78 所示。需要注意的是，递增指令前面习惯上加一个脉冲 P，否则每个扫描周期都会加 1。

**编者心语**

1. 数学运算类指令是实现模拟量等复杂运算的基础，读者需要予以重视。

2. 递增 / 递减指令习惯上用脉冲形式，如使能端一直为 ON，则每个扫描周期都会加 1 或减 1，这样有些程序就无法实现了。

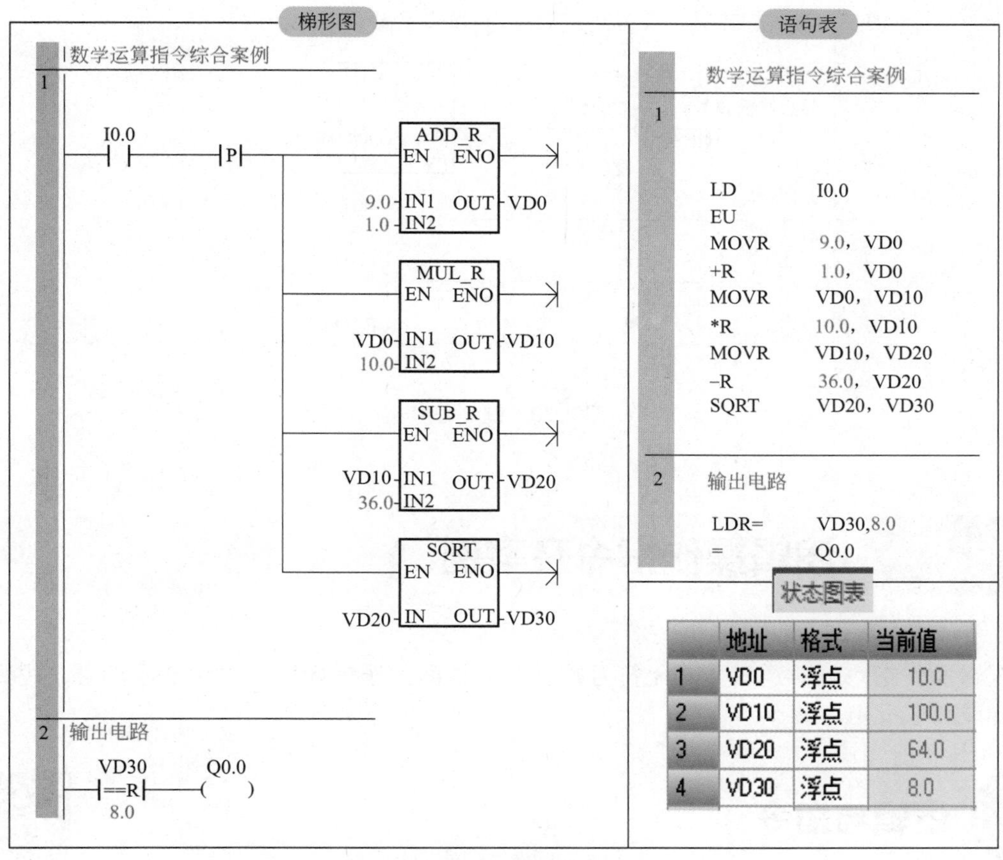


|  | 地址 | 格式 | 当前值 |
|---|---|---|---|
| 1 | VD0 | 浮点 | 10.0 |
| 2 | VD10 | 浮点 | 100.0 |
| 3 | VD20 | 浮点 | 64.0 |
| 4 | VD30 | 浮点 | 8.0 |

图 3-77　**例 1 程序**

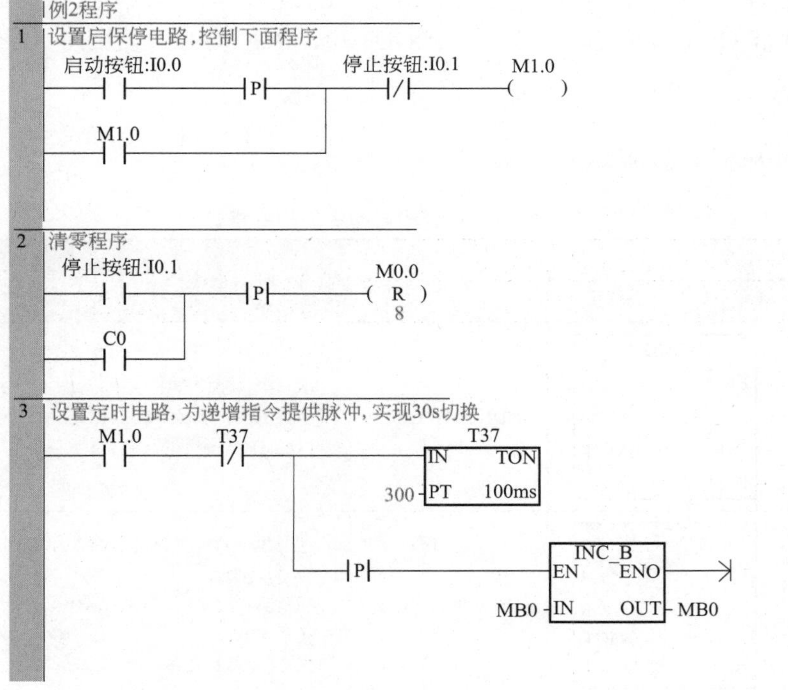


图 3-78

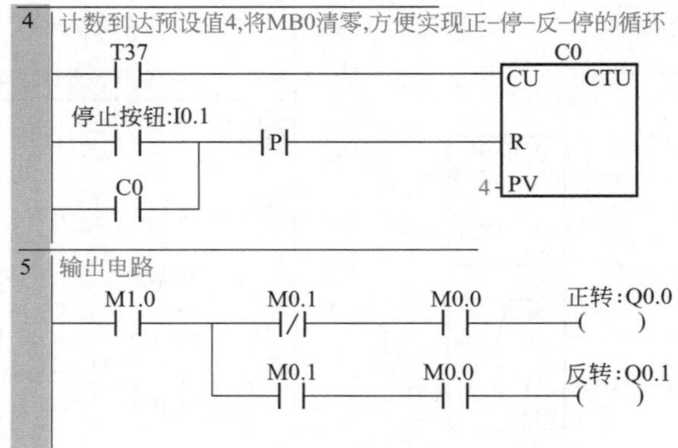


图 3-78 **例 2 程序**

# 3.12 逻辑操作指令及案例

逻辑操作指令是对逻辑数（无符号数）对应位间的逻辑操作，它包括逻辑与、逻辑或、逻辑异或和取反指令。

## 3.12.1 逻辑与指令

在梯形图中，当逻辑与条件满足时，IN1 和 IN2 按位与，其结果传送到 OUT 中；在语句表中，IN1 和 OUT 按位与，结果传送到 OUT 中，IN2 和 OUT 使用同一存储单元。

（1）指令格式

指令格式如表 3-30 所示。

表 3-30 **逻辑与指令的指令格式**

| 指令名称 | 编程语言 | | 操作数类型及操作范围 |
|---|---|---|---|
| | 梯形图 | 语句表 | |
| 字节与指令 | WAND_B<br>EN ENO<br>IN1 OUT<br>IN2 | ANDB IN1，OUT | IN：IB、QB、VB、MB、SB、SMB、LB、AC、常数。<br>OUT：IB、QB、VB、MB、SB、SMB、LB、AC。<br>IN/OUT 数据类型：字节 |
| 字与指令 | WAND_W<br>EN ENO<br>IN1 OUT<br>IN2 | ANDW IN1，OUT | IN：IW、QW、VW、MW、SW、SMW、LW、AC、T、C、AIW、常数。<br>OUT：IW、QW、VW、MW、SW、SMW、LW、AC、T、C、AQW。<br>IN/OUT 数据类型：字 |

续表

<table>
<tr><th rowspan="2">指令名称</th><th colspan="2">编程语言</th><th rowspan="2">操作数类型及操作范围</th></tr>
<tr><th>梯形图</th><th>语句表</th></tr>
<tr><td>双字与指令</td><td>WAND_DW<br>EN ENO<br>IN1 OUT<br>IN2</td><td>ANDD IN，OUT</td><td>IN：ID、QD、VD、MD、SD、SMD、LD、AC、HC、常数。<br>OUT：ID、QD、VD、MD、SD、SMD、LD、AC。<br>IN/OUT 数据类型：双字</td></tr>
</table>

（2）应用案例

按下启动按钮，观察灯 Q0.0 是否会点亮，为什么？程序如图 3-79 所示。

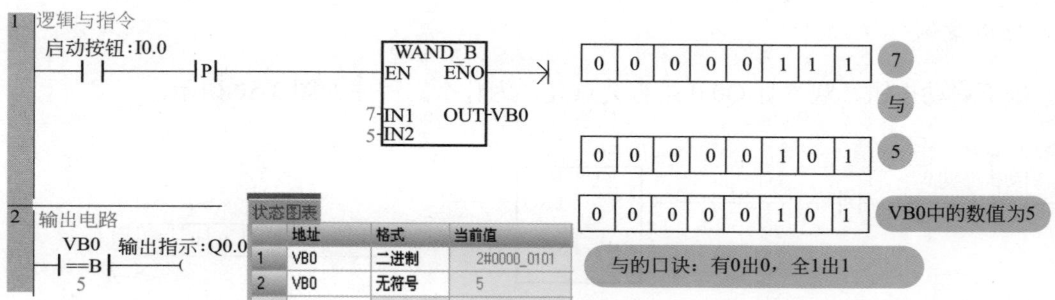


图 3-79 逻辑与指令应用案例

**程序解析**

按下启动按钮 I0.0，7( 即 2#111) 与 5(2#101) 逐位进行与，根据有 0 出 0、全 1 出 1 的原则，得到的结果恰好为 5( 即 2#101)，故比较指令成立，因此 Q0.0 为 1

## 3.12.2 逻辑或指令

在梯形图中，当逻辑或条件满足时，IN1 和 IN2 按位或，其结果传送到 OUT 中；在语句表中，IN1 和 OUT 按位或，结果传送到 OUT 中，IN2 和 OUT 使用同一存储单元。

（1）指令格式

指令格式如表 3-31 所示。

表 3-31 逻辑或指令的指令格式

<table>
<tr><th rowspan="2">指令名称</th><th colspan="2">编程语言</th><th rowspan="2">操作数类型及操作范围</th></tr>
<tr><th>梯形图</th><th>语句表</th></tr>
<tr><td>字节或指令</td><td>WOR_B<br>EN ENO<br>IN1 OUT<br>IN2</td><td>ORB IN1，OUT</td><td>IN：IB、QB、VB、MB、SB、SMB、LB、AC、常数。<br>OUT：IB、QB、VB、MB、SB、SMB、LB、AC。<br>IN/OUT 数据类型：字节</td></tr>
</table>

续表

<table>
<tr><th rowspan="2">指令名称</th><th colspan="2">编程语言</th><th rowspan="2">操作数类型及操作范围</th></tr>
<tr><th>梯形图</th><th>语句表</th></tr>
<tr><td>字或指令</td><td>WOR_W<br>EN ENO<br>IN1 OUT<br>IN2</td><td>ORW IN1，OUT</td><td>IN：IW、QW、VW、MW、SW、SMW、LW、AC、T、C、AIW、常数。<br>OUT：IW、QW、VW、MW、SW、SMW、LW、AC、T、C、AQW。<br>IN/OUT 数据类型：字</td></tr>
<tr><td>双字或指令</td><td>WOR_DW<br>EN ENO<br>IN1 OUT<br>IN2</td><td>ORD IN，OUT</td><td>IN：ID、QD、VD、MD、SD、SMD、LD、AC、HC、常数。<br>OUT：ID、QD、VD、MD、SD、SMD、LD、AC。<br>IN/OUT 数据类型：双字</td></tr>
</table>

（2）应用案例

按下启动按钮，观察灯 Q0.0 是否会点亮，为什么？程序如图 3-80 所示。

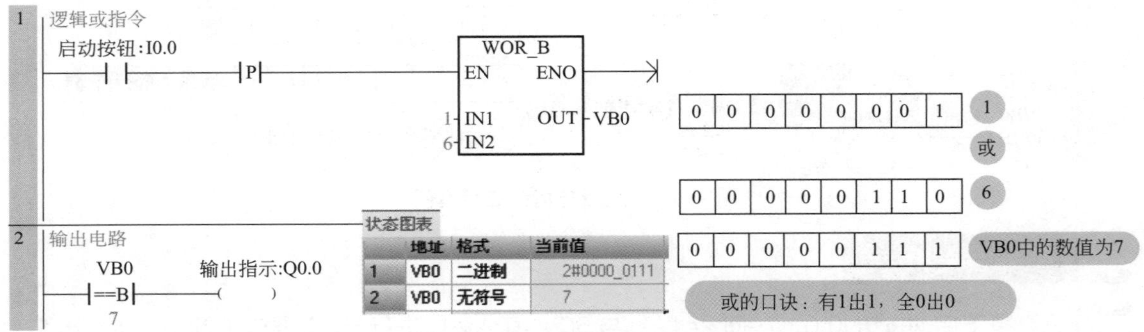


图 3-80　逻辑或指令应用案例

**程序解析**

按下启动按钮 I0.0，1( 即 2#001) 与 6(2#110) 逐位进行或，根据有 1 出 1、全 0 出 0 的原则，得到的结果恰好为 7( 即 2#111)，故比较指令成立，因此 Q0.0 为 1

## 3.12.3 逻辑异或指令

在梯形图中，当逻辑异或条件满足时，IN1 和 IN2 按位异或，其结果传送到 OUT 中；在语句表中，IN1 和 OUT 按位异或，结果传送到 OUT 中，IN2 和 OUT 使用同一存储单元。

（1）指令格式

指令格式如表 3-32 所示。

（2）应用案例

按下启动按钮，观察灯 Q0.0 是会否点亮，为什么？程序如图 3-81 所示。

表 3-32　逻辑异或指令的指令格式

| 指令名称 | 编程语言 | | 操作数类型及操作范围 |
|---|---|---|---|
| | 梯形图 | 语句表 | |
| 字节或指令 | WXOR_B（EN、ENO、IN1、OUT、IN2） | XORB IN1，OUT | IN：IB、QB、VB、MB、SB、SMB、LB、AC、常数。<br>OUT：IB、QB、VB、MB、SB、SMB、LB、AC。<br>IN/OUT 数据类型：字节 |
| 字或指令 | WXOR_W（EN、ENO、IN1、OUT、IN2） | XORW IN1，OUT | IN：IW、QW、VW、MW、SW、SMW、LW、AC、T、C、AIW、常数。<br>OUT：IW、QW、VW、MW、SW、SMW、LW、AC、T、C、AQW。<br>IN/OUT 数据类型：字 |
| 双字或指令 | WXOR_DW（EN、ENO、IN1、OUT、IN2） | XORD IN，OUI | IN：ID、QD、VD、MD、SD、SMD、LD、AC、HC、常数。<br>OUT：ID、QD、VD、MD、SD、SMD、LD、AC。<br>IN/OUT 数据类型：双字 |

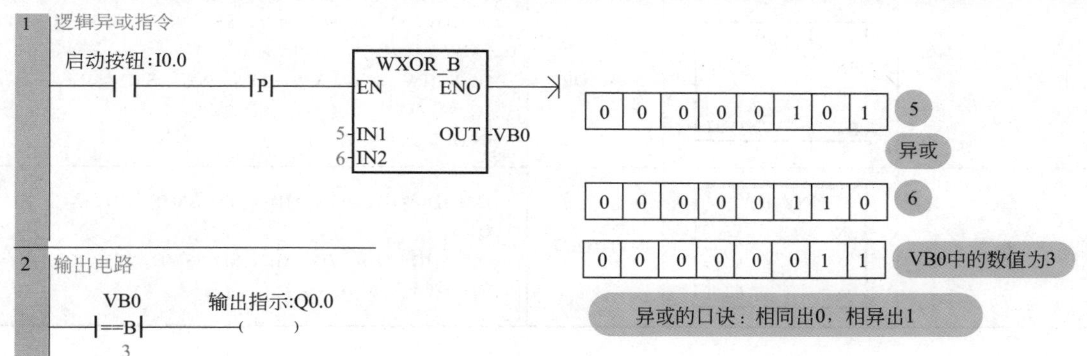


图 3-81　逻辑异或指令应用案例

## 程序解析

按下启动按钮 I0.0，5( 即 2#101) 与 6(2#110) 逐位进行异或，根据相同出 0、相异出 1 的原则，得到的结果恰好为 3( 即 2#011)，故比较指令成立，因此 Q0.0 为 1

## 编者心语

### 运算口诀

按照以下口诀，掌握相应的指令是不难的。

逻辑与：有 0 为 0，全 1 出 1。

逻辑或：有 1 为 1，全 0 出 0。

逻辑异或：相同为 0，相异出 1。

## 3.12.4 取反指令

在梯形图中，当取反条件满足时，IN 按位取反，其结果传送到 OUT 中；在语句表中，OUT 按位取反，结果传送到 OUT 中，IN 和 OUT 使用同一存储单元。

（1）指令格式

指令格式如表 3-33 所示。

表 3-33　取反指令的指令格式

| 指令名称 | 编程语言 | | 操作数类型及操作范围 |
|---|---|---|---|
| | 梯形图 | 语句表 | |
| 字节取反指令 | INV_B（EN ENO IN OUT） | INVB OUT | IN：IB、QB、VB、MB、SB、SMB、LB、AC、常数。<br>OUT：IB、QB、VB、MB、SB、SMB、LB、AC。<br>IN/OUT 数据类型：字节 |
| 字取反指令 | INV_W（EN ENO IN OUT） | INVW OUT | IN：IW、QW、VW、MW、SW、SMW、LW、AC、T、C、AIW、常数。<br>OUT：IW、QW、VW、MW、SW、SMW、LW、AC、T、C、AQW。<br>IN/OUT 数据类型：字 |
| 双字取反指令 | INV_DW（EN ENO IN OUT） | INVD OUT | IN：ID、QD、VD、MD、SD、SMD、LD、AC、HC、常数。<br>OUT：ID、QD、VD、MD、SD、SMD、LD、AC。<br>IN/OUT 数据类型：双字 |

（2）应用案例

按下启动按钮，观察哪些灯点亮，哪些灯不亮，为什么？程序如图 3-82 所示。

## 3.12.5 综合应用案例——点评器控制

（1）控制要求

某栏目有 2 位评委和若干表演选手，评委需对每位选手做出评价，看是选手过关还是被淘汰。当两位评委均按同意键时，表示选手过关，否则选手被淘汰。过关绿灯亮，淘汰红灯亮。当主持人按下公布按钮，结果会展示出来。试设计程序。

（2）程序设计

① 点评器控制 I/O 分配如表 3-34 所示。

② 程序设计：程序设计如图 3-83 所示。

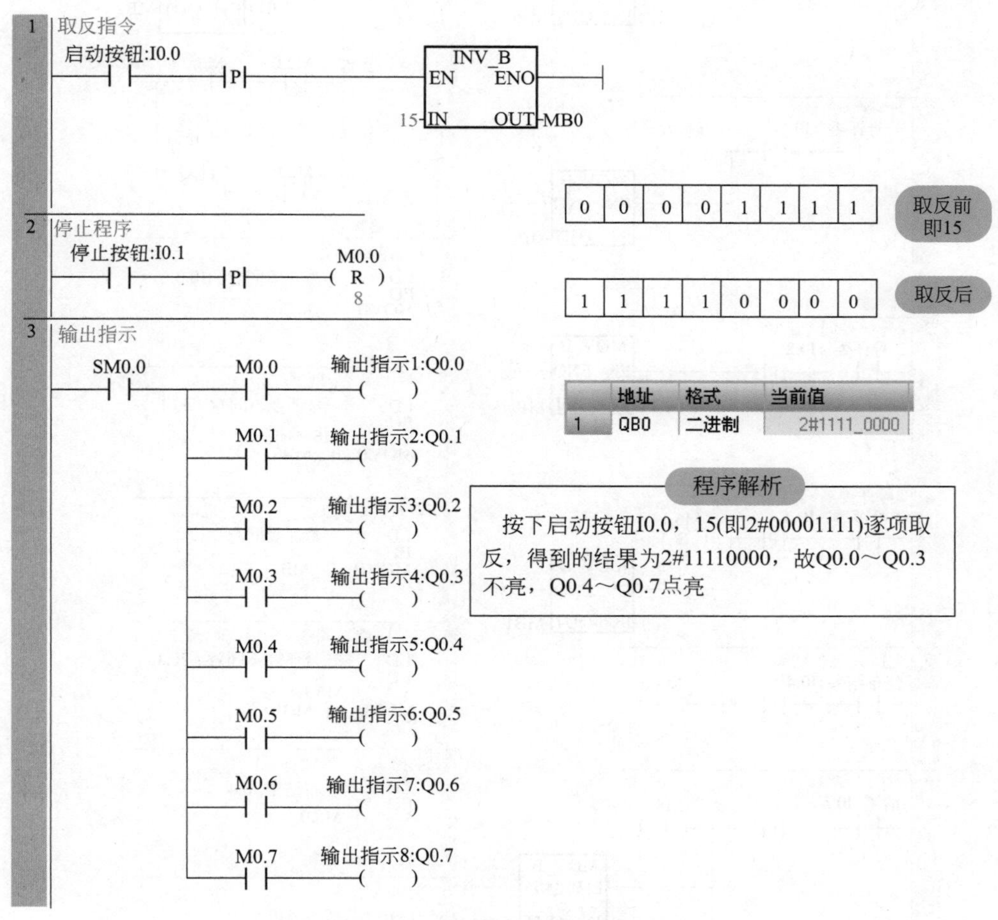


图 3-82　**取反指令应用案例**

表 3-34　**点评器控制 I/O 分配**

| 输入量 | | 输出量 | |
|---|---|---|---|
| 1 号评委同意键 | I0.0 | 过关绿灯 | Q0.0 |
| 1 号评委不同意键 | I0.1 | 淘汰红灯 | Q0.1 |
| 2 号评委同意键 | I0.2 | | |
| 2 号评委不同意键 | I0.3 | | |
| 主持人键 | I0.4 | | |
| 主持人清零按钮 | I0.5 | | |

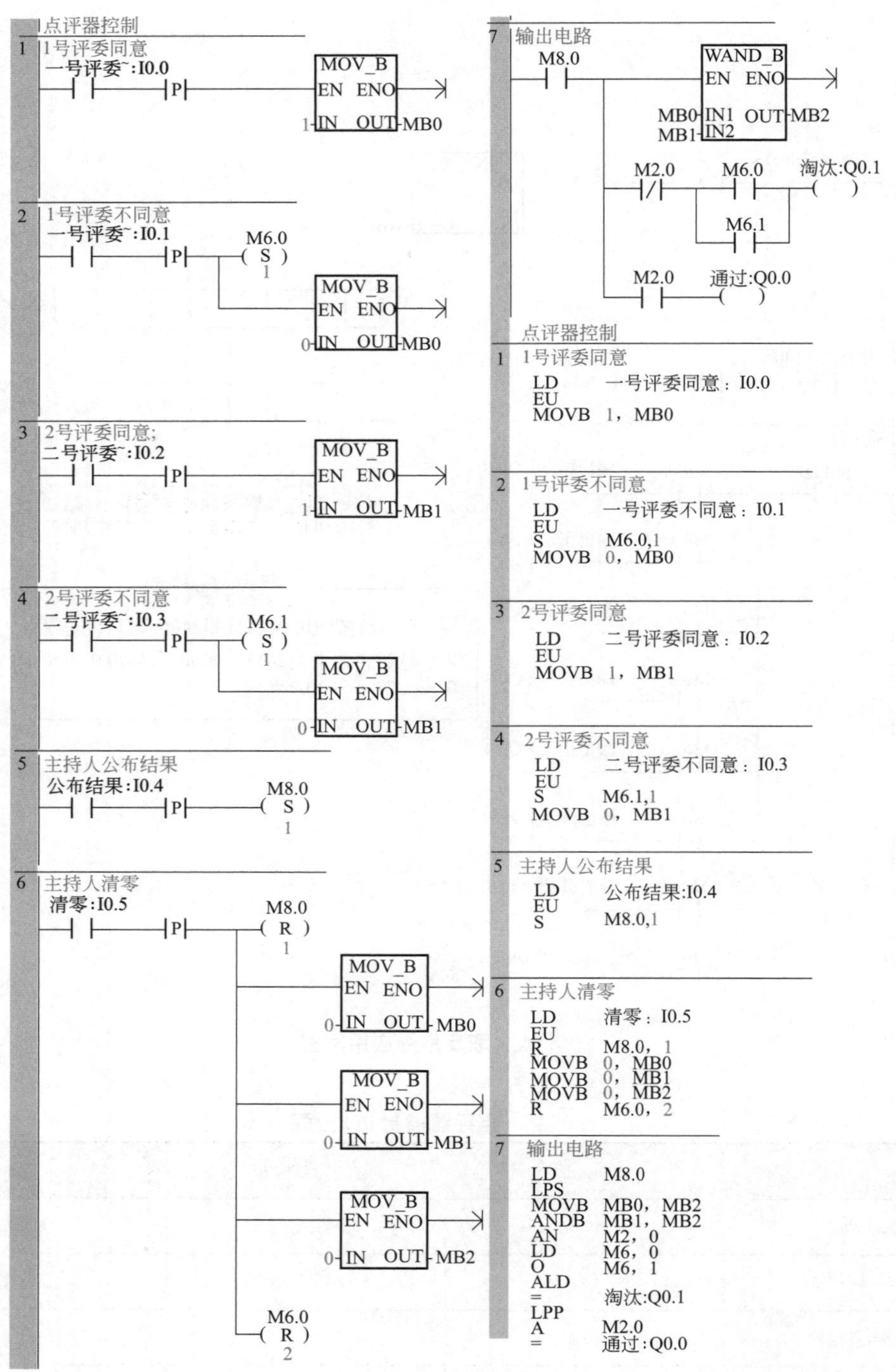


图 3-83 **点评器控制程序**

## 3.13 实时时钟指令及案例

实时时钟指令可以实现调用系统实时时钟或根据需要设置时钟，这样可以非常方便地记录下系统运行时间。

## 3.13.1 指令格式

实时时钟指令有 2 条，分别为读取实时时钟指令和设置实时时钟指令。

读取实时时钟指令可以从 CPU 的实时时钟中，读取当前日期和时间，并将其载入以地址 T 起始的 8 个字节的缓冲区。

设置实时时钟指令将当前时间和日期，以地址 T 起始的 8 个字节的形式装入 PLC 的时钟中。

（1）指令格式

指令格式如表 3-35 所示。

表 3-35　实时时钟指令的指令格式

| 指令名称 | 编程语言 | | 操作数类型及操作范围 |
|---|---|---|---|
| | 梯形图 | 语句表 | |
| 读取实时时钟指令 | READ_RTC<br>EN　ENO<br>T | TODR，T | T：IB、QB、VB、MB、SB、SMB、LB、AC。<br>数据类型：字节 |
| 设置实时时钟指令 | SET_RTC<br>EN　ENO<br>T | TODW，T | |

（2）使用说明

缓冲区的 8 个字节，依次存放的为：年的低两位（16#16 表示 2016 年）、月、日、时、分、秒、0 和星期的代码。其中对于星期来说，1 表示星期日；2 表示星期 1，7 代表星期 6；0 表示禁用星期。时间、日期数据格式为字节型 BCD 码，用 16 进制显示格式输入和显示 BCD 码。缓冲区的存储格式如表 3-36 所示。

表 3-36　缓冲区的存储格式

| 地址 | T | T+1 | T+2 | T+3 | T+4 | T+5 | T+6 | T+7 |
|---|---|---|---|---|---|---|---|---|
| 含义 | 年 | 月 | 日 | 小时 | 分 | 秒 | 0 | 星期 |
| 范围 | 00 ～ 99 | 01 ～ 12 | 01 ～ 31 | 00 ～ 23 | 00 ～ 59 | 00 ～ 59 | | 0 ～ 7 |

## 3.13.2 应用案例

（1）应用案例

读取时钟中的日，并显示出来，程序如图 3-84 所示。

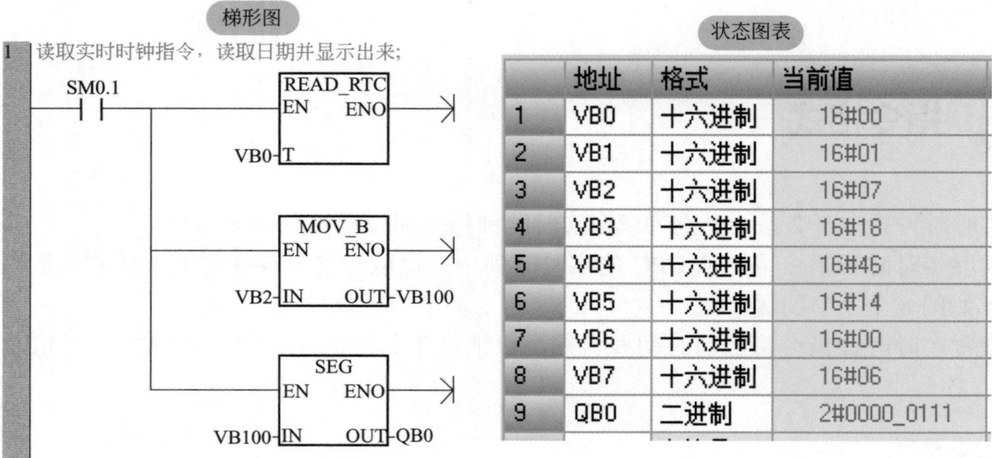


| | 地址 | 格式 | 当前值 |
|---|---|---|---|
| 1 | VB0 | 十六进制 | 16#00 |
| 2 | VB1 | 十六进制 | 16#01 |
| 3 | VB2 | 十六进制 | 16#07 |
| 4 | VB3 | 十六进制 | 16#18 |
| 5 | VB4 | 十六进制 | 16#46 |
| 6 | VB5 | 十六进制 | 16#14 |
| 7 | VB6 | 十六进制 | 16#00 |
| 8 | VB7 | 十六进制 | 16#06 |
| 9 | QB0 | 二进制 | 2#0000_0111 |

图 3-84 **实时时钟指令应用案例**

**程序解析**

初始化脉冲 SM0.1 激活读取实时时钟指令（READ_RTC），读取实时时钟指令读取当前的时间和日期，由于本例中要求读日，根据表 3-36，应为 VB2（即 T+2），使用传送指令（MOV），将 VB2 中的“日”传送给 VB100，之后用段译码指令（SEG）将其显示出来，日应为“7”，结果参考状态图表。注意：时间、日期数据格式为字节型 BCD 码，用 16 进制格式输入和显示，故 SEG 可以显示出来

（2）用软件读取和设置实时时钟的日期和时间

装有 STEP 7-Micro/WIN SMART 软件的计算机与 PLC 通信后，单击“PLC”菜单功能区中的“设置时钟”按钮 设置时钟，会打开“CPU 时钟操作”对话框，这时可以看到和设置 CPU 时钟的时间和日期，具体操作如图 3-85 所示。

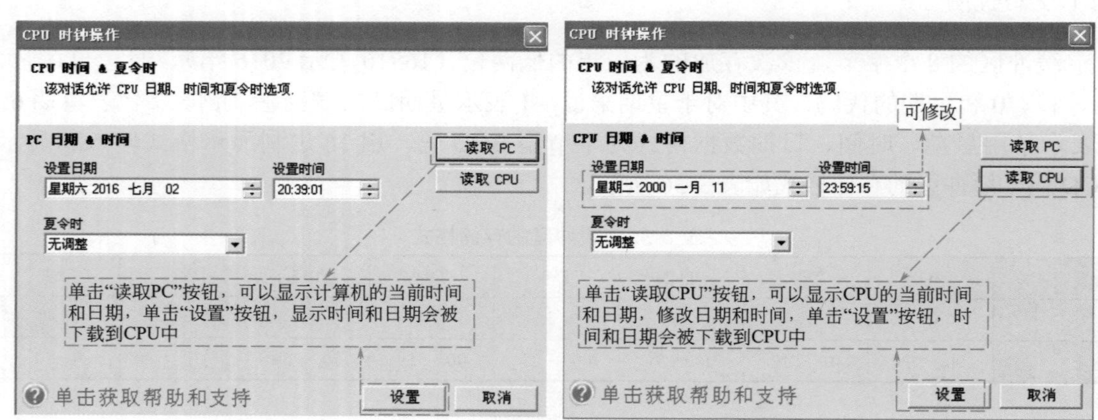


图 3-85 **用软件读取和设置实时时钟的日期和时间**

## 3.14 中断指令及案例

中断是指当 PLC 正执行程序时，如果有中断输入，它会停止执行当前正在执行的程序，

转而去执行中断程序，当执行完毕后，又返回原先被终止的程序并继续运行。中断功能用于实时控制、通信控制和高速处理等场合。

## 3.14.1 中断事件

### （1）中断事件

发生中断请求的事件称为中断事件。每个中断事件都有自己固定的编号，叫中断事件号。中断事件可分为 3 大类：基于时间的中断（时基中断）、I/O 中断、通信端口中断。

① 基于时间的中断　时基中断包括两类，分别为定时中断和定时器 T32/T96 中断。

a. 定时中断：定时中断支持周期性活动，周期时间为 1 ～ 255ms，时基为 1ms。使用定时中断 0 或 1，必须在 SMB34 或 SMB35 中写入周期时间。将中断程序连在定时中断事件上，如定时中断允许，则开始定时，没到达定时时间，都会执行中断程序。此项功能可用于 PID 控制和模拟量定时采样。

b. 定时器 T32/T96 中断：这类中断只能用时基为 1ms 的定时器 T32 和 T96 构成。中断启动后，当当前值等于预设值时，在执行 1ms 定时器更新过程中，执行连接中断程序。

② I/O 中断：它包括输入上升 / 下降沿中断、高速计数器中断。

a. 输入上升 / 下降沿中断用于捕捉立即处理的事件。

b. 高速计数器中断是指对高速计数器运行时产生的事件实时响应，这些事件包括计数方向改变产生的中断、当前值等于预设值产生的中断等。

③ 通信端口中断：在自由口通信模式下，用户可通过编程来设置波特率和通信协议等。

### （2）中断优先级、中断事件编号及意义

中断优先级、中断事件编号及意义如表 3-37 所示。其中优先级是指中断同时执行时，有先后顺序。

表 3-37　中断优先级、中断事件编号及意义

| 优先级分组 | 优先级 | 中断事件号 | 意义 |
|---|---|---|---|
| 定时中断 | 最低 | 10 | 定时中断 0，使用 SMB34 |
| | | 11 | 定时中断 1，使用 SMB35 |
| | | 21 | 定时器 T32 CT=PT 中断 |
| | | 22 | 定时器 T96 CT=PT 中断 |
| 通信中断 | 最高 | 8 | 通信口 0：接收字符 |
| | | 9 | 通信口 0：发送完成 |
| | | 23 | 通信口 0：接收信息完成 |
| | | 24 | 通信口 1：接收信息完成 |
| | | 25 | 通信口 1：接收字符 |
| | | 26 | 通信口 1：发送完成 |
| | | 0 | I0.0 上升沿中断 |
| | | 2 | I0.1 上升沿中断 |
| | | 4 | I0.2 上升沿中断 |

续表

| 优先级分组 | 优先级 | 中断事件号 | 意义 |
|---|---|---|---|
| 通信中断 | 最高 | 6 | I0.3 上升沿中断 |
| | | 1 | I0.0 下降沿中断 |
| | | 3 | I0.1 下降沿中断 |
| | | 5 | I0.2 下降沿中断 |
| | | 7 | I0.3 下降沿中断 |
| | | 12 | HSC0 当前值 = 预设值中断 |
| | | 27 | HSC0 计数方向改变中断 |
| | | 28 | HSC0 外部复位中断 |
| | | 13 | HSC1 当前值 = 预设值中断 |
| | | 16 | HSC2 当前值 = 预设值中断 |
| | | 17 | HSC2 计数方向改变中断 |
| | | 18 | HSC2 外部复位中断 |
| | | 32 | HSC3 当前值 = 预设值中断 |
| | | 35 | I7.0 上升沿（信号板） |
| | | 37 | I7.1 上升沿（信号板） |
| | | 36 | I7.0 下降沿（信号板） |
| | | 38 | I7.1 下降沿（信号板） |

## 3.14.2 中断指令及中断程序

### （1）中断指令

中断指令有 4 条，分别为开中断指令、关中断指令、中断连接指令和分离中断指令。指令格式如表 3-38 所示。

表 3-38 中断指令的指令格式

| 指令名称 | 编程语言 | | 操作数类型及操作范围 |
|---|---|---|---|
| | 梯形图 | 语句表 | |
| 开中断指令 | ——( ENI ) | ENI | 无 |
| 关中断指令 | ——( DISI ) | DISI | 无 |
| 中断连接指令 | ATCH（EN, ENO, INT, EVNT） | ATCH INT，EVNT | INT：常数 0 ～ 127。<br>EVNT：常数。<br>CPU CR40、CR60：0 ～ 13、16 ～ 18、21 ～ 23、27、28 和 32。<br>CPU SR20/ST20、SR30/ST30、SR40/ST40、SR60/ST60：0 ～ 13、16 ～ 18、21 ～ 28、32 和 35 ～ 38 |
| 分离中断指令 | DTCH（EN, ENO, EVNT） | DTCH EVNT | |

续表

| 指令名称 | 编程语言 | | 操作数类型及操作范围 |
|---|---|---|---|
| | 梯形图 | 语句表 | |
| 功能说明 | ①开中断指令：全局性允许所有中断事件。<br>②关中断指令：全局禁止所有中断。<br>③中断连接指令：将中断事件（EVNT）与中断程序码（INT）相连接，并启动中断事件。<br>④分离中断指令：取消中断事件（EVNT）与所有程序之间的连接，并禁止该中断事件 | | |

（2）中断程序

① 简介　中断程序是为了处理中断事件，而由用户事先编制好的程序。它不由用户程序调用，由操作系统调用，因此它与用户程序执行的时序无关。

用户程序将中断程序和中断事件连接在一起，当中断条件满足时，则执行中断程序。

② 建立中断的方法　插入中断程序的方法如图 3-86 所示。

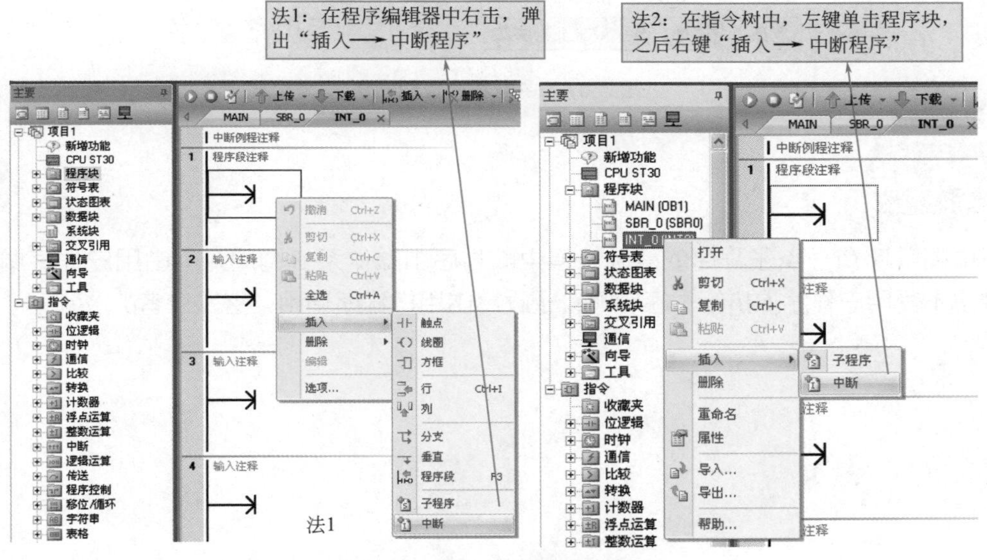


图 3-86　插入中断程序的方法

## 3.14.3 中断指令应用案例

例：模拟量定时采样。

① 控制要求：要求每 3s 采样 1 次。

② 程序设计：每 3ms 采样 1 次，用到了定时中断。首先设置采样周期，接着用中断连接指令连接中断程序和中断事件，最后编写中断程序。具体程序如图 3-87 所示。

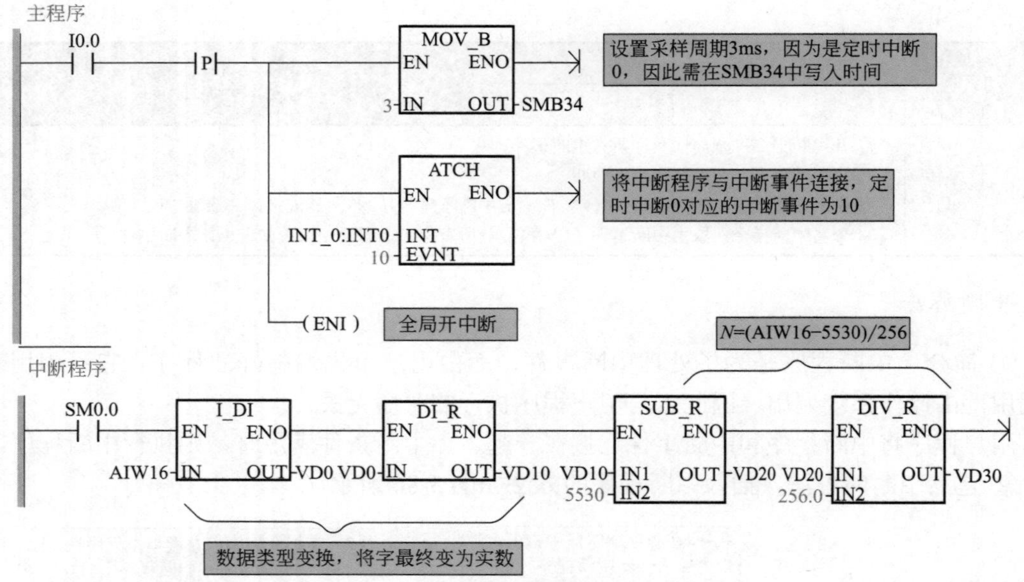


图 3-87 **中断程序应用案例**

**编者心语**

中断程序有一点子程序的意味，但中断程序由操作系统调用，不由用户程序调用，关键是不受用户程序的执行时序影响；子程序由用户程序调用，这是二者的区别。

# 第 4 章 S7-200 SMART PLC 开关量控制程序设计

SIEMENS

本章要点

- 送料小车控制
- 锯床控制
- 启保停电路编程法及案例
- 置位复位指令编程法及案例
- 顺序控制继电器指令编程法及案例
- 移位寄存器指令法及案例
- 交通信号灯程序设计

一个完整的PLC控制系统由硬件和软件两部分构成，其中软件程序质量的好坏，直接影响着整个控制系统的性能。因此，本书第4章、第5章重点讲解开关量控制程序设计和模拟量控制程序设计。第4章开关量控制程序设计包括3种方法，分别是经验设计法、翻译设计法和顺序控制设计法。本书4.1节将通过“送料小车控制”例解经验设计法，4.2节将通过“锯床控制”例解翻译设计法，4.3节以后将介绍顺序控制设计法。

# 4.1 送料小车控制

## 4.1.1 控制要求

送料小车的自动控制系统如图4-1所示。送料小车首先在轨道的最左端，左限位开关SQ1压合，小车装料，25s后小车装料结束并右行；当小车碰到右限位开关SQ2后，小车停止右行并停下来卸料，20s后卸料完毕并左行；当再次碰到左限位开关SQ1后，小车停止左行并停下来装料。小车总是按“装料→右行→卸料→左行”模式循环工作，直到按下停止按钮，才停止整个工作过程。

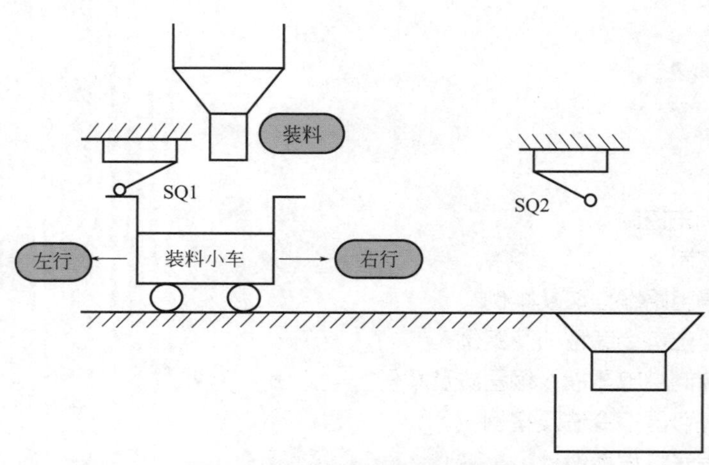


图4-1 送料小车的自动控制系统

由小车运动过程可知，该控制属于简单控制，因此用经验设计法就可解决。

## 4.1.2 方法解析

（1）经验设计法简介

经验设计法顾名思义是一种根据设计者的经验进行设计的方法。该方法需要在一些经典控制程序的基础上，根据被控对象的具体要求，不断地修改和完善梯形图。有时需多次反复调试和修改梯形图，增加一些辅助触点和中间编程元件，最后才能得到一个较为满意的结果。

该方法没有普遍的规律可循，具有很大的试探性和随意性，最后的结果不唯一，设计所用的时间、设计的质量与设计者的经验有很大关系。该方法适用于简单控制方案（如手动程序）的设计。

（2）设计步骤

① 准确了解系统的控制要求，合理确定输入、输出端子。

② 根据输入、输出关系，表达出程序的关键点。关键点的表达往往通过一些典型的环节，如启保停电路、互锁电路、延时电路等，这些基本编程环节以前已经介绍过，这里不再重复。但需要强调的是，这些典型电路是掌握经验设计法的基础，需读者熟记。

③ 在完成关键点的基础上，针对系统的最终输出进行梯形图程序的编制，即初步绘出草图。

④ 检查完善梯形图程序。在草图的基础上，按梯形图的编制原则检查梯形图，补充遗漏功能，更改错误，合理优化，从而达到最佳的控制要求。

## 4.1.3 编程实现

（1）确定 I/O 端子

明确控制要求后，确定 I/O 端子，如表 4-1 所示。

表 4-1 送料小车的自动控制 I/O 分配

| 输入量 | | 输出量 | | 输入量 | | 输出量 | |
|---|---|---|---|---|---|---|---|
| 左行启动按钮 | I0.0 | 左行 | Q0.0 | 左限位 | I0.3 | 卸料 | Q0.3 |
| 右行启动按钮 | I0.1 | 右行 | Q0.1 | 右限位 | I0.4 | | |
| 停止按钮 | I0.2 | 装料 | Q0.2 | | | | |

（2）确定关键点

由小车运动过程可知，小车左行、右行由电动机的正反转实现，在此基础上增加了装料、卸料环节，所以该控制属于简单控制，因此用经验设计法就可解决。

（3）编制并完善梯形图

如图 4-2 所示。

① 梯形图设计思路

a. 绘出具有双重互锁的正反转控制梯形图。

b. 为实现小车自动启动，将控制装料、卸料定时器的常开触点分别与右行、左行启动按钮常开触点并联。

c. 为实现小车自动停止，分别在左行、右行电路中串入左、右限位的常闭触点。

d. 为实现自动装、卸料，在小车左行、右行结束时，用左、右限常开触点作为装、卸料的启动信号。

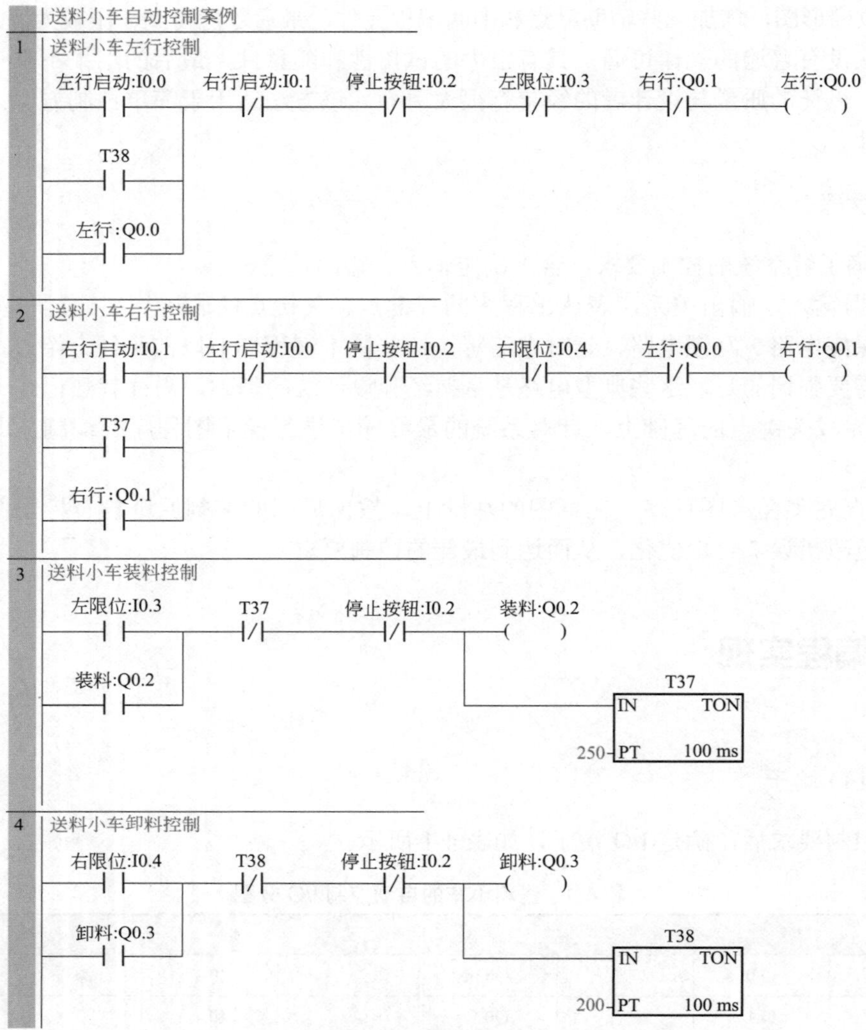


图 4-2　**送料小车的自动控制系统程序**

② 小车自动控制梯形图解析如图 4-3 所示。

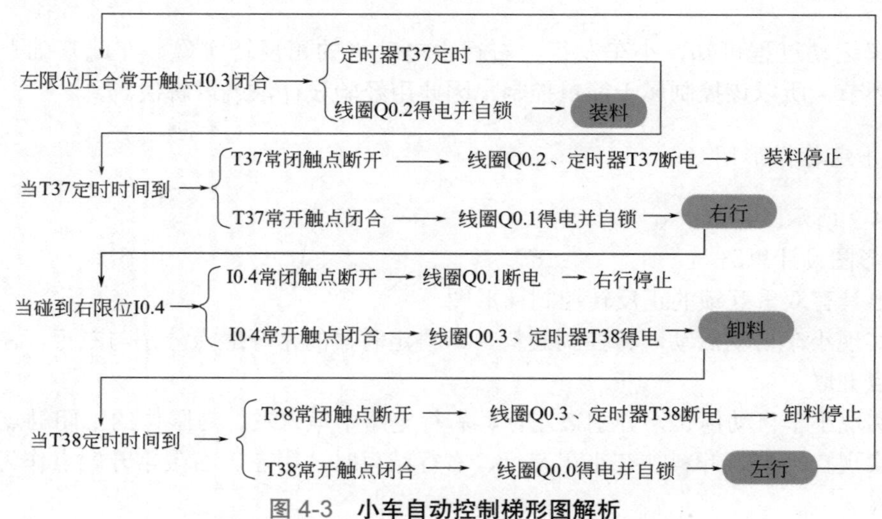


图 4-3　**小车自动控制梯形图解析**

# 4.2 锯床控制

## 4.2.1 控制要求

锯床基本运动过程为下降→切割→上升，如此往复。锯床工作原理图如图 4-4 所示。图中，合上空开 QF、QF1 和 QF2，按下下降启动按钮 SB4 时，中间继电器 KA1 得电并自锁，其常开触点闭合，接触器 KM2 闭合，液压电动机启动，电磁阀 YV2 和 YV3 得电，锯床切割机构下降；接着按下切割启动按钮 SB2，KM1 线圈吸合，锯轮电动机 M1、冷却泵电动机 M2 启动，机床进行切割工件；当工件切割完毕，SQ1 被压合，其常闭触点断开，KM1、KA1、YV2、YV3 均失电，SQ1 常开触点闭合，KA2 得电并自锁，电磁阀 YV1 得电，切割机构上升，当碰到上限位 SQ4 时，KA2、YV1 和 KM2 均失电，上升停止。当按下相应停止按钮，其相应动作停止。根据以上控制要求，试将锯床控制由原来的继电器控制系统改造成 PLC 控制系统。

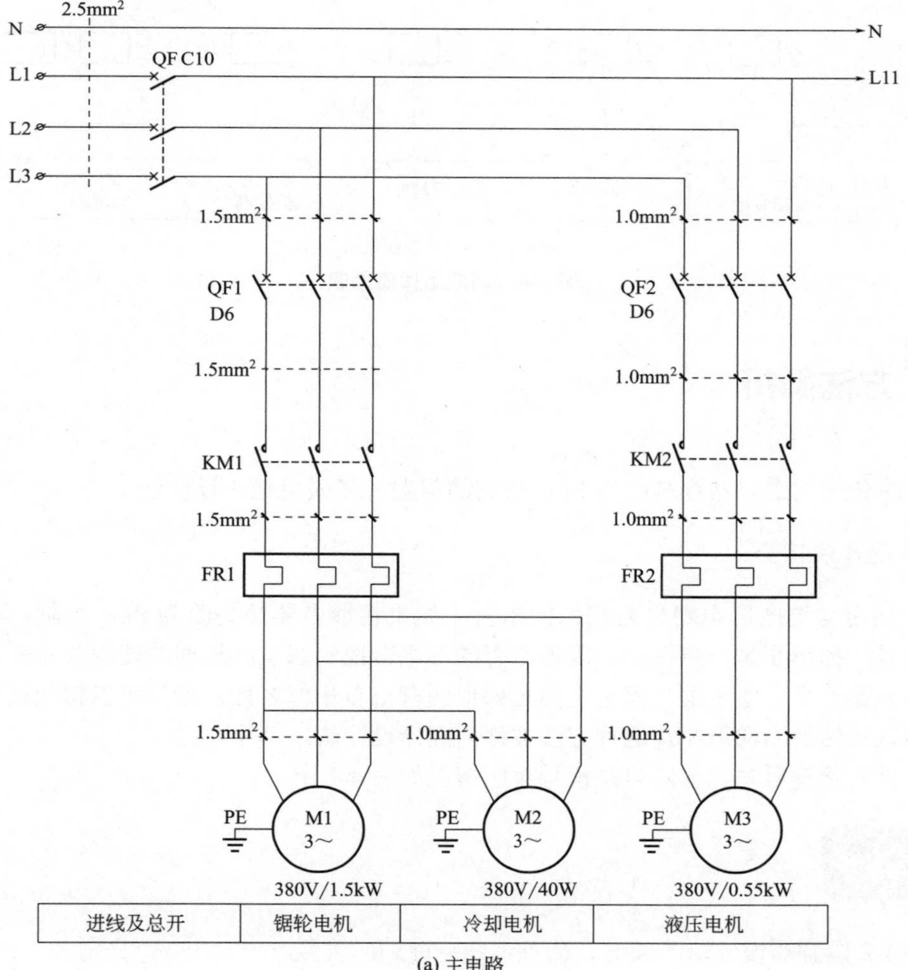


(a) 主电路

图 4-4

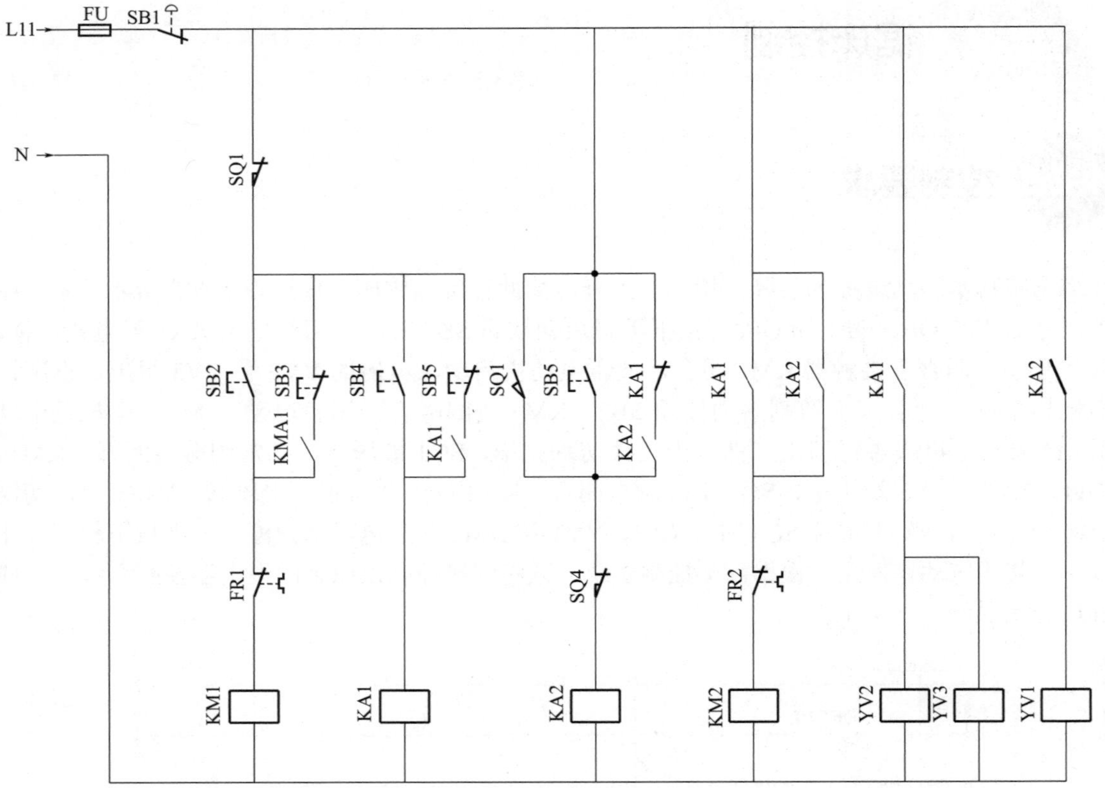

| 控制电路保险及急停 | 锯轮电机及冷却泵控制 | 下降控制 | 上升控制 | 液压电机控制 | 下降控制电磁阀 | 上升控制电磁阀 |
|---|---|---|---|---|---|---|

(b) 控制电路

图 4-4　锯床工作原理图

## 4.2.2 方法解析

涉及将传统的继电器控制改为 PLC 控制的问题，多采用翻译设计法。

（1）翻译设计法简介

PLC 使用与继电器电路极为相似的语言，如果将继电器控制改为 PLC 控制，根据继电器电路图设计梯形图是一条捷径。因为原有的继电器控制系统经长期的使用和考验，已有一套自己的完整方案。鉴于继电器电路图与梯形图有很多相似之处，因此可以将经过验证的继电器电路直接转换为梯形图，这种方法被称为翻译设计法。

继电器电路符号与梯形图电路符号对应情况如表 4-2 所示。

编者心语

表 4-2 是翻译设计法的关键，请读者熟记此对应关系。

表 4-2　继电器电路符号与梯形图电路符号对应表

| 梯形图电路 | | | | 继电器电路 | |
|---|---|---|---|---|---|
| 元件 | | 符号 | 常用地址 | 元件 | 符号 |
| 常开触点 | | —\| \|— | I、Q、M、T、C | 按钮、接触器、时间继电器、中间继电器的常开触点 | |
| 常闭触点 | | —\|/\|— | I、Q、M、T、C | 按钮、接触器、时间继电器、中间继电器的常闭触点 | |
| 线圈 | | —(　) | Q、M | 接触器、中间继电器线圈 | |
| 功能框 | 定时器 | Tn<br>IN TON<br>PT 10ms | T | 时间继电器 | |
| | 计数器 | Cn<br>CU CTU<br>R<br>PV | C | 无 | 无 |

（2）设计步骤

① 了解原系统的工艺要求，熟悉继电器电路图。

② 确定 PLC 的输入信号和输出负载，以及与它们对应的梯形图中的输入位和输出位的地址，画出 PLC 外部接线图。

③ 将继电器电路图中的时间继电器、中间继电器用 PLC 的定时器、辅助继电器代替，并赋予它们相应的地址。以上两步建立了继电器电路元件与梯形图编程元件的对应关系。继电器电路符号与梯形图电路符号的对应情况如表 4-2 所示。

④ 根据上述关系，画出全部梯形图，并予以简化和修改。

（3）使用翻译设计法的注意事项

① 应遵守梯形图的语法规则　在继电器电路中触点可以在线圈的左边，也可以在线圈的右边，但在梯形图中，线圈必须在最右边，如图 4-5 所示。

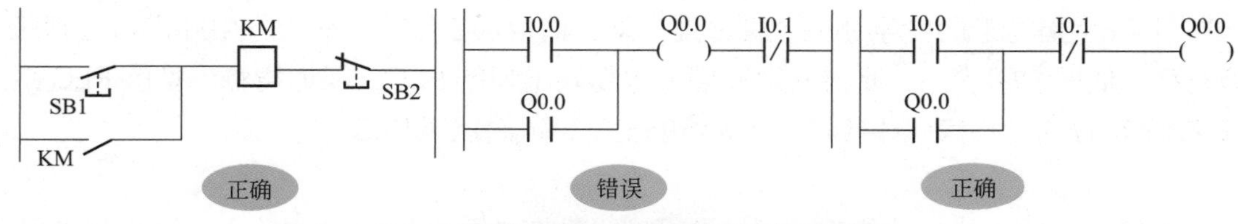


图 4-5　继电器电路与梯形图书写语法对照

② 设置中间单元　在梯形图中，若多个线圈受某一触点串、并联电路控制，为了简化电路，可设置辅助继电器作为中间编程元件，如图 4-6 所示。

③ 尽量减少 I/O 点数　PLC 的价格与 I/O 点数有关，减少 I/O 点数可以降低成本。减少 I/O 点数具体措施如下：

a. 几个串联的常闭触点或并联的常开触点可合并后与 PLC 相连，只占一个输入点，如图 4-7 所示。

b. 利用单按钮启停电路，使启停控制只通过一个按钮来实现，既可节省 PLC 的 I/O 点数，又可减少按钮和接线。

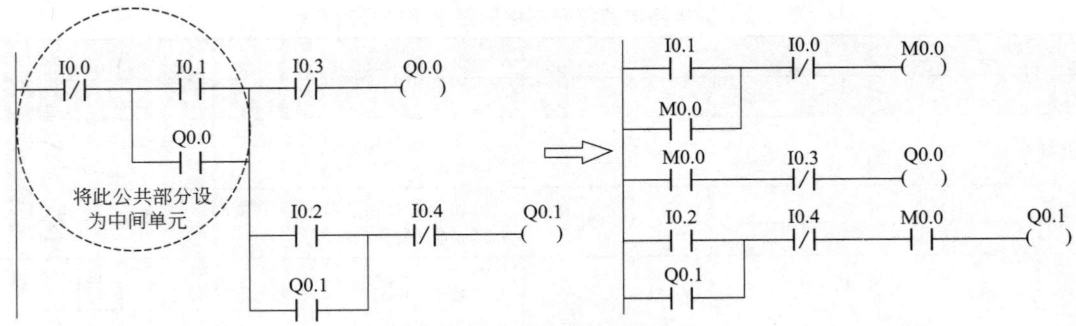


图 4-6　设置中间单元

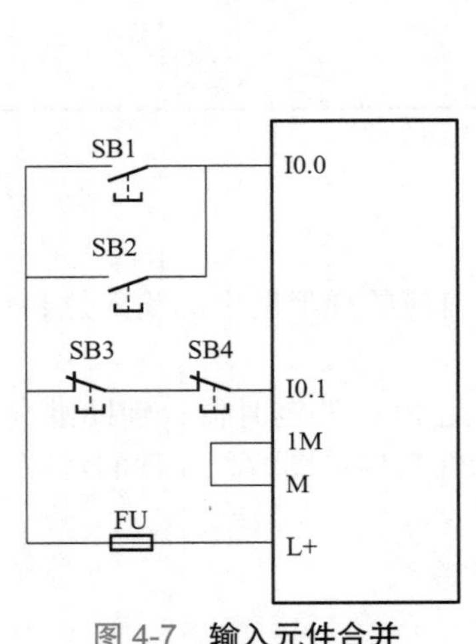


图 4-7　输入元件合并

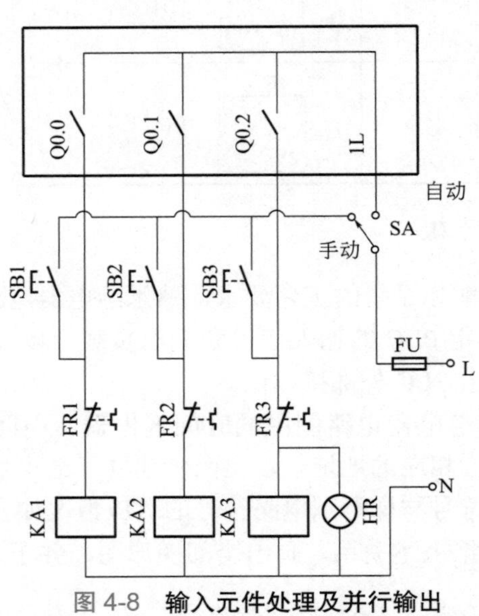


图 4-8　输入元件处理及并行输出

编者心语

图 4-8 给出了自动 / 手动的一种处理方案，值得读者学习，在工程中经常可见到这种方案。值得说明的是，此方案只适用继电器输出型的 PLC，晶体管输出型的 PLC 采取这种自动 / 手动方案可能会导致晶体管的击穿，进而损坏 PLC。

c. 系统某些输入信号功能简单、涉及面窄，没有必要作为 PLC 的输入，可将其设置在 PLC 外部硬件电路中，如热继电器的常闭触点 FR 等，如图 4-8 所示。

d. 通断状态完全相同的两个负载，可将其并联后共用一个输出点，如图 4-8 中的 KA3 和 HR。

④ 设立互锁电路　为了防止接触器相间短路，可以在软件和硬件上设置互锁电路，如正反转控制，如图 4-9 所示。

⑤ 外部负载额定电压　PLC 的输出模块（如继电器输出模块）只能驱动额定电压最高为 AC 220V 的负载，若原系统中的接触器线圈为 AC 380V，应将其改成线圈为 AC220V 的接触器或者设置中间继电器。

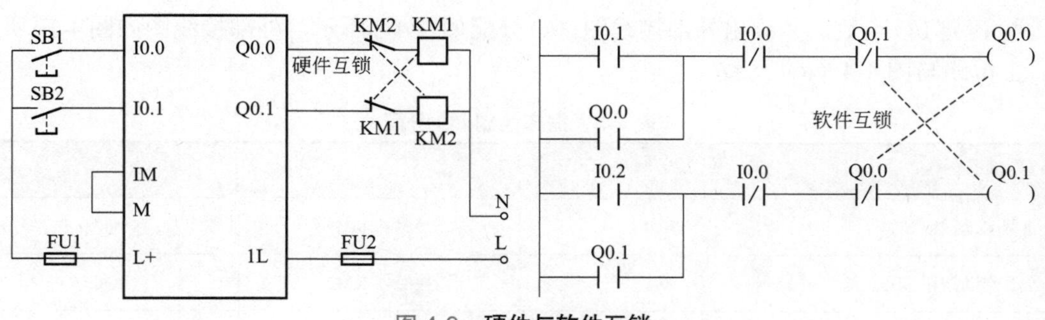


图 4-9　硬件与软件互锁

## 4.2.3 编程实现

① 了解原系统的工艺要求，熟悉继电器电路图。

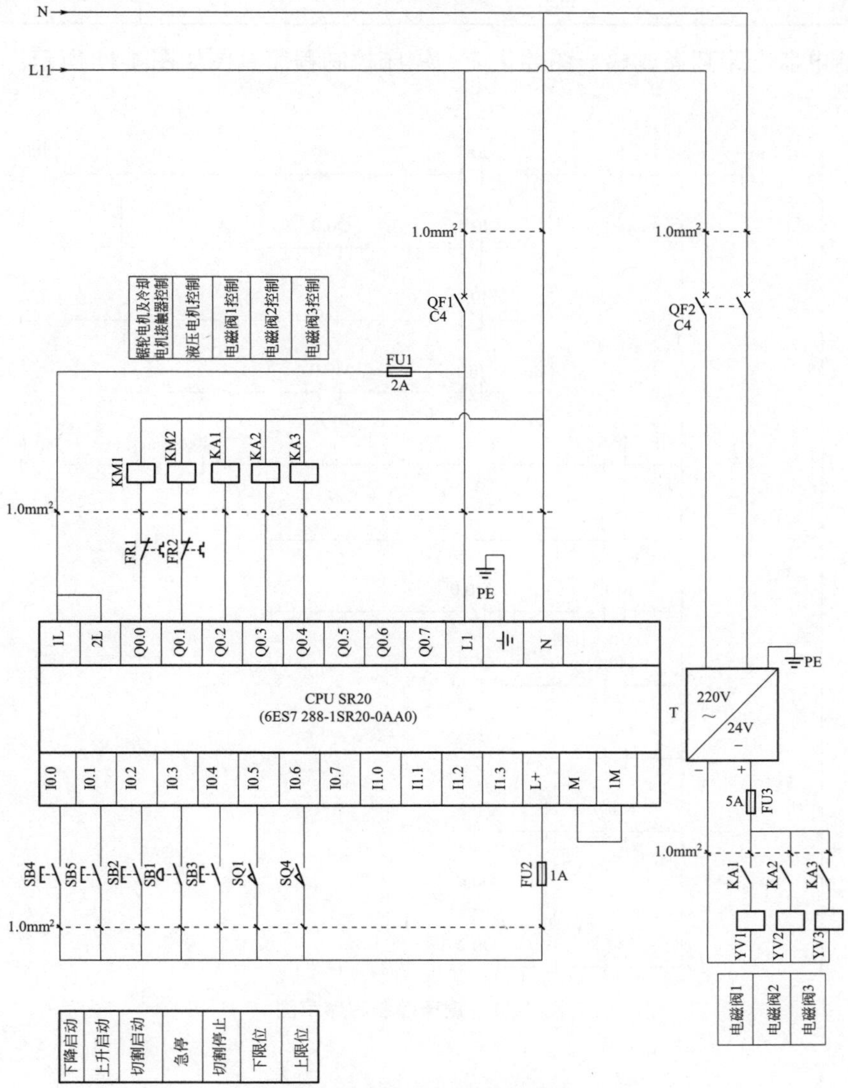

图 4-10　锯床控制外部接线图

② 确定I/O点数，并画出外部接线图。I/O分配如表4-3所示，外部接线图如图4-10所示。注：主电路与图4-4（a）一致。

表 4-3 锯床控制 I/O 分配

| 输入量 | | 输出量 | |
|---|---|---|---|
| 下降启动按钮 SB4 | I0.0 | 接触器 KM1 | Q0.0 |
| 上升启动按钮 SB5 | I0.1 | 接触器 KM2 | Q0.1 |
| 切割启动按钮 SB2 | I0.2 | 电磁阀 YV1 | Q0.2 |
| 急停按钮 SB1 | I0.3 | 电磁阀 YV2 | Q0.3 |
| 切割停止按钮 SB3 | I0.4 | 电磁阀 YV3 | Q0.4 |
| 下限位 SQ1 | I0.5 | | |
| 上限位 SQ4 | I0.6 | | |

③ 将继电器电路翻译成梯形图并化简。锯床控制程序草图如图4-11所示。最终结果如图4-12所示。

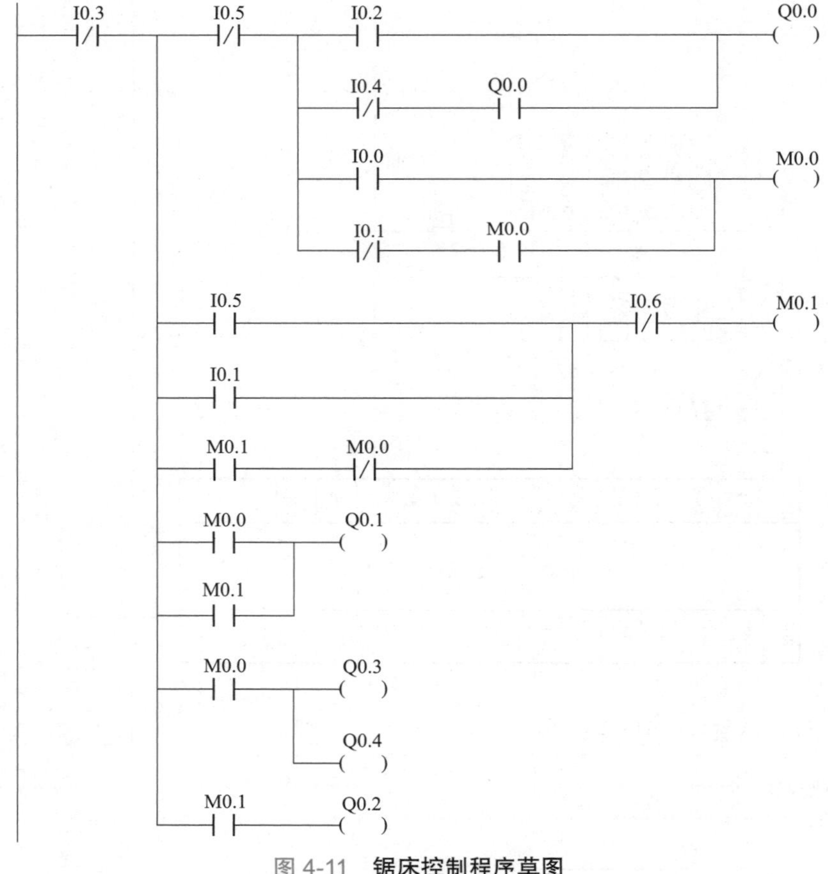


图 4-11 锯床控制程序草图

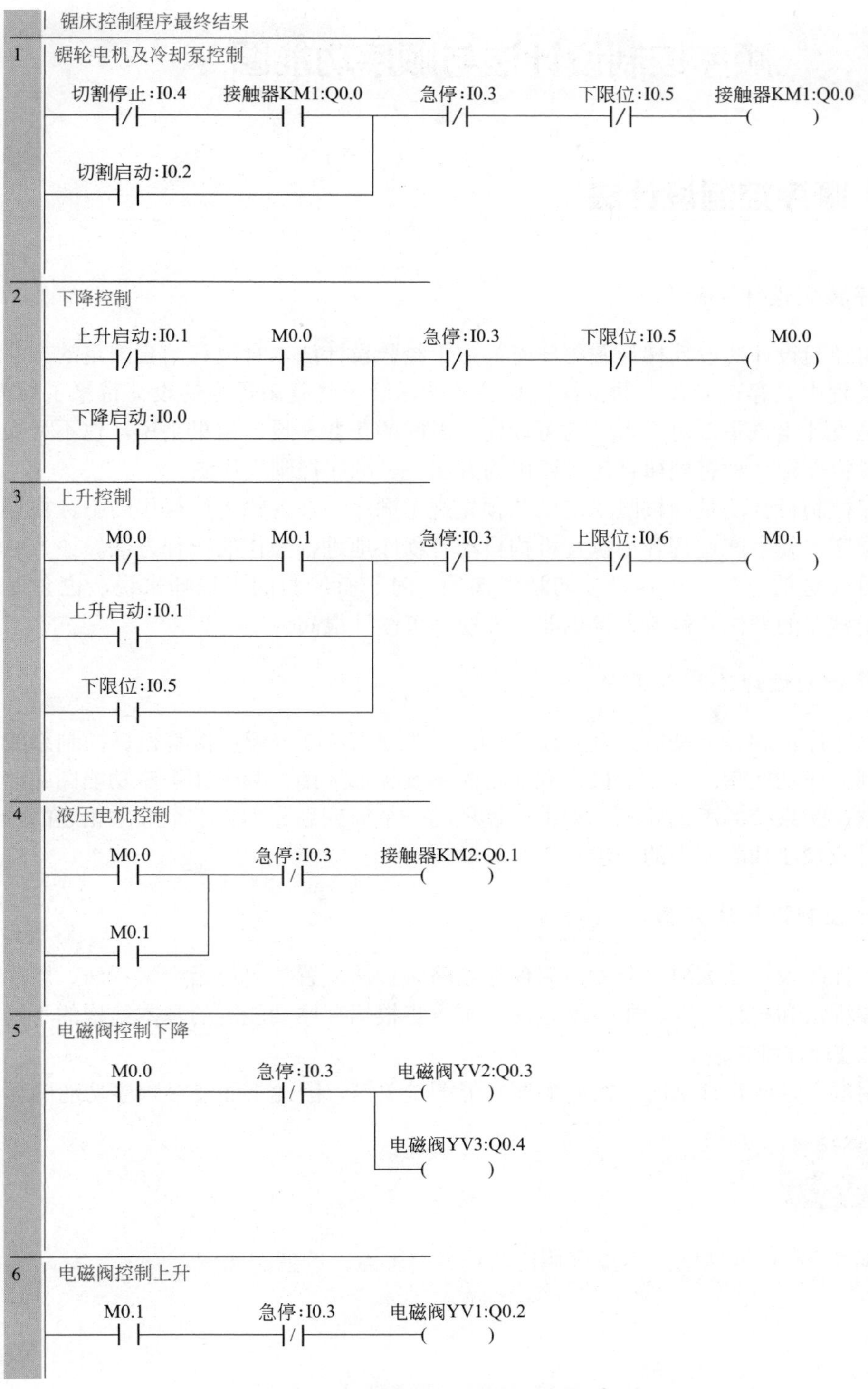


图 4-12 锯床控制程序最终结果

# 4.3 顺序控制设计法与顺序功能图

## 4.3.1 顺序控制设计法

（1）顺序控制设计法简介

采用经验设计法设计梯形图程序时，由于经验设计法本身没有一套固定的方法可循，且在设计过程中又存在着较大的试探性和随意性，给一些复杂程序的设计带来了很大的困难。即使勉强设计出来了，对于程序的可读性、时间的花费和设计结果来说，也不尽人意。鉴于此，本章将介绍一种有规律且比较通用的方法——顺序控制设计法。

顺序控制设计法是指按照生产工艺预先规定顺序，在各输入信号作用下，根据内部状态和时间顺序，使生产过程各个执行机构自动有秩序地进行操作的一种方法。该方法是一种比较简单且先进的方法，很容易被初学者接受，对于有经验的工程师来说，也会提高设计效率，对于程序的调试和修改来说也非常方便，可读性很高。

（2）顺序控制设计法基本步骤

使用顺序控制设计法时，基本步骤为：首先进行 I/O 分配；接着根据控制系统的工艺要求，绘制顺序功能图；最后，根据顺序功能图设计梯形图。其中在顺序功能图的绘制中，往往是根据控制系统的工艺要求，将生产过程的一个周期划分为若干个顺序相连的阶段，每个阶段都对应顺序功能图中的一步。

（3）顺序控制设计法分类

顺序控制设计法大致可分为：启保停电路编程法、置位复位指令编程法、顺序控制继电器指令编程法和移位寄存器指令编程法。本章将根据顺序功能图的基本结构的不同，对以上 4 种方法进行详细讲解。

使用顺序控制设计法时，绘制顺序功能图是关键，因此下面要对顺序功能图详细介绍。

编者心语

顺序控制设计法的基本步骤和方法分类是重点，读者需熟记。

## 4.3.2 顺序功能图简介

（1）顺序功能图的组成要素

顺序功能图是一种图形语言，用来编制顺序控制程序。在 IEC 的 PLC 编程语言标准

（IEC 61131-3）中，顺序功能图被确定为 PLC 位居首位的编程语言。在编写程序的时候，往往根据控制系统的工艺过程，先画出顺序功能图，然后再根据顺序功能图写出梯形图。顺序功能图主要由步、有向连线、转换、转换条件和动作（或命令）这 5 大要素组成，如图 4-13 所示。

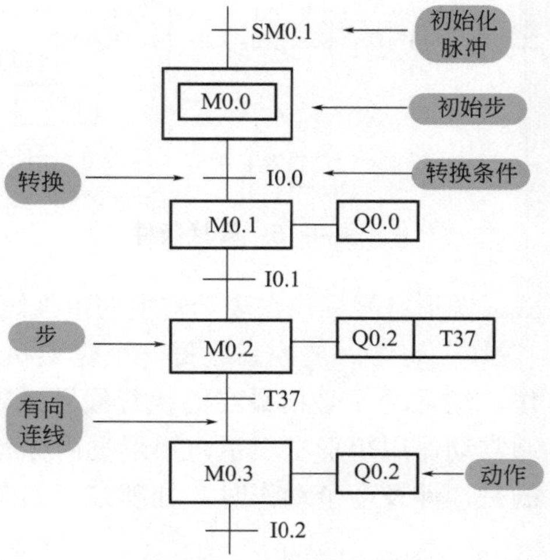

图 4-13　顺序功能图

① 步：步就是将系统的一个周期划分为若干个顺序相连的阶段，这些阶段就叫步。步是根据输出量的状态变化来划分的，通常用编程元件代表，编程元件是指辅助继电器 M 和状态继电器 S。步通常涉及以下几个概念。

a. 初始步：一般在顺序功能图的最顶端，与系统的初始化有关，通常用双方框表示。注意每一个顺序功能图中至少有一个初始步，初始步一般由初始化脉冲 SM0.1 激活。

b. 活动步：系统所处的当前步为活动状态，就称该步为活动步。当步处于活动状态时，相应的动作被执行，步处于不活动状态，相应的非记忆性动作被停止。

c. 前级步和后续步：前级步和后续步是相对的，如图 4-14 所示。对于 M0.2 步来说，M0.1 是它的前级步，M0.3 步是它的后续步；对于 M0.1 步来说，M0.2 是它的后续步，M0.0 步是它的前级步。需要指出，一个顺序功能图中可能存在多个前级步和多个后续步，如 M0.0 就有两个后续步，分别为 M0.1 和 M0.4；M0.7 也有两个前级步，分别为 M0.3 和 M0.6。

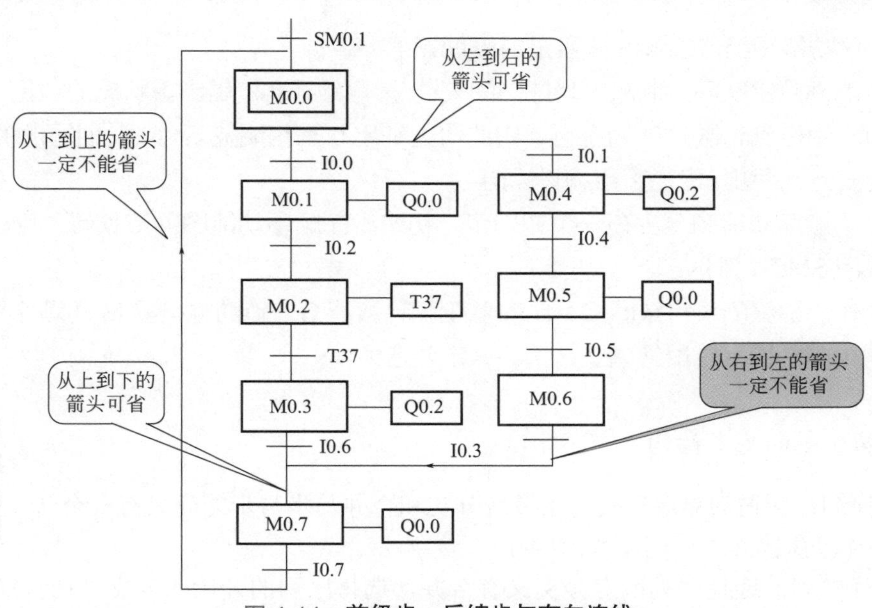


图 4-14　前级步、后续步与有向连线

② 有向连线：即连接步与步之间的连线，有向连线规定了活动步的进展路径与方向。通常规定有向连线的方向从左到右或从上到下箭头可省，从右到左或从下到上箭头一定不可省，如图 4-14 所示。

③ 转换：转换用一条与有向连线垂直的短画线表示，转换将相邻的两步分隔开。步的活动状态的进展是由转换的实现来完成的，并与控制过程的发展相对应。

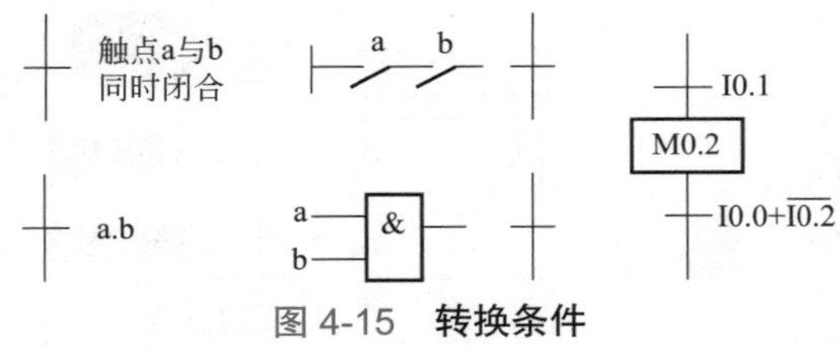

图 4-15　**转换条件**

④ 转换条件：转换条件就是系统从上一步跳到下一步的信号。转换条件可以由外部信号提供，也可由内部信号提供。外部信号如按钮、传感器、接近开关、光电开关等的通断信号；内部信号如定时器和计数器常开触点的通断信号等。转换条件可以用文字语言、布尔代数表达式或图形符号标注在表示转换的短画线旁，使用较多的是布尔代数表达式，如图 4-15 所示。

⑤ 动作：被控系统每一个需要执行的任务或者是施控系统每一个要发出的命令都叫动作。注意动作是指最终的执行线圈或定时器计数器等，一步中可能有一个动作或几个动作。通常动作用矩形框表示，矩形框内标有文字或符号，矩形框用相应的步符号相连。需要指出的是，涉及多个动作时，处理方案如图 4-16 所示。

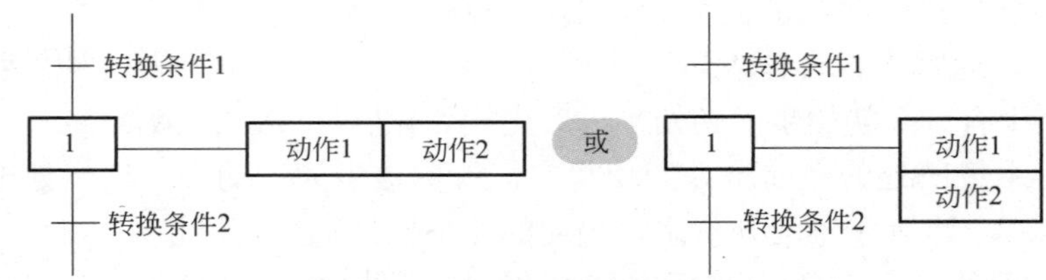

图 4-16　**多个动作的处理方案**

## 编者心语

对顺序功能图组成的 5 大要素进行梳理如下。

1. 步的划分是以后绘制顺序功能图的关键，划分标准是输出量状态的变化。如小车开始右行，当碰到右限位转为左行，由此可见输出状态有明显变化，因此画顺序功能图时，一定要分为两步，即左行步和右行步。

2. 一个顺序功能图至少有一个初始步，初始步在顺序功能图的最顶端，用双方框表示，一般用 SM0.1 激活。

3. 动作是最终的执行线圈 Q、定时器 T 和计数器 C，辅助继电器 M 和顺序控制继电器 S 只是中间变量不是最终输出，这点一定要注意。

### （2）顺序功能图的基本结构

① 单序列：所谓的单序列就是指没有分支和合并，步与步之间只有一个转换，每个转换两端仅有一个步，如图 4-17（a）所示。

② 选择序列：选择序列既有分支又有合并，选择序列的开始叫分支，选择序列的结束叫合并，如图 4-17（b）所示。在选择序列的开始，转换符号只能标在水平连线之下，如 I0.0、I0.3 对应的转换就标在水平连线之下；选择序列的结束，转换符号只能标在水平连线之上，如 T37、I0.5 对应的转换就标在水平连线之上。当 M0.0 为活动步，并且转换条件 I0.0=1 时，则发生由步 M0.0 →步 M0.1 的跳转；当 M0.0 为活动步，并且转换条件 I0.3=1 时，则发生由步 M0.0 →步 M0.4 的跳转；当 M0.2 为活动步，并且转换条件 T37=1 时，则发生由步 M0.2 →步 M0.3 的跳转；当 M0.5 为活动步，并且转换条件 I0.5=1 时，则发生由

步 M0.5 →步 M0.3 的跳转。

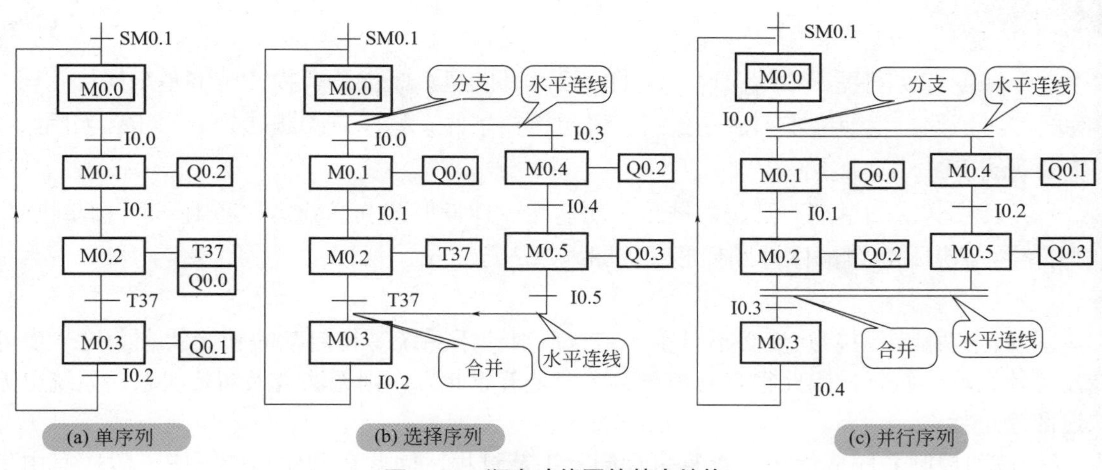


图 4-17　顺序功能图的基本结构

需要指出的是，在选择程序中，某一步可能存在多个前级步或后续步，如 M0.0 就有两个后续步 M0.1、M0.4，M0.3 就有两个前级步 M0.2、M0.5。

③ 并行序列：并行序列用来表示系统的几个同时工作的独立部分的工作情况，如图 4-17（c）所示。并行序列的开始叫分支，在转换满足的情况下，导致几个序列同时被激活，为了强调转换的同步实现，水平连线用双线表示，且水平双线之上只有一个转换条件，如步 M0.0 为活动步，并且转换条件 I0.0=1 时，步 M0.1、M0.4 同时变为活动步，步 M0.0 变为不活动步，水平双线之上只有转换条件 I0.0；并行序列的结束叫合并，当直接连在双线上的所有前级步 M0.2、M0.5 为活动步，并且转换条件 I0.3=1 时，才会发生步 M0.2、M0.5 → M0.3 的跳转，即 M0.2、M0.5 为不活动步，M0.3 为活动步，在同步双水平线之下只有一个转换条件 I0.3。

### （3）梯形图中转换实现的基本原则

① 转换实现的基本条件　在顺序功能图中，步的活动状态的进展是由转换的实现来完成的。转换的实现必须同时满足两个条件：

a. 该转换的所有前级步都为活动步；

b. 相应的转换条件得到满足。

以上两个条件缺一不可，若转换的前级步或后续步不止一个时，转换的实现称为同时实现。为了强调同时实现，有向连线的水平部分用双线表示。

② 转换实现完成的操作

a. 使所有由有向连线与相应转换符号连接的后续步都变为活动步。

b. 使所有由有向连线与相应转换符号连接的前级步都变为不活动步。

### （4）绘制顺序功能图时的注意事项

① 两步绝对不能直接相连，必须用一个转换将其隔开。

② 两个转换也不能直接相连，必须用一个步将其隔开。

以上两条是判断顺序功能图绘制正确与否的依据。

编者心语

1. 转换实现的基本原则口诀。以上转换实现的基本条件和转换完成的基本操作，可简要地概括为：当前级步为活动步时，满足转换条件，程序立即跳转到下一步；当后续步为活动步时，前级步停止。

2. 转换实现的基本原则是根据顺序功能图设计梯形图的基础，它适用于顺序功能图中的各种结构和各种顺序控制梯形图的编程方法。

③ 顺序功能图中初始步必不可少，它一般对应于系统等待启动的初始状态。这一步可能没有什么动作执行，因此很容易被遗忘，但是若无此步，则无法进入初始状态，系统也无法返回停止状态。

④ 自动控制系统应能多次重复执行同一工艺过程，因此在顺序功能图中一般应有由步和有向连线组成的闭环，即在完成一次工艺过程的全部操作后，应从最后一步返回到初始步，系统停留在初始步（单周期操作）；在执行连续循环工作方式时，应从最后一步返回下一周期开始运行的第一步。

## 4.4 启保停电路编程法

方法点拨

启保停电路编程法，其中间编程元件为辅助继电器 M。在梯形图中，为了实现当前级步为活动步且满足转换条件成立时，才进行步的转换，总是将代表前级步的辅助继电器的常开触点与对应的转换条件触点串联，作为激活后续步辅助继电器的启动条件；当后续步被激活，对应的前级步停止，所以用代表后续步的辅助继电器的常闭触点与前级步的电路串联作为停止条件。

### 4.4.1 单序列编程

（1）单序列顺序功能图与梯形图的对应关系

单序列顺序功能图与梯形图的对应关系如图 4-18 所示。在图 4-18 中，M*i*−1、M*i*、M*i*+1

是顺序功能图中连续的 3 步。I*i*、I*i*+1 为转换条件。对于 M*i* 步来说，它的前级步为 M*i*−1，转换条件为 I*i*，因此 M*i* 的启动条件为辅助继电器的常开触点 M*i*−1 与转换条件常开触点 I*i* 的串联组合；对于 M*i* 步来说，它的后续步为 M*i*+1，因此 M*i* 的停止条件为 M*i*+1 的常闭触点。

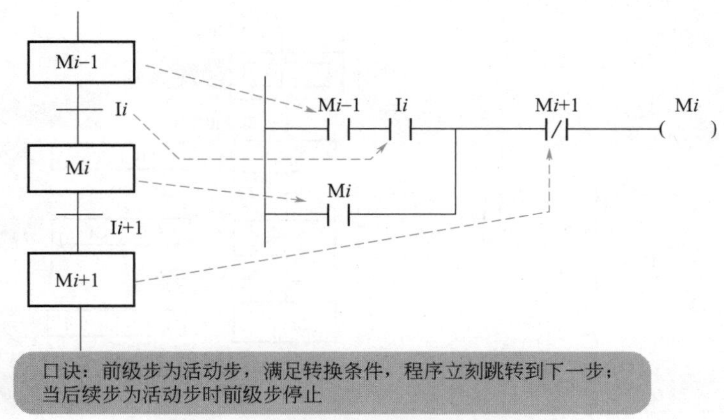


图 4-18　顺序功能图与梯形图的转化

（2）应用举例：冲床运动控制

① 控制要求：如图 4-19 所示为某冲床的运动示意图。初始状态机械手在最左边，左限位 SQ1 压合，机械手处于放松状态（机械手的放松与夹紧受电磁阀控制，松开电磁阀失电，夹紧电磁阀得电），冲头在最上面，上限位 SQ2 压合。当按下启动按钮 SB 时，机械手夹紧工件并保持，3s 后机械手右行，当碰到右限位 SQ3 后，机械手停止运动，同时冲头下行；当碰到下限位 SQ4 后，冲头上行；冲头碰到上限位 SQ2 后，停止运动，同时机械手左行；当机械手碰到左限位 SQ1 后，机械手放松，延时 4s 后，系统返回到初始状态。

② 程序设计

a. 根据控制要求进行 I/O 分配，如表 4-4 所示。

表 4-4　冲床的运动控制的 I/O 分配

| 输入量 | | 输出量 | |
|---|---|---|---|
| 启动按钮 SB | I0.0 | 机械手电磁阀 | Q0.0 |
| 左限位 SQ1 | I0.1 | 机械手左行 | Q0.1 |
| 右限位 SQ3 | I0.2 | 机械手右行 | Q0.2 |
| 上限位 SQ2 | I0.3 | 冲头上行 | Q0.3 |
| 下限位 SQ4 | I0.4 | 冲头下行 | Q0.4 |

b. 根据控制要求绘制顺序功能图，如图 4-20 所示。

c. 将顺序功能图转化为梯形图，如图 4-21 所示。

d. 冲床控制顺序功能图转化为梯形图的过程分析：以 M0.0 步为例，介绍顺序功能图转化为梯形图的过程。从图 4-20 所示顺序功能图中不难看出，M0.0 的一个启动条件为 M0.6 的常开触点和转换条件 T38 的常开触点组成的串联电路；此外 PLC 刚运行时，应将初始步 M0.0 激活，否则系统无法工作，所以初始化脉冲 SM0.1 为 M0.0 的另一个启动条件，这两个启动条件应并联。为了保证活动状态能持续到下一步活动为止，还需并上 M0.0 的自锁触点。当 M0.0、I0.0、I0.1、I0.3 的常开触点同时为 1 时，步 M0.1 变为活动步，M0.0 变为不活动步，因此将 M0.1 的常闭触点串入 M0.0 的回路中作为停止条件。此后 M0.1 ～ M0.6 步梯形图的转换与 M0.0 步梯形图的转换一致。

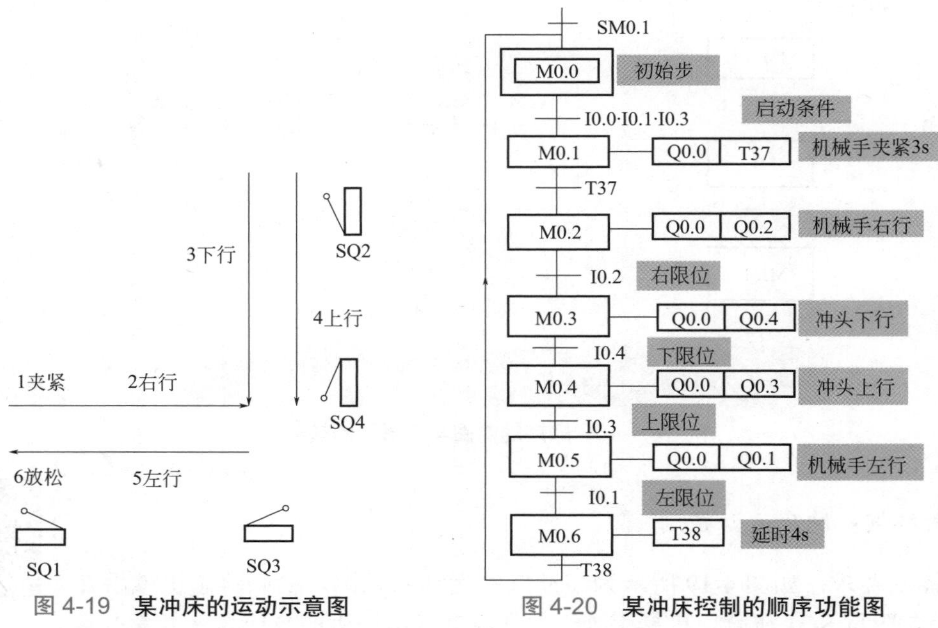


图 4-19 **某冲床的运动示意图**

图 4-20 **某冲床控制的顺序功能图**

顺序功能图转化为梯形图时输出电路的处理方法

分以下两种情况讨论。

• 某一输出量仅在某一步中为接通状态，这时可以将输出量线圈与辅助继电器线圈直接并联，也可以用辅助继电器的常开触点与输出量线圈串联。图 4-21 中，Q0.1、Q0.2、Q0.3、Q0.4 分别仅在 M0.5、M0.2、M0.4、M0.3 步出现一次，因此将 Q0.1、Q0.2、Q0.3、Q0.4 的线圈分别与 M0.5、M0.2、M0.4、M0.3 的线圈直接并联。

• 某一输出量在多步中都为接通状态，为了避免双线圈问题，将代表各步的辅助继电器的常开触点并联后，驱动该输出量线圈。图 4-21 中，线圈 Q0.0 在 M0.1 ～ M0.5 这 5 步均接通了，为了避免双线圈输出，所以用辅助继电器 M0.1 ～ M0.5 的常开触点组成的并联电路来驱动线圈 Q0.0。

冲床控制程序

1 初始步

M0.6 T38 M0.1 M0.0

SM0.1

M0.0

2 机械手夹紧步

M0.0 启动:I0.0 左限位:I0.1 上限位:I0.3 M0.2 M0.1

M0.1

T37

IN TON

30-PT 100ms

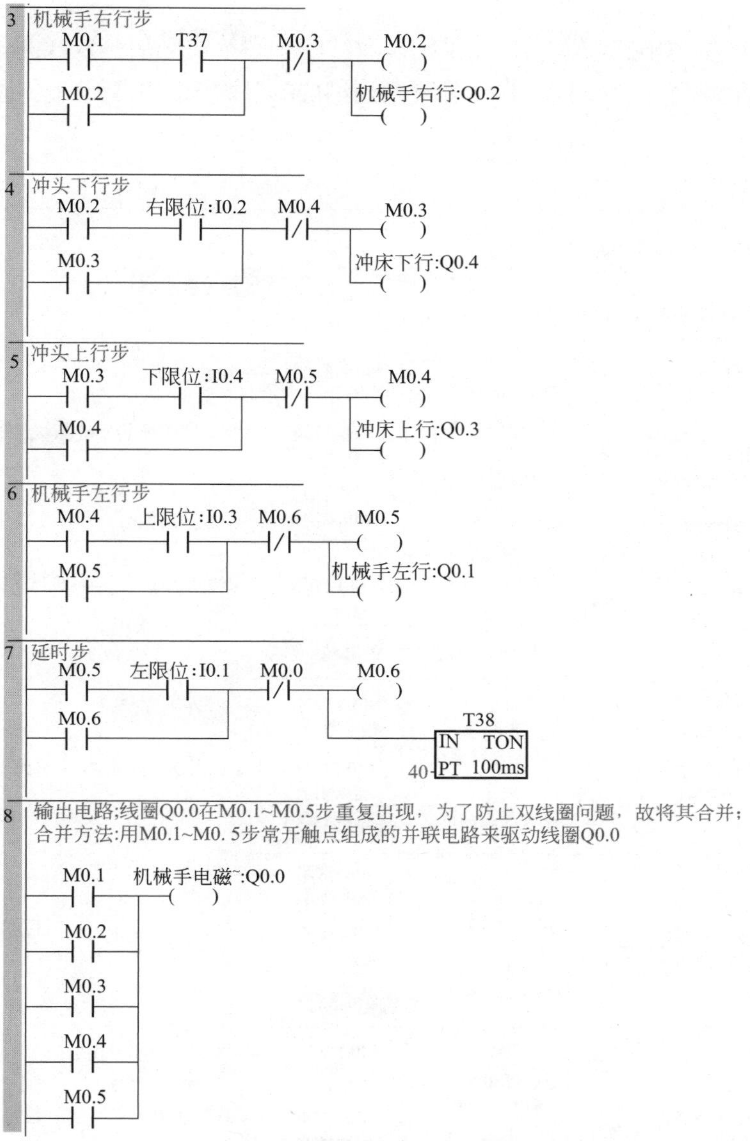

3 机械手右行步
M0.1　T37　M0.3　M0.2
M0.2　机械手右行:Q0.2

4 冲头下行步
M0.2　右限位:I0.2　M0.4　M0.3
M0.3　冲床下行:Q0.4

5 冲头上行步
M0.3　下限位:I0.4　M0.5　M0.4
M0.4　冲床上行:Q0.3

6 机械手左行步
M0.4　上限位:I0.3　M0.6　M0.5
M0.5　机械手左行:Q0.1

7 延时步
M0.5　左限位:I0.1　M0.0　M0.6
M0.6　T38
IN　TON
40 PT　100ms

8 输出电路;线圈Q0.0在M0.1~M0.5步重复出现，为了防止双线圈问题，故将其合并；
合并方法:用M0.1~M0. 5步常开触点组成的并联电路来驱动线圈Q0.0
M0.1　机械手电磁~:Q0.0
M0.2
M0.3
M0.4
M0.5

图 4-21　**冲床控制启保停电路编程法梯形图程序**

e. 冲床控制启保停电路编程法梯形图程序解析如图 4-22 所示。

## 编者心语

1. 在使用启保停电路编程时，要注意最后一步的常开触点与转换条件的常开触点组成的串联电路、初始化脉冲、触点自锁这三者的并联问题。

2. 在使用启保停电路编程时，要注意某一输出量仅出现一次时，可以将它的线圈与辅助继电器的线圈并联，也可以用辅助继电器的常开触点来驱动该输出量线圈，采用与辅助继电器线圈并联的方式比较节省网络。

3. 在使用启保停电路编程时，如果出现双线圈问题，务必合并双线圈，否则程序无法正常运行。采取合并的措施为用 M 常开触点组成的并联电路来驱动输出量线圈。

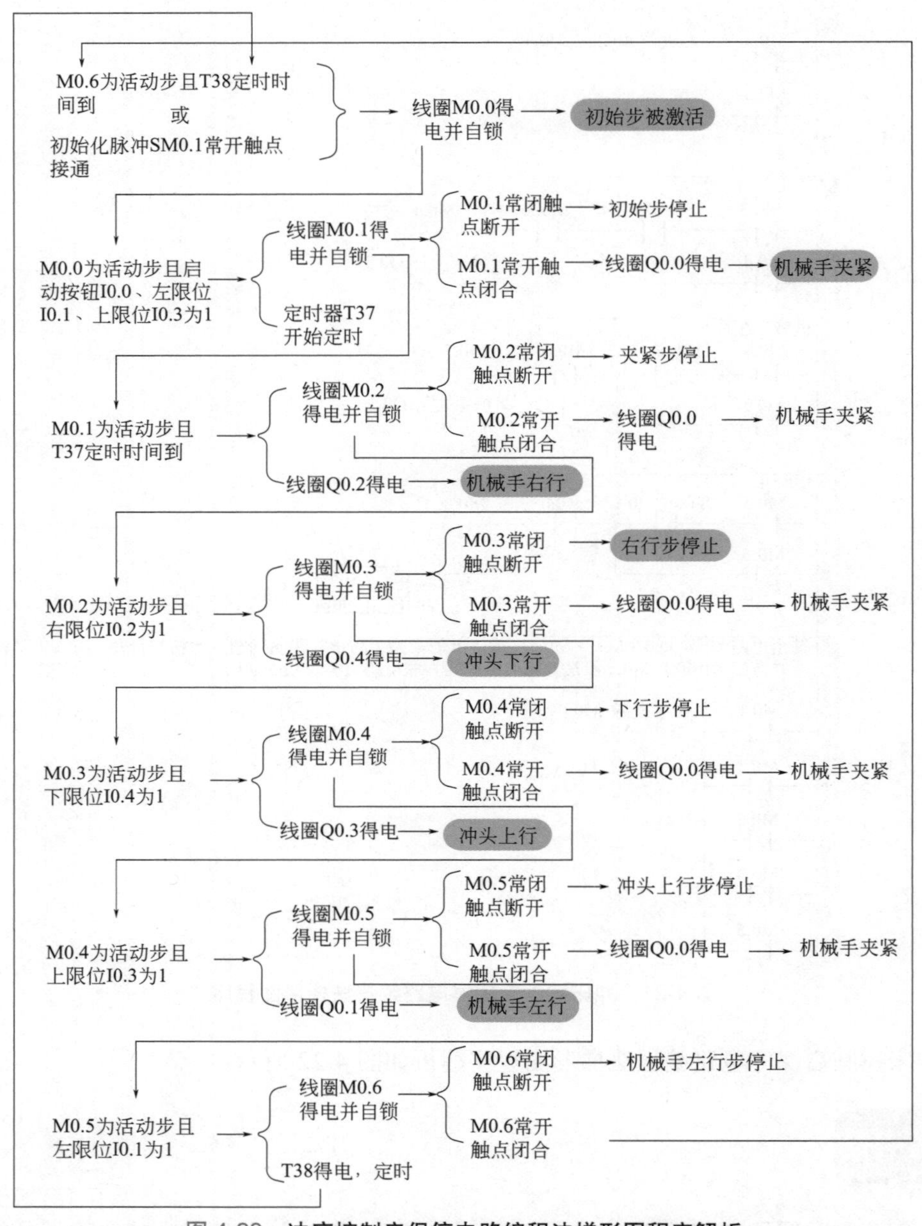


图 4-22 **冲床控制启保停电路编程法梯形图程序解析**

## 4.4.2 选择序列编程

选择序列顺序功能图转化为梯形图的关键点在于分支处和合并处程序的处理，其余部分与单序列的处理方法一致。

（1）分支处编程

若某步后有一个由 *N* 条分支组成的选择程序，该步可能转换到不同的 *N* 步去，则应将这 *N* 个后续步对应的辅助继电器的常闭触点与该步线圈串联，作为该步的停止条件。分支处顺序功能图与梯形图的转化如图 4-23 所示。

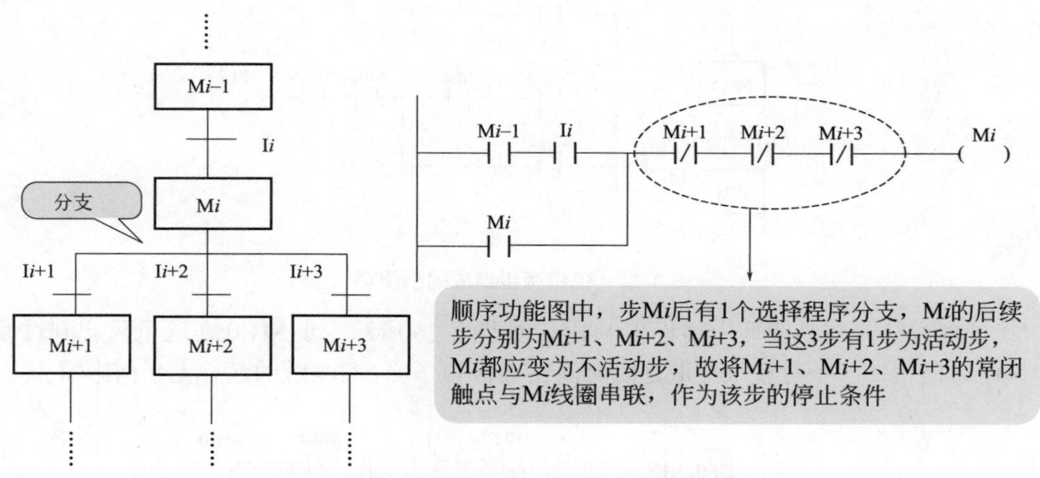


图 4-23　**分支处顺序功能图与梯形图的转化**

（2）合并处编程

对于选择程序的合并，若某步之前有 *N* 个转换，即有 *N* 条分支进入该步，则控制代表该步的辅助继电器的启动电路由 *N* 条支路并联而成，每条支路都由前级步辅助继电器的常开触点与转换条件的触点构成的串联电路组成。合并处顺序功能图与梯形图的转化如图 4-24 所示。

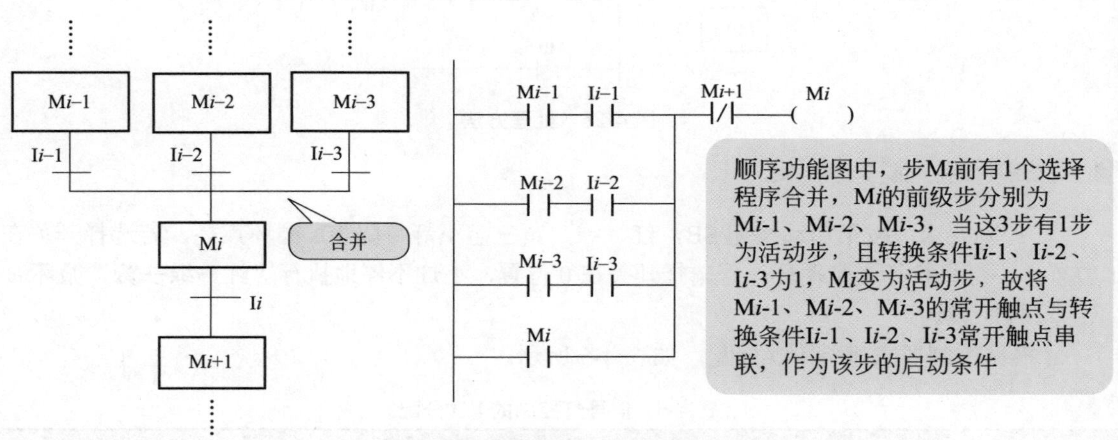


图 4-24　**合并处顺序功能图与梯形图的转化**

特别地，当某顺序功能图中含有仅由两步构成的小闭环时，处理方法如下。

① 问题分析：图 4-25 中，当 M0.5 为活动步且转换条件 I1.0 接通时，线圈 M0.4 本来应该接通，但此时与线圈 M0.4 串联的 M0.5 常闭触点为断开状态，故线圈 M0.4 无法接通。出

现这样问题的原因在于 M0.5 既是 M0.4 的前级步，又是 M0.4 后续步。

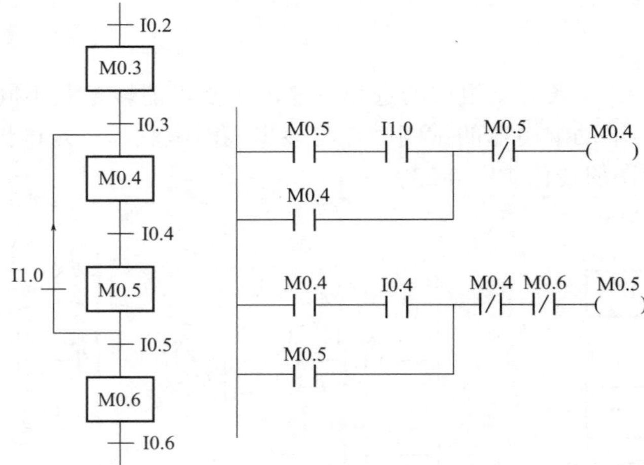


图 4-25 **仅由两步组成的小闭环**

② 处理方法：在小闭环中增设步 M1.0，如图 4-26 所示。步 M1.0 在这里只起到过渡作用，延时时间很短（一般说来应取延时时间在 0.1s 以下），对系统的运行无任何影响。

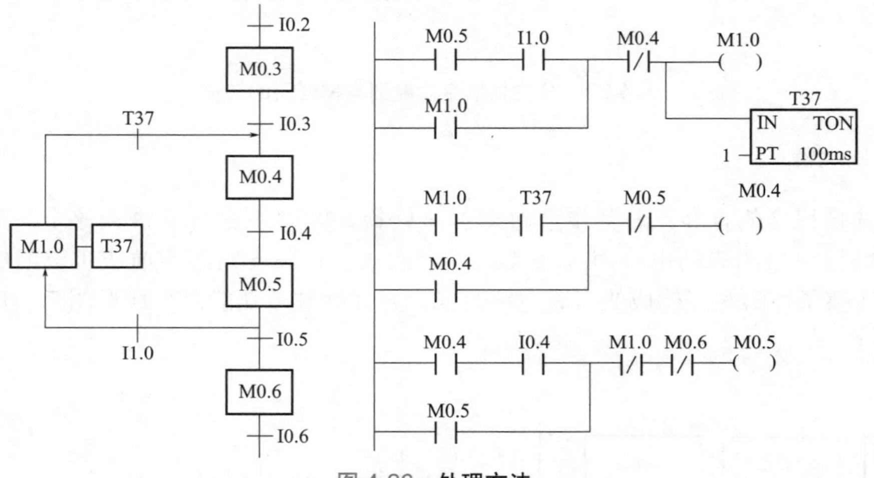


图 4-26 **处理方法**

（3）应用举例：信号灯控制

① 控制要求：按下启动按钮 SB，红、绿、黄三盏小灯每隔 10s 循环点亮，若选择开关在 1 位置，小灯只执行 1 个循环；若选择开关在 0 位置，小灯不停地执行“红→绿→黄”循环。

② 程序设计

a. 根据控制要求进行 I/O 分配，如表 4-5 所示。

表 4-5 **信号灯控制的 I/O 分配**

| 输入量 | | 输出量 | |
|---|---|---|---|
| 启动按钮 SB | I0.0 | 红灯 | Q0.0 |
| 选择开关 | I0.1 | 绿灯 | Q0.1 |
| | | 黄灯 | Q0.2 |

b. 根据控制要求绘制顺序功能图，如图 4-27 所示。

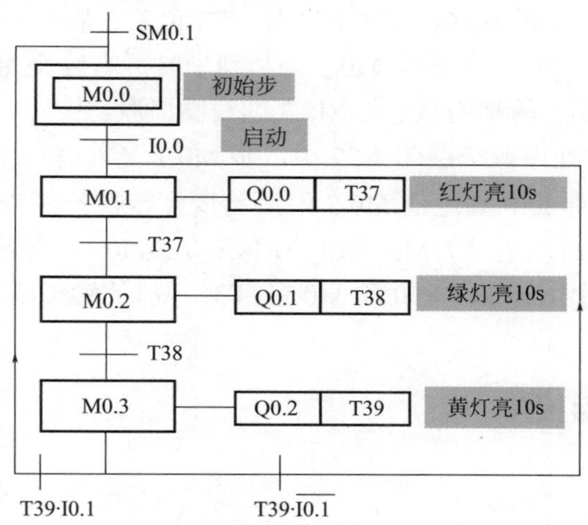


图 4-27　**信号灯控制的顺序功能图**

c. 将顺序功能图转化为梯形图，如图 4-28 所示。

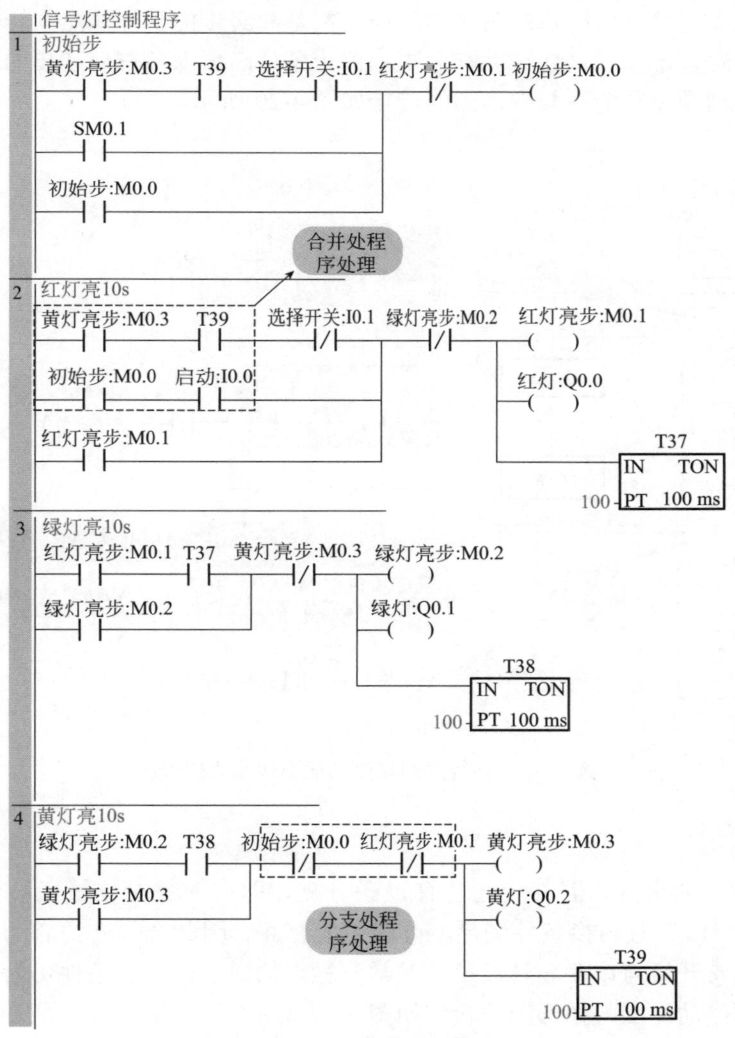


图 4-28　**信号灯控制梯形图**

d. 信号灯控制顺序功能图转化为梯形图的过程分析：

• 选择序列分支处的处理方法：图 4-27 中，步 M0.3 之后有一个选择序列的分支，设 M0.3 为活动步，当它的后续步 M0.0 或 M0.1 为活动步时，它应变为不活动步，故图 4-28 所示梯形图中将 M0.0 和 M0.1 的常闭触点与 M0.3 的线圈串联。

• 选择序列合并处的处理方法：图 4-27 中，步 M0.1 之前有一个选择序列的合并，当步 M0.0 为活动步且转换条件 I0.0 满足或 M0.3 为活动步且转换条件$\text{T39}\cdot\overline{\text{I0.1}}$满足，步 M0.1 应变为活动步，即 M0.1 的启动条件为$\text{M0.0}\cdot\text{I0.0}+\text{M0.3}\cdot\text{T39}\cdot\overline{\text{I0.1}}$，对应的启动电路由两条并联分支组成，并联支路分别由 M0.0、I0.0 和 M0.3、$\text{T39}\cdot\overline{\text{I0.1}}$的触点串联组成。

## 4.4.3 并行序列编程

（1）分支处编程

若并行程序某步后有 *N* 条并行分支，若转换条件满足，则并行分支的第一步同时被激活。这些并行分支的第一步的启动条件均相同，都是前级步的常开触点与转换条件的常开触点组成的串联电路，不同的是各个并行分支的停止条件。串入各自后续步的常闭触点作为停止条件。并行序列顺序功能图与梯形图的转化如图 4-29 所示。

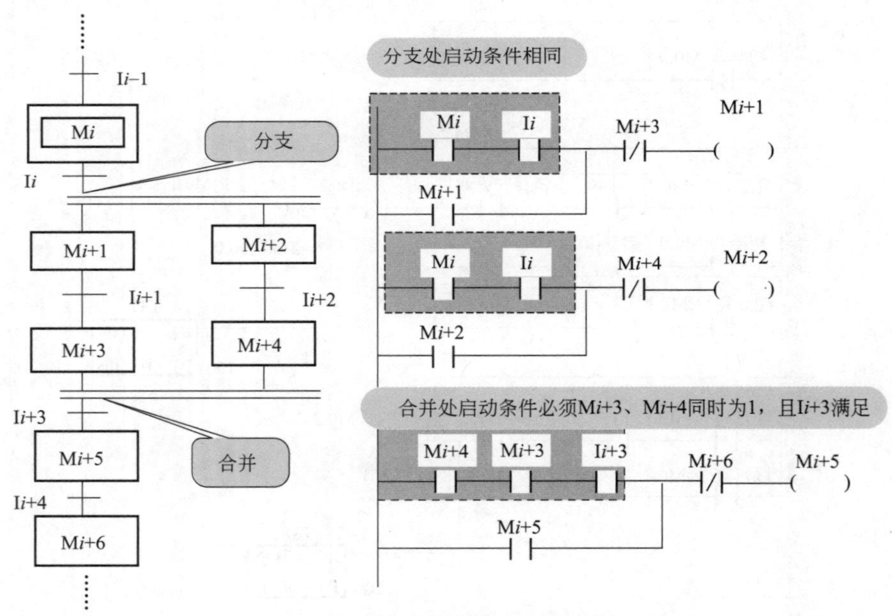


图 4-29　并行序列顺序功能图转化为梯形图

（2）合并处编程

对于并行程序的合并，若某步之前有 *N* 条分支，即有 *N* 条分支进入该步，则并行分支的最后一步同时为 1，且转换条件满足，方能完成合并。因此合并处的启动电路为所有并行分支最后一步的常开触点串联和转换条件的常开触点的组合；停止条件仍为后续步的常闭触点。并行序列顺序功能图与梯形图的转化如图 4-29 所示。

（3）应用举例：交通信号灯控制

① 控制要求：按下启动按钮，东西绿灯亮25s后闪烁3s后熄灭，然后黄灯亮2s后熄灭，紧接着红灯亮30s后再熄灭，再接着绿灯亮……如此循环；在东西绿灯亮的同时，南北红灯亮30s，接着绿灯亮25s后闪烁3s熄灭，然后黄灯亮2s后熄灭，红灯亮……如此循环，试设计程序。

② 程序设计

a. 根据控制要求进行I/O分配，如表4-6所示。

表4-6 交通信号灯I/O分配

<table>
<tr><th colspan="2">输入量</th><th colspan="2">输出量</th></tr>
<tr><td>启动按钮</td><td>I0.0</td><td>东西绿灯</td><td>Q0.0</td></tr>
<tr><td rowspan="5">停止按钮</td><td rowspan="5">I0.1</td><td>东西黄灯</td><td>Q0.1</td></tr>
<tr><td>东西红灯</td><td>Q0.2</td></tr>
<tr><td>南北绿灯</td><td>Q0.3</td></tr>
<tr><td>南北黄灯</td><td>Q0.4</td></tr>
<tr><td>南北红灯</td><td>Q0.5</td></tr>
</table>

b. 根据控制要求绘制顺序功能图，如图4-30所示。

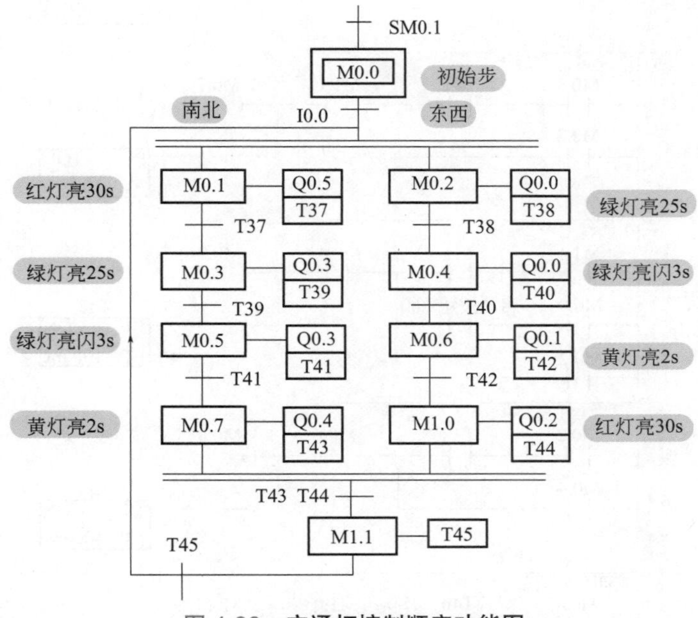


图4-30 交通灯控制顺序功能图

c. 将顺序功能图转化为梯形图，如图4-31所示。

d. 交通信号灯控制顺序功能图转化为梯形图的过程分析如下。

• 并行序列分支处的处理方法：图4-30中步M0.0之后有一个并行序列的分支，设M0.0为活动步且I0.0为1时，则M0.1、M0.2步同时激活，故M0.1、M0.2的启动条件相同都为M0.0 • I0.0；其停止条件不同，M0.1的停止条件M0.1步需串入M0.3的常闭触点，M0.2的停止条件M0.2步需串入M0.4的常闭触点。M1.1后也有1个并行分支，道理与M0.0步相同，这里不再赘述。

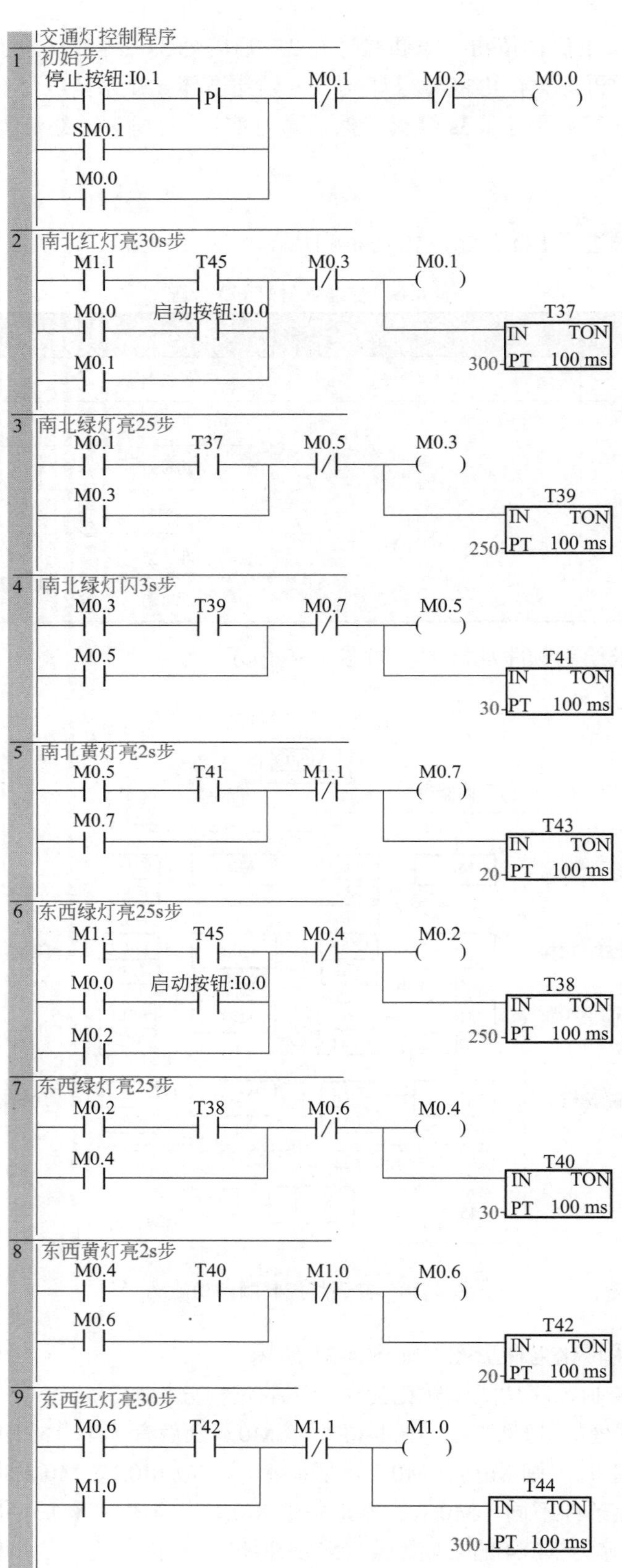
交通灯控制程序
1
初始步
停止按钮:I0.1
P
M0.1
M0.2
M0.0
SM0.1
M0.0
2
南北红灯亮30s步
M1.1
T45
M0.3
M0.1
M0.0
启动按钮:I0.0
T37
IN
TON
300
PT
100 ms
M0.1
3
南北绿灯亮25步
M0.1
T37
M0.5
M0.3
M0.3
T39
IN
TON
250
PT
100 ms
4
南北绿灯闪3s步
M0.3
T39
M0.7
M0.5
M0.5
T41
IN
TON
30
PT
100 ms
5
南北黄灯亮2s步
M0.5
T41
M1.1
M0.7
M0.7
T43
IN
TON
20
PT
100 ms
6
东西绿灯亮25s步
M1.1
T45
M0.4
M0.2
M0.0
启动按钮:I0.0
T38
IN
TON
250
PT
100 ms
M0.2
7
东西绿灯亮25步
M0.2
T38
M0.6
M0.4
M0.4
T40
IN
TON
30
PT
100 ms
8
东西黄灯亮2s步
M0.4
T40
M1.0
M0.6
M0.6
T42
IN
TON
20
PT
100 ms
9
东西红灯亮30步
M0.6
T42
M1.1
M1.0
M1.0
T44
IN
TON
300
PT
100 ms

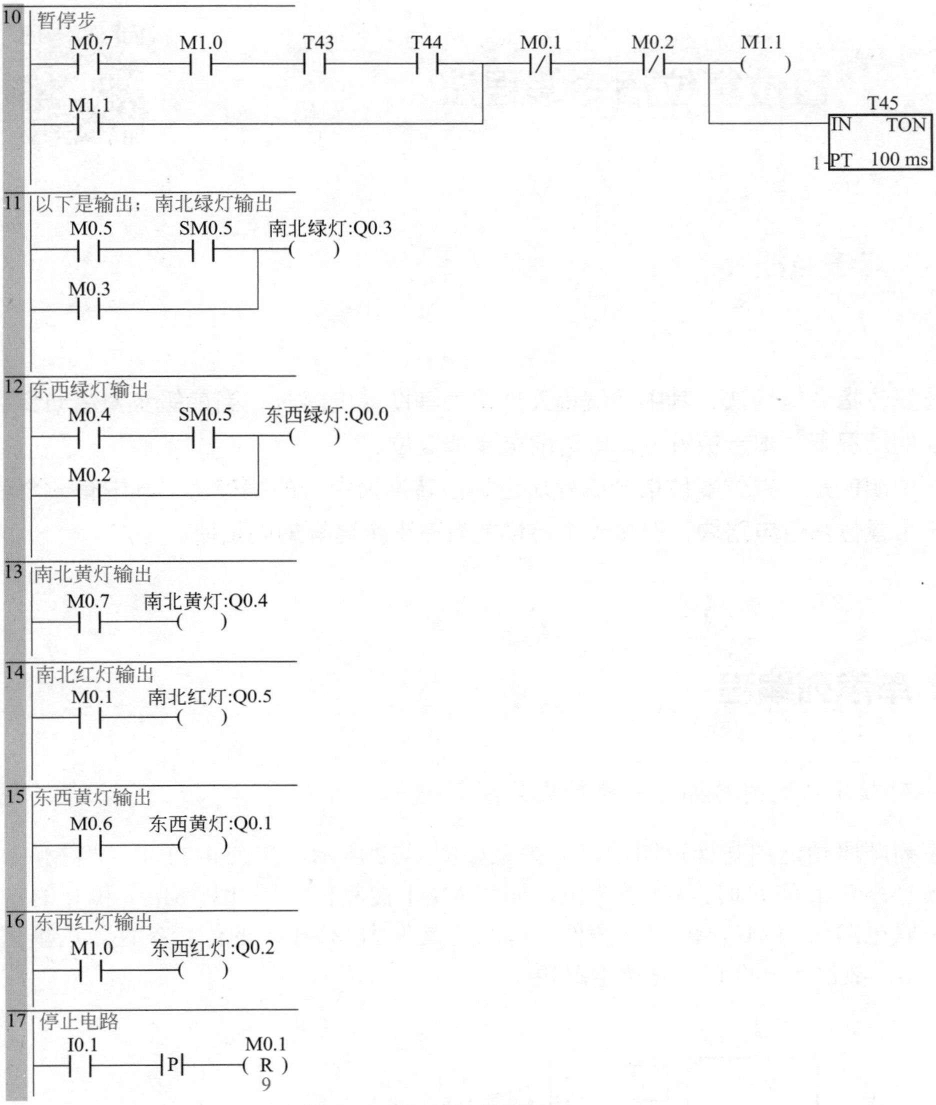

10 暂停步
M0.7　M1.0　T43　T44　M0.1　M0.2　M1.1
M1.1
T45
IN　TON
1-PT　100 ms

11 以下是输出；南北绿灯输出
M0.5　SM0.5　南北绿灯:Q0.3
M0.3

12 东西绿灯输出
M0.4　SM0.5　东西绿灯:Q0.0
M0.2

13 南北黄灯输出
M0.7　南北黄灯:Q0.4

14 南北红灯输出
M0.1　南北红灯:Q0.5

15 东西黄灯输出
M0.6　东西黄灯:Q0.1

16 东西红灯输出
M1.0　东西红灯:Q0.2

17 停止电路
I0.1　P　M0.1
R
9

图 4-31　**交通灯控制梯形图**

• 并行序列合并处的处理方法：图 4-30 中步 M1.1 之前有 1 个并行序列的合并，当 M0.7、M1.0 同时为活动步且转换条件 T43 • T44 满足，M1.1 应变为活动步，即 M1.1 的启动条件为 M0.7 • M1.0 • T43 • T44，停止条件为 M1.1 步中应串入 M0.1 和 M0.2 的常闭触点。这里的 M1.1 比较特殊，它既是并行分支又是并行合并，故启动和停止条件有些特别。附带指出 M1.1 步本应没有，出于编程方便考虑，设置此步，T45 的时间非常短，仅为 0.1s，因此不影响整体程序。

# 4.5 置位复位指令编程法

置位复位指令编程法，其中间编程元件仍为辅助继电器 M，当前级步为活动步且满足转换条件的情况下，本步被置位，同时前级步被复位。

需要说明的是，置位复位指令编程法也称以转换为中心的编程法，其中有一个转换就对应有一个置位复位电路块，有多少个转换就有多少个这样的电路块。

## 4.5.1 单序列编程

(1) 单序列顺序功能图与梯形图的对应关系

单序列顺序功能图与梯形图的对应关系如图 4-32 所示。在图 4-32 中，当 M*i*−1 为活动步，且转换条件 I*i* 满足时，M*i* 被置位，同时 M*i*−1 被复位，因此将 M*i*−1 和 I*i* 的常开触点组成的串联电路作为 M*i* 步的启动条件，同时它又作为 M*i*−1 步的停止条件。这里只有一个转换条件 I*i*，故仅有一个置位复位电路块。

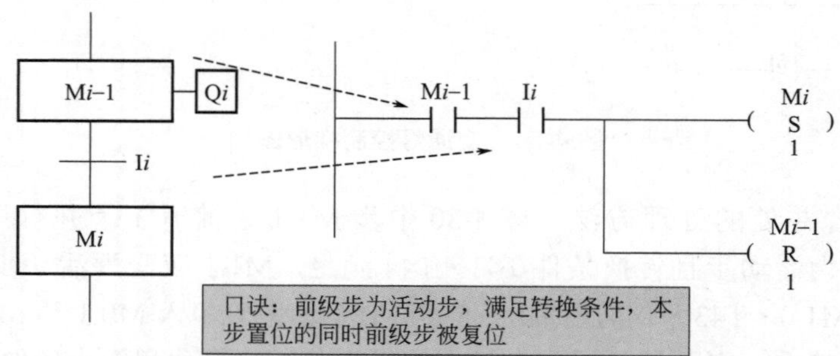


图 4-32 置位复位指令顺序功能图与梯形图的转化

需要说明的是，输出继电器 Q*i* 线圈不能与置位复位指令直接并联，原因在于 M*i*−1 与 I*i* 常开触点组成的串联电路接通时间很短，当转换条件满足后，前级步立即复位，而输出继电器至少应在某步为活动步的全部时间内接通。处理方法：用所需步的常开触点驱动输出线圈 Q*i*，如图 4-33 所示。

(2) 应用举例：小车自动控制

① 控制要求：如图 4-34 所示是某小车运动的示意图。设小车初始状态停在

轨道的中间位置，中限位开关 SQ1 为 1 状态。按下启动按钮 SB1 后，小车左行，当碰到左限位开关 SQ2 后，开始右行；当碰到右限位开关 SQ3 时，停止在该位置，2s 后开始左行；当碰到左限位开关 SQ2 后，小车右行返回初始位置，当碰到中限位开关 SQ1，小车停止运动。

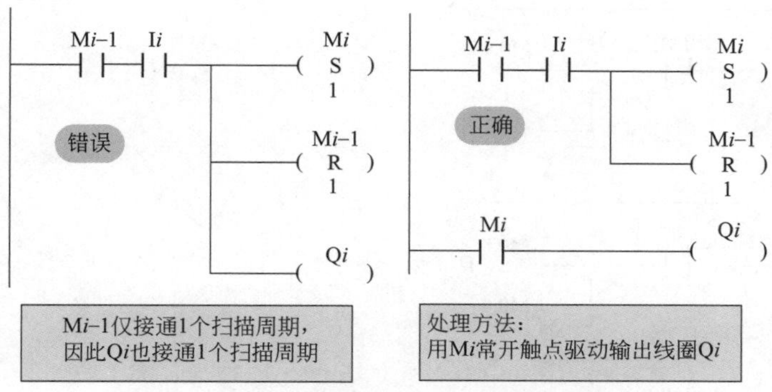


图 4-33　**置位复位指令编程方法注意事项**

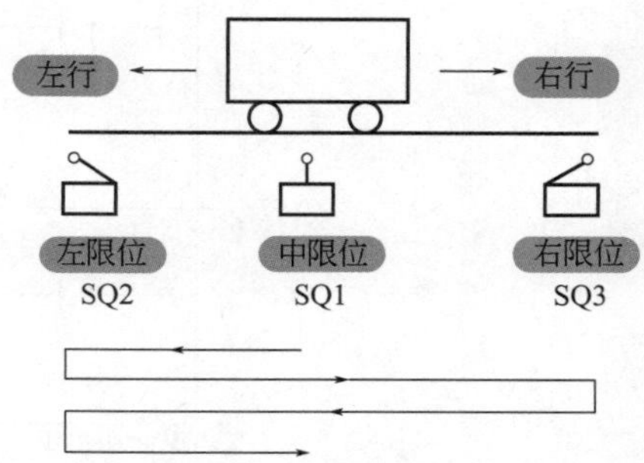


图 4-34　**小车运动的示意图**

② 程序设计

a.I/O 分配：根据任务控制要求，对输入 / 输出量进行 I/O 分配，如表 4-7 所示。

表 4-7　**小车自动控制 I/O 分配**

| 输入量 | | 输出量 | |
|---|---|---|---|
| 中限位 SQ1 | I0.0 | 左行 | Q0.0 |
| 左限位 SQ2 | I0.1 | 右行 | Q0.1 |
| 右限位 SQ3 | I0.2 | | |
| 启动按钮 SB1 | I0.3 | | |

b. 根据具体的控制要求绘制顺序功能图，如图 4-35 所示。

c. 将顺序功能图转化为梯形图，如图 4-36 所示。

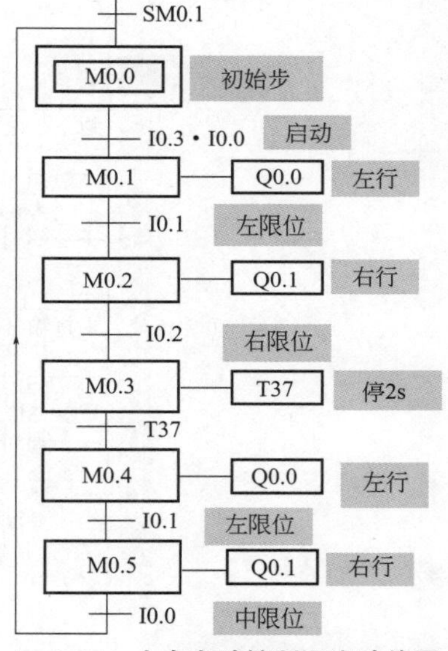


图 4-35　**小车自动控制顺序功能图**

小车运动控制
1　初始步　SM0.1　M0.0 ( S ) 1
2　左行步　M0.0　中限位:I0.0　启动按钮:I0.3　M0.1 ( S ) 1　M0.0 ( R ) 1
3　右行步　M0.1　左限位:I0.1　M0.2 ( S ) 1　M0.1 ( R ) 1

图 4-36

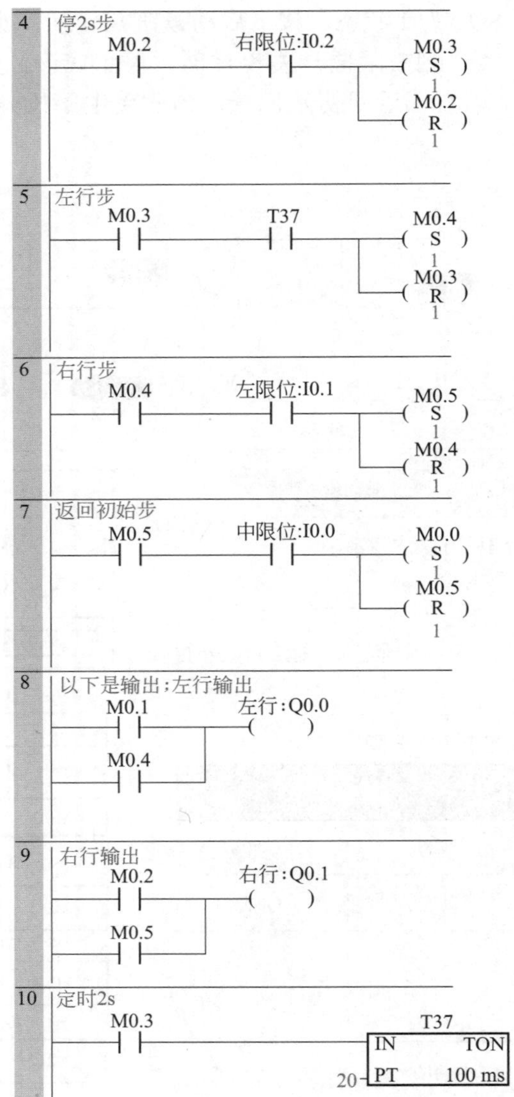


图 4-36 小车运动控制梯形图

## 4.5.2 选择序列编程

选择序列顺序功能图转化为梯形图的关键点在于分支处和合并处程序的处理，置位复位指令编程法的核心是转换，因此选择序列在处理分支和合并处编程上与单序列的处理方法一致，无须考虑多个前级步和后续步的问题，只考虑转换即可。

应用举例：两种液体混合控制。

两种液体混合控制系统如图 4-37 所示。

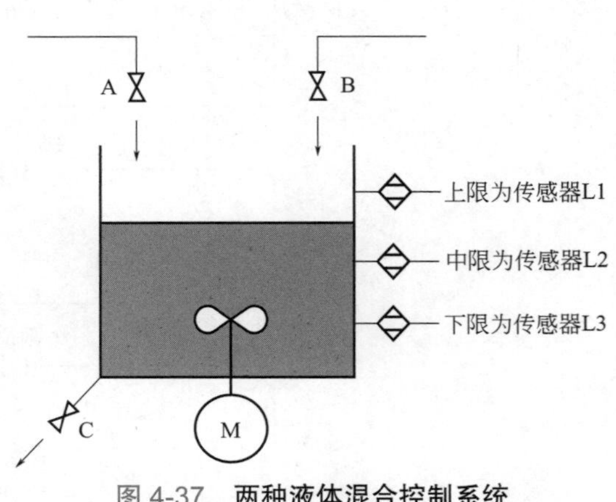


图 4-37 两种液体混合控制系统

（1）系统控制要求

① 初始状态　容器为空，阀 A ～阀 C 均为 OFF，液面传感器 L1、L2、L3 均为 OFF，搅拌电动机 M 为 OFF。

② 启动运行　按下启动按钮后，打开阀 A，注入液体 A；当液面到达 L2（L2=ON）时，关闭阀 A，打开阀 B，注入 B 液体；当液面到达 L1（L1=ON）时，关闭阀 B，同时搅拌电动机 M 开始运行搅拌液体，30s 后电动机停止搅拌，阀 C 打开放出混合液体；当液面降至 L3 以下（L1=L2=L3=OFF）时，再过 6s 后，容器放空，阀 C 关闭，打开阀 A，又开始了下一轮的操作。

③ 按下停止按钮，系统完成当前工作周期后停在初始状态。

（2）程序设计

① I/O 分配　根据任务控制要求对输入 / 输出量进行 I/O 分配，如表 4-8 所示。

② 根据具体的控制要求绘制顺序功能图，如图 4-38 所示。

表 4-8　两种液体混合控制 I/O 分配

| 输入量 | | 输出量 | |
|---|---|---|---|
| 启动 | I0.0 | 阀 A | Q0.0 |
| 上限 | I0.1 | 阀 B | Q0.1 |
| 中限 | I0.2 | 阀 C | Q0.2 |
| 下限 | I0.3 | 电动机 M | Q0.3 |
| 停止 | I0.4 | | |

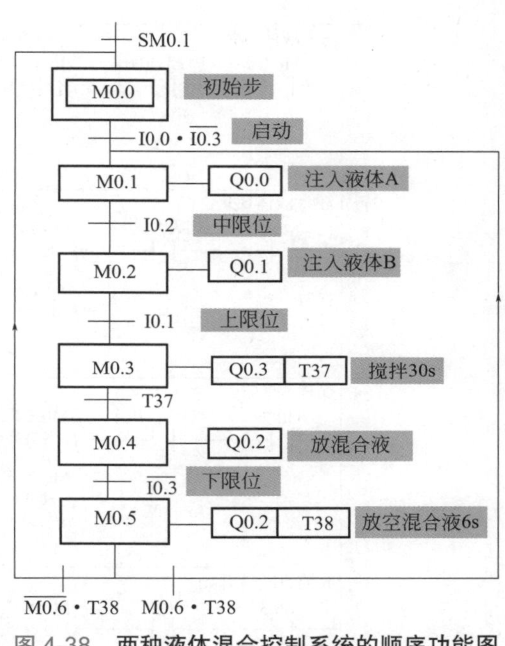


图 4-38　两种液体混合控制系统的顺序功能图

③ 将顺序功能图转换为梯形图，如图 4-39 所示。

## 4.5.3 并行序列编程

（1）分支处编程

如果某一步 M*i* 的后面由 *N* 条分支组成，当 M*i* 为活动步且满足转换条件后，其后的 *N* 个后续步同时激活，故 M*i* 与转换条件的常开触点串联来置位后 *N* 步，同时复位 M*i* 步。并行序列顺序功能图与梯形图的转化如图 4-40 所示。

（2）合并处编程

对于并行程序的合并，若某步之前有 *N* 分支，即有 *N* 条分支进入该步，则并列 *N* 个分支的最后一步同时为 1，且转换条件满足，方能完成合并。因此合并处的 *N* 个分支最后一步常开触点与转换条件的常开触点串联，置位 M*i* 步同时复位 M*i* 所有前级步。并行序列顺序功能图与梯形图的转化如图 4-40 所示。

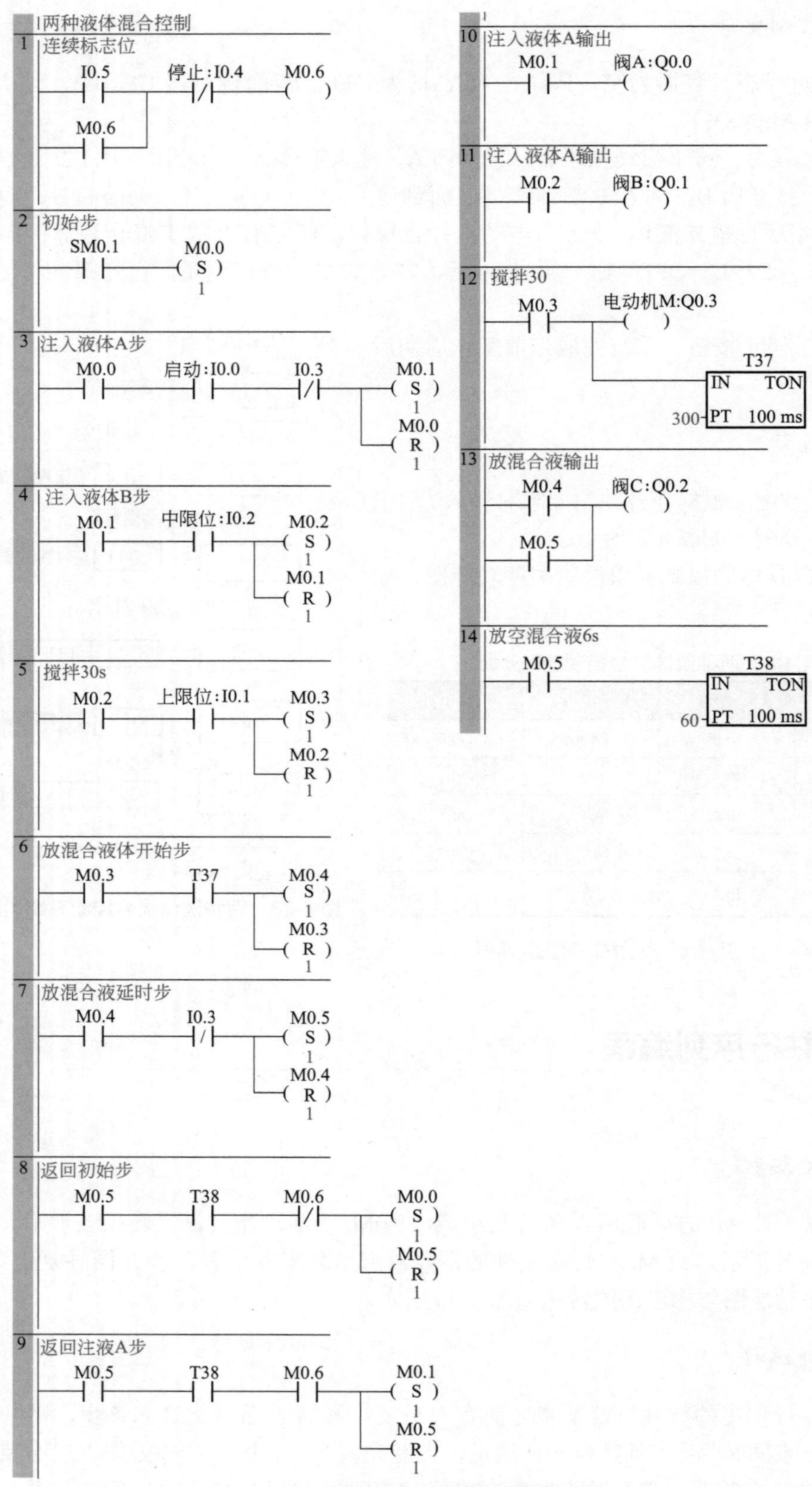


图 4-39 两种液体混合控制梯形图

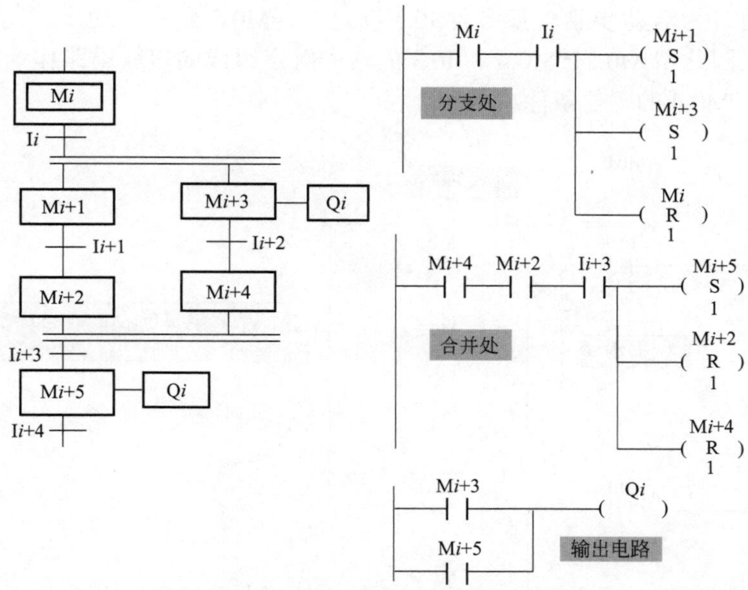

图 4-40　**置位复位指令编程法并行序列顺序功能图转化为梯形图**

（3）应用举例：将图 4-41 中的顺序功能图转化为梯形图

将顺序功能图转换为梯形图的结果如图 4-42 所示。

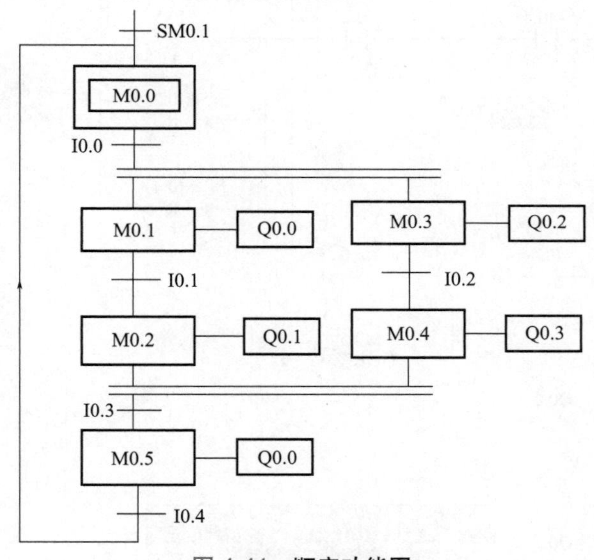

图 4-41　**顺序功能图**

顺序功能图转化为梯形图的过程分析如下。

① 并行序列分支处的处理方法：图 4-41 中，步 M0.0 之后有一个并行序列的分支，当步 M0.0 为活动步且转换条件 I0.0 满足时，步 M0.1 和 M0.3 同时变为活动步，步 M0.0 变为不活动步，因此用 M0.0 与 I0.0 常开触点组成的串联电路作为步 M0.1 和 M0.3 的置位条件，同时也作为步 M0.0 复位条件。

② 并行序列合并处的处理方法：图 4-41 中，步 M0.5 之前有一个并行序列的合并，当

M0.2 和 M0.4 同时为活动步且转换条件 I0.3 满足时，M0.5 变为活动步，同时 M0.2、M0.4 变为不活动步，因此用 M0.2、M0.4 和 I0.3 的常开触点组成的串联电路作为步 M0.5 的置位条件和步 M0.2、M0.4 的复位条件。

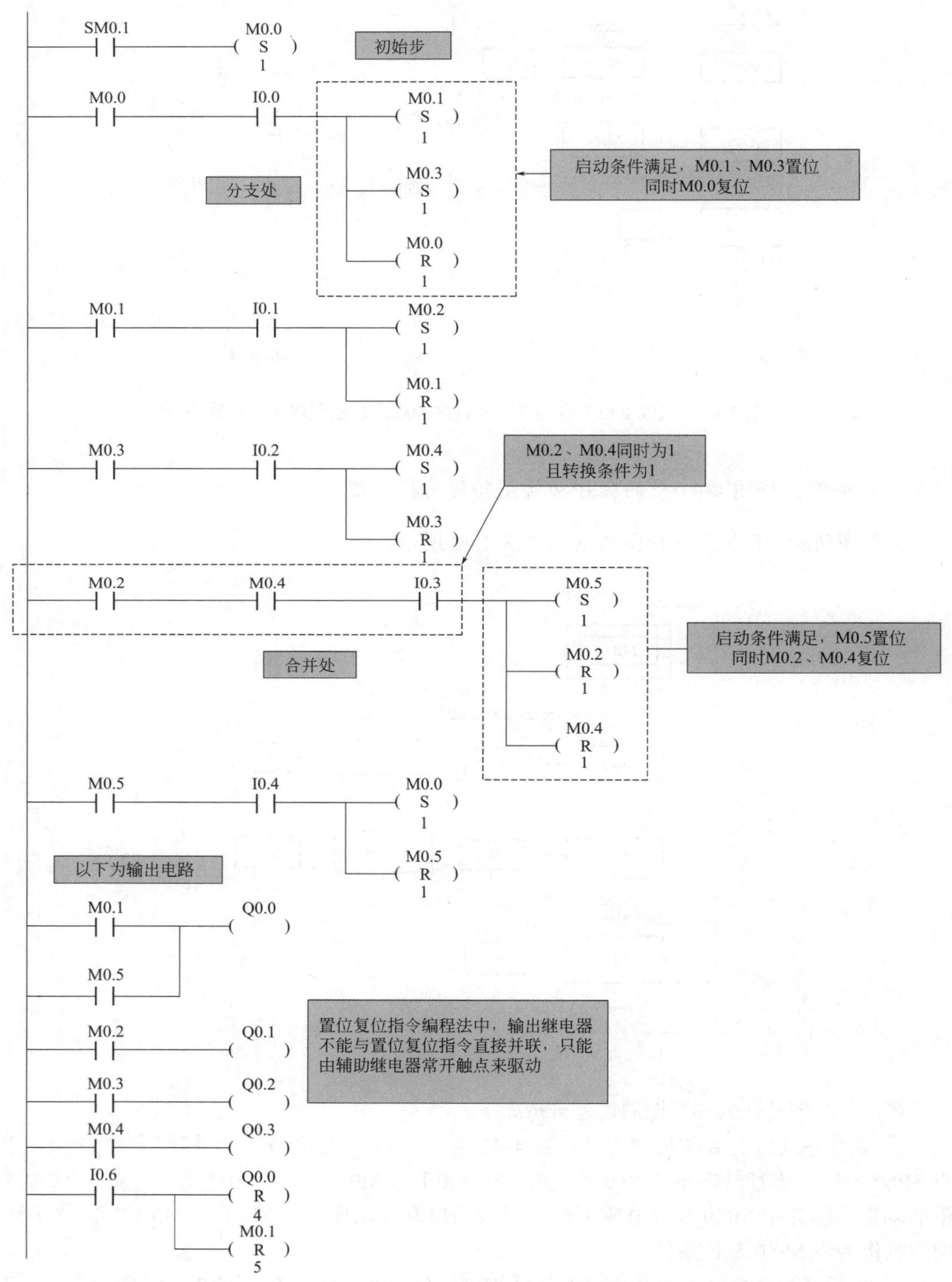


图 4-42　并行序列顺序功能图转化为梯形图

编者心语

1. 使用置位复位指令编程法，当前级步为活动步且满足转换条件的情况下，后续步被置位，同时前级步被复位；对于并行序列来说，分支处有多个后续步，那么这些后续步都同时置位，仅有 1 个前级步复位；合并处有多个前级步，那么这些前级步都同时复位，仅有 1 个后续步置位。

2. 置位复位指令流程法也称以转换为中心的编程法，其中有一个转换就对应有一个置位复位电路块，有多少个转换就有多少个这样的电路块。

3. 输出继电器 Q 线圈不能与置位复位指令并联，原因在于前级步与转换条件常开触点组成的串联电路接通时间很短，当转换条件满足后，前级步立即复位，而输出继电器至少应在某步为活动步的全部时间内接通。处理方法：用所需步的常开触点驱动输出线圈 Q。

## 4.6 顺序控制继电器指令编程法

与其他的 PLC 一样，西门子 S7-200 SMART PLC 也有一套自己专门的编程法，即顺序控制继电器指令编程法，它用来专门编制顺序控制程序。顺序控制继电器指令编程法通常由顺序控制继电器指令实现。

顺序控制继电器指令不能与辅助继电器 M 联用，只能和状态继电器 S 联用才能实现顺控功能。顺序控制继电器指令的指令格式如表 4-9 所示。

表 4-9　顺序控制继电器指令的指令格式

| 指令名称 | 梯形图 | 语句表 | 功能说明 | 数据类型及操作数 |
|---|---|---|---|---|
| 顺序步开始指令 | S bit<br>├─[SCR] | LSCR S bit | 该指令标志着一个顺序控制程序段的开始，当输入为 1 时，允许 SCR 段动作，SCR 段必须用 SCRE 指令结束 | BOOL，S |
| 顺序步转换指令 | S bit<br>├─( SCRT ) | SCRT S bit | SCRT 指令执行 SCR 段的转换。当输入为 1 时，对应下一个 SCR 使能位被置位，同时本使能位被复位，即本 SCR 段停止工作 | |
| 顺序步结束指令 | ├─( SCRE ) | SCRE | 执行 SCRE 指令，结束由 SCR 开始到 SCRE 之间顺序控制程序段的工作 | 无 |

### 4.6.1 单序列编程

（1）单序列顺序功能图与梯形图的对应关系

顺序控制继电器指令编程法单序列顺序功能图与梯形图的对应关系如图 4-43 所示。在

图 4-43 中，当 S*i*−1 为活动步，S*i*−1 步开始，线圈 Q*i*−1 有输出；当转换条件 I*i* 满足时，S*i* 被置位，即转换到下一步 S*i* 步，S*i*−1 步停止。对于单序列程序，每步都是这样的结构。

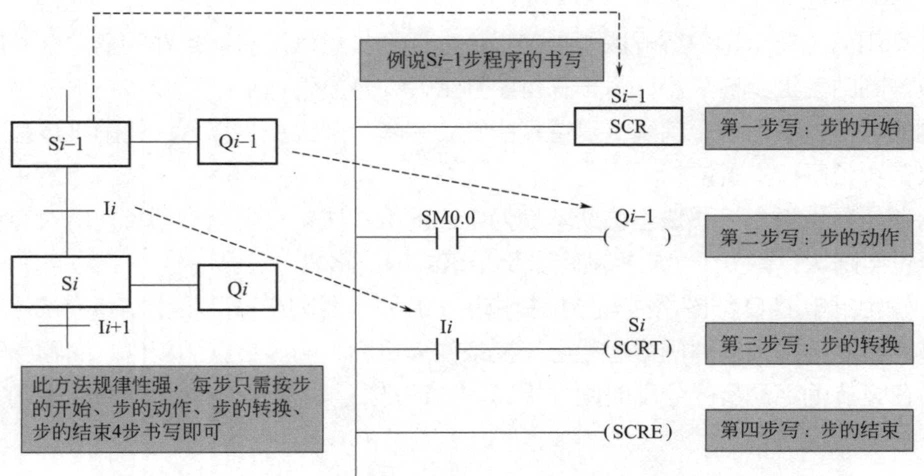


图 4-43　顺序控制继电器指令编程法单序列顺序功能图与梯形图的转化

（2）应用举例：小车控制

① 控制要求：如图 4-44 所示是某小车运动的示意图。设小车初始状态停在轨道的左边，左限位开关 SQ1 为 1 状态。按下启动按钮 SB 后，小车右行，当碰到右限位开关 SQ2 后，停止 3s 后左行，当碰到左限位开关 SQ1 时，小车停止。

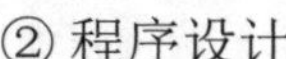
② 程序设计

a. I/O 分配：根据任务控制要求对输入 / 输出量进行 I/O 分配，如表 4-10 所示。

表 4-10　小车控制 I/O 分配

| 输入量 | | 输出量 | |
|---|---|---|---|
| 左限位 SQ1 | I0.1 | 左行 | Q0.0 |
| 右限位 SQ2 | I0.2 | 右行 | Q0.1 |
| 启动按钮 SB | I0.0 | | |

b. 根据具体的控制要求绘制顺序功能图，如图 4-45 所示。

c. 将顺序功能图转化为梯形图，如图 4-46 所示。

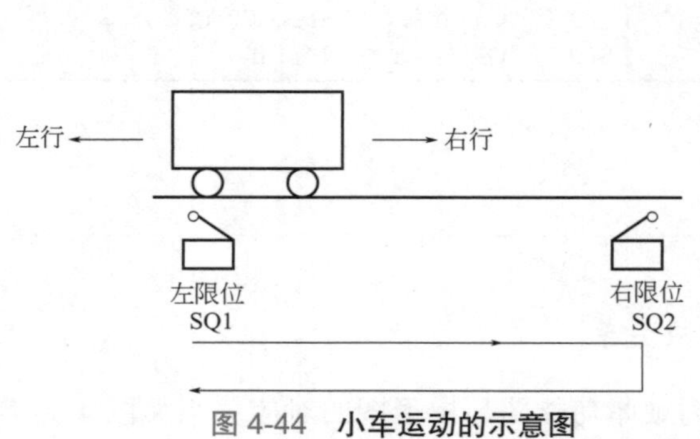


图 4-44　小车运动的示意图

SM0.1
S0.0 初始步
I0.0 • I0.1 启动条件
S0.1 Q0.1 右行
I0.2 右限位
S0.2 T37 3s
T37
S0.3 Q0.0 左行
I0.1 左限位

图 4-45　小车控制顺序功能图

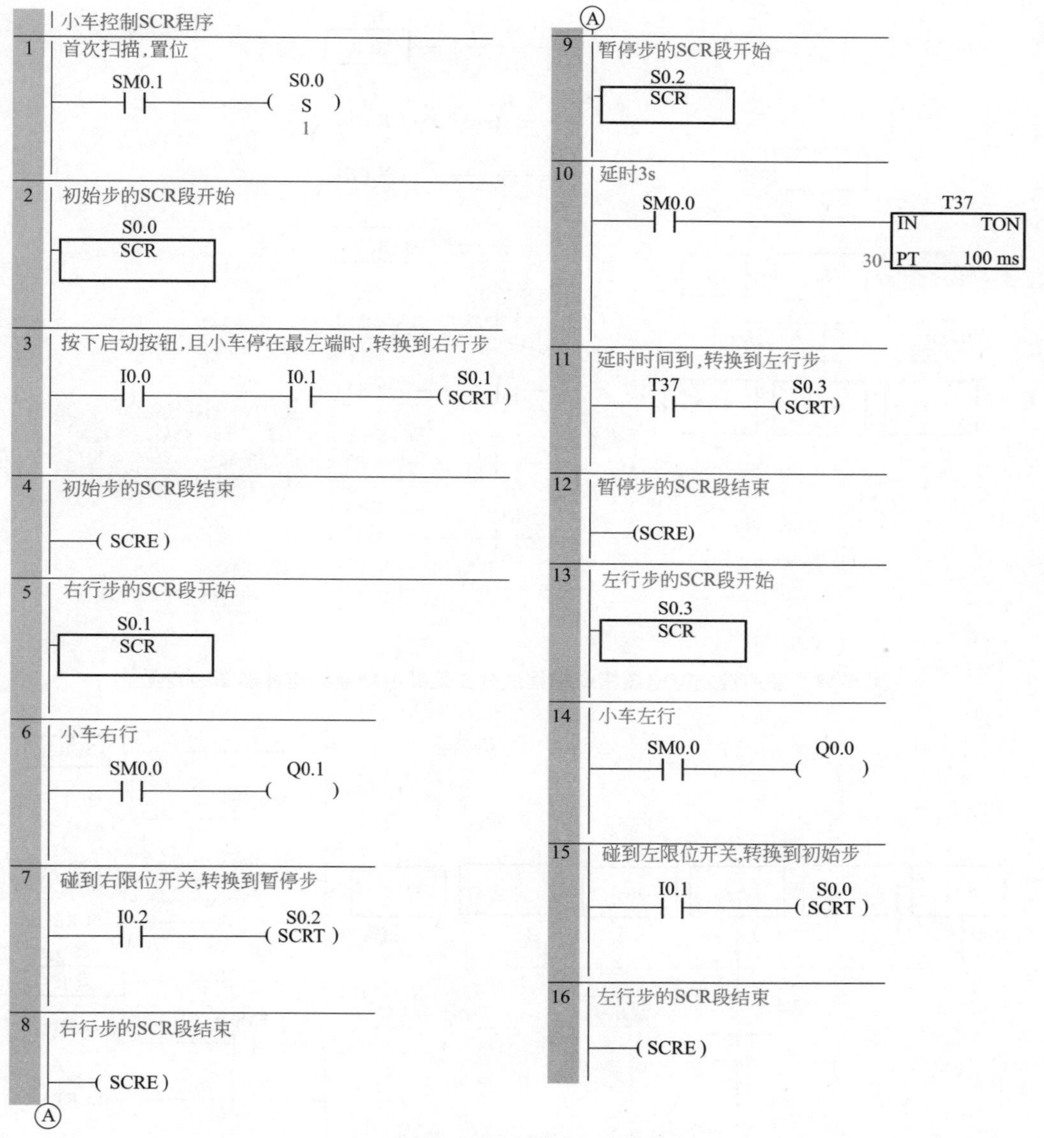


图 4-46　**小车控制梯形图程序**

## 4.6.2 选择序列编程

选择序列每个分支的动作由转换条件决定，但每次只能选择一条分支进行转移。

（1）分支处编程

顺序控制继电器指令编程法选择序列分支处顺序功能图与梯形图的对应关系如图 4-47 所示。

（2）合并处编程

顺序控制继电器指令编程法选择序列合并处顺序功能图与梯形图的对应关系，如图4-48 所示。

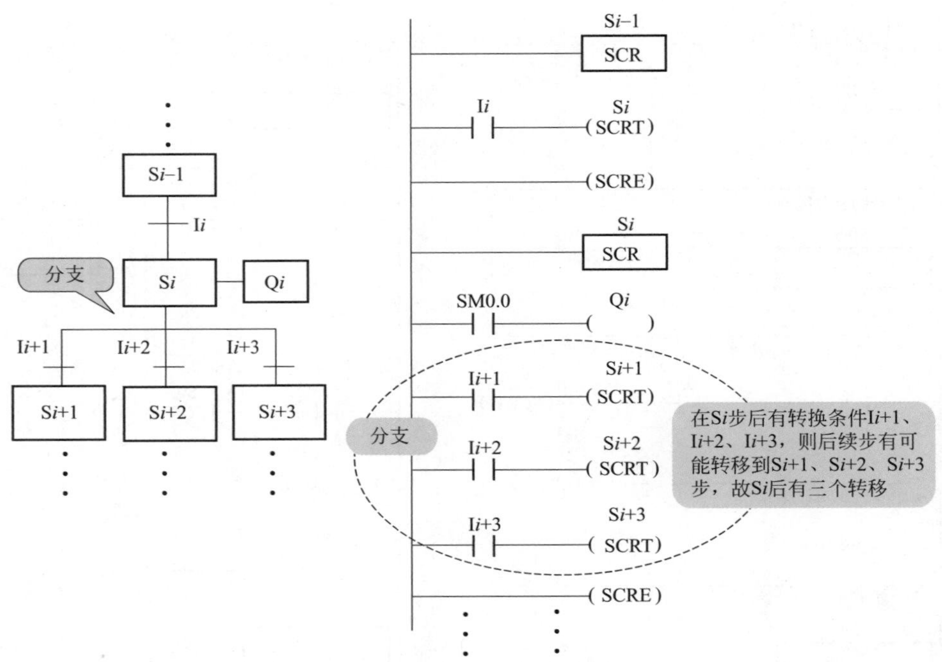


图 4-47 顺序控制继电器指令编程法分支处顺序功能图与梯形图的转化

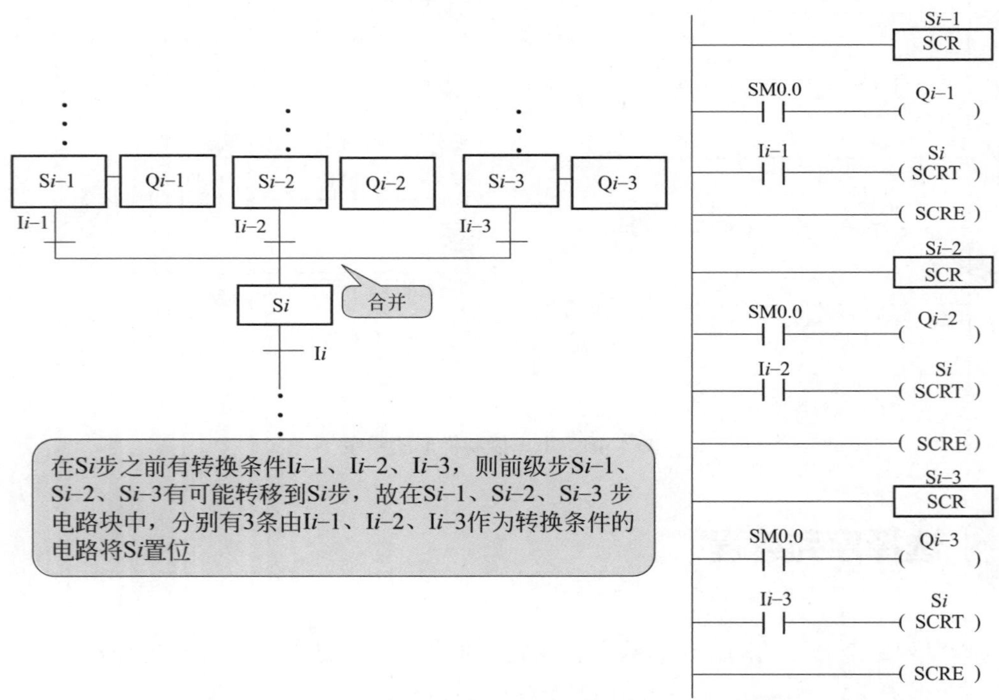


图 4-48 步进指令编程法合并处顺序功能图与梯形图的转化

### （3）应用举例：电葫芦升降机构控制

① 控制要求

a. 单周期：按下启动按钮，电葫芦执行“上升 4s →停止 6s →下降 4s →停止 6s”的运行，往复运动一次后，停在初始位置，等待下一次的启动。

b. 连续操作：按下启动按钮，电葫芦自动连续工作。

② 程序设计

a. 根据控制要求进行 I/O 分配，如表 4-11 所示。

表 4-11 电葫芦升降机构控制的 I/O 分配

| 输入量 | | 输出量 | |
|---|---|---|---|
| 启动按钮 SB | I0.0 | 上升 | Q0.0 |
| 单周按钮 | I0.2 | 下降 | Q0.1 |
| 连续按钮 | I0.3 | | |

b. 根据控制要求绘制顺序功能图，如图 4-49 所示。

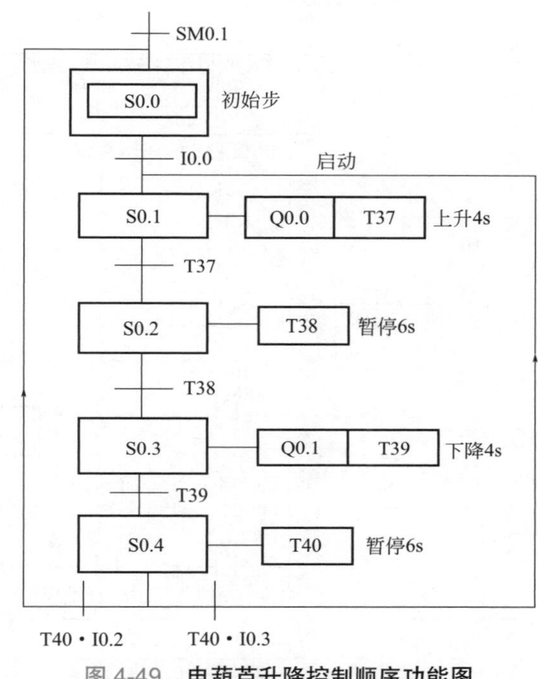


图 4-49 电葫芦升降控制顺序功能图

c. 将顺序功能图转化为梯形图，如图 4-50 所示。

## 4.6.3 并行序列编程

并行序列用于系统有几个相对独立且同时动作的控制。

### （1）分支处编程

并行序列分支处顺序功能图与梯形图的转化如图 4-51 所示。

（2）合并处编程

并行序列合并处顺序功能图与梯形图的转化如图 4-51 所示。

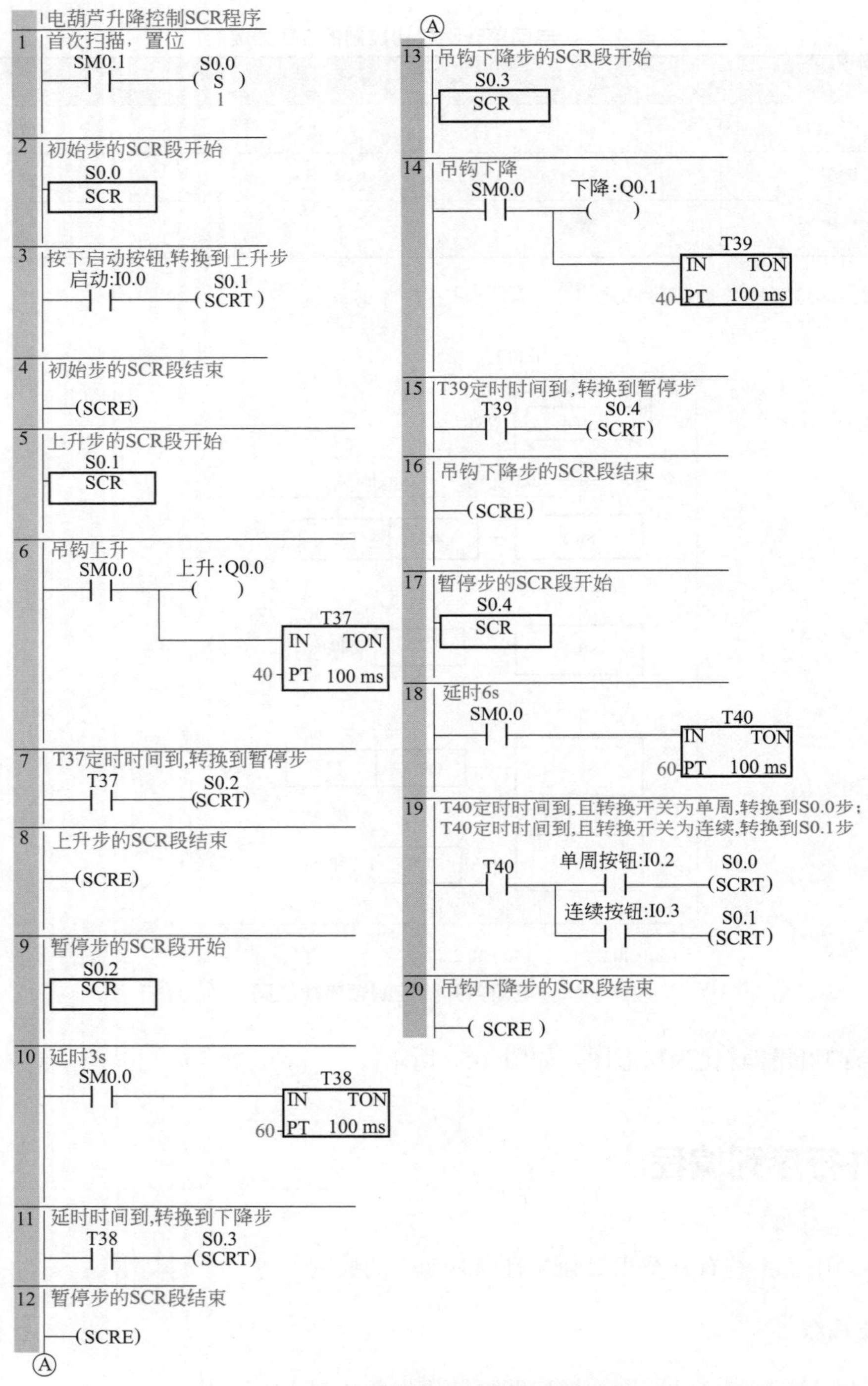


图 4-50　电葫芦升降机构控制程序

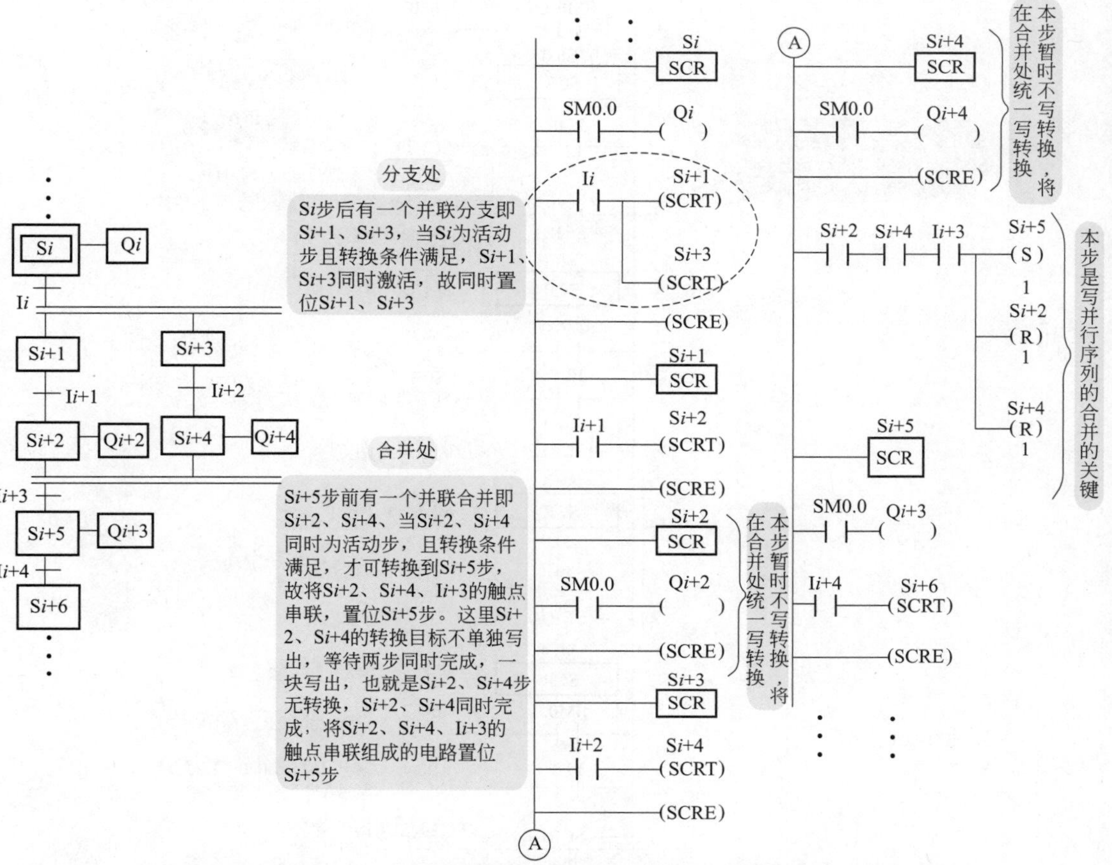

分支处
Si步后有一个并联分支即Si+1、Si+3，当Si为活动步且转换条件满足，Si+1、Si+3同时激活，故同时置位Si+1、Si+3
合并处
Si+5步前有一个并联合并即Si+2、Si+4、当Si+2、Si+4同时为活动步，且转换条件满足，才可转换到Si+5步，故将Si+2、Si+4、Ii+3的触点串联，置位Si+5步。这里Si+2、Si+4的转换目标不单独写出，等待两步同时完成，一块写出，也就是Si+2、Si+4步无转换，Si+2、Si+4同时完成，将Si+2、Si+4、Ii+3的触点串联组成的电路置位Si+5步
本步暂时不写转换，将在合并处统一写转换
本步是写并行序列的合并的关键
Si
Qi
Ii
Si+1
Si+2
Si+3
Si+4
Si+5
Si+6
Ii+1
Ii+2
Ii+3
Ii+4
Qi+2
Qi+3
Qi+4
SCR
SCRT
SCRE
SM0.0
S
R
A

图 4-51　顺序控制继电器指令编程法并行序列顺序功能图与梯形图的转化

（3）应用举例：将图 4-52 中的顺序功能图转化为梯形图

将图 4-52 所示顺序功能图转换为梯形图的结果如图 4-53 所示。

SM0.1
S0.0
I0.0
S0.1
Q0.1
S0.2
Q0.2
I0.1
I0.2
S0.3
Q0.1
S0.4
Q0.3
I0.3
S0.5
Q0.3
I0.4

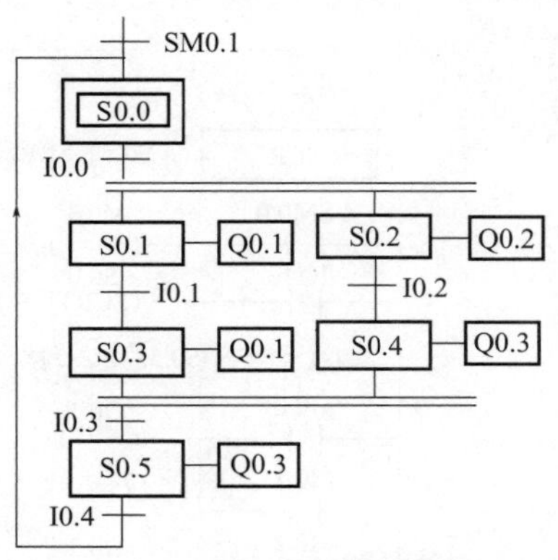

图 4-52　并行序列顺序功能图

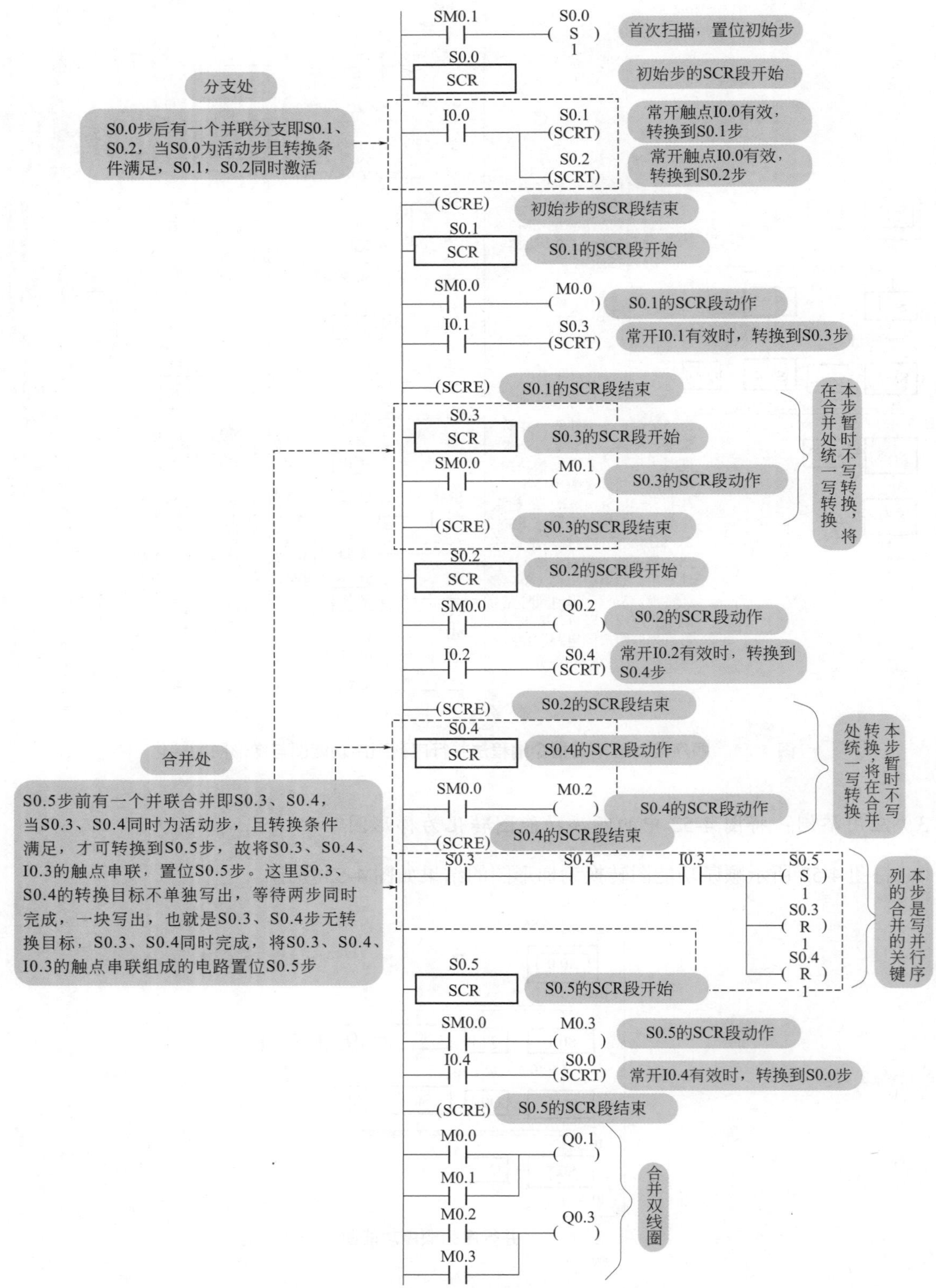


图 4-53　顺序控制继电器指令编程法并行序列梯形图

# 4.7 移位寄存器指令编程法

单序列顺序功能图中的各步总是顺序通断，且每一时刻只有一步接通，因此可以用移位寄存器指令进行编程。使用移位寄存器指令，在顺序功能图转化为梯形图时，需完成以下四步，如图 4-54 所示。

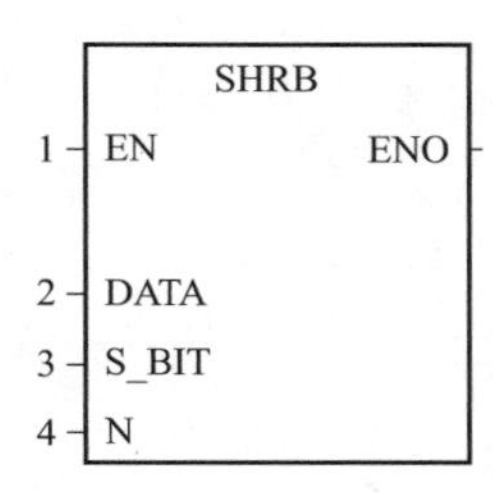


使用移位寄存器指令的编程步骤

第1步：确定移位脉冲。移位脉冲由前级步和转换条件的触点串联构成。

第2步：确定数据输入。一般是M0.0步。

第3步：确定移位寄存器的最低位。一般是M0.1步。

第4步：确定移位长度。除M0.0外，所有步数相加之和

图 4-54 使用移位寄存器指令的编程步骤

应用举例：小车自动往返控制。

（1）控制要求

设小车初始状态停止在最左端，当按下启动按钮小车按图 4-55 所示的轨迹运动；当再次按下启动按钮，小车又开始了新的一轮运动。

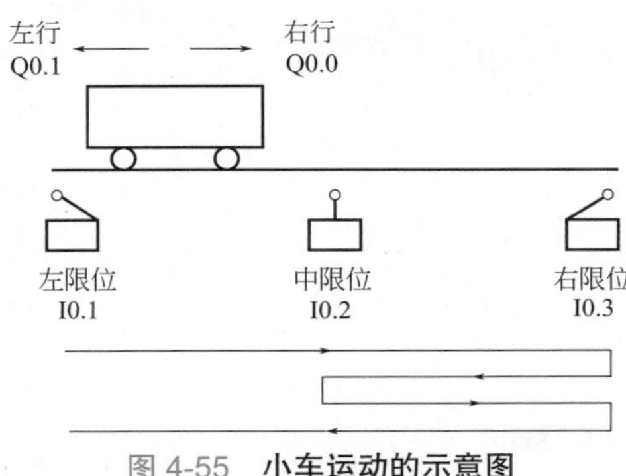


图 4-55 小车运动的示意图

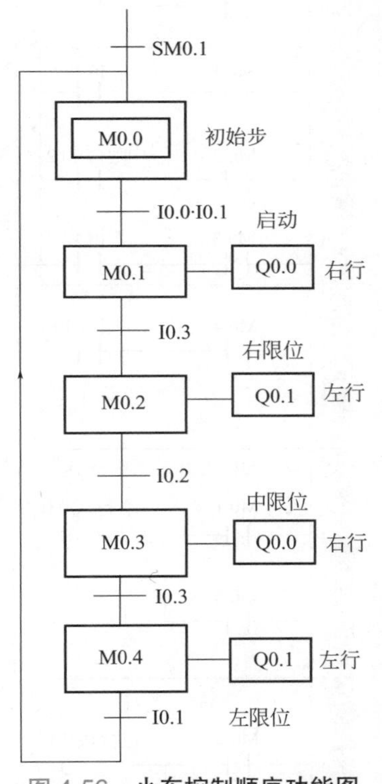


图 4-56 小车控制顺序功能图

（2）程序设计

① 绘制顺序功能图，如图 4-56 所示。

② 将顺序功能图转化为梯形图，如图 4-57 所示。

（3）程序解析

图 4-57 所示梯形图中，用 M0.1 ～ M0.4 这 4 步代表右行、左行、再右行、再左行步。第 1 个网络用于程序的初始化和每个循环的结束将 M0.0 ～ M0.4 清零；第 2 个网络用于激活初始步；第 3 个网络移位寄存器指令的输入端由若干个串联电路的并联分支组成，每条电

路分支接通，移位寄存器指令都会移 1 步；以后是输出电路，某一动作在多步出现，可将各步的辅助继电器的常开触点并联之后驱动输出继电器线圈。

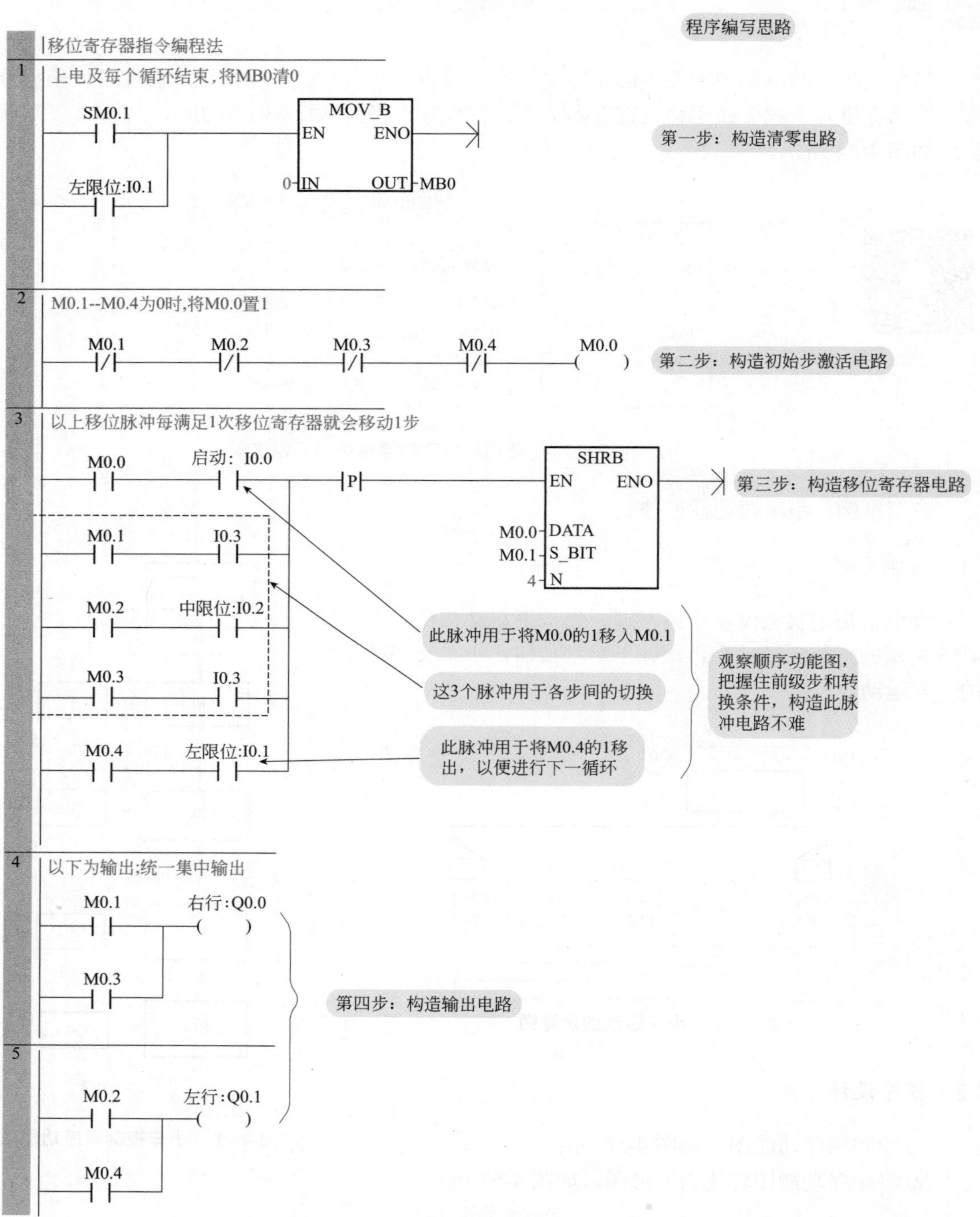

图 4-57　小车运动移位寄存器指令编程法梯形图

编者心语

注意移位寄存器指令编程法只适用于单序列程序，对于选择和并行序列程序来说，应该考虑前几节讲的方法。

# 4.8 交通信号灯程序设计

## 4.8.1 控制要求

交通信号灯布置如图 4-58 所示。按下启动按钮，东西绿灯亮 25s 后闪烁 3s 后熄灭，然后黄灯亮 2s 后熄灭，紧接着红灯亮 30s 后再熄灭，再接着绿灯亮……如此循环；在东西绿灯亮的同时，南北红灯亮 30s，接着绿灯亮 25s 后闪烁 3s 熄灭，然后黄灯亮 2s 后熄灭，红灯亮……如此循环，具体如表 4-12 所示。

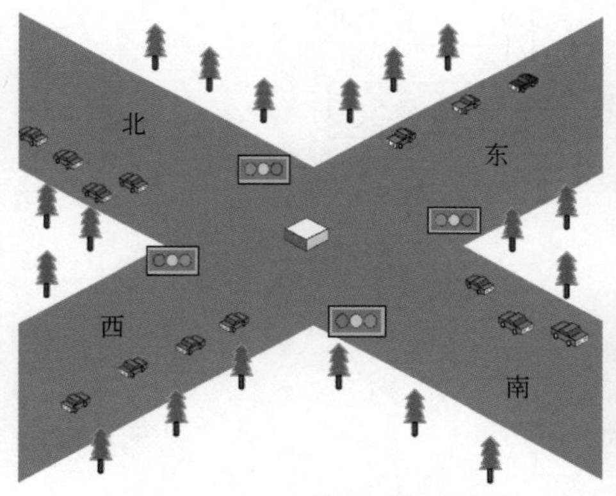


图 4-58　交通信号灯布置图

表 4-12　交通灯工作情况表

| 东西 | 绿灯 | 绿闪 | 黄灯 | 红灯 | | |
|---|---|---|---|---|---|---|
| | 25s | 3s | 2s | 30s | | |
| 南北 | 红灯 | | | 绿灯 | 绿闪 | 黄灯 |
| | 30s | | | 25s | 3s | 2s |

## 4.8.2 程序设计

交通信号灯 I/O 分配如表 4-13 所示。

表 4-13　交通信号灯 I/O 分配

| 输入量 | | 输出量 | |
|---|---|---|---|
| 启动按钮 | I0.0 | 东西绿灯 | Q0.0 |
| 停止按钮 | I0.1 | 东西黄灯 | Q0.1 |
| | | 东西红灯 | Q0.2 |
| | | 南北绿灯 | Q0.3 |
| | | 南北黄灯 | Q0.4 |
| | | 南北红灯 | Q0.5 |

（1）解法一：经验设计法

从控制要求上看，此例编程规律不难把握，故采用经验设计法。由于东西、南北交通灯工作规律完全一致，所以写出东西或南北这半个程序，按照前一半规律另一半程序对应写出即可。首先构造启保停电路，接下来构造定时电路，最后根据输出情况写出输出电路。具体程序如图 4-59 所示。

交通信号灯经验设计法程序解析如图 4-60 所示。

（2）解法二：比较指令编程法

比较指令编程法和上边的经验设计法比较相似，不同点在于定时电路由 3 个定时器变为 1 个定时器，节省了定时器的个数；此外输出电路用比较指令分段讨论。具体程序如图 4-61 所示。

交通信号灯比较指令编程法程序解析如图 4-62 所示。

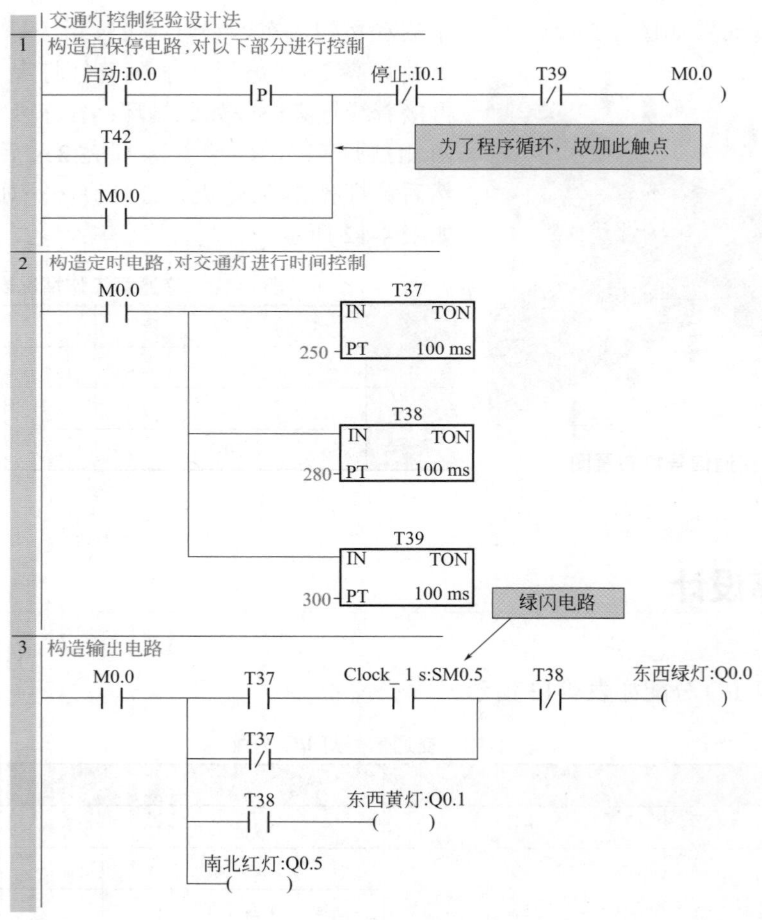

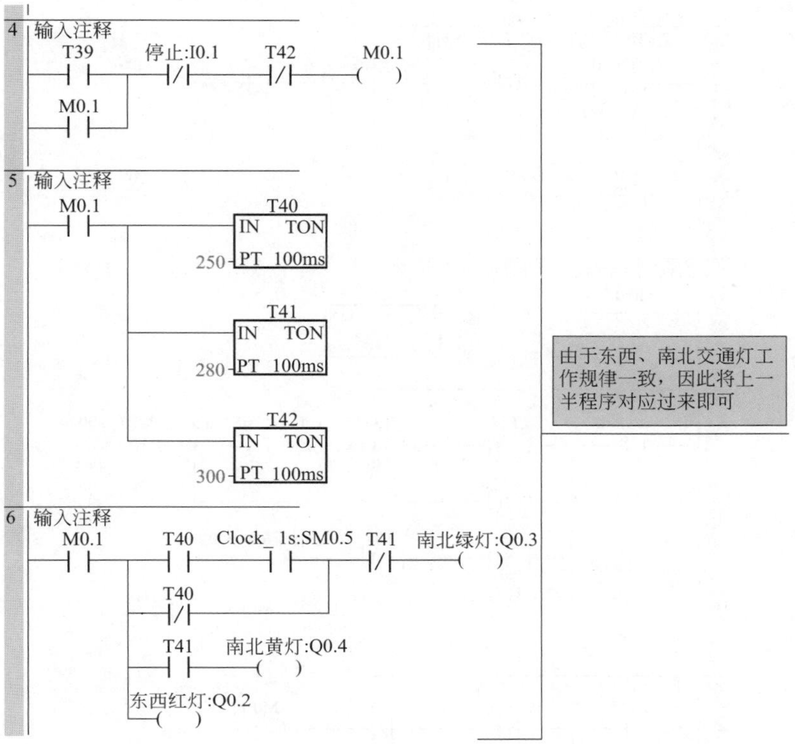

4 输入注释
T39
停止:I0.1
T42
M0.1
M0.1
5 输入注释
M0.1
T40
IN TON
250 PT 100ms
T41
IN TON
280 PT 100ms
T42
IN TON
300 PT 100ms
由于东西、南北交通灯工作规律一致，因此将上一半程序对应过来即可
6 输入注释
M0.1
T40
Clock_1s:SM0.5
T41
南北绿灯:Q0.3
T40
T41
南北黄灯:Q0.4
东西红灯:Q0.2


图 4-59 交通信号灯经验设计法程序

I0.0常开触点闭合→线圈M0.0得电并自锁→M0.0的常开触点闭合→
T37、T38、T39开始定时
Q0.5得电→南北红灯亮
Q0.0得电→东西绿灯亮
T37定时时间到→
T37常闭触点断开→东西绿灯亮25s完毕
T37常开触点闭合+秒脉冲SM0.5→Q0.0→东西绿灯闪3s
T38定时时间到→
T38常闭触点断开→Q0.0失电→东西绿灯灭
T38常开触点闭合→Q0.1得电→东西黄灯亮
T39定时时间到→
T39常闭触点断开→M0.0失电→
T37、T38、T39停止定时
Q0.0、Q0.1、Q0.5断电
T39常开触点闭合→M0.1得电并自锁→M0.1常开触点闭合
T40、T41、T42开始定时
Q0.2得电→东西红灯亮
Q0.3得电→东西绿灯亮
T40定时时间到→
T40常闭触点断开→南北绿灯亮25s完毕
T40常开触点闭合+秒脉冲SM0.5→Q0.3→南北绿灯闪3s
T41定时时间到→
T41常闭触点断开→Q0.3失电→南北绿灯灭
T41常开触点闭合→Q0.4得电→南北黄灯亮
T42定时时间到→
T42常闭触点断开→M0.1失电→
T40、T41、T42停止定时
Q0.2、Q0.3、Q0.4断电
T42常开触点闭合


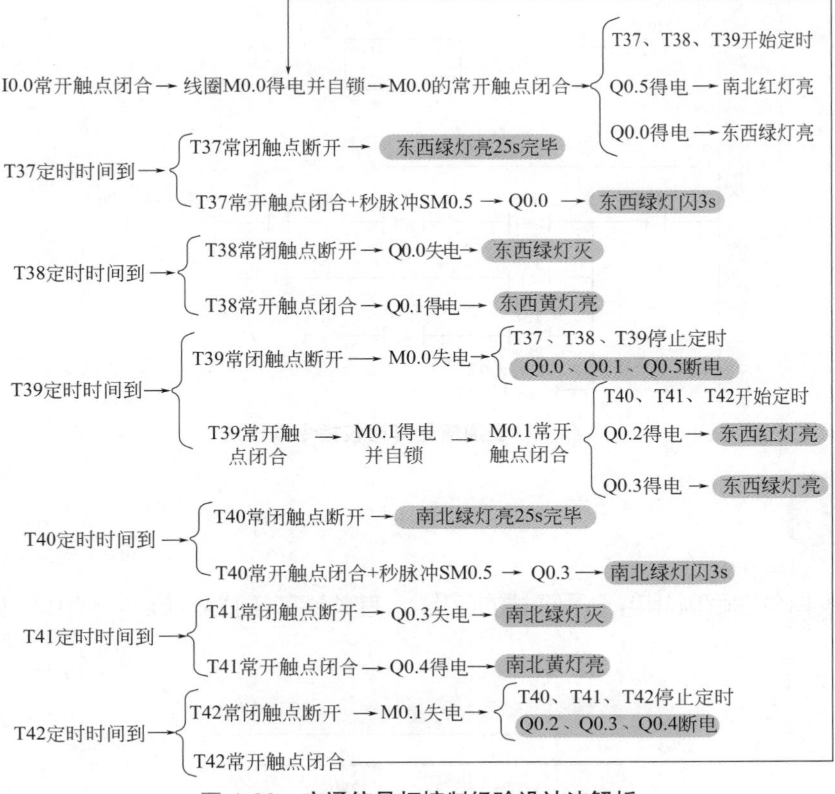

图 4-60 交通信号灯控制经验设计法解析

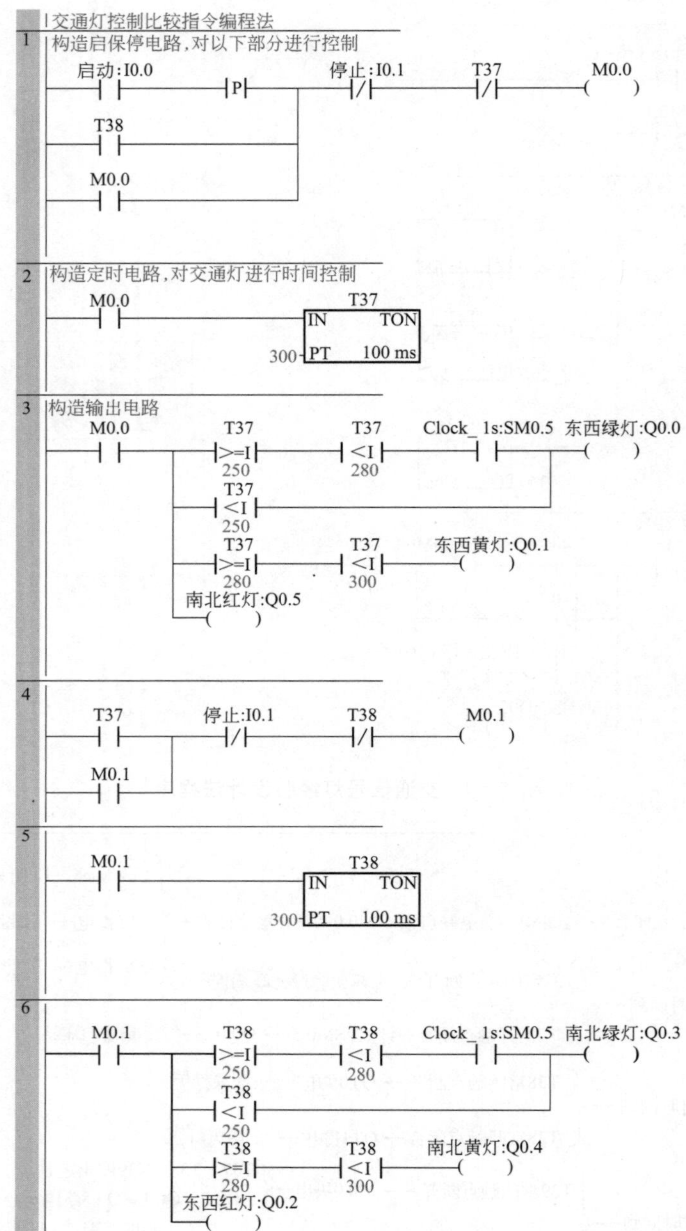


图 4-61　**交通信号灯比较指令编程法**

## 编者心语

用比较指令编程就相当于不等式的应用，其关键在于找到端点，列出不等式；具体如下：

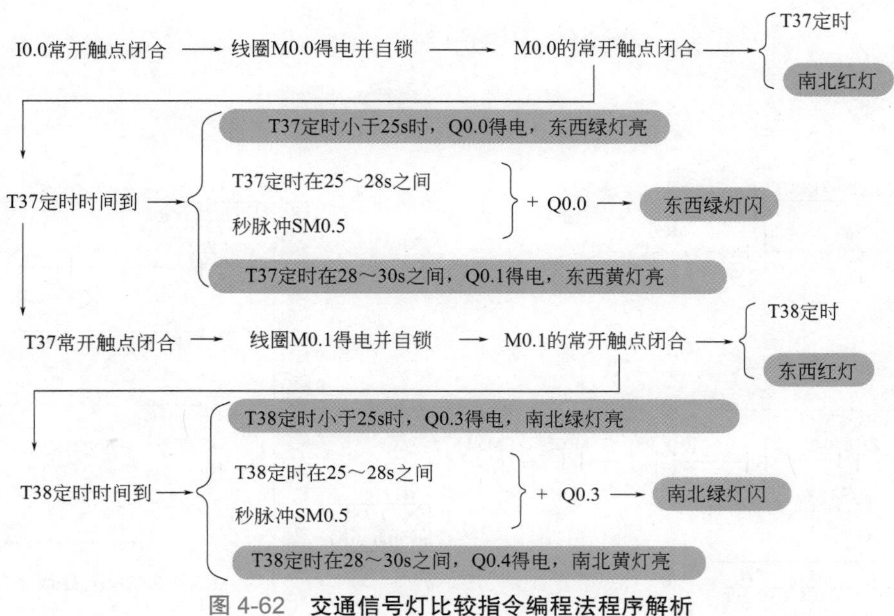


图 4-62　交通信号灯比较指令编程法程序解析

### （3）解法三：启保停电路编程法

启保停电路编程法顺序功能图如图 4-63 所示。启保停电路编程法梯形图如图 4-64 所示。启保停电路编程法程序解析如图 4-65 所示。

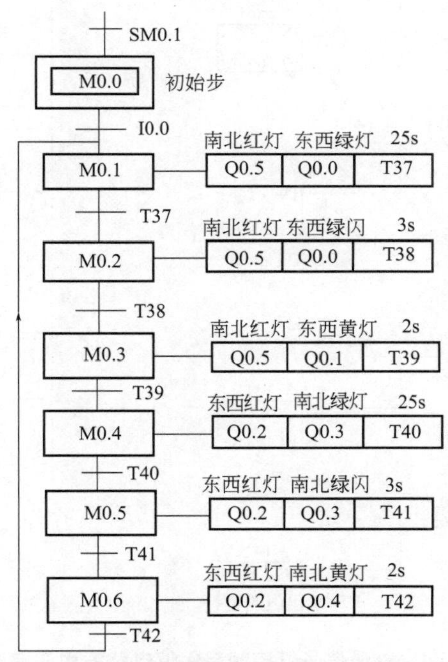


图 4-63　交通信号灯的顺序功能图

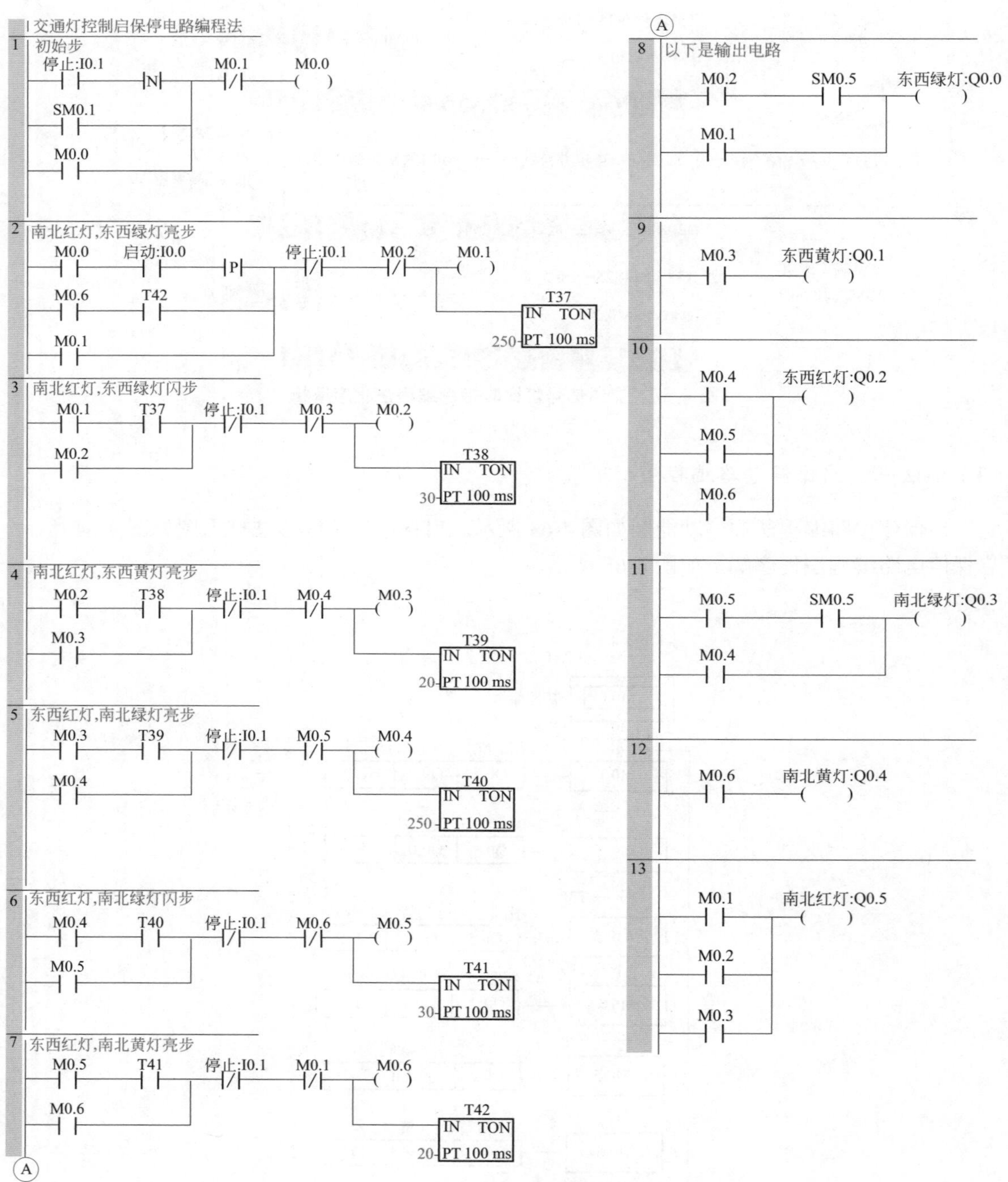


图 4-64 交通信号灯控制启保停电路编程法梯形图

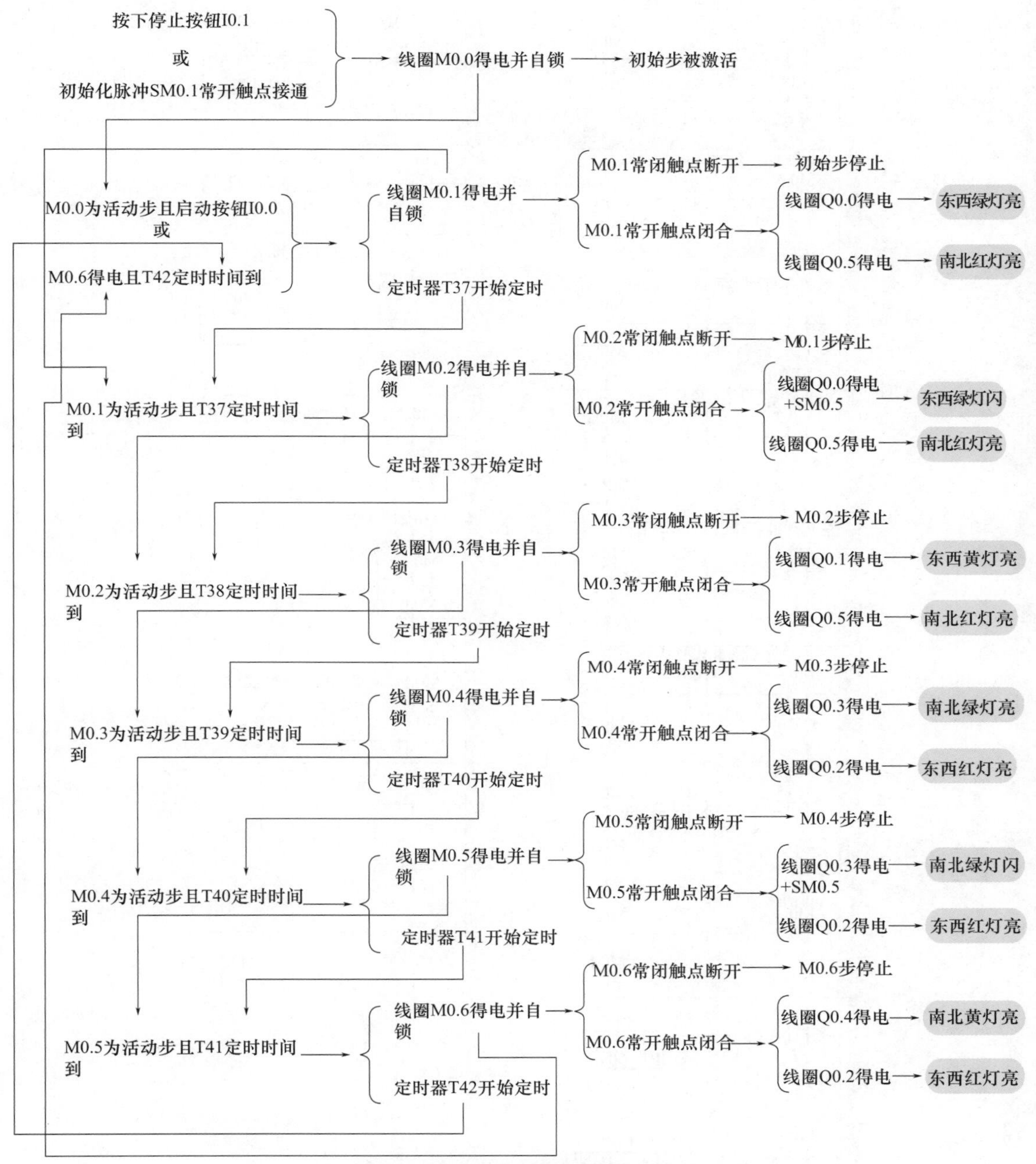


图 4-65　交通信号灯控制启保停电路编程法程序解析

（4）解法四：置位复位指令编程法

置位复位指令编程法顺序功能图如图 4-63 所示。置位复位指令编程法梯形图如图 4-66 所示。置位复位指令编程法程序解析如图 4-67 所示。

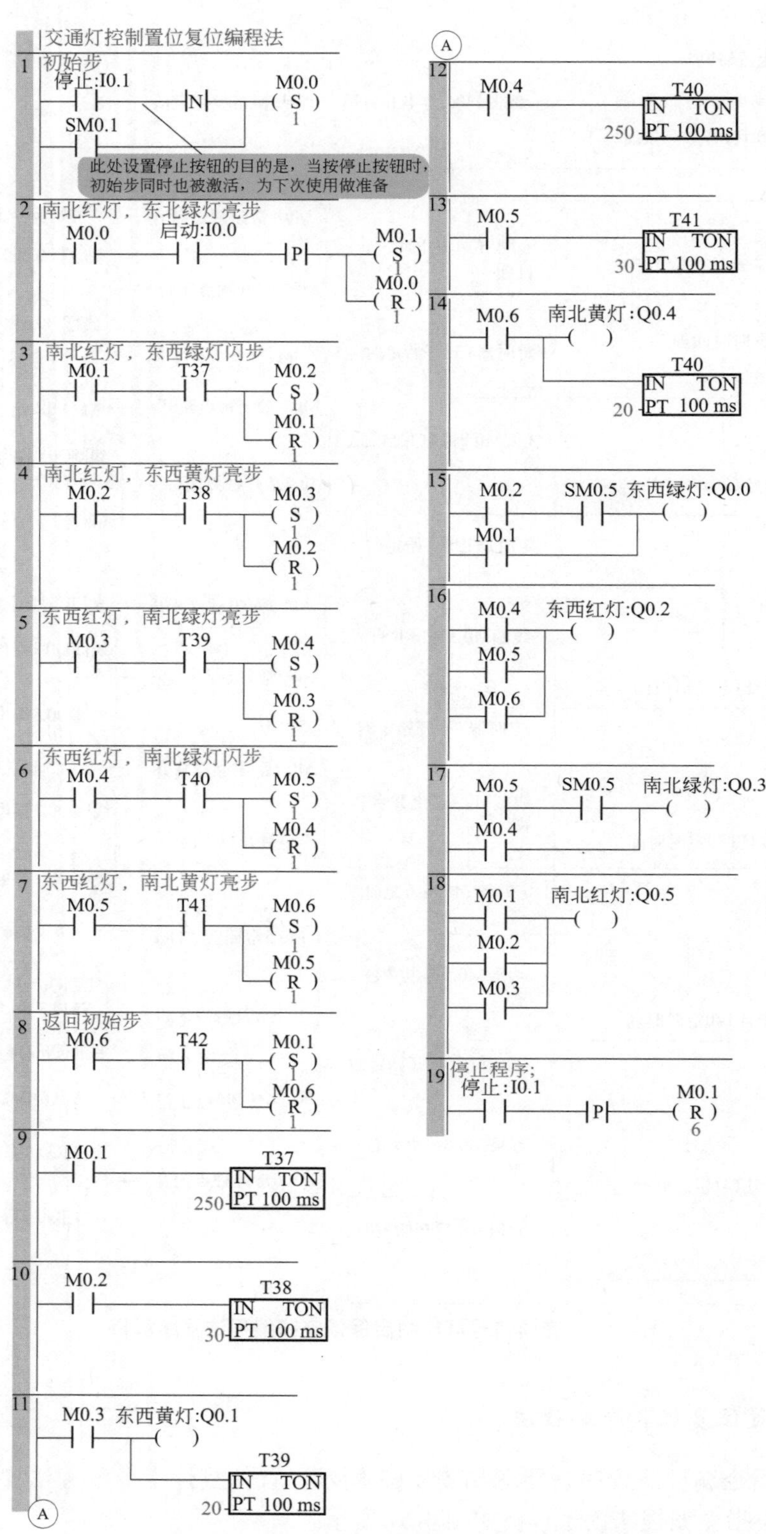


图 4-66 交通信号灯控制置位复位指令编程法梯形图

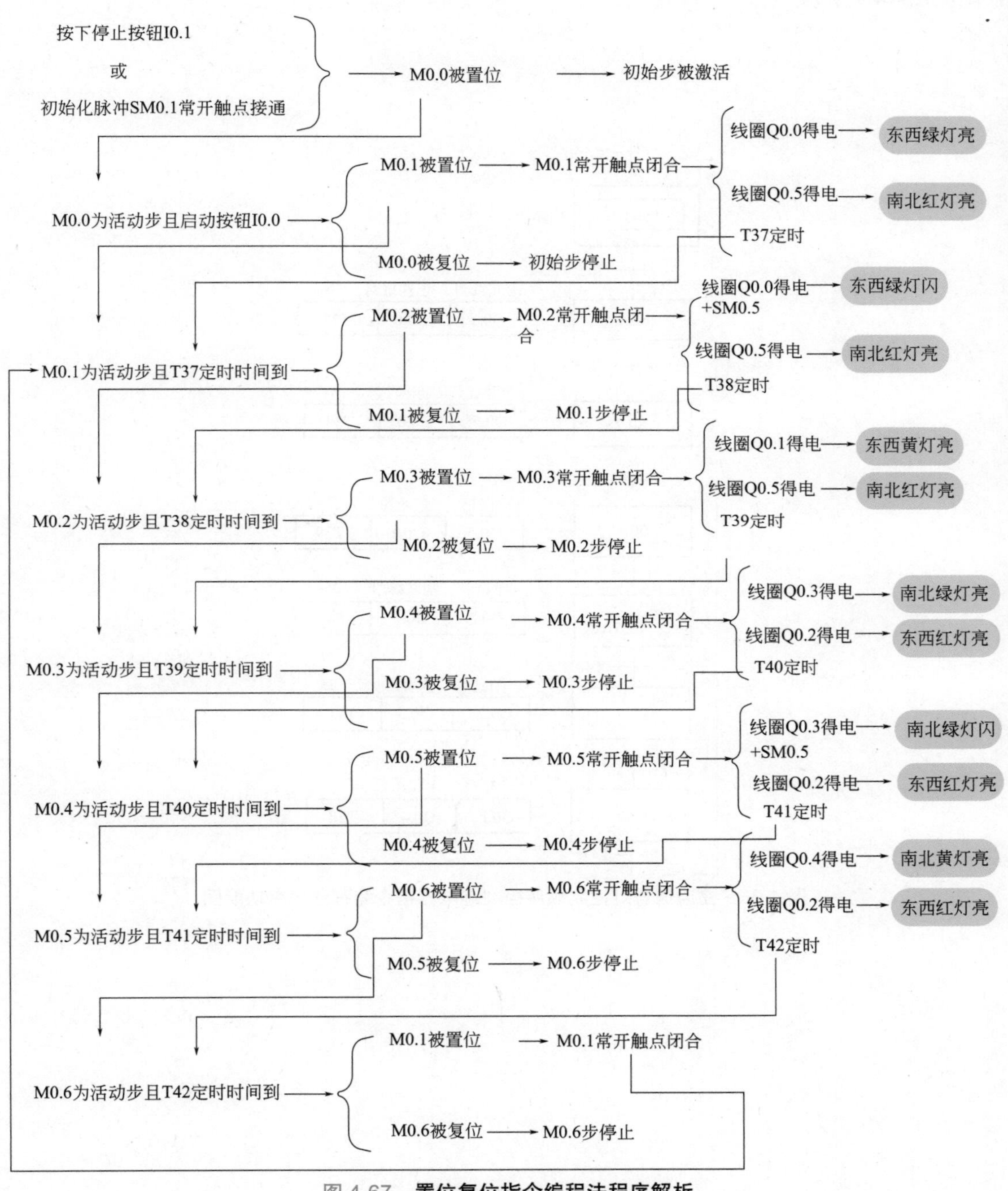


图 4-67 **置位复位指令编程法程序解析**

（5）解法五：顺序控制继电器指令编程法

顺序控制继电器指令编程法顺序功能图如图 4-68 所示。顺序控制继电器指令编程法梯形图如图 4-69 所示。

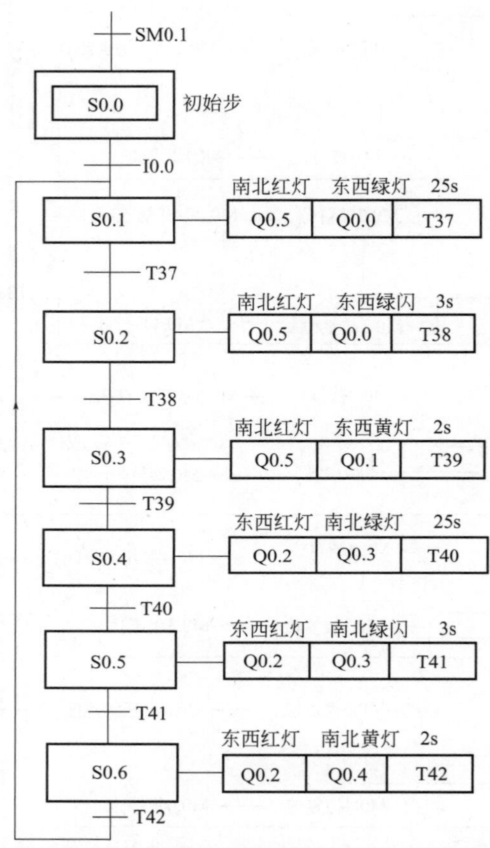


图 4-68　交通信号灯控制顺序控制继电器指令编程法顺序功能图

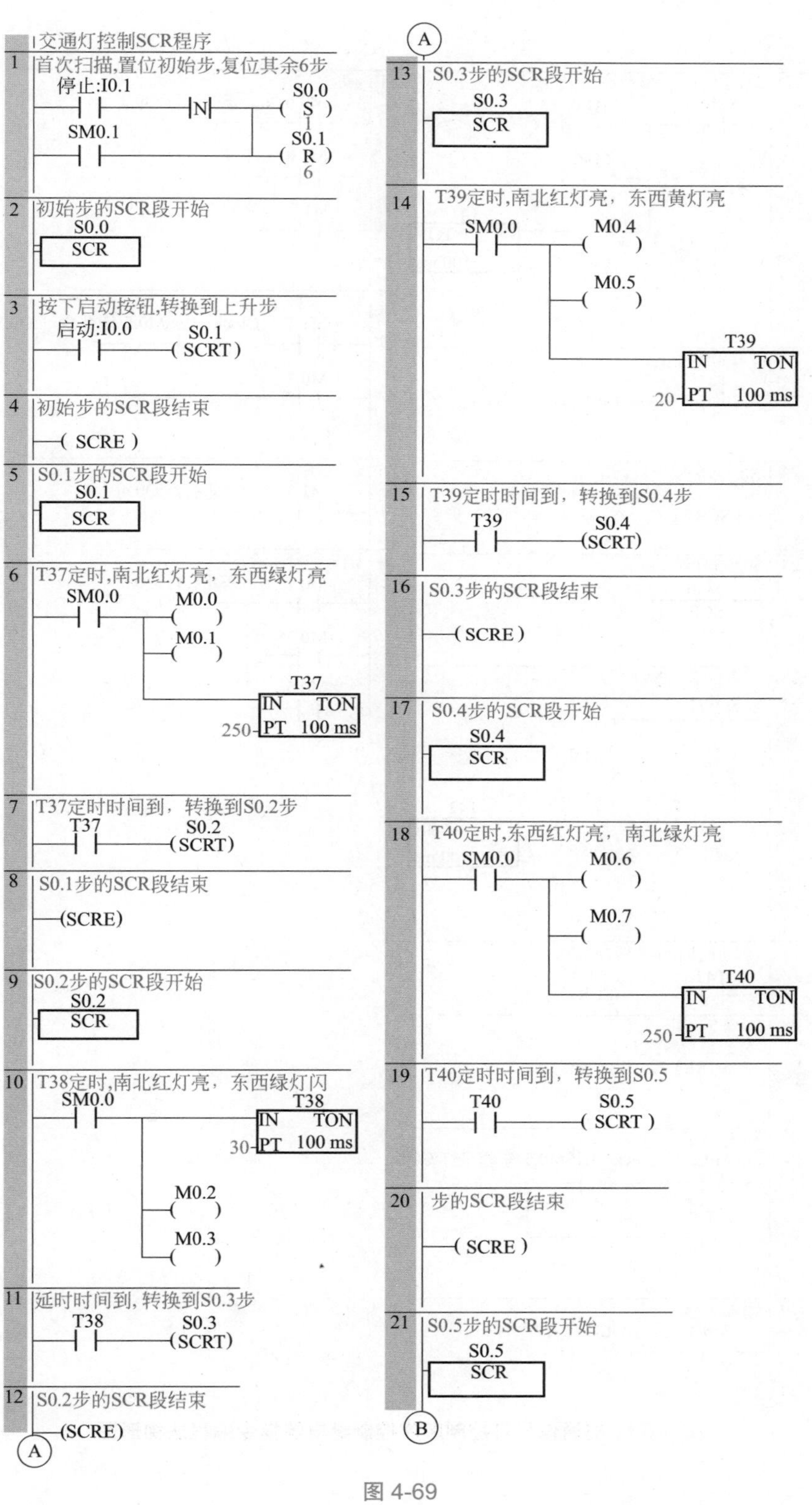
交通灯控制SCR程序
1 首次扫描,置位初始步,复位其余6步
停止:I0.1
N
S0.0
S
SM0.1
S0.1
R
6
2 初始步的SCR段开始
S0.0
SCR
3 按下启动按钮,转换到上升步
启动:I0.0
S0.1
SCRT
4 初始步的SCR段结束
SCRE
5 S0.1步的SCR段开始
S0.1
SCR
6 T37定时,南北红灯亮，东西绿灯亮
SM0.0
M0.0
M0.1
T37
IN TON
250 PT 100 ms
7 T37定时时间到，转换到S0.2步
T37
S0.2
SCRT
8 S0.1步的SCR段结束
SCRE
9 S0.2步的SCR段开始
S0.2
SCR
10 T38定时,南北红灯亮，东西绿灯闪
SM0.0
T38
IN TON
30 PT 100 ms
M0.2
M0.3
11 延时时间到,转换到S0.3步
T38
S0.3
SCRT
12 S0.2步的SCR段结束
SCRE
A
A
13 S0.3步的SCR段开始
S0.3
SCR
14 T39定时,南北红灯亮，东西黄灯亮
SM0.0
M0.4
M0.5
T39
IN TON
20 PT 100 ms
15 T39定时时间到，转换到S0.4步
T39
S0.4
SCRT
16 S0.3步的SCR段结束
SCRE
17 S0.4步的SCR段开始
S0.4
SCR
18 T40定时,东西红灯亮，南北绿灯亮
SM0.0
M0.6
M0.7
T40
IN TON
250 PT 100 ms
19 T40定时时间到，转换到S0.5
T40
S0.5
SCRT
20 步的SCR段结束
SCRE
21 S0.5步的SCR段开始
S0.5
SCR
B

图 4-69

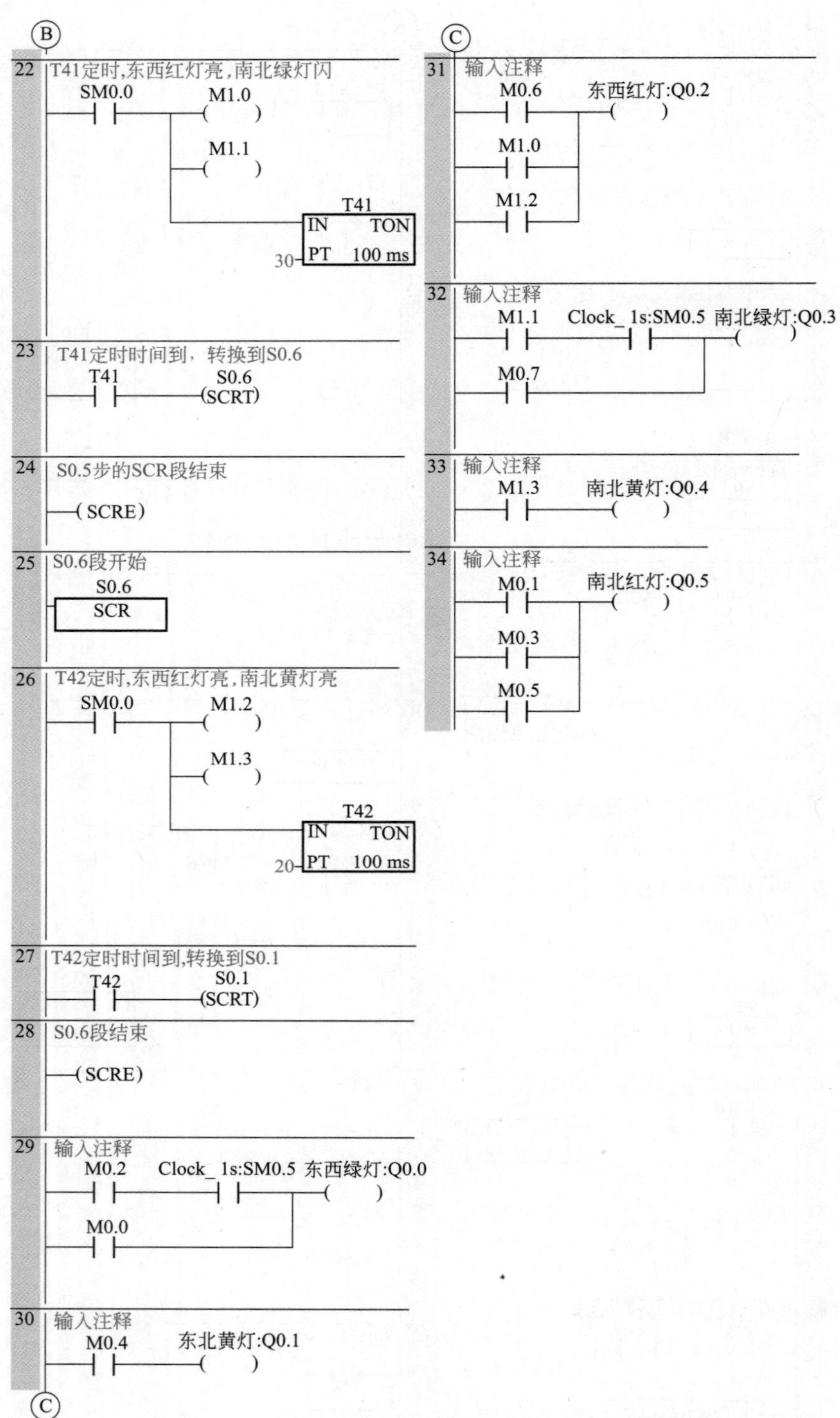


图 4-69 交通信号灯控制顺序控制继电器指令编程法梯形图

# 第 5 章 S7-200 SMART PLC 模拟量控制程序设计

SIEMENS

本章要点

- 模拟量控制概述
- 模拟量模块及内码与实际物理量的转换
- 空气压缩机改造项目
- PID 控制与恒压控制案例

# 5.1 模拟量控制概述

## 5.1.1 模拟量控制简介

（1）模拟量控制简介

在工业控制中，某些输入量（压力、温度、流量和液位等）是连续变化的模拟量信号，某些被控对象也需模拟信号控制，因此要求 PLC 有处理模拟信号的能力。

PLC 内部执行的均为数字量，因此模拟量处理需要完成两方面任务：其一是将模拟量转换成数字量（A/D 转换）；其二是将数字量转换为模拟量（D/A 转换）。

（2）模拟量处理过程

模拟量处理过程如图 5-1 所示。这个过程分为以下几个阶段。

① 模拟量信号的采集，由传感器来完成。传感器将非电信号（如温度、压力、液位和流量等）转化为电信号。注意此时的电信号为非标准信号。

② 非标准电信号转化为标准电信号，此项任务由变送器来完成。传感器输出的非标准电信号输送给变送器，经变送器将非标准电信号转化为标准电信号。根据国际标准，标准电信号有两种类型，分别为电压型和电流型。电压型的标准电信号为 DC 1 ～ 5V；电流型的标准信号为 DC 4 ～ 20mA。

③ A/D 转换和 D/A 转换。变送器将其输出的标准电信号传送给模拟量输入模块后，模拟量输入模块将模拟量信号转化为数字量信号，PLC 经过运算，其输出结果或直接驱动输出继电器，从而驱动开关量负载；或经模拟量输出模块实现 D/A 转换后，输出模拟量信号控制模拟量负载。

## 5.1.2 模块扩展连接

S7-200 SMART PLC 本机有一定数量的 I/O 点，其地址分配也是固定的。当 I/O 点数不够时，通过连接 I/O 扩展模块或安装信号板，可以实现 I/O 点数的扩展。扩展模块一般安装在本机的右端，最多可以扩展 6 个扩展模块；扩展模块可以分为数字量输入模块、数字量输出模块、数字量输入输出模块、模拟量输入模块、模拟量输出模块、模拟量输入输出模块、热电阻输入模块和热电偶输入模块。

扩展模块的地址分配由 I/O 模块的类型和模块在 I/O 链中的位置决定。数字量 I/O 模块的地址以字节为单位，某些 CPU 和信号板的数字量 I/O 点数如不是 8 的整数倍，最后一个字节中未用的位不会分配给 I/O 链中的后续模块。

CPU、信号板和各扩展模块的起始地址分配如图 5-2 所示。用系统块组态硬件时，编程软件 STEP 7-Micro/WIN SMART 会自动分配各模块和信号板的地址。

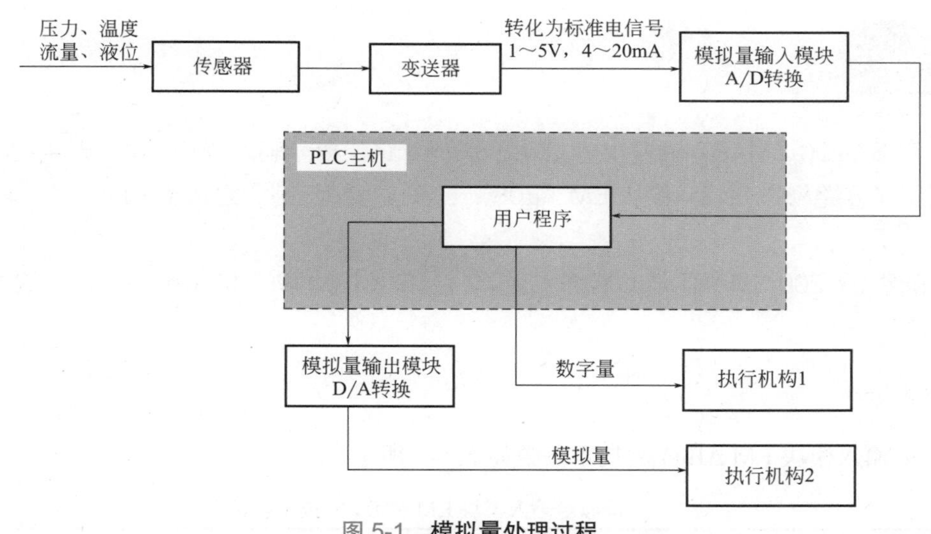


图 5-1　模拟量处理过程

|  | CPU | 信号板 | 信号模块 0 | 信号模块 1 | 信号模块 2 | 信号模块 3 |
|---|---|---|---|---|---|---|
| 起始地址 | I0.0<br>Q0.0 | I7.0<br>Q7.0<br>无AI信号板<br>AQW12 | I8.0<br>Q8.0<br>AIW16<br>AQW16 | I12.0<br>Q12.0<br>AIW32<br>AQW32 | I16.0<br>Q16.0<br>AIW48<br>AQW48 | I20.0<br>Q20.0<br>AIW64<br>AQW64 |

图 5-2　CPU、信号板和各扩展模块的起始地址分配

# 5.2　模拟量模块及内码与实际物理量的转换

## 5.2.1　模拟量输入模块

（1）概述

模拟量输入模块有 4 路模拟量输入 EM AE04 和 8 路模拟量输入 EM AE08 两种，其功能是将输入的模拟量信号转化为数字量，并将结果存入模拟量输入映像寄存器 AI 中。AI 中的数据以字（1 个字 16 位）的形式存取。电压模式的分辨率为 12 位 + 符号位，电流模式的分辨率为 12 位。

模拟量输入模块有 4 种量程，分别为 0 ～ 20mA、±10V、±5V、±2.5V。选择哪个量程可以通过编程软件 STEP 7-Micro/WIN SMART 来设置。

对于单极性满量程输入范围对应的数字量输出为 0 ～ 27648；双极性满量程输入范围对应的数字量输出为 −27648 ～ +27648。

通过查阅西门子 S7-200 SMART PLC 手册发现，模拟量输入模块 EM AE04 和 EM AE08 仅模拟量通道数量上有差异，其余特性不变。那么本节将以 4 路模拟量输入模块 EM AE04 为例，对相关问题进行展开。

编者心语

1. 在 S7-200 SMART PLC 上市之初，仅有 4 路模拟量输入模块 EM AE04，后来又陆续推出了 8 路模拟量输入模块 EM AE08，二者仅有模拟量通道数量上的差别，其余性质一致。

2. 随着 S7-200 SMART PLC 技术的更新，分辨率由原来的 11 位更新为现在的 12 位。

（2）技术指标

模拟量输入模块 EM AE04 的技术参数如表 5-1 所示。

表 5-1　模拟量输入模块 EM AE04 的技术参数

| | |
|---|---|
| 功耗 | 1.5W（空载） |
| 电流消耗（SM 总线） | 80mA |
| 电流消耗（24V DC） | 40mA（空载） |
| 满量程范围 | −27648 ～ +27648 |
| 过冲 / 下冲范围（数据字） | 电压：27649 ～ 32511/−27649 ～ −32512<br>电流：27649 ～ 32511/−4864 ～ 0 |
| 上溢 / 下溢（数据字） | 电压：32512 ～ 32767/−32513 ～ −32768<br>电流：32512 ～ 32767/−4865 ～ −32768 |
| 输入阻抗 | ≥ 9MΩ 电压输入<br>250Ω 电流输入 |
| 最大耐压 / 耐流 | ±35V DC/±40mA |
| 输入范围 | ±5V，±10V，±2.5V，或 0 ～ 20mA |
| 分辨率 | 电压模式：12 位 + 符号位<br>电流模式：12 位 |
| 隔离 | 无 |
| 精度（25℃ /0 ～ 55℃） | 电压模式：满程的 ±0.1%/±0.2%<br>电流模式：满程的 ±0.2%/±0.3% |
| 电缆长度（最大值） | 100m，屏蔽双绞线 |

（3）模拟量输入模块 EM AE04 的外形与接线

模拟量输入模块 EM AE04 的外形与接线如图 5-3 所示。

模拟量输入模块 EM AE04 需要 24V DC 电源供电，可以外接开关电源，也可由来自 PLC 的传感器电源（L+、M 之间 24V DC）提供。在扩展模块及外围元件较多的情况下，不建议使用 PLC 的传感器电源供电，具体电源需要量计算，请查阅第 1 章的内容。模拟量输入模块安装时，将其连接器插入 CPU 模块或其他扩展模块的插槽里，不再是 S7-200 PLC 那种采用扁平电缆的连接方式。

模拟量输入模块支持电压信号和电流信号输入，对于模拟量电压信号、电流信号的类型及量程的选择由编程软件 STEP 7-Micro/WIN SMART 设置来完成，不再是 S7-200PLC 那种 DIP 开关设置了，这样更加便捷。

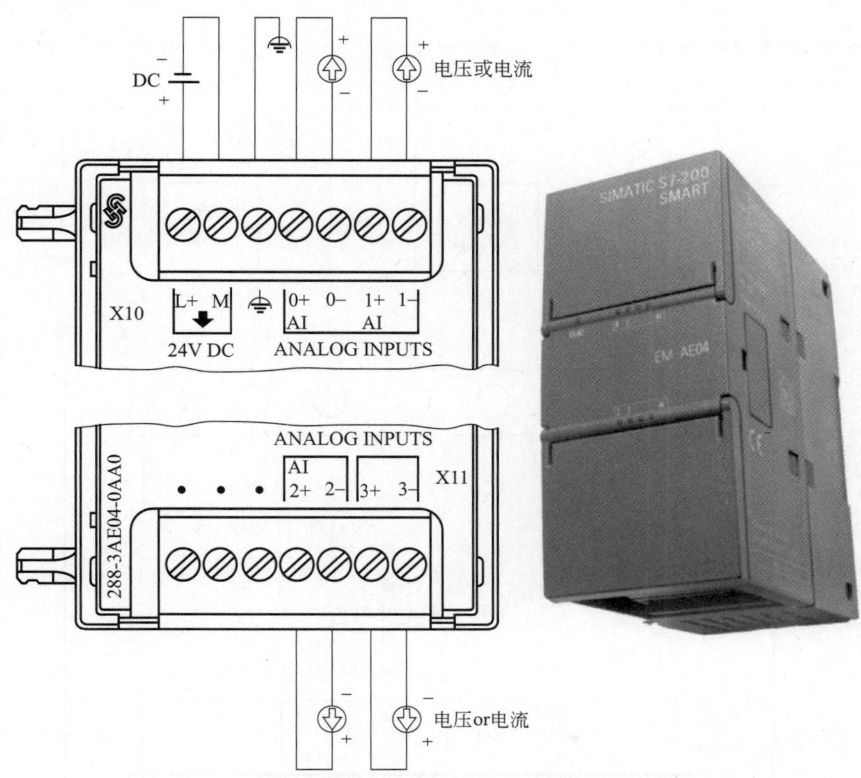


图 5-3　**模拟量输入模块 EM AE04 的外形及接线**

（4）模拟量输入模块 EM AE04 接线应用案例

① 接线要求：现有二线制、三线制和四线制传感器各 1 个，1 块模拟量输入模块 EM AE04，二线制、三线制和四线制传感器要接到模拟量输入模块 EM AE04 上。

② 接线图：模拟量输入模块 EM AE04 与传感器的接线如图 5-4 所示。

③ 解析：传感器按接线方式的不同可分为二线制、三线制和四线制传感器。二线制传感器的两根线既是电源线又是信号线，和模拟量输入模块 EM AE04 对接，我们选择了 0 通道，将标有“+”的一根线接到 24V+ 上，标有“-”的一根线接到 0+ 上，0- 直接和电源线的 0V 对接即可；三线制和四线制传感器电源线和信号线是分开的，标有①的接到 24V+ 上，标有②的接到 0V 上，以上两根是电源线；对于三线制传感器信号正③接到模块的 2+ 上，信号负和电源负共用；对于四线制传感器信号正③接到模块的 1+ 上，信号负④接到模块 1- 上。

（5）模拟量输入模块 EM AE04 组态模拟量输入

在编程软件中，先选中模拟量输入模块，再选中要设置的通道，模拟量的类型有电压和电流两种，电压范围有 3 种：±2.5V、±5V、±10V；电流范围只有 1 种：0 ～ 20mA。

值得注意的是，通道 0 和通道 1 的类型相同，通道 2 和通道 3 的类型相同。具体设置如图 5-5 所示。

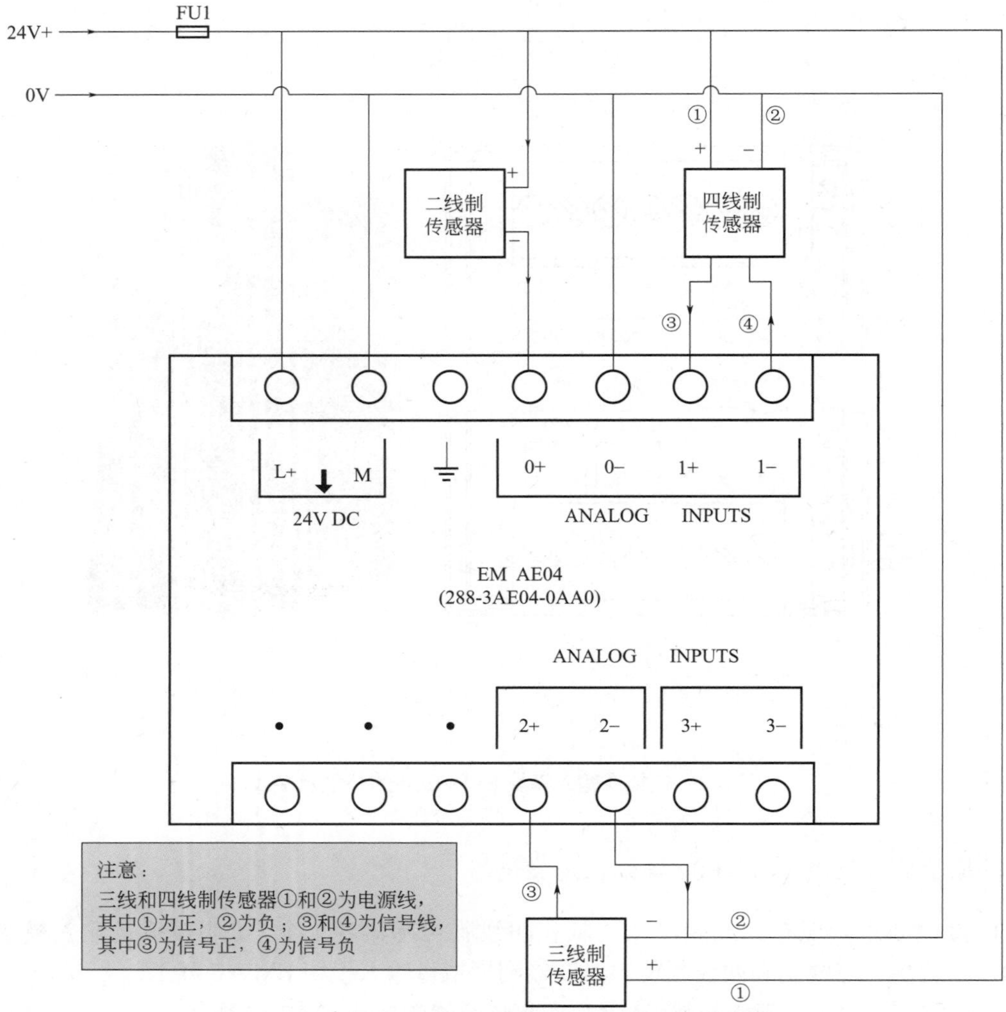

注意：
三线和四线制传感器①和②为电源线，其中①为正，②为负；③和④为信号线，其中③为信号正，④为信号负

图 5-4　模拟量输入模块 EM AE04 与传感器的接线

编者心语

1. 模拟量输入模块接线应用案例抽象地描述了实际工程中所有模拟量传感器与模拟量输入模块的对接方法，该例子读者应细细品味。

2. 典型的二线制模拟量传感器有压力变送器；常见的三线制模拟量传感器有温度传感器、光电传感器、红外线传感器和超声波传感器等；常见的四线制传感器有电磁流量计和磁滞位移传感器等。

## 5.2.2 模拟量输出模块

（1）概述

模拟量输出模块有 2 路模拟量输出 EM AQ02 和 4 路模拟量输出 EM AQ04 两种，其功能是将模拟量输出映像寄存器 AQ 中的数字量转换为可用于驱动执行元件的模拟量。此模块有两种量程，分别为 ±10V 和 0 ～ 20mA，对应的数字量为 −27648 ～ +27648 和 0 ～ 27648。

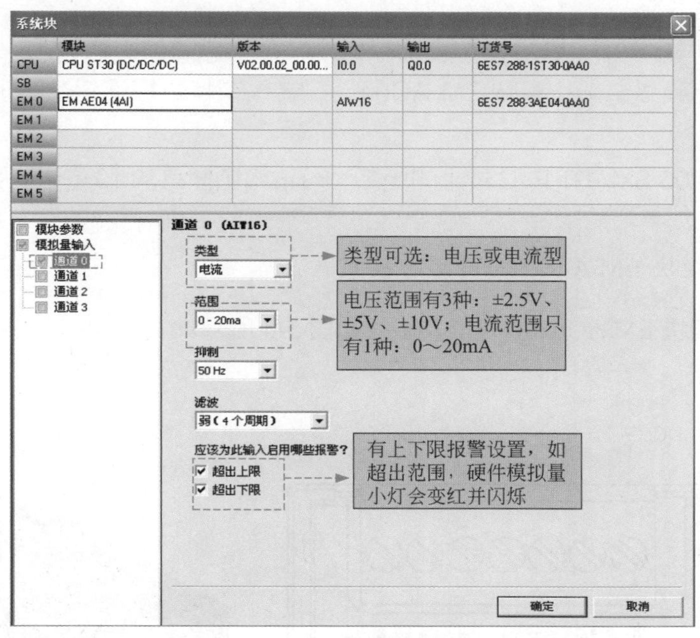


图 5-5　**组态模拟量输入**

AQ 中的数据以字（1 个字 16 位）的形式存取，电压模式分辨率为 11 位 + 符号位，电流模式分辨率为 11 位。

通过查阅西门子 S7-200 SMART PLC 手册发现，模拟量输出模块 EM AQ02 和 EM AQ04 仅模拟量通道数量上有差异，其余性质不变。那么本节将以 2 路模拟量输出 EM AQ02 为例，对相关问题进行展开。

（2）技术指标

模拟量输出模块 EM AQ02 的技术参数如表 5-2 所示。

表 5-2　**模拟量输出模块 EM AQ02 的技术参数**

| 项目 | 参数 |
|---|---|
| 功耗 | 1.5W（空载） |
| 电流消耗（SM 总线） | 80mA |
| 电流消耗（24V DC） | 50mA（空载） |
| 信号范围<br>电压输出<br>电流输出 | <br>±10V<br>0 ～ 20mA |
| 分辨率 | 电压模式：11 位 + 符号位<br>电流模式：11 位 |
| 满量程范围 | 电压：−27648 ～ +27648<br>电流：0 ～ +27648 |
| 精度（25℃ /0 ～ 55℃） | 满程的 ±0.5%/±1.0% |
| 负载阻抗 | 电压：≥ 1000Ω；电流：≤ 500Ω |
| 电缆长度（最大值） | 100m，屏蔽双绞线 |

编者心语

1. 在 S7-200 SMART PLC 上市之初，仅有 2 路模拟量输出模块 EM AQ02，后来又陆续推出了 4 路模拟量输出模块 EM AQ04，二者仅有模拟量通道数量上的差别，其余性质一致。

2. 随着 S7-200 SMART PLC 技术的更新，分辨率由原来的 10 位更新为现在的 11 位。

（3）模拟量输出模块 EM AQ02 的外形与接线

模拟量输出模块 EM AQ02 的外形及接线如图 5-6 所示。

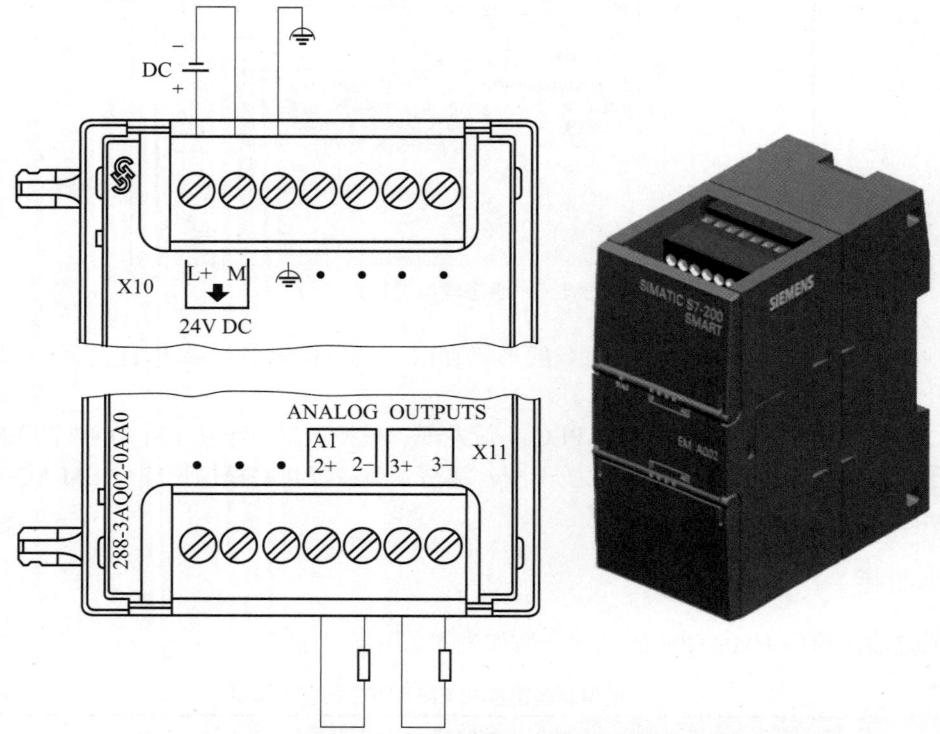


图 5-6　模拟量输出模块 EM AQ02 的外形及接线

模拟量输出模块需要 24V DC 电源供电，可以外接开关电源，也可由来自 PLC 的传感器电源（L+、M 之间 24V DC）提供。在扩展模块及外围元件较多的情况下，不建议使用 PLC 的传感器电源供电，具体电源需要量计算，请查阅第 1 章的内容。

通道的两个端子直接对接到设备（伺服比例阀和调节阀等）的两端即可，通道的 0 接设备端子的正端，通道的 0M 接到设备端子的负端。

模拟量输出模块安装时，将其连接器插入 CPU 模块或其他扩展模块的插槽里。

（4）模拟量输出模块 EM AQ02 组态模拟量输出

先选中模拟量输出模块，再选中要设置的通道，模拟量的类型有电压和电流两种，电压范围只有 1 种：±10V；电流范围只有 1 种：0 ～ 20mA。具体设置如图 5-7 所示。

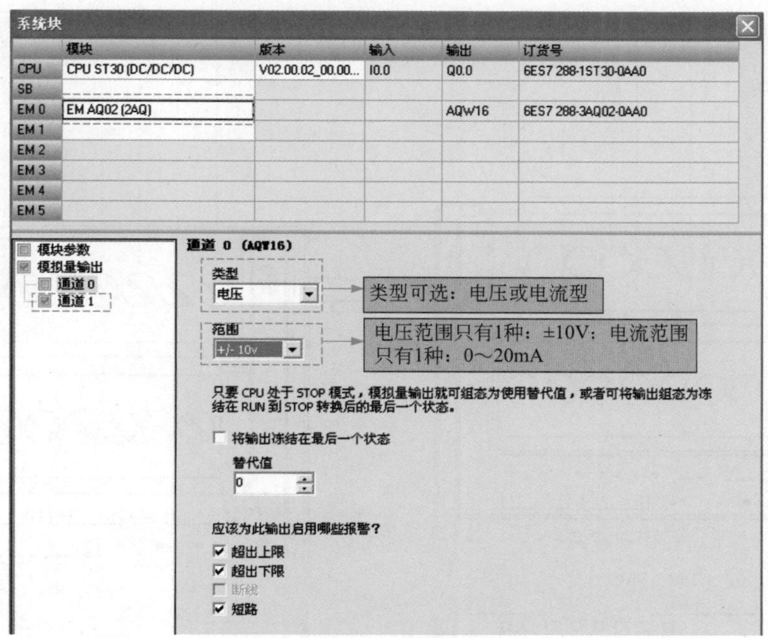


图 5-7　组态模拟量输出

## 5.2.3 模拟量输入输出混合模块

（1）模拟量输入输出混合模块

模拟量输入输出混合模块有两种，一种是 EM AM06，即 4 路模拟量输入和 2 路模拟量输出；另一种是 EM AM03，即 2 路模拟量输入和 1 路模拟量输出。

（2）模拟量输入输出混合模块的接线

模拟量输入输出混合模块 EM AM03 和 EM AM06 的接线如图 5-8 所示。

模拟量输入输出混合模块实际上是模拟量输入模块和模拟量输出模块的叠加，故技术参数上可以参考表 5-1 和表 5-2，组态模拟量输入输出可以参考图 5-5 和图 5-7，这里不再赘述。

## 5.2.4 热电偶模块

热电偶模块 EM AT04 是热电偶专用模块，可以连接多种热电偶（J、K、E、N、S、T、R、B、C、TXK 和 XK），还可以测量范围为 ±80mV 的低电平模拟量信号。组态时，温度测量类型可选择“热电偶”，也可以选择“电压”。选择“热电偶”时，内码（模拟量信号转化为数字量）与实际温度的对应关系是实际温度乘以 10 会得到内码；选择“电压”时，额定范围的满量程值将是 27648。

热电偶模块有冷端补偿电路，可以对测量数据进行修正，以补偿基准温度和模块温度差。

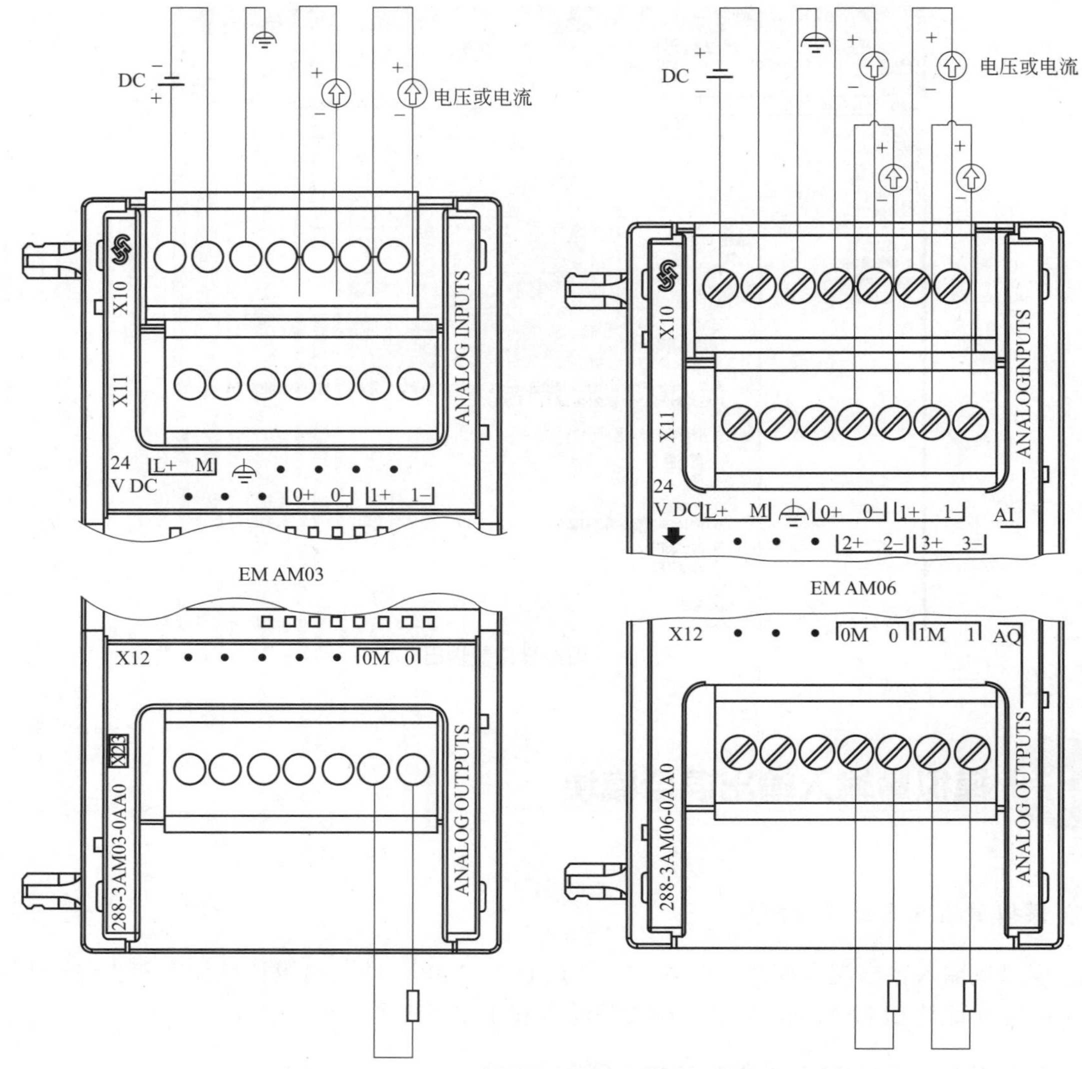


图 5-8　模拟量输入输出混合模块的接线

(1) 热电偶模块 EM AT04 的技术参数

热电偶模块 EM AT04 的技术参数如表 5-3 所示。热电偶模块 EM AT04 的技术参数给出了热电偶模块 EM AT04 支持热电偶的类型。热电偶精度和测量范围如表 5-4 所示。

表 5-3　热电偶模块 EM AT04 的技术参数

| 输入范围 | 热电偶类型：S、T、R、E、N、K、J；电压范围：±80mV |
|---|---|
| 分辨率<br>温度<br>电阻 | <br>0.1℃ /0.1℉<br>15 位 + 符号位 |
| 导线长度 | 到传感器最长为 100m |
| 电缆电阻 | 最大 100Ω |
| 数据字格式 | 电压值测量：-27648 ～ +27648 |
| 阻抗 | ≥ 10MΩ |

续表

| 最大耐压 | ±35V DC |
|---|---|
| 重复性 | ±0.05%FS |
| 冷端误差 | ±1.5℃ |
| 24V DC 电压范围 | 20.4 ～ 28.8V DC（开关电源，或来自 PLC 的传感器电源） |

表 5-4　热电偶选型表

| 类型 | 低于范围最小值 | 额定范围下限 | 额定范围上限 | 超出范围最大值 | 25℃时的精度 | -20 ～ 55℃时的精度 |
|---|---|---|---|---|---|---|
| J | -210.0℃ | -150.0℃ | 1200.0℃ | 1450.0℃ | ±0.3℃ | ±0.6℃ |
| K | -270.0℃ | -200.0℃ | 1372.0℃ | 1622.0℃ | ±0.4℃ | ±1.0℃ |
| T | -270.0℃ | -200.0℃ | 400.0℃ | 540.0℃ | ±0.5℃ | ±1.0℃ |
| E | -270.0℃ | -200.0℃ | 1000.0℃ | 1200.0℃ | ±0.3℃ | ±0.6℃ |
| R & S | -50.0℃ | 100.0℃ | 1768.0℃ | 2019.0℃ | ±1.0℃ | ±2.5℃ |
| B | 0.0℃ | 200.0℃ | 800.0℃ | — | ±2.0℃ | ±2.5℃ |
|  | — | 800.0℃ | 1820.0℃ | 1820.0℃ | ±1.0℃ | ±2.3℃ |
| N | -270.0℃ | -200℃ | 1300.0℃ | 1550.0℃ | ±1.0℃ | ±1.6℃ |
| C | 0.0℃ | 100.0℃ | 2315.0℃ | 2500.0℃ | ±0.7℃ | ±2.7℃ |
| TXK/XK（L） | -200.0℃ | -150.0℃ | 800.0℃ | 1050.0℃ | ±0.6℃ | ±1.2℃ |
| 电压 | -32512 | -27648<br>-80mV | 27648<br>80mV | 32511 | ±0.05℃ | ±0.1℃ |

（2）热电偶 EM AT04 的接线

热电偶 EM AT04 的接线如图 5-9 所示。

热电偶模块 EM AT04 需要 24V DC 电源供电，可以外接开关电源，也可由来自 PLC 的传感器电源（L+、M 之间 24V DC）提供。热电偶模块通过连接器与 CPU 模块或其他模块连接。热电偶接到相应的通道上即可。

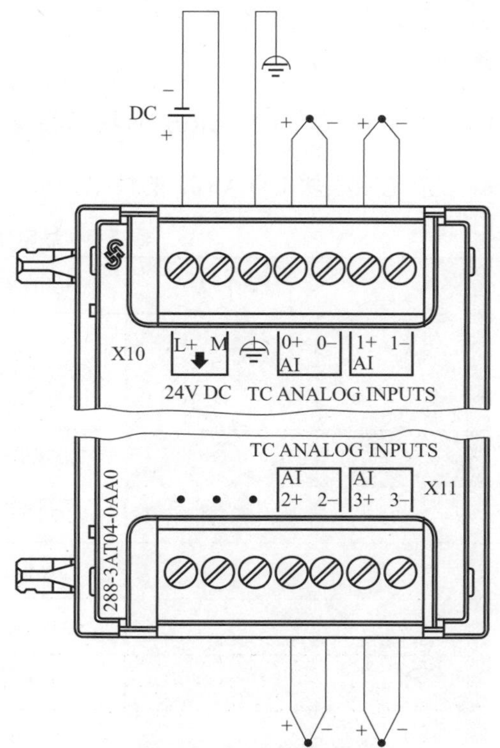


图 5-9　热电偶 EM AT04 的接线

（3）热电偶 EM AT04 组态

热电偶模块 EM AT04 组态如图 5-10 所示。

## 5.2.5 热电阻模块

热电阻模块是热电阻专用模块，可以连接 Pt、Cu、Ni 等热电阻，热电阻用于采集温度信号，热电阻模块则将采集来的温度信号转化为数字量。热电阻模块有两种，分别为两路输入热电阻模块 EM AR02 和四路输入热电阻模块 EM AR04。热电阻模块的温度测量分辨率为 0.1℃ /0.1℉，电阻测量精度为 15 位 + 符号位。

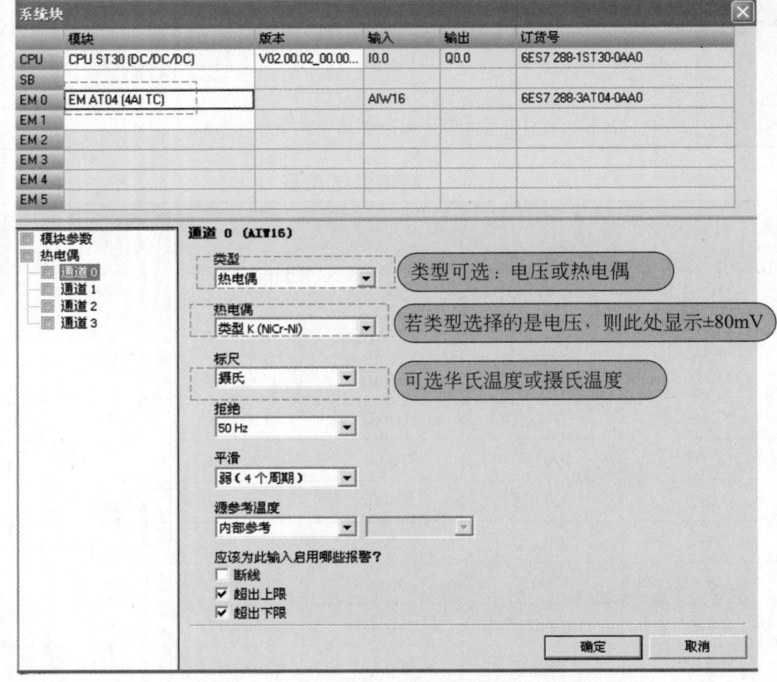


图 5-10 热电偶模块 EM AT04 组态

鉴于两路输入热电阻模块 EM AR02 和四路输入热电阻模块 EM AR04 只是输入通道上有差别，其余性质不变，故本节以两路输入热电阻模块 EM AR02 为例，对相关问题进行展开。

(1) 热电阻模块 EM AR02 的技术指标

热电阻模块 EM AR02 的技术指标如表 5-5 所示。

表 5-5 热电阻模块 EM AR02 的技术指标

| | |
|---|---|
| 输入范围 | 热电阻类型：Pt、Cu、Ni |
| 分辨率<br>温度<br>电阻 | <br>0.1℃ /0.1℉<br>15 位 + 符号位 |
| 导线长度 | 到传感器最长为 100m |
| 电缆电阻 | 最大 20Ω，对于 Cu10，最大为 2.7Ω |
| 阻抗 | ≥ 10MΩ |
| 最大耐压 | ±35V DC |
| 重复性 | ±0.05%FS |
| 24V DC 电压范围 | 20.4 ～ 28.8V DC（开关电源，或来自 PLC 的传感器电源） |

（2）热电阻 EM AR02 的接线

热电阻模块 EM AR02 的接线如图 5-11 所示。

热电阻模块 EM AR02 需要 24V DC 电源供电，可以外接开关电源，也可由来自 PLC 的传感器电源（L+、M 之间 24V DC）提供。热电阻模块通过连接器与 CPU 模块或其他模块连接。热电阻因有 2、3 和 4 线制，故接法略有差异，其中以 4 线制接法精度最高。

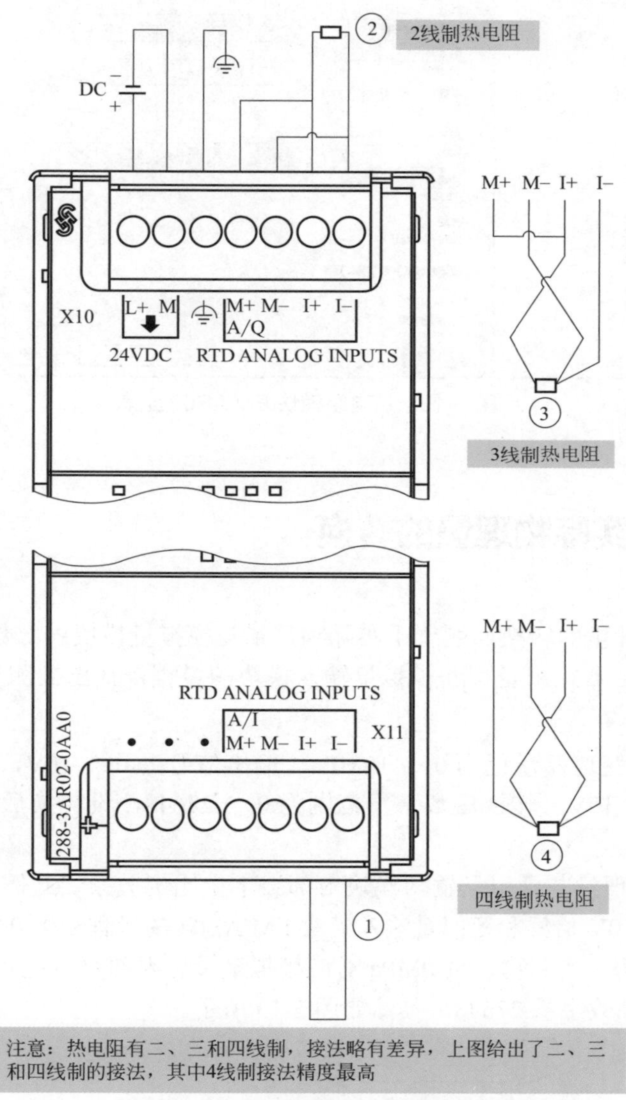


图 5-11 热电阻 EM AR02 的接线

（3）热电阻 EM AR02 组态

热电阻模块 EM AR02 组态如图 5-12 所示。

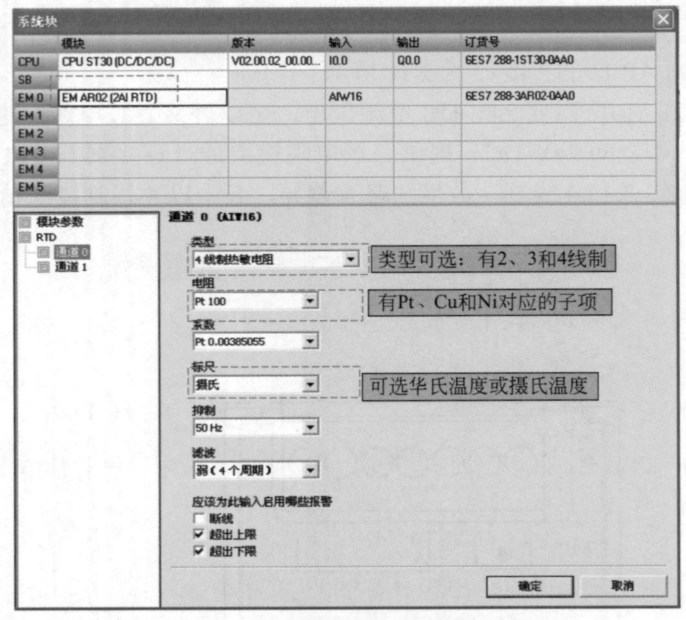


图 5-12　热电阻模块 EM AR02 组态

## 5.2.6 内码与实际物理量的转换

内码与实际物理量的转换问题属于实际物理量与模拟量模块内部数字量对应关系问题，转换时，应考虑变送器输出量程和模拟量输入模块的量程，找出被测量与 A/D 转换后的数字量之间的比例关系。

**例 1**：某压力变送器量程为 0 ～ 10MPa，输出信号为 0 ～ 10V，模拟量输入模块 EM AE04 量程为 -10 ～ 10V，转换后数字量范围为 0 ～ 27648，设转换后的数字量为 $X$，试编程求压力值。

① 找到实际物理量与模拟量输入模块内部数字量比例关系　此例中，压力变送器的输出信号的量程 0 ～ 10V 恰好和模拟量输入模块 EM AE04 的量程一半 0 ～ 10V 一一对应，因此对应关系为正比例，实际物理量 0MPa 对应模拟量模块内部数字量 0，实际物理量 10MPa 对应模拟量模块内部数字量 27648。具体如图 5-13 所示。

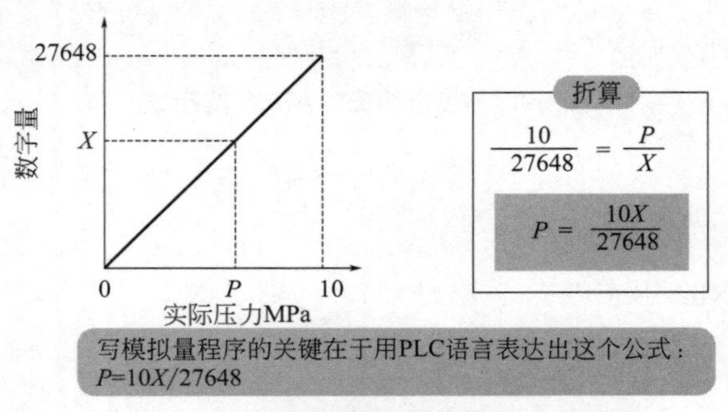


图 5-13　实际物理量与数字量的对应关系

② 程序编写　通过上步找到比例关系后，就可以进行模拟量程序的编写了，编写的关键在于用 PLC 语言表达出 $P=10X/27648$。程序如图 5-14 所示。

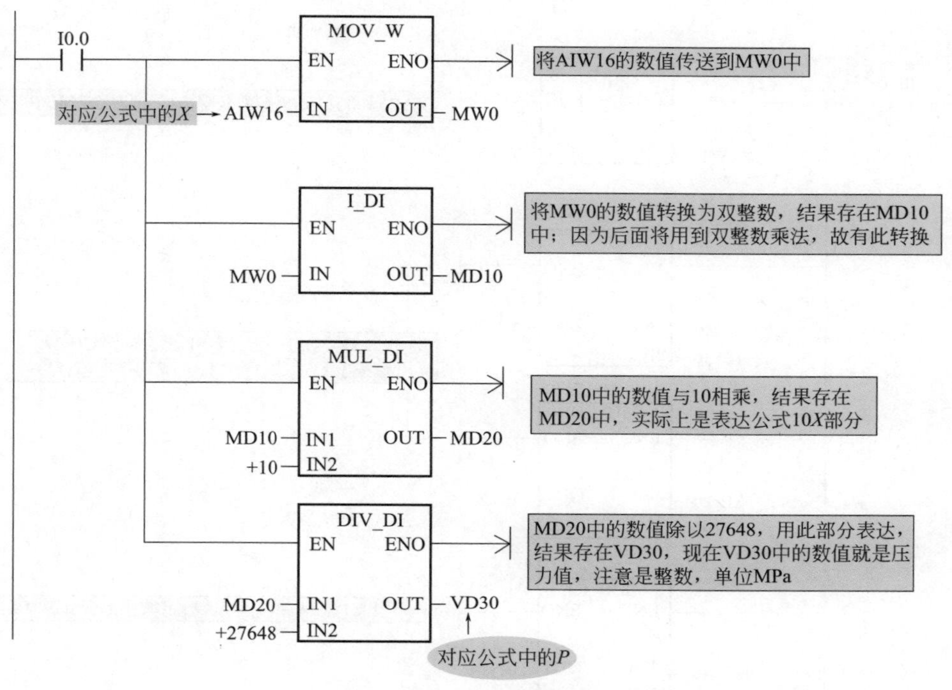


图 5-14　**例 1 转换程序**

**例 2**：某温度变送器量程为 0 ～ 100℃，输出信号为 4 ～ 20mA，模拟量输入模块 EM AE04 量程为 0 ～ 20mA，转换后数字量为 0 ～ 27648，设转换后的数字量为 $X$，试编程求温度值。

① 找到实际物理量与模拟量输入模块内部数字量比例关系　此例中，温度变送器的输出信号的量程为 4 ～ 20mA，模拟量输入模块 EM AE04 的量程为 0 ～ 20mA，二者不完全对应，因此实际物理量 0℃对应模拟量模块内部数字量 5530，实际物理量 100℃对应模拟量模块内部数字量 27648。具体如图 5-15 所示。

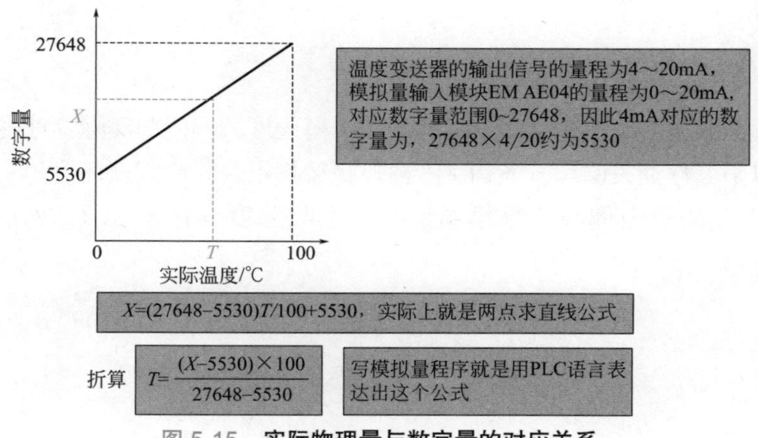


图 5-15　**实际物理量与数字量的对应关系**

② 程序编写　通过上步找到比例关系后，就可以进行模拟量程序的编写了，编写的关键在于用 PLC 语言表达出 $P=100(X-5530)/(27648-5530)$。程序如图 5-16 所示。

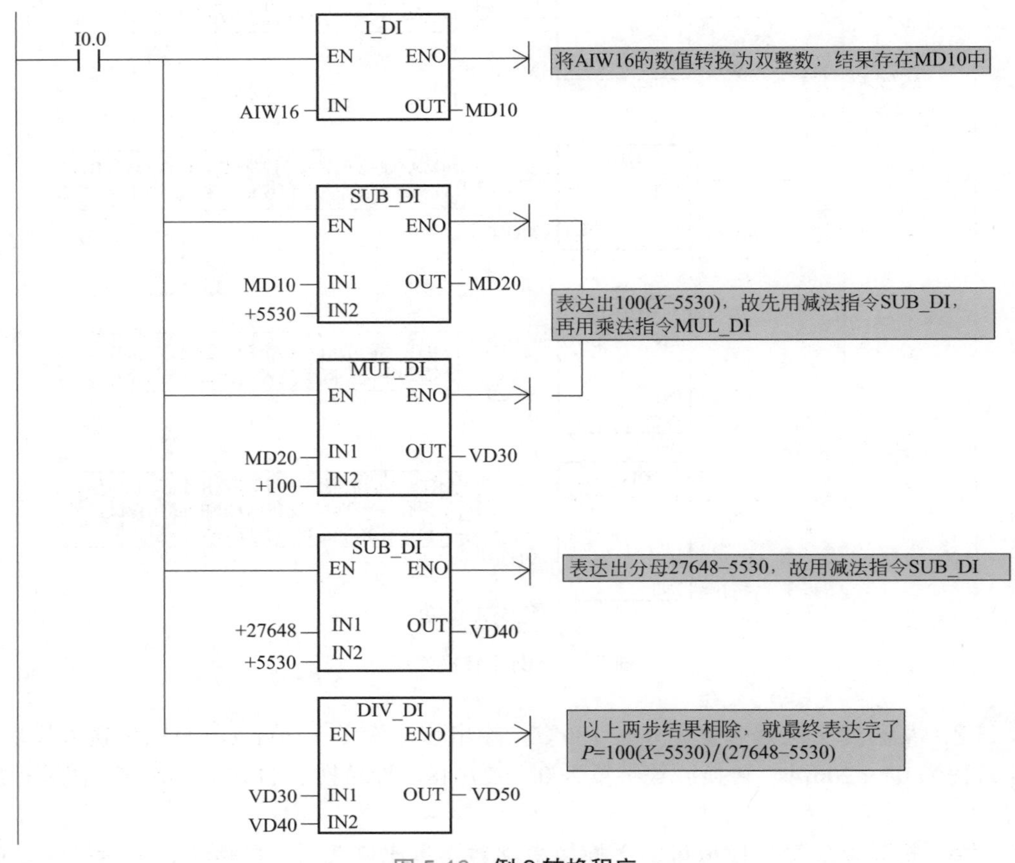


图 5-16　**例 2 转换程序**

**编者心语**

1. 读者应细细品味以上两个例子的异同点，真正理解内码与实际物理量的对应关系，才是掌握模拟量编程的关键。一些初学者模拟量编程不会，原因就在这。

2. 用热电阻和热电偶模块采集温度时，实际温度 = 内码 /10，这点容易被读者忽略。

SIEMENS

# 5.3 空气压缩机改造项目

## 5.3.1 控制要求

某工厂有 3 台空气压缩机，为了增加压缩空气的储存量，现增加一个大的储气罐，因此需对原有 3 台独立空气压缩机进行改造。空气压缩机改造装置图如图 5-17 所示。具体控制要求如下：

① 气压低于 0.4MPa，3 台空气压缩机工作。

② 气压高于 0.8MPa，3 台空气压缩机停止工作。

③ 3 台空气压缩机要求分时启动。

④ 为了生产安全，必须设有报警装置。一旦出现故障，要求立即报警；报警分为高高报警和低低报警，高高报警时，要求 3 台空气压缩机立即断电停止工作。

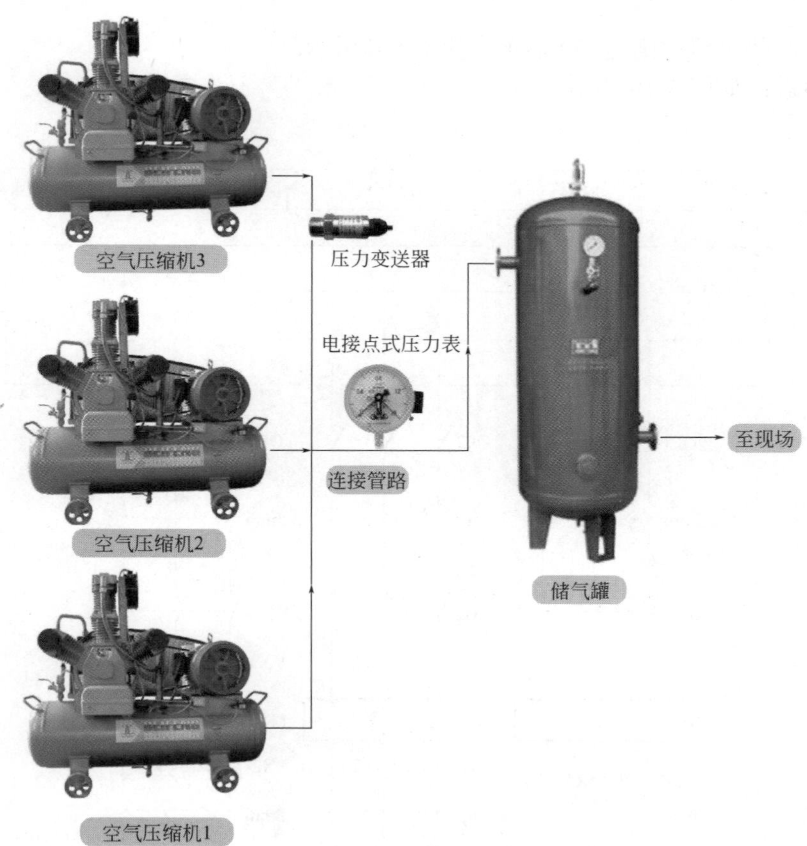


图 5-17　空气压缩机改装装置图

## 5.3.2 设计过程

（1）设计方案

本项目采用 CPU SR20 模块进行控制。现场压力信号由压力变送器采集。报警电路采用电接点式压力表 + 蜂鸣器。

（2）硬件设计

本项目硬件设计包括以下几部分：

① 3 台空气压缩机主电路设计；

② CPU SR20 模块供电和控制设计；

③ 模拟量信号采集、空气压缩机状态指示及报警电路设计。

以上各部分的相应图纸如图 5-18（a）～（c）所示。

（3）程序设计

① 明确控制要求后，确定 I/O 端子，如表 5-6 所示。

② 硬件组态：如图 5-19 所示。

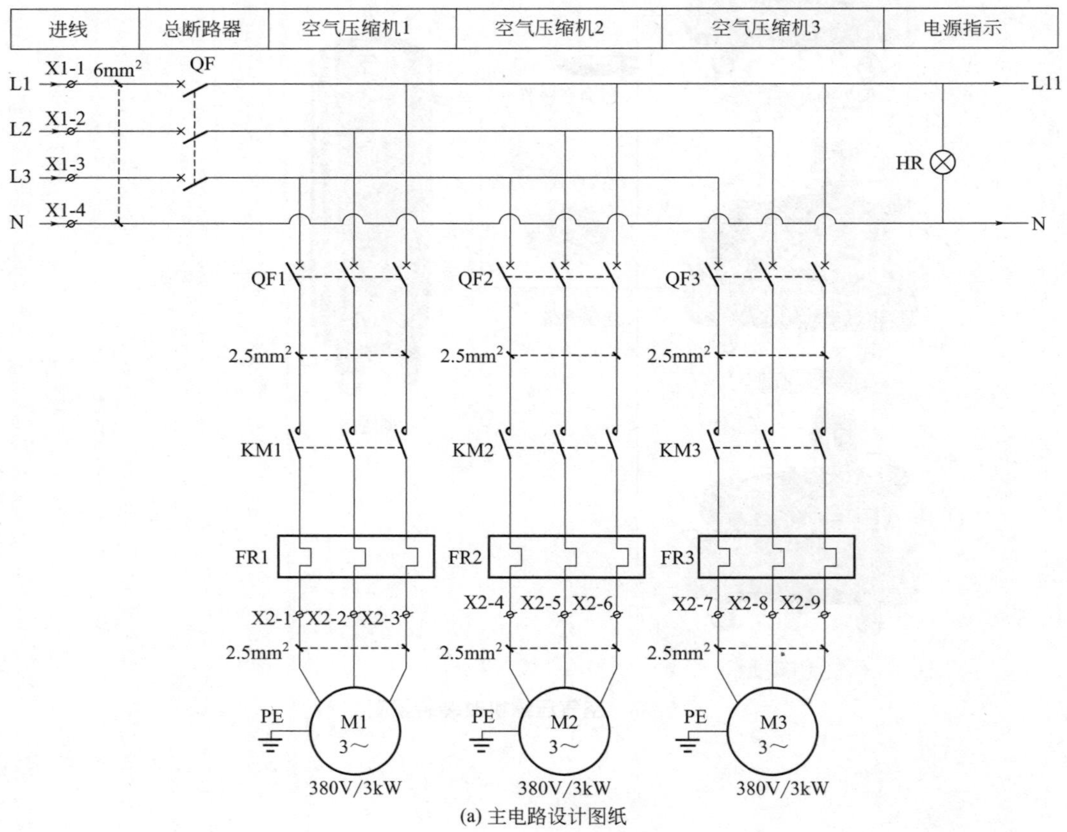


(a) 主电路设计图纸

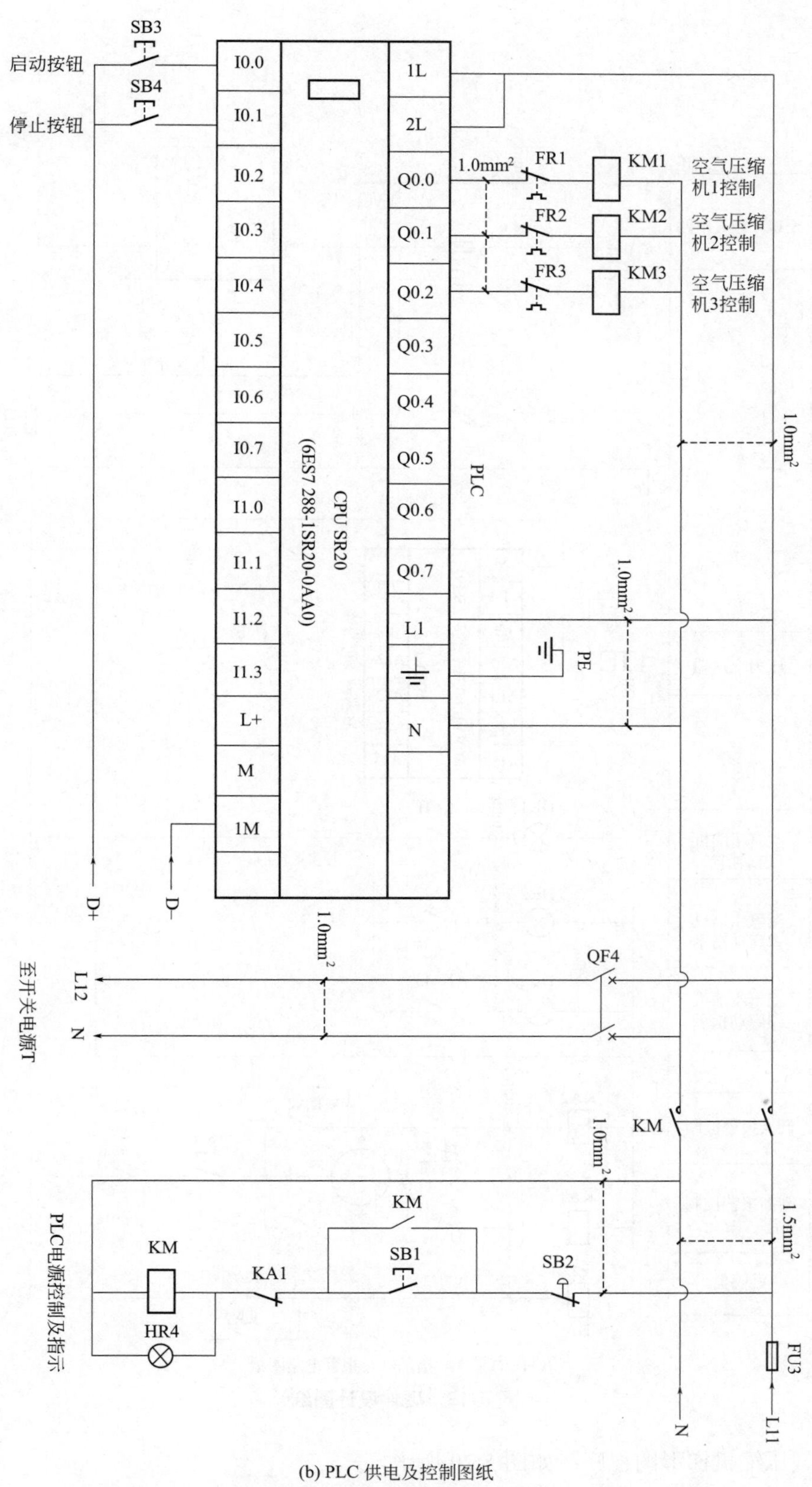


(b) PLC 供电及控制图纸

图 5-18

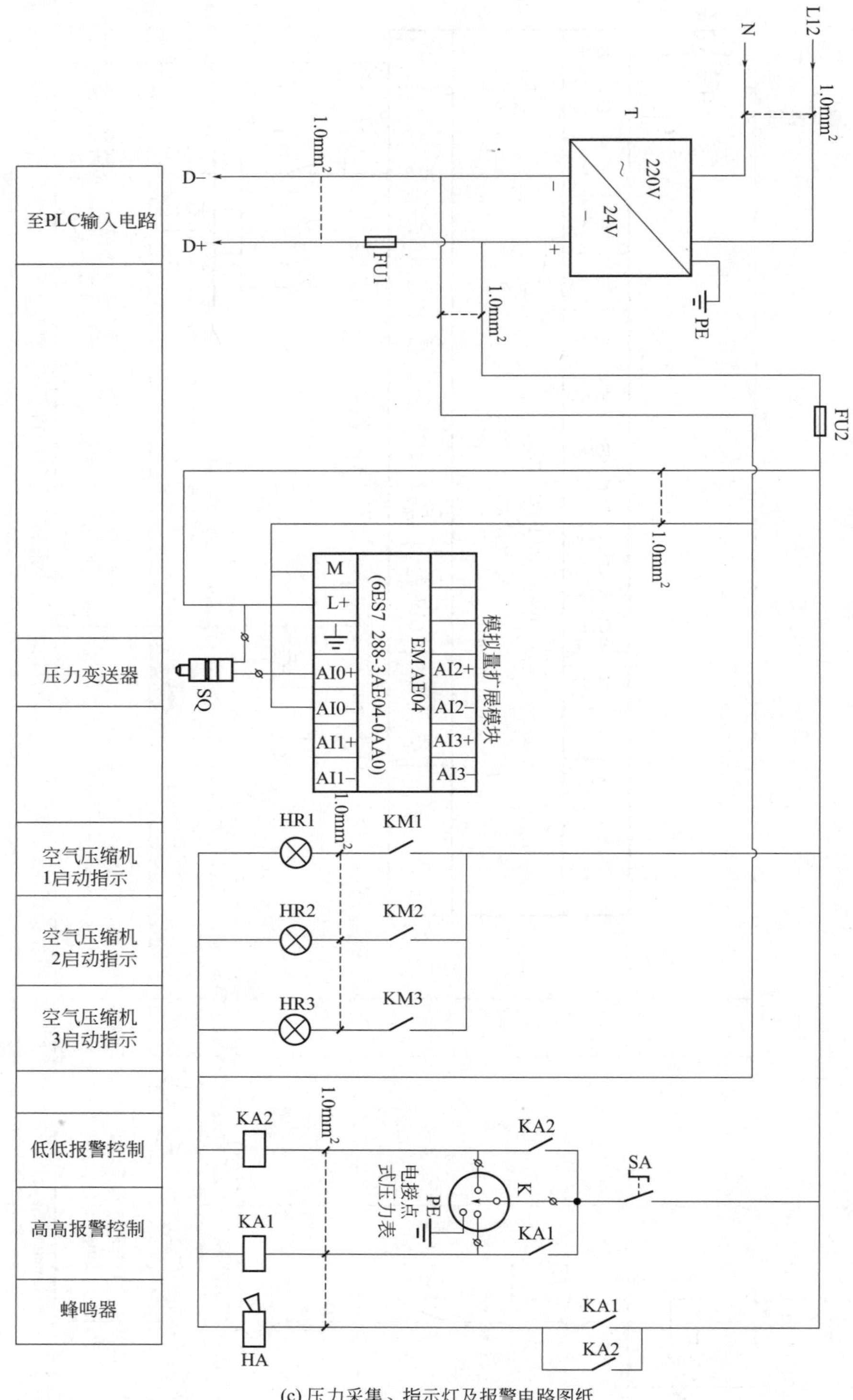


(c) 压力采集、指示灯及报警电路图纸

图 5-18 硬件设计图纸

③ 空气压缩机梯形图程序：如图 5-20 所示。

④ 空气压缩机编程思路及程序解析：本程序主要分为 3 大部分，即模拟量信号采集程序、空气压缩机分时启动程序和压力比较程序。

表 5-6　空气压缩机改造 I/O 分配

| 输入量 | | 输出量 | |
|---|---|---|---|
| 启动按钮 | I0.0 | 空气压缩机 1 | Q0.1 |
| 停止按钮 | I0.1 | 空气压缩机 2 | Q0.1 |
| | | 空气压缩机 3 | Q0.2 |

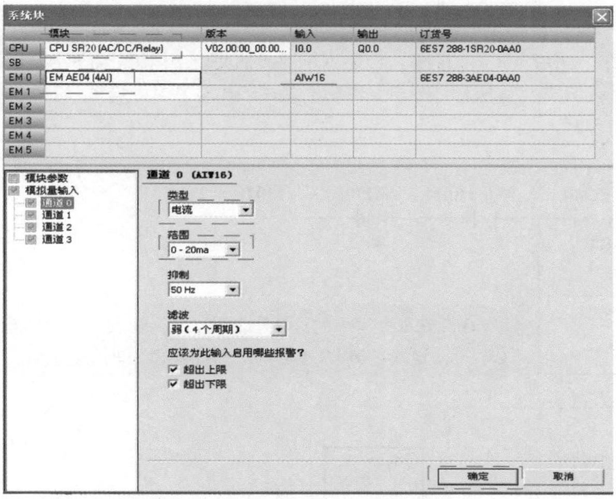

图 5-19　空气压缩机硬件组态

本例中，压力变送器输出信号为 4 ～ 20mA，对应压力为 0 ～ 1MPa。当 AIW16<5530，此时压力变送器信号输出小于 4mA，采集结果无意义，故有模拟量采集清零程序。

当 AIW16>5530 时，采集结果有意义。模拟量信号采集程序的编写要先将数据类型由字转换为实数，这样得到的结果更精确；接下来，找到实际压力与数字量转换之间的比例关系，这是编写模拟量程序的关键，其比例关系为 *P*=(AIW16–5530)/(27648–5530)，压力的单位这里取 MPa。用 PLC 指令表达出压力 *P* 与 AIW16（现在的 AIW16 中的数值以实数形式，存在 VD40 中）之间的关系，即 *P*=(VD40–5530)/(27648–5530)，因此模拟量信号采集程序用 SUB_R 指令表达出 VD40–5530.0 作表达式的分子，用 SUB_R 指令表达出 27648.0–5530.0 作表达式的分母，此时得到的结果为 MPa，再将 MPa 转换为 kPa，故用 MUL_R 指令表达出 VD50×1000.0，这样得到的结果更精确，便于调试。

空气压缩机分时启动程序采用定时电路，当定时器定时时间到后，激活下一个线圈，同时将此定时器断电。

压力比较程序：当模拟量采集值低于 350kPa<*P*<400kPa 时，启保停电路重新得电，中间编程元件 M0.0 得电，Q0.0 ～ Q0.2 分时得电；当压力大于 800kPa 时，启保停电路断电，Q0.0 ～ Q0.2 同时断电。

## 编者心语

模拟量编程的几个注意点：

1. 找到实际物理量与对应数字量的关系是编程的关键，之后用 PLC 功能指令表达出这个关系即可；

2. 硬件组态输入输出地址编号是软件自动生成的，需严格遵照此编号，不可自己随便编号，否则编程会出现错误，如本例中，模拟量通道的地址就为 AIW16，而不是 AWI0；

3.S7-200 SMART PLC 编程软件比较智能，模拟量模块组态时有超出上限、超出下限及断线报警，若模拟量通道红灯不停闪烁，需考虑以上几点。

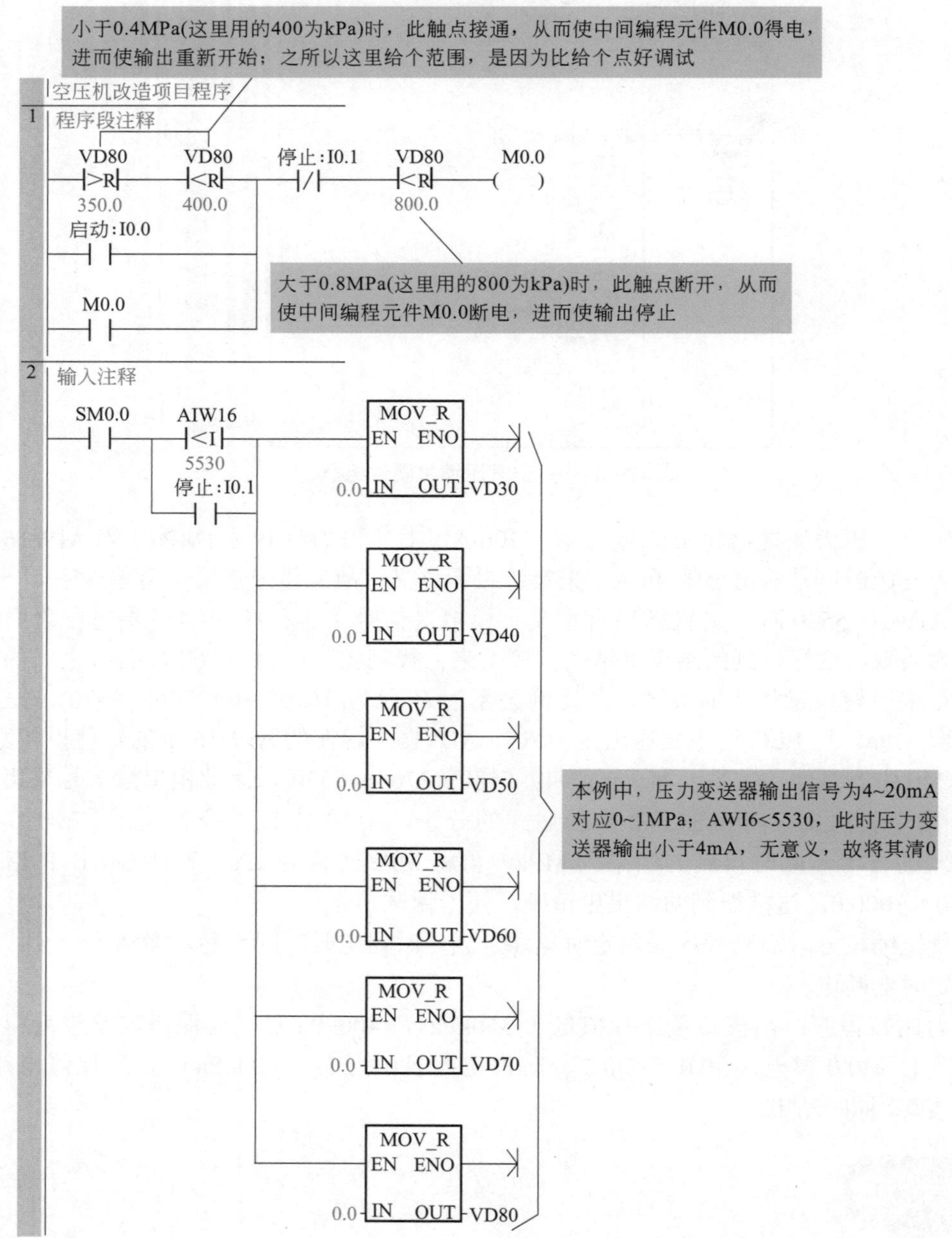

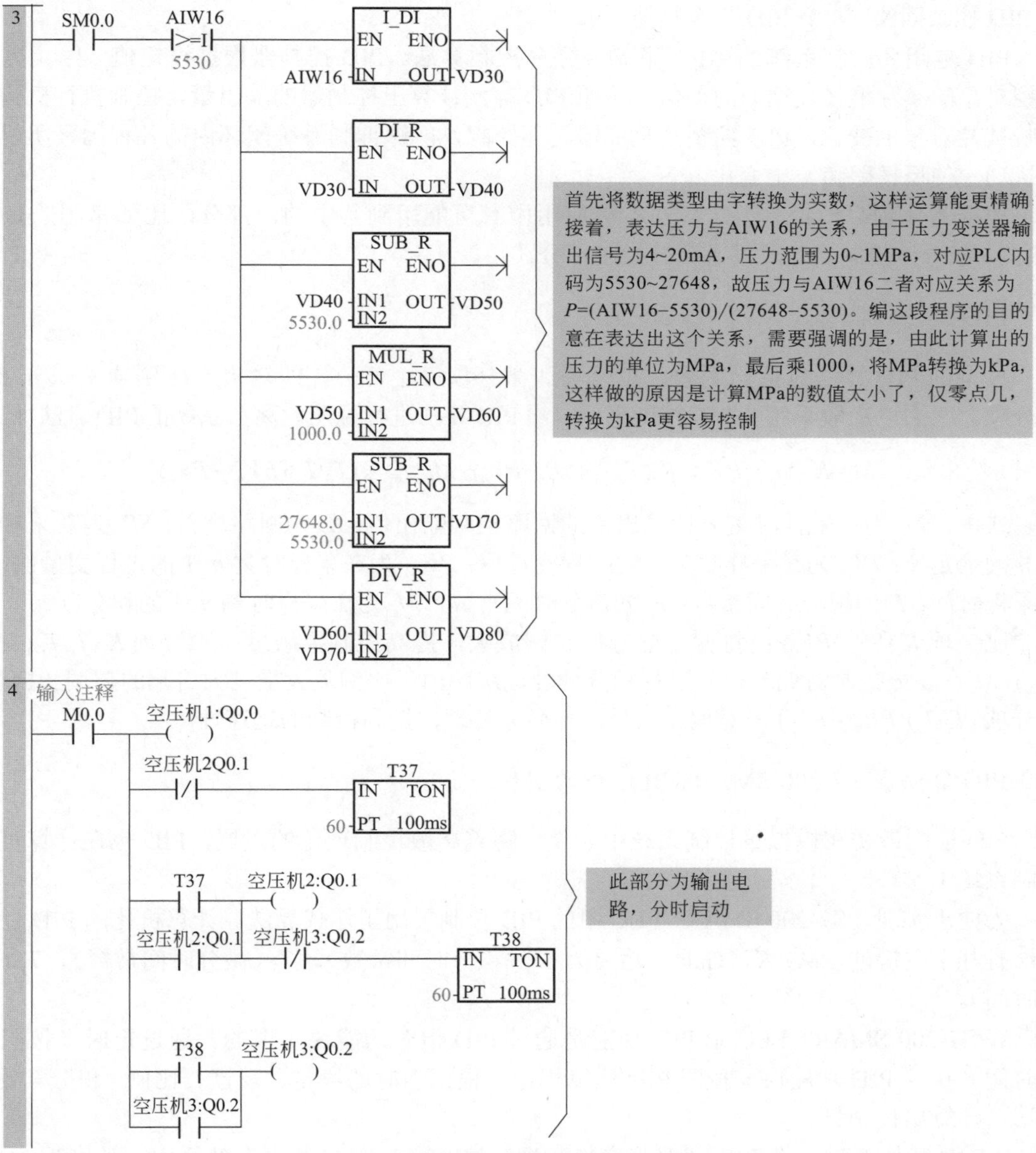

3
SM0.0　AIW16 >=I 5530
I_DI EN ENO　AIW16 - IN OUT - VD30
DI_R EN ENO　VD30 - IN OUT - VD40
SUB_R EN ENO　VD40 - IN1 OUT - VD50　5530.0 - IN2
MUL_R EN ENO　VD50 - IN1 OUT - VD60　1000.0 - IN2
SUB_R EN ENO　27648.0 - IN1 OUT - VD70　5530.0 - IN2
DIV_R EN ENO　VD60 - IN1 OUT - VD80　VD70 - IN2

首先将数据类型由字转换为实数，这样运算能更精确，接着，表达压力与AIW16的关系，由于压力变送器输出信号为4~20mA，压力范围为0~1MPa，对应PLC内码为5530~27648，故压力与AIW16二者对应关系为$P$=(AIW16−5530)/(27648−5530)。编这段程序的目的意在表达出这个关系，需要强调的是，由此计算出的压力的单位为MPa，最后乘1000，将MPa转换为kPa，这样做的原因是计算MPa的数值太小了，仅零点几，转换为kPa更容易控制

4　输入注释
M0.0　空压机1:Q0.0 ( )
空压机2Q0.1 /　T37 IN TON　60 - PT 100ms
T37　空压机2:Q0.1 ( )
空压机2:Q0.1　空压机3:Q0.2 /　T38 IN TON　60 - PT 100ms
T38　空压机3:Q0.2 ( )
空压机3:Q0.2

此部分为输出电路，分时启动

图 5-20　空气压缩机梯形图程序

# 5.4 PID 控制及应用案例

## 5.4.1 PID 控制简介

（1）PID 控制简介

S7-200 SMART PLC 能够进行 PID 控制。S7-200 SMART PLC 的 CPU 最多可以支持 8

个 PID 控制回路（8 个 PID 指令功能块）。

PID 是闭环控制系统的比例 - 积分 - 微分控制算法。PID 控制器根据设定值（给定）与被控对象的实际值（反馈）的差值，按照 PID 算法计算出控制器的输出量，控制执行机构去影响被控对象的变化。PID 控制是负反馈闭环控制，能够抑制系统闭环内的各种因素所引起的扰动，使反馈跟随给定变化。

根据具体项目的控制要求，在实际应用中有可能用到其中的一部分，比如常用的是 PI（比例 - 积分）控制，这时没有微分控制部分。

（2）PID 算法

典型的 PID 算法包括比例项、积分项和微分项三个部分，即输出 = 比例项 + 积分项 + 微分项。下面以离散系统的PID控制为例，对PID算法进行说明。离散系统的PID算法如下：

$$M_n=K_c(SP_n-PV_n)+K_c(T_s/T_i)(SP_n-PV_n)+M_x+K_c\times(T_d/T_s)(PV_{n-1}-PV_n)$$

式中，$M_n$ 为在采样时刻 $n$ 计算出来的回路控制输出值；$K_c$ 为回路增益；$SP_n$ 为在采样时刻 $n$ 的给定值；$PV_n$ 为在采样时刻 $n$ 的过程变量值；$PV_{n-1}$ 为在采样时刻 $n-1$ 的过程变量值；$T_s$ 为采样时间；$T_i$ 为积分时间常数；$T_d$ 为微分时间常数，$M_x$ 为在采样时刻 $n-1$ 的积分项。

比例项 $K_c(SP_n-PV_n)$：将偏差信号按比例放大，提高控制灵敏度；积分项 $K_c(T_s/T_i)(SP_n-PV_n)+M_x$：积分控制对偏差信号进行积分处理，缓解由于比例放大量过大引起的超调和振荡；微分项 $(T_d/T_s)(PV_{n-1}-PV_n)$：对偏差信号进行微分处理，提高控制的迅速性。

（3）PID 算法在 S7-200 SMART PLC 中的实现

PID 控制最初在模拟量控制系统中实现，随着离散控制理论的发展，PID 也在计算机化控制系统中实现。

为便于实现，S7-200 SMART PLC 中的 PID 控制采用了迭代算法。计算机化的 PID 控制算法有几个关键的参数：$K_c$（Gain，增益），$T_i$（积分时间常数），$T_d$（微分时间常数），$T_s$（采样时间）。

在 S7-200 SMART PLC 中 PID 功能是通过 PID 指令功能块实现的。通过定时（按照采样时间）执行 PID 功能块，按照 PID 运算规律，根据当时的给定、反馈、比例 - 积分 - 微分数据，计算出控制量。

PID 功能块通过一个 PID 回路表交换数据，这个表是在 V 数据存储区中，长度为 36 字节。因此每个 PID 功能块在调用时需要指定两个要素：PID 控制回路号，控制回路表的起始地址（以 VB 表示）。

由于 PID 可以控制温度、压力等许多对象，它们各自都由工程量表示，因此有一种通用的数据表示方法才能被 PID 功能块识别。S7-200 SMART PLC 中的 PID 功能通过占调节范围的百分比的方法来抽象地表示被控对象的数值大小。在实际工程中，这个调节范围往往被认为与被控对象（反馈）的测量范围（量程）一致。

PID 功能块只接受 0.0 ～ 1.0 之间的实数（实际上就是百分比）作为反馈、给定与控制输出的有效数值，如果是直接使用 PID 功能块编程，必须保证数据在这个范围之内，否则会出错。其他如增益、采样时间、积分时间、微分时间都是实数。

因此，必须把外围实际的物理量与 PID 功能块需要的（或者输出的）数据进行转换。这就是所谓输入 / 输出的转换与标准化处理。

S7-200 SMART PLC 的编程软件 Micro/WIN SMART 提供了 PID 指令向导，以方便地完成这些转换 / 标准化处理。除此之外，PID 指令也同时会被自动调用。

（4）PID 控制举例

炉温控制采用 PID 控制方式，炉温控制系统的示意图如图 5-21 所示。在炉温控制系统中，热电偶为温度检测元件，其信号传至变送器转换为标准电压或电流信号，标准信号再送至 A/D 模块，经 A/D 转换后的数字量与 CPU 设定值比较，二者的差值进行 PID 运算，将运算结果送给 D/A 模块，D/A 模块输出相应的电压或电流信号对电动阀进行控制，从而实现了温度的闭环控制。

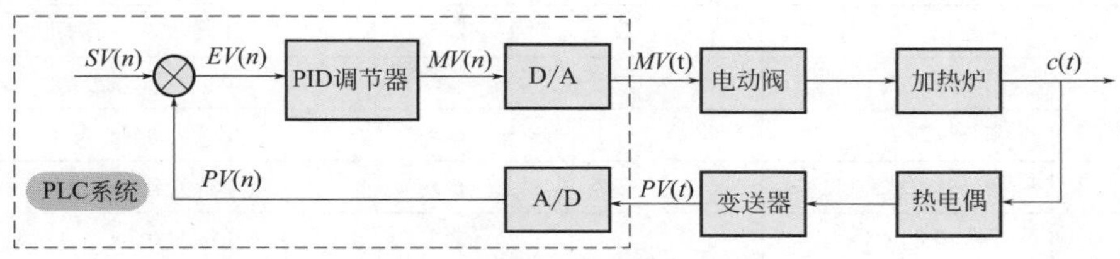


图 5-21　炉温控制系统示意图

图中 $SV(n)$ 为给定量；$PV(n)$ 为反馈量，此反馈量 A/D 已经转换为数字量了；$MV(t)$ 为控制输出量；令 $\Delta X=SV(n)-PV(n)$，如果 $\Delta X>0$，表明反馈量小于给定量，则控制器输出量 $MV(t)$ 将增大，使电动阀开度变大，进入加热炉的天然气流量增大，进而炉温上升；如果 $\Delta X<0$，表明反馈量大于给定量，则控制器输出量 $MV(t)$ 将减小，使电动阀开度变小，进入加热炉的天然气流量变小，进而炉温降低；如果 $\Delta X=0$，表明反馈量等于给定量，则控制器输出量 $MV(t)$ 不变，电动阀开度不变，进入加热炉的天然气流量不变，进而炉温不变。

## 5.4.2 PID 指令

PID 指令的指令格式如图 5-22 所示。

说明：

① 运行 PID 指令前，需要对 PID 控制回路参数进行设定，参数共 9 个，均为 32 位实数，共占 36 字节，具体如表 5-7 所示。

② 程序中可使用 8 条 PID 指令，分别编号 0 ～ 7，不能重复使用。

③ 使 ENO=0 的错误条件：0006（间接地址），SM1.1（溢出，参数表起始地址或指令中指定的 PID 回路指令号码操作数超出范围）。

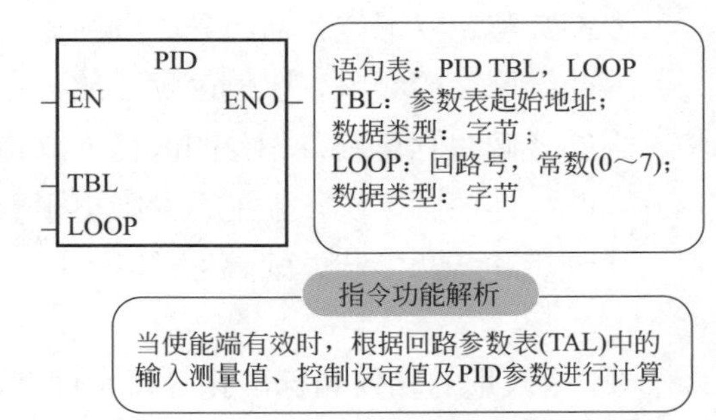


图 5-22　PID 指令的指令格式

## 5.4.3 PID 控制编程思路

① PID 初始化参数设定　运行 PID 指令前，必须根据 PID 控制回路参数表对初始化参

数进行设定，一般需要给增益 $K_c$、采样时间 $T_s$、积分时间 $T_i$ 和微分时间 $T_d$ 这 4 个参数赋予相应的数值，以满足控制要求为目的。特别地，当不需要比例项时，将增益 $K_c$ 设置为 0；当不需要积分项时，将积分参数 $T_i$ 设置为无限大，即 9999.99；当不需要微分项时，将微分参数 $T_d$ 设置为 0。

表 5-7　PID 控制回路参数表

| 地址（VD） | 参数 | 数据格式 | 参数类型 | 说明 |
|---|---|---|---|---|
| 0 | 过程变量当前值 $PV_n$ | 实数 | 输入 | 取值范围：0.0 ～ 1.0 |
| 4 | 给定值 $SP_n$ | 实数 | 输入 | 取值范围：0.0 ～ 1.0 |
| 8 | 输出值 $M_n$ | 实数 | 输入 / 输出 | 范围在 0.0 ～ 1.0 之间 |
| 12 | 增益 $K_c$ | 实数 | 输入 | 比例常数，可为正数，可为负数 |
| 16 | 采用时间 $T_s$ | 实数 | 输入 | 单位为秒，必须为正数 |
| 20 | 积分时间 $T_i$ | 实数 | 输入 | 单位为分钟，必须为正数 |
| 24 | 微分时间 $T_d$ | 实数 | 输入 | 单位为分钟，必须为正数 |
| 28 | 上次积分值 $M_x$ | 实数 | 输入 / 输出 | 范围在 0.0 ～ 1.0 之间 |
| 32 | 上次过程变量 $PV_{n-1}$ | 实数 | 输入 / 输出 | 最近一次 PID 运算值 |

需要指出的是，能设置出合适的初始化参数，并不是一件简单的事，需要工程技术人员对控制系统极其熟悉。往往是多次调试，最后找到合适的初始化参数。第一次试运行参数时，一般将增益设置得小一点，积分时间不要太小，以保证不会出现较大的超调量。微分一般都设置为 0。

编者心语

**参数整定口诀**

一些工程技术人员总结出的经验口诀，供读者参考。

参数整定找最佳，从小到大顺序查；先是比例后积分，最后再把微分加；

曲线振荡很频繁，比例度盘要放大；曲线漂浮绕大弯，比例度盘往小扳；

曲线偏离回复慢，积分时间往下降；曲线波动周期长，积分时间再加长；

曲线振荡频率快，先把微分降下来；动差大来波动慢，微分时间应加长；

理想曲线两个波，前高后低 4：1；一看二调多分析，调节质量不会低。

② 输入量的转换和标准化　每个回路的给定值和过程变量都是实际的工程量，其大小、范围和单位不尽相同，在进行 PID 之前，必须将其转换成标准格式。

第一步，将 16 位整数转换为工程实数。可以参考 5.2.6 节内码与实际物理量的转换参考程序，这里不再赘述。

第二步，在第一步的基础上，将工程实数值转换为 0.0 ～ 1.0 之间的标准数值。往往是第一步得到的实际工程数值（如 VD30 等）比上其最大量程。

③ 编写 PID 指令。

④ 将 PID 回路输出转换为成比例的整数　程序执行后，要将 PID 回路输出 0.0 ～ 1.0 之

间的标准化实数值转换为 16 位整数值，方能驱动模拟量输出。转换方法：将 PID 回路输出 0.0 ～ 1.0 之间的标准化实数值乘以 27648.0 或 55296.0；若为单极型则乘以 27648.0，若为双极型则乘以 55296.0。

## 5.4.4 PID 控制工程实例——恒压控制

（1）控制要求

某实验需在恒压环境下进行，压力应维持在 50Pa。按下启动按钮，轴流风机 M1、M2 同时全速运行；当室内压力到达 60Pa 时，轴流风机 M1 停止，改由轴流风机 M2 进行 PID 调节，将压力维持在 50Pa；若有人开门出入，系统压力会骤降，当压力低于 10Pa 时，两台轴流风机将全速运转，直到压力再次达到 60Pa，轴流风机 M1 停止，又回到了改由轴流风机 M2 进行 PID 调节的状态。

（2）设计方案确定

① 室内压力取样由压力变送器完成，考虑压力最大不超 60Pa，因此选择量程为 0 ～ 500Pa、输出信号为 4 ～ 20mA 的压力变送器。注：小量程的压力变送器市面上不容易找到。

② 轴流风机 M1 通断由接触器来控制，轴流风机 M2 由变频器来控制。

③ 轴流风机的动作、压力采集后的处理、变频器的控制均有 S7-200 SMART PLC 来完成。

（3）硬件图纸设计

本项目硬件图纸的设计包括以下几部分：

① 两台轴流风机主电路设计；

② 西门子 CPU SR30 模块供电和控制设计。

以上各部分的相应图纸如图 5-23（a）、（b）所示。

（4）硬件组态

恒压控制硬件组态如图 5-24 所示。

（5）程序设计

恒压控制的程序如图 5-25 所示。

本项目程序的编写主要考虑 3 个方面，具体如下。

① 两台轴流风机启停控制程序的编写。两台轴流风机启停控制比较简单，采用启保停电路即可。使用启保停电路的关键是找到启动和停止信号，轴流风机 M1 的启动信号一个是启动按钮所给的信号，另一个为当压力低于 10Pa 时，比较指令所给的信号，两个信号是或的关系，因此并联；轴流风机 M1 控制的停止信号为当压力为 60Pa 时，比较指令通过中间编程元件所给的信号。轴流风机 M2 的启动信号为启动按钮所给的信号，停止信号为停止按

钮所给的信号，若不按停止按钮，整个过程 M2 始终为启动状态。

② 压力信号采集程序的编写。解决此问题的关键在于找到实际物理量压力与内码 AIW16 之间的比例关系。压力变送器的量程为 0 ～ 500Pa，其输出信号为 4 ～ 20mA，EM AE04 模拟量输入通道的信号范围为 0 ～ 20mA，内码范围为 0 ～ 27648，故不难找出压力与内码的对应关系，对应关系为 $P$=500(AIW16−5530)/(27648−5530)=5(AIW16−5530)/222，其中 $P$ 为压力。因此压力信号采集程序编写实际上就是用 SUB_DI、MUL_DI、DIV_DI 指令表达出上述这种关系，此时得到的结果为双字，再用 DI_R 指令将双字转换为实数，这样做有两点考虑：第一，得到的压力为实数，比较精确；第二，此段程序恰好也是 PID 控制输入回路的转换程序，因此必须转换为实数。

③ PID 控制程序的编写。PID 控制程序的编写主要考虑 4 个方面。

a. PID 初始化参数设定。PID 初始化参数的设定，主要涉及给定值、增益、采样时间、积分时间常数和微分时间常数这 5 个参数的设定。给定值为 0.0 ～ 1.0 之间的数，其中压力恒为 50Pa，50Pa 为工程量，需将工程量转换为 0.0 ～ 1.0 之间的数，故将实际压力 50Pa 比上量程 500Pa，即 DIV_R 50.0，500.0。寻找合适的增益值和积分时间常数时，需将增益赋 1

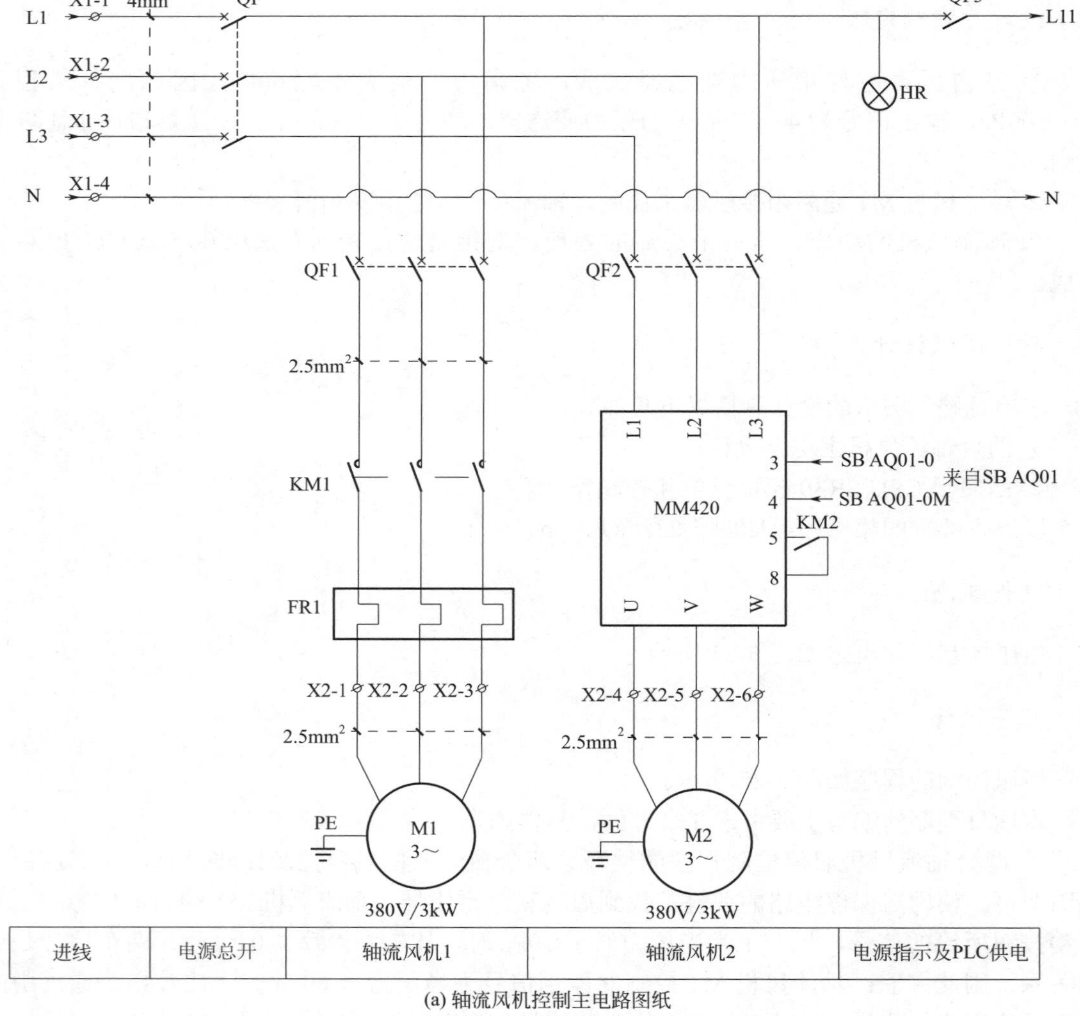


(a) 轴流风机控制主电路图纸

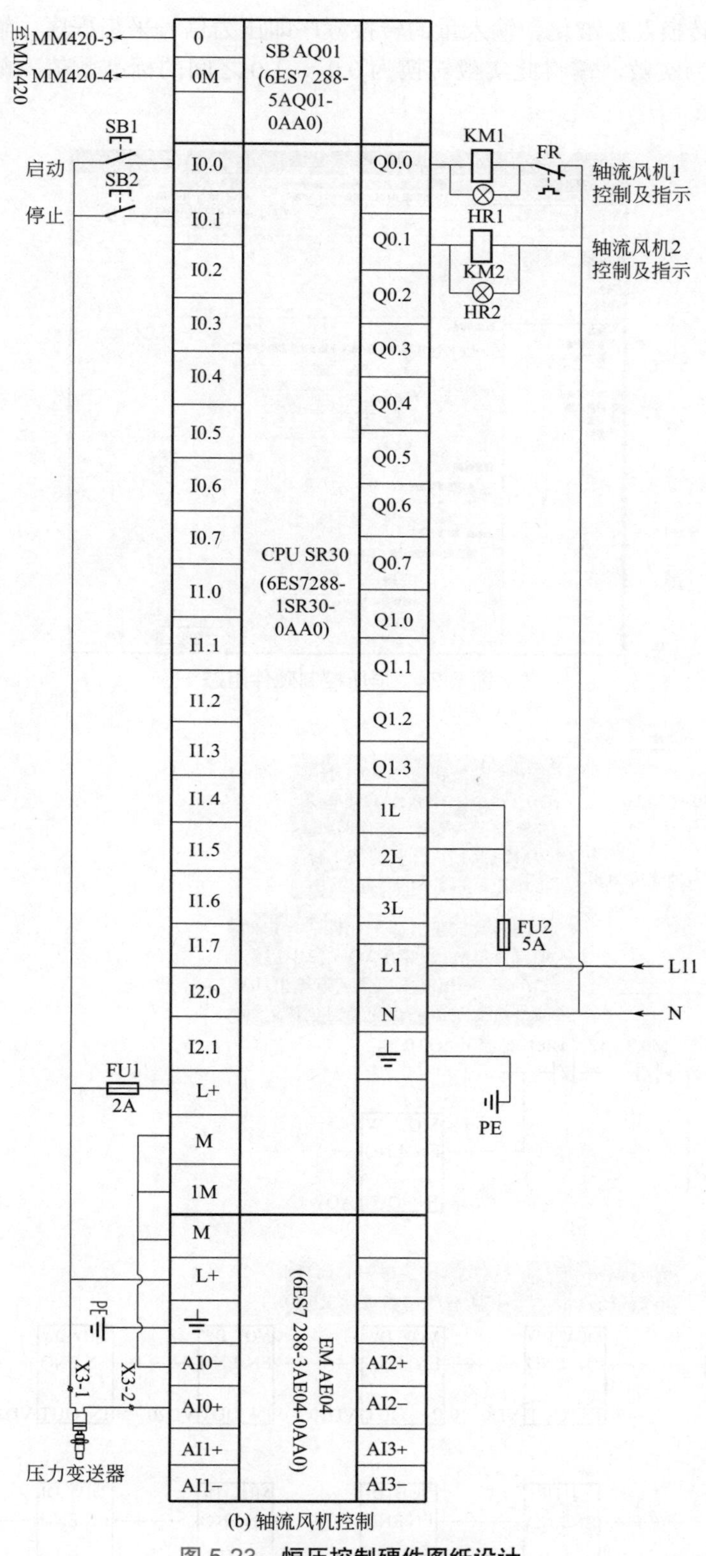

(b) 轴流风机控制

图 5-23 恒压控制硬件图纸设计

个较小的数值，将积分时间常数赋 1 个较大的值，其目的为系统不会出现较大的超调量，多次试验，最后得出合理的结果。微分时间常数通常设置为 0。

b. 输入量的转换及标准化。输入量的转换程序即压力信号采集程序，输入量的转换程序最后得到的结果为实数，需将此实数转换为 0.0 ～ 1.0 之间的标准数值，故将 VD40 中的实数比上量程 500Pa。

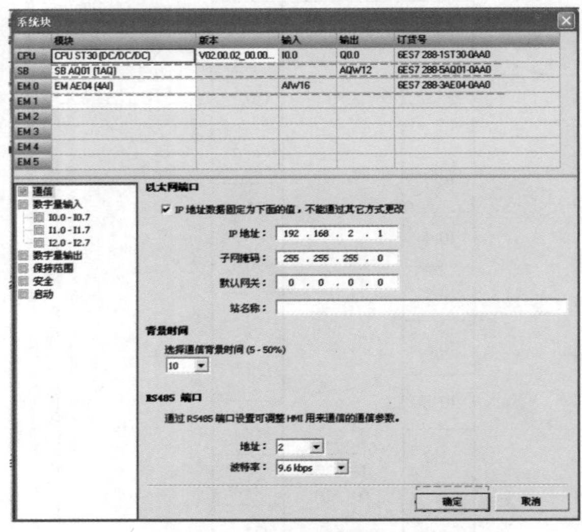


图 5-24　恒压控制硬件组态

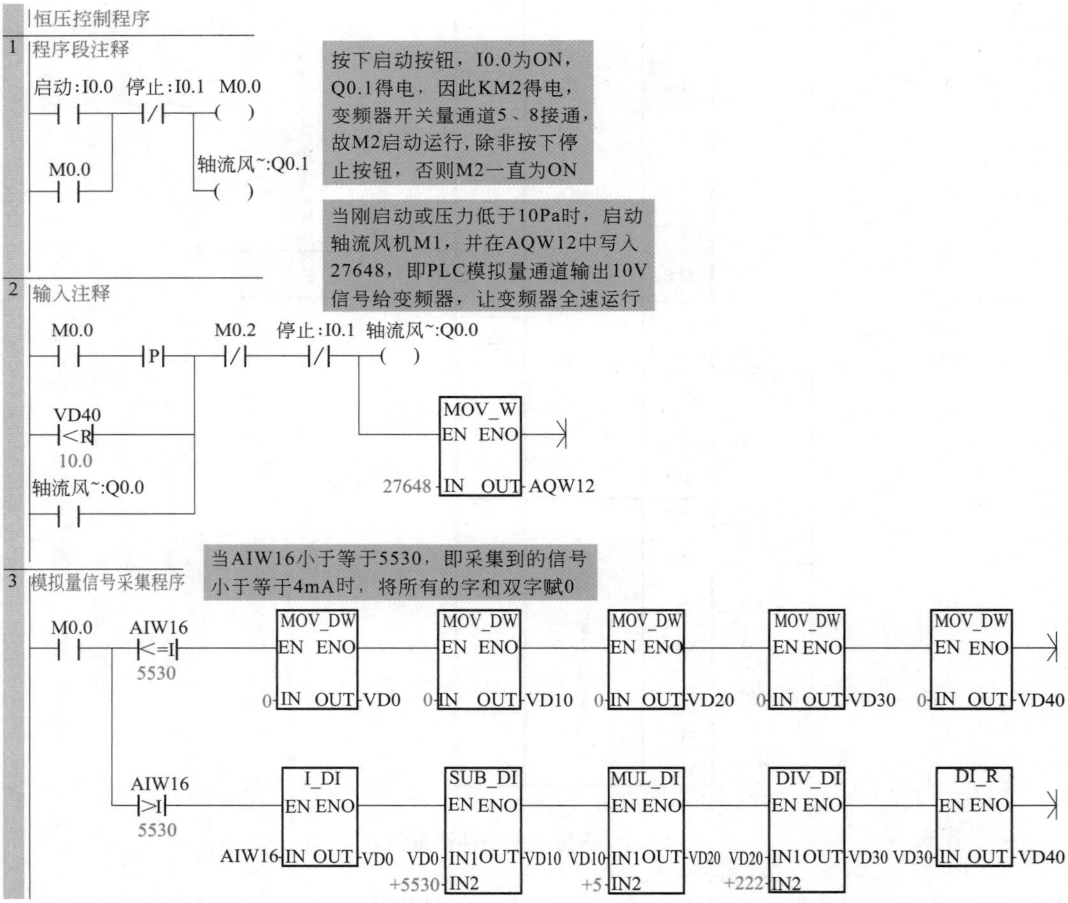

恒压控制程序

1 程序段注释

启动:I0.0　停止:I0.1　M0.0

M0.0

轴流风~:Q0.1

按下启动按钮，I0.0为ON，Q0.1得电，因此KM2得电，变频器开关量通道5、8接通，故M2启动运行，除非按下停止按钮，否则M2一直为ON

当刚启动或压力低于10Pa时，启动轴流风机M1，并在AQW12中写入27648，即PLC模拟量通道输出10V信号给变频器，让变频器全速运行

2 输入注释

M0.0　P　M0.2　停止:I0.1　轴流风~:Q0.0

VD40 <R 10.0

轴流风~:Q0.0

MOV_W EN ENO 27648 IN OUT AQW12

当AIW16小于等于5530，即采集到的信号小于等于4mA时，将所有的字和双字赋0

3 模拟量信号采集程序

M0.0　AIW16 <=I 5530

MOV_DW EN ENO 0 IN OUT VD0

MOV_DW EN ENO 0 IN OUT VD10

MOV_DW EN ENO 0 IN OUT VD20

MOV_DW EN ENO 0 IN OUT VD30

MOV_DW EN ENO 0 IN OUT VD40

AIW16 >I 5530

I_DI EN ENO AIW16 IN OUT VD0

SUB_DI EN ENO VD0 IN1 OUT VD10 +5530 IN2

MUL_DI EN ENO VD10 IN1 OUT VD20 +5 IN2

DIV_DI EN ENO VD20 IN1 OUT VD30 +222 IN2

DI_R EN ENO VD30 IN OUT VD40

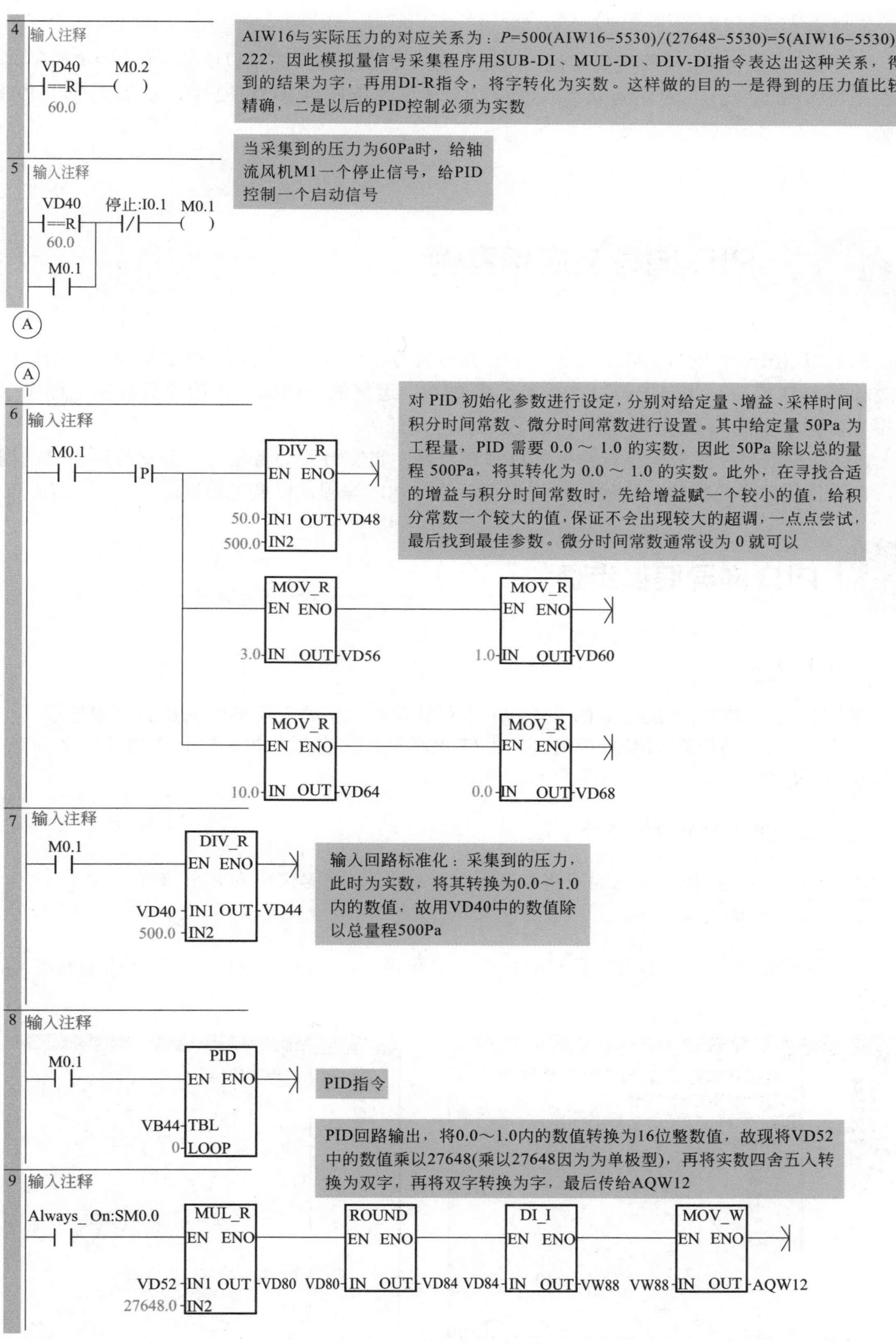
4 输入注释
VD40 ==R 60.0 M0.2
AIW16与实际压力的对应关系为：P=500(AIW16-5530)/(27648-5530)=5(AIW16-5530)/222，因此模拟量信号采集程序用SUB-DI、MUL-DI、DIV-DI指令表达出这种关系，得到的结果为字，再用DI-R指令，将字转化为实数。这样做的目的一是得到的压力值比较精确，二是以后的PID控制必须为实数
5 输入注释
VD40 ==R 60.0 停止:I0.1 M0.1
M0.1
当采集到的压力为60Pa时，给轴流风机M1一个停止信号，给PID控制一个启动信号
A
A
6 输入注释
M0.1 P
DIV_R EN ENO 50.0 IN1 OUT VD48 500.0 IN2
MOV_R EN ENO 3.0 IN OUT VD56
MOV_R EN ENO 1.0 IN OUT VD60
MOV_R EN ENO 10.0 IN OUT VD64
MOV_R EN ENO 0.0 IN OUT VD68
对PID初始化参数进行设定，分别对给定量、增益、采样时间、积分时间常数、微分时间常数进行设置。其中给定量50Pa为工程量，PID需要0.0～1.0的实数，因此50Pa除以总的量程500Pa，将其转化为0.0～1.0的实数。此外，在寻找合适的增益与积分时间常数时，先给增益赋一个较小的值，给积分常数一个较大的值，保证不会出现较大的超调，一点点尝试，最后找到最佳参数。微分时间常数通常设为0就可以
7 输入注释
M0.1
DIV_R EN ENO VD40 IN1 OUT VD44 500.0 IN2
输入回路标准化：采集到的压力，此时为实数，将其转换为0.0～1.0内的数值，故用VD40中的数值除以总量程500Pa
8 输入注释
M0.1
PID EN ENO VB44 TBL 0 LOOP
PID指令
PID回路输出，将0.0～1.0内的数值转换为16位整数值，故现将VD52中的数值乘以27648(乘以27648因为为单极型)，再将实数四舍五入转换为双字，再将双字转换为字，最后传给AQW12
9 输入注释
Always_On:SM0.0
MUL_R EN ENO VD52 IN1 OUT VD80 27648.0 IN2
ROUND EN ENO VD80 IN OUT VD84
DI_I EN ENO VD84 IN OUT VW88
MOV_W EN ENO VW88 IN OUT AQW12

图 5-25 恒压控制程序

c. 编写 PID 指令。

d. 将 PID 回路输出转换为成比例的整数。故 VD52 中的数先乘以 27648.0（为单极型），接下来将实数四舍五入转化为双字，再将双字转化为字送至 AQW12 中，从而完成了 PID 控制。

# 5.5 PID 向导及应用案例

STEP 7-Micro/WIN SMART 提供了 PID 指令向导，可以帮助用户方便地生成一个闭环控制过程的 PID 算法。此向导可以完成绝大多数 PID 运算的自动编程，用户只需在主程序中调用 PID 向导生成的子程序，就可以完成 PID 控制任务。

PID 向导既可以生成模拟量输出 PID 控制算法，也支持开关量输出；既支持连续自动调节，也支持手动参与控制。建议用户使用此向导对 PID 编程，以避免错误。

## 5.5.1 PID 向导编程步骤

（1）打开 PID 向导

方法 1：在 STEP 7-Micro/WIN SMART 编程软件的“工具”菜单中选择 PID 向导。

方法 2：打开 STEP 7-Micro/WIN SMART 编程软件，在项目树中打开“向导”文件夹，然后双击 PID。

（2）定义需要配置的 PID 回路号

在图 5-26 中，选择要组态的回路，单击“下一页”，最多可组态 8 个回路。

（3）为回路组态命名

可为回路组态自定义名称。此部分的默认名称是“Loop x”，其中“x”等于回路编号，如图 5-27 所示。

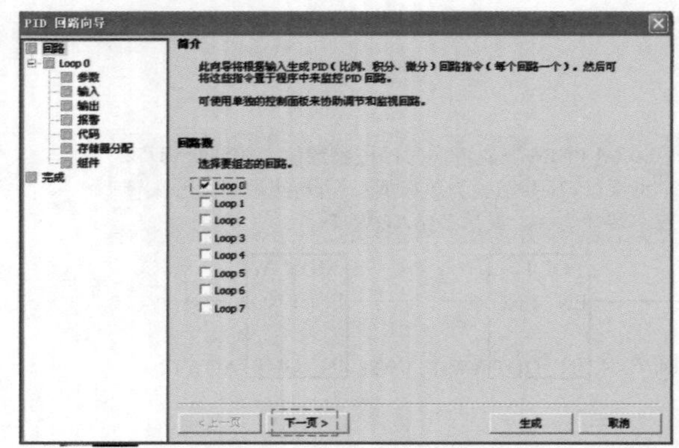


图 5-26 配置 PID 回路号

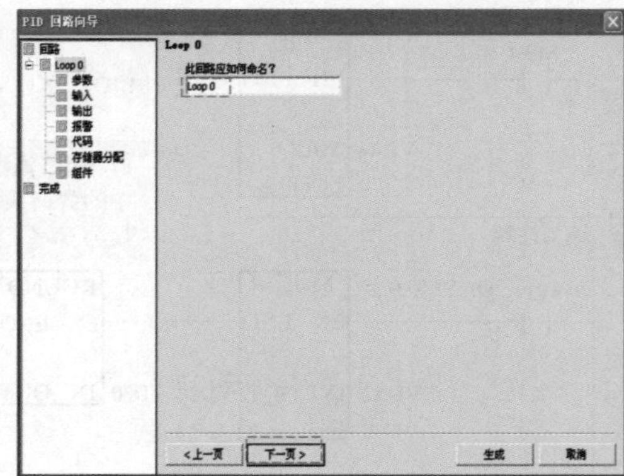


图 5-27 为回路组态命名

（4）设定 PID 回路参数

PID 回路参数设置如图 5-28 所示。PID 回路参数设置分为 4 个部分，分别为增益设置、采样时间设置、积分时间设置和微分时间设置。注意这些参数的数值均为实数。

① 增益：即比例常数，默认值为 1.0。

② 积分时间：如果不想要积分作用，默认值为 10.0。

③ 微分时间：如果不想要微分回路，可以把微分时间设为 0，默认值为 0.0。

④ 采样时间：是 PID 控制回路对反馈采样和重新计算输出值的时间间隔，默认值为 1.0。在向导完成后，若想要修改此数，则必须返回向导中修改，不可在程序中或状态图表中修改。

（5）设定输入回路过程变量

设定输入回路过程变量，如图 5-29 所示。

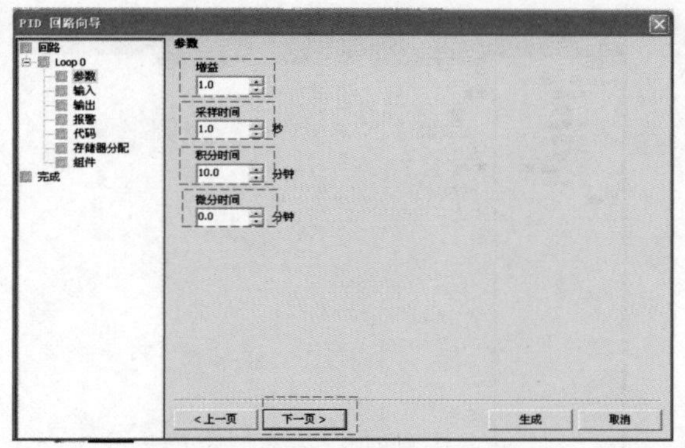


图 5-28　PID 回路参数设置

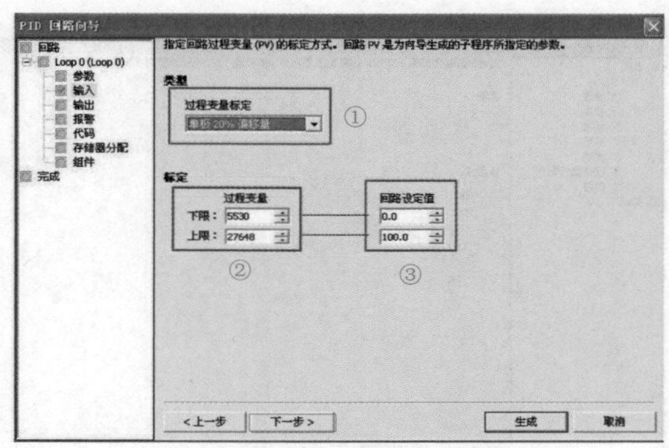


图 5-29　设置输入回路过程变量

① 指定回路过程变量（PV）如何标定。可以从以下选项中选择。

a. 单极性：即输入的信号为正，如 0 ～ 10V 或 0 ～ 20mA 等。

b. 双极性：输入信号在从负到正的范围内变化。如输入信号为 ±10V、±5V 等时选用。

c. 选用 20% 偏移：如果输入为 4 ～ 20mA 则选单极性及此项，4mA 是 0 ～ 20mA 信号的 20%，所以选 20% 偏移，即 4mA 对应 5530，20mA 对应 27648。

d. 温度 ×10℃。

e. 温度 ×10℉。

② 反馈输入取值范围。

在“过程变量标定”中设置为单极时，缺省值为 0 ～ 27648，对应输入量程范围 0 ～ 10V 或 0 ～ 20mA 等，输入信号为正。

在“过程变量标定”中设置为双极时，缺省的取值为 −27648 ～ +27648，对应的输入范围根据量程不同，可以是 ±10V、±5V 等。

在“过程变量标定”中选中 20% 偏移量时，取值范围为 5530 ～ 27648，不可改变。

③ 在“标定”参数中，指定回路设定值（SP）如何标定。默认值是 0.0 ～ 100.0 之间的一个实数。

（6）设定回路输出选项

设定回路输出选项，如图 5-30 所示。

① 输出类型　可以选择模拟量输出或数字量输出。模拟量输出用来控制一些需要模拟量给定的设备，如比例阀、变频器等；数字量输出实际上是控制输出点的通、断状态按照一定的占空比变化，可以控制固态继电器等。

② 选择模拟量则需设定回路输出变量值的范围

a. 单极：单极性输出，可为 0 ～ 10V 或 0 ～ 20mA 等。

b. 双极：双极性输出，可为 ±10V 或 ±5V 等。

c. 单极 20% 偏移量：如果选中 20% 偏移，使输出为 4 ～ 20mA。

③ 取值范围

a. 为单极时，缺省值为 0 ～ 27648。

b. 为双极时，取值 −27648 ～ 27648。

c. 为 20% 偏移量时，取值 5530 ～ 27648，不可改变。

如果选择了数字量输出，需要设定此循环周期，如图 5-31 所示。

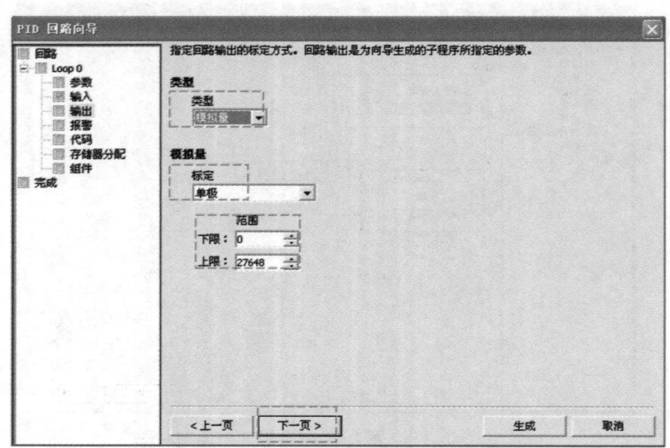


图 5-30　**设置回路输出类型**

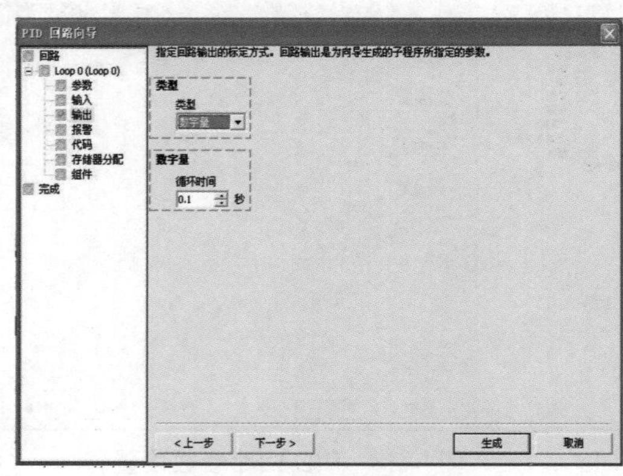


图 5-31　**数字量循环周期设置**

### （7）设定回路报警选项

设定回路报警选项，如图 5-32 所示。

向导提供了三个输出来反映过程值（PV）的低值报警、高值报警及过程值模拟量模块错误状态。当报警条件满足时，输出置位为 1。这些功能在选中了相应的选择框之后起作用。

使能低值报警并设定过程值（PV）报警的低值，此值为过程值的百分数，缺省值为 0.10，即报警的低值为过程值的 10%。此值最低可设为 0.01，即满量程的 1%。

使能高值报警并设定过程值（PV）报警的高值，此值为过程值的百分数，缺省值为 0.90，即报警的高值为过程值的 90%。此值最高可设为 1.00，即满量程的 100%。

使能过程值（PV）模拟量模块错误报警并设定模块于 CPU 连接时所处的模块位置。“EM0”就是第一个扩展模块的位置。

### （8）定义向导所生成的 PID 初始化子程序和中断程序名及手 / 自动模式

定义向导所生成的 PID 初始化子程序和中断程序名及手 / 自动模式，如图 5-33 所示。

① 指定 PID 初始化子程序的名字。

② 指定 PID 中断子程序的名字。

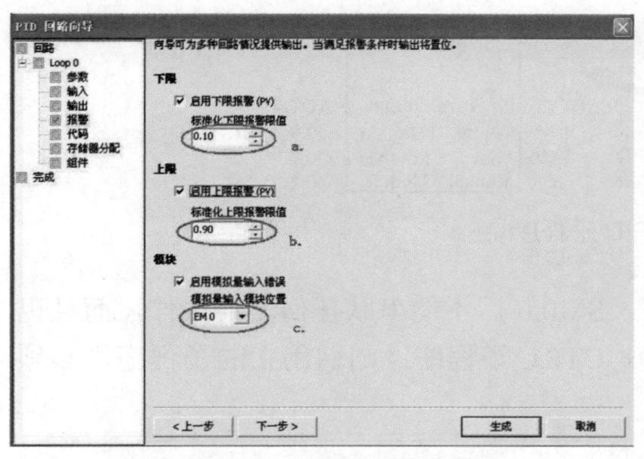


图 5-32　设置回路报警选项

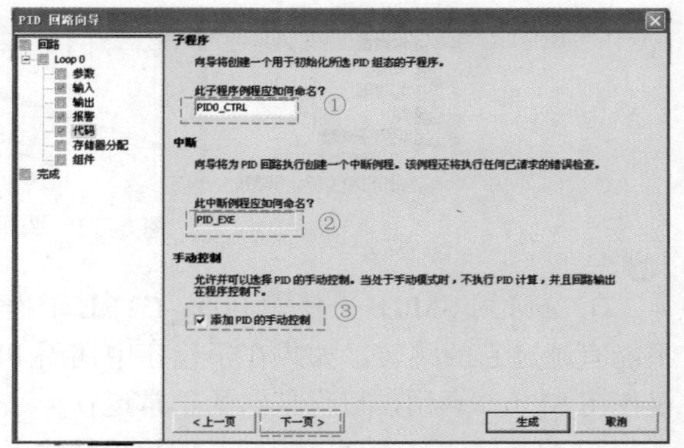


图 5-33　定义向导所生成的 PID 初始化子程序和中断程序名及手 / 自动模式

③ 此处可以选择“添加 PID 手动控制”。在 PID 手动控制模式下，回路输出由手动输出设定控制，此时需要写入手动控制输出参数，一个 0.0 ～ 1.0 的实数，代表输出的 0% ～ 100% 而不是直接去改变输出值。

### （9）指定 PID 运算数据存储区

指定 PID 运算数据存储区，如图 5-34 所示。

PID 指令使用了一个 120 个字节的 V 区参数表来进行控制回路的运算工作。除此之外，PID 向导生成的输入 / 输出量的标准化程序也需要运算数据存储区。需要为它们定义一个起始地址，要保证该地址起始的若干字节在程序的其他地方没有被重复使用。如果单击“建议”，则向导将自动设定当前程序中没有用过的 V 区地址。

### （10）生成 PID 子程序、中断程序及符号表等

生成 PID 子程序、中断程序及符号表等，如图 5-35 所示。一旦单击“生成”按钮，将在项目中生成上述 PID 子程序、中断程序及符号表等。

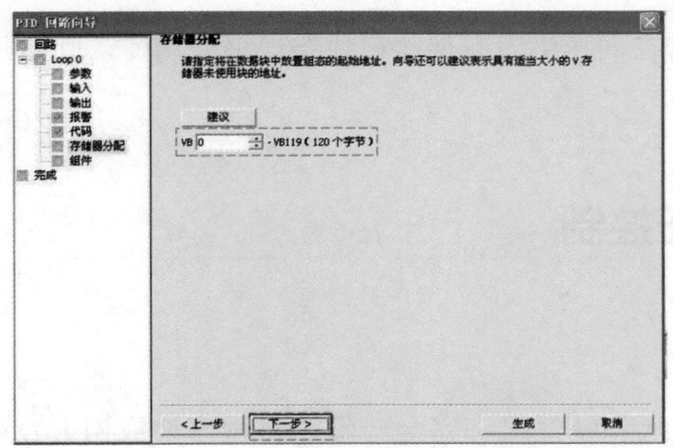


图 5-34　指定 PID 运算数据存储区

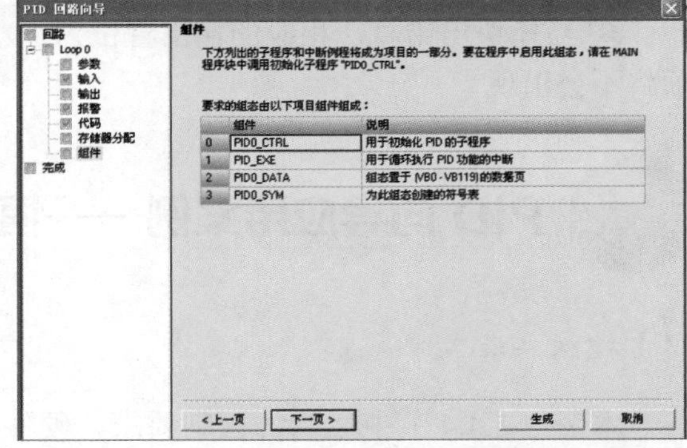


图 5-35　生成 PID 子程序、中断程序及符号表等

### （11）配置完 PID 向导，需要在程序中调用向导生成的 PID 子程序

在用户程序中调用 PID 子程序时，可在指令树的程序块中用鼠标双击由向导生成的 PID 子程序，如图 5-36 所示。

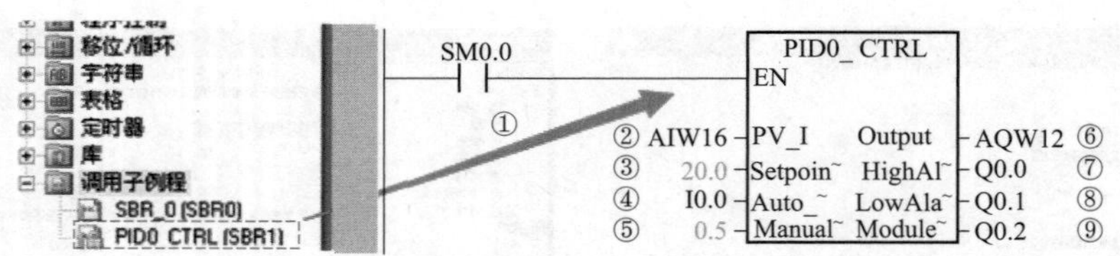


图 5-36 调用 PID 子程序

① 必须用 SM0.0 来使能 PIDx_CTRL 子程序，SM0.0 后不能串联任何其他条件，而且也不能有越过它的跳转；如果在子程序中调用 PIDx_CTRL 子程序，则调用它的子程序也必须仅使用 SM0.0 调用，以保证它的正常运行。

② 此处输入过程值（反馈）的模拟量输入地址。

③ 此处输入设定值变量地址（VDxx），或者直接输入设定值常数，根据向导中的设定 0.0 ～ 100.0，此处应输入一个 0.0 ～ 100.0 的实数，例：若输入 20，即为过程值的 20%，假设过程值 AIW16 是量程为 0 ～ 200℃的温度值，则此处的设定值 20 代表 40℃（即 200℃的 20%）；如果在向导中设定给定范围为 0.0 ～ 200.0，则此处的 20 相当于 20℃。

④ 此处用 I0.0 控制 PID 的手 / 自动方式，当 I0.0 为 1 时，为自动，经过 PID 运算从 AQW12 输出；当 I0.0 为 0 时，PID 将停止计算，AQW12 输出为 ManualOutput（VD4）中的设定值，此时不要另外编程或直接给 AQW12 赋值。若在向导中没有选择 PID 手动功能，则此项不会出现。

⑤ 定义 PID 手动状态下的输出，从 AQW12 输出一个满值范围内对应此值的输出量。此处可输入手动设定值的变量地址（VDxx），或直接输入数值。数值范围为 0.0 ～ 1.0 之间的一个实数，代表输出范围的百分比。例：如输入 0.5，则设定为输出的 50%。若在向导中没有选择 PID 手动功能，则此项不会出现。

⑥ 此处键入控制量的输出地址。

⑦ 当高值报警条件满足时，相应的输出置位为 1，若在向导中没有使能高值报警功能，则此项将不会出现。

⑧ 当低值报警条件满足时，相应的输出置位为 1，若在向导中没有使能低值报警功能，则此项将不会出现。

⑨ 当模块出错时，相应的输出置位为 1，若在向导中没有使能模块错误报警功能，则此项将不会出现。

## 5.5.2 PID 向导应用案例——恒压控制

（1）控制要求

本例与 5.4.4 节中案例的控制要求、硬件图纸和硬件组态完全一致，将程序换成由 PID 向导来编写。

（2）程序设计

① PID 向导生成 本例的 PID 向导生成请参考 5.5.1 节中的 PID 向导生成步骤，其中第 4 步设置回路参数增益改成 3.0，第 7 步设置回路报警全不勾选，第 8 步定义向导所生成的

PID 初始化子程序和中断程序名及手 / 自动模式中手动控制不勾选，第 9 步指定 PID 运算数据存储区 VB44，其余与 5.5.1 节中的 PID 向导生成步骤所给图片一致，故这里不再赘述。

② 程序结果　恒压控制程序结果如图 5-37 所示。

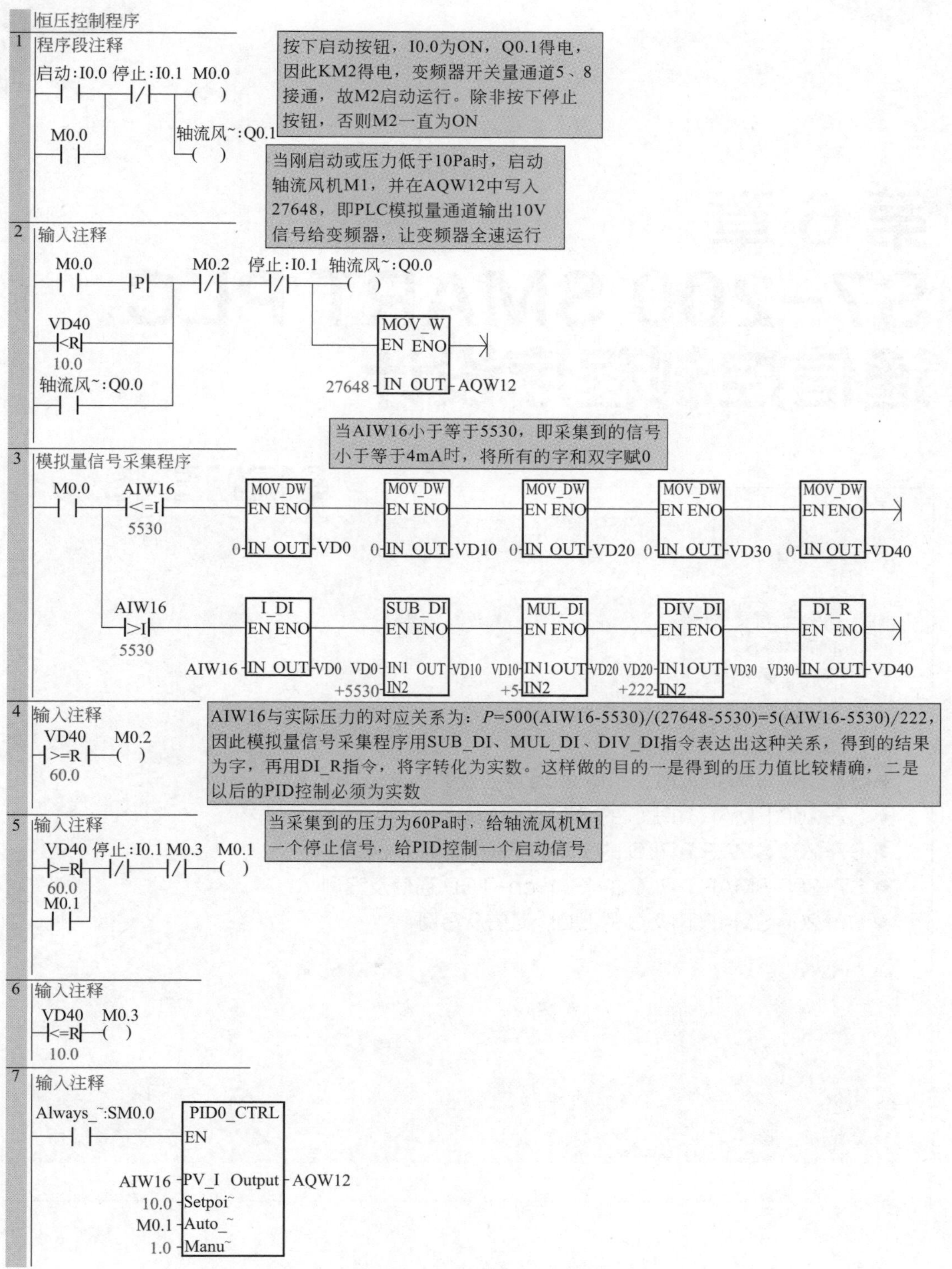


图 5-37　恒压控制程序（PID 向导）

# 第6章 S7-200 SMART PLC 通信控制程序设计

SIEMENS

本章要点

- PLC 通信基础
- S7-200 SMART PLC Modbus 通信及案例
- S7-200 SMART PLC 的 S7 通信及案例
- S7-200 SMART PLC 的 TCP 通信及案例
- S7-200 SMART PLC 的 ISO-on-TCP 通信及案例
- S7-200 SMART PLC 的 UDP 通信及案例

随着计算机技术、通信技术和自动化技术的不断发展及推广，可编程控制设备已在各个企业大量使用。将不同的可编程控制设备进行相互通信、集中管理，是企业不能不考虑的问题。因此本章根据实际的需要，对 PLC 通信知识进行介绍。

# 6.1 通信基础知识

## 6.1.1 通信方式

（1）串行通信与并行通信

① 串行通信　串行通信中构成 1 个字或字节的多位二进制数据是 1 位 1 位地被传送的。串行通信的特点是传输速度慢、传输线数量少（最少需 2 根双绞线）、传输距离远。PLC 的 RS-232 或 RS-485 通信就是串行通信的典型例子。

② 并行通信　并行通信中同时传送构成 1 个字或字节的多位二进制数。并行通信的特点是传送速度快、传输线数量多（除了 8 根或 16 根数据线和 1 根公共线外，还需通信双方联络的控制线）、传输距离近。PLC 的基本单元和特殊模块之间的数据传送就是典型的并行通信。

（2）异步通信和同步通信

① 异步通信　异步通信中数据是一帧一帧传送的。异步通信的字符信息格式为 1 个起始位、7 ～ 8 个数据位、1 个奇偶校验位和停止位。

在传送时，通信双方需对采用的信息格式和数据的传输速度作相同约定，接受方检测到停止位和起始位之间的下降沿后，将它作为接收的起始点，在每位中点接收信息。这样传送不至于出现由于错位而带来的收发不一致的现象。PLC 一般采用异步通信。

② 同步通信　同步通信将许多字符组成一个信息组进行传输，但是需要在每组信息开始处，加上 1 个同步字符。同步字符用来通知接收方来接收数据，它是必须有的。同步通信收发双方必须完全同步。

（3）单工通信、全双工通信和半双工通信

① 单工通信　指信息只能保持同一方向传输，不能反向传输，如图 6-1（a）所示。

② 全双工通信　指信息可以沿两个方向传输，A、B 两方都可以同时一方面发送数据，另一方面接收数据，如图 6-1（b）所示。

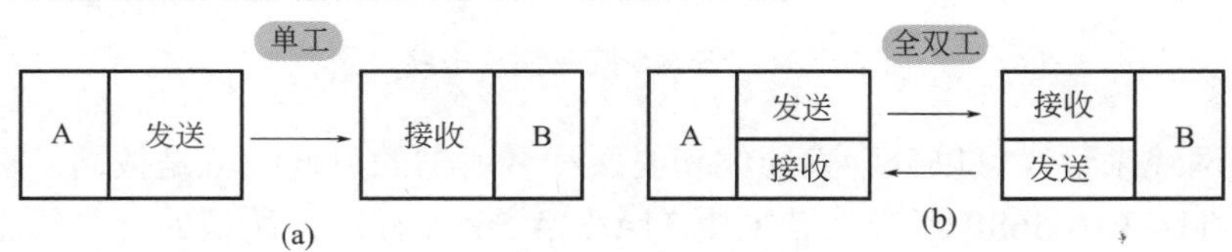


图 6-1　单工通信与全双工通信

③ 半双工通信　指信息可以沿两个方向传输，但同一时刻只限于一个方向传输，即同一时刻 A 方发送 B 方接受或 B 方发送 A 方接受。

## 6.1.2 通信传输介质

通信传输介质一般有 3 种，分别为双绞线、同轴电缆和光纤，如图 6-2 所示。

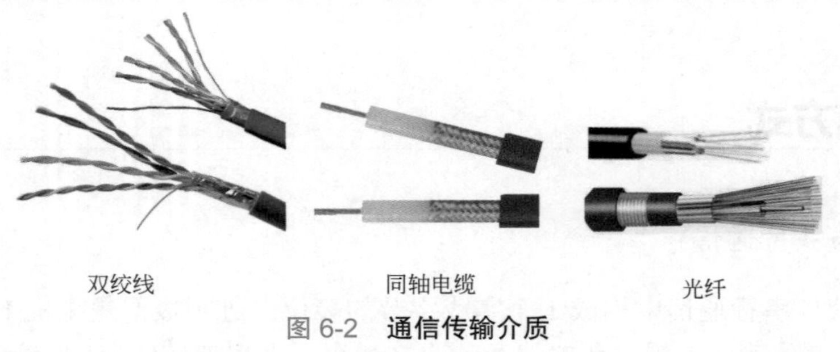


图 6-2　**通信传输介质**

(1) 双绞线

① 双绞线简介　双绞线是由一对相互绝缘的导线按照一定的规律互相缠绕在一起而制成的一种传输介质。两根线扭绞在一起其目的是减小电磁干扰。实际使用时，一对或多对双绞线一起包在一个绝缘电缆套管里，常见的双绞线有 1 对的、2 对的和 4 对的。

双绞线按有无屏蔽层可分为非屏蔽双绞线和屏蔽双绞线，屏蔽层可以减小电磁干扰。双绞线具有成本低、重量轻、易弯曲、易安装等特点。RS-232、RS-485 和以太网多采用双绞线进行通信。

② 以太网线制作　以太网线常见的有 4 芯和 8 芯的。制作以太网线时，需压制专用的连接头，即 RJ45 连接头，俗称水晶头。水晶头的压制有两个标准，分别为 TIA/EIA 568B 和 TIA/EIA 568A。制作水晶头首先将水晶头有卡的一面朝下，有铜片的一面朝上，有开口的一边朝自己身体，TIA/EIA 568B 的线序为 1 白橙、2 橙、3 白绿、4 蓝、5 蓝白、6 绿、7 白棕、8 棕，TIA/EIA 568A 的线序为 1 白绿、2 绿、3 白橙、4 蓝、5 蓝白、6 橙、7 白棕、8 棕，如图 6-3 所示。

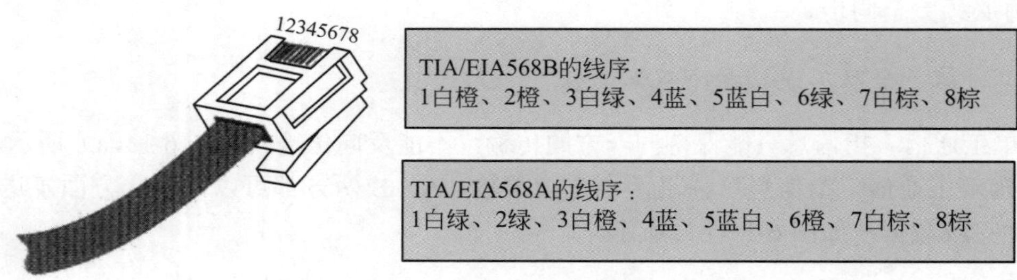


图 6-3　**RJ45 接头铜片排序**

对于一条网线来说，可以分为直通线和交叉线。所谓的直通线就是按同一标准制作两个水晶头，采用 TIA/EIA 568B 标准或者采用 TIA/EIA 568A 标准；所谓的交叉线就是采用不同标准制作两个水晶头，一端用 TIA/EIA 568A 标准，另一端用 TIA/EIA 568B 标准。

10M 以太网用 1、2、3、6 线芯传递数据；100M 以太网用 4、5、7、8 线芯传递数据。

（2）同轴电缆

同轴电缆有 4 层，由外向内依次是护套、外导体（屏蔽层）、绝缘介质和内导体。同轴电缆从用途上分可分为基带同轴电缆和宽带同轴电缆。基带同轴电缆的特性阻抗为 50Ω，适用于计算机网络连接；宽带同轴电缆的特性阻抗为 75Ω，常用于有线电视传输介质。

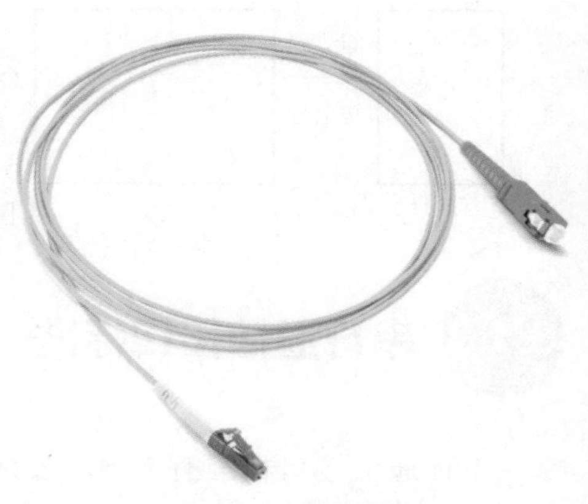
图 6-4　**光纤跳线**

（3）光纤

① 光纤简介　光纤是由石英玻璃经特殊工艺拉制而成的。按工艺的不同可将光纤分为单模光纤和多模光纤。单模光纤直径为 8 ～ 9μm，多模光纤直径为 62.5μm。单模光纤光信号没反射，衰减小，传输距离远；多模光纤光信号多次反射，衰减大，传输距离近。

② 光纤跳线和尾纤　光纤跳线两端都有活动头，直接可以连接两台设备。光纤跳线如图 6-4 所示。尾纤只有一端有活动头，另一端没有活动头，需用专用设备与另一根光纤熔在一起。

③ 光纤接口　光纤的接口很多，不同的接口需要配不同的耦合器，一旦设备的接口确定，跳线和尾纤的接口也确定了。光纤接口如表 6-1 所示。

表 6-1　**光纤接口**

| 连接器型号 | 描述 | 外形图 | 连接器型号 | 描述 | 外形图 |
|---|---|---|---|---|---|
| FC/PC | 圆形光纤接头 / 微凸球面研磨抛光 | FC/PC | FC/APC | 圆形光纤接头 / 面呈 8° 并作微凸球面研磨抛光 | FC/APC |
| SC/PC | 方形光纤接头 / 微凸球面研磨抛光 | SC/PC | SC/APC | 方形光纤接头 / 面呈 8° 并作微凸球面研磨抛光 | SC/APC |
| ST/PC | 卡接式圆形光纤接头 / 微凸球面研磨抛光 | ST/PC | ST/APC | 卡接式圆形光纤接头 / 面呈 8° 并作微凸球面研磨抛光 | ST/APC |
| MT-RJ | 机械式转换 - 标准插座 | MT/RJ | LC/PC | 卡接式方形光纤接头 / 微凸球面研磨抛光 | LC/PC |
| E2000/PC | 带弹簧闸门卡接式方形光纤接头 / 微凸球面研磨抛光 |  | E2000/APC | 带弹簧闸门卡接式方形光纤接头 / 面呈 8° 并作微凸球面研磨抛光 |  |

④ 光纤工程应用　实际工程中，光纤传输需配光纤收发设备，实例如图 6-5 所示。

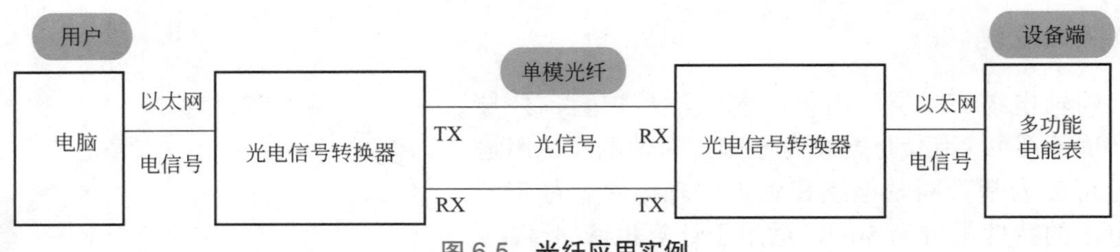


图 6-5　光纤应用实例

## 6.1.3 串行通信接口标准

串行通信接口标准有 3 种，分别为 RS-232C 串行接口标准、RS-422 串行接口标准和 RS-485 串行接口标准。

（1）RS-232C 串行接口标准

1969 年，美国电子工业协会 EIA 推荐了一种串行接口标准，即 RS-232C 串行接口标准。其中的 RS 是英文中的“推荐标准”缩写，232 为标识号，C 表示标准修改的次数。

① 力学性能

RS-232C 接口一般使用 9 针或 25 针 D 形连接器。以 9 针 D 形连接器最为常见。

② 电气性能

a. 采用负逻辑，用 −5 ～ −15V 表示逻辑“1”，用 +5 ～ +15V 表示逻辑“0”。

b. 只能进行一对一通信。

c. 最大通信距离为 15m，最大传输速率为 20kbit/s。

d. 通信采用全双工方式。

e. 接口电路采用单端驱动、单端接收电路，如图 6-6 所示。需要说明的是，此电路易受外界信号及公共地线电位差的干扰。

f. 两个设备通信距离较近时，只需 3 线，如图 6-7 所示。

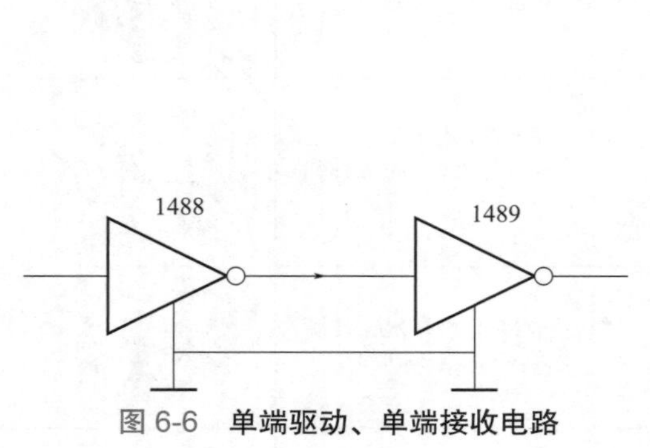


图 6-6　单端驱动、单端接收电路

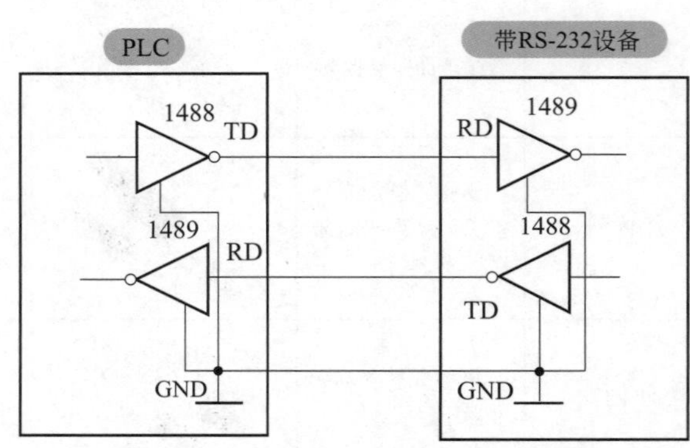


图 6-7　PLC 与 RS-232 设备通信

（2）RS-422 串行接口标准

由于 RS-232C 接口传输速率、传输距离和抗干扰能力等受限，美国电子工业协会 EIA

又推出了一种新的串行接口标准，即 RS-422 串行接口标准。

特点：

① RS-422 接口采用平衡驱动、差分接收电路，提高抗干扰能力。

② RS-422 接口通信采用全双工方式。

③ 传输速率为 100kbit/s 时，最大通信距离为 1200m。

④ RS-422 通信接线，如图 6-8 所示。

（3）RS-485 串行接口标准

RS-485 是 RS-422 的变形，其只有一对平衡差分信号线，不能同时发送和接收信号。RS-485 通信采用半双工方式。RS-485 通信接口和双绞线可以组成串行通信网络，构成分布式系统，在一条总线上最多可以接 32 个站，如图 6-9 所示。

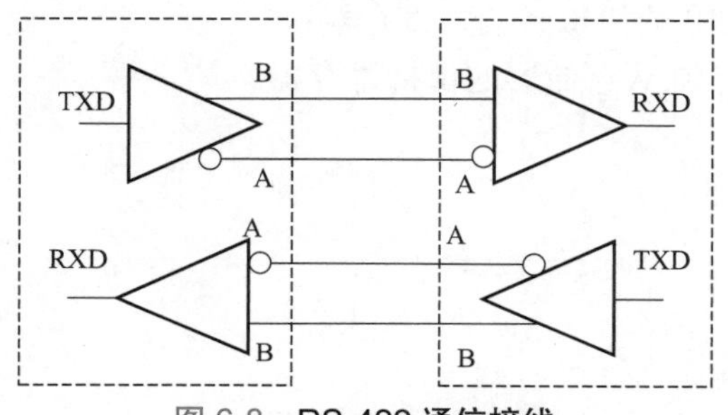


图 6-8 RS-422 通信接线

图 6-9 RS-485 通信接线

## 6.2 S7-200 SMART PLC Modbus 通信及案例

Modbus 通信协议在工业控制中应用广泛，如 PLC、变频器和自动化仪表等工控产品都采用了此协议。Modbus 通信协议已成为一种通用的工业标准。

Modbus 通信协议是一个主 - 从协议，采用请求 - 响应方式，主站发出带有从站地址的请求信息，具有该地址的从站接收后，发出响应信息作为应答。主站只有一个，从站可以有 1 ～ 247 个。

### 6.2.1 Modbus 寻址

Modbus 的地址通常有 5 个字符值，其中包含数据类型和偏移量。第一个字符决定数据类型，后四个字符选择数据类型内的正确数值。

（1）Modbus 主站寻址

Modbus 主站指令将地址映射至正确的功能，以发送到从站设备。Modbus 主站指令支持下列 Modbus 地址：

① 00001 ～ 09999 是离散量输出（线圈）；
② 10001 ～ 19999 是离散量输入（触点）；
③ 30001 ～ 39999 是输入寄存器（通常是模拟量输入）；
④ 40001 ～ 49999 是保持寄存器。

所有 Modbus 地址均从 1 开始，也就是说第一个数据值从地址 1 开始。实际有效地址范围取决于从站设备。不同的从站设备支持不同的数据类型和地址范围。

（2）Modbus 从站寻址

Modbus 主站设备将地址映射至正确的功能。Modbus 从站指令支持下列地址：
① 00001 ～ 00256 是映射到 Q0.0 ～ Q31.7 的离散量输出；
② 10001 ～ 10256 是映射到 I0.0 ～ I31.7 的离散量输入；
③ 30001 ～ 30056 是映射到 AIW0 ～ AIW110 的模拟量输入寄存器；
④ 40001 ～ 49999 和 400001~465535 是映射到 V 存储器的保持寄存器。

## 6.2.2 主站指令与从站指令

（1）主站指令

主站指令有 2 条，MBUS_CTRL 指令和 MBUS_MSG 指令。

① MBUS_CTRL 指令　MBUS_CTRL 指令用于 S7-200 SMART PLC 端口 0 初始化、监视或禁用 Modbus 通信。在使用 MBUS_MSG 指令前，必须先正确执行 MBUS_CTRL 指令。MBUS_CTRL 指令的指令格式如图 6-10 所示。

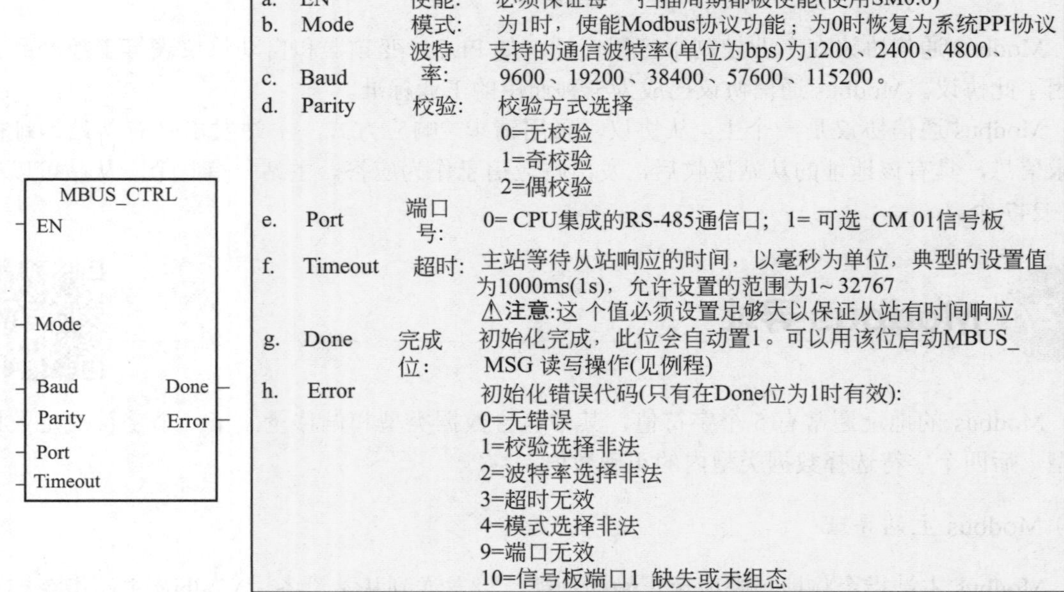

图 6-10　MBUS_CTRL 指令的指令格式

② MBUS_MSG 指令　MBUS_MSG 指令用于启动对 Modbus 从站的请求，并处理应答。MBUS_MSG 指令的指令格式如图 6-11 所示。

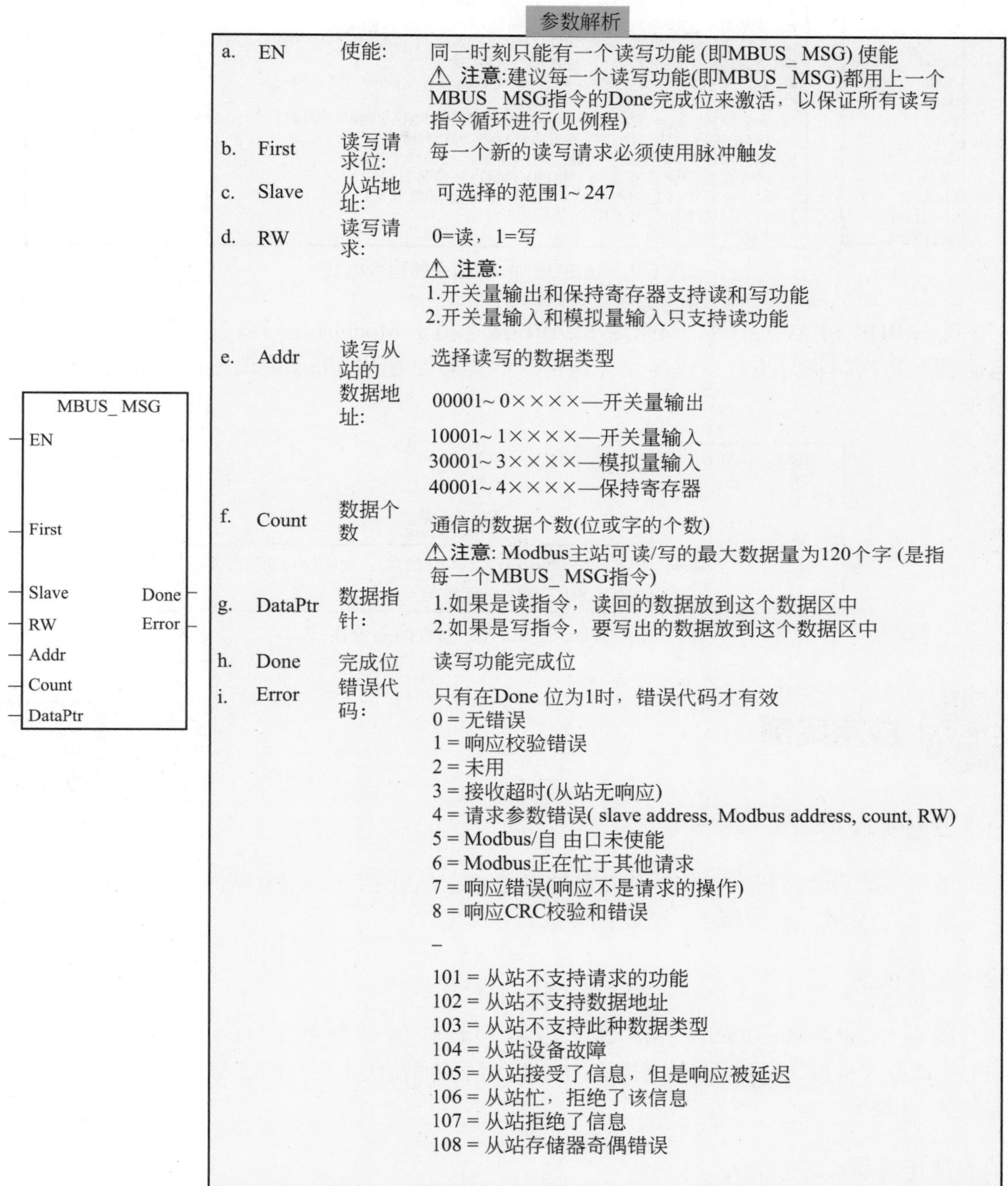


图 6-11　MBUS_MSG 指令的指令格式

（2）从站指令

从站指令有 2 条，MBUS_INIT 指令和 MBUS_SLAVE 指令。

① MBUS_INIT 指令　MBUS_INIT 指令用于启动、初始化或禁止 Modbus 通信。在使

用 MBUS_SLAVE 指令之前，必须正确执行 MBUS_INIT 指令。指令格式如图 6-12 所示。

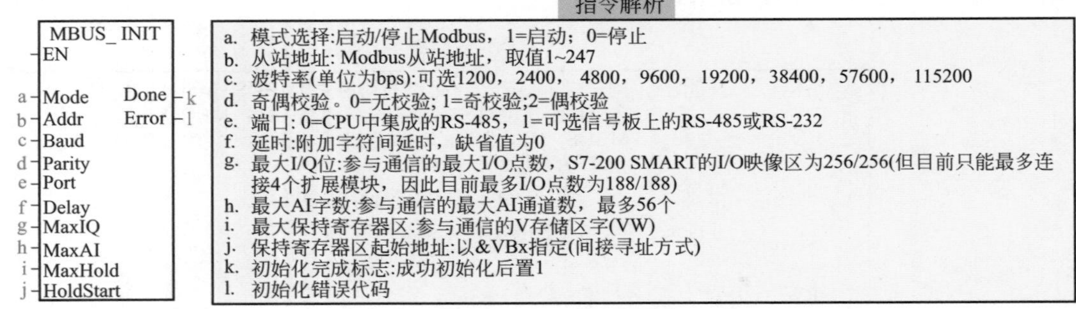


图 6-12　MBUS_INIT 指令的指令格式

② MBUS_SLAVE 指令　MBUS_SLAVE 指令用于 Modbus 主设备发出的请求服务，并且必须在每次扫描时执行，以便允许该指令检查和回答 Modbus 请求。指令格式如图 6-13 所示。

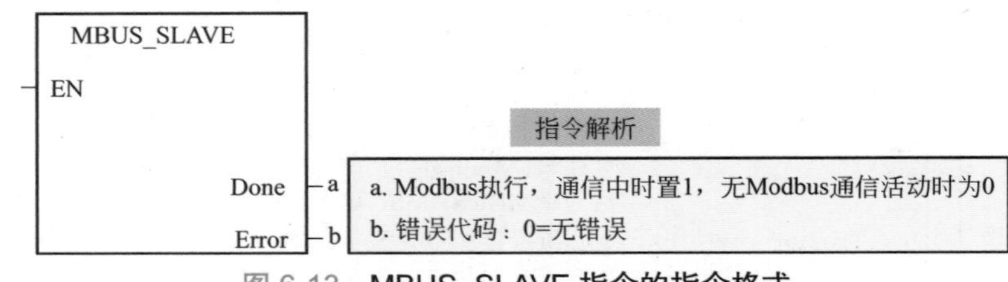


图 6-13　MBUS_SLAVE 指令的指令格式

## 6.2.3 应用案例

（1）控制要求

用主站的启动按钮 I0.1 控制从站电动机 Q0.0、Q0.1 启动，用主站的停止按钮 I0.2 控制从站电动机 Q0.0、Q0.1 停止。试设计电路。

（2）硬件配置

装有 STEP 7-Micro/WIN SMART V2.3 编程软件的计算机 1 台；1 台 CPU ST30；1 台 CPU ST20；3 根以太网线；1 台交换机；RS-485 简易通信线 1 根（两边都是 DB9 插件，分别连接 3、8 端）。

（3）硬件连接

硬件连接如图 6-14 所示。

（4）主站编程

主站程序如图 6-15 所示。

注：Modbus 主站指令库查找方法和库存储器分配如图 6-16 所示。

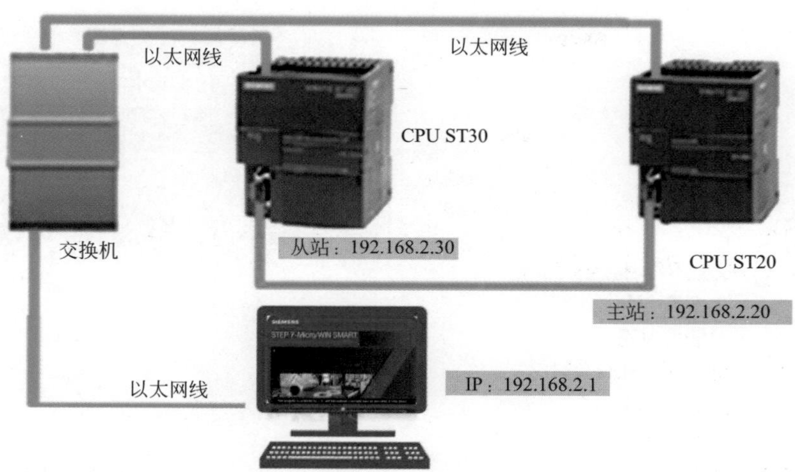


图 6-14　**两台 S7-200 SMART 的硬件连接**

主站程序

1　主站初始化设置，使能端和模式都始终得电：定义波特率、校验方式、端口和超时

```
Always_~:SM0.0                MBUS_CTRL
---| |------------------------EN

Always_~:SM0.0
---| |------------------------Mode

                       9600 - Baud      Done - M0.0
                          1 - Parity   Error - VB11
                          0 - Port
                       1000 - Timeout
```

2　向地址为1的从站发送信息：注意使能端EN必须始终得电,读写请求位First每写一个新数据，必须发一个脉冲；从站地址为1: RW设置为1，代表向从站写数据；读写从站地址为40001；写入一个字节；指针为&VB2000

```
Always_~:SM0.0                MBUS_MSG
---| |------------------------EN

启动:I0.1
---| |-----+------------------First
           |
停止:I0.2  |
---| |-----+
                          1 - Slave     Done - M0.1
                          1 - RW       Error - VB12
                      40001 - Addr
                          1 - Count
                    &VB2000 - DataPtr
```

3　启保停电路:主站指针VB2000为一个字节，分别往字节的第0位和第1位写入数据，主从通信后:主站指针VB2000中的数据会传给从站的数据地址40001，之后，40001会把数据传给从站指针VB1000，从站指针的第0位和第1位会有数据，因此从站会有Q0.0、Q0.1会有输出

```
启动:I0.1      停止:I0.2      V2000.0
---| |-----+-----|/|-----+-----(   )
           |             |
V2000.0    |             |    V2000.1
---| |-----+             +-----(   )
```

图 6-15　**应用案例主站程序**

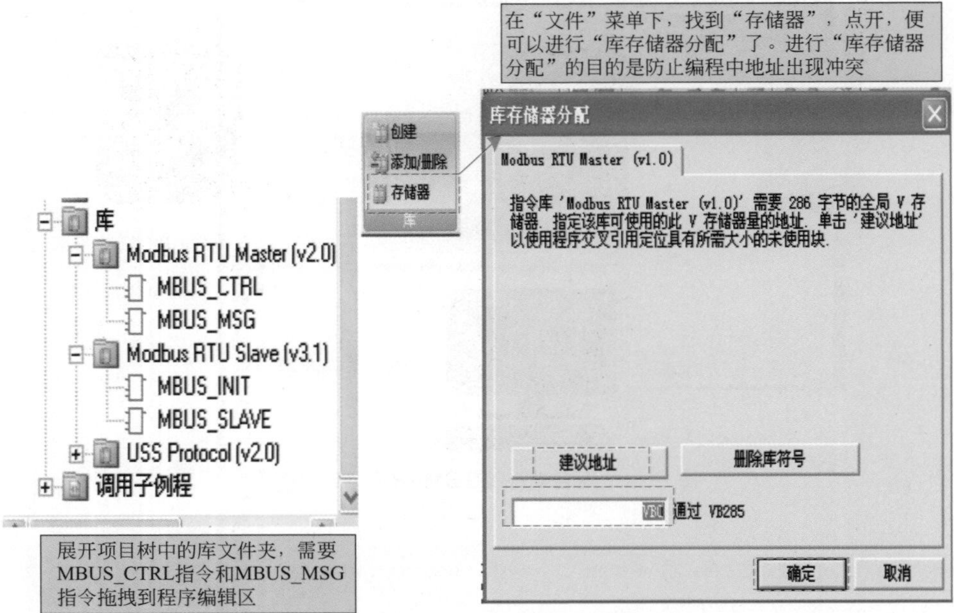


图 6-16　主站指令库查找和库存储器分配

(5) 从站编程

从站程序如图 6-17 所示。

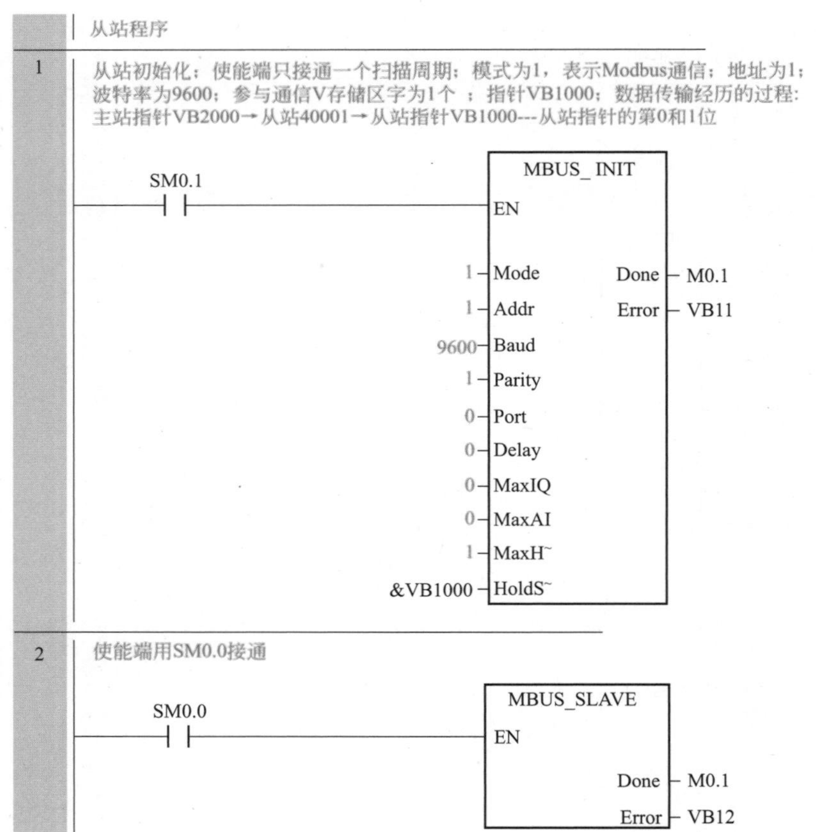

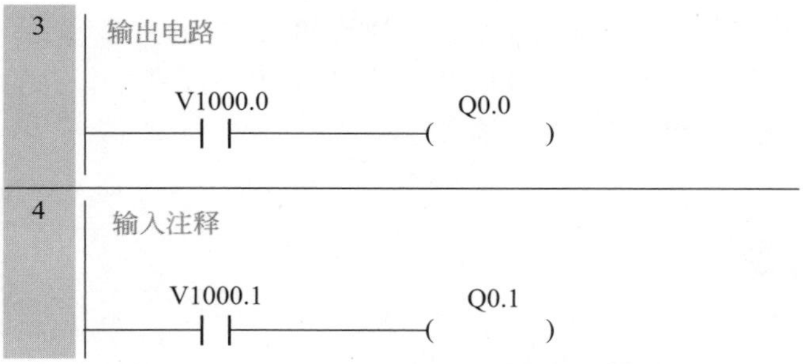

```
3  输出电路
      V1000.0                 Q0.0
   ────┤ ├──────────────────(    )

4  输入注释
      V1000.1                 Q0.1
   ────┤ ├──────────────────(    )
```

图 6-17 **应用案例从站程序**

编者心语

S7-200 SMART PLC Modbus 通信的几点注意事项：

1. 用主站初始化指令 MBUS_CTRL 时，使能端 EN 和模式选择 Mode 均需始终接通，故连接 SM0.0。

2. 用主站 MBUS_MSG 指令时，使能端需始终接通；读写请求位 First 每写一个数据需发一个脉冲，这个是关键。

3. 主站 MBUS_MSG 指令中的地址 Slave 和从站 MBUS_INIT 指令中的地址需一致。

4. 从站 MBUS_INIT 指令使能端 EN 连接的是 SM0.1。

5. 数据传输经历的过程：主站指针 VB2000 →从站 40001 →从站指针 VB1000 →从站指针的第 0 和 1 位。

# 6.3 S7-200 SMART PLC 基于以太网的 S7 通信及案例

## 6.3.1 S7-200 SMART PLC 基于以太网的 S7 通信简介

以太网通信在工业控制中应用广泛，固件版本 V2.0 及以上 S7-200 SMART PLC 提供了 GET/PUT 指令和向导，用于 S7-200 SMART PLC 之间的以太网 S7 通信。

S7-200 SMART PLC 以太网端口同时具有 8 个 GET/PUT 主动连接资源和 8 个 GET/PUT 被动连接资源。所谓的 GET/PUT 主动连接资源用于主动建立与远程 CPU 的通信连接，并对远程 CPU 进行数据读 / 写操作；所谓的 GET/PUT 被动连接资源用于被动地接受远程 CPU 的通信连接请求，并接受远程 CPU 对其进行数据读 / 写操作。调用 GET/PUT 指令的 CPU 占用主动连接资源，相应的远程 CPU 占用被动连接资源。

8 个 GET/PUT 主动连接资源，同一时刻最多能对 8 个不同 IP 地址的远程 CPU 进行 GET/PUT 指令的调用；同一时刻对同一个远程 CPU 的多个 GET/PUT 指令的调用，只会占用本地 CPU 的一个主动连接资源，本地 CPU 与远程 CPU 之间只会建立一条连接通道，同一时刻触发的多个 GET/PUT 指令将会在这条连接通道上顺序执行。

8 个 GET/PUT 被动连接资源，S7-200 SMART CPU 调用 GET/PUT 指令，执行主动连接的同时，也可以被动地被其他远程 CPU 进行通信读 / 写。

## GET/PUT 指令

GET/PUT 指令用于 S7-200 SMART PLC 间的以太网通信，其指令格式如表 6-2 所示。GET/PUT 指令中的参数 TABLE 如表 6-3 所示，其用于定义远程 CPU 的 IP 地址、本地 CPU 和远程 CPU 的通信数据区域及长度。

表 6-2 GET/PUT 指令的指令格式

| 指令名称 | 梯形图 | 语句表 | 指令功能 |
|---|---|---|---|
| PUT 指令 | PUT<br>EN ENO<br>TABLE | PUT TABLE | PUT 指令启动以太网端口上的通信操作，将数据写入远程设备。PUT 指令可向远程设备写入最多 212 个字节的数据 |
| GET 指令 | GET<br>EN ENO<br>TABLE | GET TABLE | GET 指令启动以太网端口上的通信操作，从远程设备获取数据。GET 指令可从远程设备读取最多 222 个字节的数据 |

表 6-3 GET/PUT 指令参数 TABLE 的定义

| 字节偏移量 | bit 7 | bit 6 | bit 5 | bit 4 | bit 3 | bit 2 | bit 1 | bit 0 |
|---|---|---|---|---|---|---|---|---|
| 0 | D① | A② | E③ | 0 | 错误代码 | | | |
| 1 | 远程 CPU 的 IP 地址 | | | | | | | |
| 2 | | | | | | | | |
| 3 | | | | | | | | |
| 4 | | | | | | | | |
| 5 | 预留（必须设置为 0） | | | | | | | |
| 6 | 预留（必须设置为 0） | | | | | | | |
| 7 | 指向远程 CPU 通信数据区域的地址指针（允许数据区域包括：I、Q、M、V） | | | | | | | |
| 8 | | | | | | | | |
| 9 | | | | | | | | |
| 10 | | | | | | | | |
| 11 | 通信数据长度④ | | | | | | | |
| 12 | 指向本地 CPU 通信数据区域的地址指针（允许数据区域包括：I、Q、M、V） | | | | | | | |
| 13 | | | | | | | | |
| 14 | | | | | | | | |
| 15 | | | | | | | | |

① D：通信完成标志位，通信已经成功完成或者通信发生错误。

② A：通信已经激活标志位。

③ E：通信发生错误。

④ 通信数据长度：需要访问远程 CPU 通信数据的字节个数，PUT 指令可向远程设备写入最多 212 个字节的数据，GET 指令可从远程设备读取最多 222 个字节的数据。

特别需要说明的是，GET/PUT 指令只需要在主动建立连接的 CPU 中调用执行，被动建立连接的 CPU 不需进行通信编程。

## 6.3.3 GET/PUT 指令应用案例

（1）控制要求

通过以太网通信，把本地 CPU1（ST20）中的数据 3 写入远程 CPU2（ST30）中，把远程 CPU2（ST30）中的数据 2 读到 CPU1（ST20）中。试设计程序。

（2）硬件配置

装有 STEP 7-Micro/WIN SMART V2.2 编程软件的计算机 1 台；1 台 CPU ST30；1 台 CPU ST20；3 根以太网线；1 台交换机。

（3）硬件连接

硬件连接如图 6-18 所示。

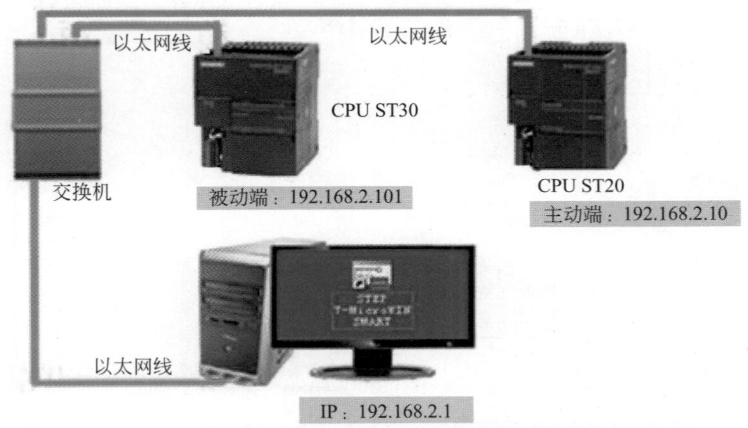


图 6-18 两台 S7-200 SMART PLC 以太网通信的硬件连接

（4）主站编程

主动端程序如图 6-19 所示。

PUT/GET指令应用案例
主动端程序

1 定义PUT写入指令TABLE参数表:定义PUT指令TABLE参数，必须参考6.3节表6-3；VB400为0, 即定义通信状态字节
定义被动端CPU2 (ST30)_ IP 地址，IP=192.168.2.101，存储在VB401到VB404字节中；
VB405和VB406为预留，必须设置为0;
定义被动端CPU2 (ST30)通信数据区域的地址指针VB0，数据存储在VB407开始的4个字节里；
通信数据长度为8，存储在VB411中；
定义主动端CPU1(ST20)通信数据区域的地址指针VB100，数据存储在VB412开始的4个字节里

SM0.1 — MOV_B (EN ENO; 0 — IN OUT — VB400)

(A)

图 6-19

A

| MOV_B EN ENO IN OUT | | MOV_B EN ENO IN OUT | |
|---|---|---|---|
| 192 | VB401 | 168 | VB402 |
| 2 | VB403 | 101 | VB404 |
| 0 | VB405 | 0 | VB406 |

MOV_DW: &VB0 — IN OUT — VD407

MOV_B: 8 — IN OUT — VB411

MOV_DW: &VB100 — IN OUT — VD412

2 向VB100中写入3，那么主动端CPU1(ST20)指针VB100中的数据为3，通过以太网通信，主动端指针VB100数据3将会映射到被动端CPU2 (ST30)中，那么被动端指针VB0中的数据也应该为3，注意通过被动端CPU2 (ST30)软件中的状态图表观察变化

I0.2 — MOV_B EN ENO; 3 — IN OUT — VB100

3 调用PUT/GET指令

SM0.5 — |P| — PUT EN ENO; VB400 — TABLE

GET EN ENO; VB500 — TABLE

4 定义GET接收指令TABLE参数表:定义PUT指令TABLE参数，必须参考表6-3；VB500为0，即定义通信状态字节；
定义远程CPU2 (ST30)IP 地址，IP=192.168.2.101，存储在VB501到VB504字节中；
VB505和VB506为预留，必须设置为0；
定义远程CPU2 (ST30)通信数据区域的地址指针VB200，数据存储在VB507开始的4个字节里；
通信数据长度为8，存储在VB511中；
定义本地CPU1 (ST20)通信数据区域的地址指针VB300；数据存储在VB512开始的4个字节里

SM0.1 — MOV_B EN ENO; 0 — IN OUT — VB500

| MOV_B EN ENO IN OUT | | MOV_B EN ENO IN OUT | |
|---|---|---|---|
| 192 | VB501 | 168 | VB502 |
| 2 | VB503 | 101 | VB504 |
| 0 | VB505 | 0 | VB506 |

B

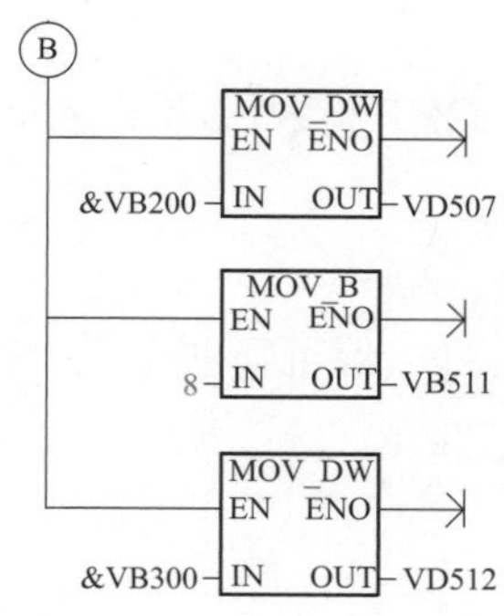


图 6-19 PUT/GET 指令应用案例主动端程序

（5）从站编程

被动端程序如图 6-20 所示。

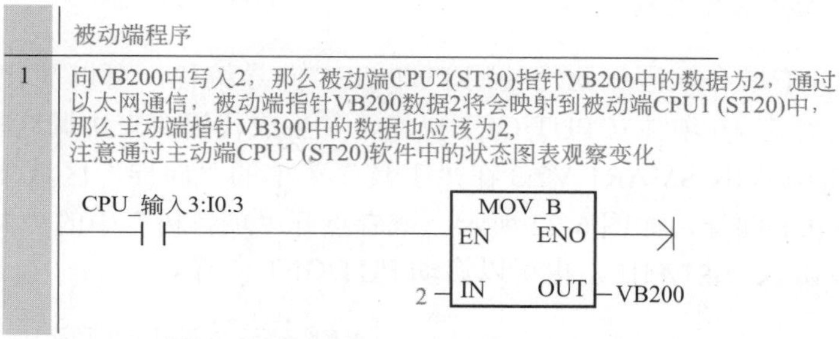

被动端程序

1 向VB200中写入2，那么被动端CPU2(ST30)指针VB200中的数据为2，通过以太网通信，被动端指针VB200数据2将会映射到被动端CPU1 (ST20)中，那么主动端指针VB300中的数据也应该为2，注意通过主动端CPU1 (ST20)软件中的状态图表观察变化

CPU_输入3:I0.3

MOV_B
EN ENO
2 IN OUT VB200

图 6-20 PUT/GET 指令应用案例被动端程序

（6）观察主动端和被动端的状态图表

主动端和被动端的状态图表如图 6-21 所示。

向 VB200 中写入 2，那么被动端 CPU2(ST30) 指针 VB200 中的数据为 2，通过以太网通信，被动端指针 VB200 数据 2 将会映射到主动端 CPU1(ST20) 中，那么主动端指针 VB300 中的数据也应该为 2，注意通过主动端 CPU1(ST20) 软件中的状态图表观察变化

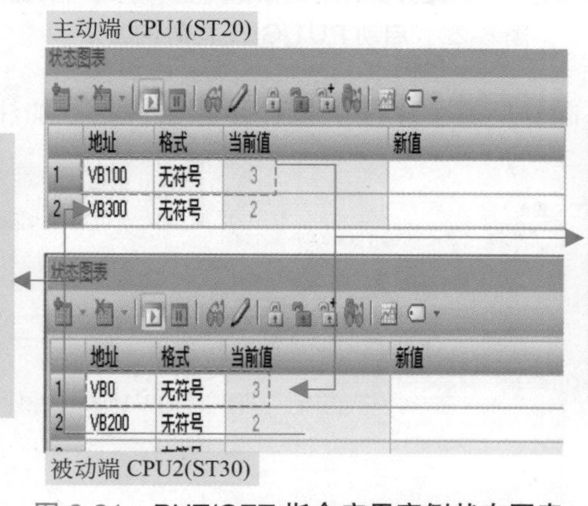


向 VB100 中写入 3，那么主动端 CPU1(ST20) 指针 VB100 中的数据为 3，通过以太网通信，主动端指针 VB100 数据 3 将会映射到被动端 CPU2(ST30) 中，那么被动端指针 VB0 中的数据也应该为 3，注意通过被动端 CPU2(ST30) 软件中的状态图表观察变化

图 6-21 PUT/GET 指令应用案例状态图表

编者心语

S7-200 SMART PLC 用 PUT/GET 指令实现以太网通信的几点心得：

1. 无论是编写 PUT 写入程序，还是编写 GET 读取程序，都需严格按照表 6-3 进行的设置。

2. 主动端调用 PUT/GET 指令，被动端无须调用。

3.PUT/GET 指令的使能端 EN 必须连接脉冲，保证实时发送数据。

4. 要会巧妙运用状态图表观察相应的数据变化。

## 6.3.4 例解 PUT/GET 向导

对于 6.3.3 节中的案例，试着用 PUT/GET 向导来编程。

（1）PUT/GET 向导步骤及主动端程序

与使用 PUT/GET 指令编程相比，使用 PUT/GET 向导编程，可以简化编程步骤。PUT/GET 向导最多允许组态 16 项独立 PUT/GET 操作，并生成代码块来协调这些操作。

① STEP 7 Micro/WIN SMART V2.3 在“工具”菜单的“向导”区域单击“Get/Put”按钮，启动 PUT/GET 向导，如图 6-22 所示。或者点开“项目树”中的“向导”加号，之后双击“Get/Put”按钮 GET/PUT，也可以启动 PUT/GET 向导。

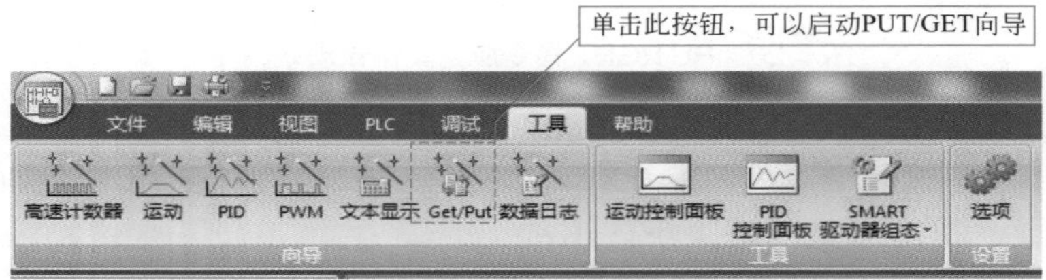


图 6-22　启动 PUT/GET 向导的方法

② 在弹出的“Get/Put 向导”界面中添加操作步骤名称并添加注释，如图 6-23 所示。

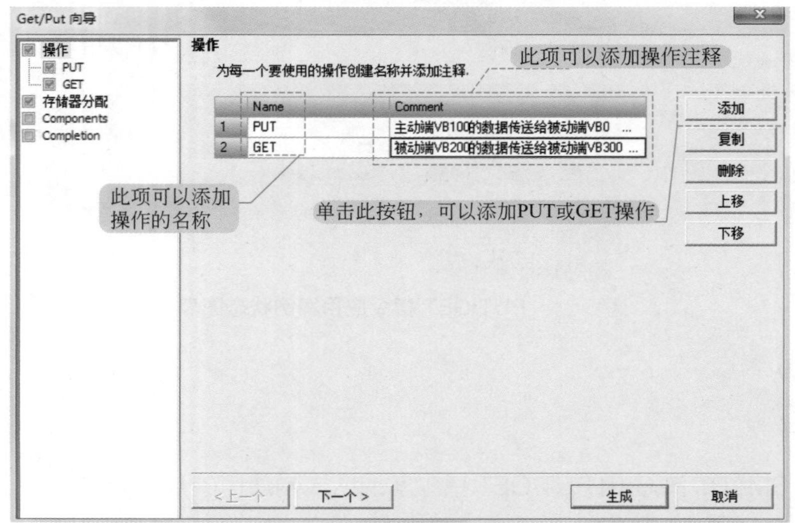


图 6-23　添加操作名称和注释

③ 定义 PUT 操作，如图 6-24 所示。

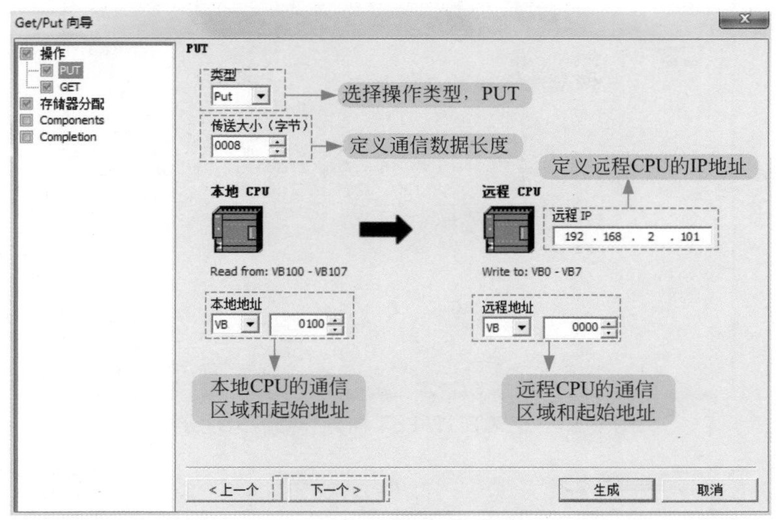


图 6-24　定义 PUT 操作

④ 定义 GET 操作，如图 6-25 所示。

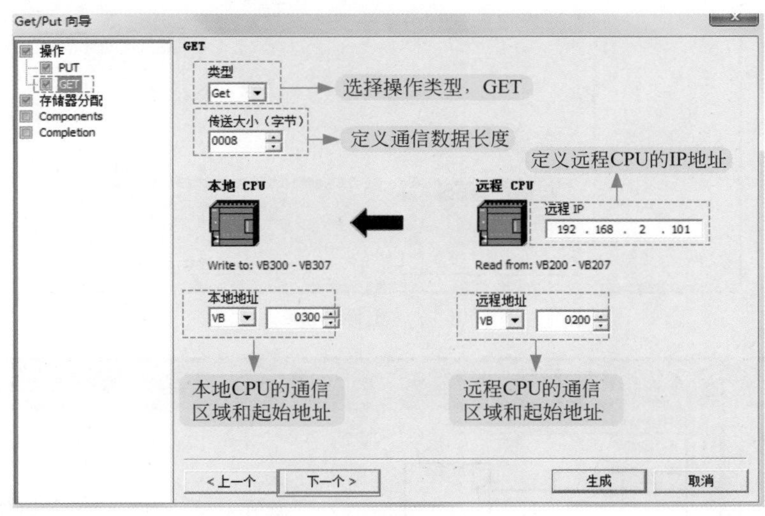


图 6-25　定义 GET 操作

⑤ 定义 PUT/GET 向导存储器地址分配，如图 6-26 所示。

⑥ 定义 PUT/GET 向导存储器地址分配后，单击“下一个”，会进入组件界面，如图 6-27 所示。

⑦ 在“组件”界面，单击“下一个”，会进入向导完成界面，单击“生成”按钮，在项目树的“调用子例程”中，将自动生成网络读写指令，使用时，将其拖拽到主程序中，调用该指令即可。主动端 CPU1（ST20）的程序如图 6-28 所示。

### （2）被动端程序

被动端 CPU2（ST30）的程序如图 6-29 所示。和 PUT/GET 指令案例一样，主动端能调用 PUT/GET 向导，被动端无须调用 PUT/GET 向导。

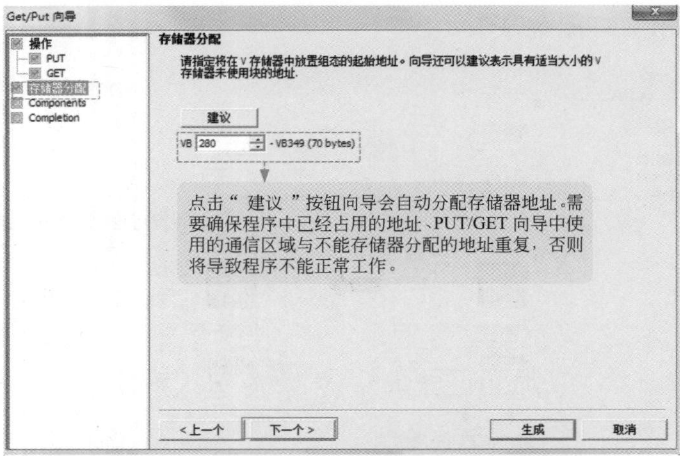


图 6-26　定义 PUT/GET 向导存储器地址分配

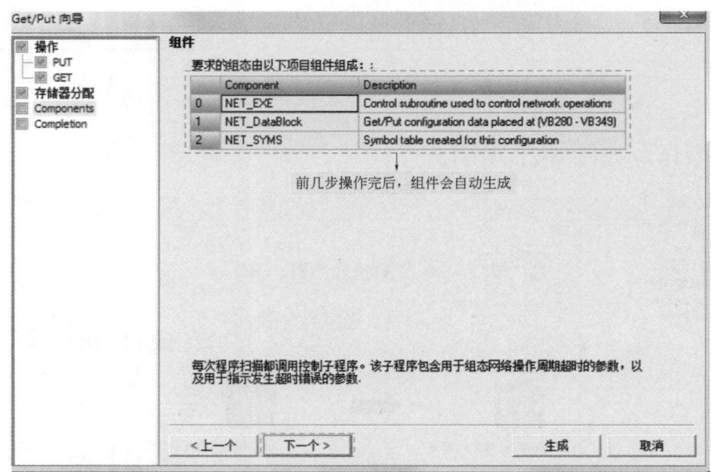


图 6-27　组件界面

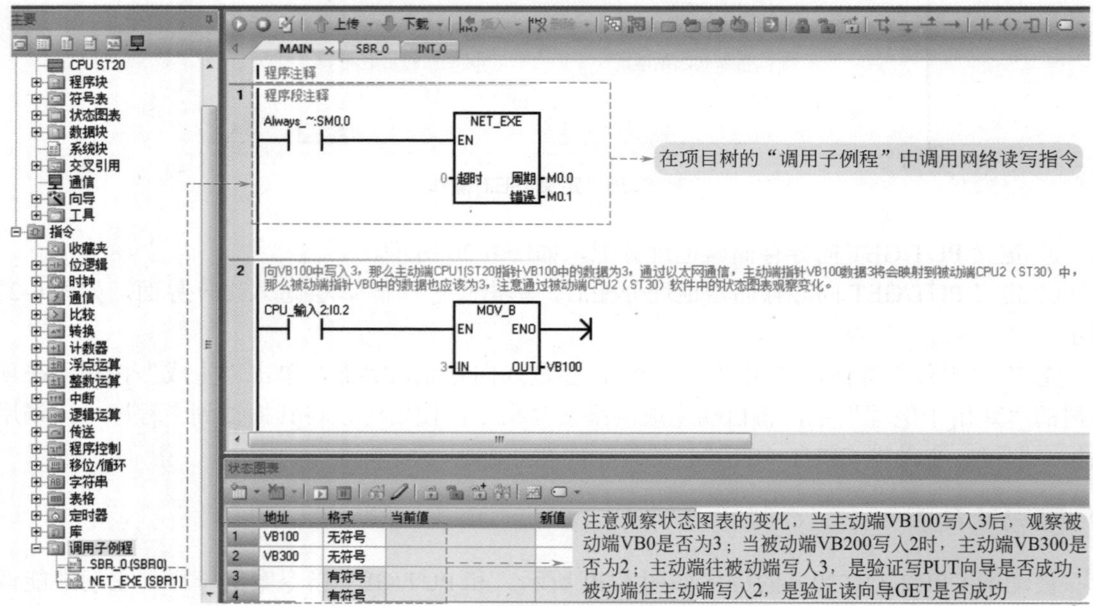


图 6-28　主动端 CPU1（ST20）的程序

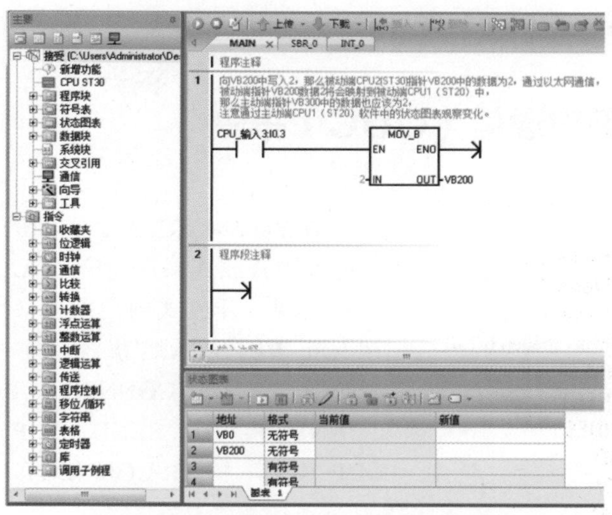

图 6-29　被动端 CPU2（ST30）的程序

# 6.4 S7-200 SMART PLC 基于以太网的开放式用户通信

## 6.4.1 开放式用户通信的相关协议简介

（1）TCP 协议

TCP 是一个因特网核心协议。在通过以太网通信的主机上运行的应用程序之间，TCP 提供了可靠、有序并能够进行错误校验的消息发送功能。TCP 能保证接收和发送的所有字节内容和顺序完全相同。TCP 协议在主动设备（发起连接的设备）和被动设备（接受连接的设备）之间创建连接。一旦连接建立，任一方均可发起数据传送。TCP 协议是一种“流”协议。这意味着消息中不存在结束标志。所有接收到的消息均被认为是数据流的一部分。

（2）ISO-on-TCP 协议

ISO-on-TCP 是一种使用 RFC 1006 的协议扩展。ISO-on-TCP 的主要优点是数据有一个明确的结束标志，可以知道何时接收到了整条消息。S7 协议（Put/Get）使用了 ISO-on-TCP 协议。ISO-on-TCP 仅使用 102 端口，并利用 TSAP（传输服务访问点）将消息路由至适当接收方（而非 TCP 中的某个端口）。

（3）UDP 协议

UDP（用户数据报协议）使用一种协议开销最小的简单无连接传输模型。UDP 协议中没有握手机制，因此协议的可靠性仅取决于底层网络。无法确保对发送、定序或重复消息提供保护。对于数据的完整性，UDP 还提供了校验和，并且通常用不同的端口号来寻址不同连接伙伴。

## 6.4.2 开放式用户通信（OUC）指令

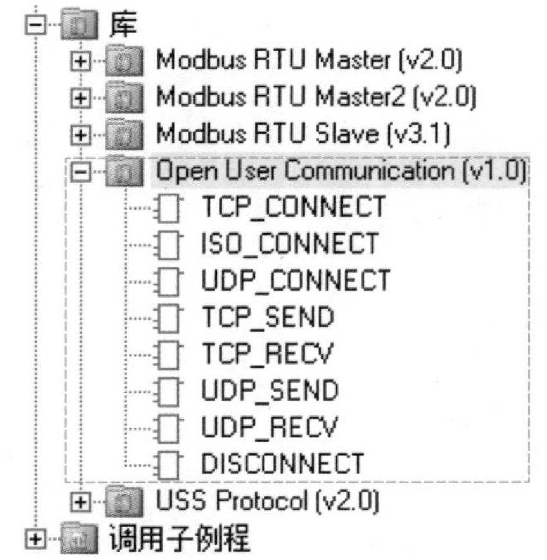


图 6-30　开放式用户通信（OUC）指令库

S7-200 SMART PLC 之间的开放式用户通信可以通过调用开放式用户通信（OUC）指令库中的相关指令来实现。开放式用户通信（OUC）指令库在 STEP 7-Micro/WIN SMART 编程软件“项目树”的库中，包含的指令有 TCP_CONNECT、ISO_CONNECT、UDP_CONNECT、TCP_SEND、TCP_RECV、UDP_SEND、UDP_RECV 和 DISCONNECT，如图 6-30 所示。

（1）TCP_CONNECT 指令

TCP_CONNECT 指令用于创建从 CPU 到通信伙伴的 TCP 通信连接，TCP_CONNECT 指令的指令格式如图 6-31 所示。

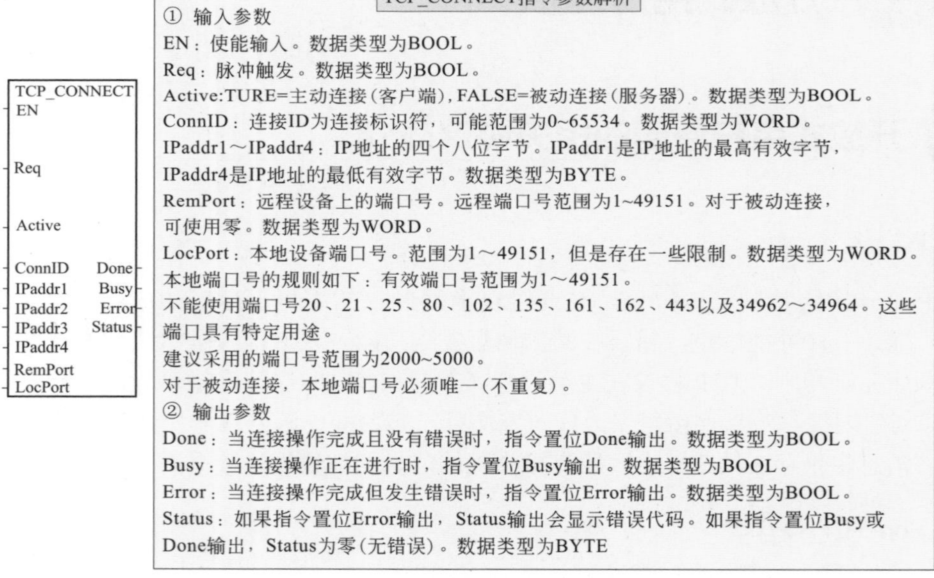


图 6-31　TCP_CONNECT 指令的指令格式

（2）ISO_CONNECT 指令

ISO_CONNECT 指令用于创建从 CPU 到通信伙伴的 ISO-on-TCP 连接，ISO_CONNECT 指令的指令格式如图 6-32 所示。

（3）UDP_CONNECT 指令

UDP_CONNECT 指令用于创建从 CPU 到通信伙伴的 UDP 连接，UDP_CONNECT 指令的指令格式如图 6-33 所示。

ISO_CONNECT
EN
Req
Active
ConnID　Done
IPaddr1　Busy
IPaddr2　Error
IPaddr3　Status
IPaddr4
RemTsap
LocTsap

ISO_CONNECT指令参数解析

① 输入参数
EN：使能输入。数据类型为BOOL。
Req：沿触发。数据类型为BOOL。
Active：TRUE=主动连接(客户端)，FALSE=被动连接(服务器)。数据类型为BOOL。
ConnID：连接ID为连接标识符，可能范围为0~65534。数据类型为WORD。
IPaddr1～IPaddr4：IP地址的四个八位字节。IPaddr1是IP地址的最高有效字节，IPaddr4是IP地址的最低有效字节。数据类型为BYTE。
RemTsap：RemPort是远程TSAP字符串。数据类型为DWORD。
LocTsap：LocPort是本地TSAP字符串。数据类型为DWORD。
② 输出参数
Done：当连接操作完成且没有错误时，指令置位Done输出。数据类型为BOOL。
Busy：当连接操作正在进行时，指令置位Busy输出。数据类型为BOOL。
Error：当连接操作完成但发生错误时，指令置位Error输出。数据类型为BOOL。
Status：如果指令置位Error输出，Status输出会显示错误代码。如果指令置位Busy或Done输出，Status为零(无错误)。数据类型为BYTE

图 6-32　ISO_CONNECT 指令的指令格式

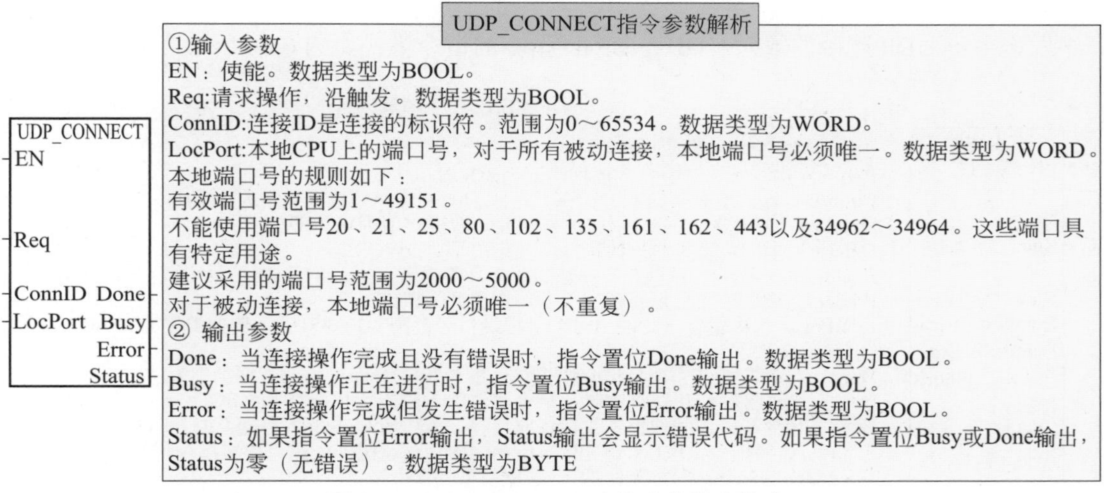


图 6-33　UDP_CONNECT 指令的指令格式

（4）TCP_SEND 指令

发送用于 TCP 和 ISO-on-TCP 连接的数据，TCP_SEND 指令的指令格式如图 6-34 所示。

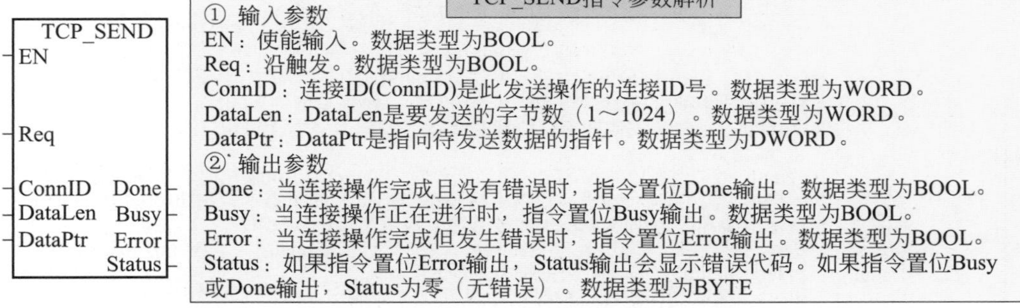


图 6-34　TCP_SEND 指令的指令格式

（5）TCP_RECV 指令

接受用于 TCP 和 ISO-on-TCP 连接的数据，TCP_RECV 指令的指令格式如图 6-35 所示。

TCP_RECV
EN
ConnID Done
MaxLen Busy
DataPtr Error
Status
Length

**TCP_RECV指令参数解析**

① 输入参数
EN：使能输入。数据类型为BOOL。
ConnID：连接ID(ConnID)是此发送操作的连接ID号。数据类型为WORD。
MaxLen：接收的最大字节数（1～1024）。数据类型为WORD。
DataPtr：指向接收数据存储位置的指针。数据类型为WORD。
②输出参数
Length：实际接收的字节数。仅当指令置位Done或Error输出时，Length才有效。如果指令置位Done输出，则指令接收整条消息。如果指令置位Error输出，则消息超出缓冲区大小(MaxLen)并被截短。数据类型为WORD。
③输出参数
Done：当接受操作完成且没有错误时，指令置位Done输出。数据类型为BOOL。
Busy：当接受操作正在进行时，指令置位Busy输出。数据类型为BOOL。
Error：当接受操作完成但发生错误时，指令置位Error输出。数据类型为BOOL。
Status：如果指令置位Error输出，Status输出会显示错误代码。如果指令置位Busy或Done输出，Status为零(无错误)。数据类型为BYTE

图 6-35 TCP_RECV 指令的指令格式

（6）UDP_SEND 指令

发送用于 UDP 连接的数据，UDP_SEND 指令的指令格式如图 6-36 所示。

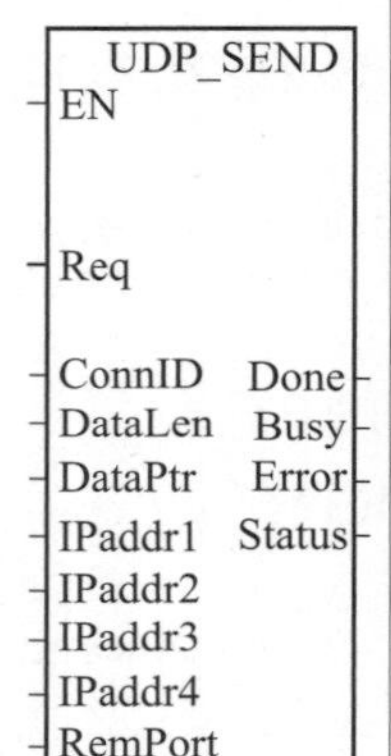


**UDP_SEND指令参数解析**

① 输入参数
EN：使能。数据类型为BOOL。
Req：发送请求，沿触发。数据类型为BOOL。
ConnID：连接ID是连接的标识符。范围为0～65534。数据类型为WORD。
DataLen：要发送的字节数（1～1024）。数据类型为WORD。
DataPtr：指向待发送数据的指针。数据类型为DWORD。
IPaddr1～IPaddr4：这些是IP地址的四个八位字节。IPaddr1是IP地址的最高有效字节，IPaddr4是IP地址的最低有效字节。数据类型为BYTE。
RemPort：远程设备上的端口号。远程端口号范围为1～49151。数据类型为WORD。
② 输出参数
Done：当连接操作完成且没有错误时，指令置位Done输出。数据类型为BOOL。
Busy：当连接操作正在进行时，指令置位Busy输出。数据类型为BOOL。
Error：当连接操作完成但发生错误时，指令置位Error输出。数据类型为BOOL。
Status：如果指令置位Error输出，Status输出会显示错误代码。如果指令置位Busy或Done输出，Status为零(无错误)。数据类型为BYTE。

图 6-36 UDP_SEND 指令的指令格式

（7）UDP_RECV 指令

接收用于 UDP 连接的数据，UDP_RECV 指令的指令格式如图 6-37 所示。

UDP_RECV
EN
ConnID Done
MaxLen Busy
DataPtr Error
Status
Length
IPaddr1
IPaddr2
IPaddr3
IPaddr4
RemPort

**UDP_RECV指令参数解析**

① 输入参数
EN：使能输入；数据类型为BOOL。
ConnID：连接ID(ConnID)是此发送操作的连接ID号。数据类型为WORD。
MaxLen：接收的最大字节数（1～1024）。数据类型为WORD。
DataPtr：指向接收数据存储位置的指针。数据类型为DWORD。
② 输出参数
Length：实际接收的字节数。仅当指令置位Done或Error输出时，Length才有效。如果指令置位Done输出，则指令接收整条消息。如果指令置位Error输出，则消息超出缓冲区大小(MaxLen)并被截短。数据类型为WORD。
Done:当接收操作完成且没有错误时，指令置位Done输出。当指令置位Done输出时,Length输出有效。数据类型为BOOL。
Busy:当接收操作正在进行时，指令置位Busy输出。数据类型为BOOL。
Error:当接收操作完成但发生错误时，指令置位Error输出。数据类型为BOOL。
Status:如果指令置位 Error输出，Status输出会显示错误代码。如果指令置位 Busy 或 Done输出，Status为零（无错误）。数据类型为BYTE。
IPaddr1～IPaddr4:IP地址的四个八位字节。IPaddr1是IP地址的最高有效字节，IPaddr4是IP地址的最低有效字节。数据类型为BYTE。
RemPort：是发送消息的远程设备的端口号。数据类型为WORD

图 6-37 UDP_RECV 指令的指令格式

（8）DISCONNECT 指令

终止所有协议的连接，DISCONNECT 指令的指令格式如图 6-38 所示。

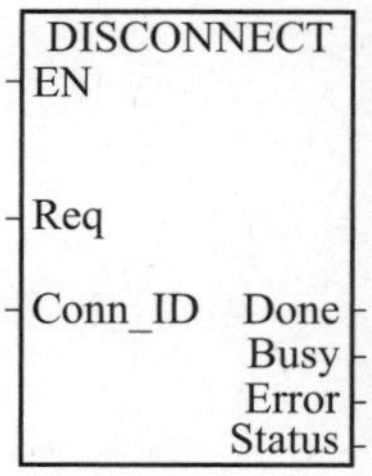

DISCONNECT
EN
Req
Conn_ID　Done
Busy
Error
Status

DISCONNECT指令参数解析

① 输入参数
EN:使能；数据类型为BOOL。
Req：沿触发指令。数据类型为BOOL。
Conn、ID：CPU使用的连接ID，标识要终止的连接。数据类型为WORD。
② 输出参数
Done：当连接操作完成且没有错误时，指令置位Done输出。数据类型为BOOL。
Busy：当连接操作正在进行时，指令置位Busy输出。数据类型为BOOL。
Error：当连接操作完成但发生错误时，指令置位Error输出。数据类型为BOOL。
Status：如果指令置位Error输出，Status输出会显示错误代码。如果指令置位Busy或Done输出，Status为零(无错误)。数据类型为BYTE

图 6-38　DISCONNECT 指令的指令格式

# 6.5 TCP 通信应用实例

## 6.5.1 TCP 通信控制要求

用客户端 PLC（CPU 模块 ST30）的启停按钮，通过 TCP 通信控制服务器端 PLC（CPU 模块 ST20）所控制的风机星三角减压启动。试设计硬件接线图和程序。

## 6.5.2 硬件接线图

两台 PLC 的 TCP 通信的硬件接线图如图 6-39 所示。

## 6.5.3 程序设计

（1）ST30 客户端程序设计

在设计客户端程序之前，首先进行本地 IP 设置，设置结果如图 6-40 所示。客户端程序，如图 6-41 所示。在设计客户端程序时，一定要注意“库存储器”存储区的分配，否则程序会出错。“库存储器”存储区的分配方法如图 6-42 所示。

（2）ST20 服务器端程序设计

和客户端程序一样，服务器端程序设计之前，也要进行本地 IP 设置，服务器端的 IP 地址为 192.168.0.102。服务器端程序如图 6-43 所示。和设计客户端程序一样，也要注意“库存储器”存储区的分配，否则程序会出错。

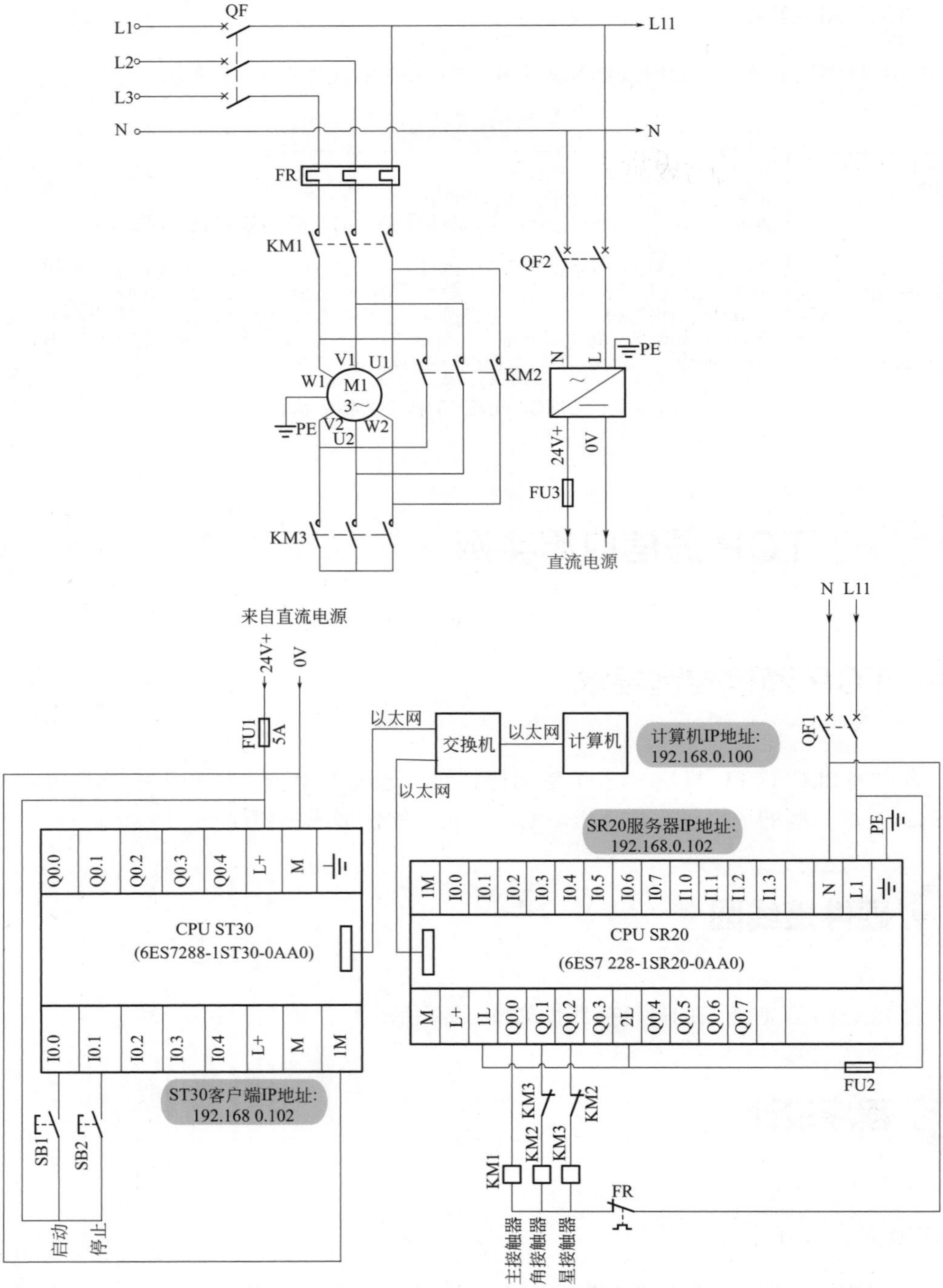

图 6-39　两台 PLC 的 TCP 通信硬件接线图

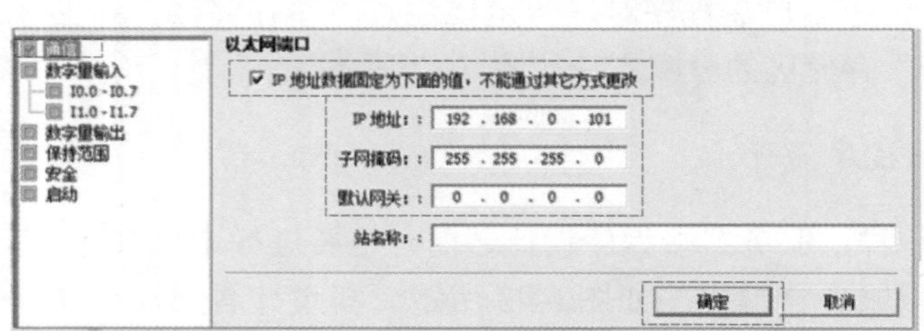


图 6-40　ST30 IP 设置

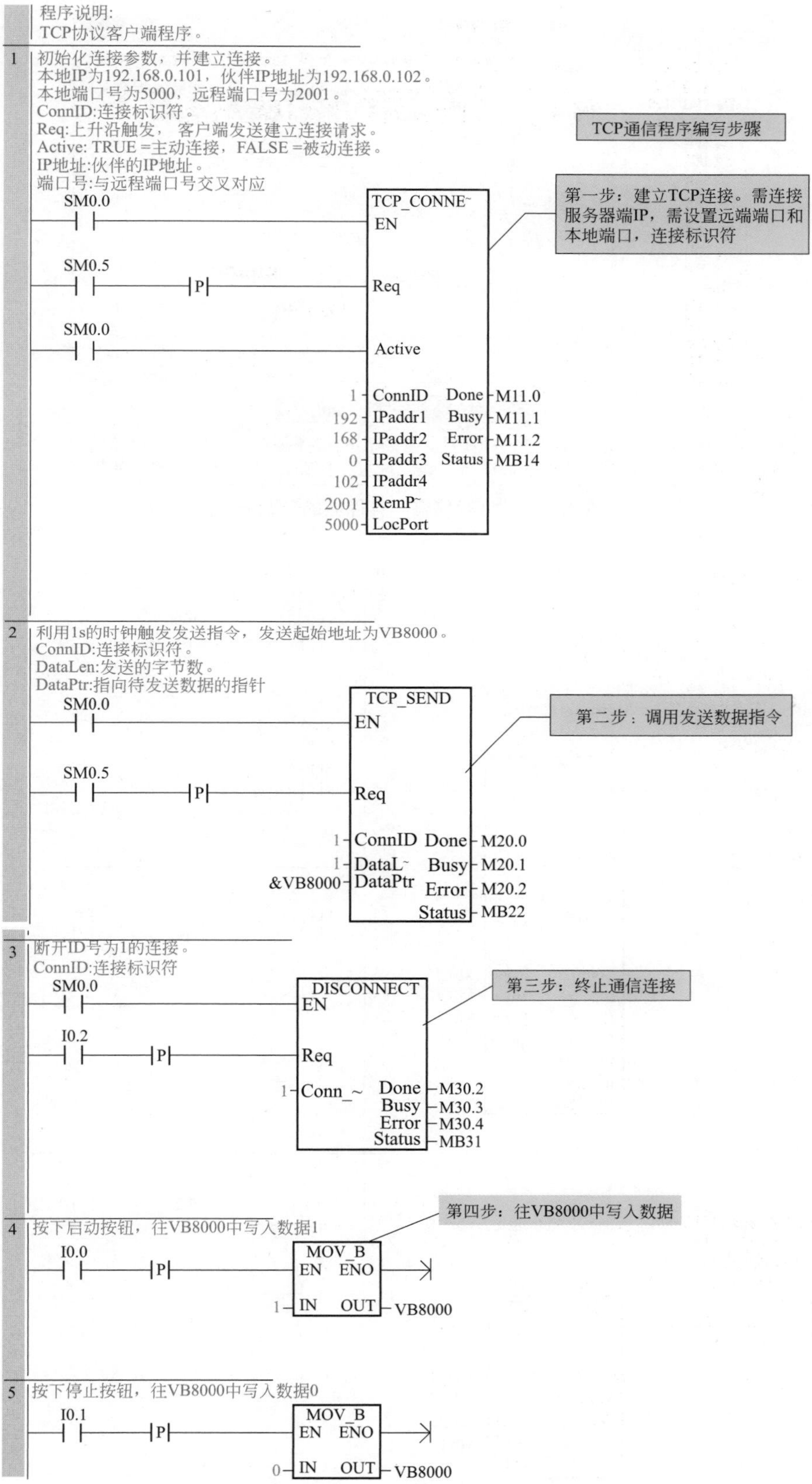

程序说明:
TCP协议客户端程序。

1 初始化连接参数，并建立连接。
本地IP为192.168.0.101，伙伴IP地址为192.168.0.102。
本地端口号为5000，远程端口号为2001。
ConnID:连接标识符。
Req:上升沿触发，客户端发送建立连接请求。
Active: TRUE =主动连接，FALSE =被动连接。
IP地址:伙伴的IP地址。
端口号:与远程端口号交叉对应

SM0.0 → TCP_CONNE~ EN
SM0.5 → P → Req
SM0.0 → Active
1 - ConnID　Done - M11.0
192 - IPaddr1　Busy - M11.1
168 - IPaddr2　Error - M11.2
0 - IPaddr3　Status - MB14
102 - IPaddr4
2001 - RemP~
5000 - LocPort

TCP通信程序编写步骤

第一步：建立TCP连接。需连接服务器端IP，需设置远端端口和本地端口，连接标识符

2 利用1s的时钟触发发送指令，发送起始地址为VB8000。
ConnID:连接标识符。
DataLen:发送的字节数。
DataPtr:指向待发送数据的指针

SM0.0 → TCP_SEND EN
SM0.5 → P → Req
1 - ConnID　Done - M20.0
1 - DataL~　Busy - M20.1
&VB8000 - DataPtr　Error - M20.2
Status - MB22

第二步：调用发送数据指令

3 断开ID号为1的连接。
ConnID:连接标识符

SM0.0 → DISCONNECT EN
I0.2 → P → Req
1 - Conn_~　Done - M30.2
Busy - M30.3
Error - M30.4
Status - MB31

第三步：终止通信连接

4 按下启动按钮，往VB8000中写入数据1

I0.0 → P → MOV_B EN　ENO
1 - IN　OUT - VB8000

第四步：往VB8000中写入数据

5 按下停止按钮，往VB8000中写入数据0

I0.1 → P → MOV_B EN　ENO
0 - IN　OUT - VB8000

图6-41　ST30 客户端程序

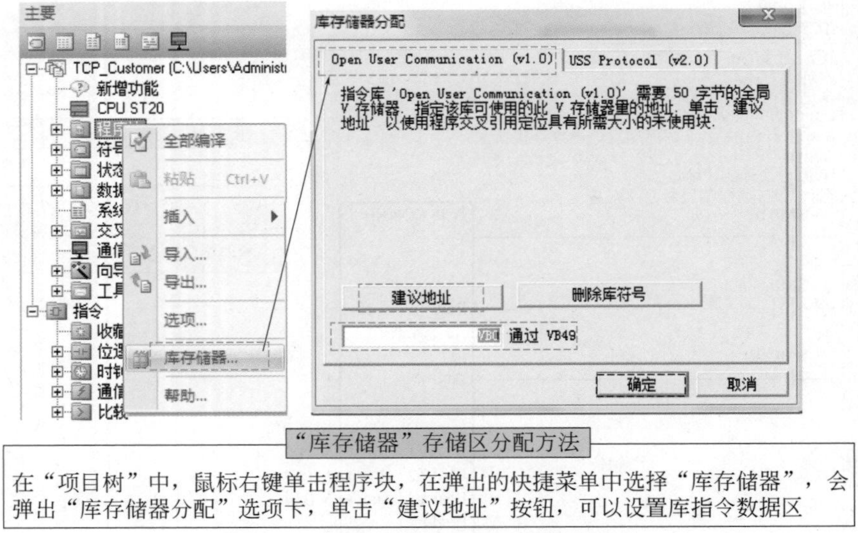

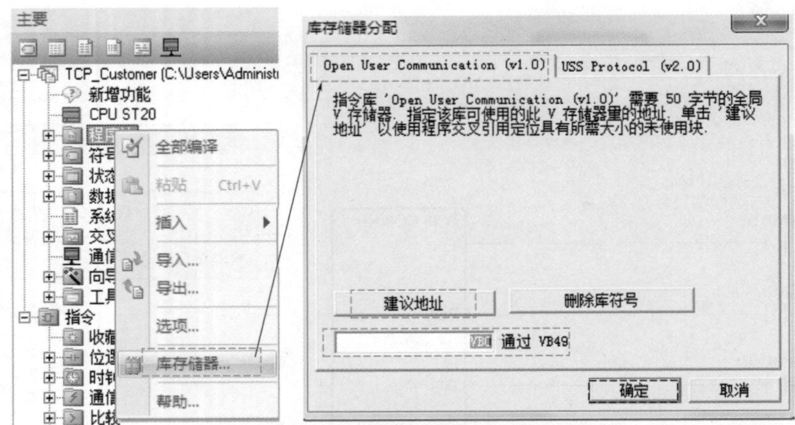

主要
TCP_Customer (C:\Users\Administ
新增功能
CPU ST20
全部编译
粘贴 Ctrl+V
插入
导入...
导出...
选项...
库存储器...
帮助...
指令
库存储器分配
Open User Communication (v1.0)
USS Protocol (v2.0)
指令库 'Open User Communication (v1.0)' 需要 50 字节的全局 V 存储器。指定该库可使用的此 V 存储器里的地址。单击 '建议地址' 以使用程序交叉引用定位具有所需大小的未使用块。
建议地址
删除库符号
通过 VB49
确定
取消
"库存储器"存储区分配方法
在"项目树"中，鼠标右键单击程序块，在弹出的快捷菜单中选择"库存储器"，会弹出"库存储器分配"选项卡，单击"建议地址"按钮，可以设置库指令数据区

图 6-42 **"库存储器"存储区的分配方法**

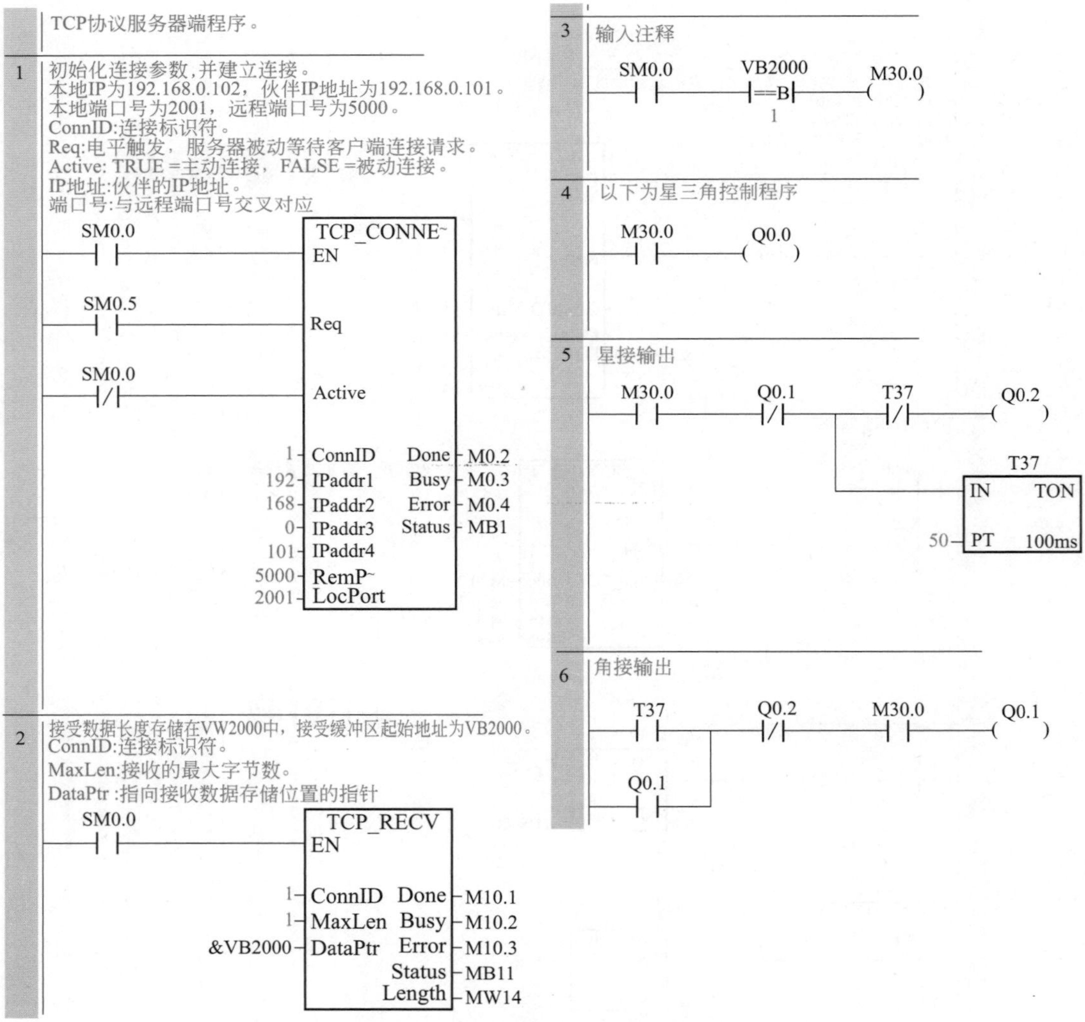

TCP协议服务器端程序。
1
初始化连接参数,并建立连接。
本地IP为192.168.0.102，伙伴IP地址为192.168.0.101。
本地端口号为2001，远程端口号为5000。
ConnID:连接标识符。
Req:电平触发，服务器被动等待客户端连接请求。
Active: TRUE =主动连接，FALSE =被动连接。
IP地址:伙伴的IP地址。
端口号:与远程端口号交叉对应
SM0.0
TCP_CONNE~
EN
SM0.5
Req
SM0.0
Active
1 ConnID Done M0.2
192 IPaddr1 Busy M0.3
168 IPaddr2 Error M0.4
0 IPaddr3 Status MB1
101 IPaddr4
5000 RemP~
2001 LocPort
2
接受数据长度存储在VW2000中，接受缓冲区起始地址为VB2000。
ConnID:连接标识符。
MaxLen:接收的最大字节数。
DataPtr :指向接收数据存储位置的指针
SM0.0
TCP_RECV
EN
1 ConnID Done M10.1
1 MaxLen Busy M10.2
&VB2000 DataPtr Error M10.3
Status MB11
Length MW14
3
输入注释
SM0.0
VB2000
==B
1
M30.0
4
以下为星三角控制程序
M30.0
Q0.0
5
星接输出
M30.0
Q0.1
T37
Q0.2
T37
IN TON
50 PT 100ms
6
角接输出
T37
Q0.2
M30.0
Q0.1
Q0.1

图 6-43 **ST20 服务器端程序**

（3）状态图表监控

开放式用户通信程序调试时，一定要会用状态图表，这样才能判断程序正确与否。本案例客户端和服务器端的状态图表监控如图 6-44 所示。

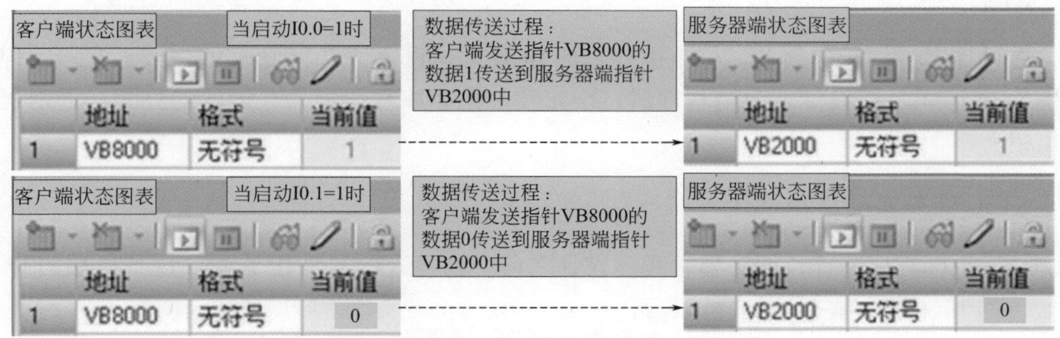


图 6-44　客户端和服务器端状态图表的监控

# 6.6 ISO-on-TCP 通信应用案例

## 6.6.1 控制要求

将作为服务器端的 PLC（IP 地址为 192.168.0.102）中 VB2000 ～ VB2003 的数据传送到作为客户器端的 PLC（IP 地址为 192.168.0.101）的 VB1000 ～ VB1003 中。试设计程序。

## 6.6.2 以太网硬件连接及 IP 地址配置

ISO-on-TCP 通信以太网硬件连接及 IP 地址配置如图 6-45 所示。

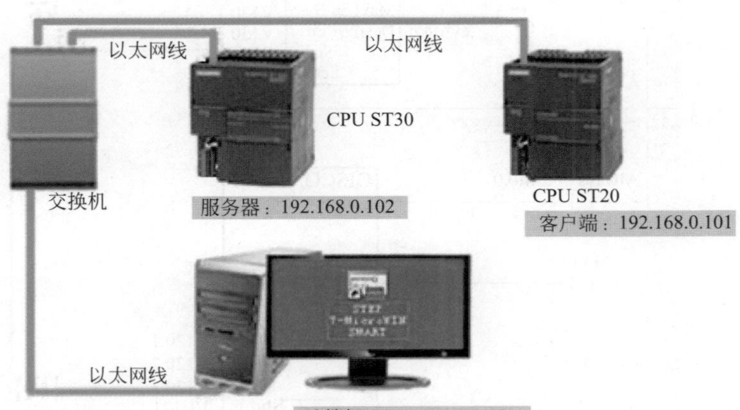


图 6-45　ISO-on-TCP 通信以太网硬件连接及 IP 地址配置

## 6.6.3 程序设计

（1）ST20 客户端程序设计

在设计客户端程序之前，首先进行本地 IP 设置，设置结果和图 6-40 一致。客户端程序如图 6-46 所示。在设计客户端程序时，一定要注意“库存储器”存储区的分配，否则程序会出错。

（2）ST30 服务器端程序设计

和客户端程序一样，服务器端程序设计之前，也要进行本地 IP 设置，服务器端的 IP 地

ISO-on-TCP协议客户端程序。
在建立连接时需先触发服务器端的建立连接指令，再触发客户端

1 初始化连接参数,并建立连接。
本地IP为192.168.0.101，伙伴IP地址为192.168.0.102。
本地Tsap号为“ST20”，远程Tsap号为“ST30”。
ConnID:连接标识符。
Req:上升沿触发，客户端发送建立连接请求。
Active: TRUE =主动连接。FALSE =被动连接。
IP地址:伙伴的IP地址。
Tsap:不能少于三个字符TSAP号交叉对应

Always_~:SM0.0 — ISO_CONNECT EN
Clock_1s:SM0.5 — Req
Always_~:SM0.0 — Active
1 — ConnID　Done — V100.1
192 — IPaddr1　Busy — V100.2
168 — IPaddr2　Error — V100.3
0 — IPaddr3　Status — VB110
102 — IPaddr4
“ST30” — RemT~
“ST20” — LocTs~

2 接收4个字节，接收缓冲区起始地址为VB1000。
ConnID:连接标识符。
MaxLen:接收的最大字节数。
DataPtr :指向接收数据存储位置的指针

Always_~:SM0.0 — TCP_RECV EN
1 — ConnID　Done — V130.0
4 — MaxLen　Busy — V130.1
&VB1000 — DataPtr　Error — V130.2
Status — VB132
Length — VW134

3 断开ID号为1的连接
ConnID:连接标识符

Always_~:SM0.0 — DISCONNECT EN
M30.1 — Req
1 — Conn_~　Done — V120.1
Busy — V120.2
Error — V120.3
Status — VB121

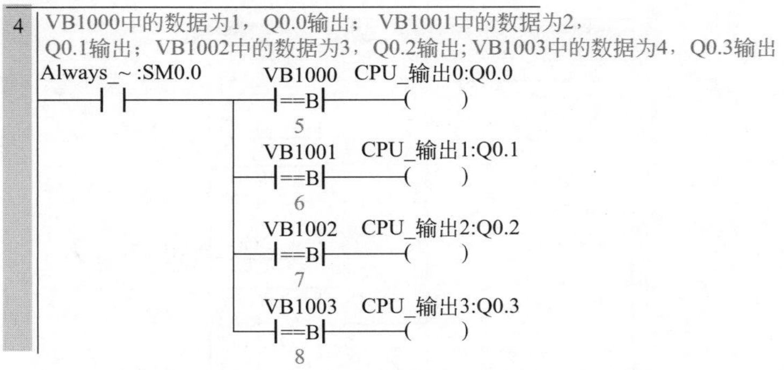

4 VB1000中的数据为1，Q0.0输出；VB1001中的数据为2，Q0.1输出；VB1002中的数据为3，Q0.2输出；VB1003中的数据为4，Q0.3输出

Always_~:SM0.0
VB1000 ==B 5 CPU_输出0:Q0.0
VB1001 ==B 6 CPU_输出1:Q0.1
VB1002 ==B 7 CPU_输出2:Q0.2
VB1003 ==B 8 CPU_输出3:Q0.3

图 6-46　ISO-on-TCP 通信 ST20 客户端程序

址为 192.168.0.102。服务器端程序如图 6-47 所示。和设计客户端程序一样，也要注意“库存储器”存储区的分配，否则程序会出错。

（3）状态图表监控

本案例 ISO-on-TCP 通信客户端和服务器端的状态图表监控如图 6-48 所示。

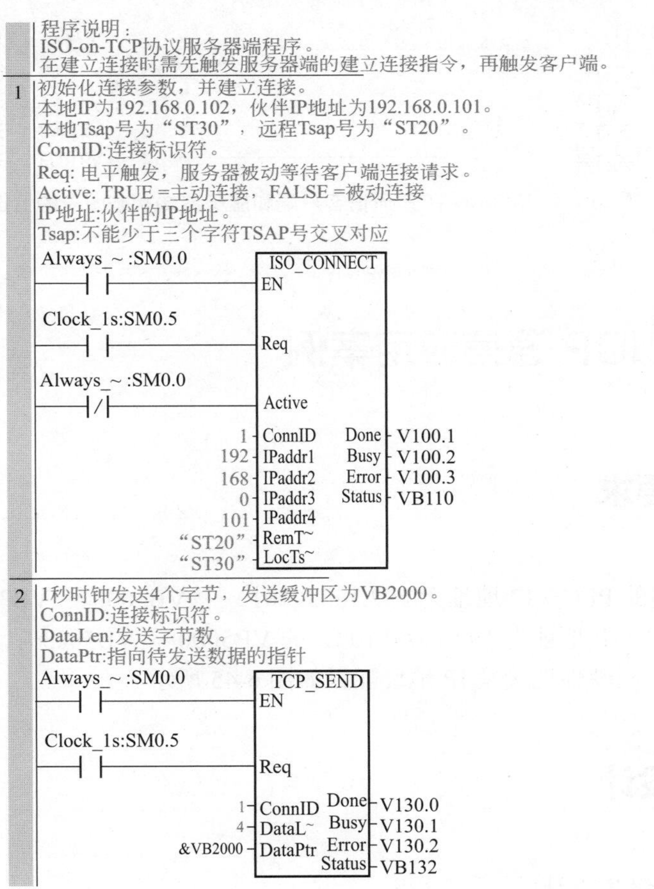


图 6-47

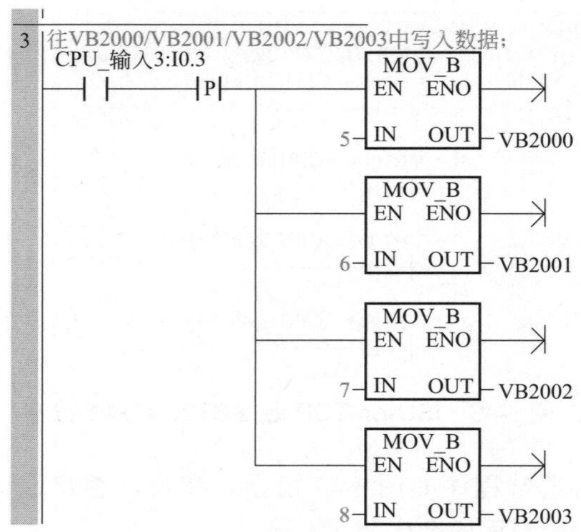


图 6-47 ISO-on-TCP 通信 ST30 服务器端程序

状态图表 服务器端状态图表

| | 地址 | 格式 | 当前值 |
|---|---|---|---|
| 1 | VB2000 | 无符号 | 5 |
| 2 | VB2001 | 无符号 | 6 |
| 3 | VB2002 | 无符号 | 7 |
| 4 | VB2003 | 无符号 | 8 |

服务器端发送指针VB2000起4个字节对应服务器端接受指针VB1000起4个字节

状态图表 客户端状态图表

| | 地址 | 格式 | 当前值 |
|---|---|---|---|
| 1 | VB1000 | 无符号 | 5 |
| 2 | VB1001 | 无符号 | 6 |
| 3 | VB1002 | 无符号 | 7 |
| 4 | VB1003 | 无符号 | 8 |

图 6-48 ISO-on-TCP 通信客户端和服务器端状态图表的监控

# 6.7 UDP 通信应用案例

## 6.7.1 控制要求

将作为客户端的 PLC（IP 地址为 192.168.0.101）中 VB3000 ～ VB3003 的数据传送到作为服务器端的 PLC（IP 地址为 192.168.0.102）的 VB5000 ～ VB5003 中。试设计程序。

UDP 通信以太网硬件连接及 IP 地址配置如图 6-45 所示。

## 6.7.2 程序设计

（1）ST20 客户端程序设计

在设计客户端程序之前，首先进行本地 IP 设置，设置结果和图 6-40 一致。客户端程序如图 6-49 所示。在设计客户端程序时，一定要注意“库存储器”存储区的分配，否则程序会出错。

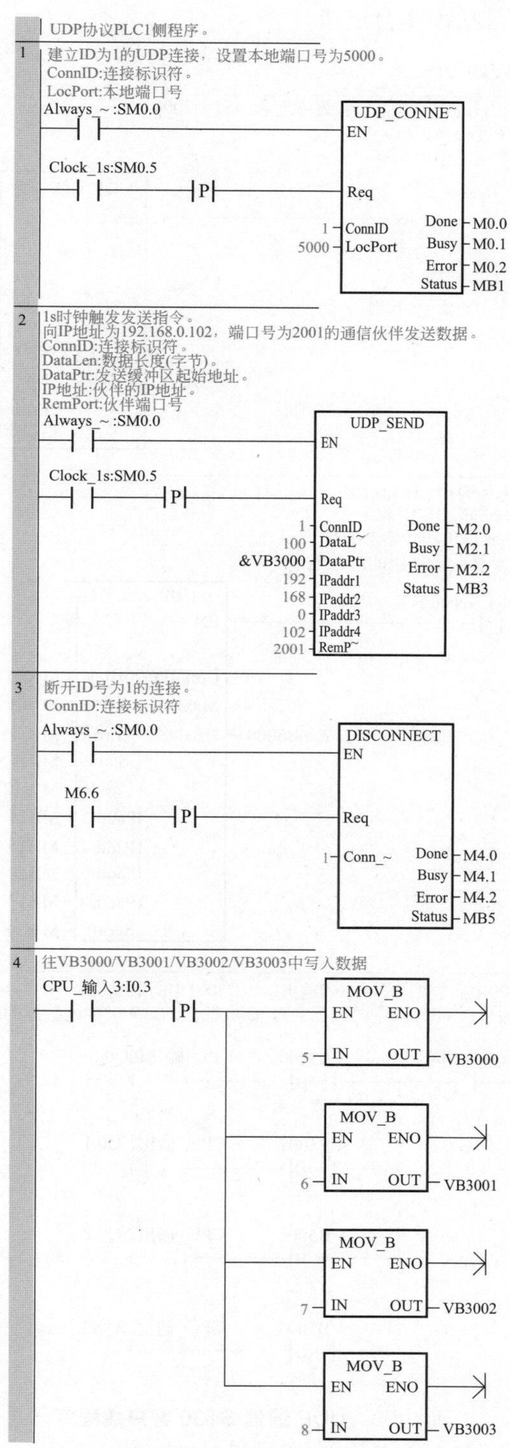


图 6-49　UDP 通信 ST20 客户端程序

（2）ST30 服务器端程序设计

和客户端程序一样，服务器端程序设计之前，也要进行本地 IP 设置，服务器端的 IP 地址为 192.168.0.102。服务器端程序如图 6-50 所示。和设计客户端程序一样，也要注意“库存储器”存储区的分配，否则程序会出错。

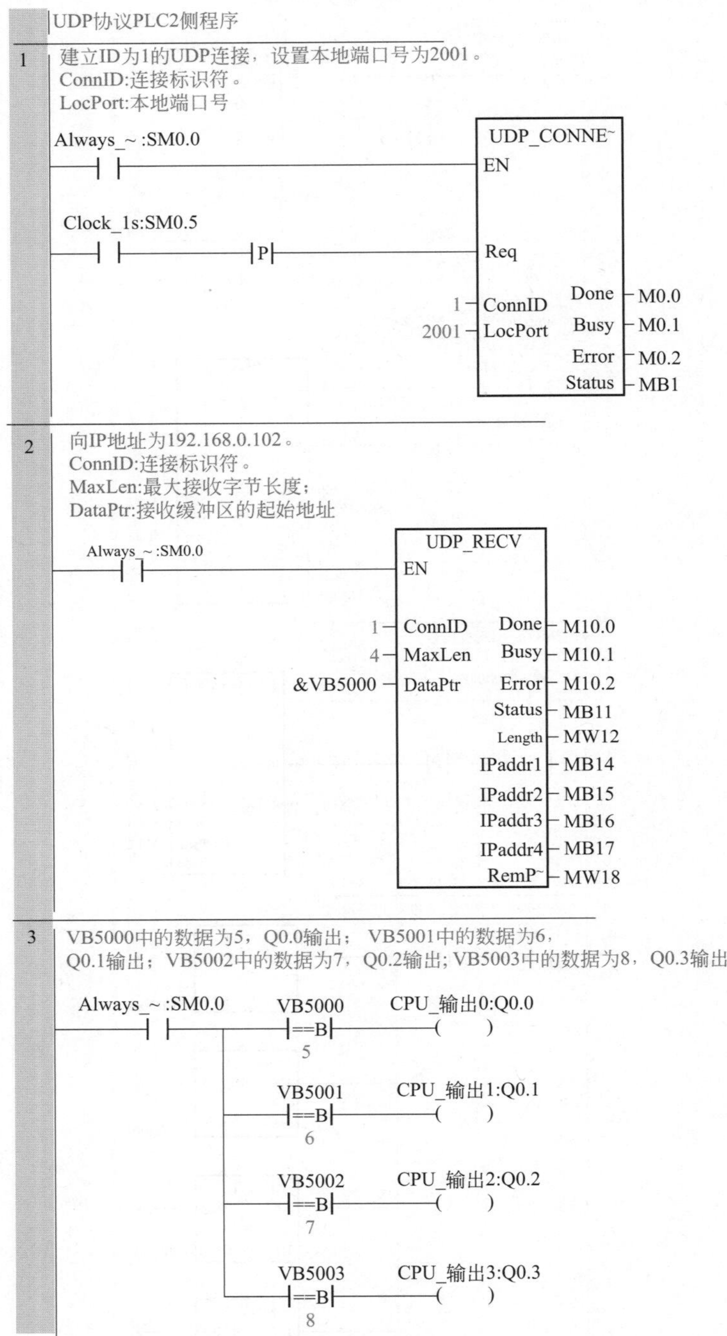


图 6-50 UDP 通信 ST30 客户端程序

(3) 状态图表监控

本案例 UDP 通信客户端和服务器端的状态图表监控如图 6-51 所示。

图 6-51　UDP 通信客户端和服务器端状态图表的监控

# 第 7 章 S7-200 SMART PLC 运动量控制程序设计

SIEMENS

本章要点

- 步进电机与步进电机驱动器
- 运动控制相关指令及向导
- 步进电机控制应用案例

# 7.1 步进电机及步进电机驱动器

## 7.1.1 步进电机

（1）简介

步进电机是一种将电脉冲转换成角位移的执行机构，是专门用于精确调速和定位的特种电机。每输入一个脉冲，步进电机就会转过一个固定的角度或者说前进一步。改变脉冲的数量和频率，可以控制步进电机角位移的大小和旋转速度。步进电机的外形如图 7-1 所示。

图 7-1　步进电机的外形

（2）工作原理

① 单三拍控制步进电机的工作原理　单三拍控制中的“单”指的是每次只有一相控制绕组通电。通电顺序为 U → V → W → U 或者按 U → W → V → U。“拍”是指由一种通电状态转换到另一种通电状态，“三拍”是指经过 3 次切换控制绕组的电脉冲为一个循环。

当 U 相控制绕组通入脉冲时，U、U′ 为电磁铁的 N、S 极。由于磁路磁通要沿着磁阻最小的路径闭合，这样使得转子齿的 1、3 要和定子磁极的 U、U′ 对齐，如图 7-2（a）所示。

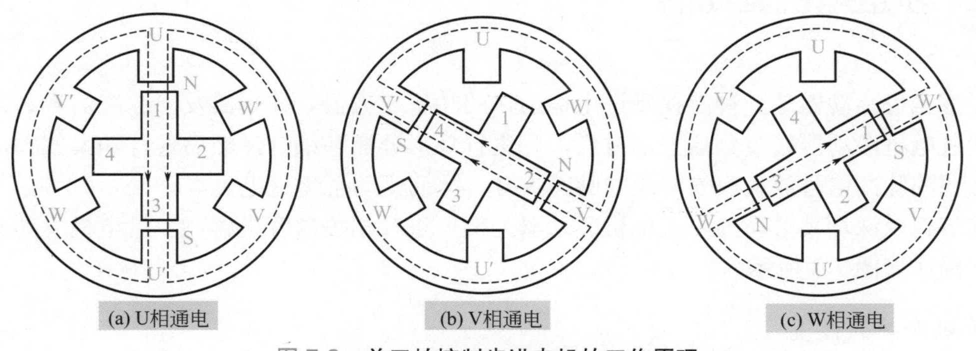


图 7-2　单三拍控制步进电机的工作原理

当 U 相脉冲结束后，V 相控制绕组通入脉冲，转子齿的 2、4 要和定子磁极的 V、V′ 对齐，如图 7-2（b）所示。和 U 相通电对比，转子顺时针旋转了 30°。

当 V 相脉冲结束后，W 相控制绕组通入脉冲，转子齿的 3、1 要和定子磁极的 W、W′ 对齐，如图 7-2（c）所示。和 V 相通电对比，转子顺时针旋转了 30°。

通过上边的分析可知，如果按 U → V → W → U 的顺序通入脉冲，转子就会按顺时针一步一步地转动，每步转过 30°，通入脉冲的频率越高，转得越快。

② 双三拍和六拍控制步进电机的工作原理　双三拍和六拍控制与单三拍控制相比，就是通电的顺序不同，转子的旋转方式与单三拍类似。双三拍控制的通电顺序为

UV → VW → WU → UV，六拍控制的通电顺序为 U → UV → V → VW → W → WU → U。

（3）几个重要参数

① 步距角　指控制系统每发出一个脉冲信号，转子都会转过一个固定的角度，这个固定的角度，就叫步距角。这是步进电机的一个重要的参数，在步进电机的铭牌中会给出。步距角的计算公式为 $\beta=360°/ZKM$，其中 $Z$ 为转子齿数；$M$ 为定子绕组相数；$K$ 为通电系数，当前后通电相数一致时 $K$ 为 1，否则 $K$ 为 2。

② 相数　指定子的线圈组数，或者说产生不同对磁极 N、S 磁场的励磁线圈的对数。目前常用的有两相、三相和五相步进电机。两相步进电机的步距角为 0.9°/1.8°；三相步进电机的步距角为 0.75°/1.5°；五相步进电机的步距角为 0.36°/0.72°。步进电机驱动器如果没有细分，用户主要靠选择不同相数的步进电机来满足自己的步距角；如果有步进电机驱动器，用户可以通过步进电机驱动器改变细分来改变步距角，这时相数没有意义。

③ 保持转矩　指步进电机通电但没转动时，定子锁定转子的力矩。这是步进电机的另一个重要的参数。

编者心语

1. 步进电机的转速取决于通电脉冲的频率；角位移取决于通电脉冲的数量。
2. 和普通的电机相比，步进电机用于精确定位和精确调速的场合。

## 7.1.2 步进电机驱动器

步进电机驱动器是一种能使步进电机运转的功率放大器。控制器发出脉冲信号和方向信号，步进电机驱动器接收到这些信号后，先进行环形分配和细分，然后进行功率放大，这样就将微弱的脉冲信号放大成安培级的脉冲信号，从而驱动了步进电机。

本节将以深圳某公司的步进电机驱动器为例，进行相关内容讲解。步进电机驱动器外形及端子标注如图 7-3 所示。

（1）拨码开关的设置

拨码开关的设置是步进电机驱动器使用中的一项重要内容。步进电机驱动器通过拨码开关的不同组合，能设定步进电机的运行电流、半流 / 全流锁定和细分。

① 步进电机运行电流的设定　步进电机驱动器通过前三个拨码开关 SW1、SW2 和 SW3 的不同组合，设定步进电机的运行电流。在设定运行电流时，需查看步进电机铭牌中的额定电流，设定的运行电流不能超过步进电机的额定电流。

步进电机驱动器前三个拨码开关 SW1、SW2 和 SW3 的组合如图 7-4 所示。例如步进电机铭牌额定电流为 1.5A，那么步进驱动器拨码开关 SW1 为 on，SW2 为 off，SW3 为 off，即此时的运转电流为 1.5A。

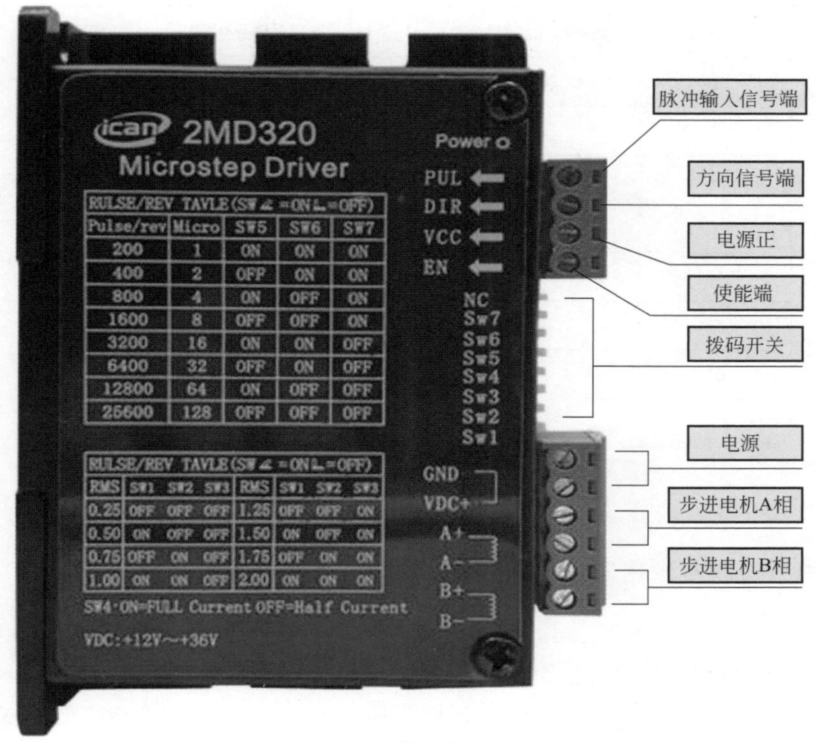


图 7-3　**步进电机驱动器外形及端子标注**

| SW1 | SW2 | SW3 | 电流 |
|---|---|---|---|
| on | on | on | 0.30A |
| off | on | on | 0.40A |
| on | off | on | 0.50A |
| off | off | on | 0.60A |
| on | on | off | 1.00A |
| off | on | off | 1.20A |
| on | off | off | 1.50A |
| off | off | off | 2.00A |

图 7-4　**前三个拨码设定步进电机的运行电流**

② 半流 / 全流锁定　拨码开关 SW4 能设定驱动器是工作在半流锁定状态，还是全流锁定状态。SW4=on，驱动器工作在半流锁定状态；SW4=off，驱动器工作在全流锁定状态。半流锁定状态是指当外部输入脉冲串停止并持续 0.1s 后，驱动器的输出电流将自动切换为正常运行电流的一半以降低发热，保护电机不受损坏。实际应用中，建议设置成半流锁定状态。

③ 细分设定　细分通过 SW5、SW6 和 SW7 来设定。拨码开关 SW5、SW6 和 SW7 的组合，如图 7-5 所示。例如步进电机铭牌步距角为 1.8°，细分设置为 4（即 SW5 为 on，SW6 为 off，SW7 为 on），那么步进电机转一圈需要脉冲数 =（360°/1.8°）×4=800 个。

**编者心语**

拨码开关的设置在步进电机编程中非常重要，请结合上边的实例，熟练掌握此部分内容。

| 细分倍数 | 脉冲数 / 圈 | SW5 | SW6 | SW7 |
|---|---|---|---|---|
| 1 | 200 | on | on | on |
| 2 | 400 | off | on | on |
| 4 | 800 | on | off | on |
| 8 | 1600 | off | off | on |
| 16 | 3200 | on | on | off |
| 32 | 6400 | off | on | off |
| 64 | 12800 | on | off | off |
| 128 | 25600 | off | off | off |

图 7-5　拨码设定细分

（2）步进电机驱动器与控制器之间的接线

步进电机驱动器与控制器之间的接线分为共阴极接法和共阳极接法。步进脉冲信号端为 PULS，方向信号端为 DIR，使能信号端为 EN，Vcc 是 3 个控制端口的公共端，如果 Vcc 供电为 5V，步进电机驱动器各控制端可以和控制器相应输出端直接接入；如果 Vcc 供电电压超过 5V，控制器相应输出端就需外加限流电阻。步进电机驱动器与控制器之间的接线图如图 7-6 所示。

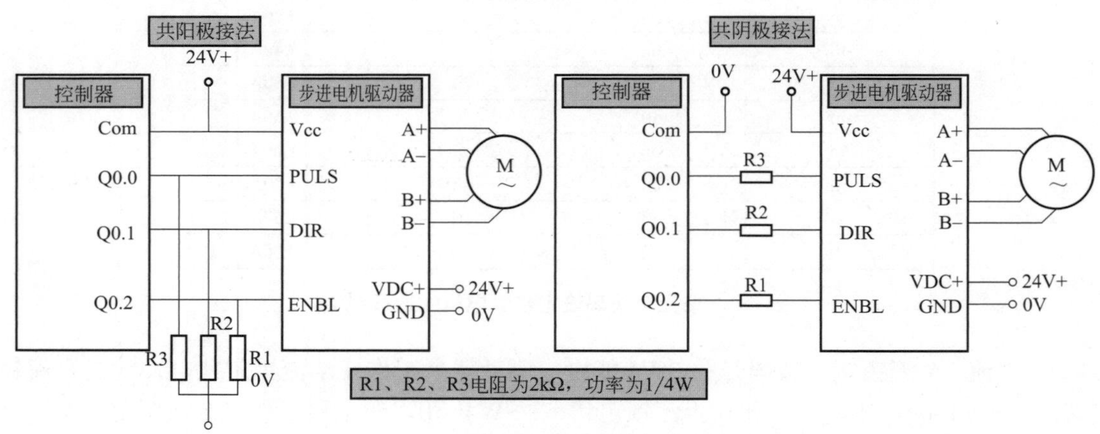


图 7-6　步进电机驱动器与控制器之间的接线图

编者心语

1. 步进电机驱动器与控制器之间的接线图非常重要，S7-200 SMART PLC 与步进电机驱动器的对接采用共阳极接法。

2. 不同的步进电机驱动器和控制器之间接线会有不同，读者需查看相应厂家的样本。

# 7.2 步进电机控制应用案例

## 7.2.1 控制要求

按下列要求设计出步进电机控制系统的接线图和控制程序。

系统设有 1 个启动开关和 1 个停止开关，合上启动开关，步进电机正转 5 圈，再反转 5 圈；合上停止开关，运动停止。

## 7.2.2 软硬件配置

① 采用西门子 CPU ST20 作为控制器。

② 采用 42 系列两相步进电机，型号为 BS42HB47-01，步距角为 1.8°，额定电流为 1.2A，保持转矩为 0.317N • m。选用深圳一能公司的步进电机驱动器 2MD320，来匹配 42 系列两相步进电机。根据步进电机的参数，驱动器运行电流设为 1.2A（拨码开关 SW1 为 off，SW2 为 on，SW3 为 off，参考图 7-4）；细分设置为 4（拨码开关 SW5 为 on，SW6 为 off，SW7 为 on，参考图 7-5）；半流 / 全流锁定拨码开关 SW4=on，使驱动器工作在半流锁定状态，降低发热，保护电机不受损坏。

③ PLC 编程软件采用 STEP 7-Micro/WIN SMART V2.2。

## 7.2.3 PLC 地址输入输出分配

步进电机控制输入输出地址分配如表 7-1 所示。

表 7-1 步进电机控制 I/O 分配

| 输入量 | | 输出量 | |
|---|---|---|---|
| 启动按钮 | I0.0 | 高速脉冲信号控制 | Q0.0 |
| 停止按钮 | I0.1 | 方向控制 | Q0.1 |
| | | 使能控制 | Q0.2 |

## 7.2.4 步进电机控制系统的接线图

步进电机控制系统的接线图如图 7-7 所示。图 7-7 中需要注意的是，PLC 与驱动器之间对接，必须加限流电阻，根据西门子 S7-200 SMART PLC 的输出情况，本例采用共阳极接法。

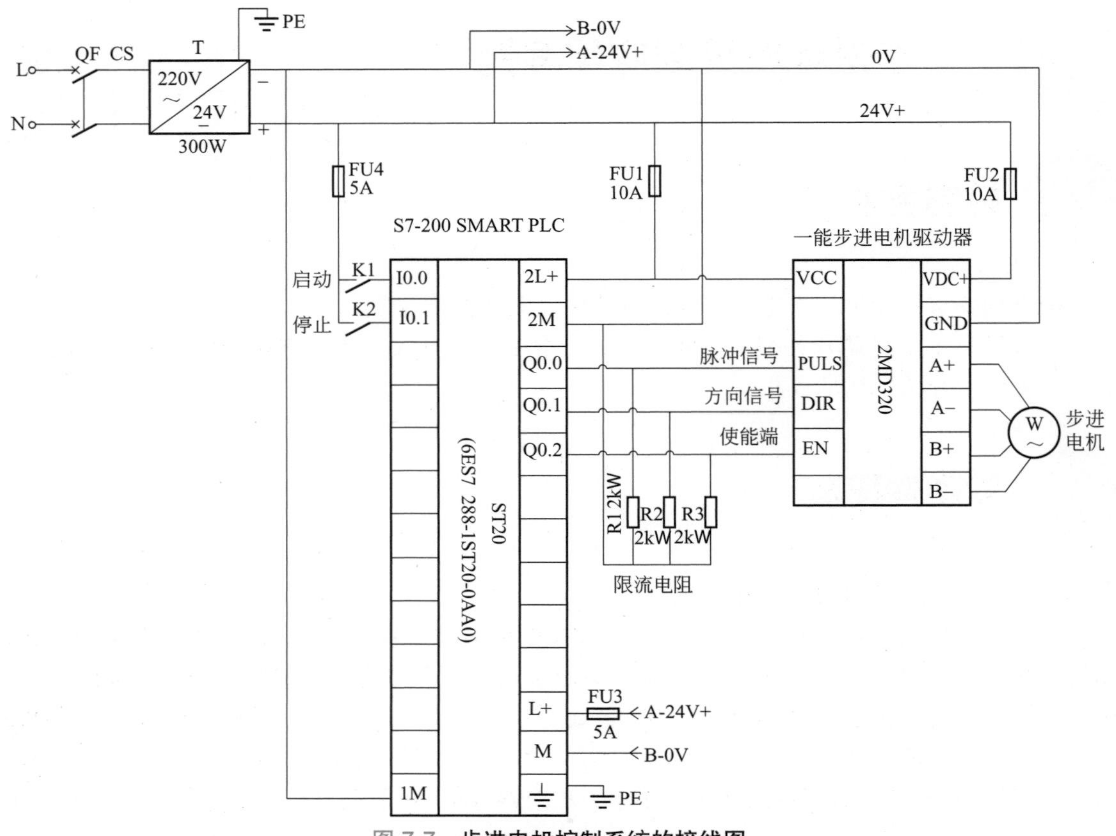


图 7-7　步进电机控制系统的接线图

## 7.2.5 运动控制向导

S7-200 SMART PLC 采用运动控制向导编写运动量控制程序非常方便。下边要通过本实例，讲解运动控制向导的使用。

（1）打开运动控制向导

首先打开编程软件 STEP 7-Micro/WIN SMART V2.2，在主菜单“工具”中，单击“运动”按钮，会弹出配置界面。

（2）选择需要配置的轴

CPU ST20 内设有 2 个轴，本例选择“轴 0”，如图 7-8 所示。配置完，单击“下一个”。

（3）为所选的轴命名

为所选的轴命名，本例采用默认“轴 0”，如图 7-9 所示。配置完，单击“下一个”。

（4）输入系统的测量系统

在“选择测量系统”项选择“工程单位”；由于步进电机的步距角为 1.8°，步进电机驱动器的细分为 4，所以“电机一次旋转所需的脉冲数”输入为 800，即（360°/1.8°）×4=800；“测量的基本单位”选择 mm；“电机一次旋转产生多少‘mm’运动？”输入 8.0，由于本例采用的是丝杠，“电机一次旋转产生多少‘mm’运动？”对于丝杠来说，即为导程，导程 = 螺距 × 螺纹头数 =8mm×1=8mm。以上设置，如图 7-10 所示。配置完，单击“下一个”。

（5）设置脉冲方向输出

设置脉冲有几路输出，本例选择“单相（1 个输出）”，如图 7-11 所示。配置完，单击“下一个”。

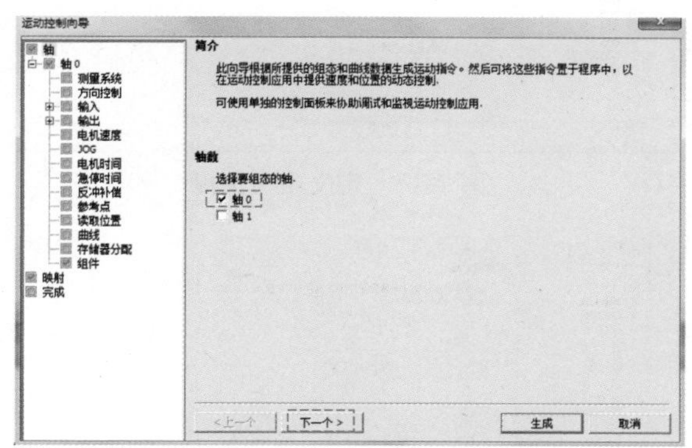


图 7-8　选择要配置的轴

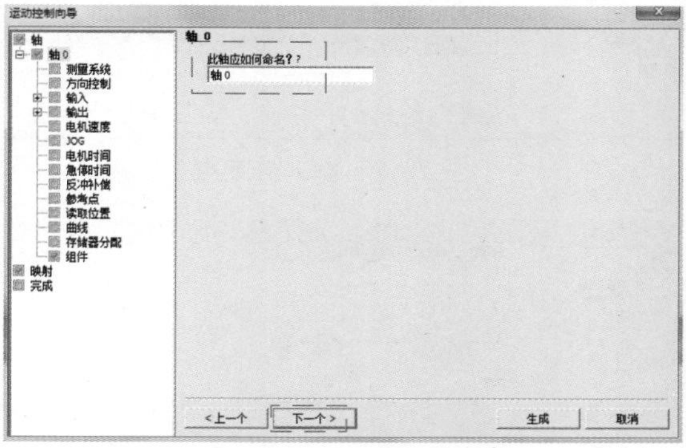

图 7-9　为所选的轴命名

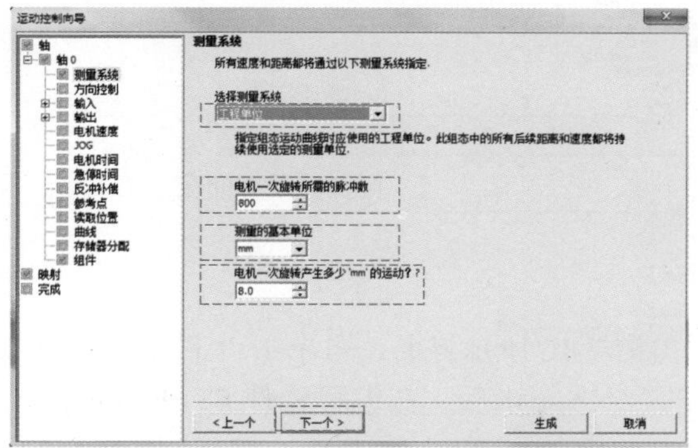


图 7-10　输入系统的测量系统

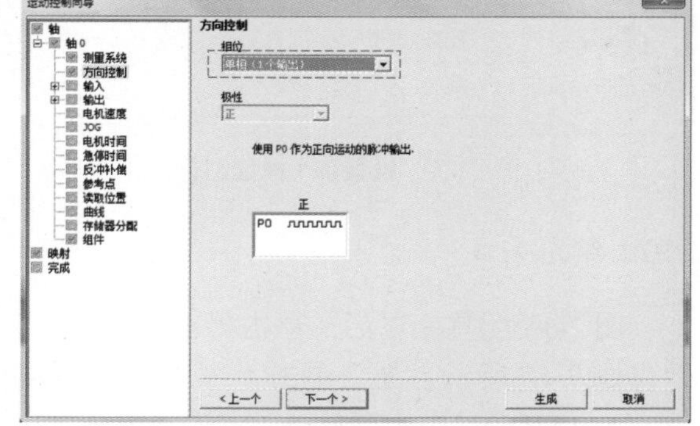


图 7-11　设置脉冲方向输出

（6）分配输入点

本例只设置“STP”（停止输入点），其余并未用到，无须输入，如图 7-12 所示。配置完，单击“下一个”。

（7）定义电机的速度

定义电机运动的最大速度“MAX_SPEED”为 20.0，定义的最大速度不能过高，否则可能会失步。以上操作如图 7-13 所示。

（8）设置加 / 减速时间

本例加 / 减速时间都是默认 1000ms，如图 7-14 所示。

（9）配置分配存储区

配置分配存储区，编程时不能使用向导已使用的地址，否则程序会出错。配置分配存储区结果如图 7-15 所示。

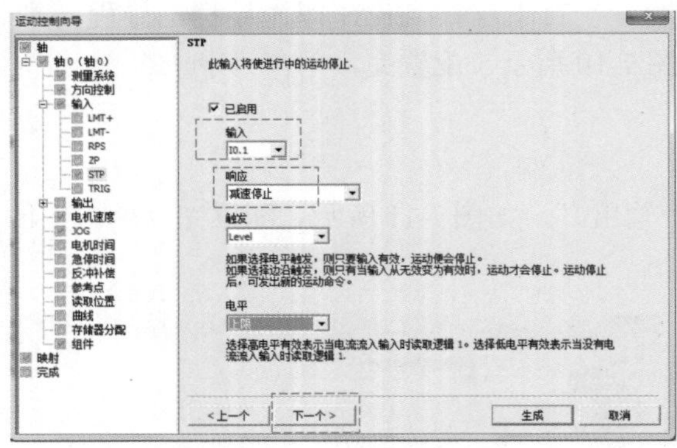

图 7-12　输入分配点

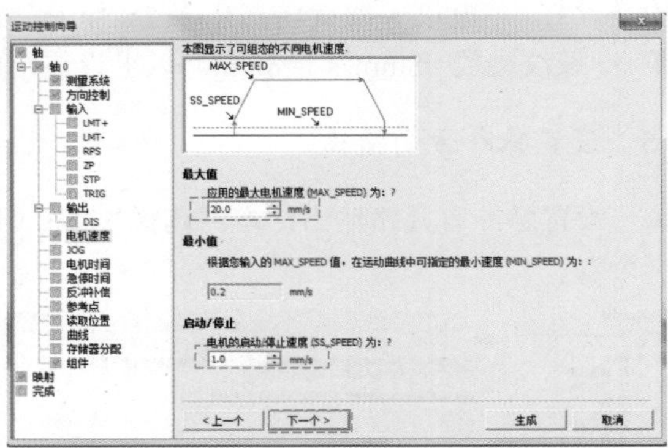

图 7-13　定义电机速度

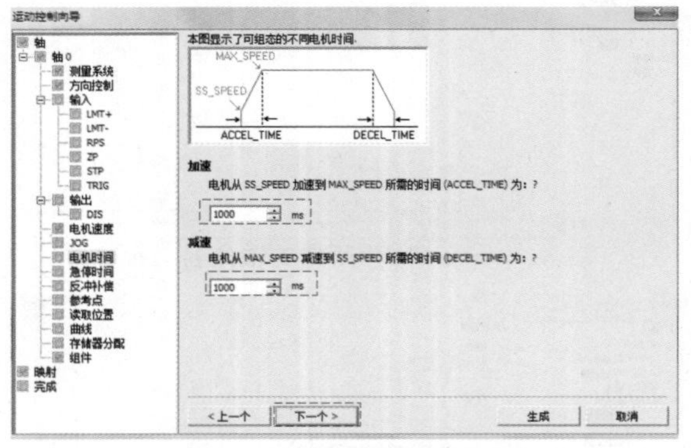

图 7-14　设置加 / 减速时间

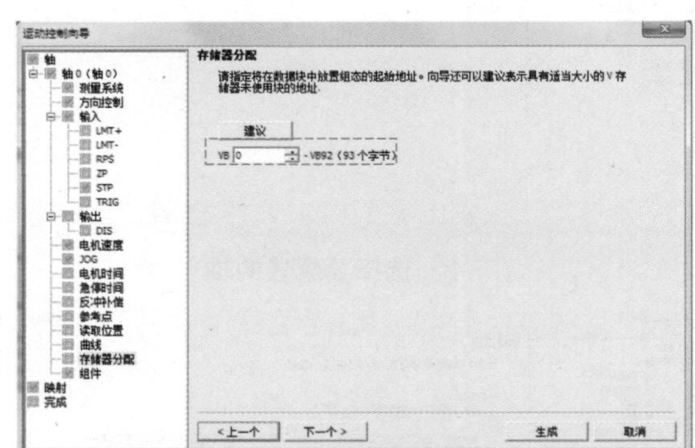

图 7-15　配置分配存储区

（10）组态完成

图 7-15 配置完以后，单击“下一个”，会弹出图 7-16 所示界面。再单击“下一个”，会弹出图 7-17 所示界面，单击“生成”，组态完毕。组态完毕后，在编程软件 STEP 7-Micro/WIN SMART V2.2 的项目树“调用子例程”中会显示所有的运动控制指令，编程时，可以根据需要调用相关指令。“调用子例程”中的指令，如图 7-18 所示。

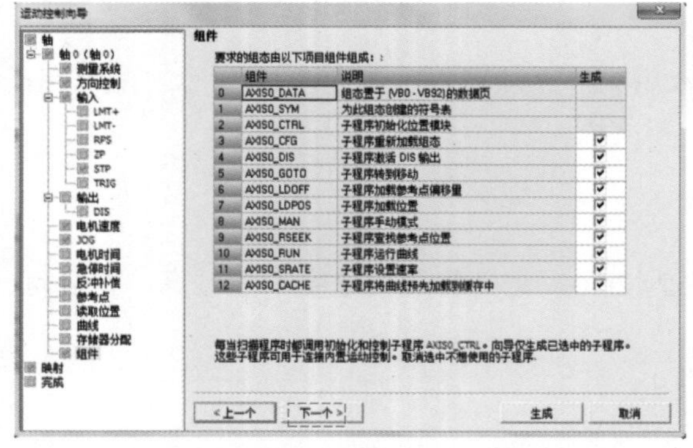

图 7-16　所有都配置完后生成的组件

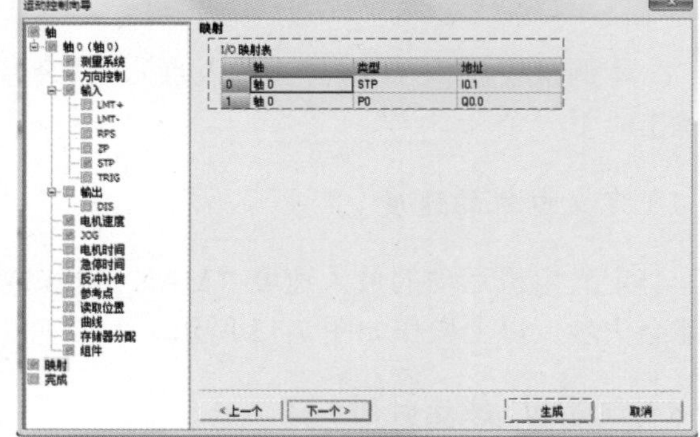

图 7-17　显示停止信号和脉冲信号的地址

## 7.2.6 图说常用的运动控制指令

（1）AXISx_CTRL 指令

AXISx_CTRL 指令如图 7-19 所示。

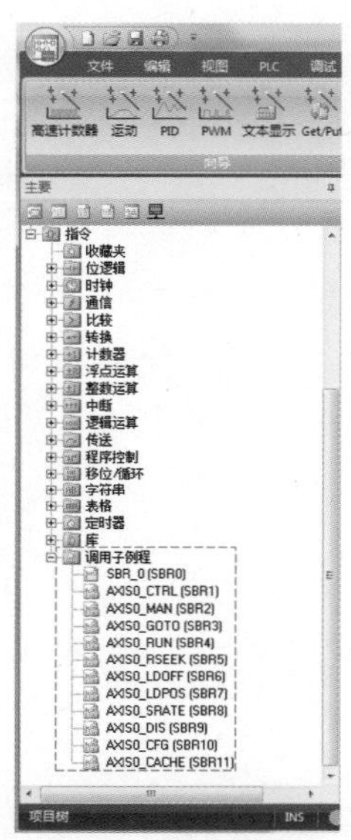


图 7-18　调用子例程

AXISx_CTRL
EN
MOD_EN
Done
Error
C_Pos
C_Speed
C_Dir

**参数解析**

功能：启用和初始化运动轴，方法是自动命令运动轴每次 CPU 更改为 RUN 模式时加载组态 / 包络表。

① MOD_EN 参数必须开启，才能启用其他运动控制子例程向运动轴发送命令。如果 MOD_EN 参数关闭，运动轴会中止所有正在进行的命令。

② Done 参数会在运动轴完成任何一个子例程时开启。

③ Error 参数存储该子程序运行时的错误代码。

④ C_Pos 参数表示运动轴的当前位置。根据测量单位，该值是脉冲数 (DINT) 或工程单位数 (REAL)。

⑤ C_Speed 参数提供运动轴的当前速度。如果针对脉冲组态运动轴的测量系统，C_Speed 是一个 DINT 数值，其中包含脉冲数 / 秒。如果针对工程单位组态测量系统，C_Speed 是一个 REAL 数值，其中包含选择的工程单位数 / 秒 (REAL)。

⑥ C_Dir 参数表示电机的当前方向：信号状态 0= 正向；信号状态 1= 反向

| 输入/输出 | 数据类型 | 操作数 |
| --- | --- | --- |
| MOD_EN | BOOL | I、Q、V、M、SM、S、T、C、L、能流 |
| Done、C_Dir | BOOL | I、Q、V、M、SM、S、T、C、L |
| Error | BYTE | IB、QB、VB、MB、SMB、SB、LB、AC、*VD、*AC、*LD |
| C_ Pos、C_ Speed | DINT、REAL | ID、QD、VD、MD、SMD、SD、LD、AC、*VD、*AC、*LD |

图 7-19　AXISx_CTRL 指令

（2）AXISx_GOTO 指令

AXISx_GOTO 指令如图 7-20 所示。

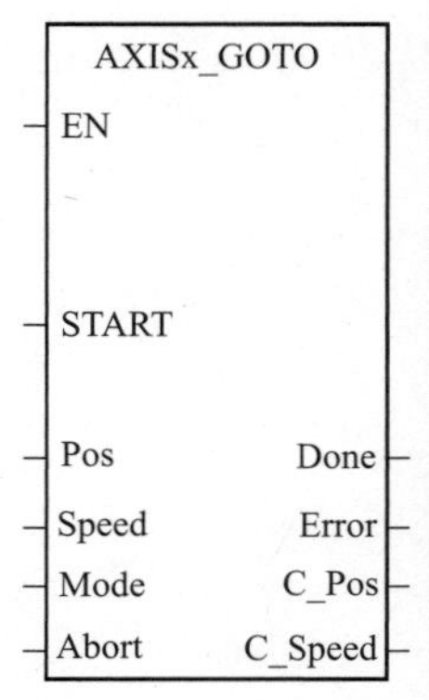


**参数解析**

功能：命令运动轴转到所需位置。

① START 参数开启会向运动轴发出 GOTO 命令。对于在 START 参数开启且运动轴当前不繁忙时执行的每次扫描，该子例程向运动轴发送一个 GOTO 命令。为了确保仅发送了一个 GOTO 命令，请使用边沿检测元素用脉冲方式开启 START 参数。

② Pos 参数包含一个数值，指示要移动的位置（绝对移动）或要移动的距离（相对移动）。根据所选的测量单位，该值是脉冲数 (DINT) 或工程单位数 (REAL)。

③ Speed 参数确定该移动的最高速度。根据所选的测量单位，该值是脉冲数 / 秒 (DINT) 或工程单位数 / 每秒 (REAL)。

④ Mode 参数选择移动的类型：

0：绝对位置

1：相对位置

2：单速连续正向旋转

3：单速连续反向旋转

⑤ Abort 参数启动会命令运动轴停止当前包络并减速，直至电机停止

图 7-20

| 输入/输出 | 数据类型 | 操作数 |
|---|---|---|
| START | BOOL | I、Q、V、M、SM、S、T、C、L、能流 |
| Pos、Speed | DINT、REAL | ID、QD、VD、MD、SMD、SD、LD、AC、*VD、*AC、*LD、常数 |
| Mode | BYTE | IB、QB、VB、MB、SMB、SB、LB、AC、*VD、*AC、*LD、常数 |
| Abort、Done | BOOL | I、Q、V、M、SM、S、T、C、L |
| Error | BYTE | IB、QB、VB、MB、SMB、SB、LB、AC、*VD、*AC |
| C_ Pos、C_ Speed | DINT、REAL | ID、QD、VD、MD、SMD、SD、LD、AC、*VD、*AC、*LD |

图 7-20 AXISx_GOTO 指令

## 7.2.7 步进电机控制程序

步进电机的控制程序如图 7-21 所示。

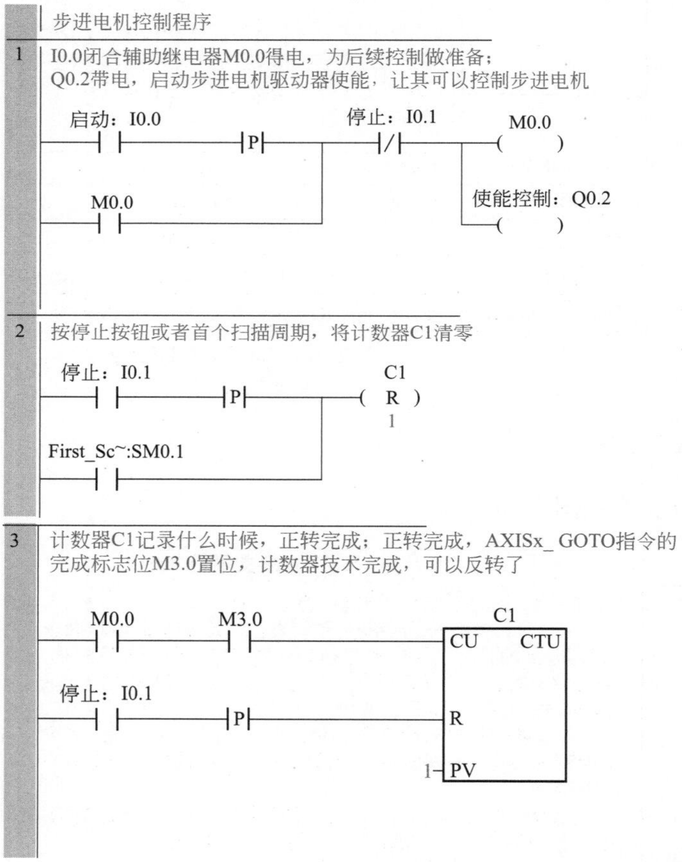

步进电机控制程序

1 I0.0闭合辅助继电器M0.0得电，为后续控制做准备；Q0.2带电，启动步进电机驱动器使能，让其可以控制步进电机

启动：I0.0 停止：I0.1 M0.0 M0.0 使能控制：Q0.2

2 按停止按钮或者首个扫描周期，将计数器C1清零

停止：I0.1 C1 R 1 First_Sc~:SM0.1

3 计数器C1记录什么时候，正转完成；正转完成，AXISx_ GOTO指令的完成标志位M3.0置位，计数器技术完成，可以反转了

M0.0 M3.0 C1 CU CTU 停止：I0.1 R 1 PV

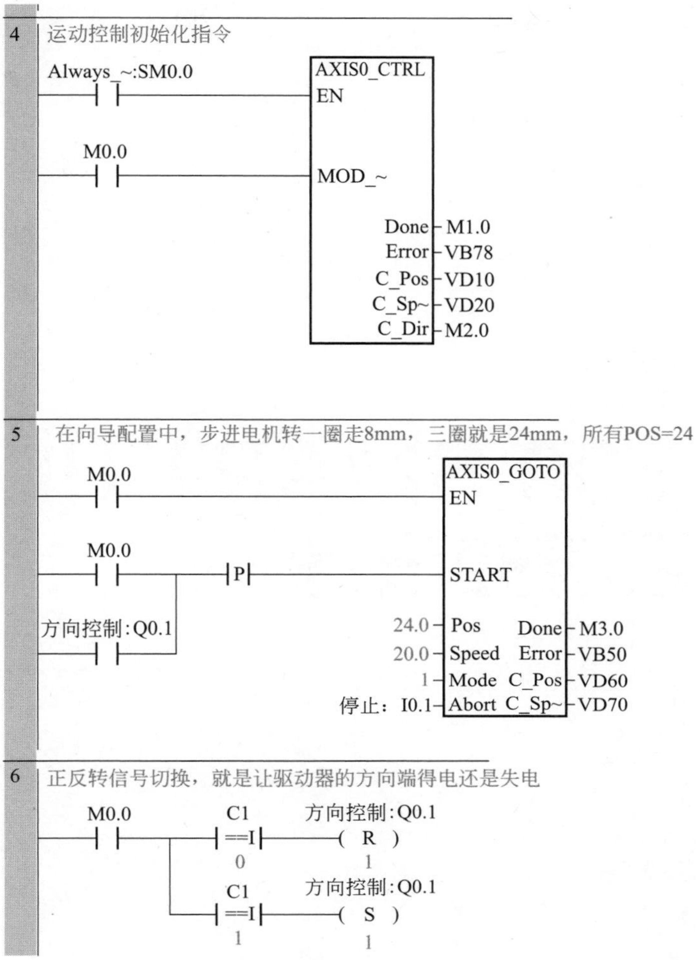

图 7-21 **步进电机的控制程序**

# 第 8 章 S7-200 SMART PLC 控制系统的设计

SIEMENS

## 本章要点

◆ PLC 控制系统设计基本原则与步骤

◆机械手 PLC 控制系统的设计

◆两种液体混合 PLC 控制系统的设计

以 PLC 为核心组成的自动控制系统称为 PLC 控制系统。PLC 控制系统的设计与其他形式控制系统的设计不尽相同，在实际工程中，它围绕着 PLC 本身的特点，以满足生产工艺的控制要求为目的开展工作。PLC 控制系统的设计一般包括硬件系统的设计、软件系统的设计和施工设计等。

# 8.1 PLC 控制系统设计基本原则与步骤

在掌握 PLC 的工作原理、编程语言、内部编程元件、硬件配置以及编程方法后，具有一定系统控制设计基础的电气工程技术人员就可以进行 PLC 控制系统的设计了。

## 8.1.1 PLC 控制系统设计的应用环境

由于 PLC 是一种计算机化了的高科技产品，相对继电器来说价格较高，因此在 PLC 控制系统设计之前，就要考虑是否有必要使用 PLC。

通常在以下情况可以考虑使用 PLC。

① 控制系统的数字量 I/O 点数较多，控制要求复杂。若使用继电器控制，则需要大量的中间继电器、时间继电器等器件。

② 对控制系统的可靠性要求较高，继电器控制系统难以满足控制要求。

③ 由于生产工艺流程或产品的变化，需要经常改变控制系统的控制关系或控制参数。

④ 可以用一台 PLC 控制多个生产设备。

对于控制系统简单、I/O 点数少、控制要求并不复杂的情况，则无须使用 PLC 控制，使用继电器控制就完全可以了。

## 8.1.2 PLC 控制系统设计的基本原则

在实际生产过程中，任何一种控制都是以满足生产工艺的控制要求，提高生产质量和效率为目的的，因此在 PLC 控制系统的设计时，应遵循以下基本原则。

① 最大限度地满足生产工艺的控制要求。充分发挥 PLC 强大的控制功能，最大限度地满足生产工艺的控制要求，是 PLC 控制系统设计的首要前提。这就需要设计人员深入现场

进行调查研究，收集资料，同时要注意与操作员和工程管理人员密切的配合，共同讨论，解决设计中出现的问题。

② 确保控制系统的工作安全可靠。确保控制系统的工作安全可靠是设计的重要原则。这就要求设计者在设计时，应全面地考虑控制系统硬件和软件。

③ 力求使系统简单、经济、使用和维修方便。在满足生产工艺的控制要求前提下，要注意降低工程成本，提高工程效益，符合用户的操作习惯和方便维修。

④ 应考虑生产的发展和改进，在设计时应适当留有裕量。

## 8.1.3 PLC 控制系统设计的一般步骤

PLC 控制系统设计的流程图如图 8-1 所示。

（1）深入了解被控系统的工艺过程和控制要求

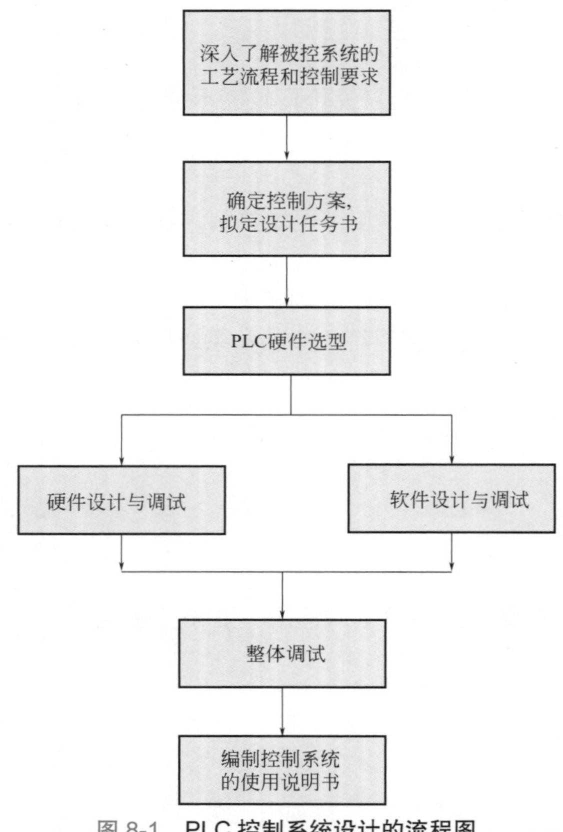


图 8-1　PLC 控制系统设计的流程图

深入了解被控系统的工艺过程和控制要求是系统设计的关键，这一步的好坏，直接影响着系统设计和施工的质量。首先应该详细分析被控对象的工艺过程及工作特点，了解被控对象机、电、液之间的关系，提出被控对象对 PLC 控制系统的要求。控制要求包括：

① 控制的基本方式：行程控制、时间控制、速度控制、电流和电压控制等。

② 需要完成的动作：动作及其顺序、动作条件。

③ 操作方式：手动（点动、回原点）、自动（单步、单周、自动运行），以及必要的保护、报警、联锁和互锁。

④ 确定软硬件分工。根据控制工艺的复杂程度，确定软硬件分工，可从技术方案、经济性、可靠性等方面做好软硬件的分工。

（2）确定控制方案，拟定设计说明书

在分析完被控对象控制要求的基础上，可以确定控制方案。通常有以下几种方案供参考。

① 单控制器系统：单控制器系统是指采用一台 PLC 控制一台被控设备或多台被控设备的控制系统，如图 8-2 所示。

②多控制器系统：多控制器系统即分布式控制系统，该系统中每个控制对象都是由一台 PLC 控制器来控制的，各台 PLC 控制器之间可以通过信号传递进行内部联锁，或由上位机通过总线进行通信控制，如图 8-3 所示。

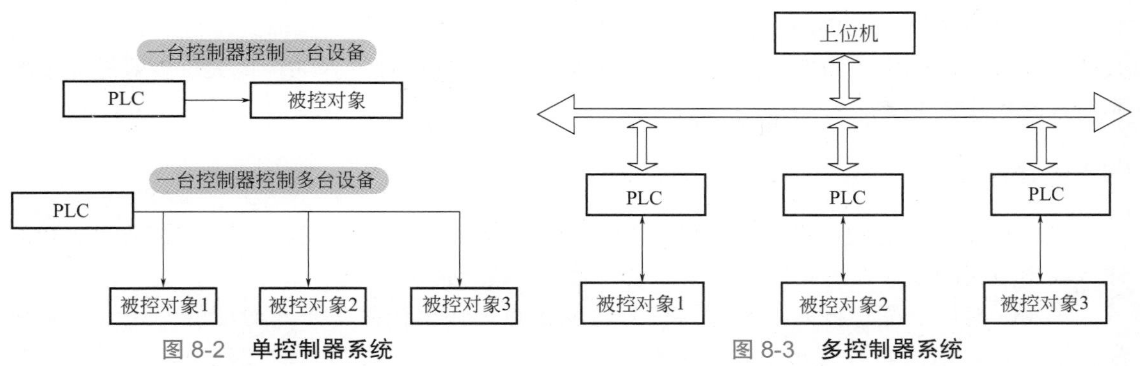


图 8-2　**单控制器系统**　　图 8-3　**多控制器系统**

③ 远程 I/O 控制系统：远程 I/O 控制系统是 I/O 模块不与控制器放在一起而是远距离地放在被控设备附近，如图 8-4 所示。

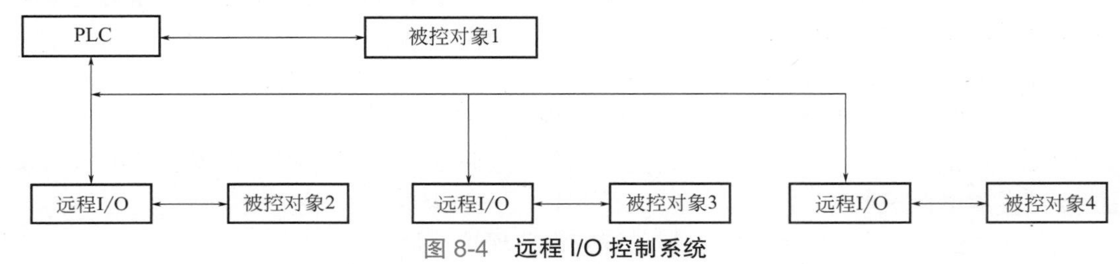


图 8-4　**远程 I/O 控制系统**

（3）PLC 硬件选型

PLC 硬件选型的基本原则：在功能满足的条件下，保证系统安全可靠运行，尽量兼顾价格。具体应考虑以下几个方面。

① PLC 的硬件功能　对于开关量控制系统，主要考虑 PLC 的最大 I/O 点数是否满足要求；如有特殊要求，如通信控制、模拟量控制等，则应考虑是否有相应的特殊功能模块。

此外还要考虑扩展能力、程序存储器与数据存储器的容量等。

② 确定输入输出点数　在确定输入输出点数前，应确定哪些信号需要输入给 PLC，哪些负载需要 PLC 来驱动，还要确定哪些是数字量，哪些是模拟量，哪些是直流量，哪些是交流量，以及电压等级和是否有特殊要求。在确定时，应考虑今后系统改进和扩充的需求，应留有一定的裕量。

③ PLC 供电电源类型、输入和输出模块的类型　PLC 供电电源类型一般有两种，分别为交流型和直流型。交流型供电通常为 220V，直流型供电通常为 24V。

数字量输入模块的输入电压一般为 DC 24V。直流输入电路的延迟时间较短，可直接与光电开关、接近开关等电子输入设备直接相连。

如有模拟量还需考虑变送器、执行机构的量程与模拟量输入输出模块的量程是否匹配等。

继电器型输出模块的工作电压范围广，触点导通电压降小，承受瞬间过电压和瞬间过电流能力强，但触点寿命有限制，动作速度较慢。若系统的输出信号变化不是很频繁，建议优先选择继电器输出型模块。继电器型输出模块可用于交直流负载。

晶体管输出型用于直流负载，它们具有可靠性高、执行速度快、寿命长等优点，但过载能力较差。

④ PLC 的结构及安装方式　PLC 分为整体式和模块式两种，整体式每点的价格比模块式的要便宜。但模块式的功能扩展灵活，安装方便，特殊模块选择的余地大，一般较复杂的系统选择模块式 PLC。

（4）硬件设计

PLC 控制系统的硬件设计主要包括 I/O 地址分配、系统主回路和控制回路的设计、PLC 输入输出电路的设计、控制柜或操作台电气元件安装布置设计等。

① I/O 地址分配　输入点和输入信号、输出点和输出控制是一一对应的。通常按系统配置通道与触点号，分配每个输入输出信号，即进行编号。在编号时要注意，不同型号的 PLC，其输入输出通道范围不同，要根据所选 PLC 的型号进行确定，切不可“张冠李戴”。

② 系统主回路和控制回路的设计

a. 系统主回路设计：主回路通常是指电流较大的电路，如电动机主电路、控制变压器的一次侧输入回路、控制系统的电源输入和控制电路等。

在设计主电路时，主要要考虑以下几个方面。

• 总开关的类型、容量、分段能力和所用的场合等。

• 保护装置的设置。短路保护要设置熔断器或断路器，过载保护要设置热继电器，漏电保护要设置漏电保护器等。

• 接地。从安全的角度考虑，控制系统应设置保护接地。

b. 系统控制回路设计：控制回路通常是指电流较小的电路。控制回路设计一般包括保护电路、安全电路、信号电路和控制电路设计等。

③ PLC 输入输出电路的设计　设计输入输出电路时通常考虑以下问题。

a. 输入电路可由 PLC 内部提供 DC 24V 电源，也可外接电源；输出点需根据输出模块类型选择电源。

b. 为了防止负载短路损坏 PLC，输入输出电路公共端需加熔断器保护。

c. 为了防止接触器相间短路，通常要设置互锁电路，例如正反转电路。

d. 输出电路有感性负载，为了保证输出点的安全和防止干扰，直流电路需在感性负载两端并联续流二极管；交流电路需在感性负载两端并联阻容电路，如图 8-5 所示。

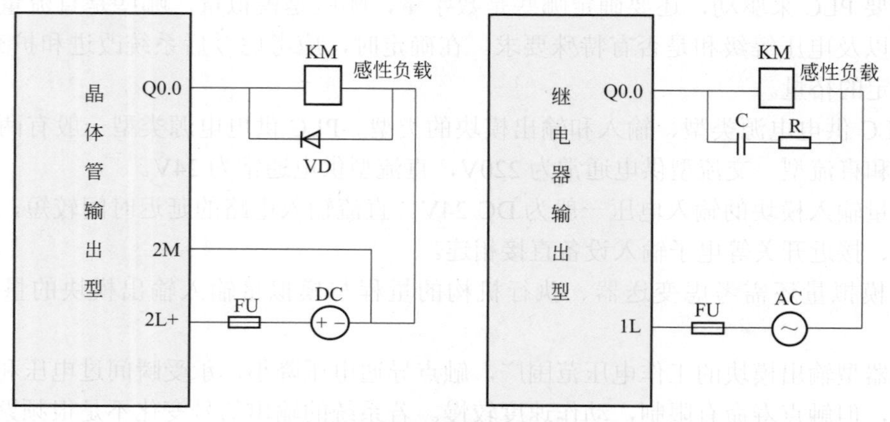


图 8-5　输出电路感性负载的处理

e. 应减少输入输出点数，具体方法可参考 4.2 节。

④ 控制柜或操作台电气元件安装布置设计　设计的目的是用于指导、规范现场生产和

施工，并提高可靠性和标准化程度。

（5）软件设计

在软件设计之前，S7-200 SMART PLC 需先对硬件进行组态，了解该系统所需的 CPU 模块、信号板和扩展模块，对应选择相应的型号。硬件组态完后，可以对软件进行设计了。

软件设计包括系统初始化程序、主程序、子程序、中断程序等，小型数字量控制系统往往只有主程序。

软件设计主要包括以下几步：

① 首先应根据总体要求和控制系统的具体情况，确定程序的基本结构；

② 绘制控制流程图或顺序功能图；

③ 根据控制流程图或顺序功能图，设计梯形图；简单系统可用经验设计法，复杂系统可用顺序控制设计法。

（6）软、硬件调试

调试分为模拟调试和联机调试。

在软件设计完成后一般做模拟调试。模拟调试可以通过仿真软件来代替 PLC 硬件在计算机上调试程序。若有 PLC 硬件，可以用小开关和按钮模拟 PLC 的实际输入信号，再通过输出模块上各输出位对应的指示灯，观察输出信号是否满足设计要求。若需要模拟信号 I/O 时，可用电位器和万用表配合进行。

硬件模拟调试主要是对控制柜或操作台的接线进行测试，可在操作台的接线端子上模拟 PLC 外部数字输入信号，或者操作按钮指令开关，观察对应 PLC 输入点的状态。

在联机调试时，把编制好的程序下载到现场的 PLC 中。调试时，主电路一定要断电，只对控制电路进行调试。通过现场联机调试，还会发现新的问题或需要对某些控制功能进行改进。

如软、硬件调试均没问题，则可以整体调试了。

（7）编制控制系统的使用说明书

系统交付使用后，应根据调试的最终结果整理出完整的技术文件，单位存档，部分资料提供给用户，以利于系统的维修和改进。

编制的文件有：PLC 的硬件接线图和其他的电气样图，PLC 编程元件表和带有文字说明的梯形图。此外若使用的是顺序控制法，顺序功能图也需要加以整理。

## 8.2 机械手 PLC 控制系统的设计

在自动化流水线中，机械手的应用比较广泛，它是集多种工作方式于一身的典型案例。本节将以机械手自动控制为例，重点讲解含多种工作方式的 PLC 控制系统的设计。

## 8.2.1 机械手的控制要求及功能简介

某工件搬运机械手工作示意图如图 8-6 所示。该机械手的任务是将工件从 A 传送带搬运到 B 传送带（A、B 传送带不用 PLC 控制）。机械手的初始状态为原点位置，此时机械手在最上面和最右面，且夹紧装置处于放松状态。

搬运机械手工作流程图如图 8-7 所示。按下启动按钮后，从原点位置开始，机械手将执行“左行→下降→夹紧→上升→右行→下降→放松→上升”的工作流程一个周期。这些动作均由电磁阀来控制，特别地，夹紧和放松动作仅由一个电磁阀来控制，该电磁阀状态为 1 表示夹紧，否则为放松状态。左行、右行、上升、下降这些动作由限位开关来切换，夹紧、放松动作由定时器来切换，且定时时间为 1s。

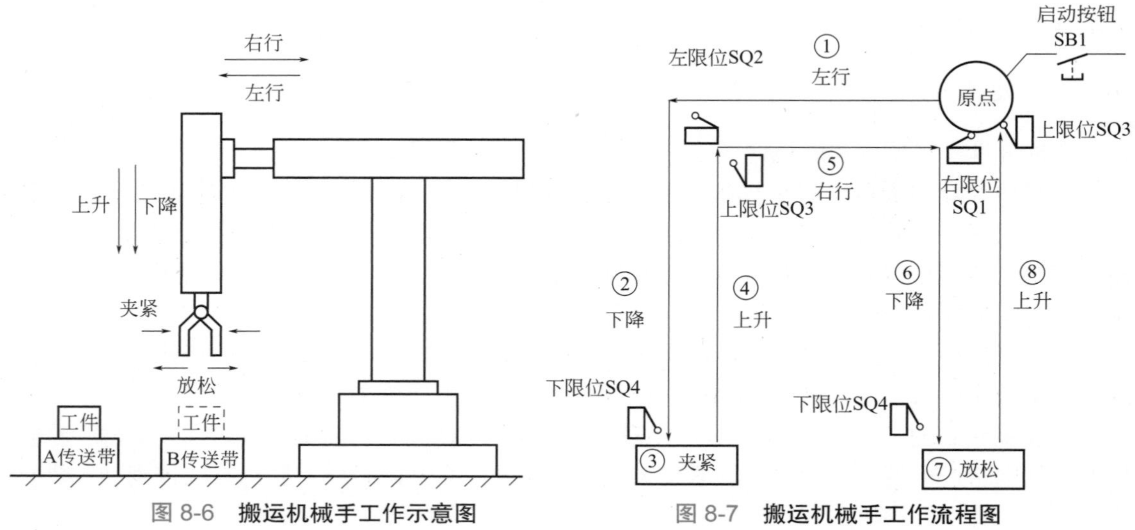


图 8-6　搬运机械手工作示意图　　图 8-7　搬运机械手工作流程图

为了满足实际生产的需求，将机械手设有手动和自动 2 种工作模式，其中自动工作模式又包括单步、单周、连续和自动回原点 4 种方式。操作面板布置如图 8-8 所示。

### （1）手动工作方式

利用按钮对机械手每个动作进行单独控制。在该工作方式中，设有 6 个手动按钮，分别控制左行、右行、上升、下降、夹紧和放松。

### （2）单步工作方式

从原点位置开始，每按一下启动按钮，系统跳转一步，完成该步任务后自动停止在该步，再按一下启动按钮，才开始执行下一步动作。单步工作方式常用于系统的调试和维修。

### （3）单周工作方式

按下启动按钮，机械手从原点开始，按图 8-7 所示工作流程完成一个周期后，返回原点并停留在原点位置。

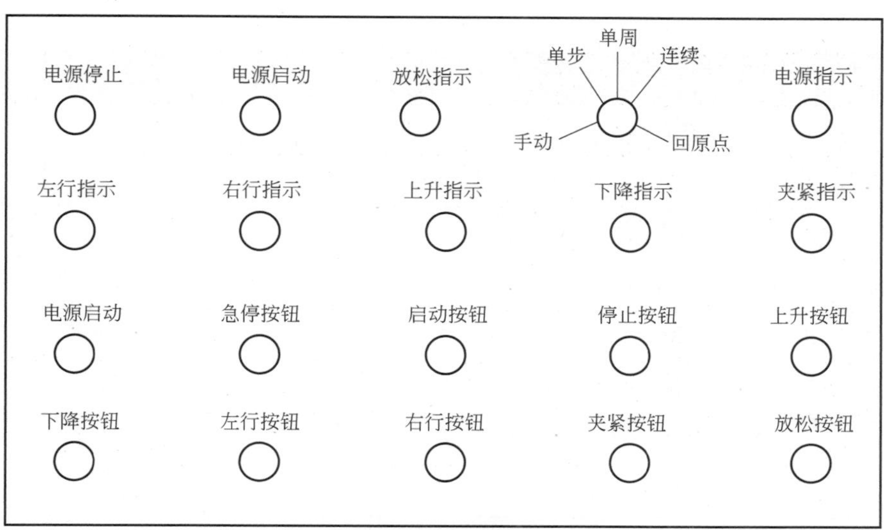


图 8-8　**操作面板布置图**

（4）连续工作方式

机械手在原点位置时，按下启动按钮，机械手从原点位置开始，将按图 8-7 所示工作流程周期性循环动作。按下停止按钮，机械手并不马上停止工作，待完成最后一个周期工作后，系统才返回并停留在原点位置。

（5）自动回原点工作方式

机械手有时可能会停止在非原点位置，这时机械手无法进行自动工作方式，所以需对机械手的位置进行调整，当按下启动按钮时，机械手会按其回原点程序由其他位置回到原点位置。

## 8.2.2 PLC 及相关元件选型

机械手自动控制系统采用西门子 S7-200 SMART PLC，CPU ST30 模块，DC 供电，DC 输入，晶体管输出型。

PLC 控制系统的输入信号有 17 个，均为开关量。其中操作按钮开关有 8 个，限位开关有 4 个，选择开关有 1 个（占 5 个输入点）；PLC 控制系统输出信号有 5 个，各个动作由直流 24V 电磁阀控制。本控制系统采用 S7-200 SMART PLC 完全可以，且有一定裕量。元件材料清单如表 8-1 所示。

表 8-1　**机械手控制的元件材料清单**

| 序号 | 材料名称 | 型号 | 备注 | 厂家 | 单位 | 数量 |
|---|---|---|---|---|---|---|
| 1 | 微型断路器 | iC65N，C10/2P | 220V，10A 二极 | 施耐德 | 个 | 1 |
| 2 | 微型断路器 | iC65N，C6/1P | 220V，6A 二极 | 施耐德 | 个 | 1 |
| 3 | 接触器 | LC1D18MBDC | 18A，线圈 DC 24V | 施耐德 | 个 | 1 |

续表

| 序号 | 材料名称 | 型号 | 备注 | 厂家 | 单位 | 数量 |
|---|---|---|---|---|---|---|
| 4 | 中间继电器底座 | PYF14A-C | | 欧姆龙 | 个 | 5 |
| 5 | 中间继电器插头 | MY4N-J，24VDC | 线圈 DC 24V | 欧姆龙 | 个 | 5 |
| 6 | 停止按钮底座 | ZB5AZ101C | | 施耐德 | 个 | 2 |
| 7 | 停止按钮按钮头 | ZB5AA4C | 红色 | 施耐德 | 个 | 2 |
| 8 | 启动按钮 | XB5AA31C | 绿色 | 施耐德 | 个 | 8 |
| 9 | 选择开关 | XB5AD21C | | 施耐德 | 个 | 1 |
| 10 | 熔体 | RT28N-32/8A | | 正泰 | 个 | 2 |
| 11 | 熔断器底座 | RT28N-32/1P | 1 极 | 正泰 | 个 | 5 |
| 12 | 熔体 | RT28N-32/2A | | 正泰 | 个 | 3 |
| 13 | 电源指示灯 | XB2BVB1LC | DC 24V，白色 | 施耐德 | 个 | 1 |
| 14 | 电磁阀指示灯 | XB2BVB3LC | DC 24V，绿色 | 施耐德 | 个 | 5 |
| 15 | 直流电源 | CP M SNT | 500W，24V，20A | 魏德米勒 | 个 | 1 |
| 16 | PLC | CPU ST30 | DC 电源，DC 输入，晶体管输出 | 西门子 | 台 | 1 |
| 17 | 端子 | UK6N | 可夹 0.5 ～ 10mm$^2$ 导线 | 菲尼克斯 | 个 | 4 |
| 18 | 端子 | UKN1.5N | 可夹 0.5 ～ 1.5mm$^2$ 导线 | 菲尼克斯 | 个 | 18 |
| 19 | 端板 | D-UK4/10 | UK6N 端子端板 | 菲尼克斯 | 个 | 1 |
| 20 | 端板 | D-UK2.5 | UK1.5N 端子端板 | 菲尼克斯 | 个 | 1 |
| 21 | 固定件 | E/UK | 固定端子，放在端子两端 | 菲尼克斯 | 个 | 8 |
| 22 | 标记号 | ZB8 | 标号（1 ～ 5），UK6N 端子标记条 | 菲尼克斯 | 条 | 1 |
| 23 | 标记号 | ZB4 | 标号（1 ～ 20），UK1.5N 端子标记条 | 菲尼克斯 | 条 | 1 |
| 24 | 汇线槽 | HVDR5050F | 宽 × 高 =50mm×50mm | 上海日成 | m | 5 |
| 25 | 导线 | H07V-K，4mm$^2$ | 黑色 | 慷博电缆 | m | 3 |
| 26 | 导线 | H07V-K，2.5mm$^2$ | 蓝色 | 慷博电缆 | m | 3 |
| 27 | 导线 | H07V-K，1.5mm$^2$ | 红色 | 慷博电缆 | m | 5 |
| 28 | 导线 | H07V-K，1.5mm$^2$ | 白色 | 慷博电缆 | m | 5 |
| 29 | 导线 | H05V-K，1.0mm$^2$ | 黑色 | 慷博电缆 | m | 20 |
| 30 | 导线 | H07V-K，4mm$^2$ | 黄绿色 | 慷博电缆 | m | 5 |
| 31 | 导线 | H07V-K，2.5mm$^2$ | 黄绿色 | 慷博电缆 | m | 5 |
| 设计编制 | | 总工审核 | | | | |

## 8.2.3 硬件设计

机械手控制的 I/O 分配如表 8-2 所示。硬件设计的主回路、控制回路、PLC 输入输出回路、操作台开孔图纸如图 8-9 所示。操作台壳体可参考组合机床系统壳体图，这里略。

表 8-2　机械手控制 I/O 分配

| 输入量 | | | | 输出量 | |
|---|---|---|---|---|---|
| 启动按钮 | I0.0 | 右行按钮 | I1.1 | 左行电磁阀 | Q0.0 |
| 停止按钮 | I0.1 | 夹紧按钮 | I1.2 | 右行电磁阀 | Q0.1 |
| 左限位 | I0.2 | 放松按钮 | I1.3 | 上升电磁阀 | Q0.2 |
| 右限位 | I0.3 | 手动 | I1.4 | 下降电磁阀 | Q0.3 |
| 上限位 | I0.4 | 单步 | I1.5 | 夹紧 / 放松电磁阀 | Q0.4 |
| 下限位 | I0.5 | 单周 | I1.6 | | |
| 上升按钮 | I0.6 | 连续 | I1.7 | | |
| 下降按钮 | I0.7 | 回原点 | I2.0 | | |
| 左行按钮 | I1.0 | | | | |

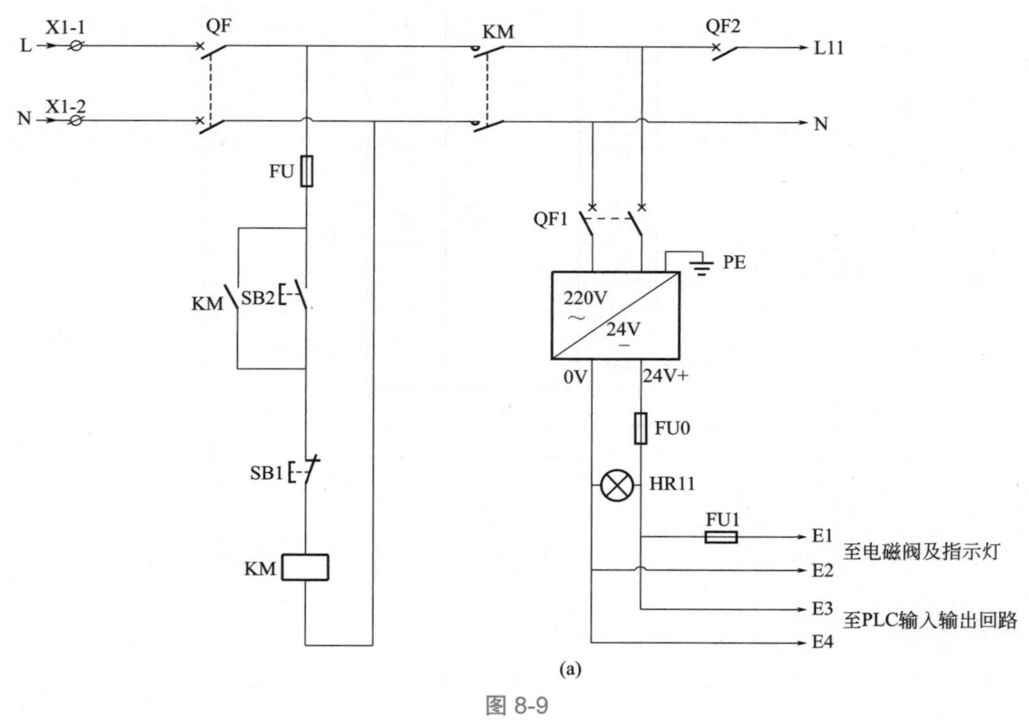


图 8-9

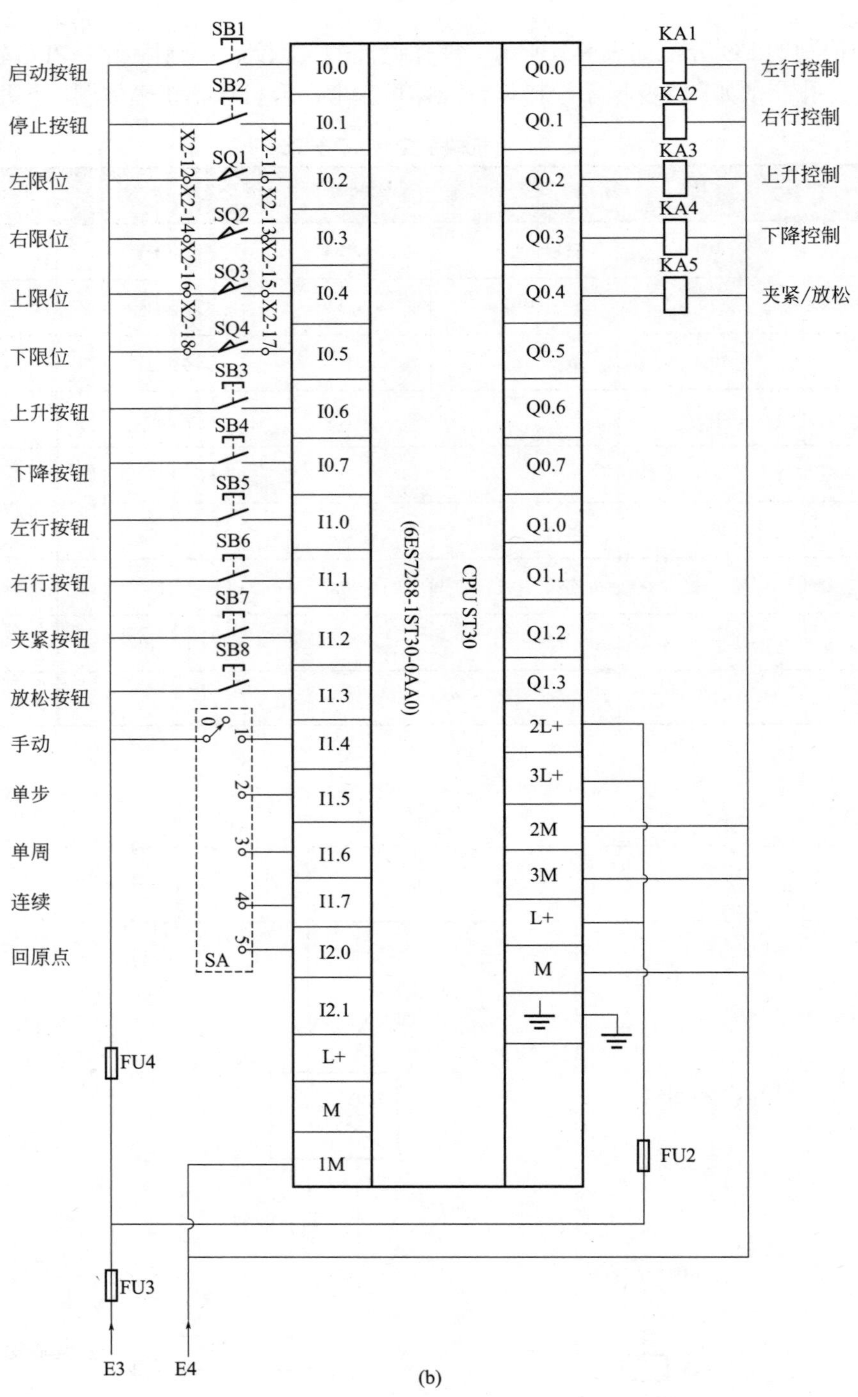

SB1
SB2
SQ1
SQ2
SQ3
SQ4
SB3
SB4
SB5
SB6
SB7
SB8
启动按钮
停止按钮
左限位
右限位
上限位
下限位
上升按钮
下降按钮
左行按钮
右行按钮
夹紧按钮
放松按钮
手动
单步
单周
连续
回原点
X2-11 X2-13 X2-15 X2-17
X2-12 X2-14 X2-16 X2-18
SA
I0.0
I0.1
I0.2
I0.3
I0.4
I0.5
I0.6
I0.7
I1.0
I1.1
I1.2
I1.3
I1.4
I1.5
I1.6
I1.7
I2.0
I2.1
L+
M
1M
CPU ST30
(6ES7288-1ST30-0AA0)
Q0.0
Q0.1
Q0.2
Q0.3
Q0.4
Q0.5
Q0.6
Q0.7
Q1.0
Q1.1
Q1.2
Q1.3
2L+
3L+
2M
3M
L+
M
KA1
KA2
KA3
KA4
KA5
左行控制
右行控制
上升控制
下降控制
夹紧/放松
FU4
FU3
FU2
E3
E4


(b)

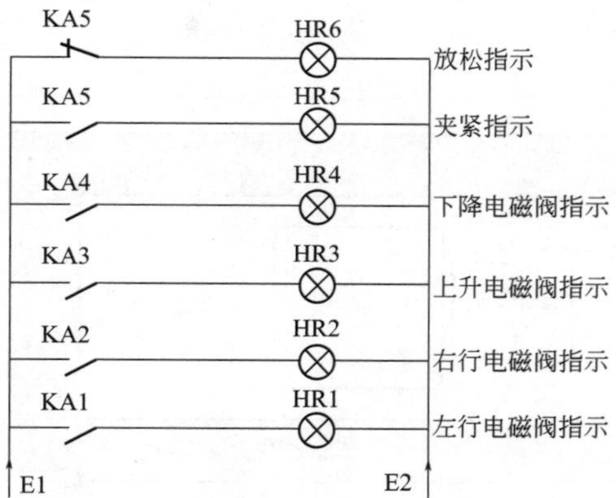


重点提示：
① 这里均为运行指示灯，都选绿色即可，DC24V。
② 电磁阀为感性元件，且为直流电路，故加续流二极管。
③ 电磁阀现场元件，处于安装方便考虑，故加端子

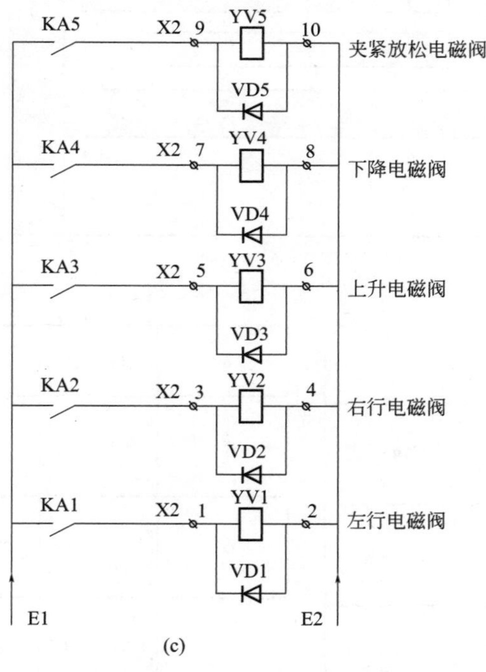


(c)

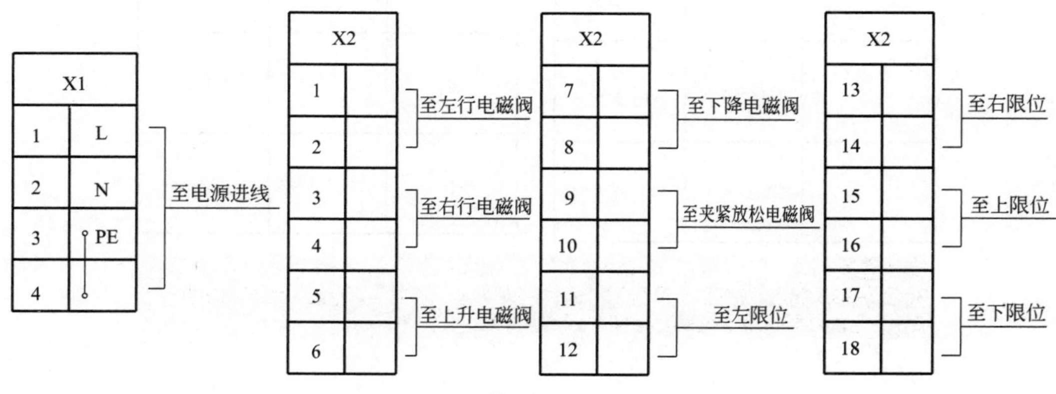


(d)

图 8-9

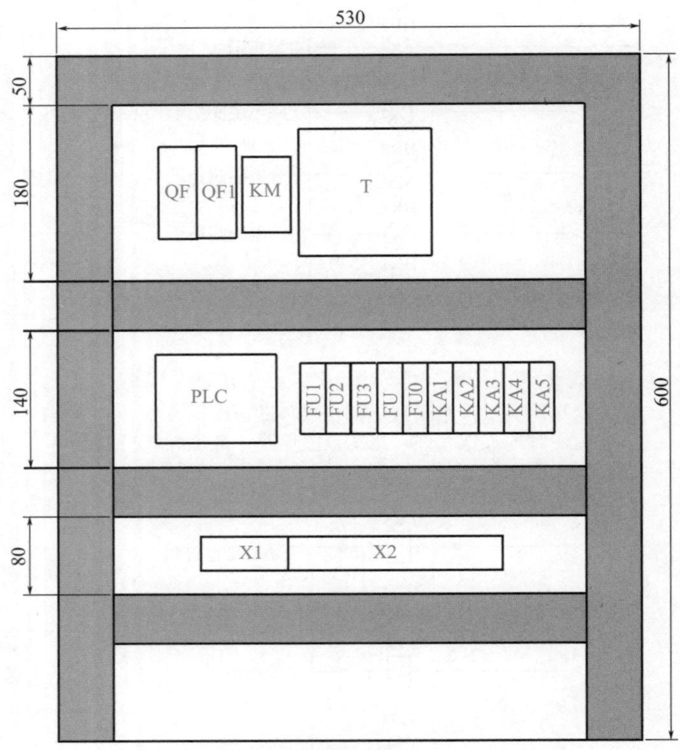


(e)

| 元件明细 | | |
|---|---|---|
| 1 | QF | 微型断路器 |
| 2 | KM | 接触器 |
| 3 | T | 直流电源 |
| 4 | FU1，FU2 | 熔断器 |
| 5 | KA1～KA5 | 中间继电器 |
| 6 | X1，X2 | 端子 |
| 7 | SB1～SB8 | 按钮 |
| 8 | SQ1～SQ4 | 行程开关 |
| 9 | HR1～HR6 | 指示灯 |
| 10 | SA | 选择开关 |
| 11 | YV1～YV5 | 电磁阀 |

重点提示：

给出元件明细表，为现场操作人员提供方便。在工程中，有些设计给出来的文字符号不通用，因此编写元件明细表加以说明是必要的

(f)

| 序号 | 标牌内容 | 序号 | 标牌内容 |
|---|---|---|---|
| 1 | 机械手控制系统 | 12 | 停止按钮 |
| 2 | 选择开关 | 13 | 上升按钮 |
| 3 | 左行指示 | 14 | 下降按钮 |
| 4 | 右行指示 | 15 | 左行按钮 |
| 5 | 上升指示 | 16 | 右行按钮 |
| 6 | 下降指示 | 17 | 夹紧按钮 |
| 7 | 夹紧指示 | 18 | 放松按钮 |
| 8 | 放松指示 | 19 | 电源指示 |
| 9 | 电源启动 | 20 | 电源停止按钮 |
| 10 | 急停按钮 | 21 | 电源启动按钮 |
| 11 | 启动按钮 | | |

备注：
大标牌尺寸长×宽=80×30，
小标牌长×宽=40×20材料双色板，字体为宋体，字号适中，蓝底白字。

(g)

图 8-9　机械手控制硬件设计图纸

## 8.2.4 硬件组态

机械手控制硬件组态如图 8-10 所示。

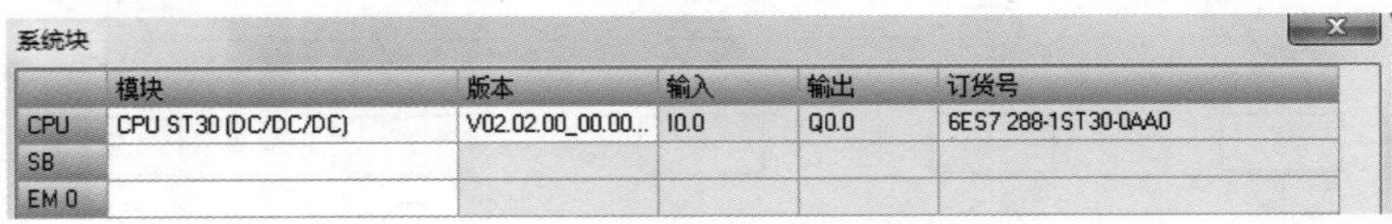

系统块

| | 模块 | 版本 | 输入 | 输出 | 订货号 |
|---|---|---|---|---|---|
| CPU | CPU ST30 (DC/DC/DC) | V02.02.00_00.00... | I0.0 | Q0.0 | 6ES7 288-1ST30-0AA0 |
| SB | | | | | |
| EM 0 | | | | | |

图 8-10 机械手控制硬件组态

## 8.2.5 程序设计

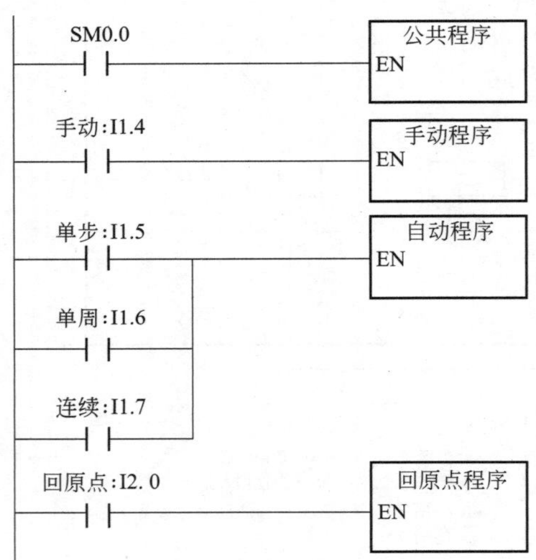


图 8-11 机械手控制主程序

机械手控制主程序如图 8-11 所示，当对应条件满足时，系统将执行相应的子程序。子程序主要包括 4 大部分，分别为公共程序、手动程序、自动程序和自动回原点程序。

（1）公共程序

机械手控制公共程序如图 8-12 所示。公共程序用于处理各种工作方式都需要执行的任务，以及不同工作方式之间互相切换的处理。公共程序的编写通常要考虑 5 个部分：原点条件、初始状态、复位非初始步、复位回原点步和复位连续标志位。

机械手处于最上面和最右面且夹紧装置放松时为原点状态，因此原点条件由上限位 I0.4 的常开触点、右限位 I0.3 的常开触点和表示机械手放松 Q0.4 常闭触点的串联电路组成，当串联电路接通时，辅助继电器 M1.1 变为 ON。

机械手在原点位置，系统处于手动、回原点或初始化状态时，初始步 M0.0 都会被置位，此时为执行自动程序做好准备；若此时 M1.1 为 OFF，则 M0.0 会被复位，初始步变为不活动步，即使此时按下启动按钮，自动程序也不会转换到下一步，因此禁止了自动工作方式的运行。

当手动、自动、回原点 3 种工作方式相互切换时，自动程序可能会有两步被同时激活，为了防止误动作，在手动或回原点状态下，辅助继电器 M0.1 ～ M1.0 要被复位。

在非回原点工作方式下，I2.0 常闭触点闭合，辅助继电器 M1.4 ～ M2.0 被复位。

在非连续工作方式下，I1.7 常闭触点闭合，辅助继电器 M1.2 被复位，系统不能执行连续程序。

（2）手动程序

机械手控制手动程序如图 8-13 所示。当按下左行启动按钮（I1.0 常开触点闭合），且上限位被压合（I0.4 常开触点闭合）时，机械手左行；当碰到左限位时，常闭触点 I0.2 断开，

Q0.0 线圈失电，左行停止。

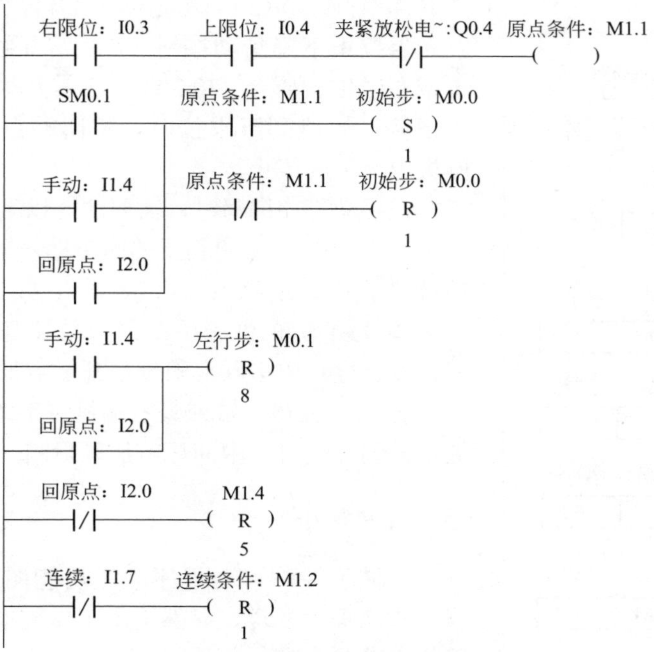

图 8-12　**机械手控制公共程序**

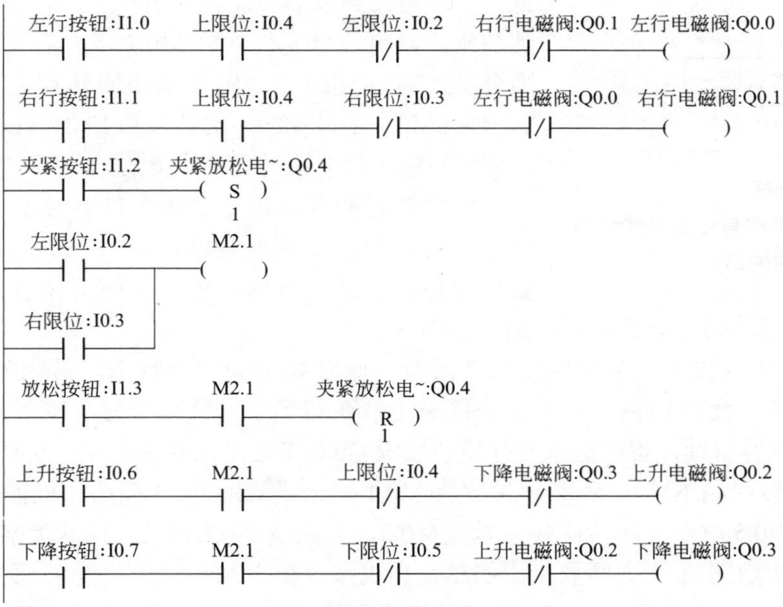

图 8-13　**机械手控制手动程序**

当按下右行启动按钮（I1.1 常开触点闭合），且上限位被压合（I0.4 常开触点闭合）时，机械手右行；当碰到右限位时，常闭触点 I0.3 断开，Q0.1 线圈失电，右行停止。

按下夹紧按钮，I1.2 变为 ON，线圈 Q0.4 被置位，机械手夹紧。

按下放松按钮，I1.3 变为 ON，线圈 Q0.4 被复位，机械手将工件放松。

当按下上升启动按钮（I0.6 常开触点闭合），且左限位或右限位被压合（I0.2 或 I0.3 常

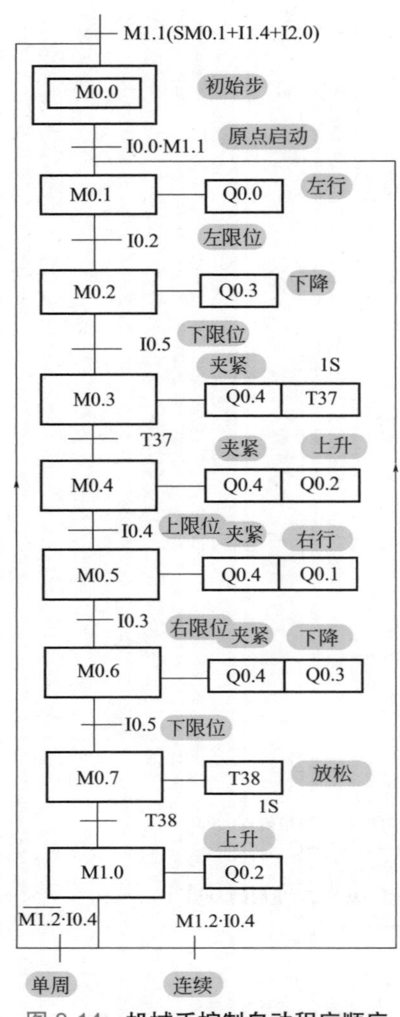


图 8-14　**机械手控制自动程序顺序功能图**

开触点闭合）时，机械手上升；当碰到上限位时，常闭触点 I0.4 断开，Q0.2 线圈失电，上升停止。

当按下下降启动按钮（I0.7 常开触点闭合），且左限位或右限位被压合（I0.2 或 I0.3 常开触点闭合）时，机械手下降；当碰到下限位时，常闭触点 I0.5 断开，Q0.3 线圈失电，下降停止。

在手动程序编写时，需要注意以下几个方面：

① 为了防止方向相反的两个动作同时被执行，手动程序设置了必要的互锁；

② 为了防止机械手在最低位置与其他物体碰撞，在左、右行电路中串联上限位常开触点加以限制；

③ 只有在最左端或最右端机械手才允许上升、下降和放松，因此设置了中间环节加以限制。

### （3）自动程序

机械手控制自动程序顺序功能图如图 8-14 所示，根据工作流程的要求，显然 1 个工作周期有“左行→下降→夹紧→上升→右行→下降→放松→上升”这 8 步，再加上初始步，因此共 9 步（从 M0.0 到 M1.0）；在 M1.0 后应设置分支，考虑到单周和连续的工作方式，以一条分支转换到初始步，另一分支转换到 M0.1 步。需要说明的是，在画分支的有向连线时一定要画在原转换之下，即要标在 M1.1（SM0.1+I1.4+I2.0）的转换和 I0.0•M1.1 的转换之下，这是绘制顺序功能图时需要注意的。

机械手控制自动程序如图 8-15 所示。设计自动程序时，采用启保停电路编程法，其中 M0.0 ～ M1.0 为中间编程元件，连续、单周、单步 3 种工作方式用连续标志 M1.2 和转换允许标志 M1.3 加以区别。

在连续工作方式下，常开触点 I1.7 闭合，此时处于非单步状态，常闭触点 I1.5 闭合，线圈 M1.3 接通，允许转换；若原点条件满足，在初始步为活动步时，按下启动按钮 I0.0，线圈 M0.1 得电并自锁，程序进入左行步，线圈 Q0.0 接通，机械手左行；当碰到左限位开关 I0.2 时，程序转换到下降步 M0.2，左行步 M0.1 停止，线圈 Q0.3 接通，机械手下降；当碰到下限位开关 I0.5 时，程序转换到夹紧步 M0.3，下降步 M0.2 停止；以此类推，以后系统就这样一步一步地工作下去。需要指出的是，当机械手在步 M1.0 返回时，上限位 I0.4 状态为 1，因为先前连续标志位 M1.2 状态为 1，故转换条件 M1.2•I0.4 满足，系统将返回到 M0.1 步，反复连续地工作下去。

单周与连续原理相似，不同之处在于：在单周的工作方式下，连续标志条件不满足（即线圈 M1.2 不得电），当程序执行到上升步 M1.0 时，满足的转换条件为 $\overline{\text{M1.2}}\cdot$I0.4，因此系统将返回到初始步 M0.0，机械手停止运动。

在单步工作方式下，常闭触点 I1.5 断开，辅助继电器 M1.3 变为 OFF，不允许步与步之间的转换。当原点条件满足，在初始步为活动步时，按下启动按钮 I0.0，线圈 M0.1 得电并自锁，程序进入左行步；松开启动按钮 I0.0，辅助继电器 M1.3 马上失电。在左行步，线圈 Q0.0 得电，当左限位压合时，与线圈 Q0.0 串联的 I0.2 的常闭触点断开，线圈 Q0.0 失电，机械手停止左行。I0.2 常开触点闭合后，如不按下启动按钮 I0.0，辅助继电器 M1.3 状态为 0，程序不会跳转到下一步，直至按下启动按钮，程序方可跳转到下降步；此后在某步完成后必须按启动按钮一次，系统才能转换到下一步。

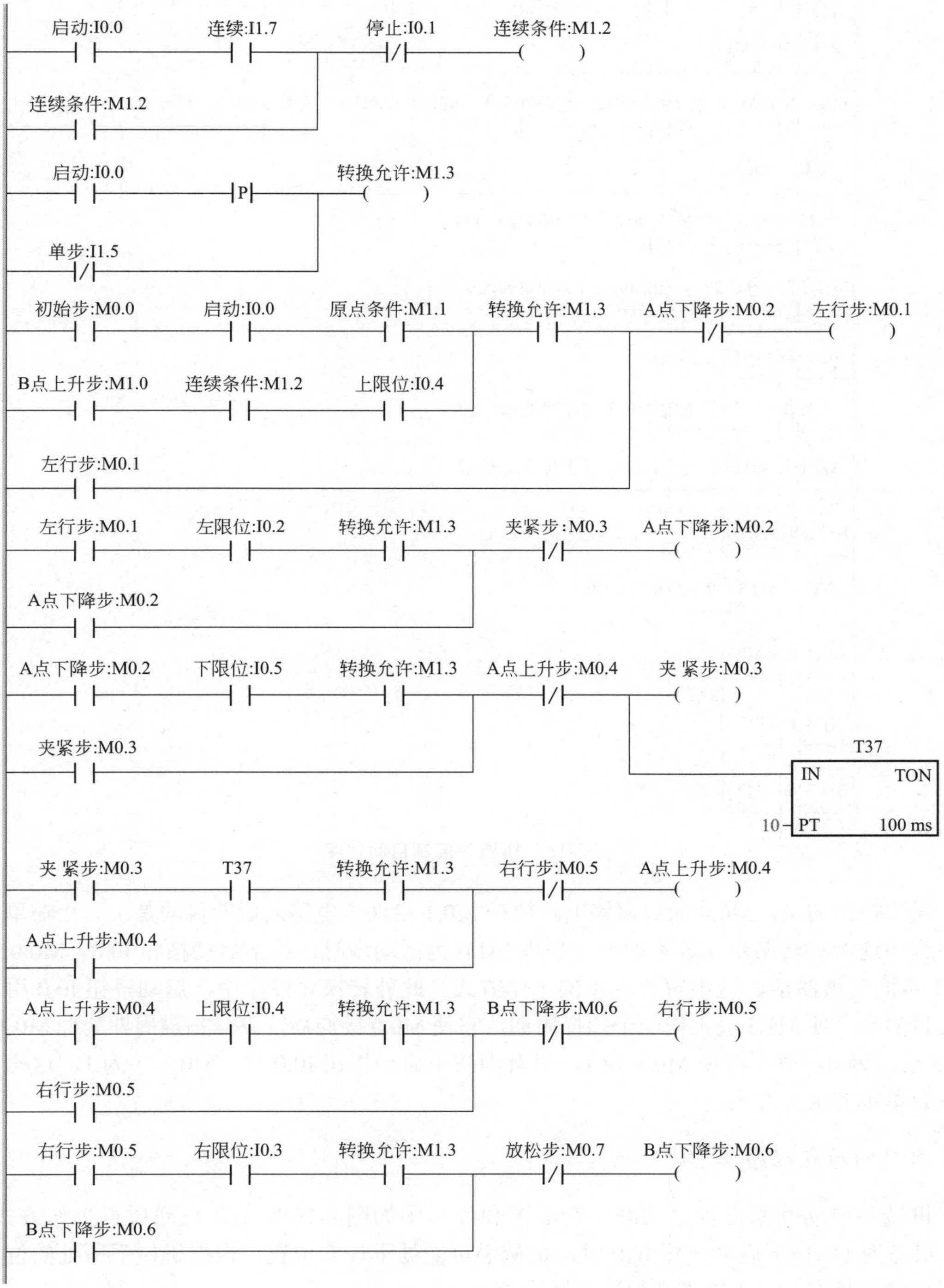

图 8-15

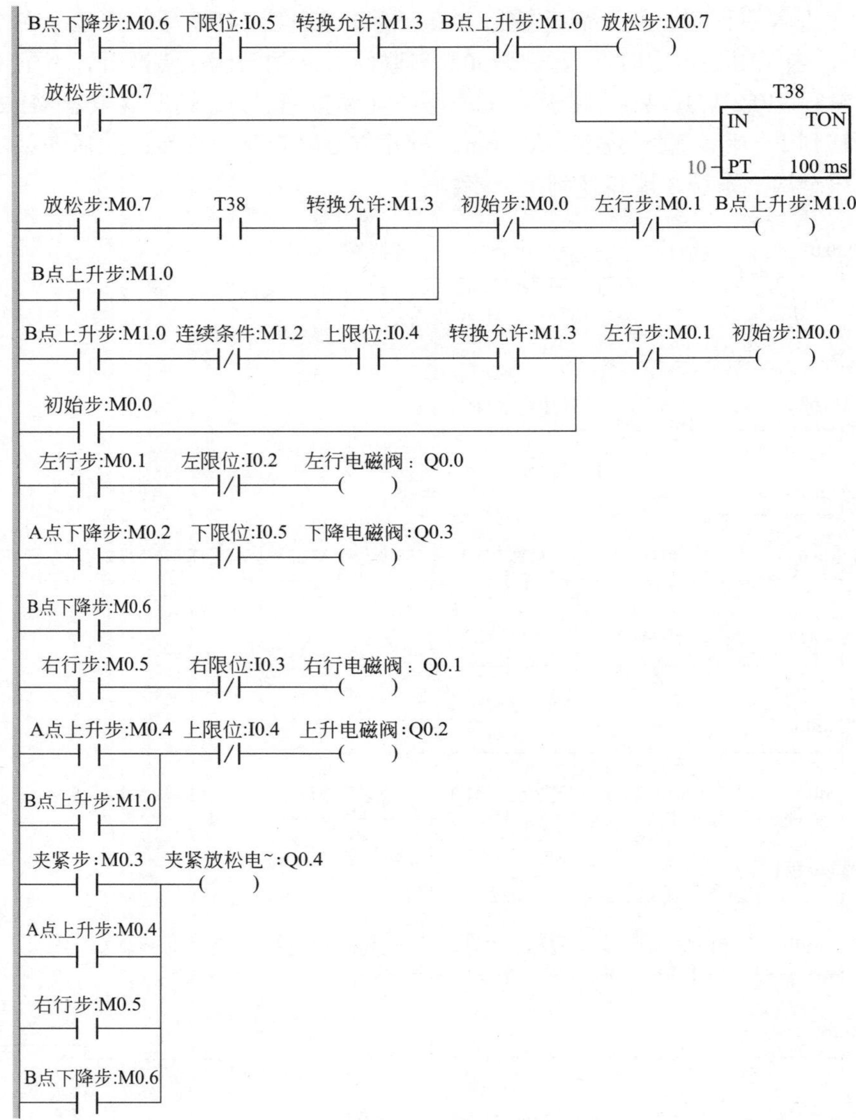


图 8-15 **机械手控制自动程序**

需要指出的是，M0.0 的启保停电路放在 M0.1 启保停电路之后的目的是：防止在单步方式下程序连续跳转两步。若不如此，当步 M1.0 为活动步时，按下启动按钮 I0.0，M0.0 步与 M0.1 步同时被激活，这不符合单步的工作方式。此外转换允许步中，启动按钮 I0.0 用上升沿的目的是，使 M1.3 仅工作一个扫描周期，它使 M0.0 接通后，下一扫描周期处理 M0.1 时，M1.3 已经为 0，故不会使 M0.1 为 1，只有当按下启动按钮 I0.0 时，M0.1 才为 1，这样处理才符合单步的工作方式。

（4）自动回原点程序

机械手自动回原点程序的顺序功能图和梯形图如图 8-16 所示。在回原点工作方式下，I2.0 状态为 1。按下启动按钮 I0.0 时，机械手可能处于任意位置，根据机械手所处的位置及夹紧装置的状态，可分以下几种情况讨论。

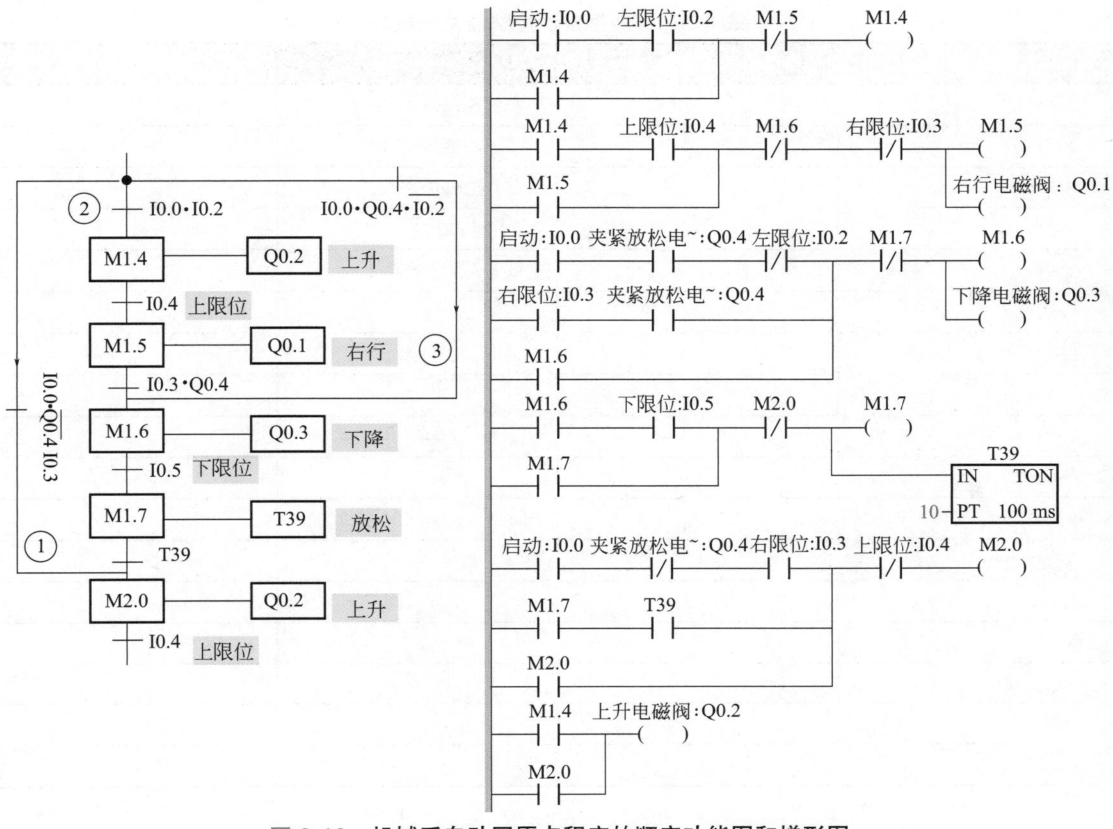


图 8-16　**机械手自动回原点程序的顺序功能图和梯形图**

① 夹紧装置放松且机械手在最右端：夹紧装置处于放松且在最右端，所以直接上升返回原点位置即可。对应的程序为，按下启动按钮 I0.0，条件$I0.0 \cdot \overline{Q0.4} \cdot I0.3$满足，M2.0 步接通。

② 机械手在最左端：机械手在最左端夹紧装置可能处于放松状态也可能处于夹紧状态。若处于夹紧状态时，按下启动按钮 I0.0，条件$I0.0 \cdot I0.2$满足，因此依次执行 M1.4 ～ M2.0 步程序，直至返回原点；若处于放松状态，按下启动按钮 I0.0，只执行 M1.4 ～ M1.5 步程序，下降步 M1.6 以后不会执行，原因在于下降步 M1.6 的激活条件$I0.3 \cdot Q0.4$不满足，并且当机械手碰到右限位 I0.3 时，M1.5 步停止。

③ 夹紧装置夹紧且不在最左端：按下启动按钮 I0.0，条件$I0.0 \cdot Q0.4 \cdot \overline{I0.2}$满足，因此依次执行 M1.6 ～ M2.0 步程序，直至回到原点。

## 8.2.6 机械手自动控制调试

① 编程软件：编程软件采用 STEP 7-Micro/WIN SMART V2.3。

② 系统调试：将各个输入 / 输出端子和实际控制系统的按钮、所需控制设备正确连接，完成硬件的安装并检查无误后，可以将事先编写的梯形图程序传送到 PLC 中进行调试。

调试中，按照组合机床的工作原理逐一校对，检查功能是否能实现。如不能实现，找出是程序的原因，还是硬件接线的原因。经过反复试验，最终调试出正确的结果。机械手自动控制调试记录表如表 8-3 所示，可根据调试结果填写。

表 8-3　机械手自动控制调试记录表

| 输入量 | 输入现象 | 输出量 | 输出现象 |
|---|---|---|---|
| 启动按钮 | | 左行电磁阀 | |
| 停止按钮 | | 右行电磁阀 | |
| 左限位 | | 上升电磁阀 | |
| 右限位 | | 下降电磁阀 | |
| 上限位 | | 夹紧 / 放松电磁阀 | |
| 下限位 | | | |
| 上升按钮 | | | |
| 上升按钮 | | | |
| 左行按钮 | | | |
| 右行按钮 | | | |
| 夹紧按钮 | | | |
| 放松按钮 | | | |
| 手动 | | | |
| 单步 | | | |
| 单周 | | | |
| 连续 | | | |
| 回原点 | | | |

### 8.2.7 编制控制系统使用说明

根据调试的最终结果整理出完整的技术文件，单位存档，部分资料提供给用户，以利于系统的维修和改进。

编制的文件有：硬件接线图，PLC 编程元件表，带有文字说明的梯形图和顺序功能图。

提供给用户的图纸为硬件接线图。处于技术保密考虑，一般不提供梯形图。

## 8.3 两种液体混合 PLC 控制系统的设计

实际工程中，不单纯是一种量的控制（这里的量指的是开关量、模拟量等），很多时候是多种量的相互配合。两种液体混合控制就是开关量和模拟量配合控制的典型案例。本节将以两种液体混合控制为例，重点讲解含有多个量控制的 PLC 控制系统的设计。

### 8.3.1 两种液体混合控制系统的控制要求

两种液体混合控制系统示意图如图 8-17 所示。具体控制要求如下。

（1）初始状态

容器为空，阀 A ～阀 C 均为 OFF，液位开关 L1、L2、L3 均为 OFF，搅拌电动机 M 为 OFF，加热管不加热。

（2）启动运行

按下启动按钮后，打开阀 A，注入液体 A；当液面到达 L2（L2=ON）时，关闭阀 A，打开阀 B，注入 B 液体；当液面到达 L1（L1=ON）时，关闭阀 B，同时搅拌电动机 M 开始运行搅拌液体，30s 后电动机停止搅拌；接下来，2 个加热管开始加热，当温度传感器检测到液体的温度为 75℃时，加热管停止加热；阀 C 打开放出混合液体；当液面降至 L3 以下（L1=L2=L3=OFF）时，再过 10s 后，容器放空，阀 C 关闭。

（3）停止运行

按下停止按钮，系统完成当前工作周期后停在初始状态。

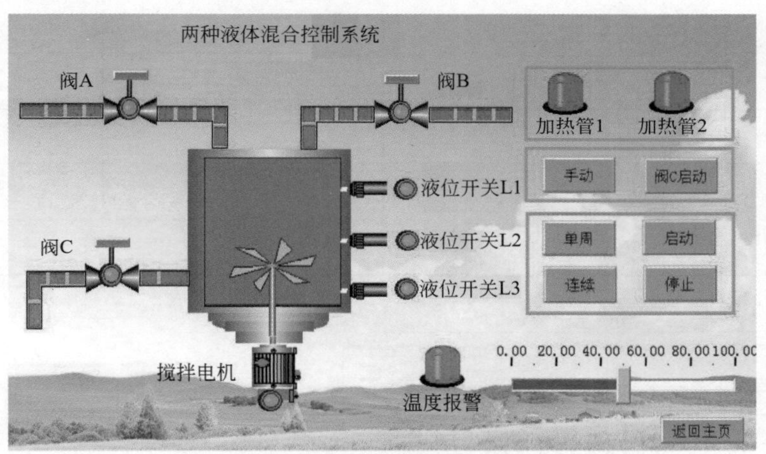


图 8-17 两种液体混合控制系统示意图

## 8.3.2 PLC 及相关元件选型

两种液体混合控制系统采用西门子 S7-200 SMART PLC，CPU SR20 模块 +EM AE04 模拟量输入模块。

输入信号有 11 个，其中 9 个为开关量，2 个为模拟量。9 个开关量输入中，3 个由操作按钮提供，3 个由液位开关提供，最后 3 个由选择开关提供；模拟量输入有 2 路；输出信号有 6 个。本控制系统采用西门子 CPU SR20 模块 +EM AE04 模拟量输入模块完全可以，输入、输出点都有裕量。

各个元器件由用户提供，因此这里只给选型参数不给具体料单。

## 8.3.3 硬件设计

两种液体混合控制的 I/O 分配如表 8-4 所示，硬件设计的主回路、控制回路、PLC 输入输出回路及开孔图纸如图 8-18 所示。

表 8-4 两种液体混合控制 I/O 分配

| 输入量 | | 输出量 | |
|---|---|---|---|
| 启动按钮 | I0.0 | 电磁阀 A 控制 | Q0.0 |
| 上限位 L1 | I0.1 | 电磁阀 B 控制 | Q0.1 |
| 中限位 L2 | I0.2 | 电磁阀 C 控制 | Q0.2 |
| 下限位 L3 | I0.3 | 搅拌控制 | Q0.4 |
| 停止按钮 | I0.4 | 加热控制 | Q0.5 |
| 手动选择 | I0.5 | 报警控制 | Q0.6 |
| 单周选择 | I0.6 | | |
| 连续选择 | I0.7 | | |
| 阀 C 按钮 | I1.2 | | |

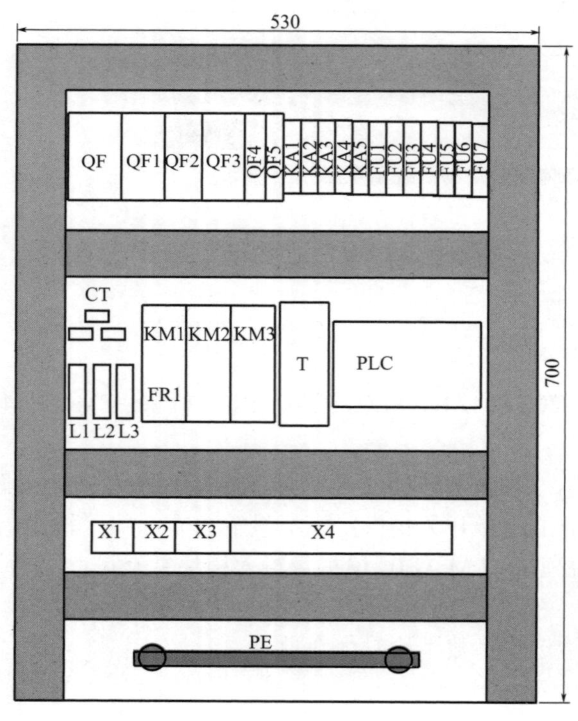


重点提示：
画元件布置图时，尽量按元件的实际尺寸去画，这样可以直接指导生产，如果为示意图，现场还需重新排布元件。
报方案时往往元件没有采购，可以参考厂家样本，查出元件的实际尺寸

(a)

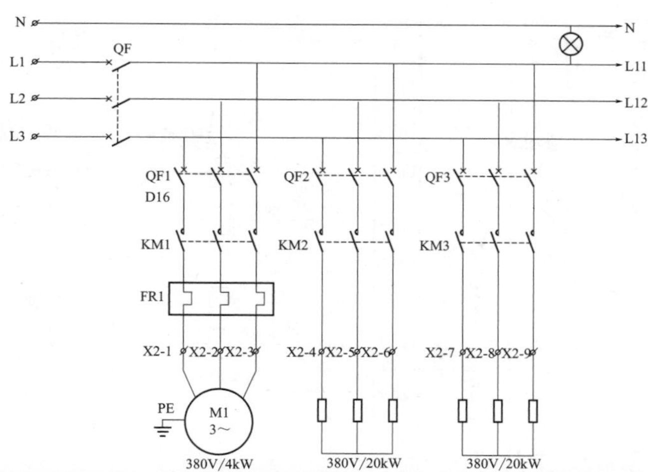


重点提示：

① 根据工程快速算法，电动机额定电流为 4kW×2=8(A)，加热管额定电流为 20(kW)×2=40(A)。

② 电动机主电路 微断：由于为电动机控制因此选 D 型，微断额定电流 > 负载电流 (8A，此处选 16A；接触器：主触点额定电流 > 负载电流 (8A)，这里选 12A，线圈 220V 交流；热继电器：额定电流应为负载电流的 1.05 倍即 1.05×8A=8.4A，故 8.4A 应落在热继旋钮调节范围之间，这里选 7 ～ 10A，两边调节都有余地。

③ 加热管主电路 微断：由于为加热类控制因此选 C 型，微断额定电流 > 负载电流 (40A)，此处选 50A；接触器：主触点额定电流 > 负载电流 (40A)，这里选 50A，线圈 220V 交流。

④ 总开电流 >(40+40+8)A=88A，这里选 100A 塑壳开关。

⑤ 主进线选择 25mm² 电缆，往 3 个支路分线时，这里为了节省空间，故用分线器；也可考虑用铜排，但占用空间较大。铜排的载流量经验公式 = 横截面积 ×3，如 15×3 的铜排载流量 =15×3×3=135(A)，这只是个经验，算的比较保守，系数乘几，与铜排质量有关；精确值可查相关选型样本。导线载流量，可按 1mm² 载 5A 计算，同样想知道更精确值，可查相关样本

(b)

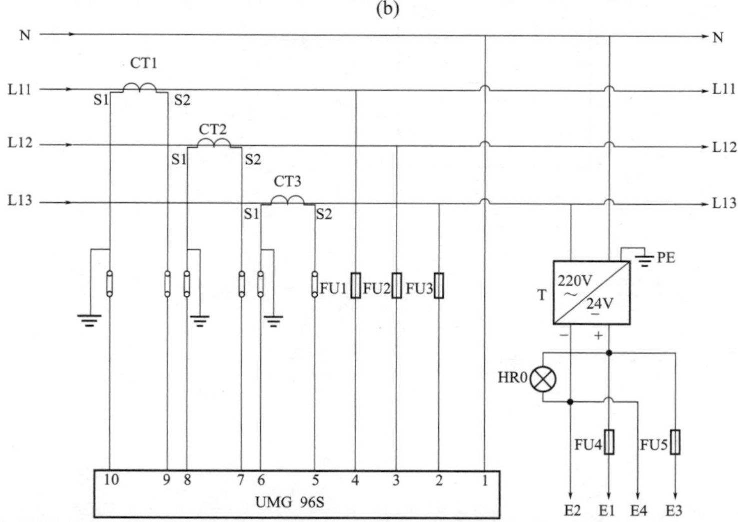


重点提示：

① UMG96S 是一块德国捷尼查公司多功能仪表，可测量电压、电路、功率和电能等。

② 电流互感器变比计算：主进线电流通过上面的计算为 88A，那么电流互感器一次侧电流承载能力 >88A，经查样本恰好有 100A，二次侧电流为固定值 5A，因此电流互感器变比为 100/5。此外还需考虑安装方式和进线方式。

③ 电流互感器禁止开路，为了更换仪表方便，通常设有电流测试端子；电流互感器为了防止由于绝缘击穿，对仪表和人身安全造成威胁，一定要可靠接地。接地一般设在测试端子的上端，好处在于下端拆卸仪表时，电流互感器瞬间也在接地；拆卸仪表时，用专用短路片将测试端子短接。

④ 查样本，UMG96S 的熔断器应选在 5 ～ 10A，这里选择 6A。

⑤ 直流电源：直流电源负载端主要给电磁阀供电，电磁阀工作电流 1.5×3=4.5(A)，考虑另外还有中间继电器线圈和指示灯，故适当放大，那么负载端电流也不会超出 5.5A( 中间继电器线圈工作电流为几十毫安，指示灯为几毫安 )，故直流电源容量 >24V×5.5A=132W，经查样本，有 180W，且有裕量。那么进线电流 =180/220A=0.8A，故进线选 C3 完全够用

(c)

图 8-18

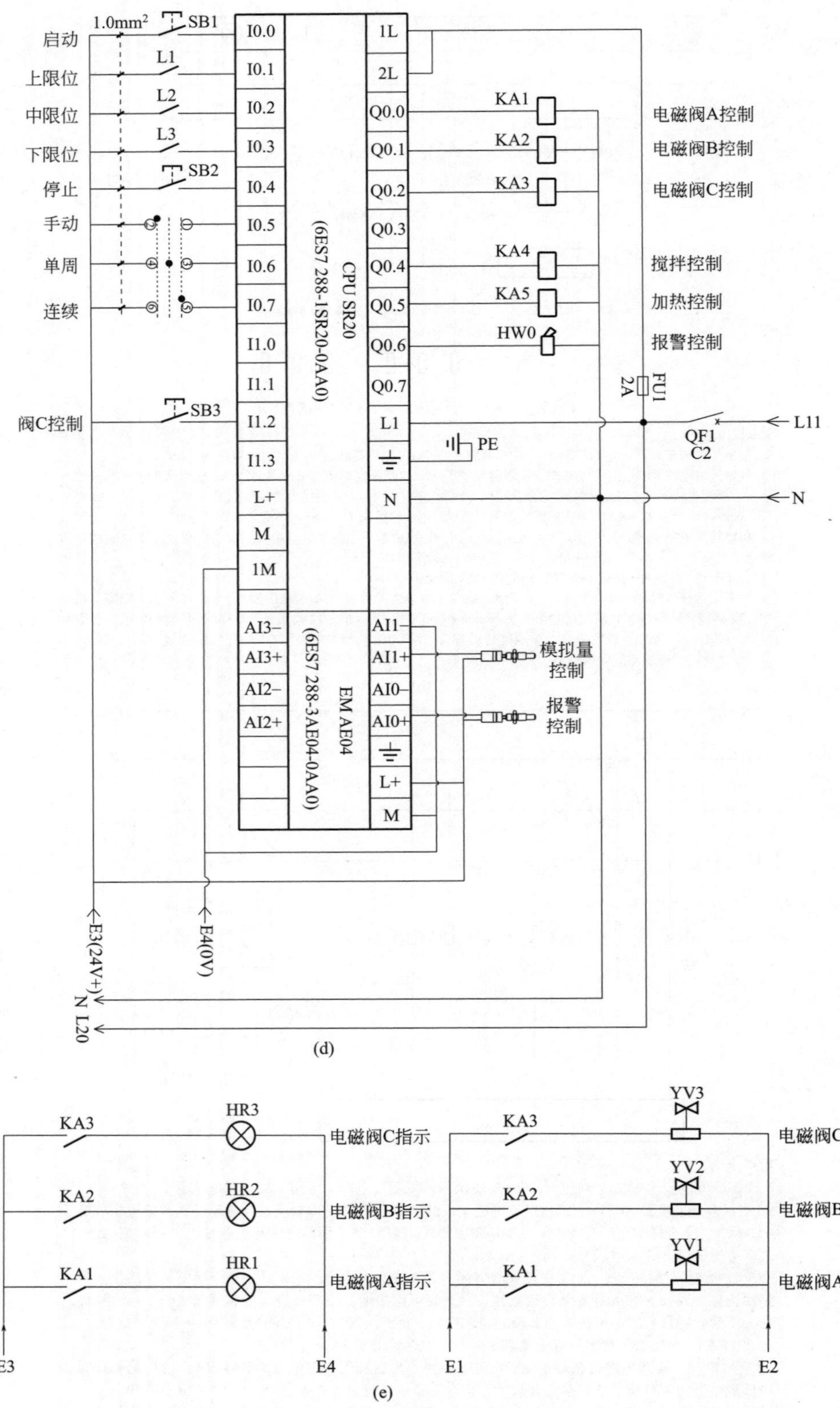
1.0mm²
SB1
启动
L1
上限位
L2
中限位
L3
下限位
SB2
停止
手动
单周
连续
SB3
阀C控制
I0.0
I0.1
I0.2
I0.3
I0.4
I0.5
I0.6
I0.7
I1.0
I1.1
I1.2
I1.3
L+
M
1M
CPU SR20
(6ES7 288-1SR20-0AA0)
1L
2L
Q0.0
Q0.1
Q0.2
Q0.3
Q0.4
Q0.5
Q0.6
Q0.7
L1
N
KA1
KA2
KA3
KA4
KA5
HW0
电磁阀A控制
电磁阀B控制
电磁阀C控制
搅拌控制
加热控制
报警控制
FU1
2A
QF1
C2
L11
N
PE
AI3−
AI3+
AI2−
AI2+
EM AE04
(6ES7 288-3AE04-0AA0)
AI1−
AI1+
AI0−
AI0+
L+
M
模拟量
控制
报警
控制
E3(24V+)
E4(0V)
N
L20
KA3
KA2
KA1
HR3
HR2
HR1
电磁阀C指示
电磁阀B指示
电磁阀A指示
E3
E4
YV3
YV2
YV1
电磁阀C
电磁阀B
电磁阀A
E1
E2

(d)

(e)

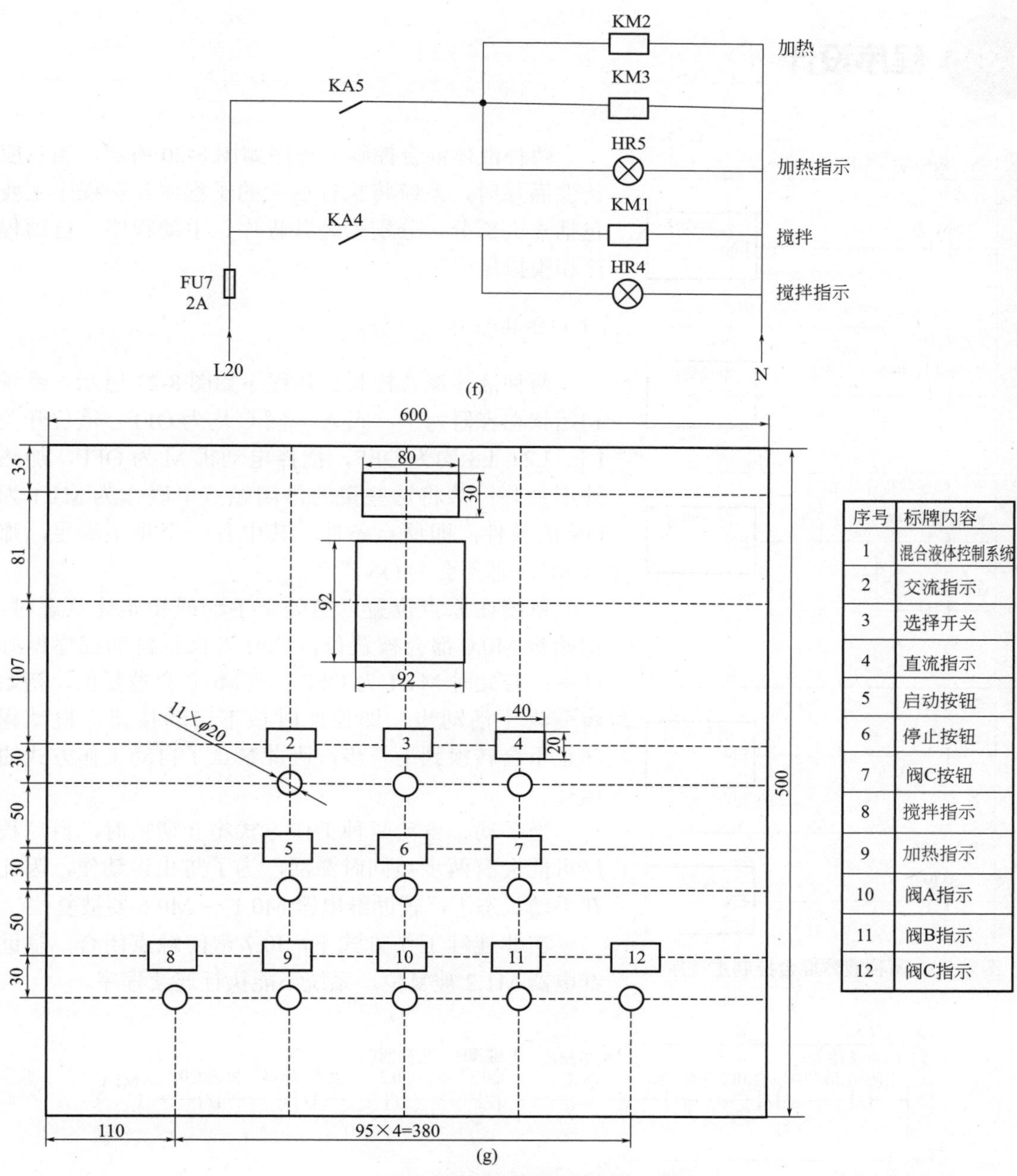


| 序号 | 标牌内容 |
|---|---|
| 1 | 混合液体控制系统 |
| 2 | 交流指示 |
| 3 | 选择开关 |
| 4 | 直流指示 |
| 5 | 启动按钮 |
| 6 | 停止按钮 |
| 7 | 阀C按钮 |
| 8 | 搅拌指示 |
| 9 | 加热指示 |
| 10 | 阀A指示 |
| 11 | 阀B指示 |
| 12 | 阀C指示 |

图 8-18　两种液体混合控制硬件设计图纸

## 8.3.4 硬件组态

两种液体混合控制硬件组态如图 8-19 所示。

|  | 模块 | 版本 | 输入 | 输出 | 订货号 |
|---|---|---|---|---|---|
| CPU | CPU SR20 (AC/DC/Relay) | V02.02.00_00.00... | I0.0 | Q0.0 | 6ES7 288-1SR20-0AA0 |
| SB |  |  |  |  |  |
| EM 0 | EM AE04 (4AI) |  | AIW16 |  | 6ES7 288-3AE04-0AA0 |

图 8-19　两种液体混合控制硬件组态

## 8.3.5 程序设计

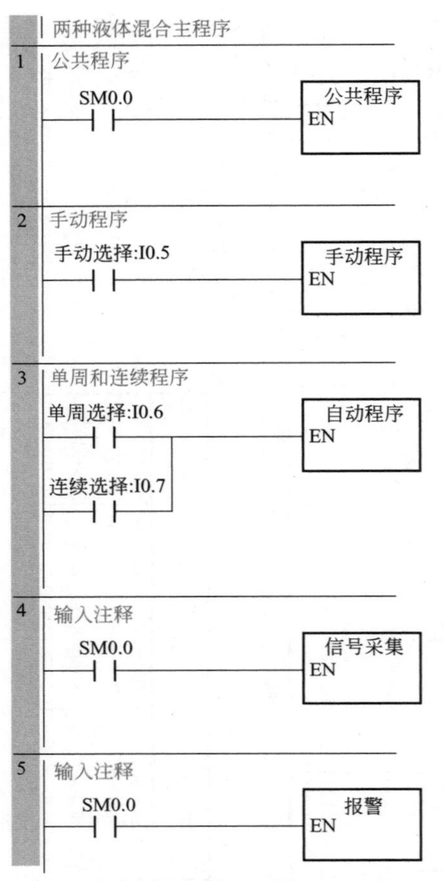


图 8-20 两种液体混合控制主程序

两种液体混合控制主程序如图 8-20 所示，当对应条件满足时，系统将执行相应的子程序。子程序主要包括 4 大部分，分别为公共程序、手动程序、自动程序和模拟量程序。

（1）公共程序

两种液体混合控制公共程序如图 8-21 所示。系统初始状态容器为空，阀 A ～阀 C 均为 OFF，液位开关 L1、L2、L3 均为 OFF，搅拌电动机 M 为 OFF，加热管不加热；故将这些量的常闭触点串联作为 M1.1 为 ON 的条件，即原点条件。其中有一个量不满足，那么 M1.1 都不会为 ON。

系统在原点位置，当处于手动或初始化状态时，初始步 M0.0 都会被置位，此时为执行自动程序做好准备；若此时 M1.1 为 OFF，则 M0.0 会被复位，初始步变为不活动步，即使此时按下启动按钮，自动程序也不会转换到下一步，因此禁止了自动工作方式的运行。

当手动、自动两种工作方式相互切换时，自动程序可能会有两步被同时激活，为了防止误动作，因此在手动状态下，辅助继电器 M0.1 ～ M0.6 要被复位。

在非连续工作方式下，I0.7 常闭触点闭合，辅助继电器 M1.2 被复位，系统不能执行连续程序。

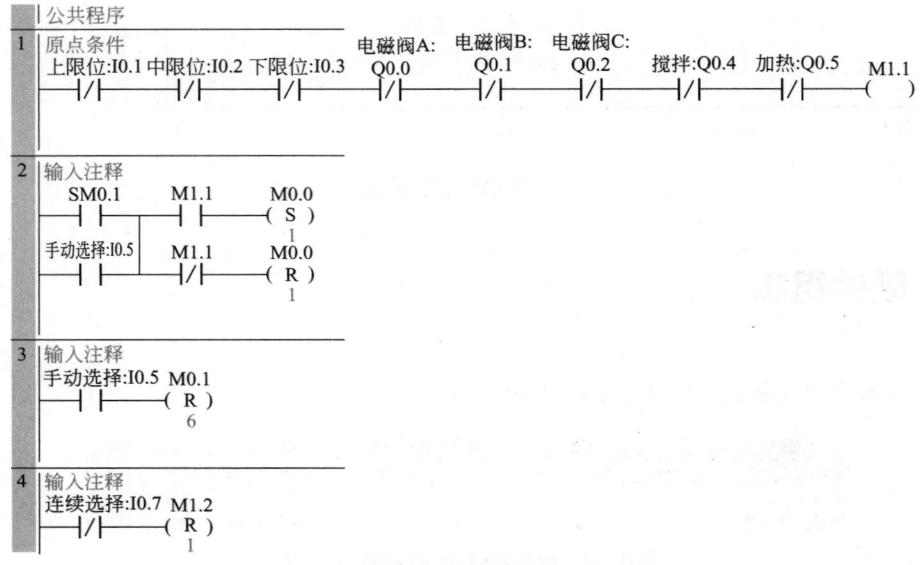


图 8-21 两种液体混合控制公共程序

(2) 手动程序

两种液体混合控制手动程序如图 8-22 所示。此处设置阀 C 手动，意在当系统有故障时，可以顺利将混合液放出。

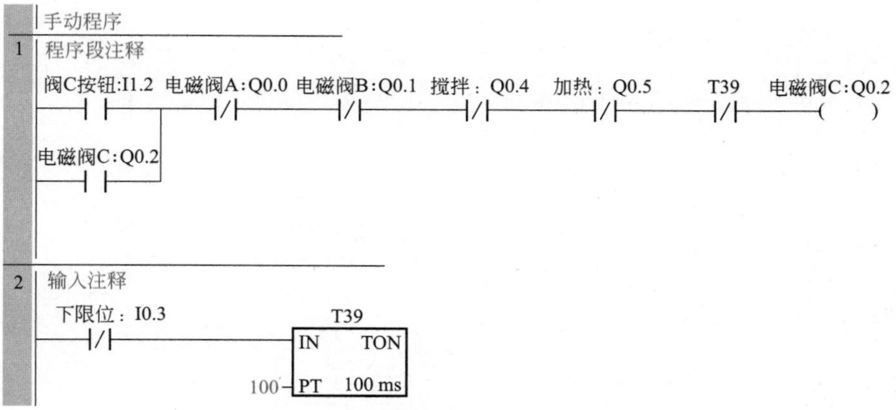

图 8-22　两种液体混合控制手动程序

(3) 自动程序

两种液体混合控制系统的顺序功能图如图 8-23 所示，根据工作流程的要求，显然 1 个

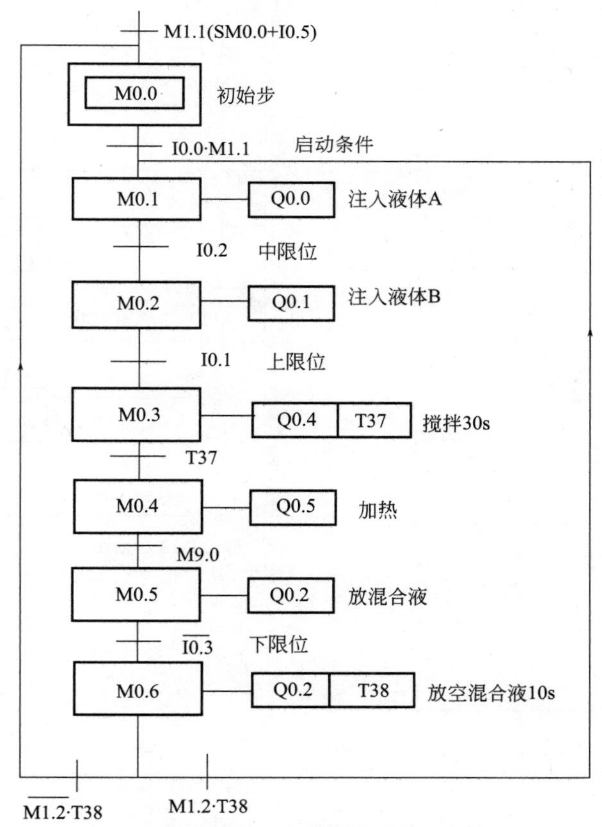


图 8-23　两种液体混合控制系统的顺序功能图

工作周期有“阀 A 开→阀 B 开→搅拌→加热→阀 C 开→等待 10s”这 6 步，再加上初始步，因此共 7 步（从 M0.0 到 M0.6）；在 M0.6 后应设置分支，考虑到单周和连续的工作方式，一条分支转换到初始步，另一分支转换到 M0.1 步。

两种液体混合控制自动程序如图 8-24 所示。设计自动程序时，采用置位复位指令编程法，

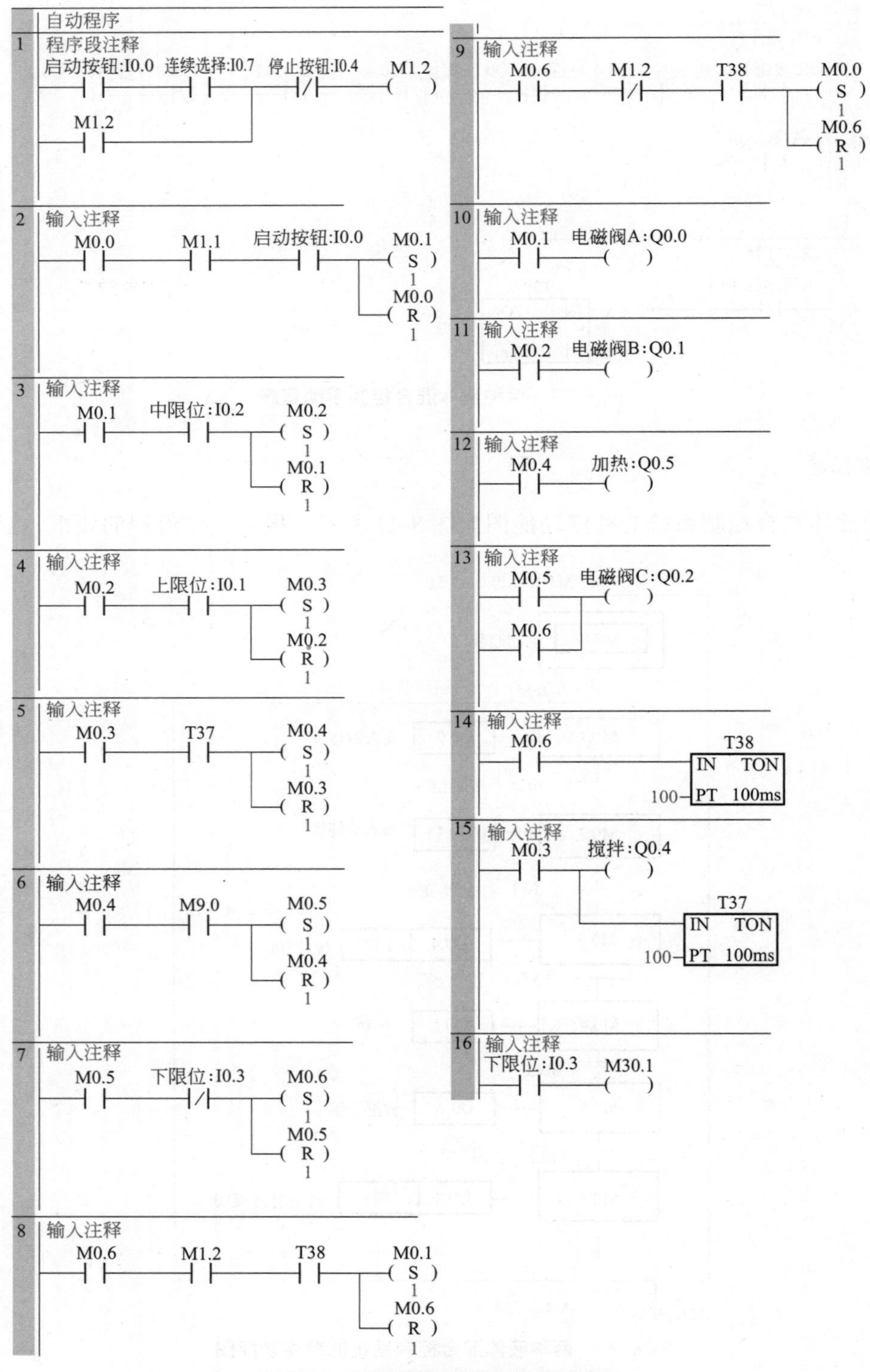


图 8-24 两种液体混合控制自动程序

其中 M0.0 ～ M0.6 为中间编程元件，连续、单周 2 种工作方式用连续标志 M1.2 加以区别。

当常开触点 I0.7 闭合，此时处于连续方式状态；若原点条件满足，在初始步为活动步时，按下启动按钮 I0.0，线圈 M0.1 被置位，同时 M0.0 被复位，程序进入阀 A 控制步，线圈 Q0.0 接通，阀 A 打开注入液体 A；当液体到达中限位时，中限位开关 I0.2 为 ON，程序转换到阀 B 控制步 M0.2，同时阀 A 控制步 M0.1 停止，线圈 Q0.1 接通，阀 B 打开，注入液体 B；以后各步转换以此类推，这里不再重复。

单周与连续原理相似，不同之处在于：在单周的工作方式下，连续标志条件不满足（即线圈 M1.2 不得电），当程序执行到 M0.6 步时，满足的转换条件为 $\overline{\mathrm{M1.2}}\cdot\mathrm{T38}$，因此系统将返回到初始步 M0.0，系统停止工作。

（4）模拟量程序

两种液体混合控制模拟量程序如图 8-25 所示。该程序分为两个部分，第 1 部分为模拟量信号采集程序，第 2 部分为报警程序。

模拟量信号采集程序：根据控制要求，当温度传感器检测到液体的温度为 75℃时，加热管停止；阀 C 打开放出混合液体；此问题关键点用 PLC 语言表达出实际物理量与 PLC 内部数字量之间的对应关系，即 $T$=100×(AIW16−5530)/(27648−5530)，其中 $T$ 表示温度；之后由比较指令进行比较，如实际温度大于或等于 75℃（取大于或等于，好实现；仅等于，由于误差，可能捕捉不到此点），则驱动线圈 M9.0 作为下一步的转换条件。

报警程序编写过程和信号采集程序的编写过程类似，这里不再赘述。

（5）用电位器模拟压力变送器 4 ～ 20mA 信号

电位器模拟压力变送器信号的等效电路如图 8-26 所示。在模拟量通道中，S7-200 SMART PLC 模拟量输入模块内部电压往往为 DC 1 ～ 5V，当模拟量通道外部没有任何电阻时，此时电流最大即 20mA，此时的电压为 5V，故此时内部电阻 R 的阻值为 5V/20mA=250Ω。

电位器可以替代变送器模拟 4 ～ 20mA 的标准信号，至于模拟电位器阻值应为多大？计算过程如下。

当模拟量通道内部电压最小时（1V），电位器分来的电压最大，即 24V−1V=23V；此时电流最小为 4mA，故此时 W1 的阻值为 23V/4mA=5.75kΩ。5.75kΩ 是理论值，市面上有 5.6kΩ 多圈精密电阻，有 10 圈的，有 20 圈的，20 圈的模拟出来的信号精度高些。若无特殊要求，一般 10 圈就够用了。

需要指出的是，此电位器不同于普通的电位器，其内部结构为多圈电阻，故可以非常精确地模拟出 4 ～ 20mA 的标准信号，这种性能是普通电位器所无法比拟的。

用电位器模拟标准信号，如果将电位器旋至最小电阻处，即 W1 的阻值为 0，此时 DC 24V 电压就完全加在了模拟量通道内部电阻 R 上，这样超出了内部电路的载流能力，很可能将此路模拟量通道烧毁，故在电位器的一端需串上 R1 电阻，用于分流。R1 量值计算如下。

此时模拟量通道内部电压为 5V，因此 R1 两端的电压为 24V−5V=19V，此时的电流为 20mA，因此，R1 的阻值为 19V/20mA=950Ω。

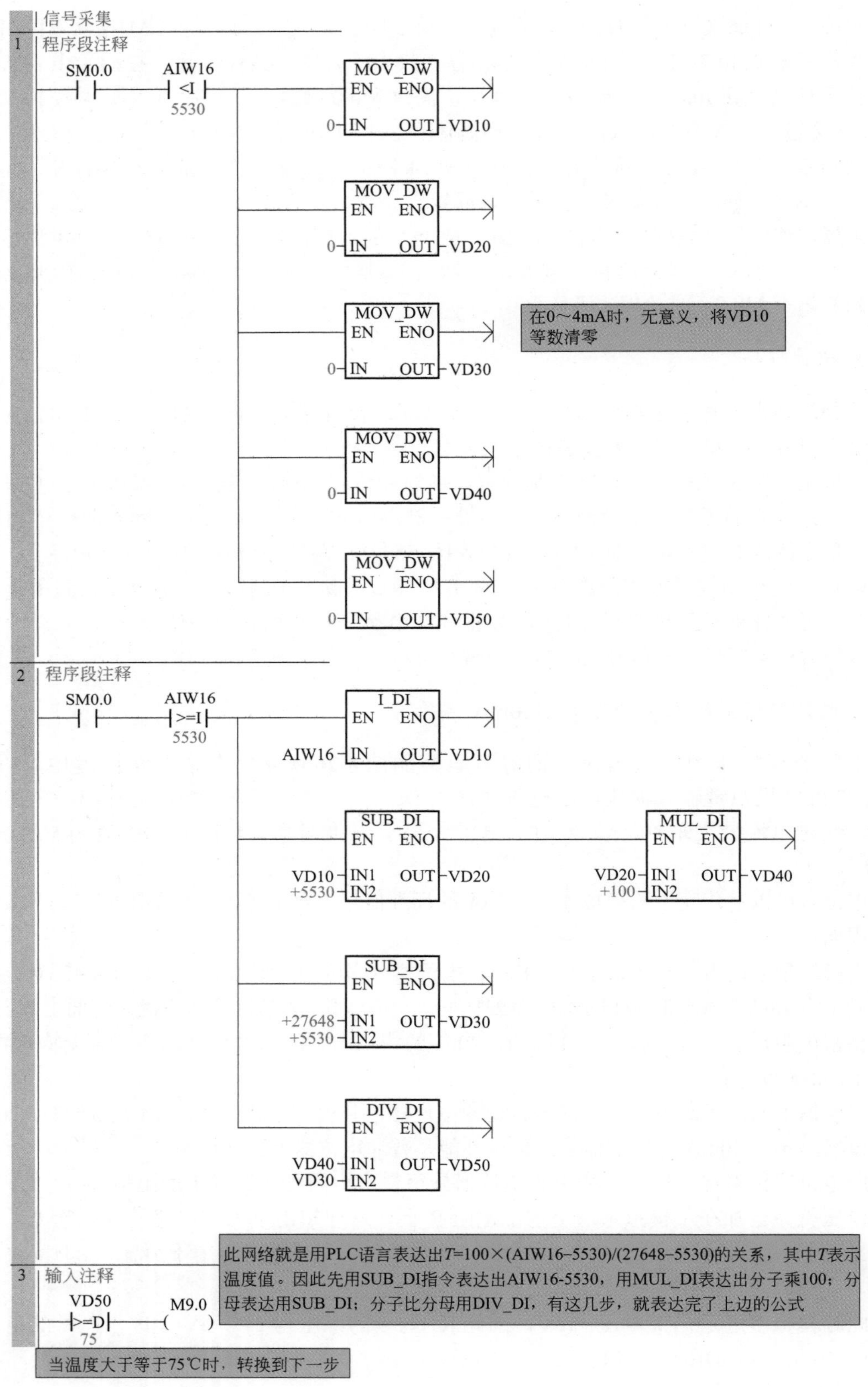
信号采集
1 程序段注释
SM0.0
AIW16
<I
5530
MOV_DW
EN ENO
0-IN OUT-VD10
MOV_DW
EN ENO
0-IN OUT-VD20
MOV_DW
EN ENO
0-IN OUT-VD30
在0～4mA时，无意义，将VD10等数清零
MOV_DW
EN ENO
0-IN OUT-VD40
MOV_DW
EN ENO
0-IN OUT-VD50
2 程序段注释
SM0.0
AIW16
>=I
5530
I_DI
EN ENO
AIW16-IN OUT-VD10
SUB_DI
EN ENO
VD10-IN1 OUT-VD20
+5530-IN2
MUL_DI
EN ENO
VD20-IN1 OUT-VD40
+100-IN2
SUB_DI
EN ENO
+27648-IN1 OUT-VD30
+5530-IN2
DIV_DI
EN ENO
VD40-IN1 OUT-VD50
VD30-IN2
此网络就是用PLC语言表达出T=100×(AIW16-5530)/(27648-5530)的关系，其中T表示温度值。因此先用SUB_DI指令表达出AIW16-5530，用MUL_DI表达出分子乘100；分母表达用SUB_DI；分子比分母用DIV_DI，有这几步，就表达完了上边的公式
3 输入注释
VD50
>=D
75
M9.0
当温度大于等于75℃时，转换到下一步

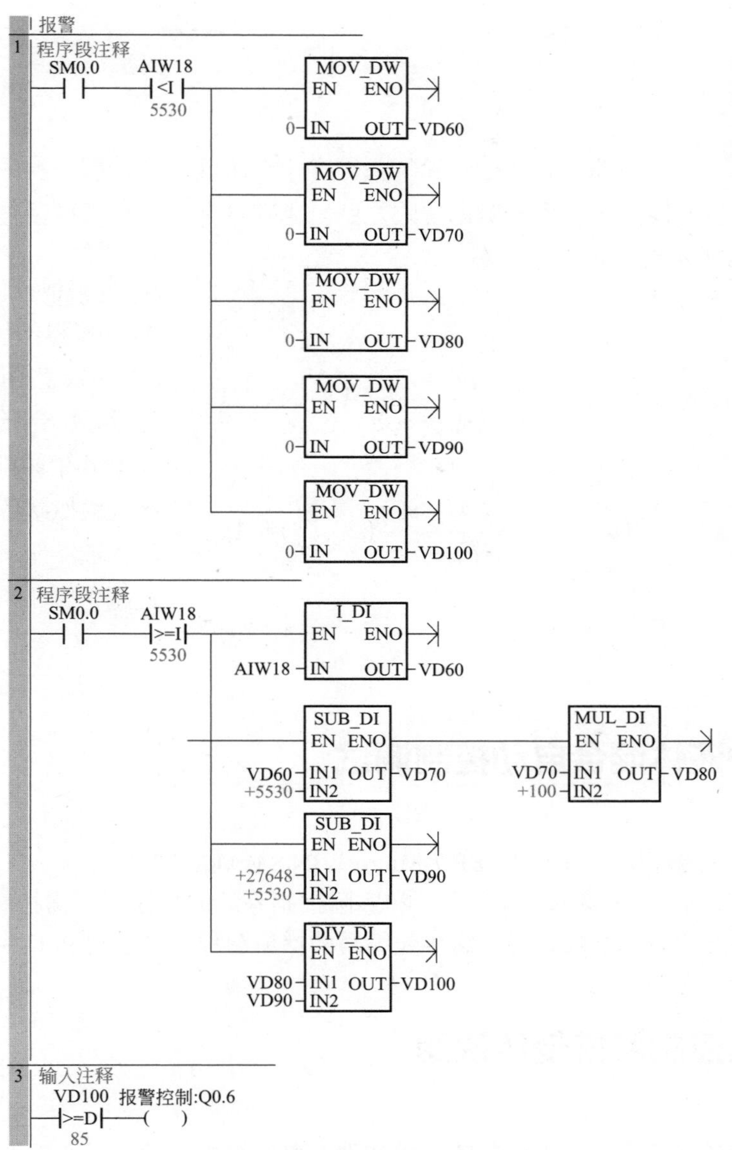


图 8-25 两种液体混合控制模拟量程序

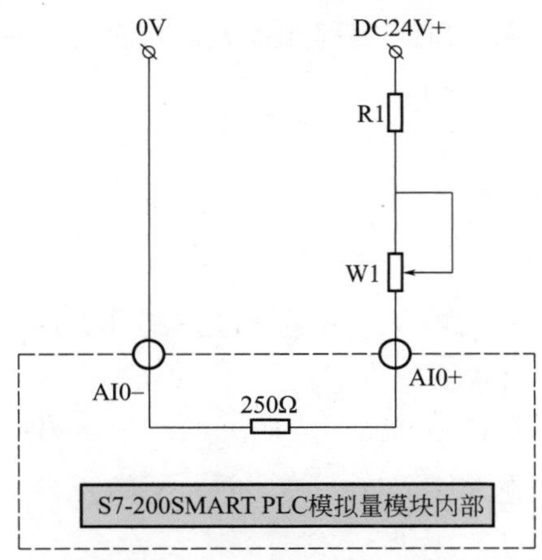


图 8-26 电位器模拟压力变送器信号的等效电路

编者心语

1. 在实际工程中，编写模拟量程序的关键在于找出实际物理量与模拟量模块内部数字量的对应关系，找对应关系的依据是输入或输出特性曲线；写模拟量程序实际上就是用 PLC 的语言表达出这种对应关系。

2. 两个实用公式：

模拟量转化为数字量 $$D=\frac{(D_m-D_0)}{(A_m-A_0)}(A-A_0)+D_0$$

数字量转化为模拟量 $$A=\frac{(A_m-A_0)}{(D_m-D_0)}(D-D_0)+A_0$$

$A_m$ 为模拟量信号最大值
$A_0$ 为模拟量信号最小值
$D_m$ 为数字量最大值
$D_0$ 为数字量最小值
以上 4 个量都需代入实际值
$A$ 为模拟量信号时时值
$D$ 为数字量信号时时值
这两个属于未知量

## 8.3.6 两种液体混合自动控制调试

① 编程软件：编程软件采用 STEP 7-Micro/WIN SMART V2.2。

② 系统调试：将各个输入 / 输出端子和实际控制系统的按钮、所需控制设备正确连接，完成硬件的安装并检查无误后，可以将事先编写的梯形图程序传送到 PLC 中进行调试。

## 8.3.7 编制控制系统使用说明

根据调试的最终结果整理出完整的技术文件，单位存档，部分资料提供给用户，以利于系统的维修和改进。

编制的文件有：硬件接线图，PLC 编程元件表，带有文字说明的梯形图和顺序功能图。

提供给用户的图纸为硬件接线图。

编者心语

1. 处理开关量程序时，采用顺序控制编程法是最佳途径；大型程序一定要画顺序功能图或流程图，这样思路非常清晰。

2. 模拟量编程一定找好实际物理量与模块内部数字量的对应关系，用 PLC 语言表达出这一关系，表达这一关系无非用到加、减、乘、除等指令；尽量画出流程图，这样编程有条不紊。

3. 学会应用程序的经典结构，一类程序设置一个子程序，通过主程序调用子程序，思路清晰明了。程序经典结构如下：

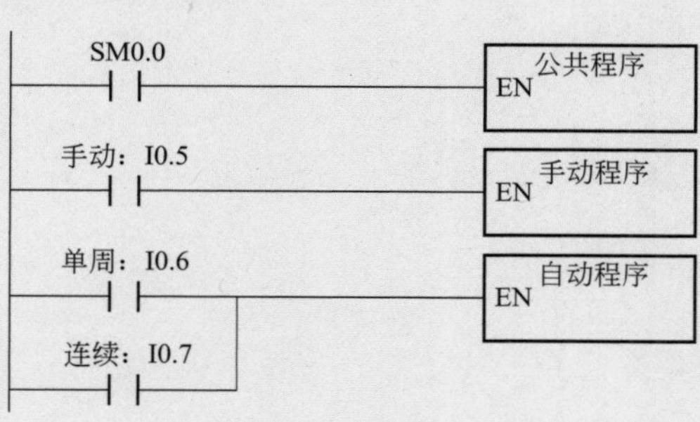

# 第 9 章 S7-200 SMART PLC 与触摸屏综合应用

SIEMENS

本章要点

- 西门子 SMART LINE V3 触摸屏及 WinCC flexible SMART V3 组态软件简介
- 西门子 S7-200 SMART PLC 与 SMART LINE V3 触摸屏在水位控制中的应用
- 昆仑通态触摸屏及 MCGS 组态软件简介
- 西门子 S7-200 SMART PLC 与昆仑通态触摸屏在彩灯循环控制中的应用
- 西门子 S7-200 SMART PLC 与昆仑通态触摸屏在信号发生接收控制中的应用

触摸屏是一个新型数字系统输入设备，利用触摸屏可以方便地进行人机对话。触摸屏不但可以对 PLC 进行操控，而且还可以实时监控 PLC 的工作状态。

目前的触摸屏的厂商很多，国内外有较大影响的如西门子、三菱、昆仑通态、威纶等等。本书将以西门子 SMART LINE V3 和昆仑通态 TPC7062K 触摸屏为例，对触摸屏及其组态软件知识进行讲解。

# 9.1 西门子 SMART LINE V3 触摸屏及 WinCC flexible SMART V3 组态软件简介

## 9.1.1 西门子 SMART LINE V3 触摸屏简介

西门子触摸屏又称精彩系列面板，如图 9-1 所示。它包括 SMART 700 IE V3 和 SMART 1000 IE V3 两种，它们是专门与 S7-200 SMART PLC 配套的触摸屏。屏幕有 7 寸和 10 寸两种，其分辨率分别为 800×480 和 1024×600K 色真彩显示，节能的 LED 背光，数据储存为 128MB，程序储存器为 256MB。电源电压为 DC 24 V。支持硬件实时时钟、趋势视图、配方管理、报警功能、数据记录等功能。支持 32 种语言。

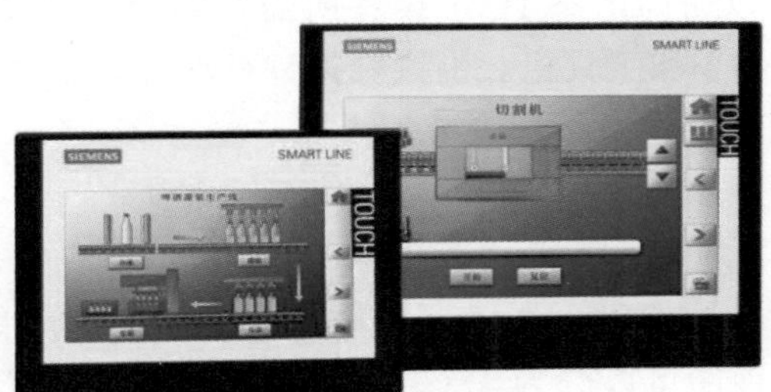


图 9-1　西门子 SMART LINE V3 触摸屏

集成的以太网口和串口 RS-422/485 可以自适应切换，用以太网下载项目文件方便快速。通过串口可以连接 S7-200 PLC 和 S7-200 SMART PLC，串口还支持与三菱、欧姆龙、施耐德和台达 PLC 的连接。

SMART LINE V3 集成了 USB 2.0 接口，可以连接键盘、鼠标和 USB 存储设备，还可以通过 U 盘对人机界面的数据记录和报警记录进行归档。

SMART LINE V3 的专用组态软件是 WinCC flexible SMART V3，它是 WinCC flexible 的精简版本，占用硬盘的空间比 WinCC flexible 2008 SP4 小得多。

## 9.1.2 西门子 WinCC flexible SMART V3 组态软件界面

西门子 WinCC flexible SMART V3 组态软件界面如图 9-2 所示。该界面包含下列元素。

图 9-2　西门子 WinCC flexible SMART V3 组态软件界面

（1）菜单与工具栏

使用菜单和工具栏可以访问组态 HMI 设备所需要的全部功能。激活相应的编辑器时，显示此编辑器专用的菜单命令和工具栏。当鼠标指针移动到某个命令上时，将出现对应的工具提示。

（2）项目视图

项目视图是项目编辑的中心控制点，项目中所有可用的组成部分和编辑器在项目视图中以树形结构显示。项目视图可以分为 4 个层次，分别为项目、HMI 设备、文件夹和对象。项目视图用于创建和打开要编辑的对象。可以在文件夹中组织项目对象以创建结构。项目视图的使用方式与 Windows 资源管理器相似。快捷菜单中包含可用于所有对象的重要命令。图形编辑器的元素显示在项目视图和对象视图中。

（3）属性视图

属性视图用于编辑从工作区域中选取的对象的属性。属性视图的内容基于所选择的对象。

（4）对象视图

对象视图可以显示项目视图中选定区域的所有元素。在对象视图中双击某一对象，会打开对应的编辑器。对象窗口中显示的所有对象都可用拖放功能。

（5）输出视图

输出视图用来显示在项目测试运行或项目一致性检查期间生成的系统报警。

（6）工作区

在工作区可以编辑项目对象。所有 WinCC flexible 元素都排列在工作区的边框上。除了工作区之外，可以组织、组态（例如移动或隐藏）任一元素来满足个人需要。

（7）工具箱

工具箱包含简单对象、增强对象等选项，可将这些对象添加到画面中。此外，工具箱也提供了许多库，这些库包含有许多对象模板和各种不同的面板。

## 9.1.3 WinCC flexible SMART V3 组态软件应用快速入门

（1）控制要求

西门子 CPU ST20 模块与 SMART 700 IE V3 触摸屏各 1 台，二者实现以太网通信。用 SMART 700 IE V3 触摸屏控制西门子 CPU ST20 模块，触摸屏中有启动、停止按钮和指示灯各 1 个，按下启动按钮，西门子 CPU ST20 模块 1 路指示灯亮；按下停止按钮，西门子 CPU ST20 模块 1 路指示灯灭。试设计程序。

（2）触摸屏画面设计及组态

① 创建 1 个项目　安装完 WinCC flexible SMART V3 触摸屏组态软件后，双击桌面上的图标，打开 WinCC flexible SMART V3 项目向导，单击“创建一个空项目”，如图 9-3 所示。

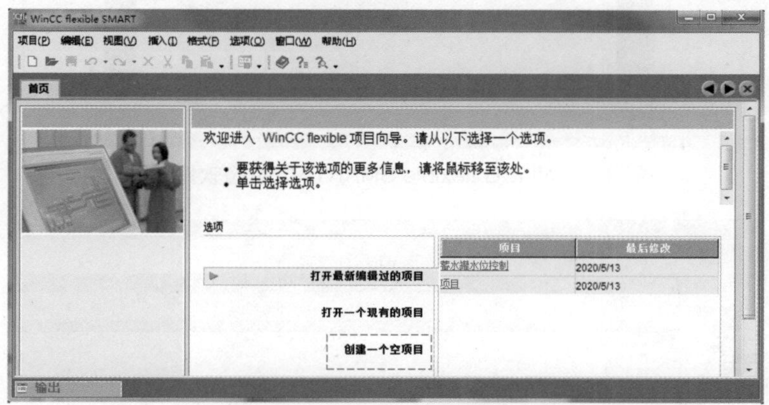


图 9-3　创建一个空项目

② 设备选择　选择触摸屏的型号，这里我们选择“Smart 700 IE V3”，选择完成后，单击“确定”，选择画面，如图 9-4 所示。单击“确定”后，出现 WinCC flexible SMART V3 组态软件界面，如图 9-5 所示。

③ 新建连接　新建连接即建立触摸屏与 PLC 的连接。点开项目树中的“通讯”文件夹，双击“连接”，会出现“连接列表”。在“名称”中双击，会出现“连接 1”；“通讯驱动程序”项选择 SIMATIC S7 200 Smart，“在线”项选择“开”；触摸屏地址输入“192.168.2.2”，PLC 地址输入“192.168.2.1”。需要说明的是，两种设备能实现以太网通信的关键是，地址的前三段

数字一致，第四段一定不一致。例如本例中，前三段地址为“192.168.2”，两个设备都一致，最后一段地址，触摸屏是“2”，PLC 是“1”，第四段不一致。以上新建连接的所有步骤如图 9-6 所示。

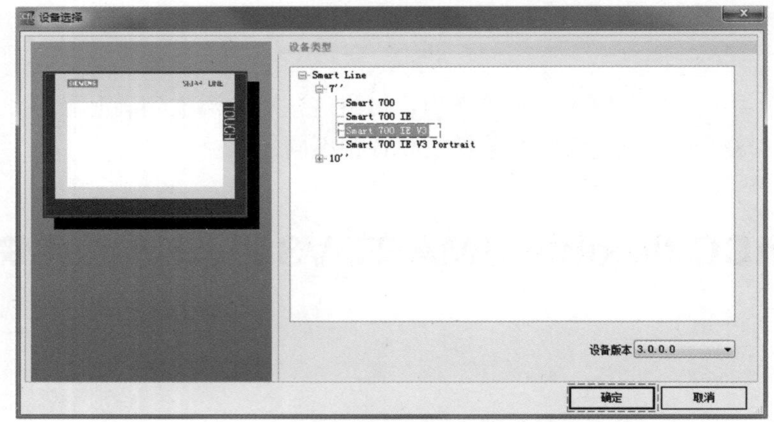


图 9-4　设备选择

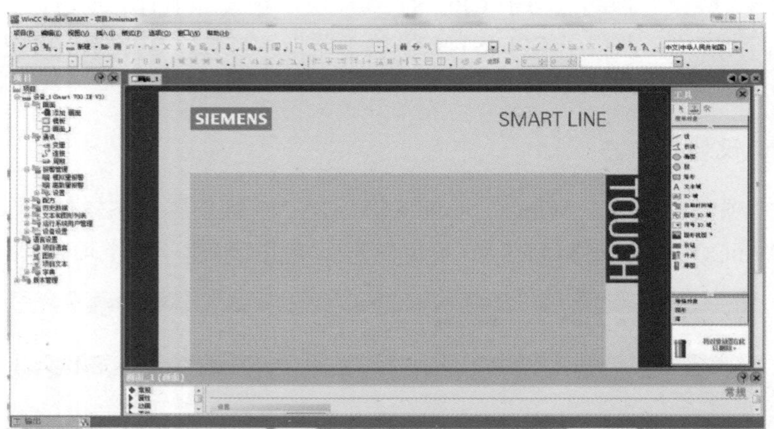


图 9-5　WinCC flexible SMART V3 组态软件界面

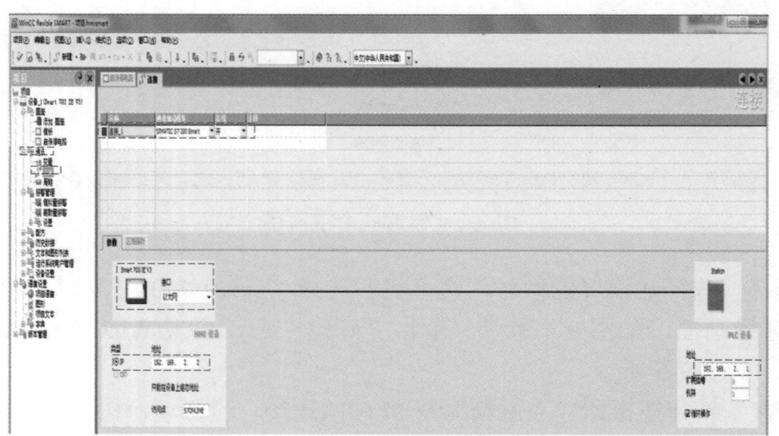

图 9-6　新建连接

④ 新建变量　将触摸屏的变量和 PLC 中的变量建立联系。点开项目树中的“通讯”文

件夹，双击“变量”，会出现“变量列表”。在“名称”中双击，输入“启动”；在“连接”中，选择“连接 1”；“数据类型”选择为“BOOL”；地址选择“M0.0”。“停止”和“水泵”的变量创建方法与“启动”的一致，故不赘述。新建变量结果如图 9-7 所示。

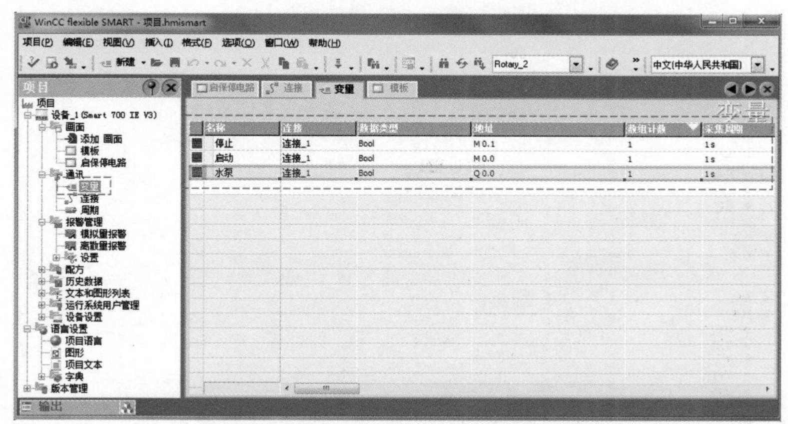

图 9-7　**新建变量**

⑤ 创建画面　创建画面需在工作区中完成。点开项目树中的“画面”文件夹，双击“画面 1”，会进入“画面 1”界面。在属性视图“常规”中，将“名称”设置为“启保停电路”，这样就将“画面 1”重命名了。“背景颜色”等都可以改变，读者可以根据需要设置。重命名的步骤如图 9-8 所示。

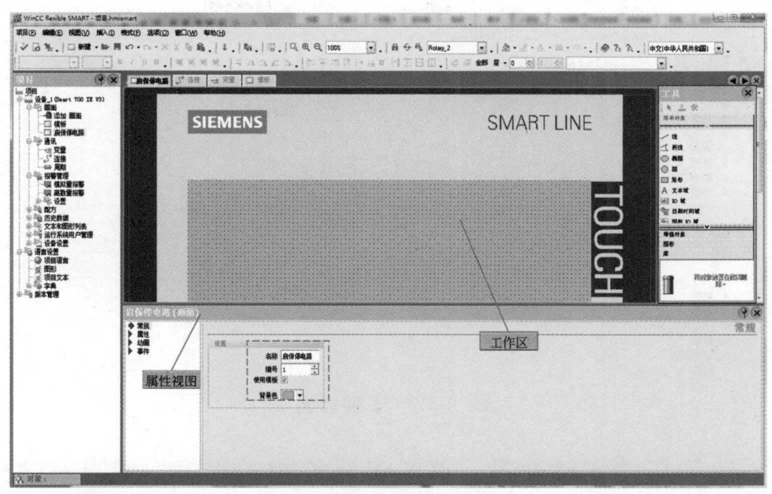


图 9-8　**重命名**

a. 插入按钮并连接变量：单击工具箱中的“简单对象”组，将图标 OK 按钮 拖放到“启保停电路”画面中。再拖 1 次，在“启保停电路”画面中就会出现两个按钮。单击 Text，对其进行属性设置。常规属性设置：将其名称写为“启动”。外观属性设置：将“前景色”默认“黑色”,“背景色”改为“浅绿”。文本属性设置：将“字体”设置为“宋体，12pt”,“水平的”设置为“居中”,“垂直的”设置为“中间”。常规、外观和文本属性设置如图 9-9 所示。事件设置：按下时，setBit，M0.0；释放时，ResetBit，M0.0。事件设置如图 9-10 所示。

“停止”与“启动”设置同理，不再赘述。只不过变量为“M0.1”，名称为“停止”而已。

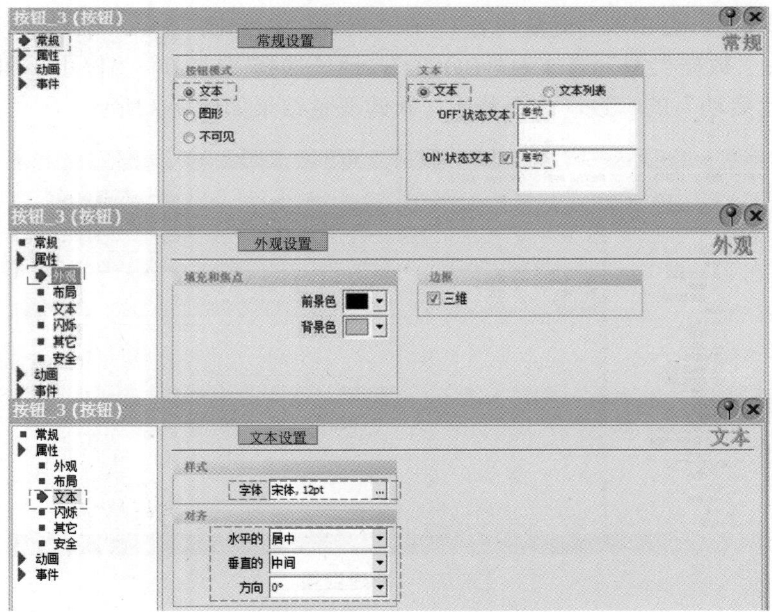

图 9-9　**常规、外观和文本设置**

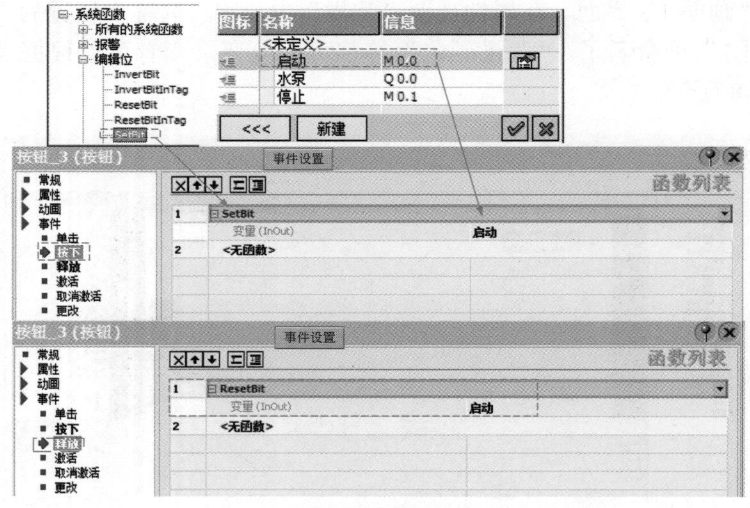

图 9-10　**事件设置**

b. 插入水泵指示灯并连接变量：单击工具箱中的“库”组，右键执行“库→打开”，打开全局库界面，选择图标，选中 Button_and_switches.wlf，如图 9-11 所示。在 Button_and_switches 库文件夹下，会出现 Indicator_switches，选中，拖到“启保停电路”画面。在指示灯“常规属性”中，将过程变量选择为“水泵”，其余默认；在“事件属性”的“按下”选项中，函数 InvertBit 的变量连接为“水泵”。以上设置如图 9-12 所示。

“启保停电路”触摸屏画面的最终结果如图 9-13 所示。

（3）将组态软件上的项目下载到触摸屏（HMI）上

在以太网硬件连接好后，能成功地将 WinCC flexible SMART V3 组态软件上的项目下载到触摸屏（HMI）上，需要以下 4 个步骤。

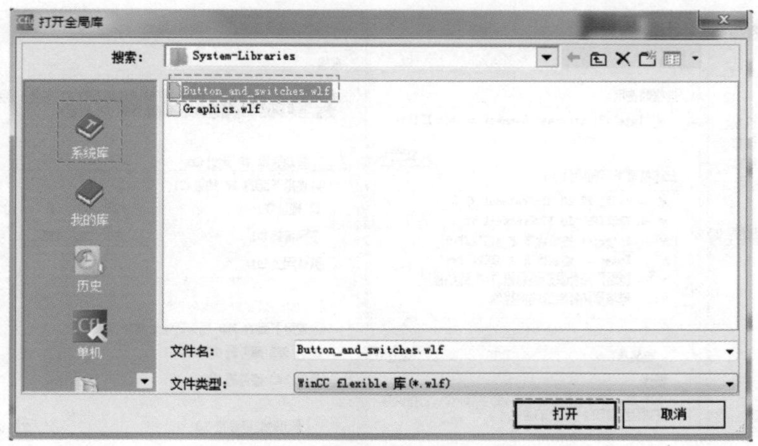


图 9-11　指示灯库的选择

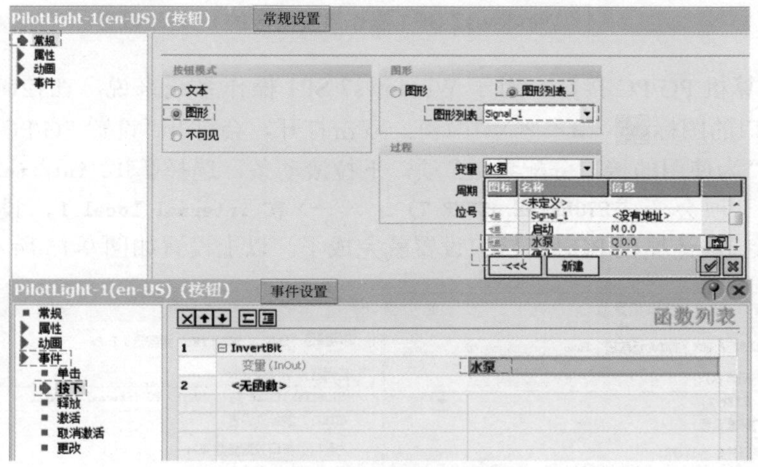


图 9-12　指示灯常规属性和事件属性设置

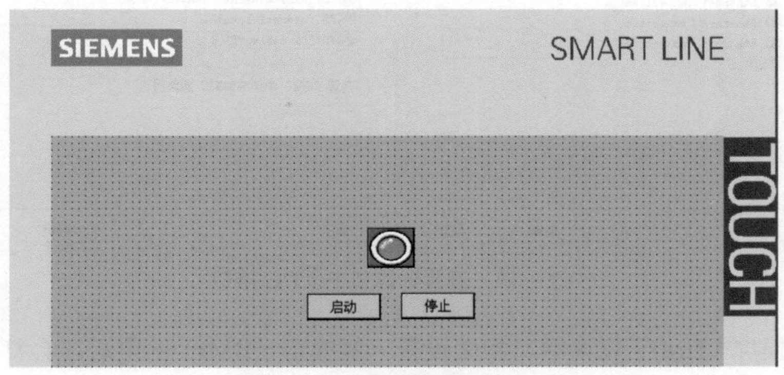


图 9-13　启保停电路最终画面

① 设置计算机网卡的 IP 地址　对于 Windows7 SP1 操作系统来说，单击任务栏右下角的图标，打开“网络和共享中心”，单击“更改适配器设置”，再双击“本地连接”，在对话框中，单击“属性”，按图 9-14 设置 IP 地址。这里的 IP 地址设置为“192.168.2.10”，子网掩码默认为“255.255.255.0”，网关无须设置。

最后单击“确定”，计算机网卡的 IP 地址设置完毕。

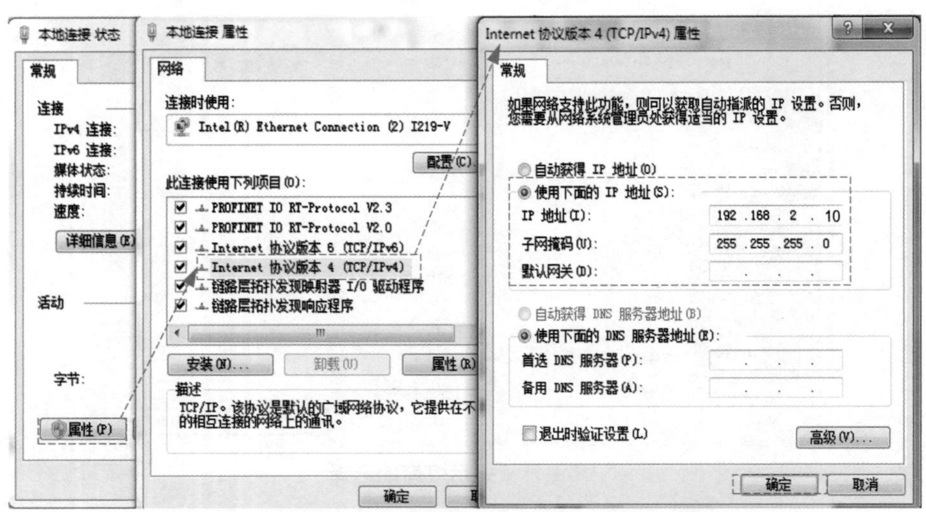

图 9-14　Windows7 SP1 操作系统网卡的 IP 地址设置

② 设置计算机 PG/PC 接口　对于 Windows7 SP1 操作系统来说，在控制面板中，找到设置 PG/PC 接口的图标 设置 PG/PC 接口 (32 位)，双击打开，会打开"设置 PG/PC 接口"的界面。在该界面中的"为使用的接口分配参数"项，下拉滚动条，选择 PC internal.local.1，"应用程序访问点"项会变成 S7ONLINE (STEP 7) --> PC internal.local.1，设置完以上两项后，单击"确定"，计算机 PG/PC 接口设置就完成了。以上设置如图 9-15 所示。

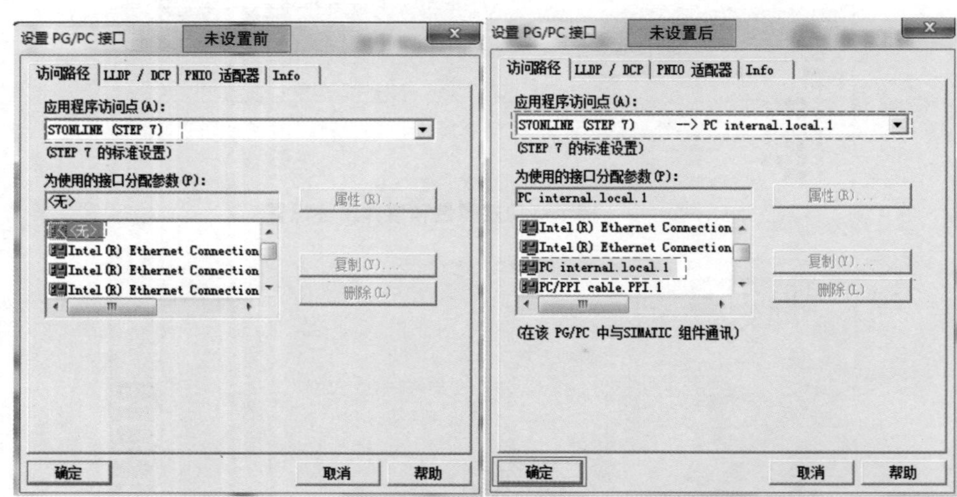

图 9-15　设置计算机 PG/PC 接口

③ 进行触摸屏（HMI）以太端口相关设置　触摸屏（HMI）上电后，会打开"装载程序"界面，如图 9-16 所示。单击"装载程序"界面上的"Cnotrol Panel"按钮，将会进入触摸屏（HMI）的控制面板界面，如图 9-17 所示。

在控制面板中，双击图标，会进入"Ethernet Settings"（以太网设置）界面。在此界面，选中"Specify an IP address"（用户指定 IP 地址）；在"IP Address"（IP 地址）文本框中，用屏幕键盘输入"192.168.2.2"；在"Subnet Mask"（子网掩码）文本框中，用屏幕键盘输入"255.255.255.0"，其余项不用输入。以上设置完后，单击"OK"。以上设置如图 9-18 所示。

在"Ethernet Settings"（以太网设置）界面中，单击"Mode"（模式）选项卡，选中"Auto

Negotiation”复选框，其余默认。以上设置完后，单击“OK”。以上设置如图 9-18 所示。

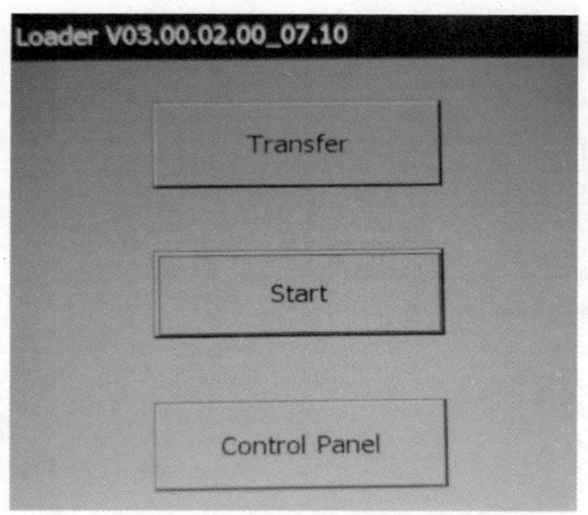


图 9-16　**触摸屏（HMI）装载程序界面**

图 9-17　**触摸屏（HMI）控制面板界面**

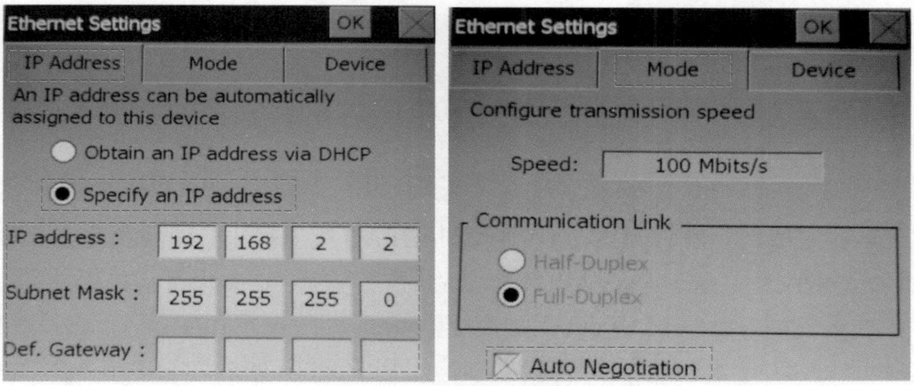

图 9-18　**以太网设置界面**

在控制面板界面中，双击图标，会进入“Transfer Settings”（传输设置）界面。在此界面中，选中“Enable Channel”（激活通道）和“Remote Control”（远程控制）复选框，设置完成后，单击“OK”。以上设置如图 9-19 所示。经过上述设置，实际上是启动了触摸屏（HMI）传输通道。

以太网口参数设置完成及开启传输通道后，单击“装载程序”界面上的“Transfer”按钮，为 WinCC flexible SMART V3 组态软件上的项目下载做准备。

④ WinCC flexible SMART V3 组态软件上的项目下载　单击 WinCC flexible SMART V3 组态软件上的项目下载按钮，会弹出“选择设备进行传送”对话框，在此对话框的“计算机名或 IP 地址”项，输入触摸屏（HMI）的 IP 地址“192.168.2.2”，此 IP 地址与触摸屏（HMI）以太网设置的 IP 地址一致，其余默认。以上设置如图 9-20 所示。经以上设置后，单击“传送”按钮，WinCC flexible SMART V3 组态软件上的项目会下载到触摸屏（HMI）中。

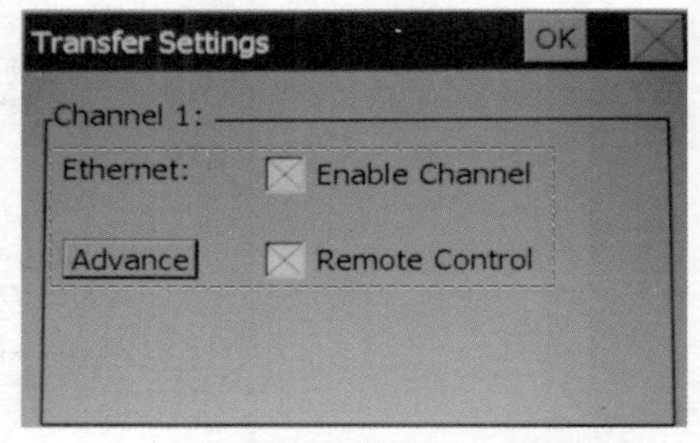


图 9-19　**启动触摸屏（HMI）传输通道**

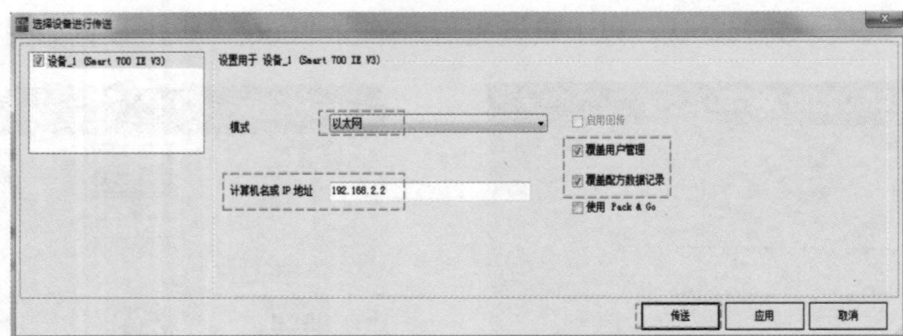


图 9-20　选择设备进行传送设置

## 编者心语

在以太网硬件连接好的情况下，将 WinCC flexible SMART V3 组态软件上的项目下载到触摸屏上需要以下四步：

1. 设置计算机网卡的 IP 地址；
2. 设置计算机 PG/PC 接口；
3. 设置触摸屏以太端口 IP 地址，选中 Auto Negotiation，并启动传输通道；
4. 在 WinCC flexible SMART V3 组态软件下载对话框上，设置触摸屏的 IP 地址后，单击"传送"。

以上四步是成功下载 WinCC flexible SMART V3 组态软件上项目的关键，四步缺一不可，读者需熟记。

此外还要注意，计算机、PLC 和触摸屏的 IP 地址应不同。在同一局域网，IP 地址不同，即 IP 地址前三段一致，第四段不同，如 PLC 的 IP 地址为 192.168.2.1，触摸屏的 IP 地址为 192.168.2.2。

（4）PLC 程序设计

① 硬件组态：启保停电路硬件组态结果如图 9-21 所示。

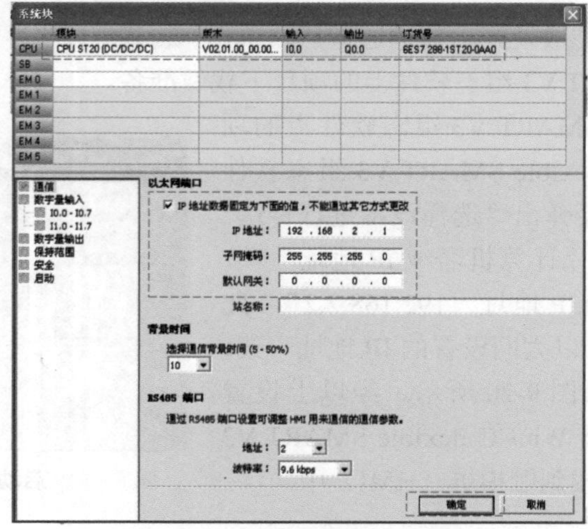


图 9-21　启保停电路硬件组态

② 符号表：启保停电路符号表注释如图 9-22 所示。

③ 梯形图：启保停电路梯形图如图 9-23 所示。

符号表

| | | | 符号 | 地址 |
|---|---|---|---|---|
| 1 | | | 启动 | M0.0 |
| 2 | | | 停止 | M0.1 |
| 3 | | | 水泵 | Q0.0 |

图 9-22　**启保停电路符号表注释**

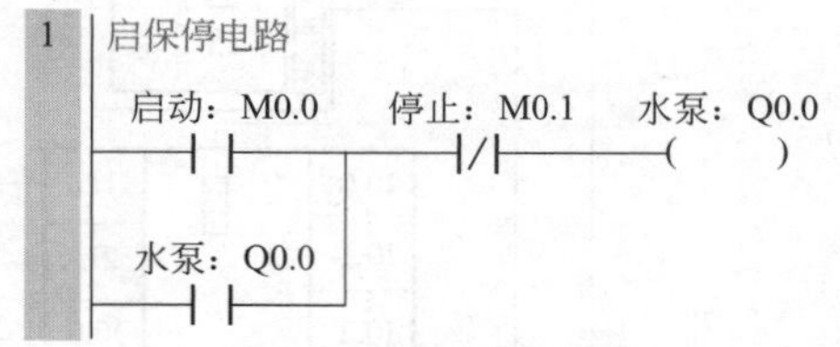


图 9-23　**启保停电路梯形图**

# 9.2 西门子 S7-200 SMART PLC 与 SMART LINE V3 触摸屏在水位控制中的应用

## 9.2.1 任务导入

某蓄水罐装有注水排水装置和水位显示装置。按下启动按钮，吸水阀先打开，3s 后，水泵工作往蓄水罐内注水；当水位到达 8m 时，吸水阀和水泵停止工作，排水阀打开，蓄水罐开始排水；当水位小于 2m 时，排水阀关闭，吸水阀先打开，3s 后，水泵又开始工作往蓄水罐内注水，如此往复；当按下停止按钮时，注水和排水工作停止；当水位低于 0m 或高于 9m 时，需有报警提示。试编写程序。

## 9.2.2 任务分析

根据任务，WinCC flexible SMART V3 触摸屏画面需设有系统启停按钮各 1 个，吸水阀、排水阀各 1 个，水泵 1 个，水位显示 1 个，蓄水罐 1 个，设有报警视图，此外还有管道和标签等。

吸水阀、水泵和排水阀的开关由 S7-200 SMART PLC 来控制，水位数值由 EM AE04 模块读取。水位传感器输出信号 4 ～ 20mA 对应测量范围 0 ～ 10m。

## 9.2.3 任务实施

（1）硬件图纸设计

蓄水罐水位控制的硬件接线图如图 9-24 所示。

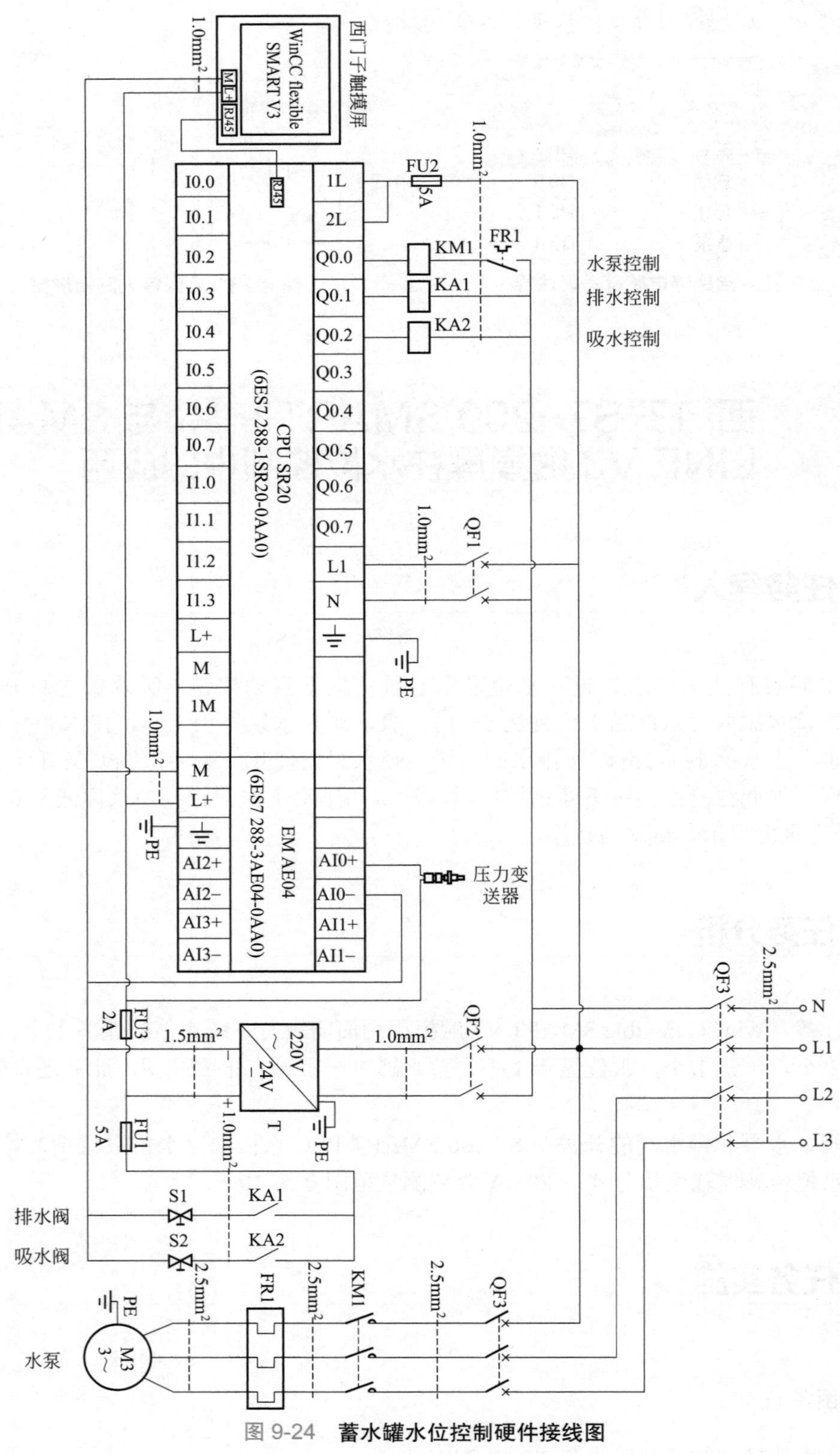


图 9-24　蓄水罐水位控制硬件接线图

（2）S7-200 SMART PLC 程序设计

① 根据控制要求，进行 I/O 分配，如表 9-1 所示。

表 9-1　蓄水罐水位控制的 I/O 分配

| 输入量 | | 输出量 | |
|---|---|---|---|
| 启动 | M0.0 | 水泵 | Q0.0 |
| 停止 | M0.1 | 排水阀 | Q0.1 |
| 水位 | VD50 | 吸水阀 | Q0.2 |

② 硬件组态，如图 9-25 所示。

| | 模块 | 版本 | 输入 | 输出 | 订货号 |
|---|---|---|---|---|---|
| CPU | CPU SR20 (AC/DC/Relay) | V02.00.00_00.00... | I0.0 | Q0.0 | 6ES7 288-1SR20-0AA0 |
| SB | | | | | |
| EM 0 | EM AE04 (4AI) | | AIW16 | | 6ES7 288-3AE04-0AA0 |

图 9-25　蓄水罐水位控制硬件组态

③ 根据控制要求，编写控制程序。蓄水罐水位控制程序如图 9-26 所示。

（3）触摸屏画面设计及组态

1）创建项目、设备选择的操作步骤，与 9.1.3 节一致，这里不再赘述。

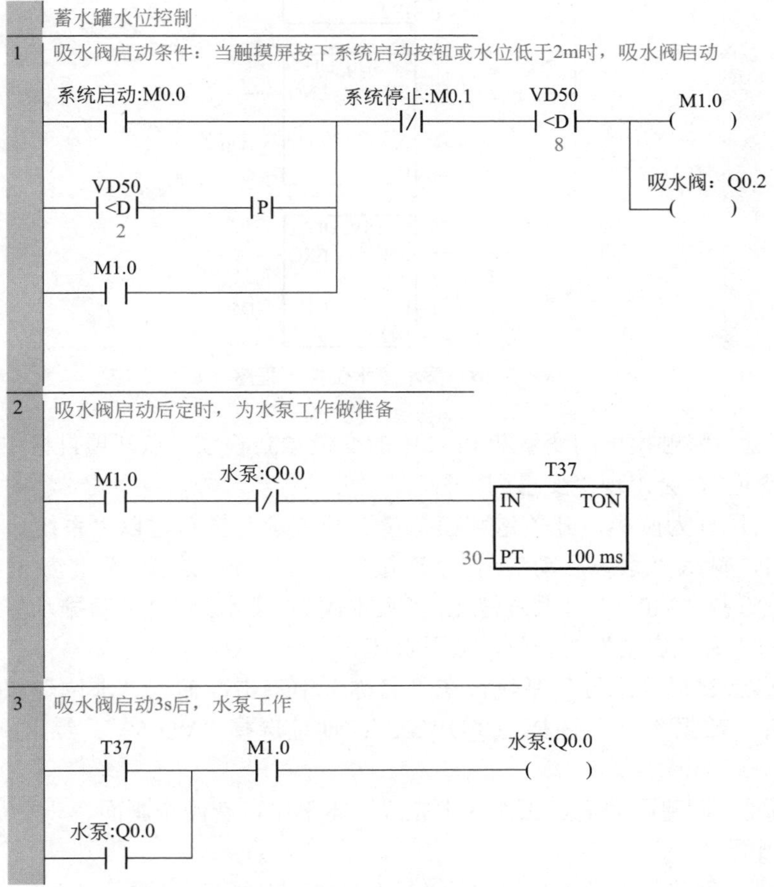


图 9-26

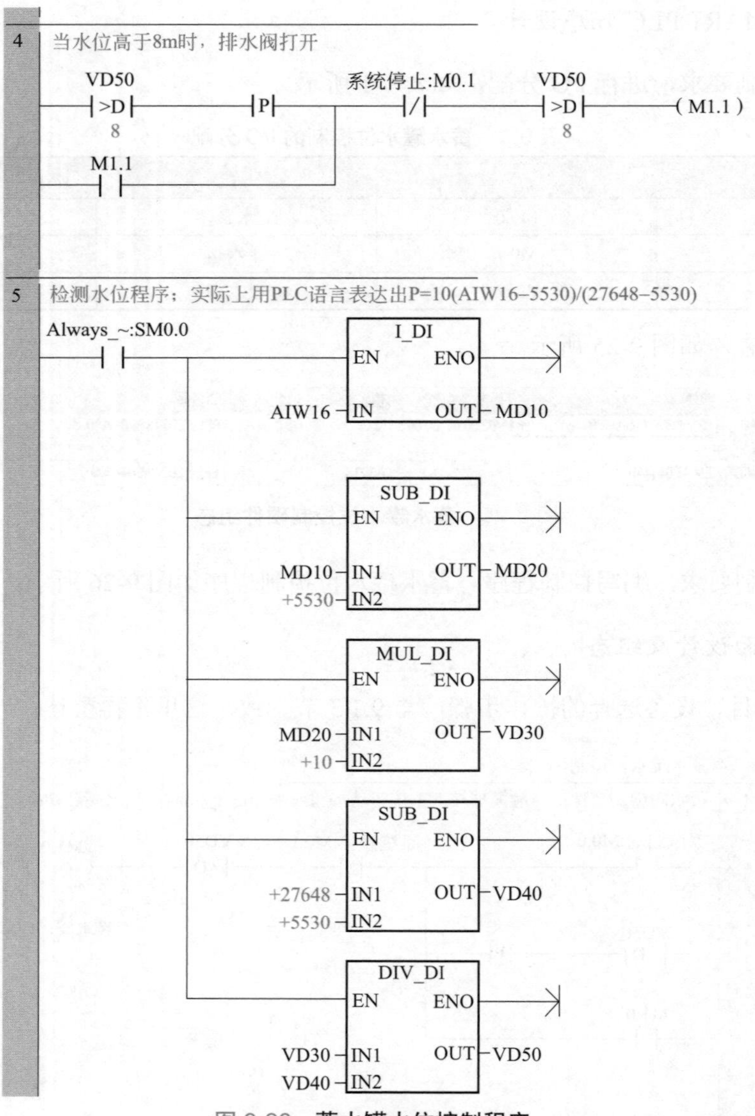


图 9-26 **蓄水罐水位控制程序**

2）新建变量　将触摸屏的变量和 PLC 中的变量建立联系。点开项目树中的“通讯”文件夹，双击“变量”，会出现“变量列表”。

本例中的变量分为两类，开关量和模拟量。开关量变量新建以“系统启动”举例，在“名称”中双击，输入“系统启动”；在“连接”中，选择“连接 1”；“数据类型”选择为“BOOL”；地址选择“M0.0”。“系统停止”“吸水阀”“排水阀”“手动排水”和“水泵”的变量创建方法与“系统启动”的一致，故不赘述。

模拟量变量新建以“水位”举例，在“名称”中双击，输入“水位”；在“连接”中，选择“连接 1”；“数据类型”选择为“DWord”；地址选择“VD 50”。综上新建变量结果，如图 9-27 所示。

3）创建画面　创建画面需在工作区中完成。本例中，有两个画面，一个是初始化画面，另一个是控制画面。

① 初始化画面创建　点开项目树中的“画面”文件夹，双击“画面 1”，会进入“画面 1”

界面。在属性视图“常规”中，将“名称”设置为“初始化画面”，这样就将“画面 1”重命名了。“背景颜色”等都可以改变，读者可以根据需要设置。重命名的步骤，可以参考图 9-8。

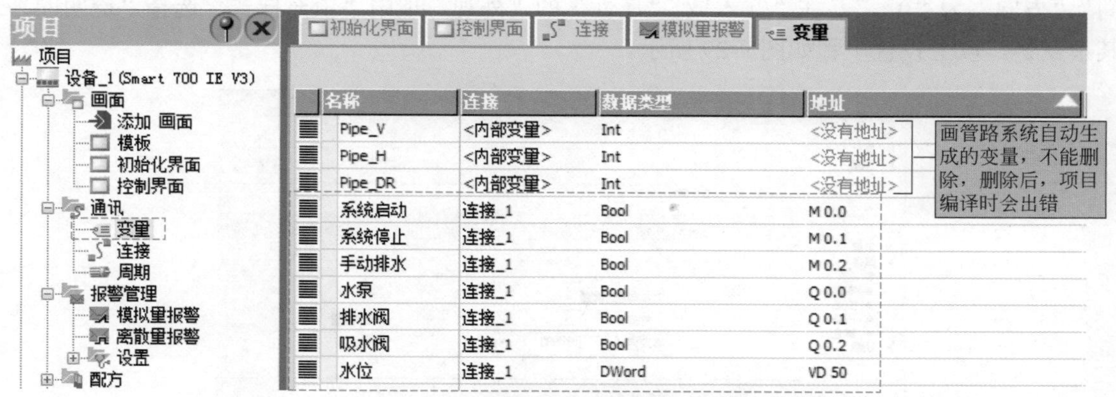

图 9-27　**蓄水罐水位控制新建变量**

a. 画面切换按钮新建。在“初始化界面”中，点开项目树中的“画面”文件夹，将“控制界面”图标拖拽到“初始化界面”的工作区中，在“初始化界面”的工作区中会自动生成一个名为“控制界面”的按钮，将其拖拽合适的大小，避免字的遮挡。在该按钮的“常规”属性中，输入“进入控制界面”。以上操作步骤如图 9-28 所示。

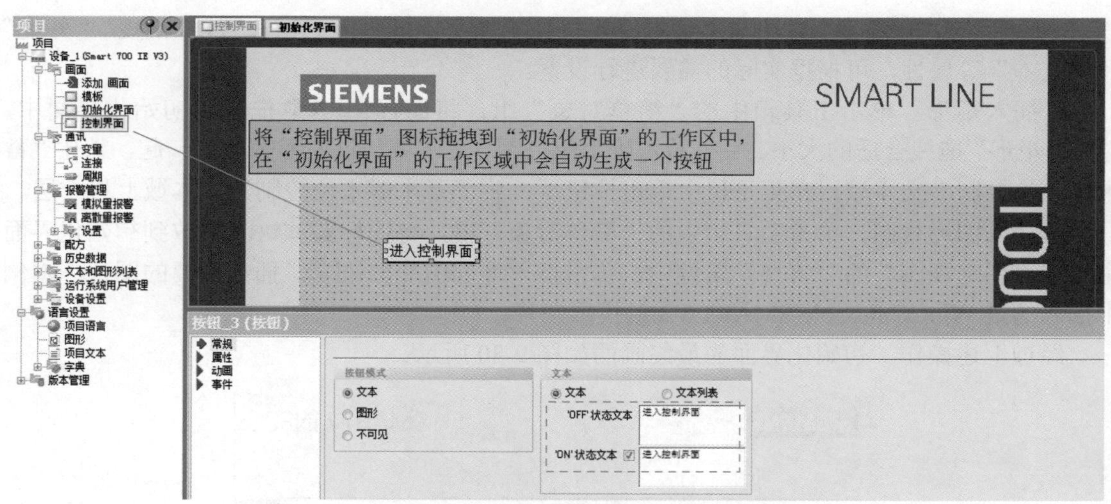

图 9-28　**初始化界面切换按钮的设置**

## 编者心语

图 9-28 给出的是画面切换按钮新建最简单的方法，在一个界面的工作区，在项目树“画面”文件夹打开的情况下，拖拽另一个界面的图标，就会在本界面自动生成一个按钮，在该按钮的“常规”属性将其重命名即可，“事件”属性中的变量会自动连接好。

b. 插入文本域。初始化界面中有 3 个文本域，以“蓄水罐水位控制”文本域为例，介绍文本域的插入。单击工具箱中的“简单对象”组，将图标A 文本域拖放到初始化界面中。在“文本域”的“常规”属性中，将“名称”设置为“蓄水罐水位控制”；在“文本域”“属性”的“文本”项中，“字体”选择“宋体，26pt，style=Bold”，“对齐”选择水平“居中”，垂直“中间”，“方向”为“0°”，在“文本域”“属性”的“外观”项中，“填充样式”选择“透明的”，其余默认。以上设置步骤如图 9-29 所示。

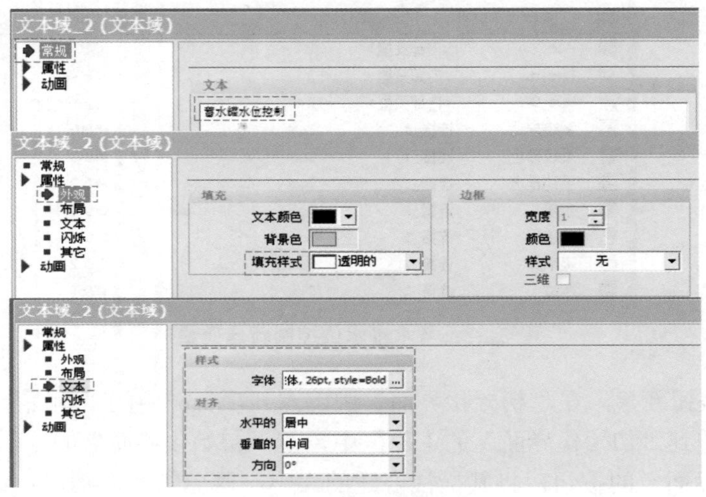


图 9-29　**插入文本域**

其余两个文本域插入方法与“蓄水罐水位控制”文本域插入方法一致，“常规”“外观”和“文本”等属性，可根据实际的需要进行设置。

c. 插入矩形。单击工具箱中的“简单对象”组，将图标 矩形拖放到初始化界面中，选中“矩形”拖拽合适的大小。将“蓄水罐水位控制”文本域与该矩形叠放到一起，选中“蓄水罐水位控制”文本域，在工具栏中单击按钮，将“蓄水罐水位控制”文本域上移一层。

d. 插入图形视图。单击工具箱中的“简单对象”组，将图标 图形视图拖放到初始化界面中，在“图形视图”的“常规”属性中，单击插入外部图片按钮，插入想要的图片，本例中插入的是 WinCC flexible SMART V3 触摸屏图片。

经过上述操作，初始化界面的最终画面如图 9-30 所示。

图 9-30　**初始化界面的最终画面**

② 控制画面创建　点开项目树中的“画面”文件夹，单击 添加 画面 ，会添加一个“画面 2”，双击“画面 2”，会进入“画面 2”界面。在属性视图“常规”中，将“名称”设置为“控制画面”。

a. 画面切换按钮新建。在“控制界面”中，点开项目树中的“画面”文件夹，将“初始化界面”图标拖拽到“控制界面”的工作区中，在“控制界面”的工作区中会自动生成一个名为“初始化界面”的按钮，将其拖拽合适的大小，避免字的遮挡。在该按钮的“常规”属性中，输入“进入初始化界面”。以上操作步骤，可参考图 9-28。

b. 插入按钮并连接变量。单击工具箱中的“简单对象”组，将图标 OK 按钮 拖放到“控制界面”画面中。再拖 1 次，在“控制界面”画面中就会出现两个按钮。单击 Text ，对其进行属性设置。常规属性设置：将其名称写为“系统启动”；外观属性设置为默认；文本属性设置：将“字体”设置为“宋体，10pt，style=Bold”，其余默认。以上操作步骤如图 9-31 所示。事件设置：按下时，setBit，M0.0；释放时，ResetBit，M0.0。事件设置如图 9-32 所示。

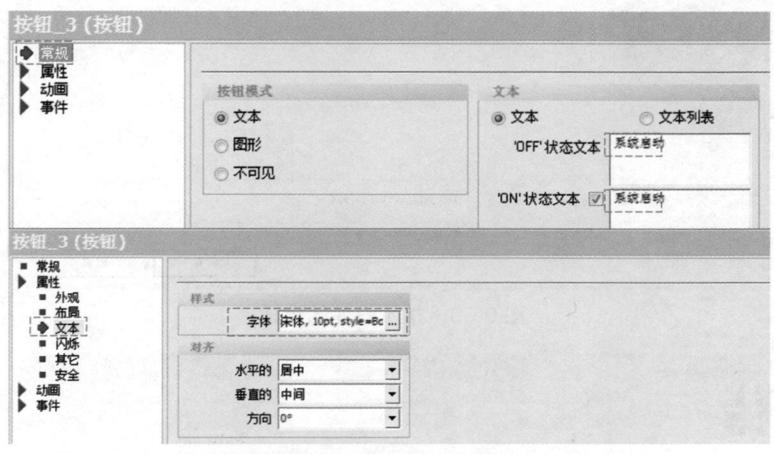


图 9-31　系统启动按钮常规和文本设置

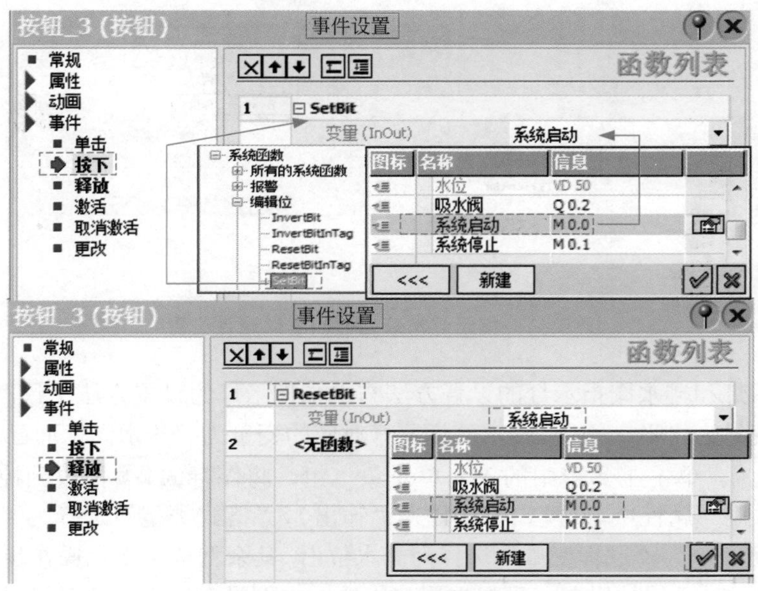


图 9-32　系统启动按钮事件属性设置

“系统停止”与“系统启动”事件属性设置方法一致，不再赘述。只不过变量为“M0.1”，名称为“系统停止”而已。

c. 插入指示灯并连接变量。本例以插入水泵指示灯和连接变量为例，对指示灯的插入及其变量连接进行介绍。单击工具箱中的“库”组，右键执行“库→打开”，打开全局库界面，选择图标，选中 Button_and_switches.wlf，如图 9-33 所示。在 Button_and_switches 库文件夹下，会出现 Indicator_switches，选中，拖到“控制界面”画面中。在指示灯“常规属性”中，将过程变量选择为“水泵”，其余默认；在“事件属性”的“按下”选项中，函数 InvertBit 的变量连接为“水泵”。以上操作步骤如图 9-34 所示。

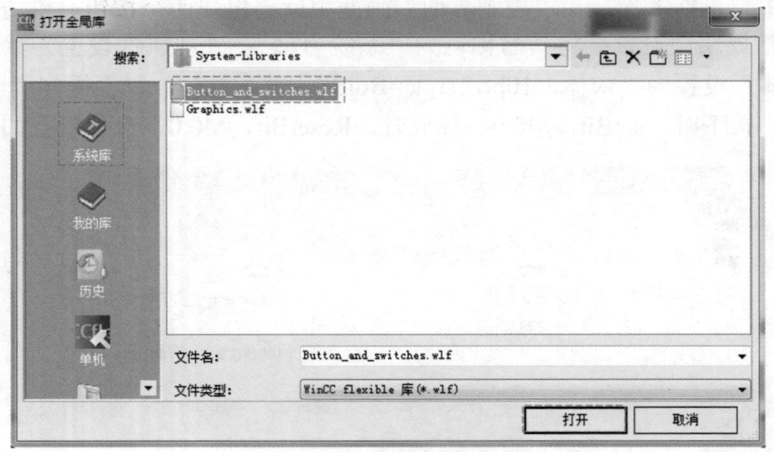


图 9-33　**指示灯库的选择**

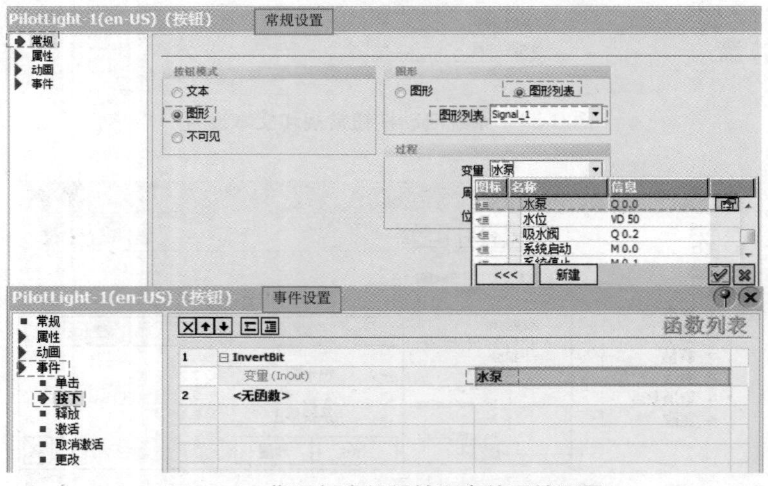


图 9-34　**指示灯常规属性和事件属性设置**

吸水阀指示灯和排水阀指示灯的设置方法与水泵指示灯的设置方法一致，只不过吸水阀指示灯对应的变量为“吸水阀”，排水阀指示灯对应的变量为“排水阀”而已。

d. 插入 IO 域。单击工具箱中的“简单对象”组，将图标 IO 域拖放到控制界面中，在“IO 域”的“常规”属性中，“模式”选择为“输出”，“格式类型”选择为“十进制”，“格式样式”选择为“99”，“过程变量”选择为“水位”，其余默认。以上操作步骤如图 9-35 所示。“外观”与“文本”属性设置，可根据用户需要，本例没有给出，读者可以参考“文本域”的“外观”和“文本”属性设置。

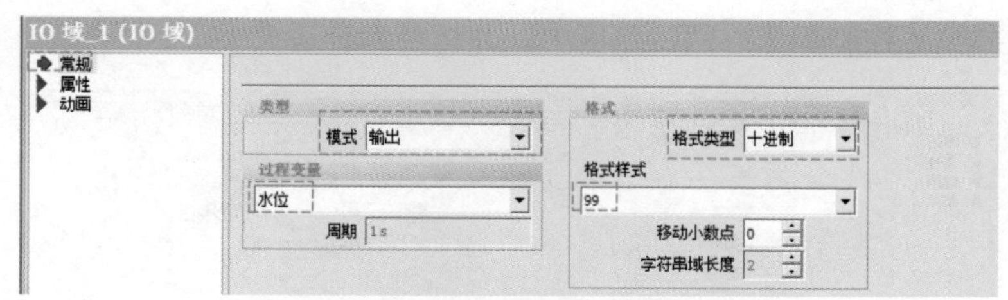

图 9-35　IO 域常规属性设置

e. 插入棒图。单击工具箱中的“简单对象”组，将图标 棒图 拖放到控制界面中，在“棒图”的“外观”属性中，“前景色”选择为“黄色”，“棒图背景色”选择为“白色”；在“棒图”的“常规”属性中，静态“最大值”改为“10”，静态“最小值”改为“0”，“过程变量”连接为“水位”；在“棒图”的“刻度”属性中，“大刻度间距”改为“5”，“标记增量标签”改为“3”，“份数”改为“5”。以上操作步骤如图 9-36 所示。

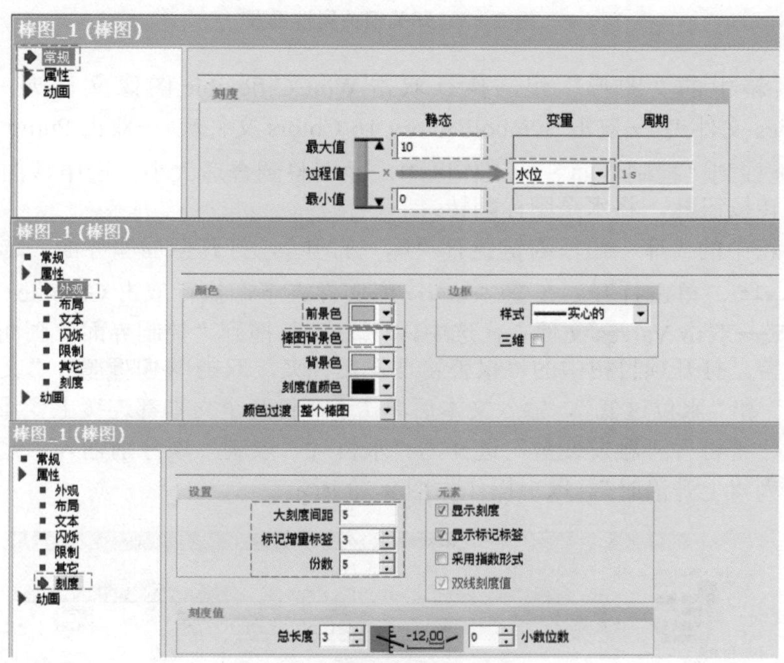

图 9-36　棒图相关属性设置

f. 插入开关。在 Button_and_switches 库文件夹下，会出现 Rotary_switches，选中，拖到“控制界面”画面中。在开关“常规”属性中，将过程变量选择为“手动排水”，其余默认；在“事件属性”的“按下”选项中，函数 InvertBit 的变量连接为“手动排水”。以上操作步骤如图 9-37 所示。

g. 插入阀门、蓄水罐、水泵和管道。单击工具箱中的“图形”组，执行双击 WinCC flexible 图像文件夹→双击 Symbol Factory Graphics 文件夹→双击 SymbolFactory 16 Colors 文件夹→双击 Valves 文件夹，选中阀门图标拖拽到“控制界面”的工作区中，并调整到合适大小，再复制一个阀门。

单击工具箱中的“图形”组，执行双击 WinCC flexible 图像文件夹→双击 Symbol Factory Graphics 文件夹→双击 SymbolFactory 16 Colors 文件夹→双击 Tanks 文件夹，选中

阀门图标拖拽到“控制界面”的工作区中，并调整到合适大小。

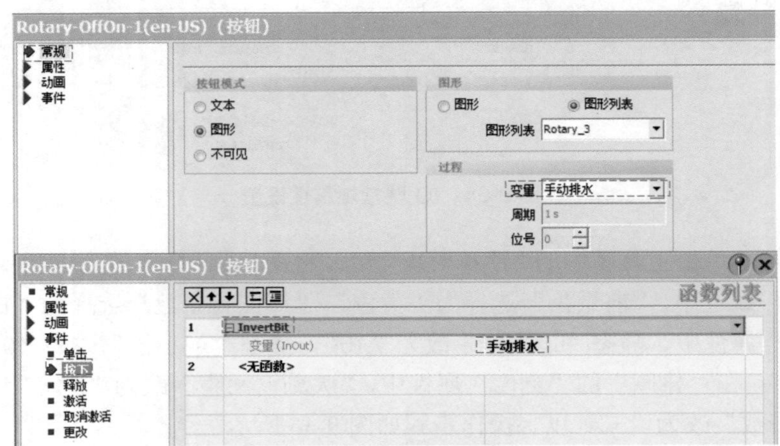

图 9-37 **开关相关属性设置**

单击工具箱中的“图形”组，执行双击 WinCC flexible 图像文件夹→双击 Symbol Factory Graphics 文件夹→双击 SymbolFactory 16 Colors 文件夹→双击 Pump 文件夹，选中阀门图标拖拽到“控制界面”的工作区中，并调整到合适大小，选中该图标，单击工具栏中的水平翻转按钮，将水泵图标翻转。

单击工具箱中的“库”组，右键执行“库→打开”，打开全局库界面，选择图标，选中 Graphics.wlf，单击打开。在 Graphics 库文件夹下，执行双击 Graphics 文件夹→双击 Symbols 文件夹→双击 Valves 文件夹，选中或，拖到“控制界面”画面中。

h. 组态报警。打开项目树中的“报警管理”文件夹，双击模拟量报警，“文本项”分别输入“水位过高”和“水位过低”，输入文本后单击，将两个文本都连接上变量“水位”；“类别”项选择为“警告”；“触发变量”选择为“水位”；“限制”项分别输入“9”和“0”；“触发模式”选择为“上升沿时”。以上操作如图 9-38 所示。

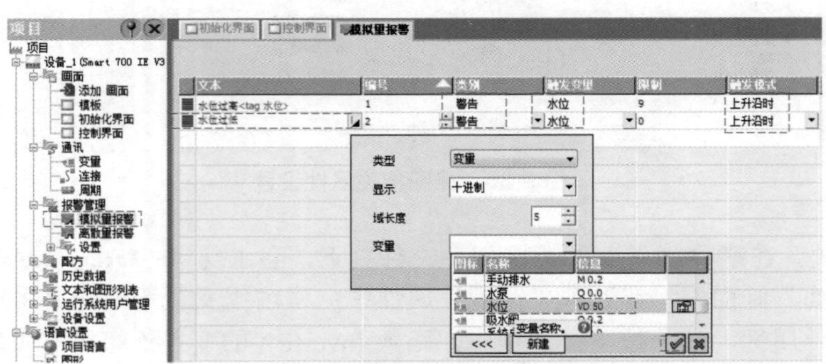

图 9-38 **模拟量报警设置**

单击工具箱中的“增强对象”组，将图标报警视图拖放到“控制界面”画面中。“常规”属性默认；“布局”属性中，勾选“自动调整大小”，“可见报警”改为“4”，“视图类型”默认为“简单”；“显示”属性默认；“列”属性中，“可见列”属性的“报警编号”不勾选，“状态”勾选，其余默认，“排序”选择“最新的报警最先”。以上操作如图 9-39 所示。

控制界面的最终画面如图 9-40 所示。需要说明的是，画面的元件布局需按图 9-40 排布好；项目的下载需参照 9.1.3 节，这里不再赘述。

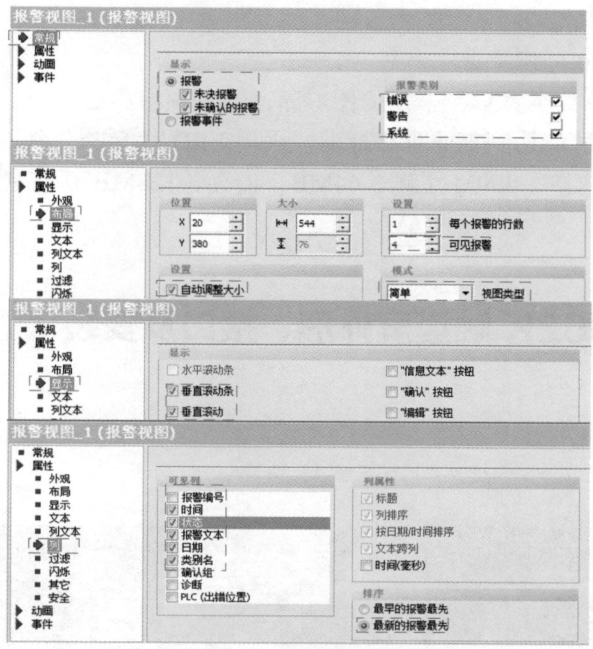

图 9-39　报警视图设置

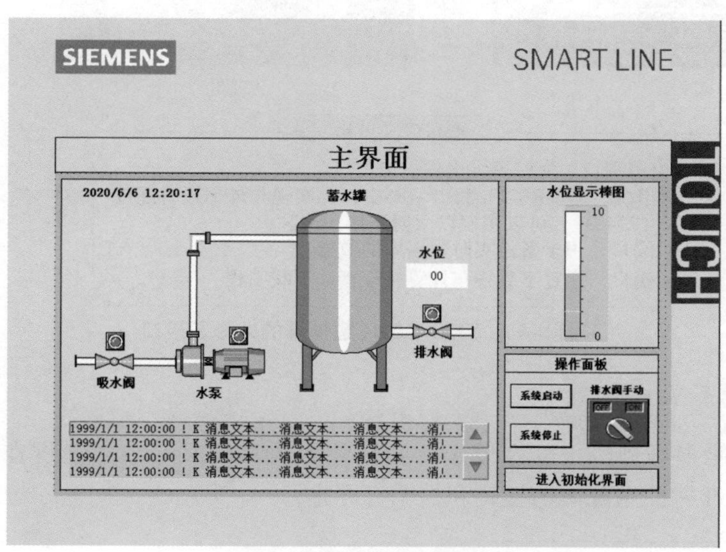


图 9-40　控制界面的最终画面

## 9.3 昆仑通态触摸屏简介

### 9.3.1 TPC7062K 触摸屏简介

TPC7062K 是北京昆仑通泰自动化科技有限公司推出的一款面向工业自动化领域的触摸

屏。该触摸屏具有以下特点：

① 高清：800×480 分辨率。

② 真彩：65535 色数字真彩，丰富的图形库，享受顶级震撼画质。

③ 可靠：抗干扰性能达到工业Ⅲ级标准，采用 LED 背光，寿命长。

④ 配置：ARM9 内核、400M 主频、64MB、内存、128MB 存储空间。

⑤ 环保：低功耗，整机功耗仅 6W。

## 9.3.2 TPC7062K 触摸屏外形、接口及安装

### （1）产品外形及接口

TPC7062K 触摸屏的外形及接口如图 9-41 所示。

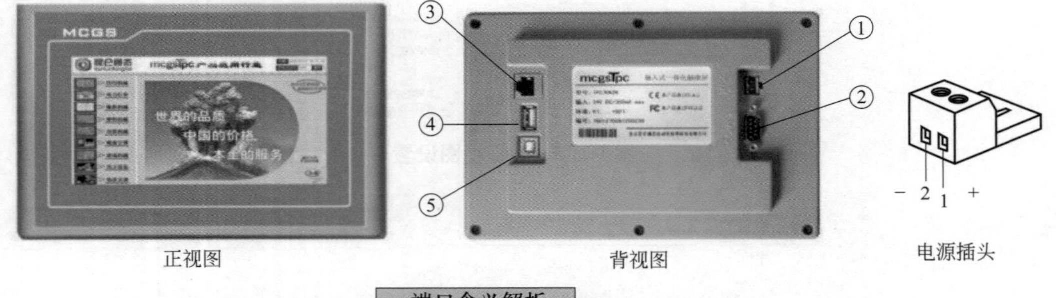


图 9-41 TPC7062K 触摸屏的外形及接口

### （2）外形尺寸及安装

TPC7062K 触摸屏外形尺寸及安装开孔尺寸如图 9-42 所示。触摸屏在安装时，将其放到开孔面板上，在背面用配套的挂钩和挂钩钉固定。

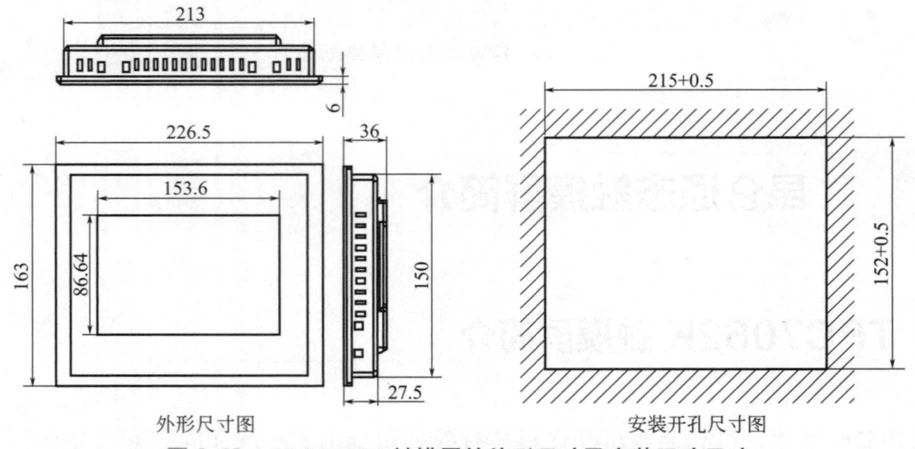


图 9-42 TPC7062K 触摸屏的外形尺寸及安装开孔尺寸

（3）TPC7062K 触摸屏与西门子 PLC 的通信连接

TPC7062K 触摸屏通过 DB9 通信电缆与西门子 S7-200 及 S7-200 SMART PLC 进行 RS-485 通信，连接如图 9-43 所示。

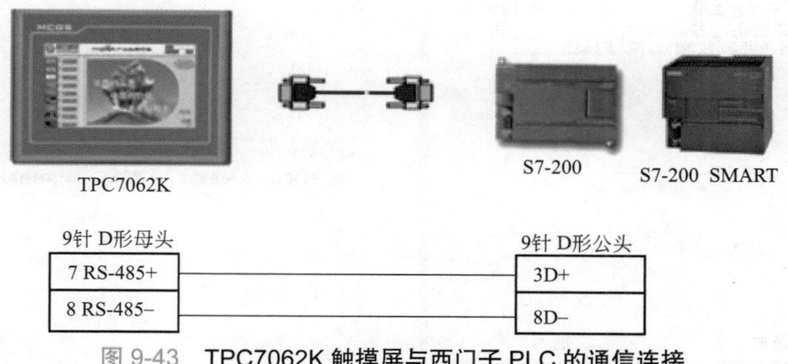


图 9-43 TPC7062K 触摸屏与西门子 PLC 的通信连接

# 9.4 MCGS 嵌入版组态软件

触摸屏和 PLC 一样不但有硬件，而且还得有软件。MCGS 嵌入版组态软件就是专门为 MCGS 触摸屏开发的组态软件。

**编者心语**

MCGS 嵌入版组态软件主要用于触摸屏工程的开发，这并不代表它没有上位机监控组态软件的功能。笔者亲身实践过，本软件也可作为监控组态软件用，只不过国产监控组态软件常用组态王而已，在这点上读者不要有误区。

## 9.4.1 新建工程

双击桌面 MCGS 组态软件图标，进入组态环境。单击菜单栏中的“文件→新建”，会出现“新建工程设置”对话框，如图 9-44 所示。在“类型”中可以选择所需要触摸屏的系列，这里我们选择“TPC7062KX”系列；在“背景色”中，可以选择所需要的背景颜色。这里有 1 点需要注意，就是分辨率 800×480，有时候背景以图片形式出现的时候，所用图片的分辨率也必须为 800×480，否则触摸屏显示出来会失真。设置完成后，单击“确定”，将出现工作平台画面，如图 9-45 所示。

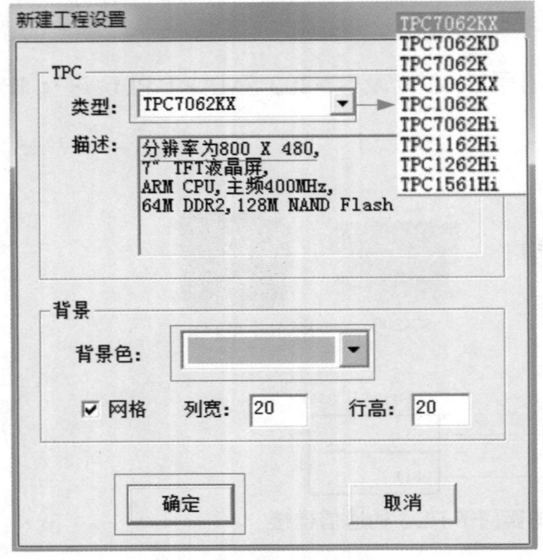


图 9-44 新建工程设置

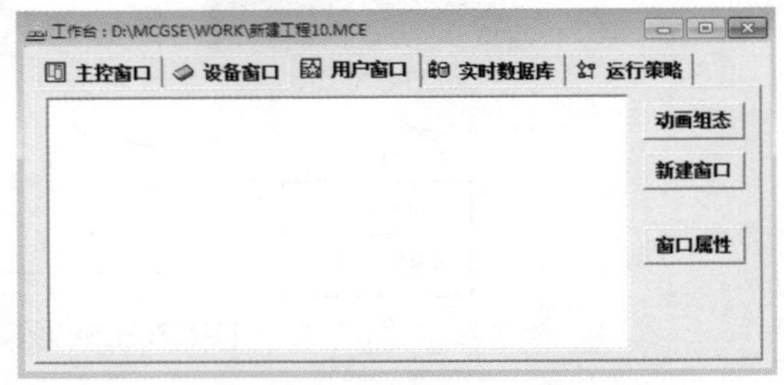


图 9-45 MCGS 组态软件工作平台

## 9.4.2 MCGS 嵌入版组态软件工作平台结构组成

在图 9-45 中，我们不难看出，MCGS 嵌入版组态软件工作平台的结构组成分为 5 部分，分别是主控窗口、设备窗口、用户窗口、实时数据库和运行策略。

（1）主控窗口

MCGS 嵌入版组态软件的主控窗口是组态工程的主框架，是所有用户窗口和设备窗口的父窗口。一个组态工程文件只允许有一个主控窗口，但主控窗口可以放置多个用户窗口和一个设备窗口。主控窗口的作用是负责所有窗口的调控和管理，调用用户策略的运行，反映出工程总体概貌。

以上作用决定了主控窗口的属性设置。主控窗口属性设置包括基本属性、启动属性、内存属性、系统参数和存盘参数 5 个子项，找到主控窗口图标，执行“右键→属性”会弹出“主控窗口属性设置”对话框，如图 9-46 所示。

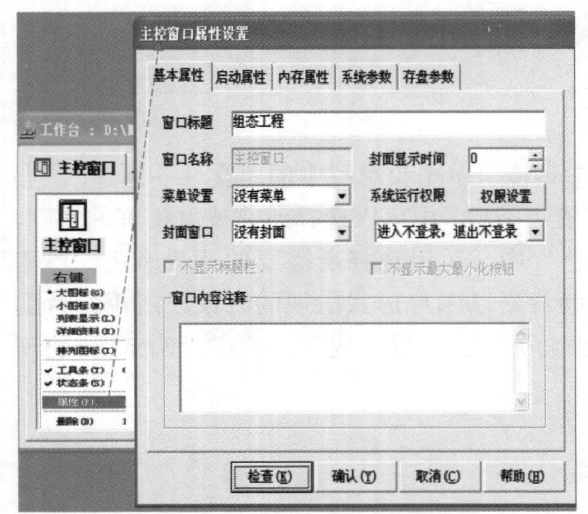


图 9-46 主控窗口属性设置

（2）用户窗口

MCGS 嵌入版组态软件系统组态的一项重要工作就是用生动图形画面和逼真的动画来描述实际工程。在用户窗口中，通过对多个图形对象的组态设置，并建立相应的动画连接，可实现反映工业控制过程的画面。

用户窗口是由用户来定义和构成 MCGS 嵌入组态软件图形界面的窗口。它好比一个

“大容器”，用来放置图元、图符和动画构件等图形对象。通过对图形对象的组态设置，建立与实时数据库的连接，由此完成图形界面的设计工作。

编者心语

用户窗口第二段文字不容小视，其实道出了用户画面构建的一般步骤。

1）创建用户窗口　在 MCGS 组态环境工作平台中，选中“用户窗口”页，用鼠标单击“新建窗口”按钮，可以新建一个用户窗口，如图 9-47 所示。用户窗口可以有多个。

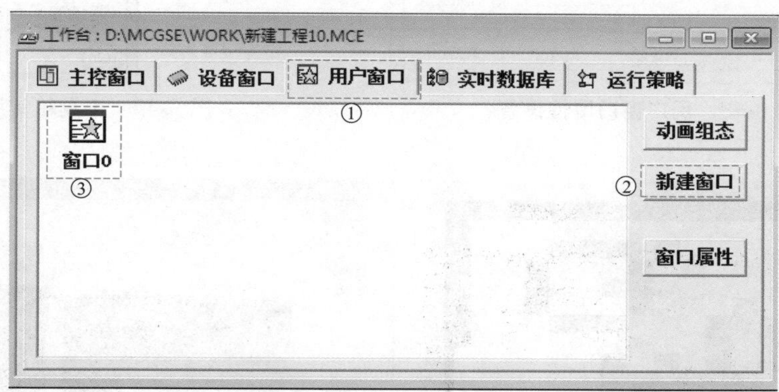


图 9-47　创建用户窗口

2）设置窗口的属性　选中“窗口 0”，单击按钮**窗口属性**，出现“用户窗口属性设置”画面，如图 9-48 所示。该画面主要包括 5 种属性的设置，分别为基本属性、扩展属性、启动脚本、循环脚本和退出脚本。其中“基本属性”最为常用，因此，将重点讲解“基本属性”，其余属性可以参考相关的触摸屏书籍。

图 9-48 中，选中“基本属性”，这时可以改变“基本属性”的相关信息。在“窗口名称”项可以输入想要的名称，本例窗口名称为“首页”。在“窗口背景”中，可以选择所需要的背景颜色。设置完成后，单击“确定”，窗口名称由“窗口 0”变成了“首页”。

3）图形对象的创建和编辑　新建完用户窗口，设置完窗口属性后，用户就可以利用工具箱在用户窗口中创建和编辑图形对象，制作图形界面了。

① 工具箱　工具箱是用户创建和编辑图形对象的工具的所在地。双击图标或选中图标后，单击按钮**动画组态**，将会打开一个空白用户窗口。在工具栏中，单击按钮，将会打开工具箱，本书列出了常用工具按钮的名称，如图 9-49 所示。

② 图形的创建和编辑　要创建哪个图元，在打开空白用户窗口的情况下，单击工具箱中的相应按钮，之后进行相应的设置即可。

案例：创建位图、标签、按钮、输入框。

假设有一个空白用户窗口，名称为“首页”（新窗口的创建和属性设置，请参考图 9-47 和图 9-48）。在空白用户窗口中，单击按钮，打开工具箱。

a. 插入位图：单击工具箱中的按钮，在工作区进行拖拽，之后右键“装载位图”，步骤如图 9-50 所示。找到要插入图片的路径，这样就把想要插入的图片插到“首页”里了，本例中插入的是“S7-200 SMART PLC 图片”，最终结果如图 9-51 所示。

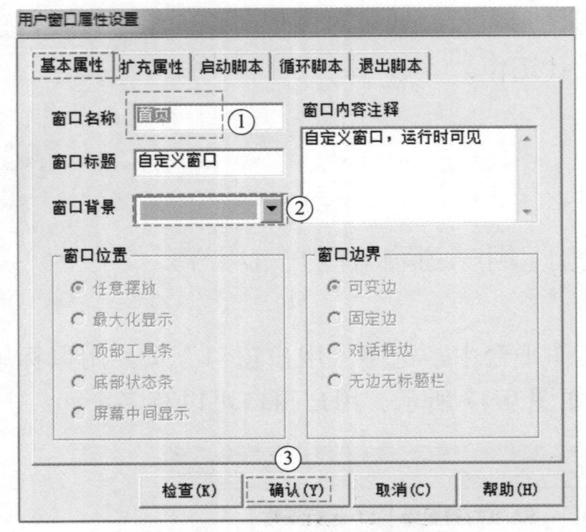


图 9-48 **用户窗口属性设置**

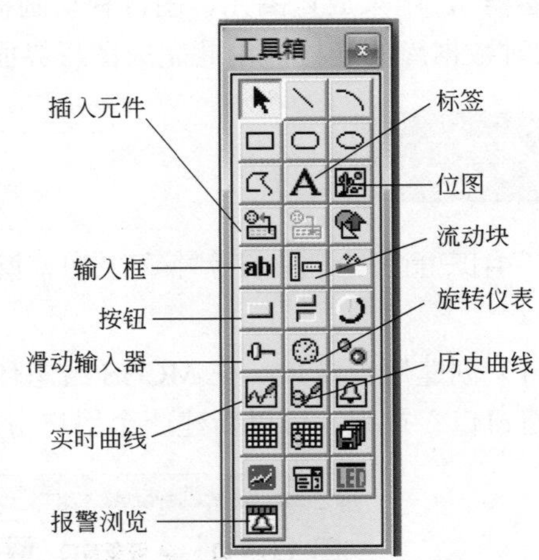


图 9-49 **工具箱常用按钮**

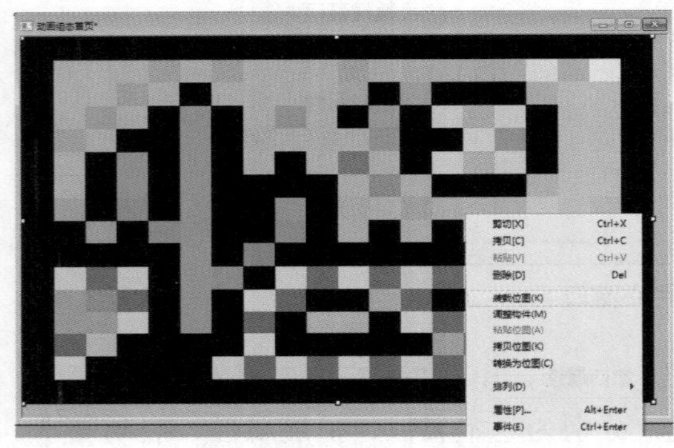

图 9-50 **插入位图**

图 9-51 **插入位图最终结果**

b. 插入标签：单击工具箱中的按钮A，在画面中拖拽，双击该标签，进行“标签动画组态属性设置”界面，如图 9-52 所示。之后，分别进行“属性设置”和“扩展属性”设置，在“扩展属性”中的“文本内容输入”项输入“S7-200 SMART PLC 信号发生项目”字样；水平和垂直对齐分别设置为“居中”，文字内容排列设置为“横向”。在“属性设置”中“填充颜色”“边线颜色”项选择“没有填充”和“没有边线”；“字符颜色”项颜色设置为黑色；单击按钮，会出现“字体”对话框，如图 9-53 所示。

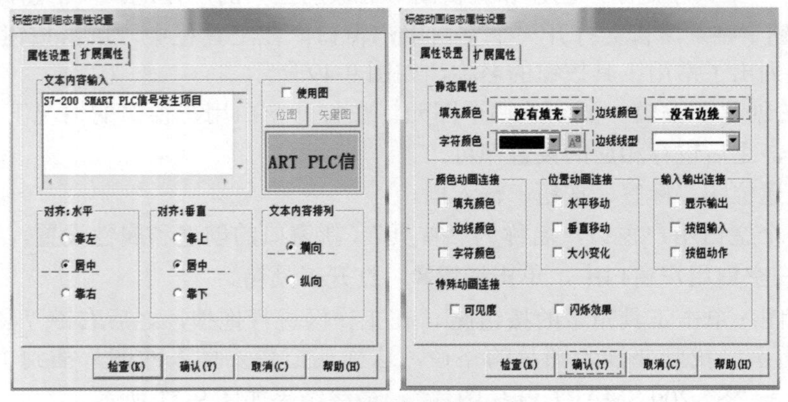


图 9-52 **标签属性设置**

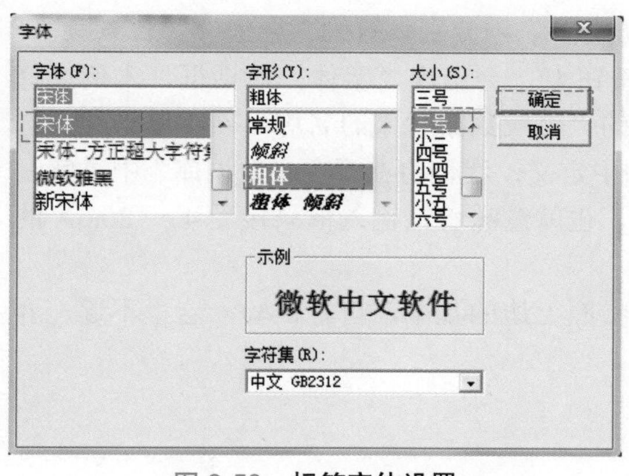


图 9-53 标签字体设置

c. 插入按钮：单击工具箱中的按钮，在画面中拖拽合适的大小，双击该按钮，进行“标准按钮构建属性设置”界面，如图 9-54 所示。之后，分别进行“基本属性”和“操作属性”设置。在“基本属性”中的“文本”项输入“启动”字样；水平和垂直对齐分别设置为“中对齐”；“文本颜色”项设置为黑色；单击按钮，会出现“字体”对话框，与标签中的设置方法相似，不再赘述；“背景色”设为蓝色，“边线色”设为蓝色。在“操作属性”中，按下“抬起功能”按钮，在“数据对象值操作”项打钩，单击倒三角，选择“清 0”；单击，选择变量“启动”（备注：此变量应提前在实时数据库中定义，我们将在“实时数据库”中讲解）。在“操作属性”中，按下“按下功能”按钮，在“数据对象值操作”项打钩，单击倒三角，选择“置 1”；单击，选择变量“启动”。

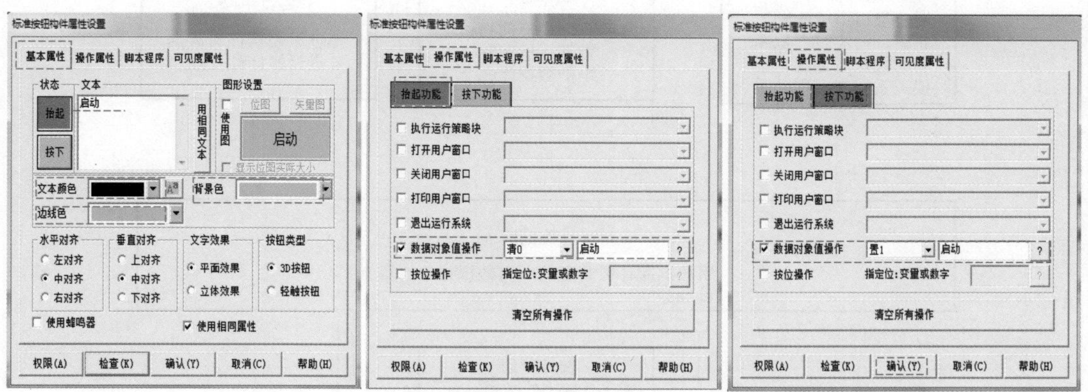


图 9-54 标准按钮构件属性设置

d. 插入输入框：单击工具箱中的按钮，在画面中拖拽合适的大小，双击该按钮，进行“输入框构件属性设置”界面，如图 9-55 所示。之后，分别进行“基本属性”和“操作属性”

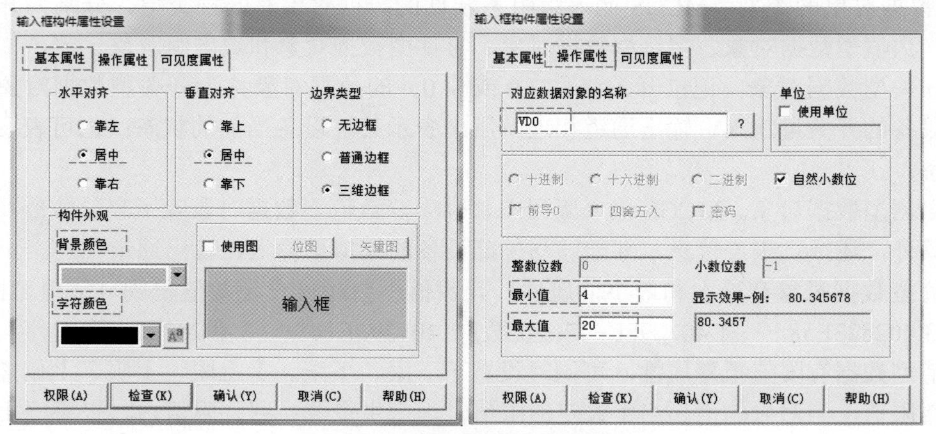


图 9-55 输入框构件属性设置

设置。在“基本属性”中的“水平对齐”和“垂直对齐”项分别设置为“居中”；“背景颜色”项设为蓝色，“字符颜色”项设置为黑色；单击按钮，会出现“字体”对话框，本例选择的是宋体、常规、小四号字。在“操作属性”中的“对应数据对象的名称”项，单击，选择变量“VD0”（备注：此变量应提前在 实时数据库 中定义，我们将在“实时数据库”中讲解）。在“最小值”中输入 4，在“最大值”中输入 20，也就意味着该输入框只接受 4 ～ 20mA 的数据。

本节仅介绍常用的几个构件，其余的读者可参照上边的几个，自行试验，这里不逐一介绍了。

（3）实时数据库

实时数据库是指用数据库技术管理的所有数据对象的集合。实时数据库是 MCGS 嵌入版组态软件的核心，是应用系统的数据处理中心。应用系统的各个部分均以实时数据库为公用区交换数据，实现各个部分协调动作。图 9-56 说明了实时数据库与工作平台其他结构组成部分的联系。

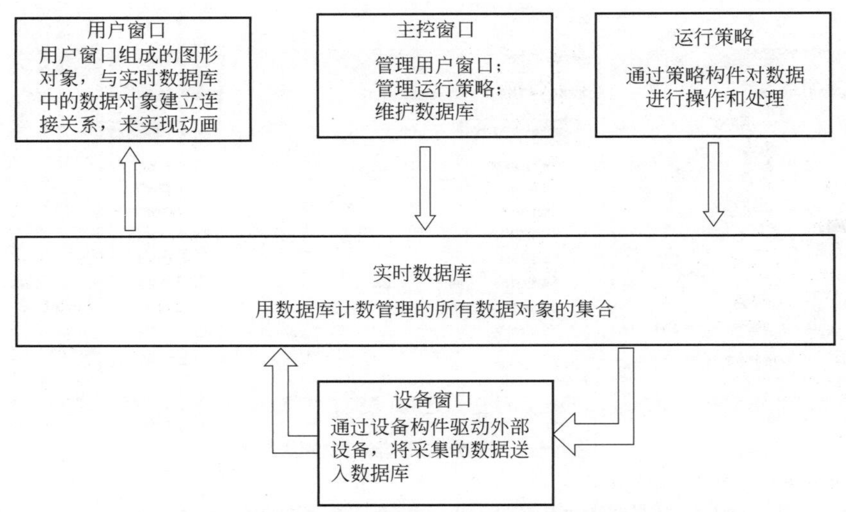


图 9-56　实时数据库与工作平台其他结构组成部分的关系

① 数据对象的类型　MCGS 嵌入版组态软件的数据对象有 5 种类型，分别为开关型数据对象、数值型数据对象、字符型数据对象、事件型数据对象和数据组对象。

a. 开关型数据对象。记录开关信号（0 或非 0）的数据对象称为开关型数据对象，通常与外部设备的开关量输入、输出通道相连，用来表示某一设备当前的状态；也可表示某一对象的状态。

b. 数据型数据对象。MCGS 嵌入版组态软件中，数值型数据对象除了存放数值及参与的数值运算外，还提供报警信息，并能够与外部设备的模拟量输入、输出通道相连。

数值型数据对象有最大和最小值属性，其数值不会超过设定数值范围。数值范围如下。负数：−3.402823E38 ～ −1.401298E−45；正数：1.401298E−45 ～ 3.402823E38。

数值型数据有限值报警属性，可同时设置下下限、下限、上上限、上限、上偏差和下偏差等报警限值，当对象的值超出了设定的限值时，产生报警；回到限值内，报警停止。

c. 字符型数据对象。字符型数据处对象是存放文字信息的单元，用来描述外部对象的状态特征。其值为字符串，其长度最长可达 64KB。字符型数据对象没有最值、单位和报警属性。

d. 事件型数据对象。事件型数据对象用来记录和标识某种事件产生或状态改变的时间信息。事件型数据对象的值是由 19 个字符组成的定长字符串，用来保留当前最近一次事件所产生的时刻，用“年，月，日，时，分，秒”表示。其中，年是 4 位数字，其余为 2 位数字，之间用逗号隔开，如“1997，02，03，23，45，56”。

事件型数据对象没有工程单位，没有最值属性和限值报警，只有状态报警。事件型数据对象不同于开关型数据对象，事件型数据对象时间产生一次，报警对应产生一次，且报警产生和结束是同时完成的。

e. 数据组对象。数据组对象把相关的多个数据对象集合在一起，作为一个整体来定义和处理。数据组对象只是在组态时对某一类对象的整体表示方法，其实际的操作是针对每个成员进行的。

② 数据对象的属性设置　数据对象定义好后，需根据实际设置数据对象的属性。在工作台窗口中，单击 实时数据库，进入实时数据库界面。单击 新增对象，会出现 InputETime1，双击此项，会进入“数据对象属性设置”界面。数据对象属性设置包括三方面：基本属性设置、存盘属性设置和报警属性设置。本节仅就基本属性加以讨论。

双击 InputETime1，进入“数据对象属性设置”界面。在“对象名称”项输入“启动”；在“对象初值”项输入“0”；在“对象类型”项，选择“开关”，设置完毕，单击“确定”。再次单击 新增对象，会出现 启动1，双击此项，会进入“数据对象属性设置”界面，在“对象名称”项输入“VD0”；在“对象初值”项输入“0”；在“最小值”中输入 4，在“最大值”中输入 20，也就意味着只接受 4 ～ 20mA 数据；在“对象类型”项，选择“数值”，设置完毕，单击“确定”。步骤如图 9-57 所示，最终结果如图 9-58 所示。

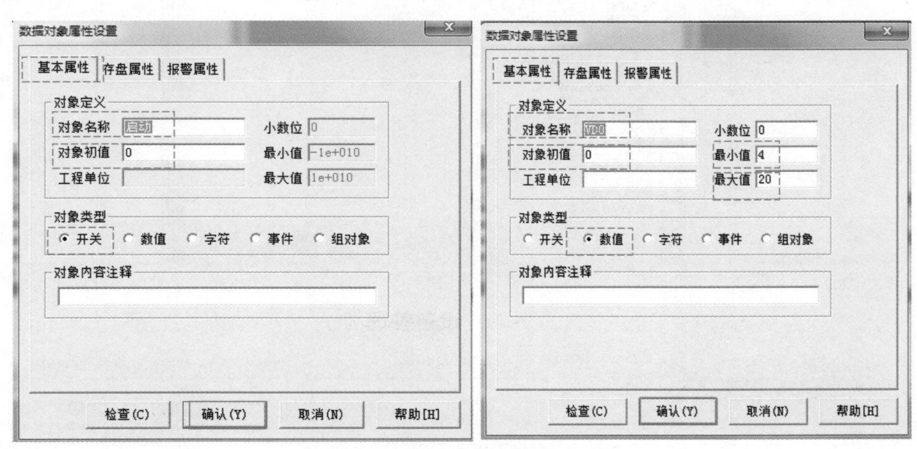


图 9-57　**数据对象属性设置**

## （4）设备窗口

设备窗口是 MCGS 嵌入版组态软件系统的重要组成部分。在设备窗口中建立系统与外部硬件设备的联系，使系统能够控制外部设备，并能读取外部设备的数据，从而实现对工业过程设备的实时监控和操作。

① 外部设备的选择　在工作台窗口中，单击 设备窗口，进入设备窗口界面。单击 设备组态，会出现设备组态窗口画面，单击工具栏中的按钮，会出现“设备工具箱”［图

9-59（a）]，点击设备工具箱中的“设备管理”按钮，会出现图 9-59（b）所示的画面，先选中 通用串口父设备，再选中 西门子_S7200PPI，以上选中的两项就会出现在“设备工具箱”中，如图 9-59（c）所示。在“设备工具箱”中，先双击 通用串口父设备，在“设备组态窗口”中会出现 通用串口父设备0--[通用串口父设备]，之后在“设备工具箱”中再双击 西门子_S7200PPI，会出现图 9-60 所示画面，问 是否使用“西门子_S7200PPI”驱动的默认通讯参数设置串口父设备参数?，单击“是”。

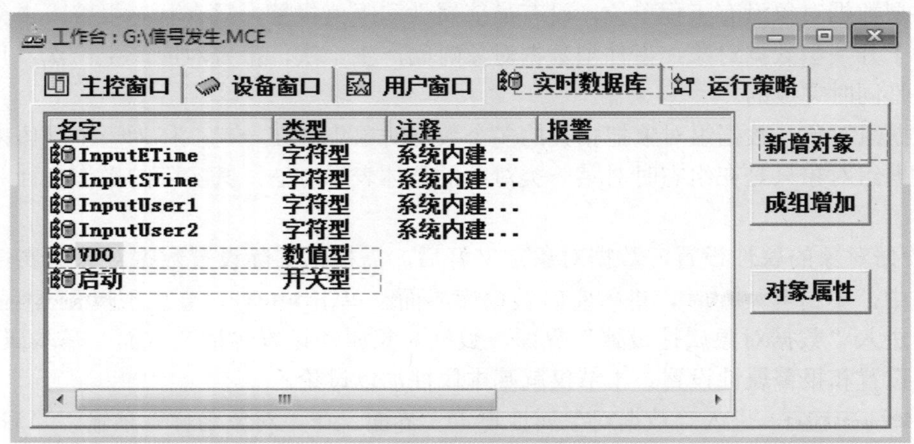


图 9-58　实时数据库生成的最终结果

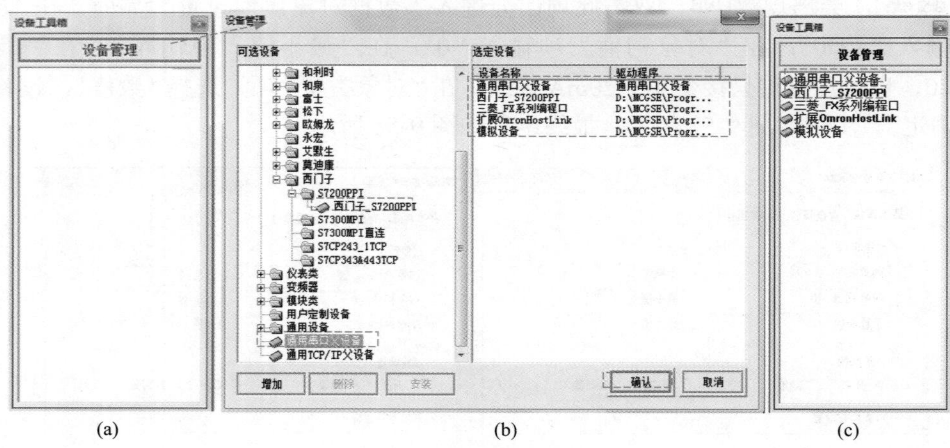


图 9-59　设备管理

图 9-60　西门子 S7-200PPI 通信设置

在“设备组态”窗口会出现 设备0--[西门子_S7200PPI]，最终画面如图 9-61 所示。在“设备组态”窗口，双击西门子_S7200PPI，会出现图 9-62 所示画面。

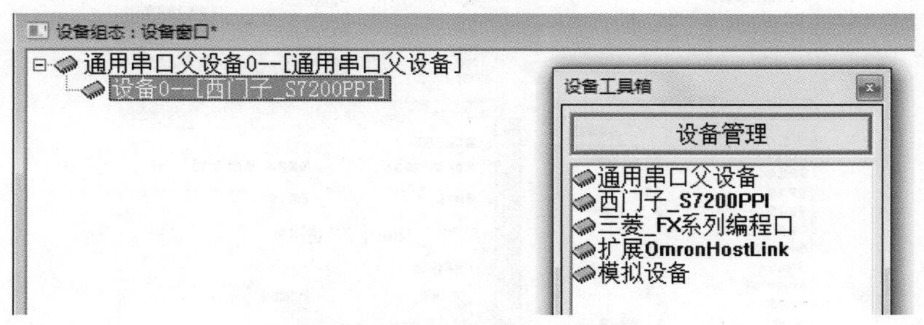


图 9-61　**串口设置的最终结果**

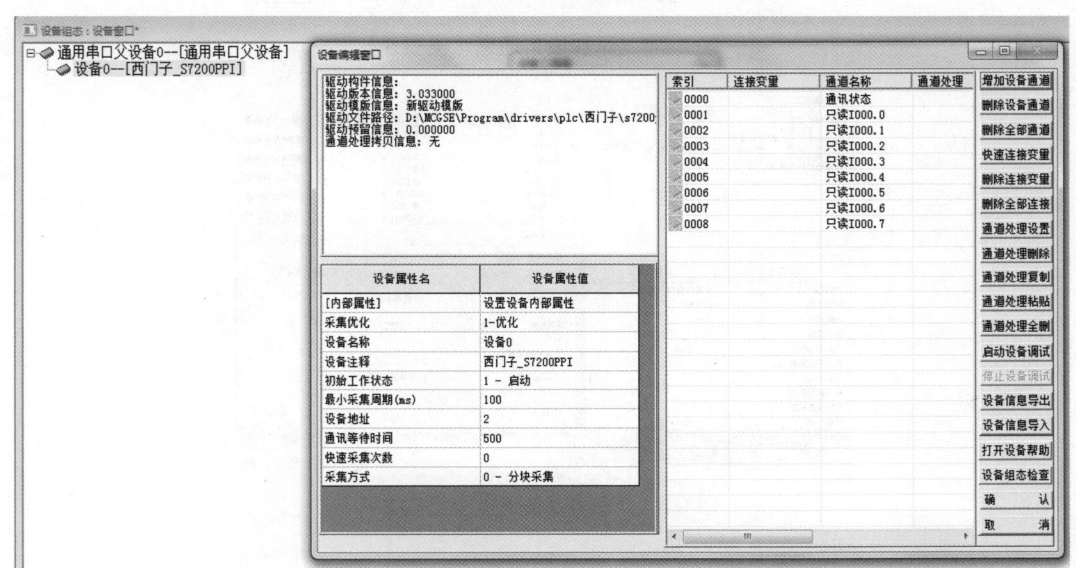


图 9-62　**设备编辑窗口**

② 通道连接　在图 9-62 所示“设备编辑窗口”中，单击增加设备通道，会出现图 9-63 所示画面。在“通道类型”中找到M寄存器；在“通道地址”中输入“0”；在“读写方式”中选“读写”。在图 9-62 所示“设备编辑窗口”中，再次单击增加设备通道，会出现图 9-64 所示画面。在“通道类型”中找到V寄存器；在“通道地址”中输入“0”；在“数据类型”中选中32位 无符号二进制，在“读写方式”中选“只写”。最终结果见图 9-65。

### 编者心语

实时数据库是生成触摸屏内部数据的区域，设备窗口相当于“外交部”，是触摸屏数据与 PLC 数据沟通的窗口，实际上，通过此窗口建立了触摸屏与 PLC 的联系。如在触摸屏中点击“启动”按钮，通过 M0.0 通道，使得 PLC 程序中的 M0.0 动作，进而程序得到了运行。

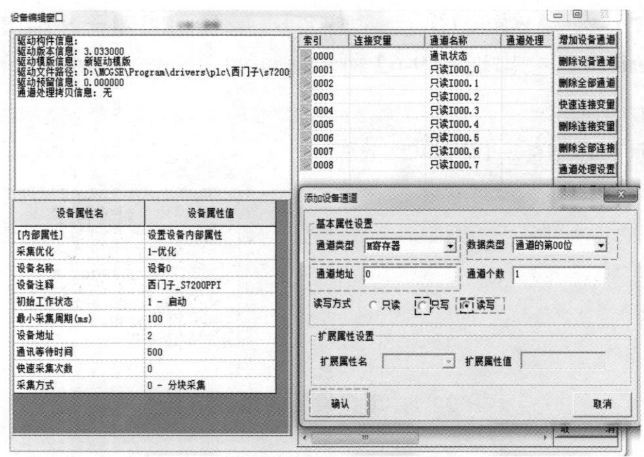


图 9-63　**添加设备通道（类型 1）**

图 9-64　**添加设备通道（类型 2）**

图 9-65　**设备连接的最终结果**

（5）运行策略

所谓的“运行策略”，是用户为实现对系统运行流程的自由控制所组态生成的一系列功能块的总称。MCGS 嵌入版组态软件为用户提供了进行策略组态的专用窗口和工具箱。

运行策略的建立，使系统能够按照设定的顺序和条件，操作实时数据库，控制用户窗口的打开、关闭和设备构件的工作状态。

根据运行策略的不同作用和功能，MCGS 嵌入版组态软件的运行策略分为启动运行策略、退出运行策略、循环运行策略、报警运行策略、事件运行策略、用户运行策略、热键策略和中断策略。鉴于循环运行策略最为常用，本节以循环运行策略为例，讲解策略组态和策略属性设置。

① 循环策略组态　在工作台窗口中，单击 运行策略，会出现运行策略窗口画面。选中“循环策略”，单击策略组态，会出现图 9-66 所示画面。单击工具栏中的新增策略行按钮，会出现图 9-67 所示画面。单击工具栏中的按钮，会出现策略工具箱，如图 9-68 所示。选中策略行中的，可以在策略工具箱中选择要添加的选项，通常添加“脚本程序”。双击“脚本程序”，会添加到中，再次双击，会打开脚本程序窗口，用户可以编写脚本程序来实现控制。

② 策略属性设置　选中“循环策略”，单击策略属性，会打开“策略属性设置”对话框，用户可以设置“循环执行方式”的时间，单位为 ms；在“策略内容注释”项，可以添加注释。策略属性设置如图 9-69 所示。

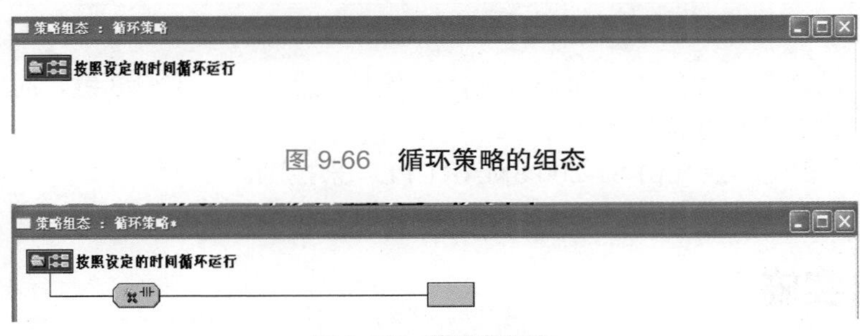


图 9-66　循环策略的组态

图 9-67　策略行添加

图 9-68　策略工具箱

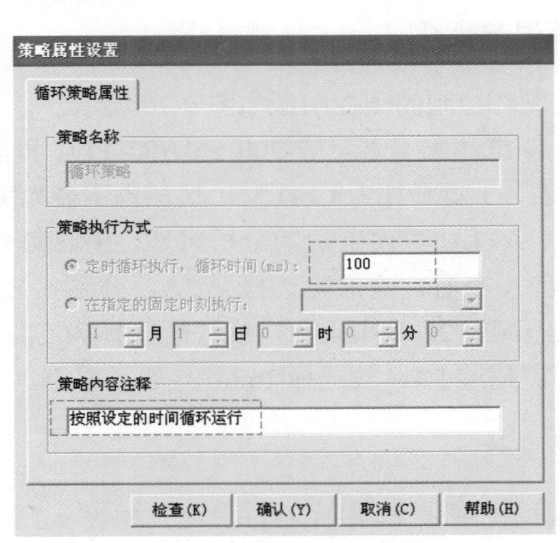


图 9-69　策略属性设置

编者心语

用户窗口、实时数据库、设备窗口和运行策略的相关设置都非常重要，读者应参考书中的设置，将此部分知识弄熟，以便后续实例的学习。

# 9.5 西门子 S7-200 SMART PLC 与昆仑通态触摸屏在彩灯循环控制中的应用

## 9.5.1 任务导入

有红、绿、黄 3 盏彩灯，采用昆仑通态触摸屏 +S7-200 SMART PLC 联合控制模式。触摸屏上设有启停按钮，当按下启动按钮，3 盏小灯每隔 $N$ 秒轮流点亮（间隔时间 $N$ 通过触摸屏设置），间隔时间 $N$ 不超过 10s，3 盏彩灯循环点亮；当按下停止按钮时，3 盏小灯都熄灭。试设计程序。

## 9.5.2 任务分析

根据任务，昆仑通态触摸屏画面需设有启、停按钮各 1 个，彩灯 3 盏，时间设置框 1 个，此外，启停标签和 3 盏彩灯标签各 1 个。

3 盏彩灯启停和循环点亮由 S7-200 SMART PLC 来控制。

## 9.5.3 任务实施

（1）硬件图纸设计

彩灯循环控制的硬件图纸如图 9-70 所示。

硬件图纸用料分析：S7-200 SMART PLC 和昆仑通态触摸屏供电电流不会太大，估计在 1A 左右，3 盏彩灯为 LED 型，功耗也不会太大，故开关电源 100W 足够用（100W/24V=4.1A>1A+1A+1A）。由上边的分析可知，S7-200 SMART PLC、昆仑通态触摸屏和 3 盏彩灯供电电流 1A 左右，故保险选择了 2A，分别安装在了每个支路；由于电源能量守恒，输入侧电流为 100W/220V=0.45A，故微断选择为 C2。导线按 $1mm^2$ 载 5A 粗略计算，它们各自的电流都没超过 5A，故选择 $1mm^2$ 导线足够用。

（2）程序设计

① 根据控制要求，进行 I/O 分配，如表 9-2 所示。

编者心语

I/O 分配中，启动、停止和确定作为 PLC 的输入，一定要与触摸屏的地址对应好，否则不能实现触摸屏对 PLC 的控制；输出也一样。这些是实现触摸屏对 PLC 控制及状态显示的关键。

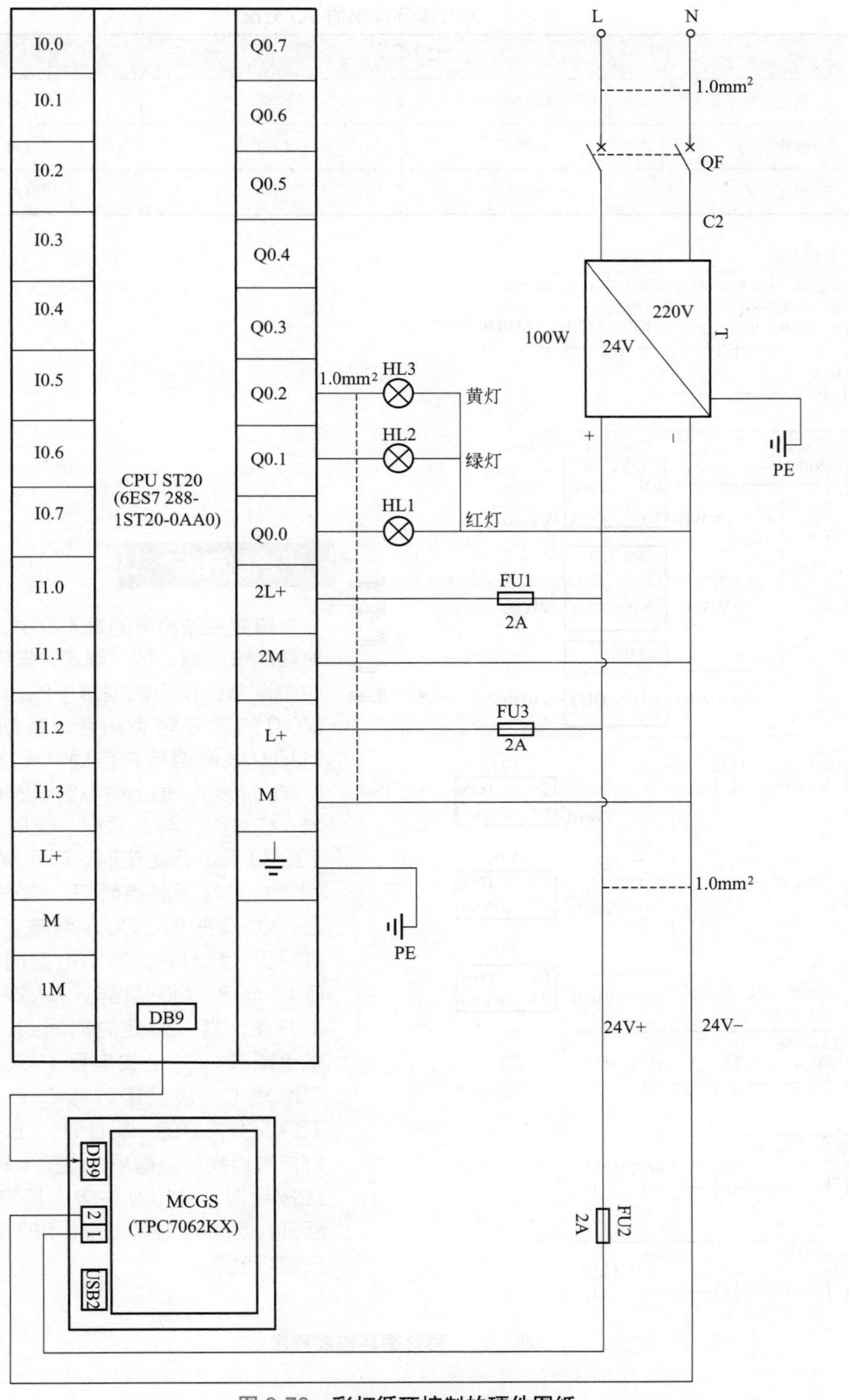


图 9-70　彩灯循环控制的硬件图纸

② 根据控制要求，编写控制程序。彩灯循环控制程序如图 9-71 所示。

表 9-2　彩灯循环控制的 I/O 分配

| 输入量 | | 输出量 | |
|---|---|---|---|
| 启动 | M0.0 | 红灯 | Q0.0 |
| 停止 | M0.1 | 绿灯 | Q0.1 |
| 确定 | M0.2 | 黄灯 | Q0.2 |

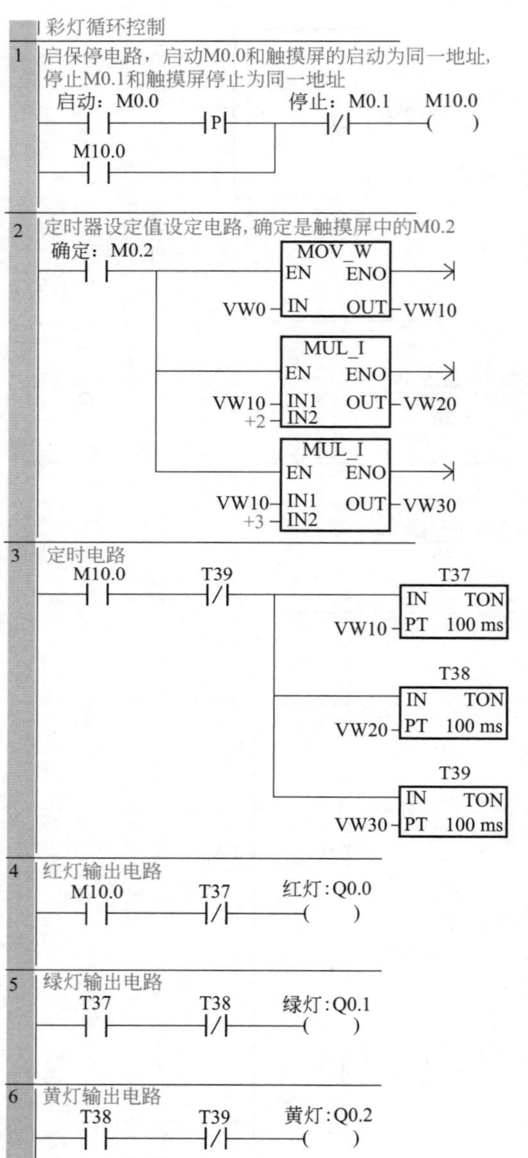


图 9-71　彩灯循环控制程序

**案例解析**

事先在触摸屏的输入框中，输入定时器的设置值，按“确定”按键，为定时做准备。按下触摸屏中的启动按钮，M0.0 的常开触点闭合，辅助继电器 M10.0 线圈得电并自锁，其常开触点 M10.0 闭合，输出继电器线圈 Q0.0 得电，红灯亮；与此同时，定时器 T37、T38 和 T39 开始定时，当 T37 定时时间到，其常闭触点断开、常开触点闭合，Q0.0 断电、Q0.1 得电，对应的红灯灭、绿灯亮；当 T38 定时时间到，Q0.1 断电、Q0.2 得电，对应的绿灯灭黄灯亮；当 T39 定时时间到，其常闭触点断开，Q0.2 失电且 T37、T38 和 T39 复位，接着定时器 T37、T38 和 T39 又开始新的一轮计时，红、绿、黄灯依次点亮往复循环；当按下触摸屏停止按钮时，M10.0 失电，其常开触点断开，定时器 T37、T38 和 T39 断电，三盏灯全熄灭

(3) 触摸屏画面设计及组态

① 新建　双击桌面 MCGS 组态软件图标，进入组态环境。单击菜单栏中的“文件→新建”，会出现“新建工程设置”对话框，如图 9-72 所示。在“类型”中可以选择所需要触

摸屏的系列，这里我们选择“TPC7062KX”系列；在“背景色”中，可以选择所需要的背景颜色。这里有 1 点需要注意，就是分辨率 800×480，有时候背景以图片形式出现的时候，所用图片的分辨率也必须为 800×480，否则触摸屏显示出来会失真。设置完后，单击“确定”，会出现图 9-73 所示的画面。

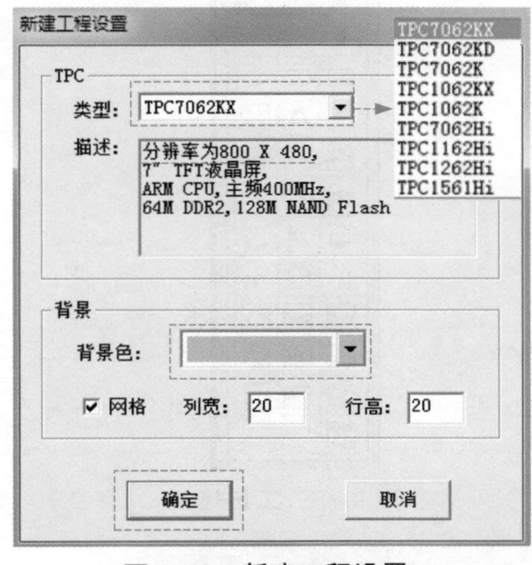


图 9-72　新建工程设置

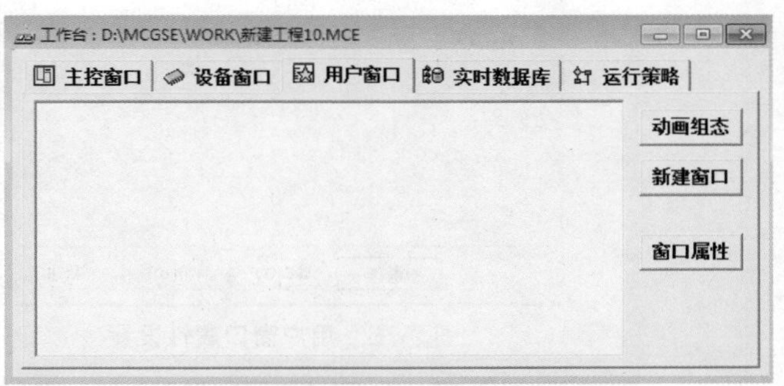


图 9-73　工作界面

② 画面制作及变量连接

a. 新建窗口：在图 9-73 中，单击［用户窗口］，进入用户窗口，这时可以制作画面了。单击按钮［新建窗口］，会出现［窗口0］。以上操作如图 9-74 所示。

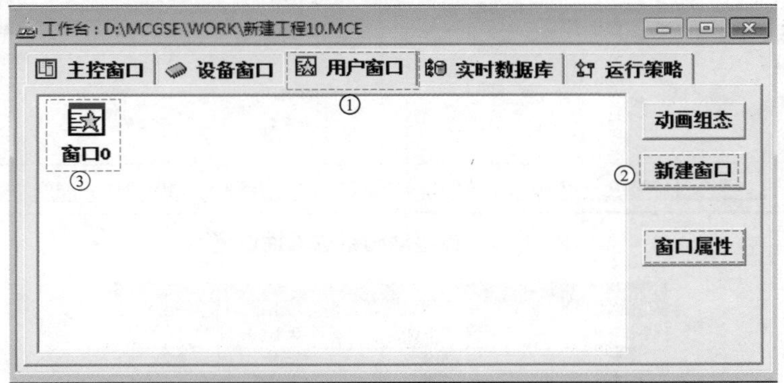


图 9-74　新建窗口

b. 窗口属性设置：选中“窗口 0”，单击按钮 **窗口属性**，出现图 9-75 所示画面。这时可以改变“窗口的属性”。在“窗口名称”中可以输入想要的名称，本例窗口名称为“彩灯循环控制”。在“窗口背景”中，可以选择所需要的背景颜色。设置完成后，单击“确定”，窗口名称由“窗口 0”变成了“彩灯循环控制”。设置步骤如图 9-75 所示。

c. 插入标签：双击图标［彩灯循环控制］，进入“动态组态信号发生”画面。单击工具栏中的［工具箱图标］，会出现“工具箱”，如图 9-76 所示，这时利用“工具箱”就可以进行画面制作了。单击按钮［A］，在画面中拖拽，双击该标签，进入“标签动画组态属性设置”界面，如图 9-77 所示。在此界面中可以进行“属性设置”和“扩展属性”设置，在“扩展属性”中的“文本内容输入”

项输入“彩灯循环控制”字样；水平和垂直对齐分别设置为“居中”；“文字内容排列”设置为“横向”。在“属性设置”中“填充颜色”“边线颜色”项选择“灰色”和“没有边线”；“字符颜色”项“颜色”设置为黑色；单击按钮，会出现“字体”对话框，如图 9-78 所示。

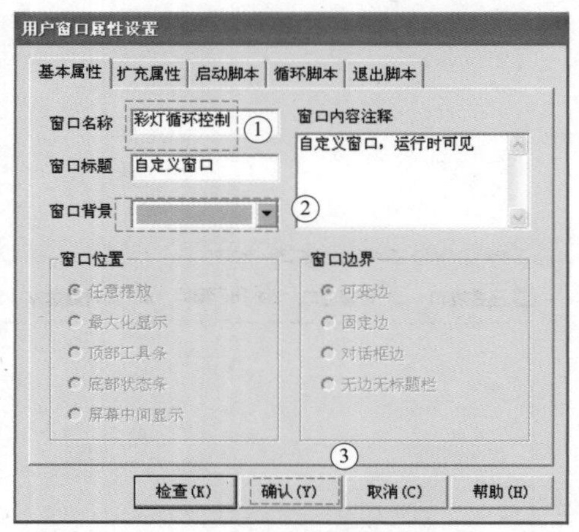


图 9-75 用户窗口属性设置

图 9-76 工具箱

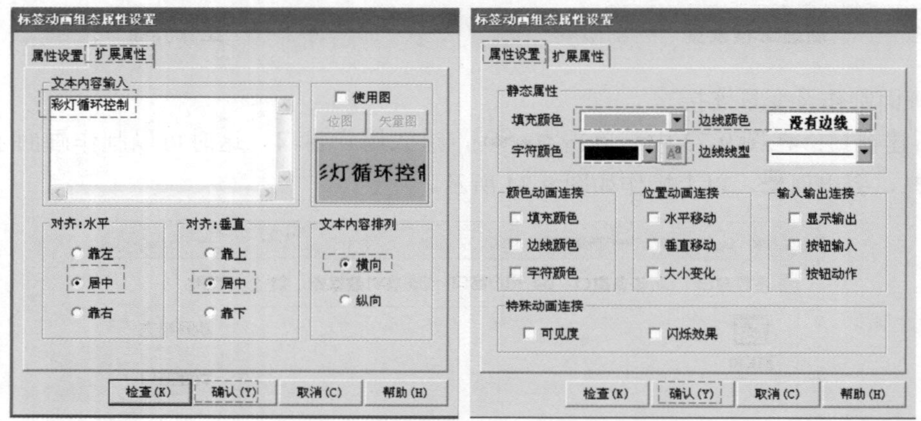


图 9-77 标签动画组态属性设置

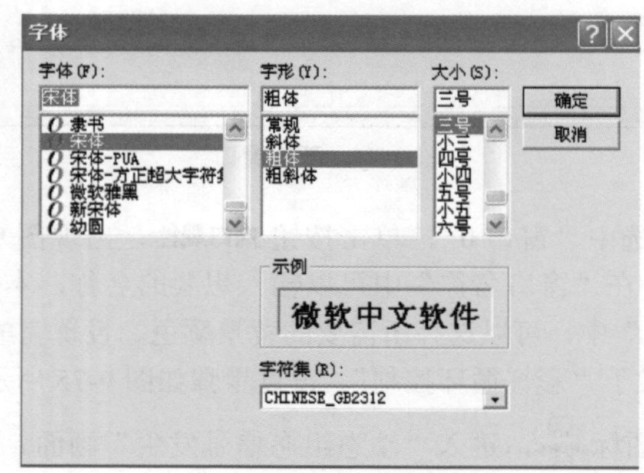


图 9-78 字体设置

其余 3 个标签制作方法与上述方法相似，故不再赘述。

d. 插入按钮：单击按钮，在画面中拖拽合适的大小，双击该按钮，进入“标准按钮构建属性设置”界面，如图 9-79 所示。分别进行“基本属性”和“操作属性”设置。在“基本属性”中的“文本”项输入“启动”字样；水平和垂直对齐分别设置为“中对齐”；“文本颜色”项设置为黑色；单击按钮，会出现“字体”对话框，与标签中的设置方法相似，不再赘述；“背景色”“边线色”为默认。在“操作属性”中，按下“抬起功能”按钮，在“数据对象值操作”项打钩，单击倒三角，选择“清 0”；单击 ?，选择变量“启动”（备注：此变量应提前在 实时数据库 中定义）。在“操作属性”中，按下“按下功能”按钮，在“数据对象值操作”项打钩，单击倒三角，选择“置 1”；单击 ?，选择变量“启动”。其余 2 个按钮制作方法与上述方法相似，故不再赘述。

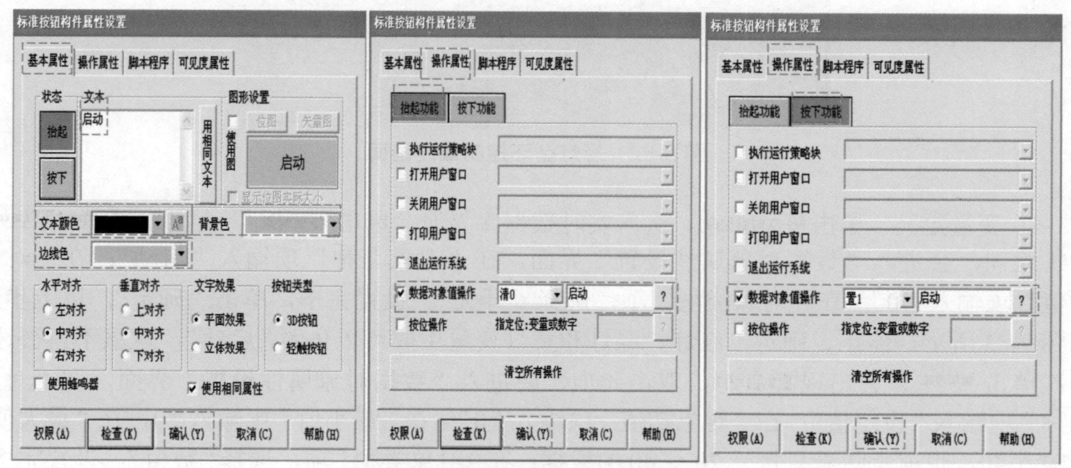

图 9-79　**标准按钮构建属性设置**

e. 插入输入框：单击按钮 ab|，在画面中拖拽合适的大小，双击该按钮，进入“输入框构件属性设置”界面，如图 9-80 所示。分别进行“基本属性”和“操作属性”设置。在“基本属性”所有设置为默认；在“操作属性”中的“对应数据对象的名称”项，单击 ?，选择变量“设置值”（备注：此变量应提前在 实时数据库 中定义）。在“最小值”中输入 20，在“最大值”中输入 40，也就意味着该输入框只接受 20 ～ 40 的数据。

f. 插入指示灯：点击工具箱中的，在“图形元件库”中找到“指示灯”文件夹，点开，找到“指示灯 11”，单击“确定”，会在窗口中出现。双击，会出现“单元属性设置”界面，如图 9-81 所示。在“数据对象”中，单击“可见度”后边的 ?，选择变量“红灯”。其

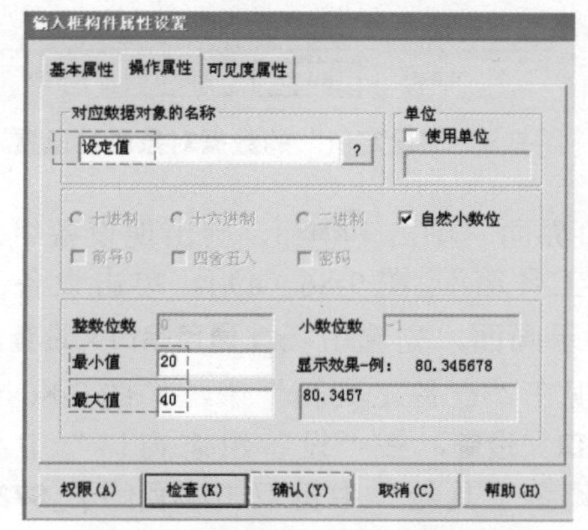

图 9-80　**输入框构件属性设置**

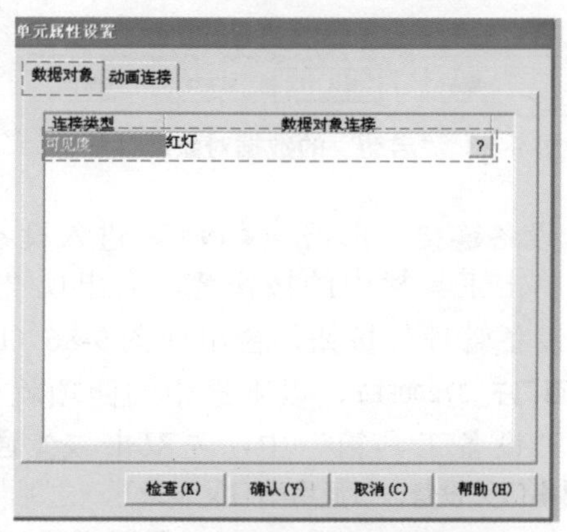

图 9-81　**指示灯单元属性设置**

余 2 个指示灯制作方法与上述方法相似，故不再赘述。

g. 最终画面：最终画面如图 9-82 所示。

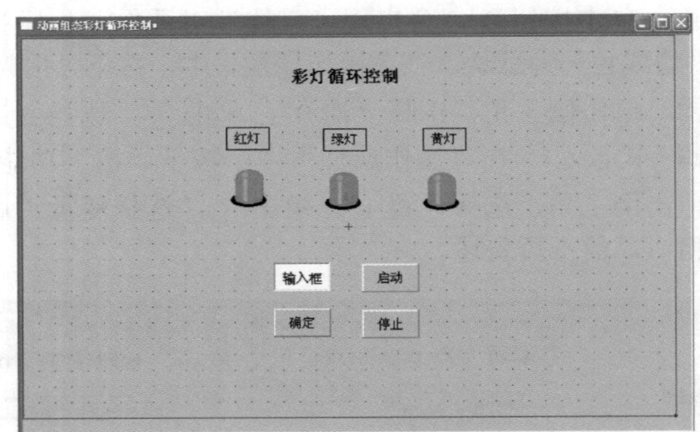


图 9-82 彩灯循环控制最终画面

③ 变量定义 单击 实时数据库，进入实时数据库界面。单击 新增对象，会出现 InputETime1，双击此项，会进入“数据对象属性设置”界面，在“对象名称”项输入“启动”；在“对象初值”项输入“0”；在“对象类型”项，选择“开关”。设置完毕，单击“确定”。以上步骤如图 9-83 所示。停止、确定、红灯、绿灯和黄灯变量生成可以仿照“启动”，这里不再赘述。再次单击 新增对象，会出现 启动1，双击此项，会进入“数据对象属性设置”界面，在“对象名称”项输入“设定值”；在“对象初值”项输入“0”；在“最小值”中输入 20，在“最大值”中输入 40，也就意味着只接受 20～40 的数据；在“对象类型”项，选择“数值”。设置完毕，单击“确定”。步骤如图 9-84 所示，最终结果如图 9-85 所示。

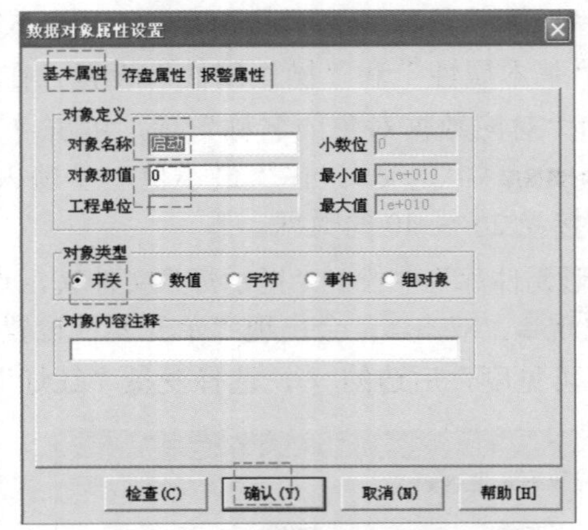


图 9-83 “启动”的数据对象属性设置

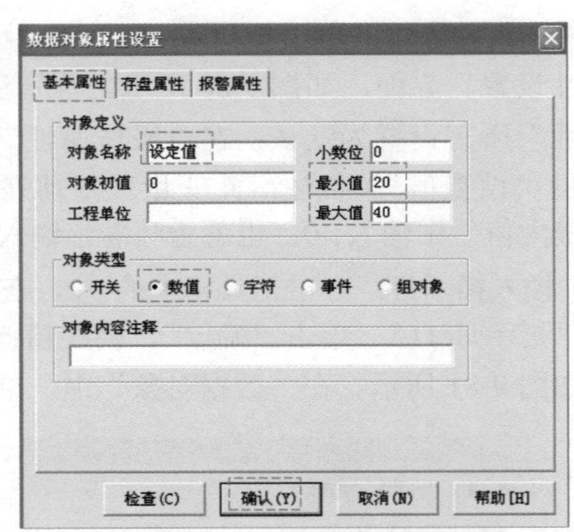


图 9-84 “设定值”的数据对象属性设置

④ 设备连接 单击 设备窗口，进入设备窗口界面。单击 设备组态，会出现设备组态窗口画面，单击工具栏中的按钮，会出现“设备工具箱”[图 9-86（a）]，单击设备工具箱中的“设备管理”按钮，会出现图 9-86（b）所示画面，先选中 通用串口父设备，再选中 西门子_S7200PPI，以上选中的两项就会出现在“设备工具箱”中，如图 9-86（c）所示。在“设备工具箱”中，先双击 通用串口父设备，在“设备组态窗口”中会出现 通用串口父设备0--[通用串口父设备]，之后在“设备工具箱”中再双击 西门子_S7200PPI，会出现图 9-87 所示画面，问 是否使用"西门子_S7200PPI"驱动的默认通讯参数设置串口父设备参数?，单击“是”。在“设

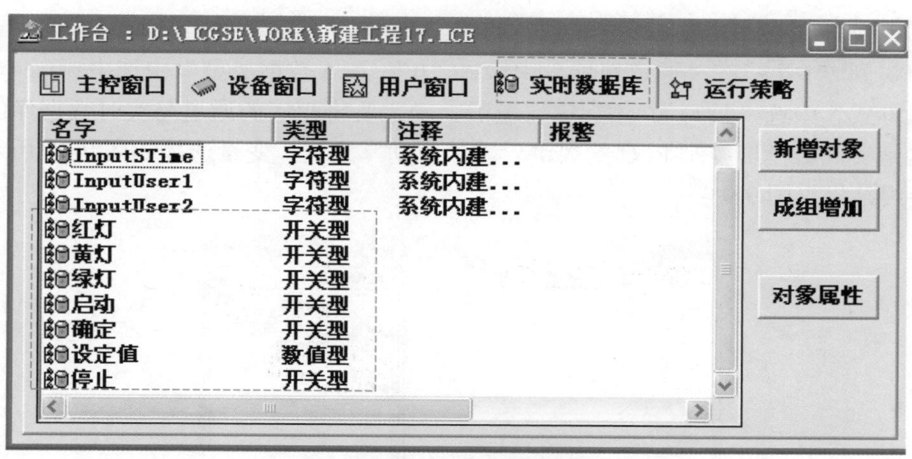


图 9-85　变量生成最终结果

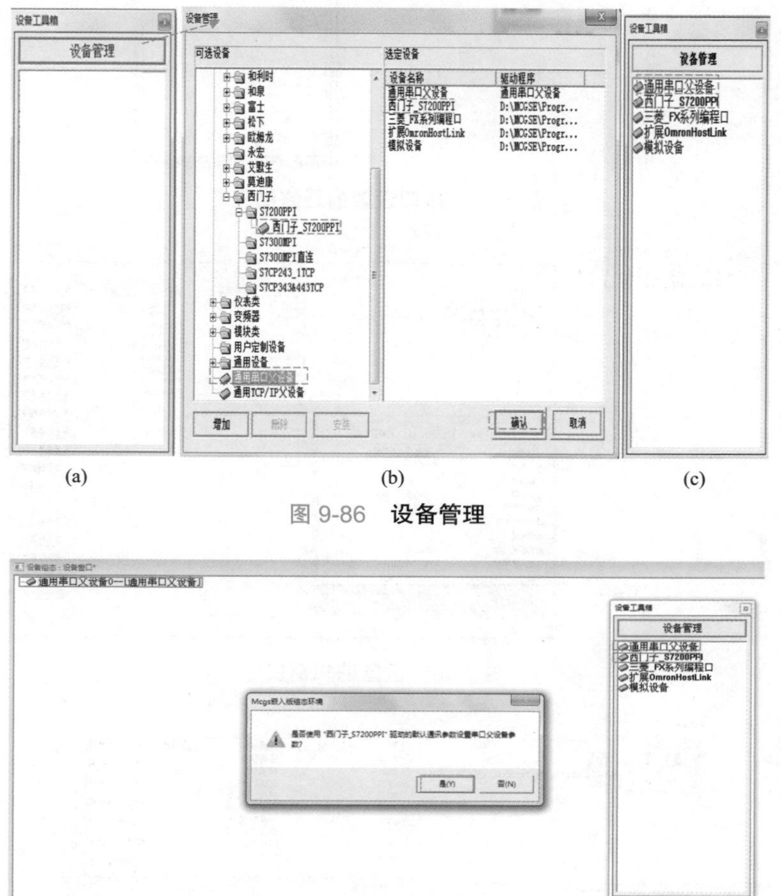


(a)　(b)　(c)

图 9-86　设备管理

图 9-87　西门子 S7-200PPI 通信设置

备组态”窗口会出现设备0--[西门子_S7200PPI]，最终画面如图 9-88 所示。在“设备组态”窗口，双击西门子_S7200PPI，会出现图 9-89 所示画面。在图 9-89 所示“设备编辑窗口”中，单击增加设备通道，会出现图 9-90 所示画面。在“通道类型”中找到M寄存器；在“通道地址”中输入“0”；在“读写方式”中选“只写”；剩余开关量通道的添加可以参考 M0.0 通道的添加。

在图 9-89 所示“设备编辑窗口”中，再次点击增加设备通道，会出现图 9-91 所示画面。在“通道类型”中找到V寄存器；在“通道地址”中输入“0”；在“数据类型”中选中数据类型 16位 无符号二进制，在“读写方式”中选“只写”。添加完通道后，一定要将相应的通道与实时数据库的变量对应好，这是实现触摸屏控制 PLC 的关键。以“启动”为例，变量选择如图 9-92 所示。设备连接的最终结果见图 9-93。

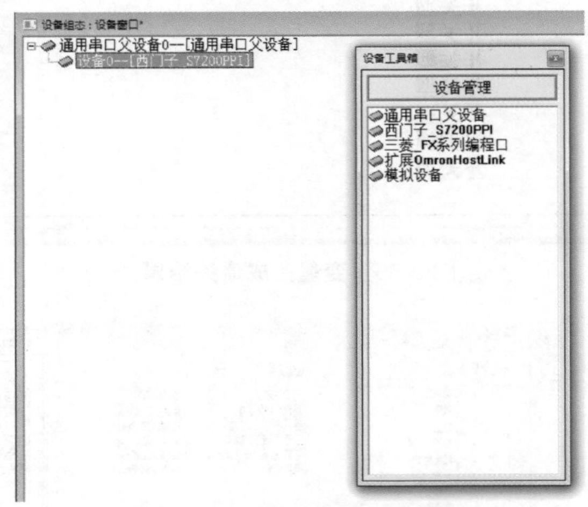


图 9-88　**串口设置的最终结果**

图 9-89　**设备编辑窗口**

图 9-90　**添加设备通道（类型 1）**

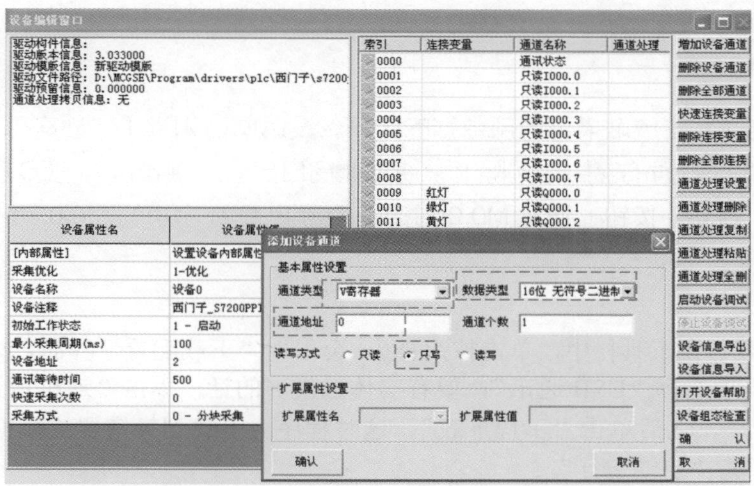


图 9-91　添加设备通道（类型 2）



图 9-92　变量选择

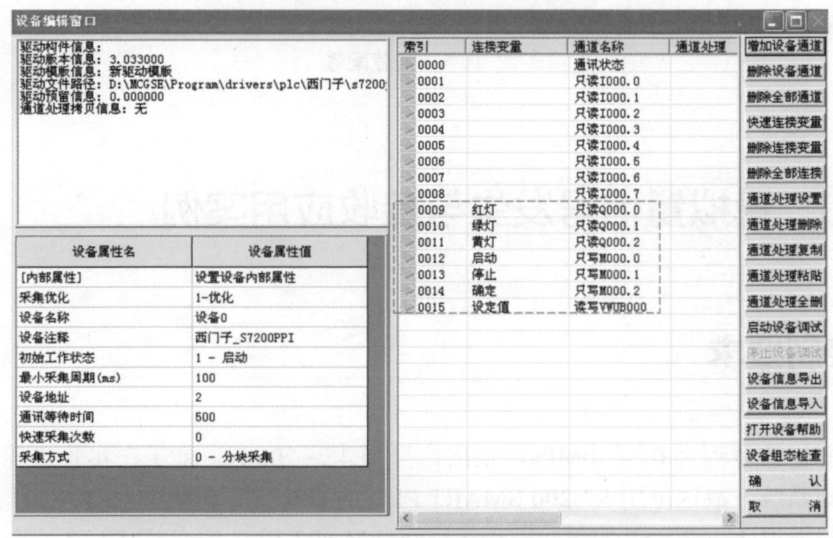


图 9-93　设备连接最终结果

编者心语

实时数据库是生成触摸屏内部数据的区域，设备窗口相当于“外交部”，是触摸屏数据与 PLC 数据沟通的窗口，实际上，通过此窗口建立了触摸屏与 PLC 联系。如在触摸屏中点击“启动”按钮，通过 M0.0 通道，使得 PLC 程序中的 M0.0 动作，进而程序得到了运行。

⑤ 程序下载　在工具栏中，单击按钮，会出现“下载配置”界面，如图 9-94 所示。在“连接方式”项选择“USB 通讯”，要有实体触摸屏的话，单击“连机运行”，如果没有可以“模拟运行”，之后单击“工程下载”，这时程序会下载到触摸屏或模拟软件中；程序下载完成后，单击“启动运行”。

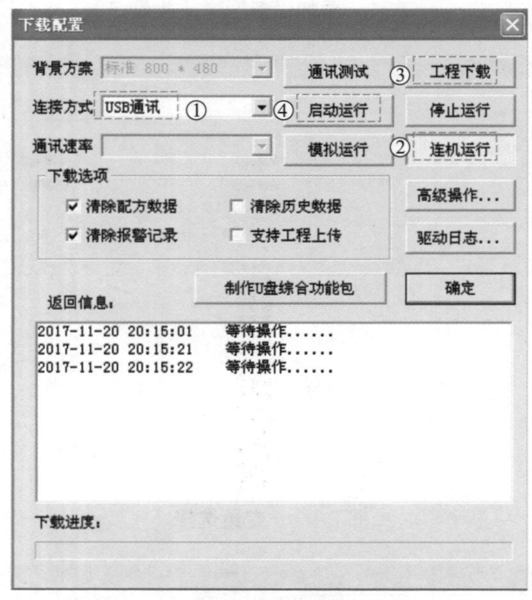


图 9-94　下载配置

# 9.6 模拟量信号发生与接收应用案例

## 9.6.1 控制要求

某压力变送器量程为 0 ～ 10MPa，输出信号为 4 ～ 20mA，鉴于在实验室环境不可能组装完整的控制系统，故这里用 S7-200 SMART PLC 的 CPU ST20 模块 +SB AQ01 信号板 + 触摸屏通过编程模拟 4 ～ 20mA 的信号；用 S7-200 SMART PLC 的 CPU ST30 模块 + EM AE04 模拟量输入模块作为信号接收，当压力大于 6MPa 时，蜂鸣器报警，试编程。

## 9.6.2 硬件设计

模拟量信号模拟和接收项目的硬件图纸如图 9-95 所示。

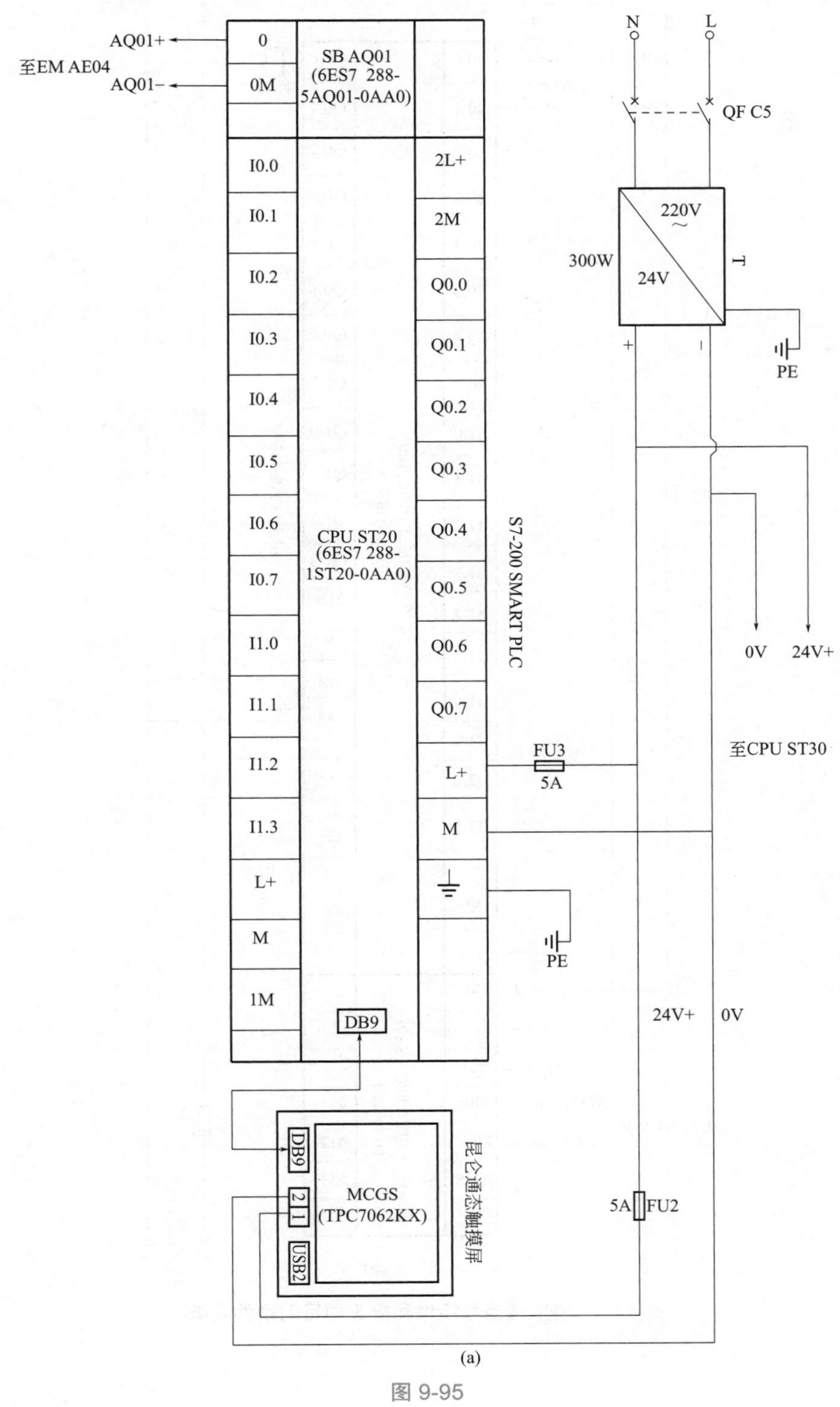

(a)

图 9-95

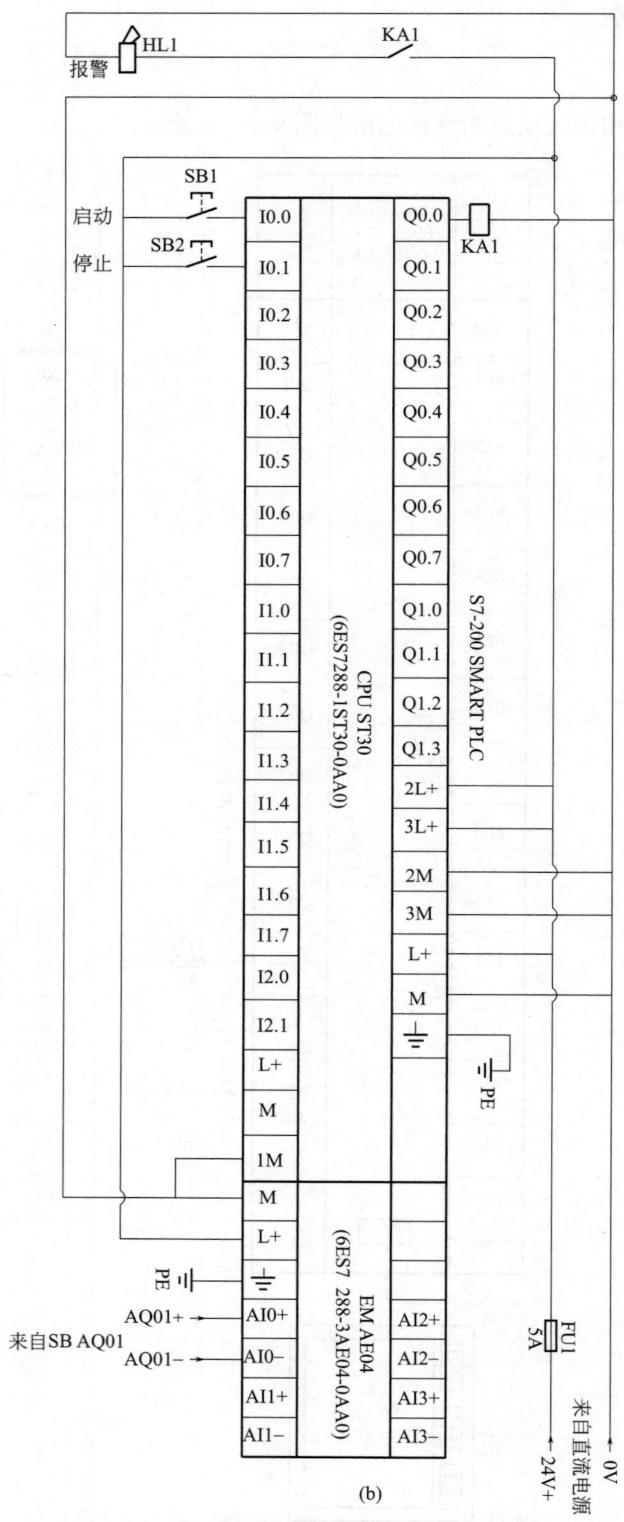


图 9-95 模拟量信号模拟和接收项目的硬件图纸

## 9.6.3 硬件组态

模拟量信号模拟和接收项目的硬件组态如图 9-96 所示。

系统块

| | 模块 | 版本 | 输入 | 输出 | 订货号 |
|---|---|---|---|---|---|
| CPU | CPU ST20 (DC/DC/DC) | V02.01.00_00.00... | I0.0 | Q0.0 | 6ES7 288-1ST20-0AA0 |
| SB | SB AQ01 (1AQ) | | | AQW12 | 6ES7 288-5AQ01-0AA0 |
| EM 0 | | | | | |
| EM 1 | | | | | |
| EM 2 | | | | | |
| EM 3 | | | | | |
| EM 4 | | | | | |
| EM 5 | | | | | |

(a) 4～20mA信号发生硬件组态

系统块

| | 模块 | 版本 | 输入 | 输出 | 订货号 |
|---|---|---|---|---|---|
| CPU | CPU ST30 (DC/DC/DC) | V02.00.02_00.00... | I0.0 | Q0.0 | 6ES7 288-1ST30-0AA0 |
| SB | | | | | |
| EM 0 | EM AE04 (4AI) | | AIW16 | | 6ES7 288-3AE04-0AA0 |
| EM 1 | | | | | |
| EM 2 | | | | | |
| EM 3 | | | | | |
| EM 4 | | | | | |
| EM 5 | | | | | |

(b) 4～20mA信号接收硬件组态

图 9-96　模拟量信号模拟和接收项目的硬件组态

## 9.6.4 模拟量信号发生 PLC 程序设计

模拟量信号发生 PLC 程序设计如图 9-97 所示。

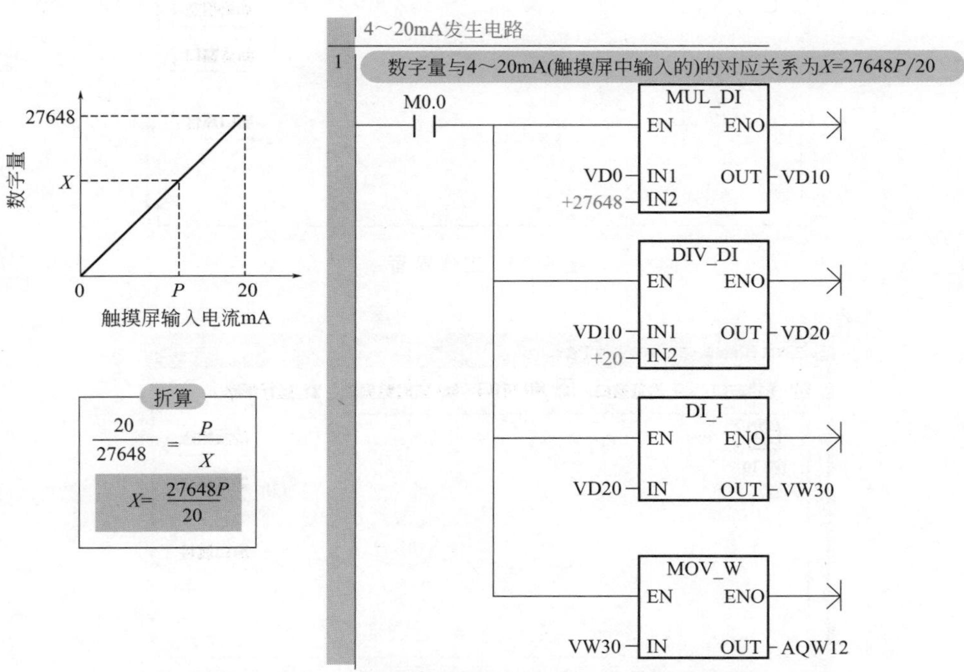


图 9-97　模拟量信号发生 PLC 程序设计

## 9.6.5 模拟量信号发生触摸屏界面设计及组态

（1）新建

双击桌面 MCGS 组态软件图标，进入组态环境。单击菜单栏中的“文件→新建”，会出现“新建工程设置”对话框，如图 9-98 所示。“类型”中可以选择所需要触摸屏的系列，这里我们选择“TPC7062KX”系列；在“背景色”中，可以选择所需要的背景颜色。这里有 1 点需要注意，就是分辨率 800×480，有时候背景以图片形式出现的时候，所用图片的分辨率也必须为 800×480，否则触摸屏显示出来会失真。设置完后，单击“确定”，会出现图 9-99 所示工作界面。

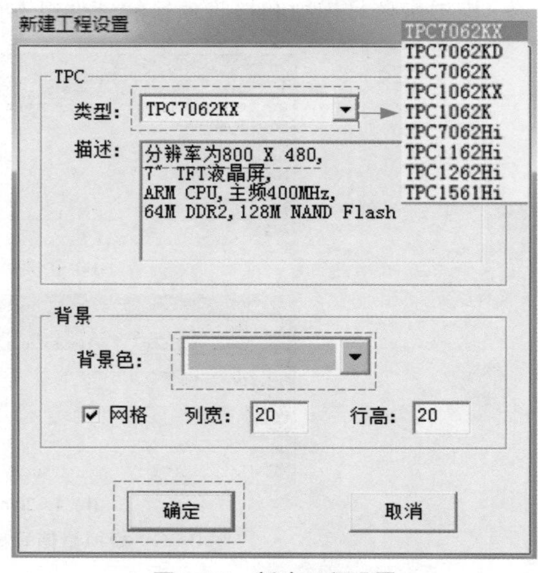


图 9-98 新建工程设置

（2）画面制作

① 新建窗口：在图 9-99 中，单击用户窗口，进入用户窗口，这时可以制作画面了。单击按钮新建窗口，会出现窗口0。步骤如图 9-100 所示。

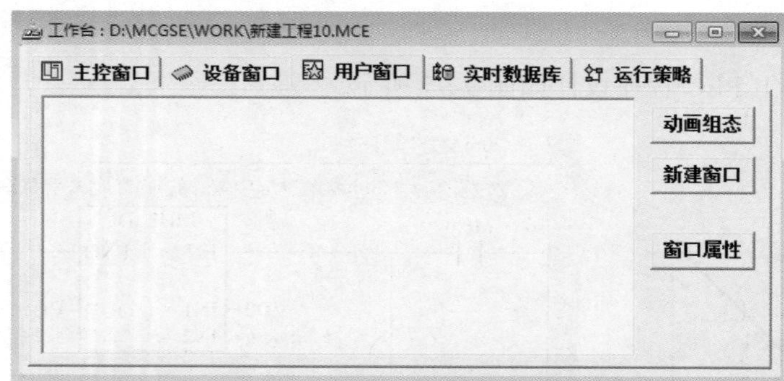


图 9-99 工作界面

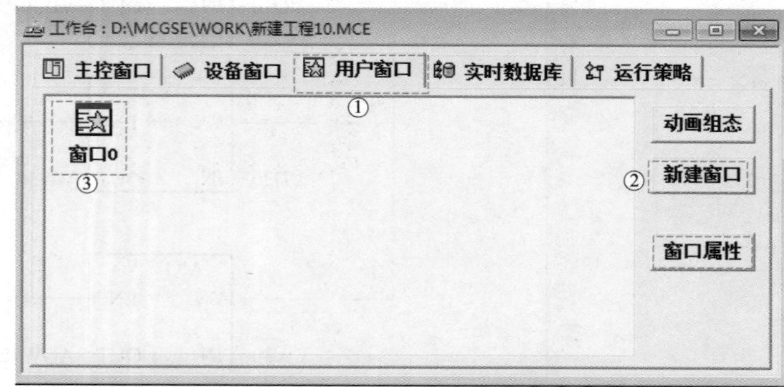


图 9-100 新建窗口

② 窗口属性设置：选中“窗口 0”，单击按钮窗口属性，出现图 9-101 所示画面。这时可以改变“窗口的属性”。在“窗口名称”中可以输入想要的名称，本例窗口名称为“信号发生”。在“窗口背景”中，可以选择所需要的背景颜色。设置完成后，单击“确定”，窗口名称由“窗口 0”变成了“信号发生”。设置步骤如图 9-101 所示。

③ 插入位图：双击图标，进入“动态组态信号发生”画面。单击工具栏中的，会出现“工具箱”，如图 9-102 所示，这时利用“工具箱”就可以进行画面制作了。单击按钮，在工作区进行拖拽，之后右键“装载位图”，找到要插入图片的路径，这样就把想要插入的图片插到“信号发生”里了。步骤如图 9-103 所示。本例中插入的是“S7-200 SMART PLC 图片”。

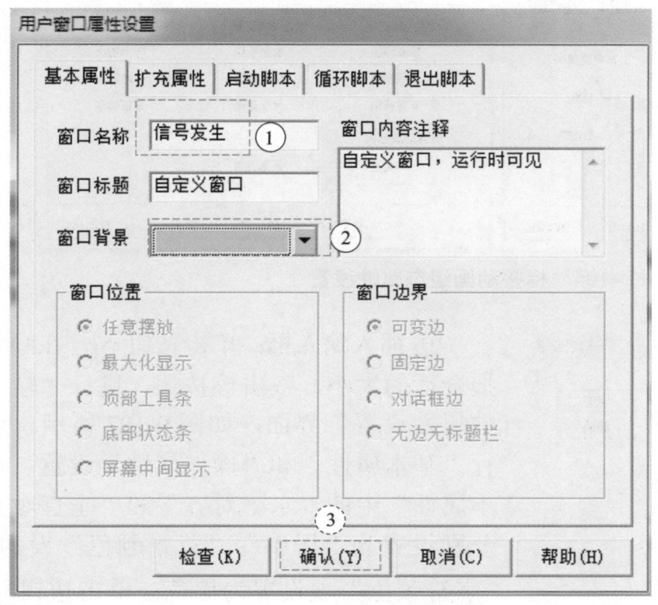


图 9-101 **用户窗口属性设置**

图 9-102 **工具箱**

④ 插入标签：单击按钮A，在画面中拖拽，双击该标签，进行“标签动画组态属性设置”界面，如图 9-104 所示。分别进行“属性设置”和“扩展属性”设置，在“扩展属性”中的“文本内容输入”项输入“S7-200 SMART PLC 信号发生项目”字样；水平和垂直对齐分别设置为“居中”；“文字内容排列”设置为“横向”。在“属性设置”中“填充颜色”“边线颜色”项选择“没有填充”和“没有边线”；“字符颜色”项颜色设置为黑色；单击按钮，会出现“字体”对话框，如图 9-105 所示。

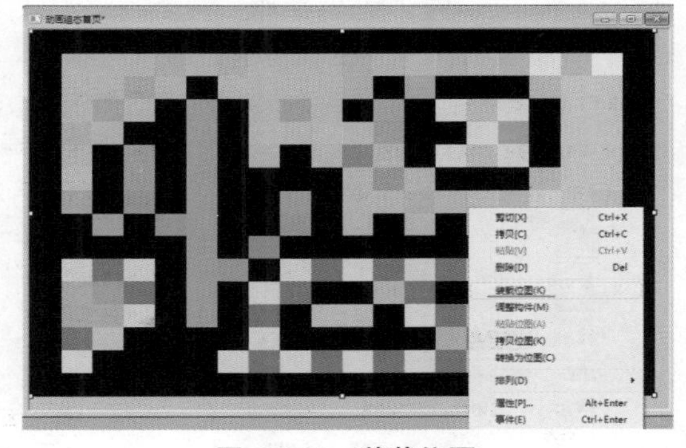

图 9-103 **装载位图**

其余 4 个标签制作方法与上述方法相似，故不再赘述。

⑤ 插入按钮：单击按钮，在画面中拖拽合适的大小，双击该按钮，进行“标准按钮构建属性设置”界面，如图 9-106 所示。分别进行“基本属性”和“操作属性”设置。在“基本属性”中的“文本”项输入“启动”字样；水平和垂直对齐分别设置为“中对齐”；“文

本颜色”项设置为黑色；单击按钮A^a，会出现“字体”对话框，与标签中的设置方法相似，不再赘述；“背景色”设为蓝色，“边颜色”设为蓝色。在“操作属性”中，按下“抬起功能”按钮，在“数据对象值操作”项打钩，单击倒三角，选择“清 0”；单击 ? ，选择变量“启动”（备注：此变量应提前在 实时数据库 中定义）。在“操作属性”中，按下“按下功能”按钮，在“数据对象值操作”项打钩，单击倒三角，选择“置 1”；单击 ? ，选择变量“启动”。

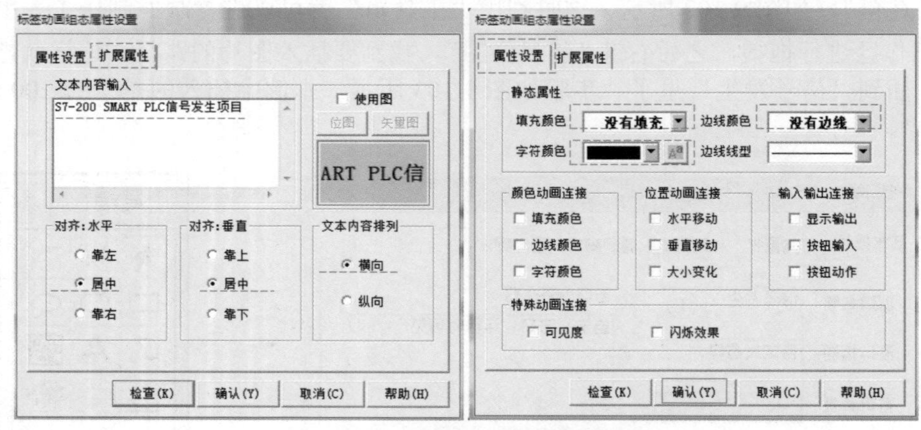

图 9-104 标签动画组态属性设置

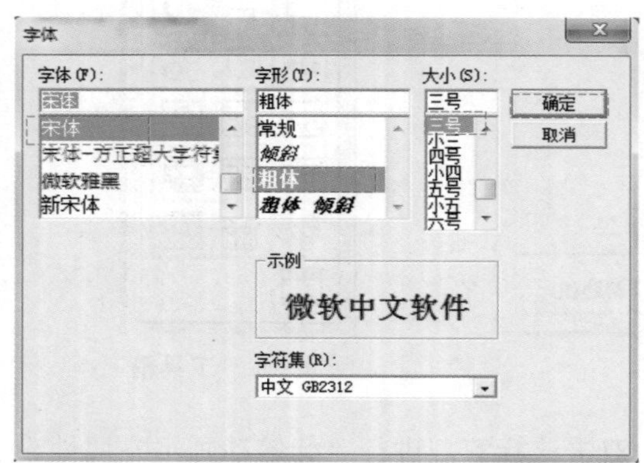

图 9-105 字体

⑥ 插入输入框：单击按钮 abl ，在画面中拖拽合适的大小，双击该按钮，进行“输入框构件属性设置”界面，如图 9-107 所示。分别进行“基本属性”和“操作属性”设置。在“基本属性”中的“水平对齐”和“垂直对齐”项分别设置为“居中”；“背景颜色”设为蓝色，“字符颜色”项设置为黑色；单击按钮A^a，会出现“字体”对话框，本例选择的是宋体、常规、小四号字。在“操作属性”中的“对应数据对象的名称”项，单击 ? ，选择变量“VD0”（备注：此变量应提前在 实时数据库 中定义）。

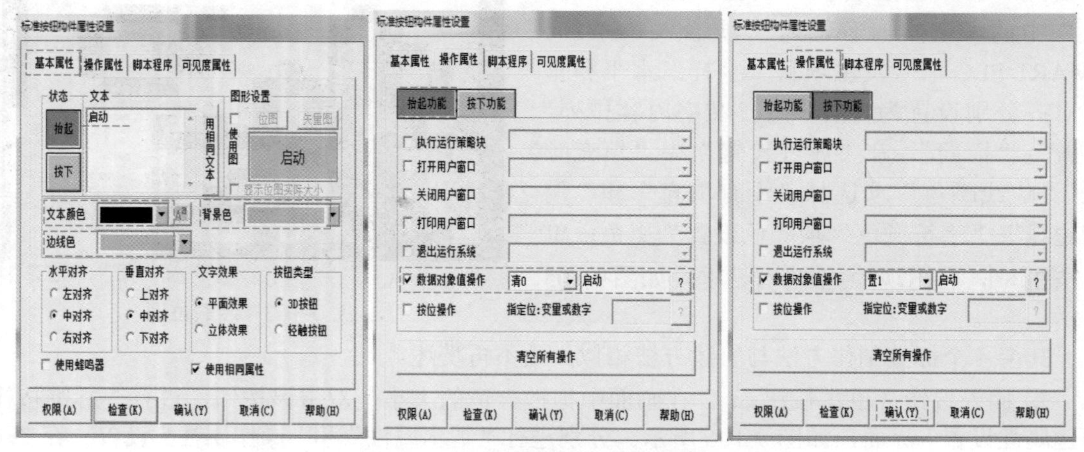

图 9-106 标准按钮构建属性设置

在“最小值”中输入 4，在“最大值”中输入 20，也就意味着该输入框只接受 4 ～ 20mA 的数据。

⑦ 最终画面：最终画面如图 9-108 所示。

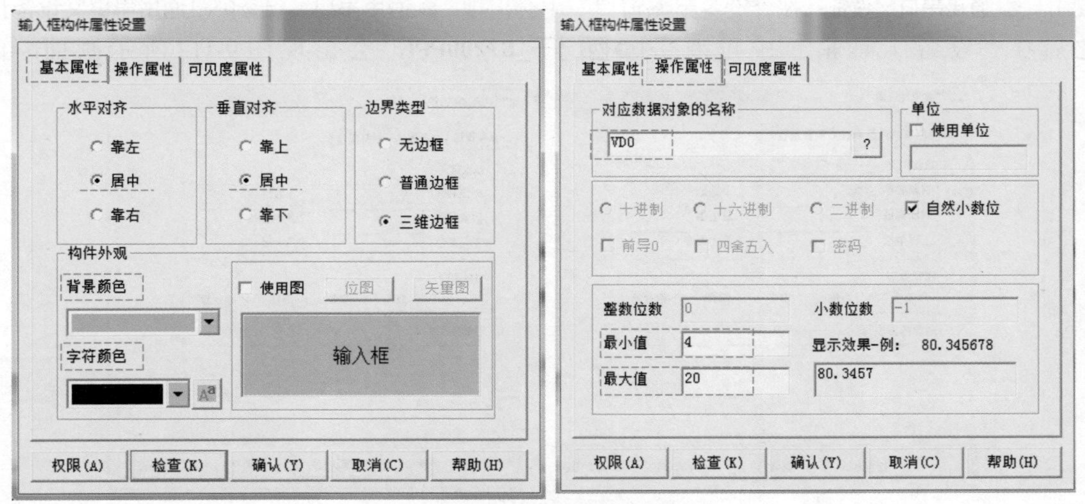


图 9-107 **输入框构件属性设置**

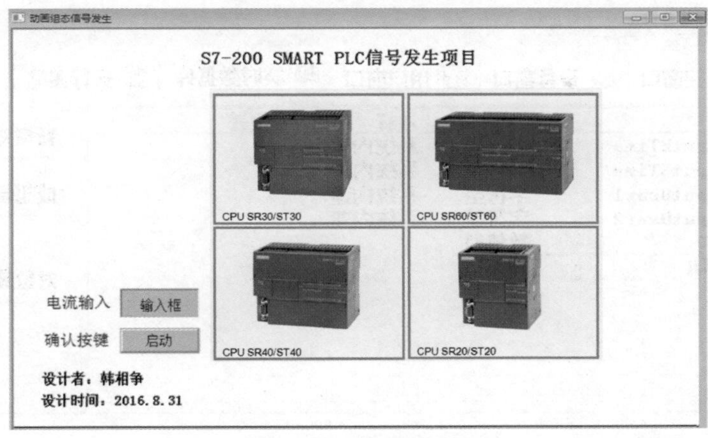


图 9-108 **最终画面**

（3）变量定义

单击 实时数据库 ，进入实时数据库界面。单击 新增对象 ，会出现 InputETime1，双击此项，会进入“数据对象属性设置”界面，在“对象名称”项输入“启动”；在“对象初值”项输入“0”；在“对象类型”项，选择“开关”。设置完毕，单击“确定”。再次单击 新增对象 ，会出现 启动1，双击此项，会进入“数据对象属性设置”界面，在“对象名称”项输入“VD0”；在“对象初值”项输入“0”；在“最小值”中输入 4，在“最大值”中输入 20，也就意味着只接受 4 ～ 20mA 的数据。在“对象类型”项，选择“数值”。设置完毕，单击“确定”。步骤如图 9-109 所示，最终结果如图 9-110 所示。

（4）设备连接

单击 设备窗口 ，进入设备窗口界面。单击 设备组态 ，会出现设备组态窗口画面，单击工具栏中的按钮，会出现“设备工具箱”[图 9-111（a)]，单击设备工具箱中的“设备管理”按钮，会出现图 9-111（b）所示画面，先选中通用串口父设备，再选中西门子_S7200PPI，以上选中的两项就会出现在“设备工具箱”中，如图 9-111（c）所示。在“设备工具箱”中，先双击通用串口父设备，在“设备组态窗口”中会出现通用串口父设备0--[通用串口父设备]，之后在“设备工具箱”中再双击西门子_S7200PPI，会出现图 9-112 所示画面，问

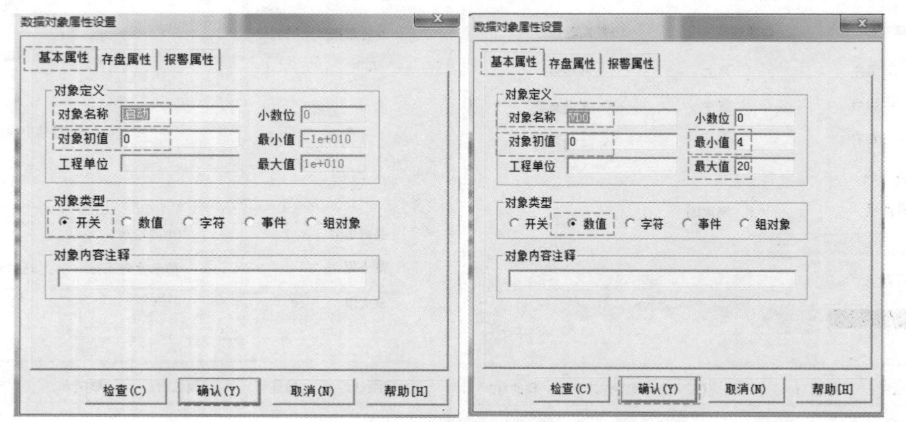


图 9-109　数据对象属性设置

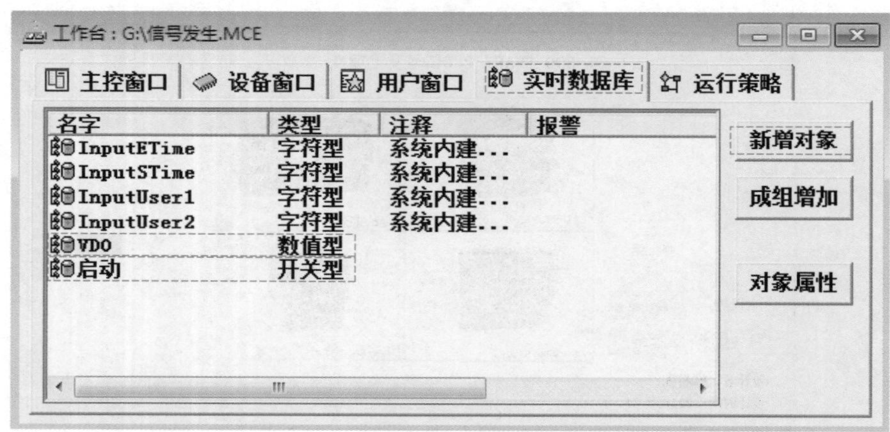


图 9-110　变量生成最终结果

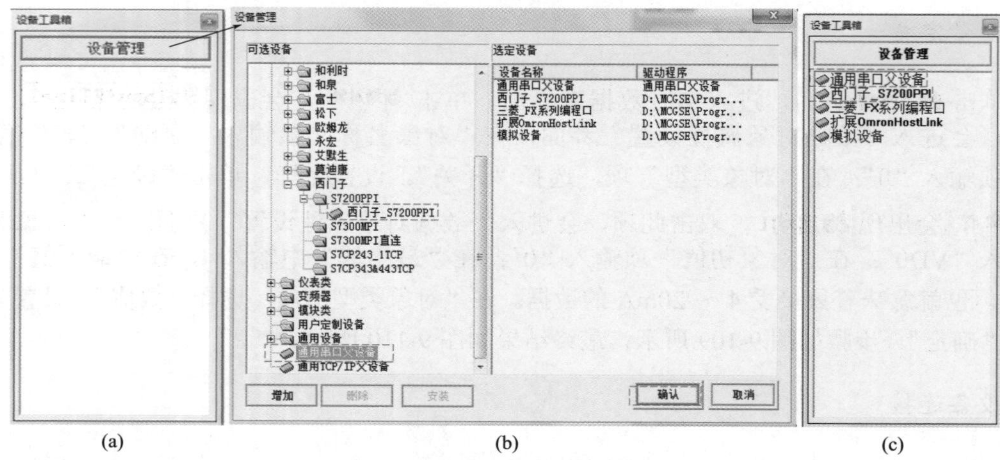


图 9-111　设备管理

是否使用"西门子_S7200PPI"驱动的默认通讯参数设置串口父设备参数?，单击"是"。在"设备组态"窗口会出现设备0--[西门子_S7200PPI]，最终画面如图 9-113 所示。在"设备组态"窗口，双击西门子_S7200PPI，会出现图 9-114 所示画面。在图 9-114 所示"设备编辑窗口"中，单击增加设备通道，

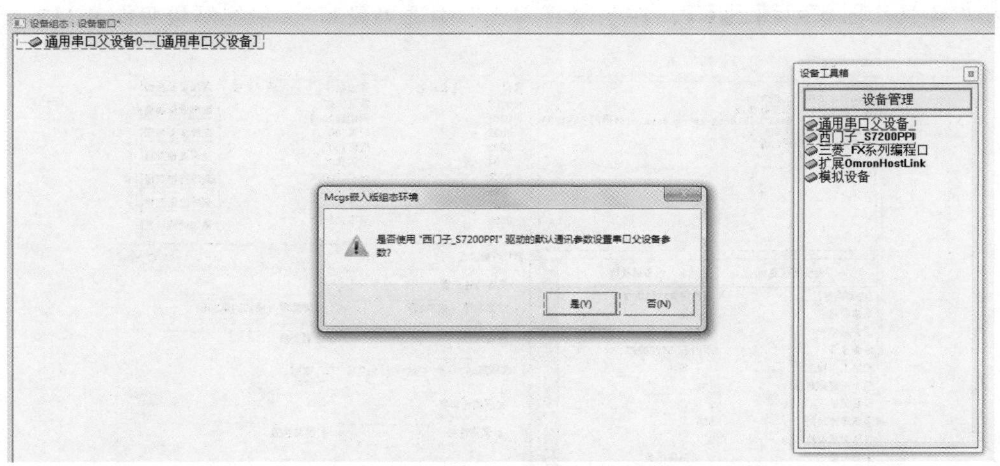


图 9-112　西门子 S7-200PPI 通信设置

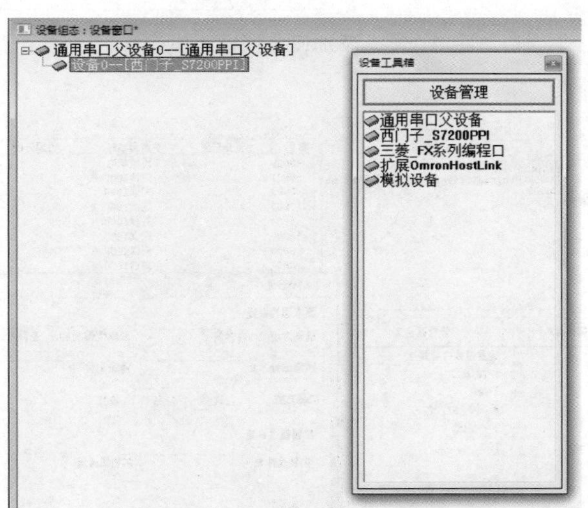


图 9-113　串口设置的最终结果

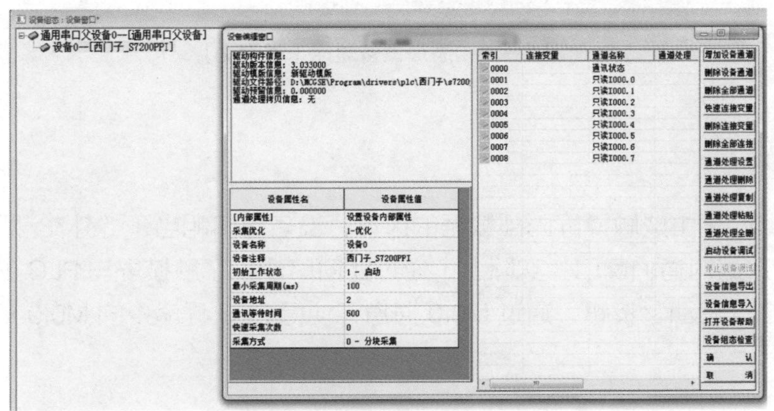


图 9-114　设备编辑窗口

会出现图 9-115 所示画面。在“通道类型”中找到 M寄存器；在“通道地址”中输入“0”；在“读写方式”中选“读写”。在图 9-114 所示“设备编辑窗口”中，再次单击 增加设备通道，会出现图 9-116 所示画面。在“通道类型”中找到 V寄存器；在“通道地址”中输入“0”；在“数据类型”中选中 32位 无符号二进制，在“读写方式”中选“只写”。最终结果见图 9-117。

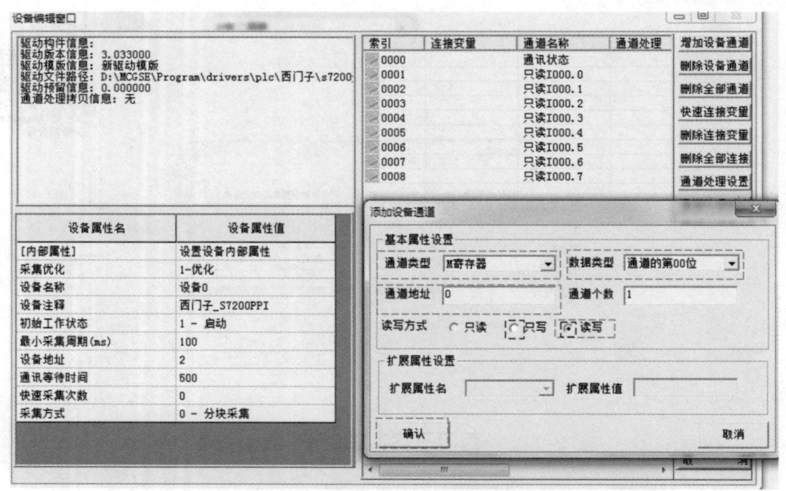

图 9-115　**添加设备通道（类型 1）**

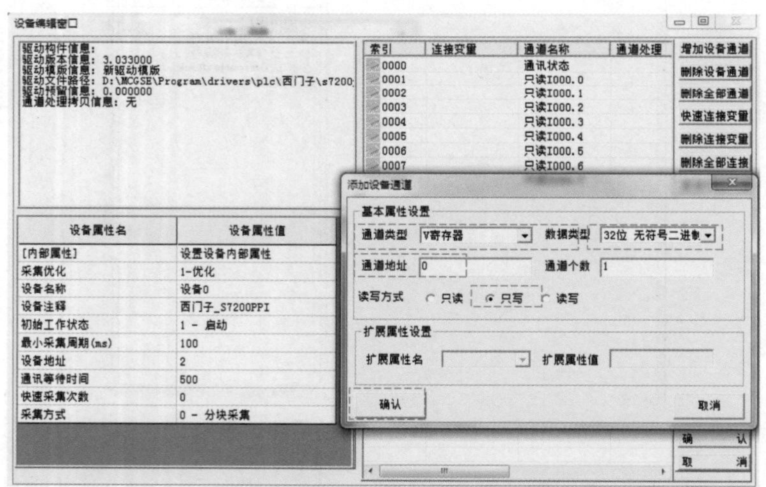

图 9-116　**添加设备通道（类型 2）**

## 编者心语

实时数据库是生成触摸屏内部数据的区域，设备窗口相当于“外交部”，是触摸屏数据与 PLC 数据沟通的窗口，实际上，通过此窗口建立了触摸屏与 PLC 的联系。如在触摸屏中单击“启动”按钮，通过 M0.0 通道，使得 PLC 程序中的 M0.0 动作，进而程序得到了运行。

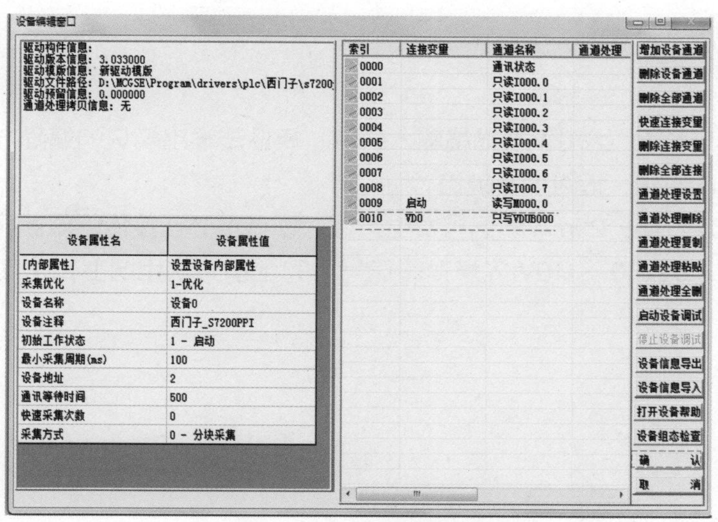

图 9-117　设备连接最终结果

## 9.6.6 模拟量信号接收 PLC 程序设计

模拟量信号接收 PLC 程序设计如图 9-118 所示。

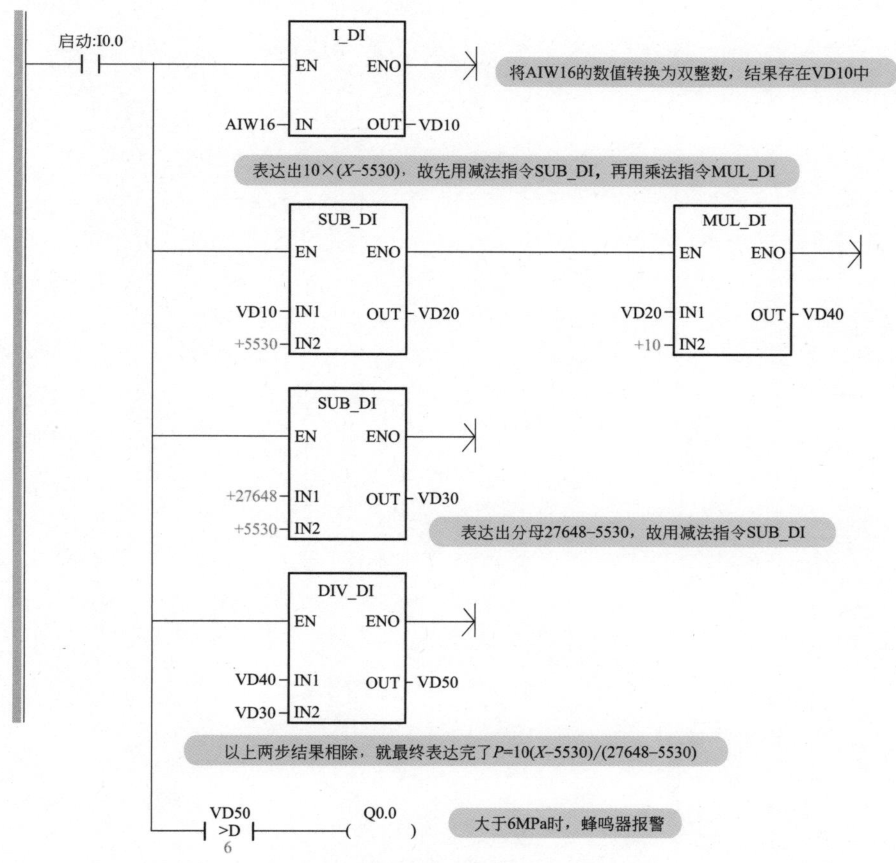


图 9-118　模拟量信号接收 PLC 程序设计

## 编者心语

1. 本例比较综合，给出了模拟量输入模块、模拟量输出模块的编程方法和触摸屏组态软件 MCGS 的应用，值得读者模仿。

2. 本例给出了 4 ~ 20mA 的信号发生方法，读者不必连接传感器就可验证程序的对错，实际上 0 ~ 5V、0 ~ 10V 等模拟量信号也完全都可以用以上方法实现，这里不再赘述。

# 第 10 章 S7-200 SMART PLC 与监控组态软件综合应用

SIEMENS

本章要点

- 西门子 S7-200 SMART PLC 与组态王在交通灯控制中的应用
- 西门子 S7-200 SMART PLC 与 WinCC 在低压洒水控制中的应用

组态软件又称组态监控系统软件，是指数据采集与过程控制的专用软件，也是指在自动控制系统监控层一级的软件平台和开发环境。这些软件实际上也是一种通过灵活的组态方式，为用户提供快速构建工业自动控制系统监控功能的、通用层次的软件工具。组态软件广泛应用于机械、汽车、石油、化工、造纸、水处理以及过程控制等诸多领域。

目前影响较大的组态软件有 WinCC、KingView（组态王）、MCGS 和 ForceControl 等，本书将以西门子 WinCC 和北京亚控 KingView（组态王）为例，对监控组态软件知识进行讲解。

# 10.1 S7-200 SMART PLC 和组态王在交通信号灯控制中的应用

## 10.1.1 任务导入

交通信号灯布置如图 10-1 所示。按下启动按钮，东西绿灯亮 25s 闪烁 3s 后熄灭，然后黄灯亮 2s 后熄灭，紧接着红灯亮 30s 后再熄灭，再接着绿灯亮……如此循环；在东西绿灯亮的同时，南北红灯亮 30s，接着绿灯亮 25s 闪烁 3s 后熄灭，然后黄灯亮 2s 后熄灭，红灯亮……如此循环，具体如表 10-1 所示。

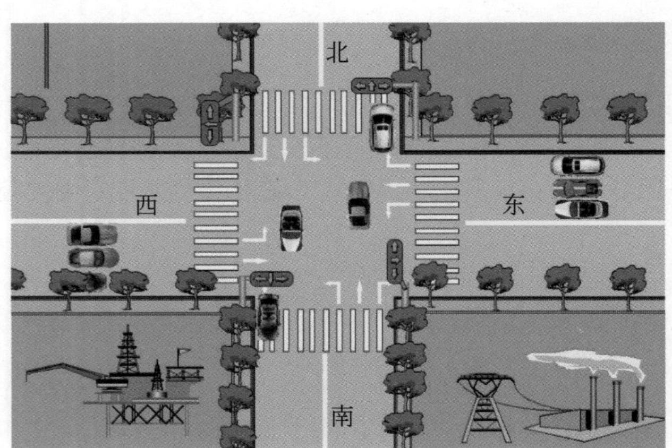


图 10-1　交通信号灯布置图

表 10-1　交通灯工作情况表

<table>
<tr><td rowspan="2">东西</td><td>绿灯</td><td>绿闪</td><td>黄灯</td><td colspan="3">红灯</td></tr>
<tr><td>25s</td><td>3s</td><td>2s</td><td colspan="3">30s</td></tr>
<tr><td rowspan="2">南北</td><td colspan="3">红灯</td><td>绿灯</td><td>绿闪</td><td>黄灯</td></tr>
<tr><td colspan="3">30s</td><td>25s</td><td>3s</td><td>2s</td></tr>
</table>

## 10.1.2 任务实施——PLC 软硬件设计

（1）硬件设计

交通灯控制系统的 I/O 分配如图 10-2 所示。硬件图纸如图 10-3 所示。

符号表

|  |  |  | 符号 | 地址 |
|---|---|---|---|---|
| 1 |  |  | 启动 | M10.0 |
| 2 |  |  | 停止 | M10.1 |
| 3 |  |  | 东西绿灯 | Q0.0 |
| 4 |  |  | 东西黄灯 | Q0.1 |
| 5 |  |  | 南北绿灯 | Q0.3 |
| 6 |  |  | 南北黄灯 | Q0.4 |
| 7 |  |  | 南北红灯 | Q0.5 |
| 8 |  |  | 东西红灯 | Q0.2 |

图 10-2 交通灯控制系统 I/O 分配

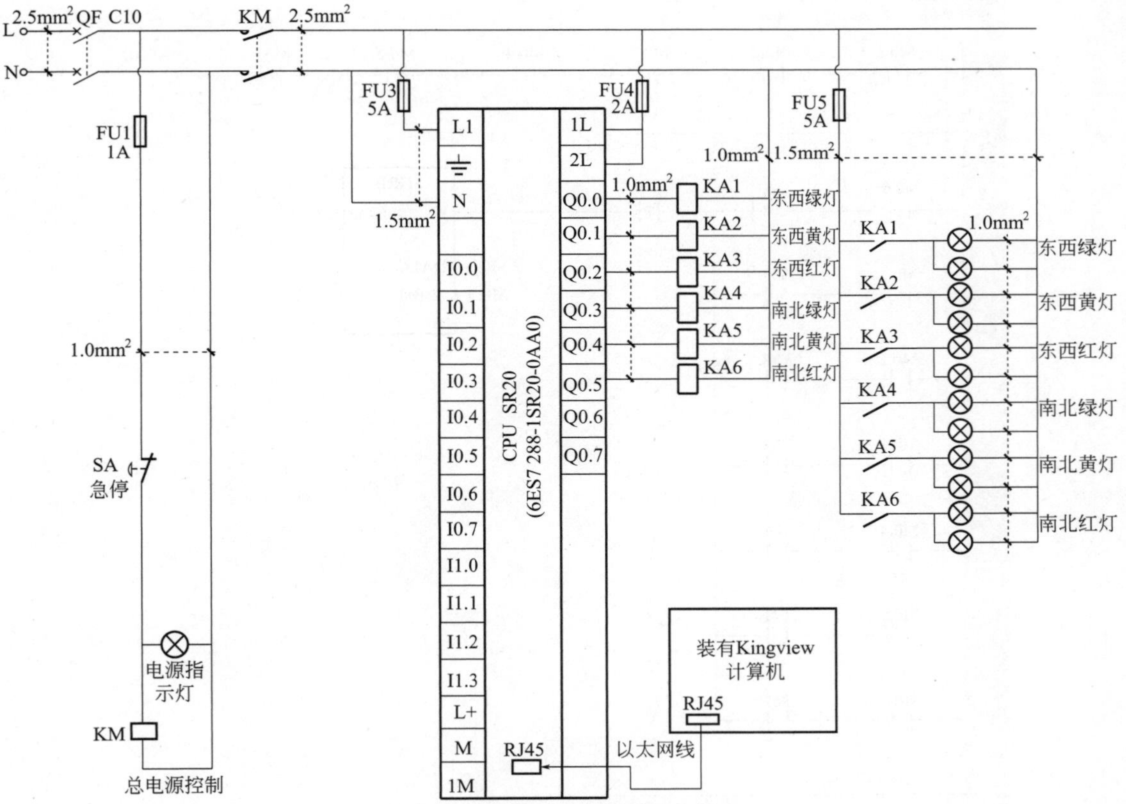

图 10-3 交通灯控制系统硬件图纸

（2）硬件组态

交通灯控制系统硬件组态如图 10-4 所示。

| | 模块 | 版本 | 输入 | 输出 | 订货号 |
|---|---|---|---|---|---|
| CPU | CPU SR20 (AC/DC/Relay) | V02.00.00_00.00... | I0.0 | Q0.0 | 6ES7 288-1SR20-0AA0 |
| SB | | | | | |
| EM 0 | | | | | |
| EM 1 | | | | | |

图 10-4　交通灯控制系统硬件组态

（3）PLC 程序设计

交通灯控制系统程序如图 10-5 所示。本程序采取的是移位寄存器指令编程法。

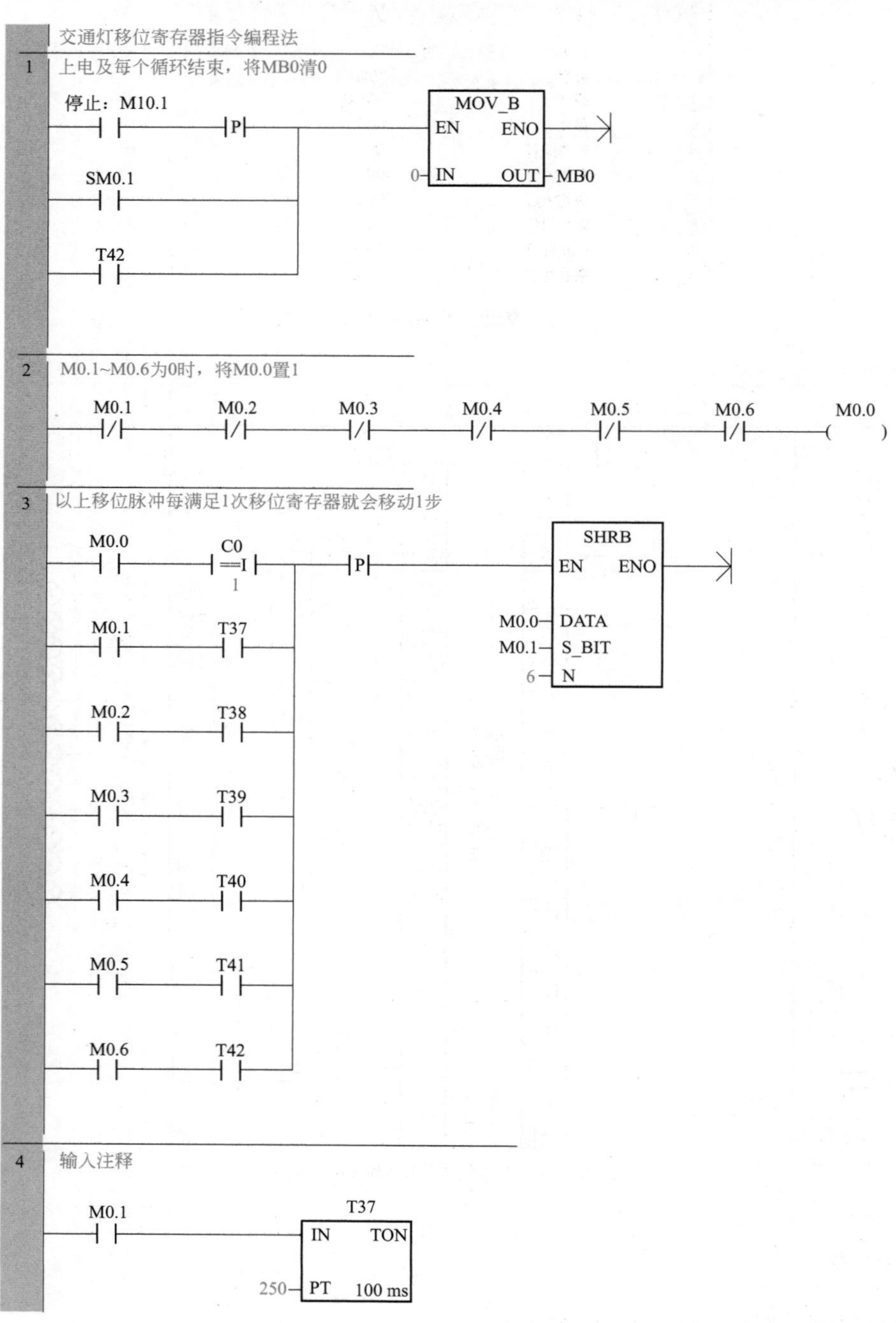

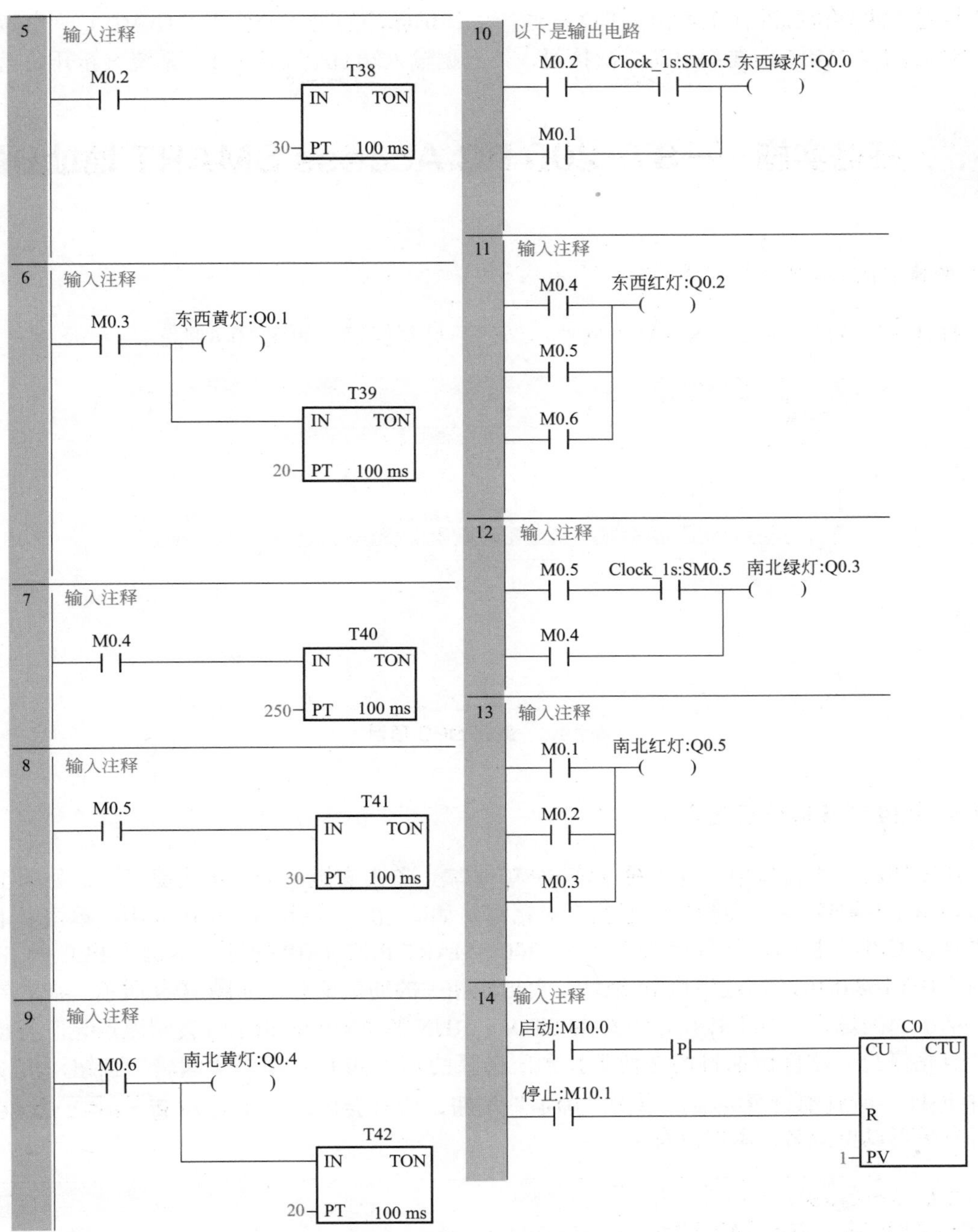


图 10-5　**交通灯控制系统程序**

移位寄存器的移位输入端由若干串联电路并联而成，每条串联电路由某一步的辅助继电器的常开触点和对应的转换条件组成。网络 1 和网络 2 的作用是使 M0.1 ～ M0.6 清零，使 M0.0 置 1。M0.0 置 1 使数据输入端 DATA 移入 1。当按下启动按钮 M10.0 时，移位输入电路第一行接通，使 M0.0 中的 1 移入 M0.1 中，M0.1 被激活，M0.1 的常开触点使输出量 T37、Q0.0、Q0.5 接通，南北红灯亮、东西绿灯亮。同理，各转换条件 T38 ～ T42 接通产生的移位脉冲使 1 状态向下移动，并最终返回 M0.0。在整个过程中，M0.1 ～ M0.6 接通，它们的相应常闭触点断开，使接在移位寄存器数据输入端 DATA 的 M0.0 总是断开的，直到

T42 接通产生移位脉冲使 1 溢出。T42 接通产生移位脉冲的另一个作用是使 M0.1 ～ M0.6 清零，这时网络 2M0.0 所在的电路再次接通，使数据输入端 DATA 移入 1，系统重新开始运行。

##  10.1.3 任务实施——S7-200 PC Access SMART 地址分配

（1）新建 OPC 项目

打开 S7-200 PC Access SMART 软件，新建项目并保存，如图 10-6 所示。

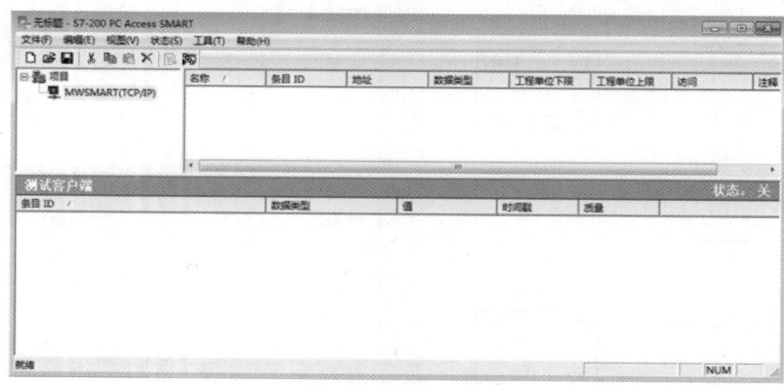


图 10-6 新建 OPC 项目

（2）新建 PLC 及通信设置

在左侧的浏览窗口中，选中 MWSMART(TCP/IP)，单击右键，会弹出快捷菜单，如图 10-7 所示。单击 新建 PLC(N)...，会弹出“通信”对话框，如图 10-8 所示。在图 10-8 中，单击左下角的“查找 CPU”按钮，软件会搜索出 S7-200 SMART PLC 的 IP 地址，本例中 PLC 的 IP 地址为“192.168.0.101”，选中该 IP 地址，会出现相关的通信信息，如图 10-9 所示。在该界面中，单击“闪烁指示灯”按钮，PLC 的 STOP、RUN 和 ERROR 指示灯会轮流点亮，再按一下，点亮停止，这样做的目的是便于找到所选择的那个 PLC；单击“编辑”按钮，可以改变 IP 地址。所有都设置完后，单击“确定”按钮，这时会出现一个名为 NewPLC 的 PLC，单击右键可以重命名，本例没有重命名。

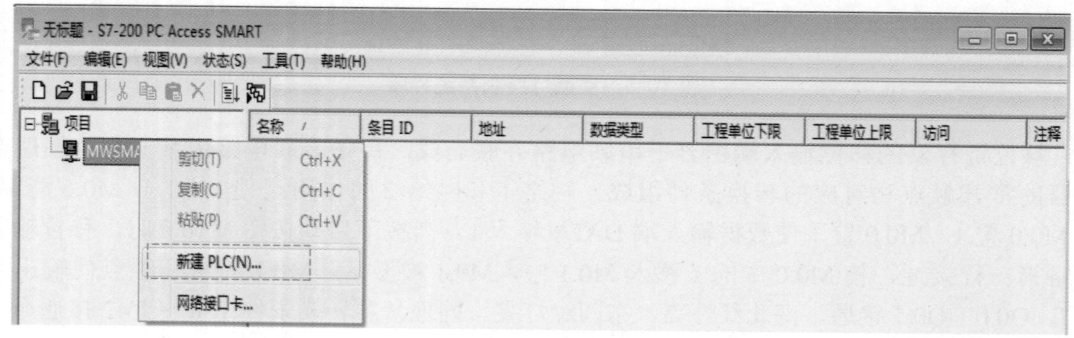


图 10-7 新建 PLC

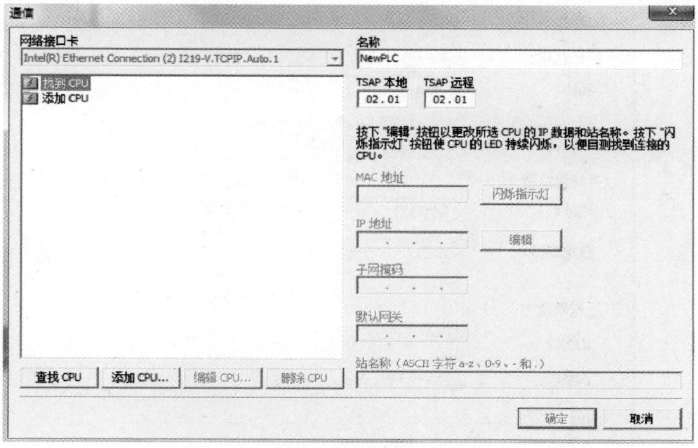

图 10-8 “通信”对话框

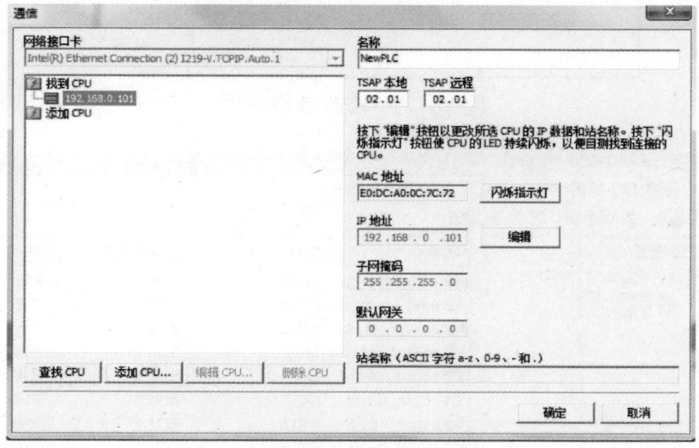


图 10-9 “通信”界面

(3) 新建变量

在左侧浏览窗口中，选中 NewPLC，单击右键，会弹出快捷菜单，执行“新建→条目”，以上步骤如图 10-10 所示。执行完以上步骤后，会再弹出“条目属性”对话框，在“名称”项输入“start”，在“地址”项输入“M10.0”，其余默认，如图 10-11 所示。图 10-11 这个例子是开关量条目的生成，后续条目的生成可以参考此例，这里不再赘述。以上变量新建的最终结果如图 10-12 所示。

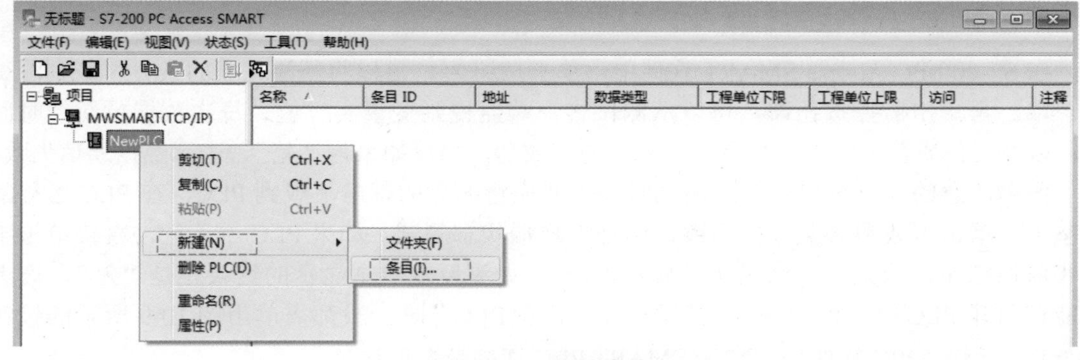


图 10-10 新建变量

图 10-11　**修改条目属性**

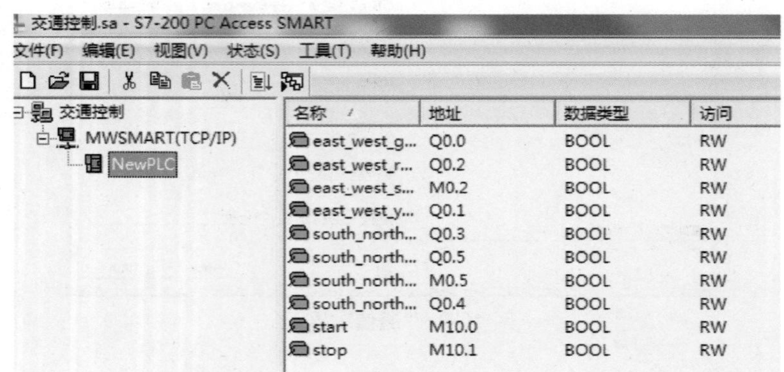


图 10-12　**交通灯控制 S7-200 PC Access SMART 地址分配最终结果**

（4）保持项目

单击菜单栏中的保持按钮，会弹出“另存为”界面，其文件名输入“交通灯控制”，扩展名为“.sa”，最后单击“保持”。注意新建完一个完整的项目后，都需要保持。

（5）客户端状态测试

在 S7-200 PC Access SMART 软件中，单击按钮，可以将新建完成的条目下载到测试客户端。再单击监控按钮，可以从测试客户端监视到变量实时值、每次数据更新的时间戳，以及通信质量。测试质量良好，表示通信成功，相反如果为“差”，表示数据通信失败。

值得注意的是，客户端状态测试时，需要先将编完的程序下载到 PLC，在 PLC 运行的状态下，单击下载和监控按钮，进行客户端状态测试，如果 PLC 不运行，直接单击下载和监控按钮，测试质量结果可能显示“差”。如果反复测试显示的结果还是“差”，读者可能在新建 PLC 时，没有进行通信测试，“新建 PLC”时一般都需单击图 10-9 所示的按钮 闪烁指示灯 ，测试 OPC 软件与 S7-200 SMART PLC 连接是否正常。

## 10.1.4 任务实施——组态王画面设计及组态

（1）新建工程

双击桌面组态王图标 组态王6.53，打开组态王工程管理器画面，如图 10-13 所示。单击菜单栏中的“文件→新建工程”或者单击快捷工具栏中的按钮，会出现“新建工程向导之一——欢迎使用本向导”对话框，如图 10-14 所示。单击“下一步”，会出现在“新建工程向导之二——选择工程所在路径”对话框，单击该对话框的“浏览”按钮，指定工程的存储路径，如图 10-15 所示。单击“下一步”出现“新建工程向导之三——工程名称和描述”对话框，在“工程名称”中输入“交通灯控制”，如图 10-16 所示。单击“完成”按钮，会出现“是否将新建的工程设为当前工程”对话框，单击“是”，新建工程完成。

工程管理器

文件(F) 视图(V) 工具(T) 帮助(H)

搜索 新建 删除 属性 备份 恢复 DB导出 DB导入 开发 运行

| 工程名称 | 路径 | 分辨率 | 版本 | 描述 |
|---|---|---|---|---|
| Kingdemo1 | c:\program files (x86)\kingview\example\kingdemo1 | 1920*1080 | 6.53 | 组态王6.53演示工程640X480 |
| Kingdemo2 | c:\program files (x86)\kingview\example\kingdemo2 | 1920*1080 | 6.53 | 组态王6.53演示工程800X600 |
| Kingdemo3 | c:\program files (x86)\kingview\example\kingdemo3 | 1024*768 | 6.53 | 组态王6.53演示工程1024X768 |
| smart plc | e:\1111\2016.5.25\2015.12\2019年项目\smart plc\smart plc | 1920*1080 | 6.53 | |

完成 数字

图 10-13 组态王工程管理器

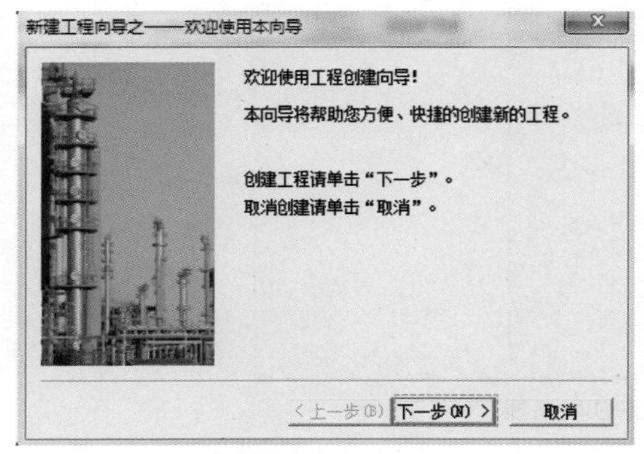


图 10-14 “新建工程向导之一——欢迎使用本向导”对话框

图 10-15 “新建工程向导之二——选择工程所在路径”对话框

（2）打开工程浏览器

选中工程信息显示区中的“交通灯控制”，之后双击，就会打开工程浏览器，如图 10-17 所示。在工程浏览器中，可以进行画面的制作、变量的定义和脚本程序的编写等。

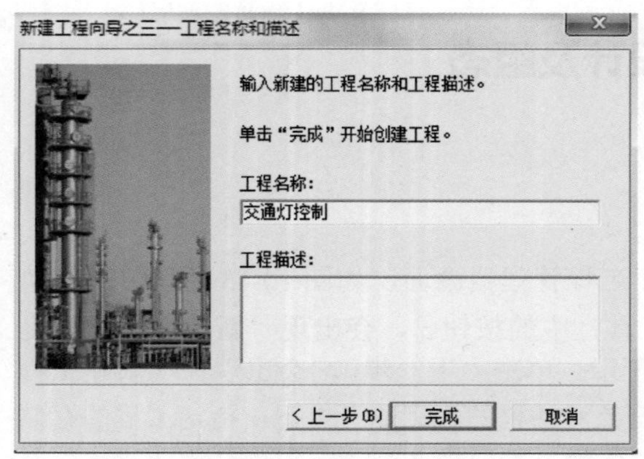


图 10-16 **“新建工程向导之三——工程名称和描述”对话框**

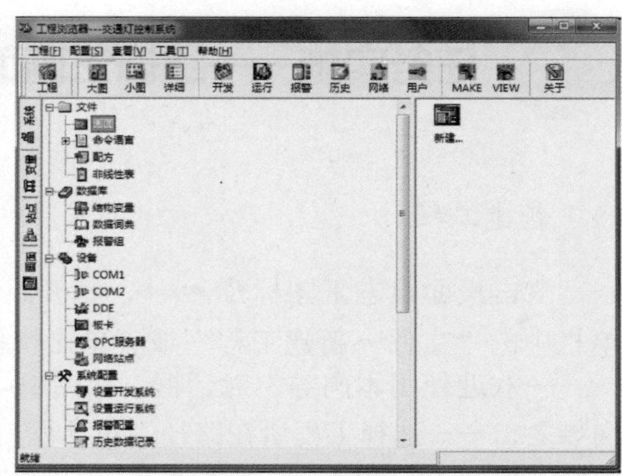


图 10-17 **工程浏览器**

（3）新建 OPC

在组态王工程浏览器中，选中左侧“设备”中的“OPC 服务器”，在右侧出现新建 OPC 的图标，如图 10-18 所示。双击新建图标，然后会弹出“查看 OPC 服务器”对话框（图 10-19），在对话框右侧的内容显示区会显示当前的计算机系统中已经安装的所有 OPC 服务器，本例选中S7200SMART.OPCServer，网络节点名自动生成“本机”，其余默认。所有都设置完后，单击“确定”。

经过以上设置后，在工程浏览器的右侧会出现图标，OPC 新建完成。

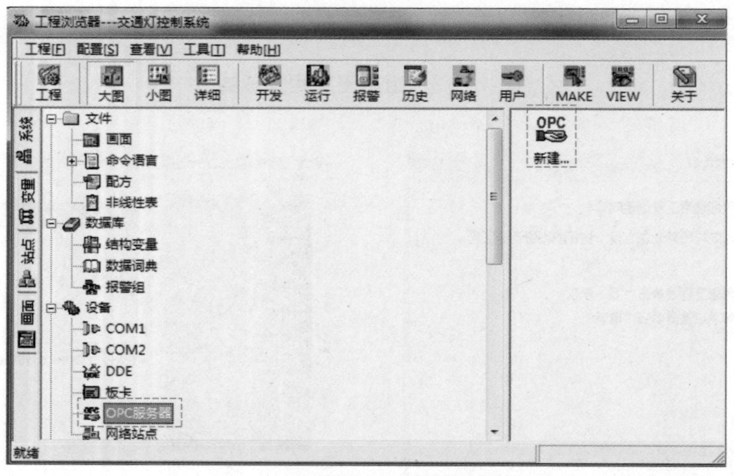


图 10-18 **选中 OPC 服务器**

（4）定义变量

在组态王工程浏览器中，选中左侧“数据库”中的“数据词典”，在右侧内容显示区会出现当前变量和新建图标，如图 10-20 所示。双击“新建”，会弹出“定义变量”对话框，在“变量名”项输入“启动”；在“变量类型”项单击倒三角选择“I/O 离散”；在“连接设备”项单击倒三角选择“本机 \S7-200 SMART.OPCSever”；在“寄存器”项单击倒三角选择“MWSMART.NewPLC.start”；在“数据类型”项单击倒三角选择“Bit”；“读写属性”选择“读写”。以上操作的最终结果如图 10-21 所示。

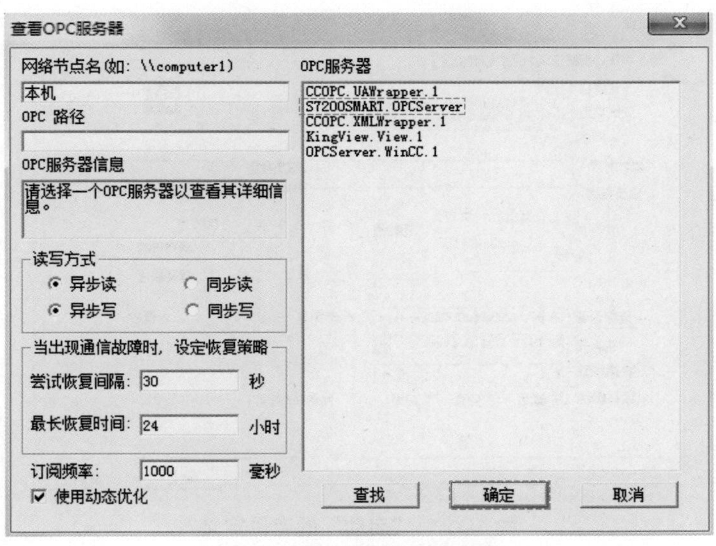


图 10-19 **查看 OPC 服务器**

“启动”变量外的其他变量均为开关量，具体设置可以参考“启动”变量的定义。变量定义的最终结果如图 10-22 所示。

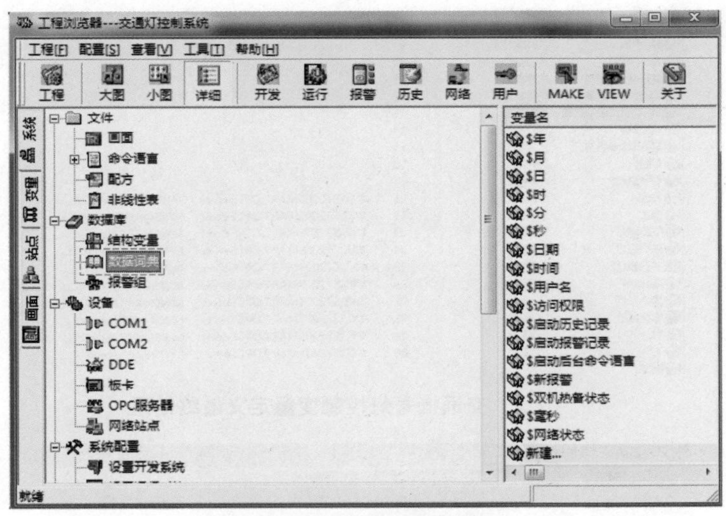


图 10-20 **选中数据字典**

(5)画面新建及变量连接

在组态王工程浏览器中，选中左侧“文件”中的“画面”，在右侧内容显示区会出现新建图标，双击“新建”，会弹出“新画面”对话框，在“画面名称”项输入“交通灯控制”，其余默认。设置完毕后，单击“确定”，会进入画面“开发系统”画面，这时可以利用工具箱构建交通灯控制画面。画面开发系统如图 10-23 所示。

① 插入位图 单击工具栏中的“点位图”按钮，在“开发系统”中拖拽，把事先复制好的图片（通常把想要插入的图片截屏，截出合适的大小），可以执行“右键→粘贴点位图”，粘贴到“开发系统”中。以上操作如图 10-24 所示。粘贴图片的最终结果如图 10-25 所示。

定义变量

基本属性 | 报警定义 | 记录和安全区

变量名：启动

变量类型：I/O离散

描述：

结构成员： 成员类型：

成员描述：

变化灵敏度 0　　初始值 ○开 ⊙关　　状态

最小值 0　　最大值 999999999　　□ 保存参数

最小原始值 0　　最大原始值 999999999　　□ 保存数值

连接设备 本机\S7200SMART.OPCServe　　采集频率 1000 毫秒

寄存器 MWSMART.NewPLC.start　　转换方式 ⊙线性 ○开方 高级

数据类型：Bit

读写属性：⊙读写 ○只读 ○只写　　□ 允许DDE访问

确定　取消

图 10-21 “启动”的变量定义

| 变量名 | 变量类型 | ID | 连接设备 | 寄存器 |
|---|---|---|---|---|
| $年 | 内存实型 | 1 | | |
| $月 | 内存实型 | 2 | | |
| $日 | 内存实型 | 3 | | |
| $时 | 内存实型 | 4 | | |
| $分 | 内存实型 | 5 | | |
| $秒 | 内存实型 | 6 | | |
| $日期 | 内存字符串 | 7 | | |
| $时间 | 内存字符串 | 8 | | |
| $用户名 | 内存字符串 | 9 | | |
| $访问权限 | 内存实型 | 10 | | |
| $启动历史记录 | 内存离散 | 11 | | |
| $启动报警记录 | 内存离散 | 12 | | |
| $启动后台命令语言 | 内存离散 | 13 | | |
| $新报警 | 内存离散 | 14 | | |
| $双机热备状态 | 内存整型 | 15 | | |
| $毫秒 | 内存实型 | 16 | | |
| $网络状态 | 内存整型 | 17 | | |
| 启动 | I/O离散 | 21 | 本机\S7200SMART.OPCServer | MWSMART.NewPLC.... |
| 停止 | I/O离散 | 22 | 本机\S7200SMART.OPCServer | MWSMART.NewPLC.... |
| 东西绿灯 | I/O离散 | 23 | 本机\S7200SMART.OPCServer | MWSMART.NewPLC.... |
| 东西红灯 | I/O离散 | 24 | 本机\S7200SMART.OPCServer | MWSMART.NewPLC.... |
| 东西黄灯 | I/O离散 | 25 | 本机\S7200SMART.OPCServer | MWSMART.NewPLC.... |
| 南北绿灯 | I/O离散 | 26 | 本机\S7200SMART.OPCServer | MWSMART.NewPLC.... |
| 南北红灯 | I/O离散 | 27 | 本机\S7200SMART.OPCServer | MWSMART.NewPLC.... |
| 南北黄灯 | I/O离散 | 28 | 本机\S7200SMART.OPCServer | MWSMART.NewPLC.... |
| T1 | I/O离散 | 29 | 本机\S7200SMART.OPCServer | MWSMART.NewPLC.... |
| T2 | I/O离散 | 30 | 本机\S7200SMART.OPCServer | MWSMART.NewPLC.... |
| 新建... | | | | |

图 10-22 交通信号灯控制变量定义最终结果

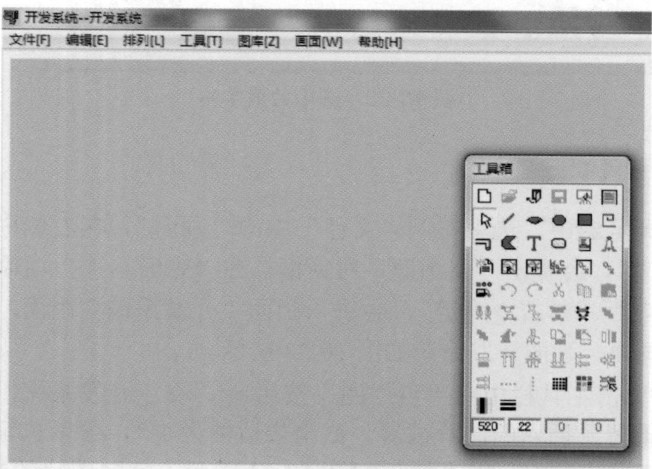


图 10-23 画面开发系统

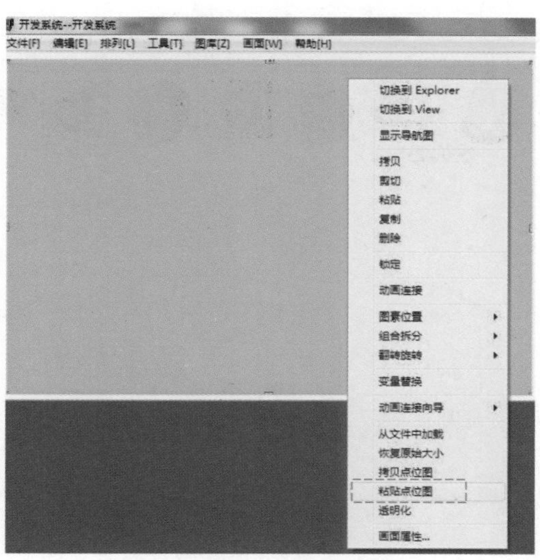


图 10-24　**粘贴点位图**

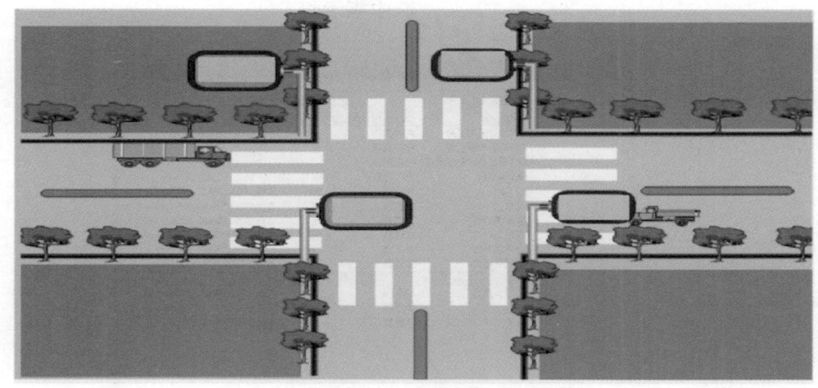

图 10-25　**粘贴图片最终结果**

② 插入指示灯及连接变量

a. 插入指示灯。单击打开图库按钮，会弹出“图库管理器”界面，选中“图库管理器”左侧的“指示灯”，在右侧会显示所有的指示灯，如图 10-26 所示。选中从左数第 9 个指示灯，双击后，在“开发系统”的合适位置插入，再复制粘贴 11 个，将这 12 个指示灯摆放好，将其摆放到图 10-25 中的 4 个交通灯灯杆上。

b. 改变灯的颜色及变量连接。以南北红灯举例，双击该绿灯，会打开“指示灯向导”界面。单击该界面的“变量名”项后边的 ? ，会打开“选择变量名”界面，如图 10-27 所示。在该界面中，选择变量“南北红灯”，单击“确定”，这时“变量名”后边会把“南北红灯”变量连接上来。

“指示灯向导”的颜色设置，单击“正常色”后边的，会打开颜色板，选择红色。变量和颜色都设置完毕后，单击“确定”按钮。以上设置的最终结果如图 10-28 所示。

需要指出的是，本例中的绿灯设置有些特殊，涉及闪烁问题，在“指示灯向导”界面中，勾选“闪烁”，在“闪烁条件”中输入脚本程序“\\ 本站点 \T1=1；”，至于变量连接可以参考红灯的设置。以上操作如图 10-29 所示。

其余灯设置可以参考南北红灯和绿灯，这里不再赘述。

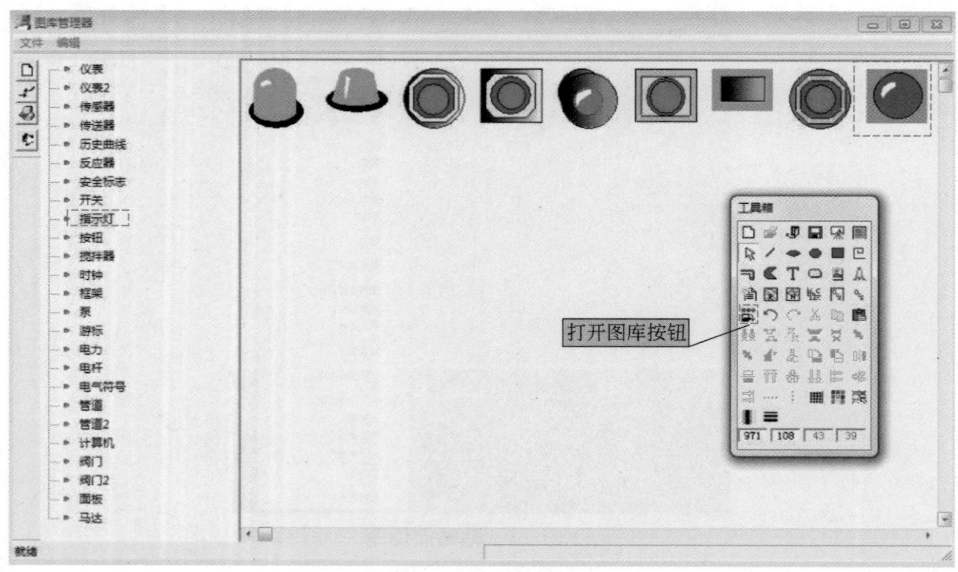


图 10-26 选中指示灯

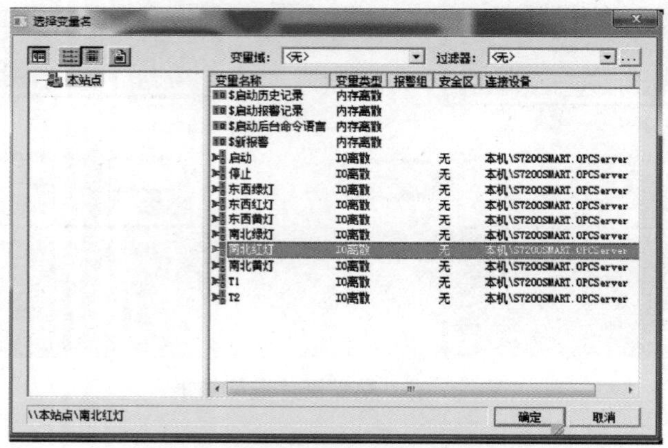


图 10-27 选择变量名界面

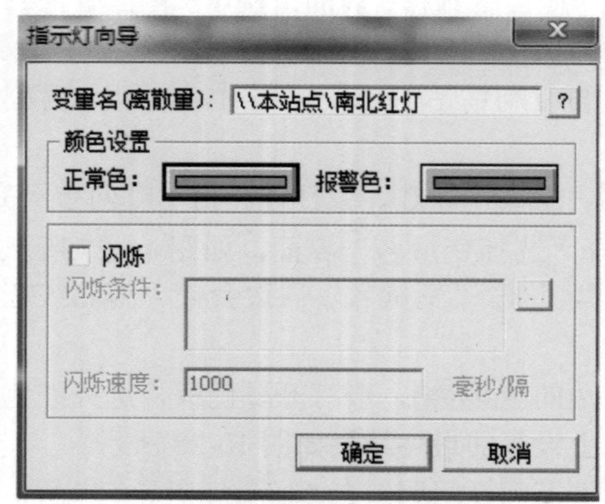


图 10-28 红灯指示灯向导

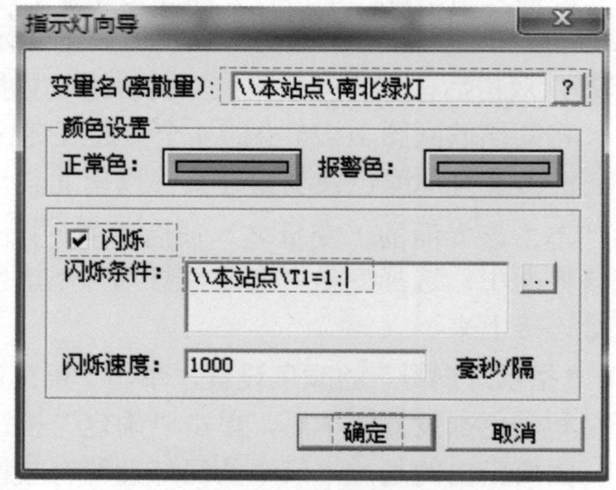


图 10-29 绿灯指示灯向导

③ 插入按钮及变量连接 单击工具栏中的按钮▭，在“开发系统”中拖拽合适的大小，双击该按钮，会进入“动画连接”界面。在“对象名称”中输入“启动”；在“命令语言连

接”项的“按下时”前勾选，单击“按下时”，会弹出“命令语言”界面，在该界面输入脚本程序“\\ 本站点 \ 启动 =1;”；在“命令语言连接”项的“弹起时”前勾选，单击“弹起时”，会弹出“命令语言”界面，在该界面输入脚本程序“\\ 本站点 \ 启动 =0;”。以上操作的最终结果如图 10-30 所示。

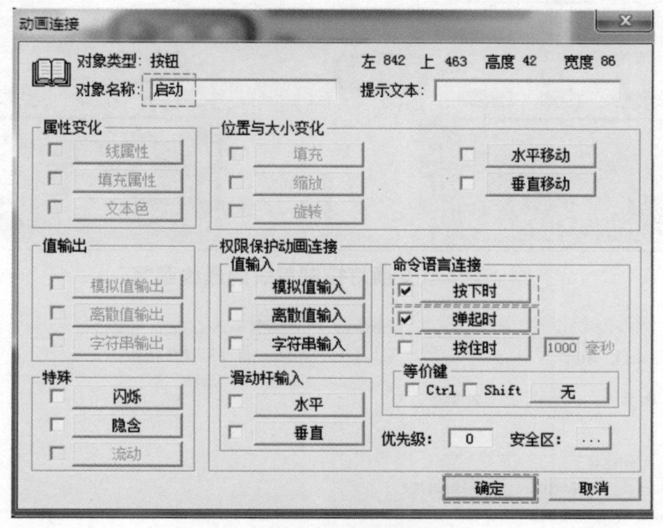


图 10-30　**按钮设置**

停止按钮操作设置可以参考启动按钮，这里不再赘述。

④ 插入标签　单击工具栏中的文本按钮 T，在“开发系统”中的合适位置插入该标签，输入文本“交通灯控制系统”。选中该标签，单击工具栏中的调色板按钮，将标签调成黑色；再点击工具栏中的“字体”按钮，会弹出“字体”对话框，将“字体”选成“宋体”，“字形”选成“粗体”，字体“大小”选成“小三”。以上设置如图 10-31 所示。

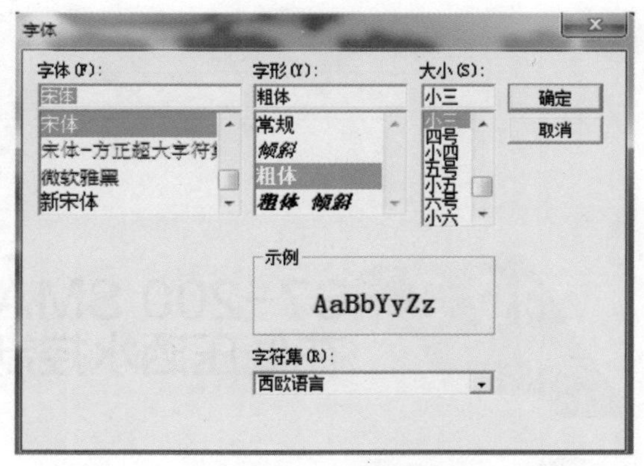


图 10-31　**字体设置**

其余两个标签设置，可以参考“交通灯控制系统”标签，这里不再赘述。

经过以上设置，交通灯控制系统的最终画面如图 10-32 所示。

### （6）运行设置

在开发系统中单击菜单栏“配置→运行环境”命令或单击快捷工具栏上的“运行”按钮，会弹出“运行系统设置”对话框。在该对话框中，选中该对话框中的“主画面配置”，显示区会显示“交通灯控制”，选中后单击“确定”，等到运行组态王时，第一个画面就会进入“交通灯控制”画面。以上“运行系统设置”对话框的设置的最终结果如图 10-33 所示。

### （7）程序运行

在工程浏览器中，单击快捷工具栏上的“VIEW”按钮，启动运行系统。

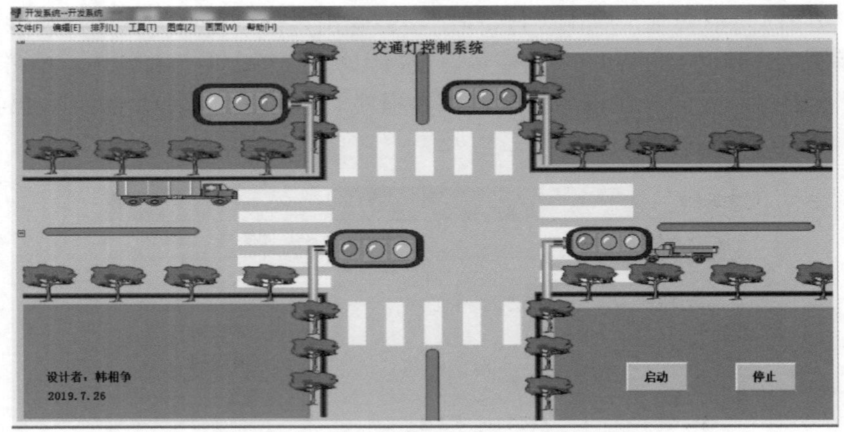


图 10-32　**交通灯控制系统的最终画面**

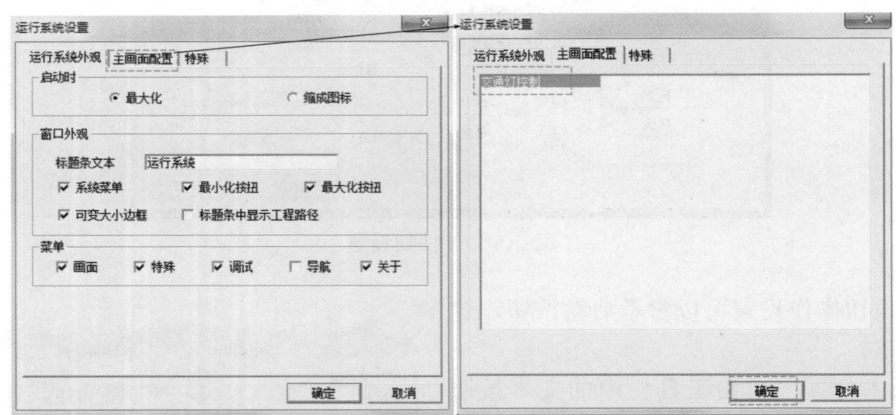


图 10-33　**运行系统设置**

# 10.2 S7-200 SMART PLC 和 WinCC 在低压洒水控制中的应用

## 10.2.1 任务导入

某低压水罐装有注水洒水装置和水位显示传感器。按下启动按钮，注水阀打开，水罐进行蓄水；当水位到达 5m 时，注水阀关闭，此时水罐水加满，具备洒水条件；当按下洒水启动按钮，吸水阀打开，低压水泵启动，开始洒水除尘；注意当水位低于 1m 时，为了保护水泵，洒水停止，进行注水；当按下洒水停止按钮，洒水停止。试编写程序。

## 10.2.2 任务分析

根据任务，WinCC 画面需设有注水启、停按钮各 1 个，注水阀、吸水阀和水泵各 1 个，水位显示框 1 个，蓄水罐 1 个，报警窗口 1 个，此外还有管道和标签等。

注水阀、吸水阀和水泵的开关由 S7-200 SMART PLC 来控制，水位数值由 EM AE04 模块读取。

## 10.2.3 任务实施

（1）S7-200 SMART PLC 程序设计

① 根据控制要求进行 I/O 分配，如表 10-2 所示。

表 10-2 低压洒水控制的 I/O 分配

| 输入量 | | 输出量 | |
|---|---|---|---|
| 注水启动 | M0.0 | 注水 | Q0.0 |
| 注水停止 | M0.1 | 水泵 / 吸水阀 | Q0.1 |
| 水位 | VW0 | | |
| 水泵启动 | M0.2 | | |
| 水泵停止 | M0.3 | | |

② 根据控制要求编写控制程序。低压水泵控制程序如图 10-34 所示。

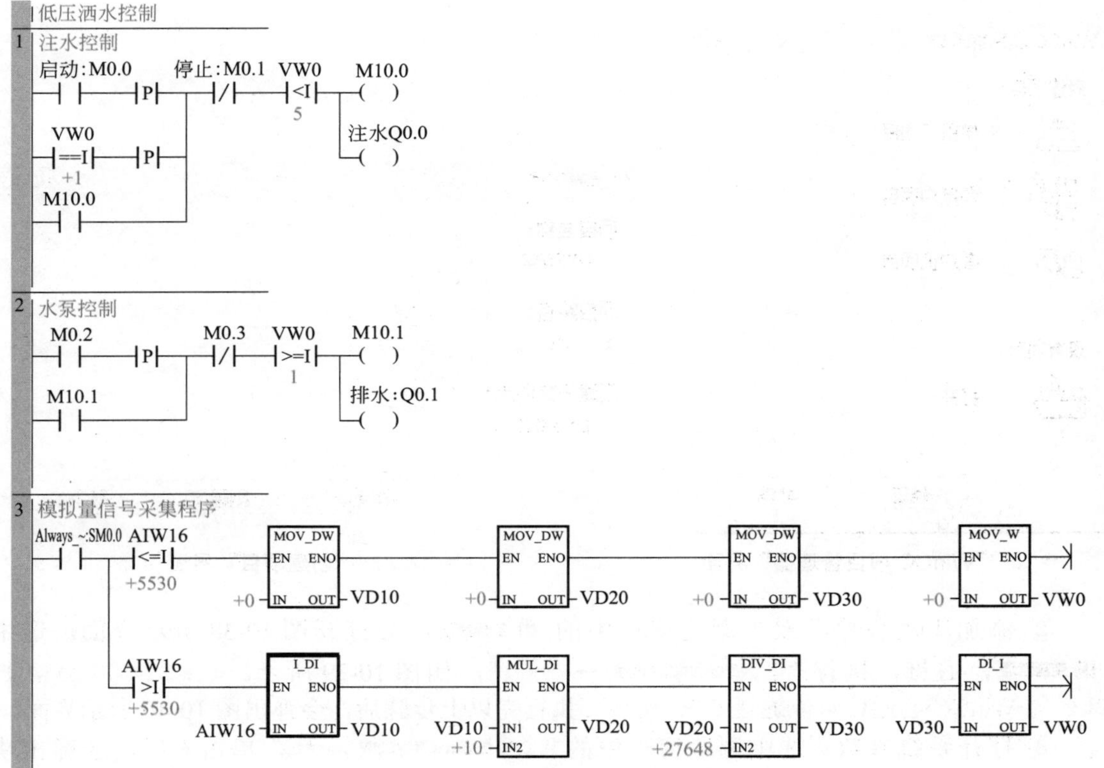


图 10-34 低压水泵控制程序

（2）S7-200 PC Access SMART 程序设计

S7-200 PC Access SMART 程序设计具体步骤请参考 10.1.3 节，这里不再赘述。生成变量的最终结果如图 10-35 所示。

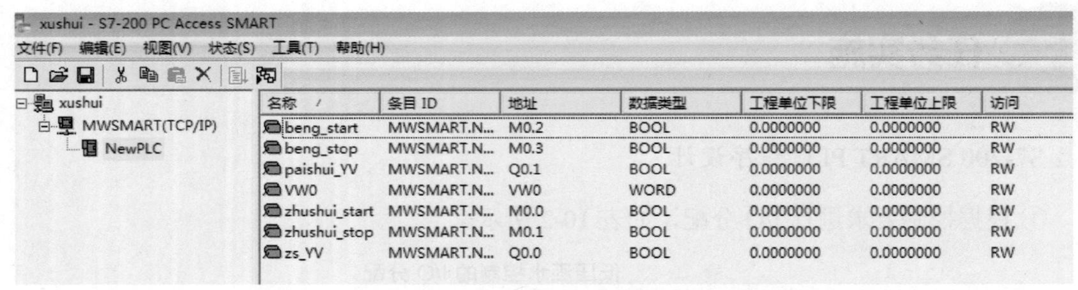

图 10-35 S7-200 PC Access SMART 生成变量

（3）WinCC 组态

① 项目的创建 单击 WinCC 软件菜单栏中的“新建”按钮，将会弹出“WinCC 项目管理器”界面，如图 10-36 所示。在此界面中，“新建项目”选择“单用户项目”，接下来，单击“确定”；单击“确定”后，会弹出“创建新项目”界面，如图 10-37 所示。在此界面中，可以输入项目的名称和指定项目的存放路径，存放时，尽量不要放在默认路径，最好单建一个项目文件夹，最后单击“创建”按钮，项目创建完成。

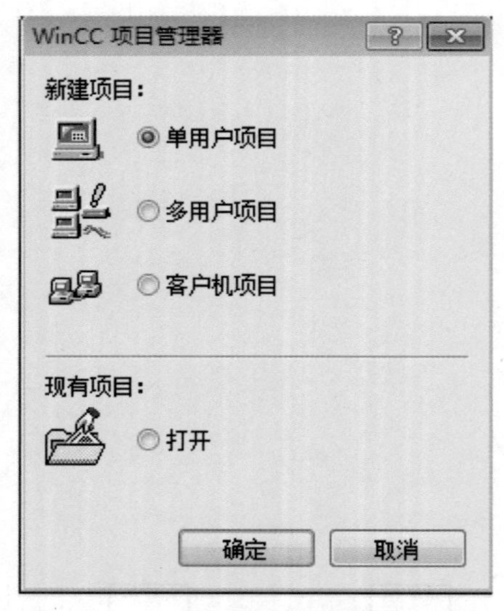

图 10-36 “WinCC 项目管理器”界面

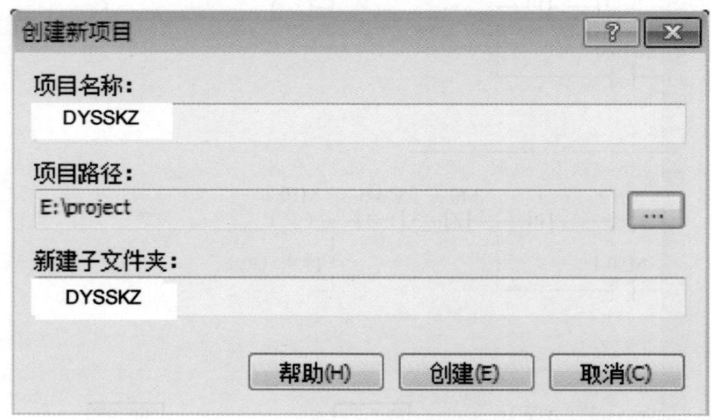

图 10-37 “创建项目”界面

② 添加驱动程序 双击浏览窗口中的 变量管理，会打开图 10-38 所示界面。选中 变量管理，右键，执行“添加新的驱动程序 → OPC”，如图 10-39 所示。注：S7-200 SMART PLC 与 WinCC 的通信只能通过 OPC 实现。执行完以上步骤后，会弹出图 10-40 所示界面。

③ 打开系统参数 选中浏览窗口中的 OPC Groups (OPCHN Unit #1)，单击右键，会弹出快捷菜单，如图 10-41 所示。单击“系统参数”，会弹出“OPC 条目管理器”界面，展开 \\<LOCAL>，选中 S7200SMART.OPCServer，单击按钮 浏览服务器(B)，如图 10-42 所示。执行完以上步骤后，会弹出“过滤标准”界面，如图 10-43 所示，单击“下一步”，会出现“添加条目”界面，

如图 10-44 所示。注：图 10-44 是将左侧浏览窗口中的 S7200SMART.OPCServer 文件夹逐步展开的结果，该界面的右侧全都为变量。

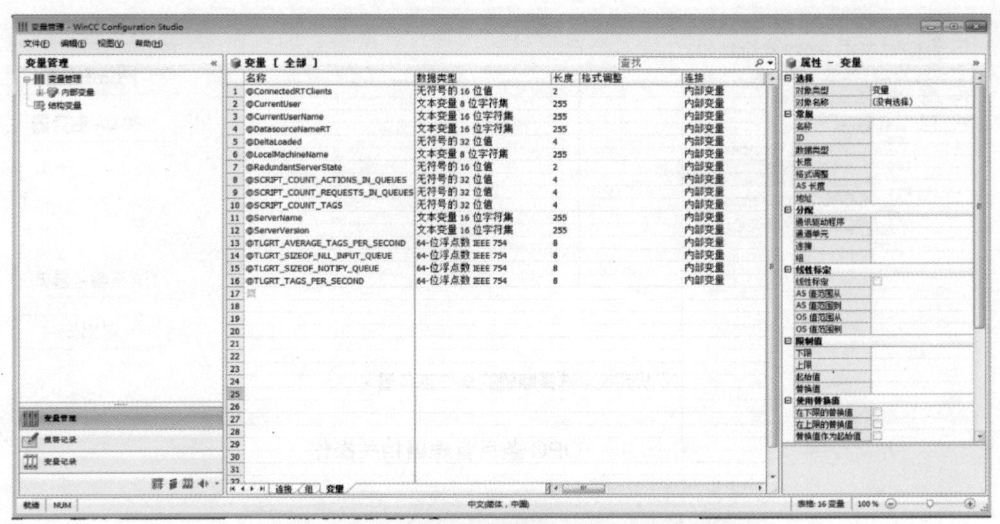


图 10-38　**变量管理子界面**

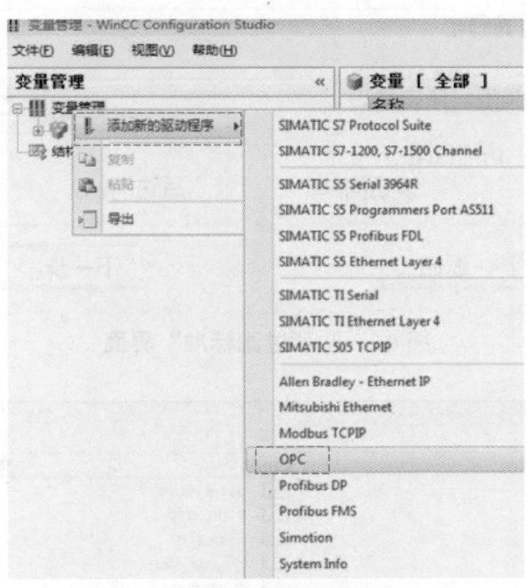


图 10-39　**添加驱动步骤（1）**

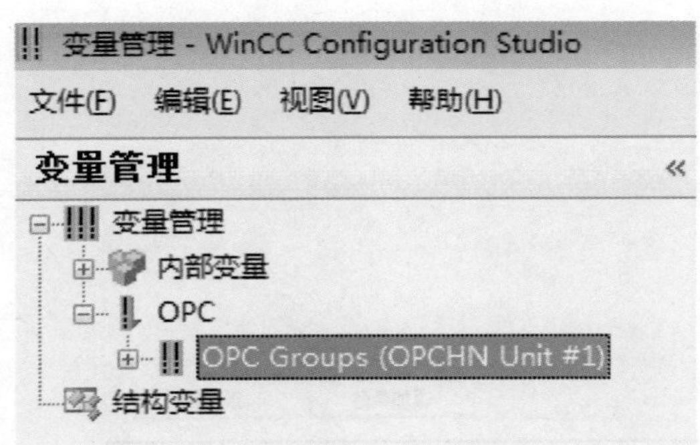


图 10-40　**添加驱动步骤（2）**

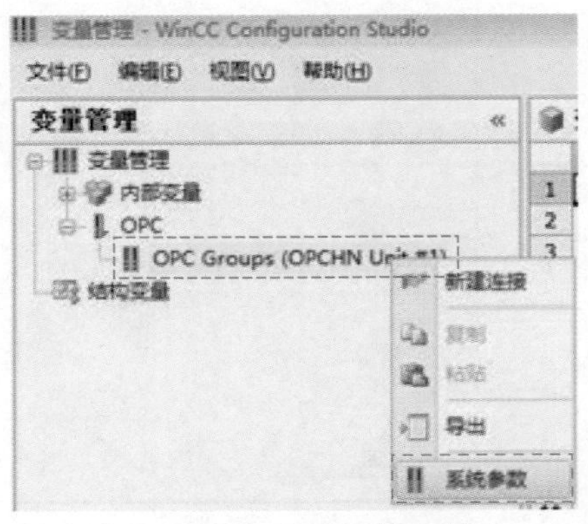


图 10-41　**打开系统参数**

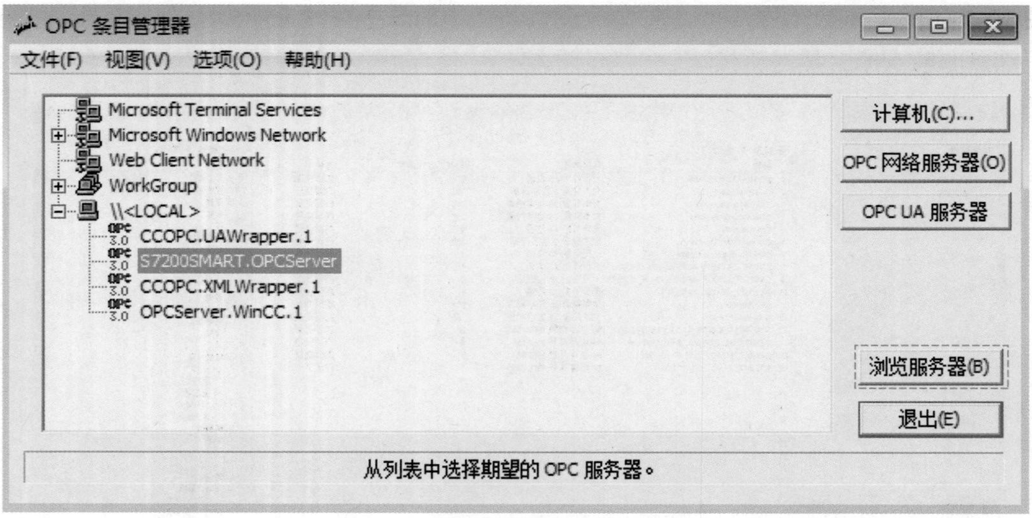

图 10-42 OPC 条目管理器相关操作

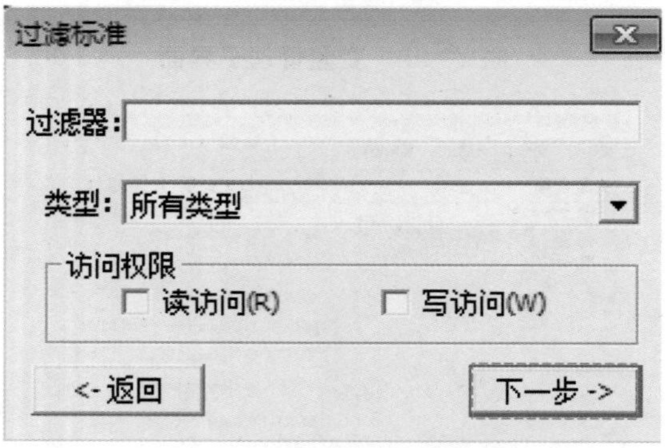

图 10-43 “过滤标准”界面

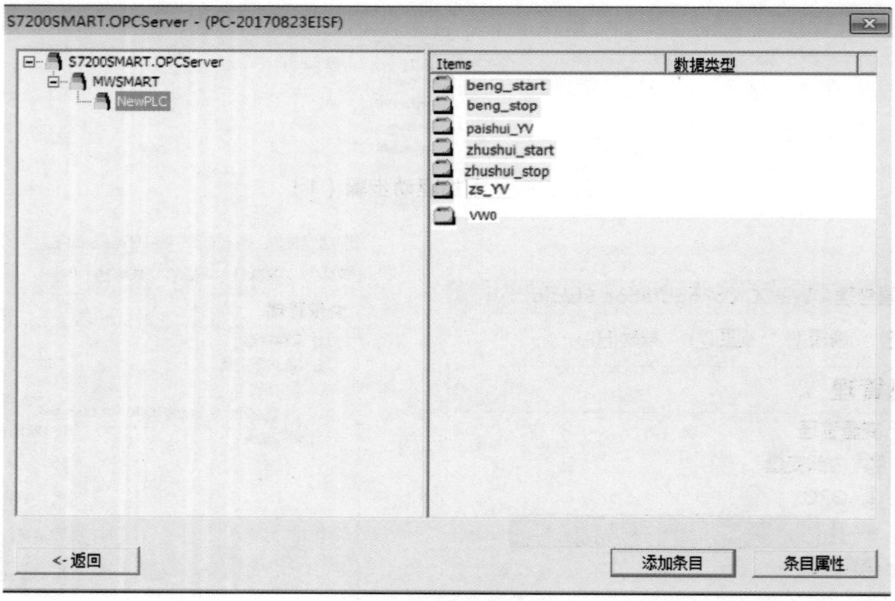

图 10-44 “添加条目”界面

④ 添加变量 将图 10-44 右侧的变量全选（选中第一个按 Shift 键再选中最后一个），单击“添加条目”，会弹出“OPCTags”界面，如图 10-45 所示。单击“是”，弹出“新建连接”界面，如图 10-46 所示。单击“确定”，会弹出“添加变量”界面，如图 10-47 所示。选中 S7200SMART_OPCServer，单击“完成”。经过以上步骤，变量添加完成。展开图 10-40 中的 OPC Groups (OPCHN Unit #1) 文件夹，S7-200 PC Access SMART 中的所有变量都添加到了 WinCC 变量管理器中，如图 10-48 所示。

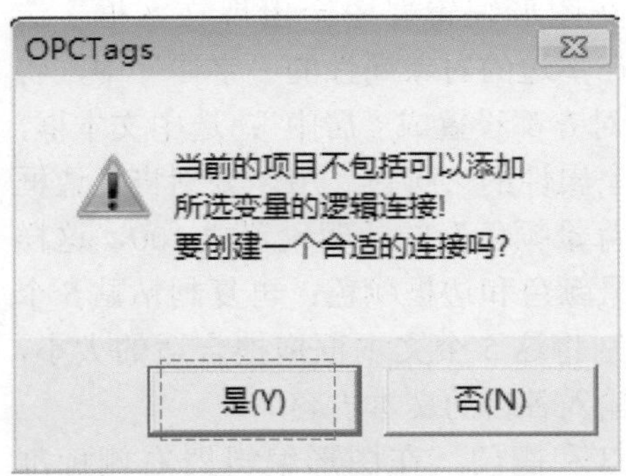


图 10-45 “OPCTags”界面

图 10-46 “新建连接”界面

图 10-47 “添加变量”界面

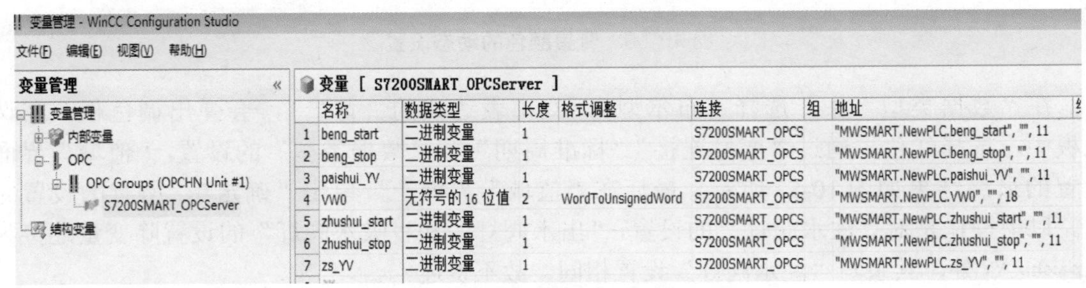

| | 名称 | 数据类型 | 长度 | 格式调整 | 连接 | 组 | 地址 |
|---|---|---|---|---|---|---|---|
| 1 | beng_start | 二进制变量 | 1 | | S7200SMART_OPCS | | "MWSMART.NewPLC.beng_start", "", 11 |
| 2 | beng_stop | 二进制变量 | 1 | | S7200SMART_OPCS | | "MWSMART.NewPLC.beng_stop", "", 11 |
| 3 | paishui_YV | 二进制变量 | 1 | | S7200SMART_OPCS | | "MWSMART.NewPLC.paishui_YV", "", 11 |
| 4 | VW0 | 无符号的 16 位值 | 2 | WordToUnsignedWord | S7200SMART_OPCS | | "MWSMART.NewPLC.VW0", "", 18 |
| 5 | zhushui_start | 二进制变量 | 1 | | S7200SMART_OPCS | | "MWSMART.NewPLC.zhushui_start", "", 11 |
| 6 | zhushui_stop | 二进制变量 | 1 | | S7200SMART_OPCS | | "MWSMART.NewPLC.zhushui_stop", "", 11 |
| 7 | zs_YV | 二进制变量 | 1 | | S7200SMART_OPCS | | "MWSMART.NewPLC.zs_YV", "", 11 |

图 10-48 WinCC 变量创建的最终结果

⑤ 画面创建与动画连接

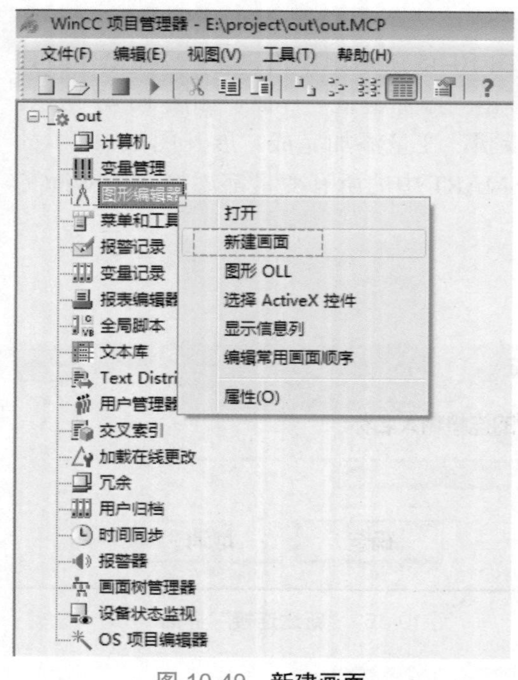


图 10-49 **新建画面**

a. 新建画面：选中浏览窗口中的图形编辑器，单击右键，执行“新建画面”，此项操作如图 10-49 所示。执行完此项操作后，在浏览窗口右侧的数据窗口会出现 NewPdl0.Pdl 过程画面。

b. 添加文本框：双击 NewPdl0.Pdl，打开图形编辑器。在图形编辑器右侧标准对象中，双击 A 静态文本，在图形编辑器中会出现文本框。选中文本框，在下边的对象属性的“字体”中，将 X 对齐和 Y 对齐都设置成“居中”；选中文本框，在下边的对象属性的“颜色”中，分别将“边框颜色”和“背景颜色”的透明设置成 100，这样就去除了背景颜色和边框颜色；再复制粘贴 5 个文本框，分别将这 5 个文本框拖拽合适的大小，在其中分别输入各自的文本内容。

c. 添加灯和阀门：在图形编辑器右侧标准对象中，双击 圆，在图形编辑器中会出现圆。选中圆，在下边的对象属性的“效果”中，将“全局颜色方案”由“是”改为“否”；在对象属性的“颜色”中，选中“背景颜色”，在处单击右键，会弹出对话框，如图 10-50 所示。执行完以上操作后，会弹出“值域”界面，如图 10-51 所示。点击“表达式 / 公式”后边的 ...，会弹出对话框，再单击“变量”，会出现“外部变量”界面，我们选择 zs_YV，变量连接完成；再单击“事件名称”后边的，会弹出“改变触发器”界面，在“标准周期”2 秒上双击，会弹出一个界面，单击倒三角，我们选择“有变化时”。以上操作如图 10-52 所示。

图 10-50 **背景颜色的动态设置**

在“数据类型”中，选择“布尔型”，双击表达式的“背景”，会弹出调色板，在调色板中，选择红色。通过“变量连接”“标准周期”和“数据类型”的设置，“值域”界面设置的最终结果如图 10-53 所示。最后在“值域”界面上，单击“确定”，所有的设置完成。以上操作是对“注水阀灯”的设置，“出水阀灯”和“吸水阀灯”的设置除变量连接为 paishui_YV 外，其余与“注水阀灯”设置相同，故不赘述。

阀门的添加：首先按下显示库按钮，在图形编辑器窗口的下边会弹出“库”的界面，执行“全局库→ PlantElements → Valves”，在 Valves 文件夹中选择 Valve1，将其拖拽到图形编辑器中，图形编辑器中会产生图标，再复制两个阀门图标。将阀门和灯通过移动组合好，最终形成形式。

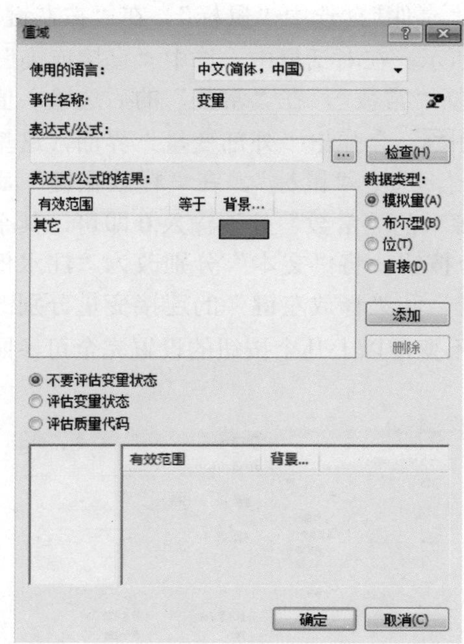

图 10-51 “值域”界面

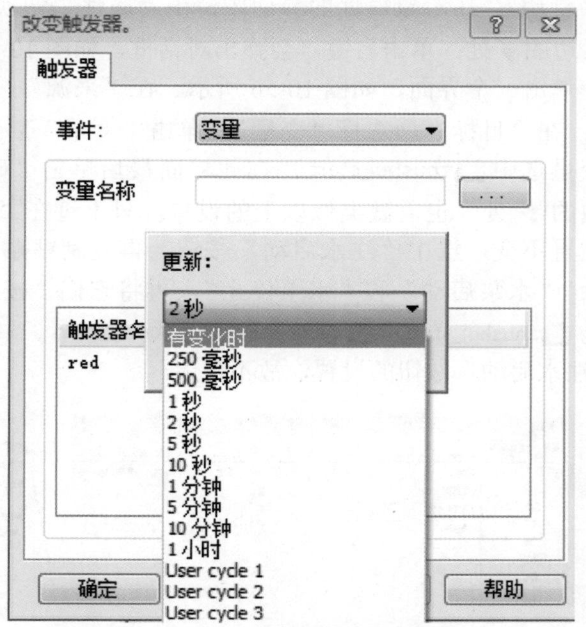

图 10-52 改变触发器的标准周期

d. 添加水泵和管道：首先按下显示库按钮，在图形编辑器窗口的下边会弹出“库”的界面，执行“全局库→ Siemens HMI Symbol Library 1.4.1 →泵”，在“泵”文件夹中选择卧式泵 2，将其拖拽到图形编辑器中，图形编辑器中会产生图标。再执行“全局库→ Siemens HMI Symbol Library 1.4.1 →管道”，在“管道”文件夹中选择短垂直管和短水平管。

e. 添加蓄水池和输入框：这里的蓄水池用矩形表示。在标准对象中，双击矩形，会在图形编辑器中出现矩形，将其拖拽合适的大小；在智能对象中，双击输入/输出域，会在图形编辑器中出现 I/O 域（输入 / 输出域）；选中矩形，在下边对象属性“效果”中，全局颜色方案设置为“否”；在“填充量”中，动态填充设置为“是”，填充量中与变量VW0 连接；在“颜色”中的“背景颜色”选择成蓝色。以上结果如图 10-54 所示。

先选中输入/输出域，在下边的对象属性“字体”中，将 X、Y 对齐方式设置成居中；选中输入 / 输出域，单击右键，选择“组态对话框”，在“变量”后，单击，连接变量VW0；在“更新”中，选择“有变化时”。

f. 添加按钮：在窗口对象中双击按钮，在图形编辑器中会出现按钮，同时会出现“按

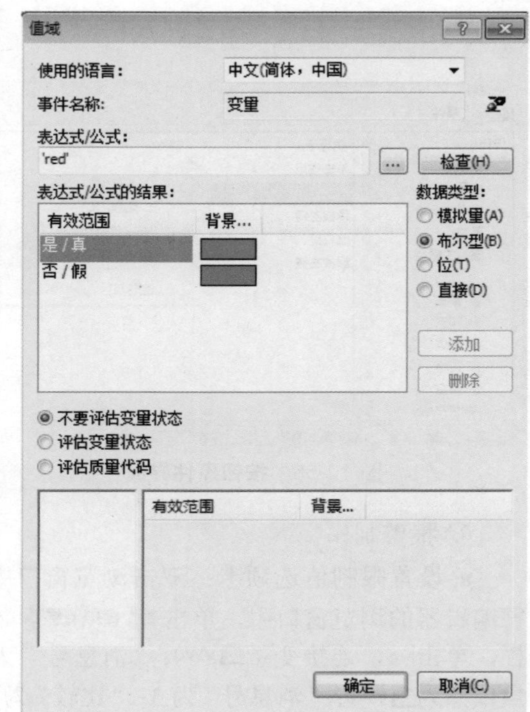

图 10-53 “值域”界面设置的最终结果

钮组态”对话框，这里点击[×]。选中按钮，在对象属性的“字体”中，“文本”输入“注水启动”；在对象属性的界面中，由“属性”切换到“事件”，选中“鼠标”，在“按左键”后边的⚡处，单击右键，会弹出对话框，如图 10-55 所示。在对话框中，选中“直接连接”，会弹出一个界面，如图 10-56 所示。在“来源”项选择“常数”，在“常数”的后边输入值 1；在“目标”项选择“变量”，单击“变量”后边的[□]，会弹出“外部变量”界面，这里变量选中 zhushui_start，在此界面最后单击“确定”。选中“鼠标”，在“释放左键”后边的⚡处，也需做类似以上的设置，只不过在“来源”的“常数”处，输入 0 即可，其余设置不变。选中“注水启动”按钮，再复制粘贴 3 个按钮，将“文本”分别改为“注水停止”“水泵启动”和“水泵停止”，再将它们“按左键”和“释放左键”的连接变量分别改为 zhushui_stop、beng_start 和 beng_stop，其余不变，以上几个按钮的设置完全可参照“注水启动”按钮的设置，故不赘述。

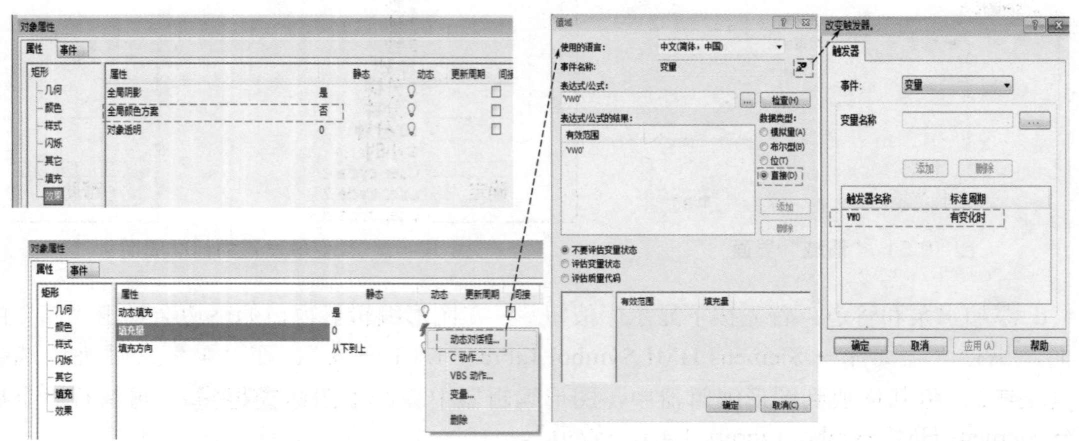

图 10-54 **矩形动态属性设置**

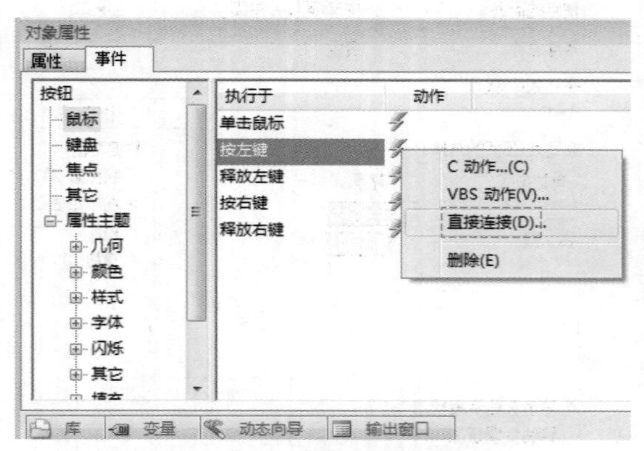

图 10-55 **按钮事件界面**

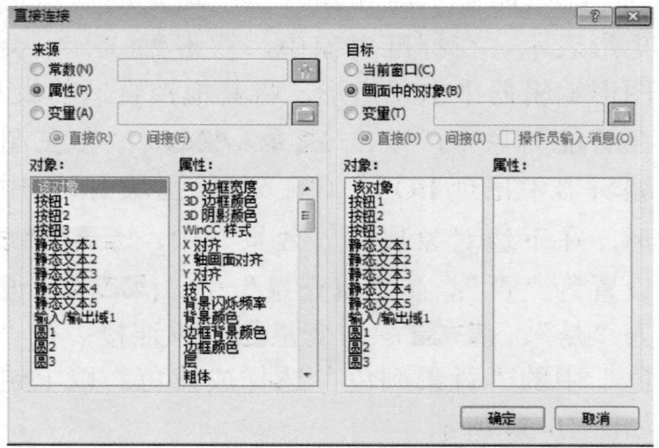

图 10-56 **“直接连接”界面**

⑥ 报警制作

a. 设置限制值选项卡：双击浏览窗口中的 报警记录，会打开“报警记录”界面。在报警编辑器的浏览窗口中，单击 模拟消息，右侧会出现“限制值”选项卡，在第一行“变量”栏，单击[...]，连接变量 VW0；“消息号”为 2；“比较”为上限；“比较值”为 5；第二行变量依然为 VW0；“消息号”为 3；“比较”为下限；“比较值”为 1。上述设置如图 10-57 所示。

| | 变量 | 共用信息 | 消息号 | 比较 | 比较值 | 比较值变量 | 间接 | 滞后 | 滞后百分比值 | 在"到达时"滞后 | 在"离开时"滞后 | 确定质量代码 | 延迟时间 | 单元 |
|---|---|---|---|---|---|---|---|---|---|---|---|---|---|---|
| 1 | VW0 | ☐ | 2 | 上限 | 5 | | ☐ | 0 | ☐ | ☑ | ☑ | ☑ | 0 | 毫秒 |
| 2 | VW0 | ☐ | 3 | 下限 | 1 | | ☐ | 0 | ☐ | ☑ | ☑ | ☑ | 0 | 毫秒 |

图 10-57　**限制值设置**

b. 设置消息选项卡：选中 模拟消息，单击该窗口下边的 消息，实现“限制值”和“消息”的切换。在“消息”选项卡中，第一行的编号输入“2”，第二行的编号输入“3”；“消息文本”第一行输入“水位高”，第二行输入“水位低”；“错误点”都是“蓄水池”。以上设置如图 10-58 所示。

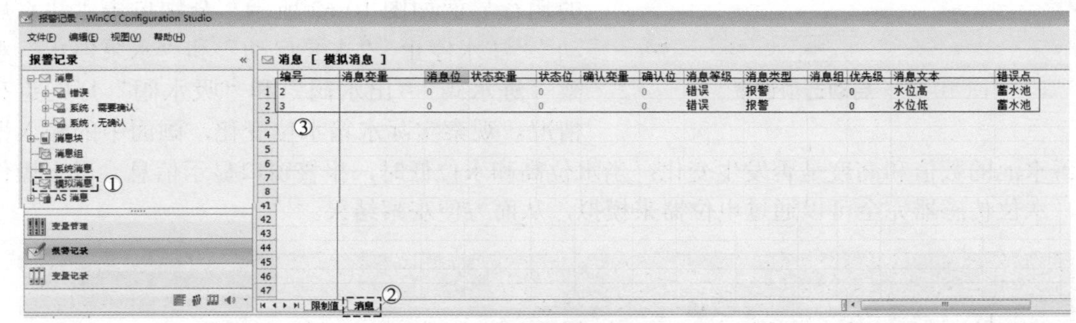

图 10-58　**消息选项卡的设置**

c. 显示报警：在图形编辑器窗口，单击右下角按钮 控件，切换到控件选项卡，双击控件选项卡中的 WinCC AlarmControl，在图形编辑窗口会出现报警窗口，将其拖拽合适的大小。双击报警窗口，会弹出WinCC AlarmControl属性设置，选中该窗口的“消息列表”，接着选中“消息文本”和“错误点”（两个都选中，需按 Shift），再单击按钮 >，这样两个信息就添加到了消息行。如上操作如图 10-59 所示。

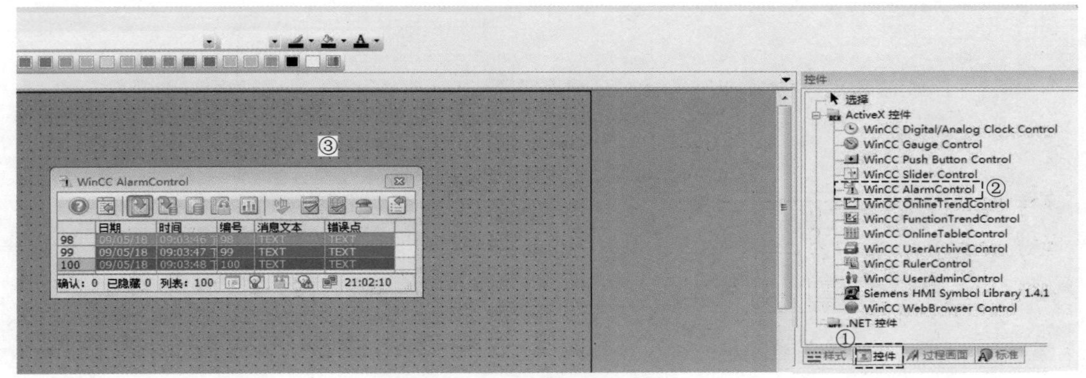

图 10-59　**显示报警的操作**

d. 修改启动选项：在项目管理器中，选中 计算机，再选中右侧的 PC-20170823EISF，单击右键，会弹出下拉菜单，选择“属性”，会弹出“计算机属性”界面。在此界面中，选择“启动”

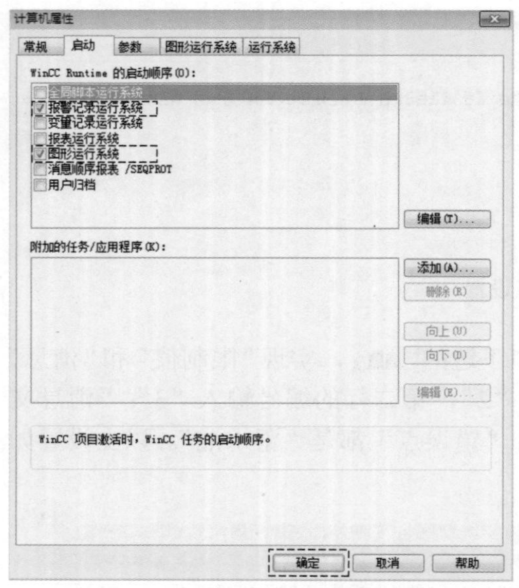


图 10-60 **启动选项设置**

选项卡，分别在“报警记录运行系统”和“图形运行系统”前打对勾，单击确定。以上设置如图 10-60 所示。

通过画面创建与动画连接和报警制作的设置，该项目的最终画面如图 10-61 所示。

⑦ 项目调试　首先打开 S7-200 SMART PLC 编程软件 STEP 7-Micro/WIN SMART，单击 **通信** 进行通信参数配置，本机地址设置为“192.168.2.100”，通信参数配置完成后，单击 下载 进行程序下载，之后单击 程序状态 进行程序调试。PLC 程序下载完成后，打开 WinCC 软件，单击项目激活按钮，运行项目。WinCC 项目的运行界面如图 10-62 所示。分别单击“注水启动”“注水停止”“水泵启动”和“水泵停止”观察“进水阀”“出水阀”和“吸水阀”灯的点亮情况。观察实际水箱水位变化，画面中的输入框和蓄水池的数值和高度是否发生变化；当水位高和水位低时，报警窗口显示信息。以上操作中，水位传感器完全可以通过电位器来模拟，从而方便观察结果。

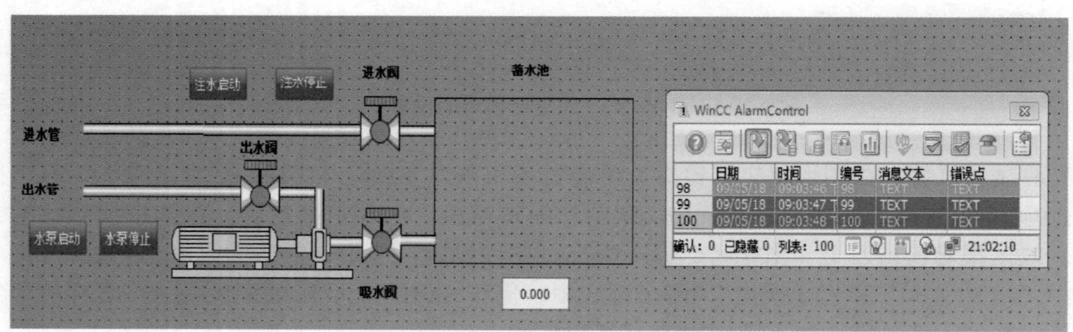


图 10-61 **低压洒水控制最终画面**

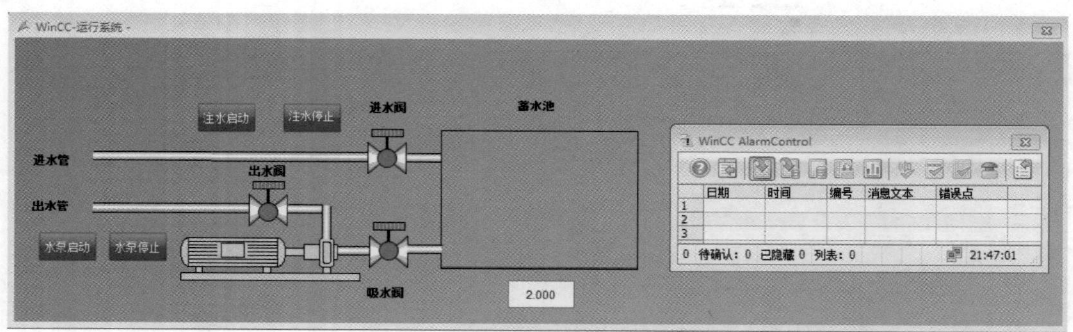


图 10-62 **低压洒水控制运行界面**

# 参考文献

[1] 韩相争 . 图解西门子 S7-200PLC 编程快速入门 [M]. 北京：化学工业出版社，2013.
[2] 韩相争 . 三菱 FX 系列 PLC 编程速成全图解 [M]. 北京：化学工业出版社，2015.
[3] 韩相争 . 西门子 S7-200PLC 编程与系统设计精讲 [M]. 北京：化学工业出版社，2015.
[4] 韩相争 . 西门子 S7-200 SMART PLC 编程技巧与案例 [M]. 北京：化学工业出版社，2017.
[5] 韩相争 . PLC 与触摸屏、变频器、组态软件应用一本通 [M]. 北京：化学工业出版社，2018.
[6] 李庆海 , 等 . 触摸屏组态控制技术 [M]. 北京：电子工业出版社，2015.
[7] 廖常初 .S7-200 SMART PLC 编程及应用 [M]. 北京：机械工业出版社，2013.
[8] 向晓汉 .S7-200 SMART PLC 完全精通教程 [M]. 北京：机械工业出版社，2013.
[9] 田淑珍 .S7-200 PLC 原理及应用 [M]. 北京：机械工业出版社，2009.
[10] 梁森 , 等 . 自动检测与转换技术 [M]. 北京：机械工业出版社，2008.
[11] 许翏 . 电机与电气控制技术 [M]. 北京：机械工业出版社，2005.
[12] 刘光源 . 机床电气设备的维修 [M]. 北京：机械工业出版社，2006.
[13] 胡寿松 . 自动控制原理 [M]. 北京：科学出版社，2013.
[14] 段有艳 .PLC 机电控制技术 [M]. 北京：中国电力出版社，2009.
[15] 徐国林 .PLC 应用技术 [M]. 北京：机械工业出版社，2007.